中国地质调查局
青藏高原 1∶25 万区域地质调查成果系列

中华人民共和国

区域地质调查报告

比例尺：1∶250 000

尼玛区幅

（H45C001003）

项目名称： 1∶25 万尼玛区幅、热布喀（董木蒄）幅区域地质调查

项目编号： 20001300009151

项目负责： 卢书炜　张　良

图幅负责： 卢书炜

报告编写： 卢书炜　杜凤军　任建德　张彦启　刘品德　裴中朝　贾共祥　谢朝永　李香资

编写单位： 河南省地质调查院

单位负责： 张良（院长）
燕长海（院总工程师）

中国地质大学出版社
ZHONGGUO DIZHI DAXUE CHUBANSHE

内容提要

中国地质调查局从2000年起在青藏高原组织实施了国土资源大调查空白区填图计划，1∶25万尼玛区幅是首轮部署的38个图幅之一，本书是该图幅区调成果的总结。

图区位于藏北高原的偏南部，大地构造区划上主体位于班公湖-怒江结合带与雅鲁藏布江结合带之间，北部跨班公湖-怒江结合带。

工作中采用地面调查与室内研究相结合的方法，充分应用遥感与计算机技术等新技术手段，以平均5km的路线间距对调查区内的自然地理、经济交通、地层、侵入岩、火山岩、变质岩、构造、矿产资源、草场发育状况、灾害分布和旅游资源进行了系统调查和分析研究，获得了该区目前控制程度最高的地质资料，为基础地质研究、资源潜力调查评价、生态环境保护和草场治理、灾害整治和旅游资源开发提供了一份珍贵的基础资料。项目成果由区域地质调查报告和附图组成，附图包括区域地质图、矿产资源分布图、旅游资源分布图、草地生态和生物多样性分布图、灾害现状分布图、活动断裂和第四系分布图等6张。

该项工作是迄今为止研究内第一份中比例尺以上的系统调查资料，取得了大量新发现和新认识，可供青藏高原地质、矿产、生态环境研究及教学生产人员参考使用。

图书在版编目(CIP)数据

中华人民共和国区域地质调查报告. 尼玛区幅(H45C001003)：比例尺1∶250 000/卢书炜，杜凤军，任建德等著. —武汉：中国地质大学出版社，2010.12

ISBN 978-7-5625-2505-9

Ⅰ.①中…

Ⅱ.①卢…②杜…③任…

Ⅲ.①区域地质-地质调查-调查报告-中国

Ⅳ.①P562

中国版本图书馆CIP数据核字(2010)第110738号

中华人民共和国区域地质调查报告
尼玛区幅(H45C001003)：比例尺1∶250 000

卢书炜　杜凤军　任建德　**等著**

责任编辑：汪　华　刘桂涛　　　责任校对：胡义珍

出版发行：中国地质大学出版社(武汉市洪山区鲁磨路388号)　　邮编：430074
电　　话：(027)67883511　　传真：(027)67883580　　E-mail：cbb @ cug. edu. cn
经　　销：全国新华书店　　http://www. cugp. cn

开本：880毫米×1 230毫米 1/16　　字数：573千字　印张：17.125　图版：15　附图：1
版次：2010年12月第1版　　印次：2010年12月第1次印刷
印刷：武汉中远印务有限公司　　印数：1—1 500册

ISBN 978-7-5625-2505-9　　定价：238.00元

前　言

青藏高原包括西藏自治区、新疆及青海省南部、四川省西部和云南省西北部，面积达 $2.6\times10^6km^2$，是我国藏民族聚居地区，平均海拔 4 500m 以上，被誉为“地球第三极”。青藏高原是全球最年轻的高原，记录着地球演化最新的历史，是研究岩石圈形成演化过程和动力学的理想区域，是“打开地球动力学大门的金钥匙”。

青藏高原蕴藏着丰富的矿产资源，是我国重要的资源后备基地；青藏高原是地球表面的一道天然屏障，影响着中国乃至全球的气候变化；青藏高原也是我国主要大江大河和一些重要国际河流的发源地，孕育着中华民族的繁生和发展。开展青藏高原地质调查与研究，对于推动地球科学研究、保障我国资源战略储备、促进边疆经济发展、维护民族团结、巩固国防建设具有非常重要的现实意义和深远的历史意义。

1999 年，国家启动了“新一轮国土资源大调查”专项，按照温家宝总理“新一轮国土资源大调查要围绕填补和更新一批基础地质图件”的指示精神，中国地质调查局组织开展了青藏高原空白区 1∶25 万区域地质调查攻坚战，历时 6 年多，投入 3 亿多，调集 24 个来自全国省（自治区）地质调查院、研究所、大专院校等单位组成的精干区域地质调查队伍。每年近千名地质工作者，奋战在“世界屋脊”，徒步遍及雪域高原，完成了全部空白区 $1.58\times10^6km^2$ 共 112 个图幅的区域地质调查工作，实现了我国陆域中比例尺区域地质调查的全面覆盖，在中国地质工作历史上树立了新的丰碑。

西藏 1∶25 万 H45C001003（尼玛区幅）幅区域地质调查项目，由河南省地质调查院承担，工作区位于西藏自治区中部。目的是通过对调查区进行全面的区域地质调查，对测区中生代盆地、班公湖—怒江结合带进行详细的调查研究，以综合地层学理论、板块构造理论及活动论为指导，恢复测区不同时期的沉积环境，重塑测区的构造面貌及构造演化史，为矿产普查、环境地质、科学研究、地学教学和推动国际地学前沿学科的发展提供基础地质资料，为国土资源规划、管理、保护及合理利用提供基础性地质资料和依据，同时为社会提供公益性、综合性地质信息。

H45C001003（尼玛区幅）幅地质调查工作时间为 2000 年 1 月—2002 年 12 月，累计完成地质填图面积为 15 803.5km^2，实测剖面 170km，地质路线 3 250.3km，采集种类样品 2 726 件，全面完成了设计工作量。主要成果有：①将原木嘎岗日群解体，新建中侏罗统俄蒙勒组，为一套浅海碎屑岩沉积，其中的灰岩透镜和夹层中产珊瑚、水螅、海绵、双壳类等中侏罗世分子；新划分出整合于俄蒙勒组之上的沙木罗组砂质灰岩地层，其中产丰富的双壳、腹足类及大量的棘皮类、鱼牙等化石等，时代为晚侏罗世至早白垩世。为准确厘定中特提斯海在区内闭合时间提供了重要证据。②在竟柱山组中采获早中生代孢粉分子，以我国晚白垩世早期各组常见的种群分子为特征；灰岩透镜体中采到丰富的腹足类，综合分析认为竟柱山组时代为晚白垩世早期。③发现多尼组下部有深海浊积岩的存在，新建早白垩世俄杀而补组，采获尼欧克姆期孢粉，表明早白垩纪早期永珠-格仁错一带存在过深海水洋盆。④在班公湖-怒江结合带南侧新划分出中侏罗世去申拉组，其岩石地球化学特征为岛弧火山岩特点。⑤新发现前震旦系念青唐古拉岩群在测区存在，对认识该区古老基底特征有重要意义。

2003 年 4 月，中国地质调查局组织专家对项目进行最终成果验收，评审认为，成果报告资料齐全，工作量达到（或超过）设计规定，技术手段、方法、测试样品质量符合有关规范、规定。报告章节齐备，论述有据，在地层、古生物、岩石和构造等方面取得了较突出的进展和重要成果，反映了测区地质构造特征和现有研究程度，经评审委员会认真评议，一致建议项目报告通过评审，尼玛区幅成果报告被评为优秀级。

参加报告编写的技术人员有卢书炜、杜凤军、张彦启、任建德、刘品德、裴中朝、贾共祥、谢朝永，最后由卢书炜统编定稿。主要填图人员有卢书炜、杜凤军、任建德、张彦启、刘品德、裴中朝、贾共祥、白国典、杨俊峰、吕际跟、刘伟。参加项目工作的其他技术人员有张良、刘伟、杨俊峰、李秋生、白国典、吕际根、李香资、柴建玉、李春艳、张学军、杨常青、杨长秀、白朝军、张元国、傅昌武、丁见广、石晓然、朱厚广、孔繁明、左爱萍、宋克金、彭松民等。地质图编图：白国典、贾共祥。计算机制图：刘献华、许国丽、王凌云等。

项目实施过程中自始至终得到西南项目办和河南地质调查院领导的关心和支持，在此表示对他们表示诚挚的谢意。同时感谢成都地质矿产研究所潘桂棠研究员和雍永源研究员、西藏地质矿产局夏代祥教授级高工、中国地质大学莫宣学院士、吉林大学李才教授等一大批老专家对项目工作的技术指导和无私帮助。

为了充分发挥青藏高原1∶25万区域地质调查成果的作用，全面向社会提供使用，中国地质调查局组织开展了青藏高原1∶25万地质图的公开出版工作，由中国地质调查局成都地调中心与项目完成单位共同组织实施。出版编辑工作得到了国家测绘局孔金辉、翟义青及陈克强、王保良等一批专家的指导和帮助，在此表示诚挚的谢意。

鉴于本次区调成果出版工作时间紧，参加单位较多，项目组织协调任务重以及工作经验和水平有限，成果出版中可能存在不足与疏漏之处，敬请读者批评指正。

"青藏高原1∶25万区调成果总结"项目组

2010年9月

目　　录

第一章 绪 论

第一节 任务的下达与要求

中国地质调查局根据国土资源部国土发〔1999〕509号文下达的2000年国土资源大调查计划，以中地调函〔2000〕27号文下达了《地质调查项目任务书》，决定由河南省地质调查院承担1∶25万尼玛区幅(H45C001003)、热布喀(董木莕)幅(H45C002003)区域地质调查工作。任务书编号0100141084，项目编号200013000140，工作期限2000年1月—2002年12月。其中的尼玛区幅工作区范围为东经87°00′—88°30′，北纬31°00′—32°00′，面积15 803.5km^2。工作性质为基础地质调查。

任务书总体要求是：依据《1∶25万区域地质调查技术要求(暂行)》及其他有关行业规范、指南，参照造山带填图的新方法，应用遥感与计算机技术等新技术手段，以区域构造调查与研究为先导，合理划分测区构造单元。对测区不同地质单元、不同构造地层单位采用不同的填图方法进行全面的区域地质调查。本着图幅带专题的原则，对测区中生代盆地应用综合地层学方法，确定不同地质时期的沉积岩相、古地理环境以及古生物群落；对班公-怒江蛇绿岩带进行详细的野外地质、岩石学、构造变形、岩石化学等方面深入调查与研究；应用综合地层学方法研究和比较班公-怒江蛇绿岩带两侧地层古地理、古生物群落的差异，以活动论、板块构造理论为指导，重塑该区构造面貌的构造过程。

第二节 自然地理和经济概况

一、位置与交通

测区位于西藏自治区中部，行政区划属那曲地区的尼玛县、申扎县、双湖特别行政区。区内交通不便，除黑(河)-阿(里)公路从测区北部通过且路况极差外，其余通往各乡为简易路，往往到雨季无法通行(图1-1)。

二、自然地理

测区主体属高原湖盆区。区内地形切割较弱，以高原中低山与丘陵区为主，内有宽阔的谷地及湖盆；格仁错北岸和夏噶日山一带属高原中高山区。全区平均海拔5 000m左右。测区最高峰为西南部的郎雄巴峰，海拔6 112m，最低处位于北部达则错湖边，海拔4 459m。区内湖泊星罗棋布，主要的湖泊有达则错、吴如错、恰规错、孜桂错、格仁错、戈芒错、昂孜错、马尔下错等。河流多系以湖泊为中心呈放射状分布的内流水系，其中大部分为短小的时令河，主要河流有波仓藏布、舍藏藏布、巴汝藏布等。

测区气候属高原亚寒带半干旱季风型气候区，空气稀薄，气压低(0.5～0.6个大气压)，严重缺氧，日照充足，降雨量少，气温低，多风雪。全年8级以上大风日数平均104.3天，主要集中于10月份以后至次年4月份之前，每日午后，狂风骤起，席卷尘沙，遮天蔽日；年降水量150mm，7—9月为雨季，其余时间为冰雪期，无绝对无霜期；年日照时数达2 900多小时。整个测区植被不发育，主要为稀疏的草本植物。自然灾害主要有干旱、大风、沙暴、冰雹、霜冻、雪灾、鼠害等。

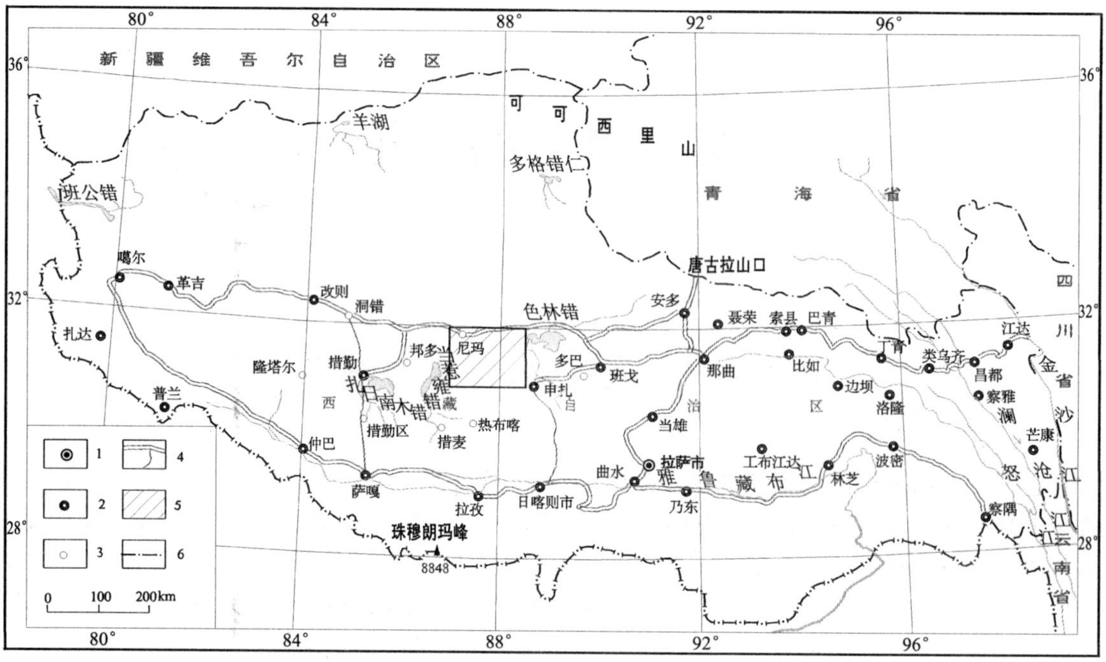

图1-1　尼玛区幅交通位置图

1. 自治区人民政府驻地；2. 地区行署县政府驻地；3. 乡政府驻地；4. 公路；5. 测区范围；6. 省界

三、经济地理概况

测区属牧业区，人口稀少，主要饲养牦牛、山羊、绵羊。工业很少，仅有少量皮毛粗加工和部分卡垫及金银首饰品加工。商业主要为牛羊及其制品的交易。矿产资源有砂金、硼砂、水晶、琥珀、铅、锌、铁等。野生资源主要有野牦牛、野驴、藏羚羊、黄羊、盘羊、狗熊、黑颈鹤、野鸽子等。旅游主要是高原湖泊、雪山、草原及野生动物的观光，能领略藏北高原天地苍穹的意境。测区土特产比较少，主要有贵重药材雪莲。

第三节　地质矿产调查简史

测区内前人地质工作程度很低，20世纪50年代以前完全处于空白阶段。50年代初以李璞教授为首的中国科学院西藏工作队地质组对藏东、藏中的路线地质调查是最早的间接涉及测区的地质研究工作（李璞，1959）。

1956—1957年，青海石油普查大队在测区作过1∶100万石油地质普查①。

1969年起，地质部航空物探大队在东经88°—94°，北纬29°—33°范围内进行了1∶20万航空磁测工作，覆盖测区东部1/3地区②。

1973—1976年，中国科学院青藏高原综合考察队在藏北进行了更广泛的地质、地球物理调查研究工作，并出版了系列专著。

1977—1979年，西藏地矿局区调队进行了1∶100万日喀则幅区域地质调查工作，是第一项对测区全覆盖的系统地质工作③。

---

①青海石油普查大队．青藏高原东部石油地质普查报告（内部出版）．1957.

②地矿部航空物探大队．1∶20万航空磁测．1969.

③西藏自治区地质局区域地质调查大队．1∶100万日喀则幅、亚东幅区地质调查报告（地质部分）．1983.

1980年，地质矿产部青藏高原地质调查大队编制出版了《1：150万青藏高原地质图》、《青藏高原地质文集》和《青藏高原区域地层简表》。

1980年起，地质矿产部和中国科学院与法国科研中心合作进行了“喜马拉雅岩石圈构造演化”研究，对测区东邻申扎一带的古生代地层系统进行了完善，发现了申扎一带的巨大推覆构造带。对包括测区在内的冈底斯地块通过人工地震等手段证实其地壳厚度60km±。

1988年，成都地矿所编制了《1：150万青藏高原及邻区地质图》。

1986—1989年，西藏地质矿产局编写了《西藏自治区区域地质志》。

1991—1992年，西藏石油地质考察队进行了藏北石油地质路线普查，利用卫星影像进行计算机解译，对藏北地区的断裂、构造带划分和沉积盆地圈定提出了新认识。

1990—1993年，西藏物探大队进行了“1：50万申扎幅地球化学测量”工作①，覆盖全区，图内共圈出各类异常36个。

1992—1994年，西藏地质矿产局编写出版了《西藏自治区岩石地层》，对包括测区在内的各级岩石地层单位进行了清理。

1995年，中国石油天然气总公司青藏项目经理部完成了措勤盆地来多强玛—扎日南木错路线地质调查，对相关地层和构造进行了研究。1996年完成了措勤盆地遥感区域地质解译，完成了该盆地洞错—仲巴路线调查，建立了川巴组、多巴组、郎山组划分标准。1997年，进行了青藏地区措勤盆地区域石油地质调查②。我院有十几位地质技术人员参加了后两项工作，为本次区调填图打下了基础。

1995年，成都地矿所与西藏地矿局合作进行了“藏北洞措-申扎地区金矿成矿条件及靶区研究”，提出区内中上石炭统黑色岩系、木嘎岗日群黑色岩系和早白垩世早期陆相火山-沉积岩是3套含金建造和银(金)铜含矿岩系③。

1998—2000年，国土资源部航空物探遥感中心开展了“青藏高原中西部1：100万航磁概查”项目，覆盖全区，2001年出版了成果报告。

除此之外，西藏地质五队还进行了大量的砂金找矿工作，河南省地矿局区调队在测区北部尼玛附近进行了低密度水系沉积物和重砂测量工作，上述研究成果和资料对本次区调工作扩大视野、了解测区地质情况起到了重要作用。

第四节 任务完成情况及质量评述

一、工作概况

任务书下达后，河南省地质调查院随即组成了项目组，着手收集资料，购买地形图和卫星影像资料；对卫星影像进行初步解译，对前人资料进行分析研究，确定工作方案。2000年4月中旬出队，5—8月进行野外踏勘、部分剖面测制和试填图，建立遥感解译标志。9—10月为设计书编写阶段，11月中旬在成都通过设计审查。

2001年4—9月为野外填图、剖面测制和专题研究，2001年10月—2002年7月对两年来取得的各类资料进行了综合分析整理。

2002年4月和5月对测区重要地质问题进行了补充观察研究。2002年7月下旬在郑州通过西南项目办组织的野外资料验收，得分91.8分，为优秀级。野外资料验收后，项目组根据专家意见和决议书要求，对个别重要地质问题的原始资料进行了进一步发掘整理，随后即转入报告编写阶段。

---

①西藏物探大队．1：50万申扎幅地球化学测量．1993.

②石油天然气总公司青藏项目经理部．措勤盆地遥感地质调查报告(内部出版)．1997.

③成都地质矿产研究所，西藏地质矿产局．藏北洞错-申扎地区金矿成矿条件及靶区研究(内部出版)．1995.

参加报告编写的技术人员有卢书炜(第一章、第五章第四节、第七章),杜凤军(第二章第二节至第十节),张彦启(第二章第一节、第四章),任建德(第三章第一节),刘品德(第三章第二节),裴中朝(第五章第一节至第三节),贾共祥(第二章第十一节至第十三节),谢朝永(第六章),最后由卢书炜统编定稿。参加本项目工作的其他技术人员还有张良、刘伟、杨俊峰、李秋生、白国典、吕际根、李香资、柴建玉、李春艳、张学军、杨常青、杨长秀、白朝军、张元国、傅昌武、丁见广、石晓然、朱厚广、孔繁明、左爱萍、宋克金、彭松民等。地质图编图:白国典,贾共祥。计算机制图:刘献华,许国丽,王凌云等。

项目实施过程中自始至终得到西南项目办和河南地质调查院领导的关心和支持。西南项目办专家组于2001年7月亲临野外现场检查指导工作,正是这次检查,在专家组尚未到达项目组驻地前遭遇了那次陷车事件,使雍永源研究员自晚上9点多摸黑踱山涉水8个多小时至次日早上7点多方才到达项目组驻地,夏代祥教授等检查组其他人员被困河中长达一夜之久。河南地质调查院王建平院长、张良副院长多次过问项目工作情况,并赴野外现场指导工作,张良副院长在2000年10月以前还兼任项目负责人,为本项目的立项论证、资料收集、工作组织做了大量工作。

二、工作底图和卫片的选择

野外工作底图和地质总图及实际材料图选用了中国人民解放军总参谋部测绘局1970—1971年航摄、1974—1976年出版的1∶10万彩色地形图。野外工作期间参考使用了1∶25万彩色地形图和中国地调局提供的1∶25万TM卫星照片。项目组还购买卫星数据制作全区1∶10万分幅影像图供野外使用。上述地形图和卫片资料满足设计精度和规范要求。

三、工作方法和精度

填图工作采用实测方法。根据地理因素和交通状况分区域、分阶段进行,根据地质内容的不同采用不同的工作方法和控制精度。

格仁错北岸高原中高山区约3 000km^{2}区域地形切割强烈、汽车不能通行、设站困难的地区以骑马跑长路线为主。由于这些地区基岩裸露多,卫片解译效果好,适当放稀了路线间距,达6～10km。其余广大地区采用流动设站、平行穿越的方法进行。基岩区路线间距一般4～6km,第四系区6～8km,平均路线间距5.2km,最大路线间距约10km,最小约2km。全区路线总长度6 564.7km(两幅联测总数量,下同)。各类路线长度分别为剖面310.8km(其中146.1km为路线剖面,164.7km为实测),系统观测路线5 392km(其中图内5 267km,图外125km),踏勘路线289km,检查路线249km,专项生态调查路线470km。路线点距未作统一要求,以能有效控制地质界线为目的。地质点总数2 992个,点线间距符合设计要求。

野外地质点定位主要使用GPS标定,辅以交会法校准,经检验误差小于100m。

填图过程中对直径大于500m、宽度大于100m的地质体、长度大于500m的断层在图上表示。对有特殊意义的标志层、矿化层、岩脉、片理化带有夸大表示。半数填图路线有信手剖面。全部路线有小结。

剖面对地质体的控制程度已经满足设计要求,即每个地层单元都有1～2条剖面控制,南北向多次出现的地层单元如竟柱山组有3条剖面控制。地层剖面比例尺一般1∶2 000～1∶5 000,少数露头好的地层用钢尺现场直接测厚,选用比例尺1∶500。岩体剖面比例尺全部为1∶5 000。

遥感技术应用贯穿于区调工作的始终,在立项论证阶段即收集TM卫星影像并进行了初步解译,参考1∶100万地质资料编制了1∶25万遥感地质解译草图。2000年野外工作之前,专门制作了1∶10万分幅影像图,供野外调查中使用,指导野外路线布置、室内连图等。路线调查过程中不断收集各类地质体的影像标志修改补充解译内容,编制了部分1∶10万解译草图,填制了部分遥感解译卡片。室内整理过程中还根据野外调查结果和遥感影像资料编制了1∶25万草原生态及生物多样性分布图,1∶25万灾害现状分布图,1∶25万活动构造与第四系分布图,1∶25万旅游资源分布图,1∶25万矿产资源分布图,1∶25万构造纲要图,1∶25万岩石谱系单位分布图等系列图件。

专题研究主要集中于2001年下半年进行。地质调查局专家组2001年7月中期野外检查后建议项目组将原设计的两个专题进行调整，取消《班戈早白垩世弧后盆地沉积层序、古地理环境及生物群落研究》专题，将《申扎弧背断隆区推覆构造研究》改为《格仁错构造带研究》。项目组遵照专家组意见，对专题研究工作进行了调整，向西南项目办正式报送了变更专题的请示并得到批复。

四、完成的实物工作量

设计的主要工作量绝大部分已完成或超额完成，各主要岩体、各火山地层单元都有同位素年龄和稀土、微量、硅酸盐等配套样品。每条剖面上都系统采集了薄片样品，对沉积地层都尽量采集化石样品以确定时代，样品数量和样品控制程度满足设计要求。实物工作量如表 1－1 所示。

表 1－1　实物工作量表

项目名称		单　位	总体设计	累计完成	完成率(%)	备　注
1∶25 万填图		km^2	31 896	31 896	100	两幅联测
填图路线		km	6 000	6 564.7	109.4	两幅联测
1∶5 000 地层剖面		km	204.6	204.3	100	两幅联测
1∶5 000 岩体剖面		km	105.2	106.5	101.2	两幅联测
1∶5 000 构造剖面		km	10～20	26	100	两幅联测
薄片		块	2 000～2 500	2 271	100	两幅联测
标本		块	200～500	500	100	两幅联测
光谱半定量		个	1 000	1 037	103.7	两幅联测
大化石		块	1 000	1 010	101.0	两幅联测
微体化石		块	100	173	173	两幅联测
微量分析		块	100	117	117	两幅联测
稀土分析		块	100	117	117	两幅联测
硅酸盐分析		块	100	117	117	两幅联测
碳酸盐分析		块	40～60	47	100	
化学样		件	100～150	112	100	两幅联测
同位素	Rb－Sr	组	2	2	100	
	U－Pb	件	2	2	100	原设计为 Pb－Pb
	K－Ar	件	10～15	25	200	两幅联测
	Ar－Ar	件		2	100	两幅联测
	$\delta^{18}O$	件	50	53	106	两幅联测
长石有序度		件	50	44	88	两幅联测
包体测温		件	50	45	90	两幅联测
电子探针		件	50	50	100	两幅联测
古地磁		件	30～50	65	200	
粒度分析		块	150～200	150	100	两幅联测

五、资料整理情况

资料整理分野外现场整理和年度整理及野外验收前综合整理等几种。

野外现场整理基本上以填图路线为单元，一条路线结束整理一次，内容包括记录本着墨、路线小结、手图转绘、样品整理等，并对下步工作进行布置。一个基站工作结束还要进行阶段整理，包括连图、工作总结、质量检查、月季报等。

年度资料整理包括填写样品登记本、分类送样、分析结果批注登记、编制和完善 1∶10 万实际材料图，编制各类剖面图、柱状图、成果图等，编制阶段性工作总结、年报。

野外验收前综合整理主要进行了各类资料汇总编目，填制岩体卡片、地层卡片、火山岩卡片、构造卡片等多种卡片，编制了 1∶25 万地质草图等系列图件。根据分析鉴定结果补充完善了剖面图、柱状图、野外地质总图、实际材料图等各类原始资料，编写了野外地质简报。

六、质量评述

项目工作严格按照中国地质调查局《地质调查项目质量管理监督办法(试行)》和河南省地质调查院质量体系文件要求进行，按照设计书和有关规范开展工作；建立了地质调查院、基础中心、项目组三级质量管理体系。开展了经常性自检、互检工作，自检、互检率 100%，项目组复检 30%。基础中心和地质调查院每年都组织专门的质量检查工作，并于每年元月对上年度原始资料和成果进行全院展评活动。全部质量活动均有记录。

第二章　地　层

测区地层分布广泛，发育较全，沉积类型较多，特别是晚古生代至中生代地层发育较好，古生物化石丰富。各时代地层东西向延伸较稳定，南北向变化不大。前震旦系、志留系、古近系、新近系出露较少，第四系大面积分布。

根据地层发育情况、沉积类型和沉积建造、古地理特征、古生物群面貌、大地构造位置、区域断裂的分布特征以及与构造有关的岩浆活动和变质作用等，以拉惹-康如断裂为界，将测区划分为班公湖-怒江和冈底斯-腾冲两个地层区。班公湖-怒江地层区在区内为木嘎岗日地层分区，以当蒙脚-字康勒断裂为界，进一步划分为达则错和宋我日两个地层小区。冈底斯-腾冲地层区以昂孜错-色热巴断裂为界，划分为班戈-八宿和隆格尔-南木林两个地层分区，班戈-八宿地层分区又以控错-理弄勒断裂为界进一步划分为吴如错和申亚两个地层小区(图 2-1)。

图 2-1　测区地层区划图

Ⅰ.班公湖-怒江地层区；Ⅰ$_1$.木嘎岗日地层分区；Ⅰ$_1^1$.达则错地区小区；Ⅰ$_1^2$.宁我日地层小区；Ⅱ.冈底斯-腾冲地层区；Ⅱ$_1$.班戈-八宿地层分区；Ⅱ$_1^1$.无知错地层小区；Ⅱ$_1^2$.申亚地层小区；Ⅱ$_2$.隆格尔-南木林地层分区

班公湖-怒江地层区发育三叠系非稳定型复理石建造、中侏罗统岛弧火山岩建造、中上侏罗统稳定型碎屑岩-碳酸盐岩建造、上白垩统红色磨拉石建造及新近系山间盆地复陆屑建造。

冈底斯-腾冲地层区发育志留系-泥盆系稳定型台地碳酸盐岩建造、石炭系-下二叠统碎屑岩建造、中二叠统碳酸盐岩建造，下白垩统非稳定型岛弧火山岩建造、稳定型碎屑岩夹火山岩建造、碳酸盐岩建造、上白垩统红色磨拉石建造及古近系火山碎屑岩建造。前震旦系为变质地层，原岩为碎屑岩—中基性火山岩。本次区调以先进理论为指导，以实际资料为基础，合理划分地层单元，对沉积地层进行了岩石地层、生物地层及年代地层为主的多重地层划分，对变质地层进行了构造-地层划分，对火山地层进行了岩石地层划分，重新厘定了测区地层系统（表 2-1），建立组级正式地层单位 17 个（其中新建地层单位 2 个，新划分地层单位 2 个），非正式地层单位（段）6 个，（岩）群级地层单位 4 个。

表 2-1 测区地层序列表

年代地层			冈底期-腾冲地层区			班公湖-怒江地层区	
岩石地层 / 地层区划			隆格尔-南木林地层分区	班戈-八宿地层分区		木嘎岗日地层分区	
				申亚小区	吴如错小区	宋我日小区	达则错小区
新生界	第四系	全新统	松散堆积物				
		更新统					
	新近系	上新统					康托组
		中新统					
	古近系	渐新统					
		始新统	帕那组				
		古新统					
中生界	白垩系	上统			竟柱山组		
		下统		则弄群	郎山组（三段、二段、一段） 多尼组（三段、二段、一段） 俄杀而补组		
	侏罗系	上统					沙木罗组
		中统				去申拉组	俄蒙勒组
		下统					木嘎岗日群
	三叠系	上统				确哈拉群	
		中统					
		下统					
古生界	二叠系	上统					
		中统		下拉组			
		下统		昂杰组			
	石炭系	上统		拉嘎组			
		下统		永珠组			
	泥盆系	上统		查果罗玛组			
		中统					
		下统		达尔东组			
	志留系	上统		扎弄俄玛组			
		中统					
		下统		德悟卡下组			
	奥陶系						
	寒武系						
元古宇	震旦系						
	前震旦系			念青唐古拉岩群			

本报告多采用《西藏自治区岩石地层》(夏代祥、刘世坤，1997)建立的岩石地层单位名称，时代归属以1∶25万区调新成果为基础，参考中国地层典(中国地层典编委会，1998，2000a，2000b，2000c，2000d)进行了调整。新建地层单位有明确的定义、有代表性剖面、依据充分，具有可填图性，易于识别，并有可靠的古生物化石佐证时代归属。

第一节　前震旦系

前震旦系念青唐古拉岩群在测区属首次发现，分布在尼玛县帮勒一带，大地构造位置位于冈底斯地块北缘，地层区划属冈底斯-腾冲地层区班戈-八宿地层分区申亚小区。为一套高绿片岩相变质岩系；其周边与古生代地层均为断层接触；呈不规则梯形面状展布，出露面积11km²。

念青唐古拉岩群由念青唐古拉片麻岩演变而来。李璞等1959年在《西藏东部地质及矿产调查资料》一书中，首次提出"念青唐古拉片麻岩"，西藏综合队(1979)将其称为念青唐古拉群，《青藏高原及邻区地层划分与对比》(讨论稿①，2002)将其改称念青唐古拉岩群，本书从之。

一、剖面描述

尼玛县帮勒念青唐古拉岩群实测剖面如图2-2所示。

剖面位于尼玛县帮勒南，起点坐标：N. 31°25′29″、E. 87°33′20″，终点坐标：N. 31°25′48″、E. 87°30′59″，全长4km。

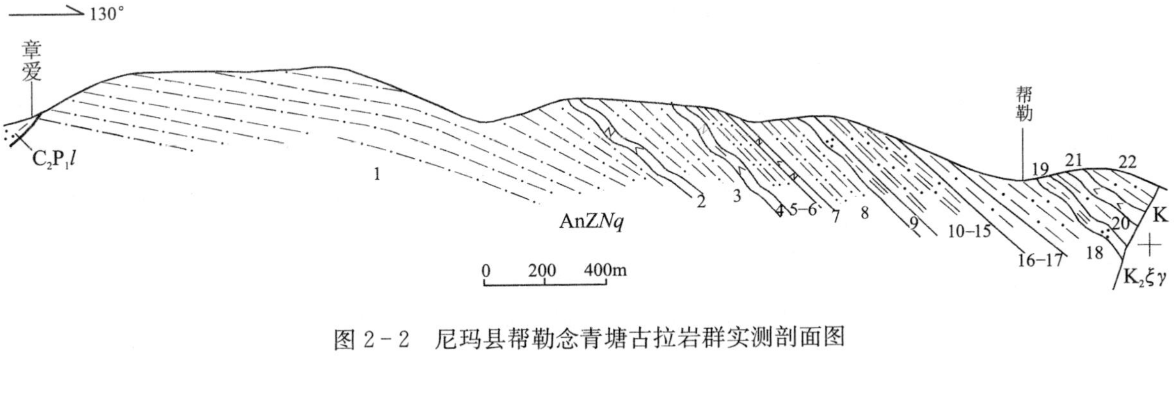

图2-2　尼玛县帮勒念青塘古拉岩群实测剖面图

上部被晚白垩世正长花岗岩吞噬

22. 深灰色长英质糜棱岩，发育糜棱面理和拉伸线理，具眼球纹理构造。长石、石英碎斑具拉长和碎裂现象　179m
21. 灰黑色角闪片岩，具绿帘石化和定向构造　24m
20. 浅褐灰色长英质糜棱岩，发育糜棱面理和拉伸线理，具眼球纹理构造。长石、石英碎斑裂纹发育，可见石英条带，长∶宽＝10∶1　48m
19. 灰黑色二云石英片岩，矿物定向排列　24m
18. 褐灰色长英质糜棱岩，发育糜棱面理和拉伸线理，糜棱面理85°∠38°，花岗斑岩脉侵入　113m
17. 浅灰色长英质超糜棱岩，发育糜棱面理和拉伸线理，局部有斜长角闪岩脉贯入　47m
16. 褐灰色长英质糜棱岩，发育糜棱面理和拉伸线理，具眼球纹理构造。长石、石英碎斑裂纹发育，有的沿裂纹发生错位　11m

①中国地质调查局西南项目办．青藏高原及邻区地层划分与对比(讨论稿)．2002.

15. 暗绿色斜长角闪片岩夹二云石英片岩 2m
14. 灰色长英质超糜棱岩，发育糜棱面理和拉伸线理 10m
13. 褐灰色长英质糜棱岩，具 σ 和 δ 型碎斑，发育糜棱面理和拉伸线理，具眼球纹理构造 14m
12. 黄灰色长英质超糜棱岩，具糜棱面理和拉伸线理，纹理条带构造明显 12m
11. 灰色长英质糜棱岩，具 σ 型长石碎斑，可见雁行式排列的石英脉分布其中 40m
10. 灰绿色长英质超糜棱岩，发育糜棱面理和拉伸线理，纹理构造明显，石英碎斑具拉长现象 20m
9. 灰色黑云石英片岩，斜长石变斑晶中裂纹发育 34m
8. 灰色长英质超糜棱岩，发育糜棱面理和拉伸线理，具眼球纹理构造，碎斑裂纹发育，斜长石碎斑中晶纹具错位现象 118m
7. 灰黑色斜长角闪岩，具绿泥石化和绢云母化。长石斑晶具圆化现象，且定向排列 3m
6. 褐灰色长英质糜棱岩，具 σ 和 δ 型长石、石英碎斑，石英具拉长现象，其内发育小褶皱 28m
5. 黄色长英质超糜棱岩，具纹理条带构造和眼球纹理构造。长石、石英碎斑定向排列，碎斑裂纹发育 14m
4. 暗绿色黑云斜长角闪片岩，具绿帘石化和定向构造 26m
3. 褐灰色长英质糜棱岩夹黑云斜长角闪片岩，发育糜棱面理和拉伸线理，具长石、石英碎斑，碎斑多被拉长且具裂纹，具眼球纹理构造 210m
2. 暗绿色斜长角闪片岩，具条带状构造和斜长石透镜体，长：宽＝15：2，透镜体沿长轴方向定向排列 21m
1. 浅绿灰色长英质糜棱岩，具 σ 和 δ 型长石、石英碎斑和挤压透镜体，透镜体多由石英组成，长：宽＝10：1，发育糜棱面理和拉伸线理，糜棱面理：92°∠21°、105°∠18°、50°∠26° 233m

════════ 断　层 ════════

上石炭统—下二叠统拉嘎组黑云绢云石英片岩

二、岩石地层特征

测区念青唐古拉岩群以长英质糜棱岩（浅粒岩）为主，夹有斜长角闪岩、角闪片岩、二云石英片岩、黑云石英片岩等，北、西、南三面均为断层与古生代地层接触，东侧被白垩纪花岗岩体吞噬。该套岩石受区域动热变质作用影响，变质程度已达高绿片岩相，又受后期韧性动力变质作用叠加，岩石强烈糜棱岩化。特别是能干性差的浅粒岩，大多以长英质糜棱岩出现，部分可达超糜棱岩。由于该套岩石受两期变质作用的改造，变质变形较强，原岩结构构造已消失殆尽，形成了一系列以东倾为主的面理，属无序地层。面理测量的假厚度约 1 523m。

经原岩恢复，长英质糜棱岩（浅粒岩）为长石石英砂岩；片岩类为粉砂质粘土岩；角闪质岩石为基性火山岩。由此可知，区内唐古拉岩群原岩为陆源碎屑岩夹基性火山岩建造。

三、区域地层对比

区域上，念青唐古拉岩群主要分布于念青唐古拉主脊及其以北地区，其上、下均为断层与古生代或中生代地层接触。岩石类型以片麻岩、混合岩、石英岩、大理岩为主，总厚度大于 5 000m，变质程度达角闪岩相。与区内念青唐古拉岩群相比，岩石类型较多，变质程度较深；在昂仁县嘎架忍一带的念青唐古拉岩群，下部以长英质粒岩及角闪质岩石为主，上部为石英岩、大理岩、片岩等，变质程度达高绿片岩相，与测区念青唐古拉岩群相比，岩石类型较多，变质程度相当。

四、时代归属探讨

区内念青唐古拉岩群与有古生物依据的志留纪地层为断层接触，两者变质程度及变质作用类型差别很大，前者为高绿片岩相，区域动热变质；后者为低绿片岩相，区域低温动力变质；岩石组合类型也迥然不同。念青唐古拉岩群的时代应早于志留纪。区域上，许荣华（1981）在羊八井冷青拉附近用 U－Pb 法测得念青唐古拉岩群片麻岩的残余锆石年龄值为 1 250Ma（夏代祥、刘世坤，1997），为中元古代。因此，念青唐古拉岩群应是一套以中元古代为主体的地层，按传统划法，归前震旦系。

第二节 志留系

测区志留系出露于帮勒构造带北侧，属冈底斯-腾冲地层区班戈-八宿地层分区，分布于尼玛县岗龙乡麻勒果-嘎干拉一带，呈东西向带状展布，面积约 32km^2，出露地层有下志留统德悟卡下组、中上志留统扎弄俄玛组。德悟卡下组下部为页岩与薄层灰岩互层，上部为薄板状灰岩，厚约 1 538m；扎弄俄玛组下部为灰岩，上部为砾屑或角砾状白云岩，厚约 920m。

德悟卡下组由西藏综合队（1979）创名①，命名地点在申扎县永珠德悟卡下。林宝玉（1981，1983）将顶部页岩（厚 26m）单独划出创名扎弄俄玛组，其余仍称德悟卡下组。喻洪津（1985）又将林宝玉（1981）划分的德悟卡下组顶部灰岩（厚 21m）划归扎弄俄玛组，而将林宝玉划分的扎弄俄玛组（页岩）另创名门德俄约组。倪寓南（1986）将喻洪津（1985）划分的扎弄俄玛组和门德俄约组并称扎弄俄玛组，其余仍称德悟卡下组。夏代祥、刘世坤（1997）沿用其名，德悟卡下组与倪寓南（1986）划分方案相当，而扎弄俄玛组指西藏综合队（1979）所称的“德悟卡下组”上部灰岩。本报告沿用其名，划分方案与夏代祥、刘世坤（1997）一致，地层划分沿革见表 2－2。

表 2－2 测区志留系划分沿革表

西藏综合队 1979		林宝玉 1981		林宝玉 1983		喻洪津 1985		倪寓南 1986		西藏自治区地质矿产局 1993		夏代祥等 1997		本书	
下志留统	德悟卡下组	中志留统	扎弄俄玛组	中上志留统	扎弄俄玛组	上统	门德俄药组	中上统	扎弄俄玛组	上统	门德俄药组	中上统	扎弄俄玛组	中上统	扎弄俄玛组
						中统	扎弄俄玛组			中统	扎弄俄玛组				
		下志留统	德悟卡下组	下志留统	德悟卡下组	下统	德悟卡下组	下统	德悟卡下组	下统	德悟卡下组	下统	德悟卡下组	下统	德悟卡下组

一、剖面描述

尼玛县张恩志留系实测剖面如图 2－3 所示。

剖面位于尼玛县岗龙乡张恩，起点坐标：N. 31°26′39.1″、E. 87°25′13.2″，终点坐标：N. 31°27′36.4″、E. 87°26′55.5″，剖面长约 3.7km。下未见底，与上覆泥盆系整合接触。

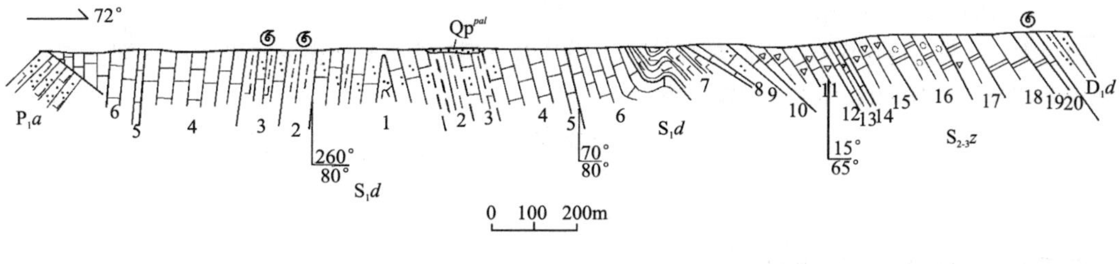

图 2－3 尼玛县张恩志留系实测剖面图

①西藏综合队. 1∶100 万拉萨幅（H－46）区域地质调查报告. 1979.

上覆下泥盆统达尔东组(D_1d):灰绿色薄层含粉砂质泥岩

———————— 整　合 ————————

中上志留统

扎弄俄玛组($S_{2-3}\hat{z}$) **919.7m**

20. 黑色薄板状泥晶灰岩 27.1m

鹦鹉螺化石:*Orthoceras*

棘皮类化石:*Cyclocyclicus* sp.

19. 浅灰色块状含角砾细晶白云岩,角砾成分为白云岩,大小一般为1cm,最大约8cm,含量约10% 43.8m
18. 浅灰色中厚层中晶白云岩,单层厚40cm 136.0m
17. 青灰色中薄层微晶白云岩 94.6m
16. 浅灰色中厚层砾屑细—微晶白云岩,单层厚40cm,砾屑成分为泥晶白云岩,少量为粉晶白云岩,呈棱角—次棱角状,大小为2～12mm,含量为25%～35%,由下向上含量减少 188.5m
15. 青灰色中厚层含角砾微晶灰岩,角砾成分为灰岩,一般为3cm,最大8cm,含量约10% 128.3m
14. 青灰色中厚层泥晶灰岩,单层厚40cm,含少量双壳类碎片 25.7m
13. 灰白色块状含角砾粉晶灰岩,单层厚约2m,角砾成分为泥晶灰岩,大小约1cm,最大5cm,含量约10% 17.1m
12. 青灰色中薄层泥晶灰岩,单层厚20～30cm,含少量石英(5%) 27.5m
11. 灰白色块状含角砾粉晶灰岩,单层厚约2m,角砾成分为泥晶灰岩,大小约1cm,最大5cm,含量约10% 231.1m

———————— 整　合 ————————

下志留统

德悟卡下组(S_1d) **>1 537.8m**

10. 青灰色薄板状泥晶灰岩,单层厚5cm 36.9m
9. 青灰色薄板状粉砂质泥晶灰岩,单层厚5cm,水平纹层发育 70.3m
8. 青灰色薄板状泥晶灰岩,单层厚5cm 25.7m
7. 灰黑色含碳钙质板岩,水平纹理发育 74.3m
6. 青灰色中薄层泥晶灰岩,单层厚5cm,水平纹层发育 325.7m
5. 青灰色厚层泥晶灰岩,单层厚50～70cm,水平纹层发育 25.9m
4. 青灰色中薄层泥晶灰岩,单层厚10～40cm,水平纹层发育 382.1m
3. 灰色薄板状含粉砂微晶灰岩与灰色钙质页岩互层 256.3m

鹦鹉螺化石(灰岩中):Trocholitidae

瓶筐类化石(灰岩中):cf. *Calathium*

2. 灰黑色泥质板岩,纹理发育 104.2m

笔石化石:*Rhaphidograptus* cf. *sinicus* Muetd

Climacograptus sp.

Oktavites sp.

Pritiograptus sp.

1. 灰黑色泥岩与灰色薄层粉砂质微晶灰岩互层(1∶4),基本层序为粉砂质微晶灰岩(2m)→泥质板岩(80cm),泥质板岩向上有增厚趋势 >236.4m

(未见底)

二、岩石地层划分及其特征

(一)岩石地层划分

测区志留系呈东西向带状展布,向东在嘎干拉以东被断层截断,向西在麻勒果以西被第四系掩盖,东西长约 20km,南北宽 0.6～2.3km,面积约 $30km^2$。与南侧二叠系呈断层接触,北侧整合于泥盆系之下或被上白垩统竟柱山组不整合覆盖。横向上岩性变化不大。未见底,由下至上划分为下统德悟卡下组和中上统扎弄俄玛组。

(二)岩石地层特征

1. 德悟卡下组(S_1d)

根据岩石组合及其特征,可以分为上、下两部分。

下部(剖面第 1—3 层)为灰色薄层—薄板状粉砂质微晶灰岩与灰—灰黑色泥岩、钙质泥岩互层,含笔石、头足类和瓶筐类等化石,未见底。厚度大于 496.9m。

上部(剖面第 4—10 层)为青灰色薄层—薄板状泥晶灰岩、粉砂质泥晶灰岩,夹灰黑色含炭质钙质板岩,灰岩中水平纹理发育,厚 1 040.9m。

区内延伸稳定,岩性变化不大,未见底(背斜核部)。以含大量灰黑色泥岩及薄板状灰岩为特征,含鹦鹉螺类化石,地貌上形成负地形,总厚 1 538m。

2. 扎弄俄玛组($S_{2-3}\hat{z}$)

根据岩石组合及其特征,也可以分为上、下两部分。

下部(剖面第 11—15 层)为灰白、青灰色中厚层—块状角砾状粉晶灰岩、微晶灰岩、泥晶灰岩、砾屑细晶灰岩,厚 428.7m。

上部(剖面第 16—20 层)为青灰、浅灰色中厚层角砾状中晶白云岩、角砾状细晶白云岩、中薄层角砾状微晶灰岩及灰黑色薄板状泥晶灰岩,含头足类及棘皮类等化石,厚 491.3m。

区内延伸稳定,岩性变化不大,与下伏德悟卡下组整合接触。以中厚层—块状含角砾、灰岩、角砾状白云岩为特征,含鹦鹉螺类和棘皮类化石,地貌上形成山梁,总厚 920m。

三、区域地层对比及年代地层讨论

(一)区域地层对比

班戈-八宿地层分区的志留系仅出露于测区和申扎县永珠一带。永珠一带的德悟卡下组下部为黑色钙质页岩与深灰色薄层灰岩互层,上部为土黄色、黄灰色钙质页岩夹深灰色薄层灰岩,含丰富的笔石及少量腕足类,厚 183m。其沉积环境认为属宁静的浅海深部偏还原环境。与区内岩石组合和沉积环境基本一致,但厚度相差较大。扎弄俄玛组为浅灰色中厚层灰岩、灰白色中厚层灰岩夹深灰色钙质页岩,含头足类和牙形石等化石,厚度大于 74m。属浅海相沉积环境。与区内岩石组合和沉积环境也基本一致。

德悟卡下组以页岩与薄层灰岩互层、页岩中富含笔石为特征,扎弄俄玛组以浅灰色中厚层灰岩、含大量头足类及牙形石为特征。

(二)时代归属

区内志留系未见底,在永珠一带整合于中上奥陶统刚木桑组之上,上被泥盆系整合覆盖,其时代应晚于奥陶纪而早于泥盆纪。

区内德悟卡下组含笔石 *Rhaphidograptus* cf. *sinicus*,*Climacograptus* sp.,*Pristiograptus* sp.,*Oktavites* sp.(黄枝高、鲁艳敏,1983)。其中 *Rhaphidograptus* cf. *sinicus* 见于黔北下志留统龙马溪组(陈旭,林尧坤,1978),*Pristiograptus* sp.,*Climacograptus* sp.,*Oktavites* sp. 在早志留世地层中为常见分子,因此德悟卡下组时代为早志留世。西藏综合队在区内张恩剖面扎弄俄玛组两个层位采获头足类化石,经赖才根(1982)鉴定为 *Psedogeisonoceras ellipticum* Lai,*Sichuanoceras xizangense* Lai,

Xainzaceras changsiense Lai, *Sthenoceras* sp. , *Michelinoceras* sp. , ? *Conostichoceras* sp. 等，其中 *Sichuanoceras* 繁盛于川东南地区中志留统秀山组，*Sthenoceras* 属以前限于波希米亚地区中志留世—早泥盆世地层中，但以中志留世最为繁盛（赖才根，1982），因此，中志留世头足动物群与波希米亚地区有联系，但与扬子区的关系更为密切。在永珠一带的扎弄俄玛组中，含丰富的牙形石，划分为 3 个组合带，时代为中—晚志留世。

（三）年代地层讨论

测区所含笔石层位位于剖面下部，主要时代为早志留世，其中笔石 *Rhaphidograptus* cf. *sinicus* 是我国黔北地区 *Pristiograptus gregarius* 带的重要分子（陈旭、林尧坤，1978），在黔北地区多分布于此带的下亚带中，其余笔石在该带中也常见。*Pristiograptus gregarius* 带年代地层相当于兰多弗里统埃朗阶底部的 *Pristiograptus gregarius* 带，其下地层相当于鲁丹阶，其上地层相当于特里奇阶。头足类 *Sichuanoceras* 组合相当于特里奇阶顶部-舍因伍德阶下部。因此，区内德悟卡下组相当于鲁丹阶-特里奇阶，扎弄俄玛组相当于舍因伍德阶-鲁德福德阶。

第三节　泥盆系

出露于尼玛县张恩-申扎县喀郭尔一带，地层区划属冈底斯-腾冲地层区班戈-八宿地层分区，呈北西西向带状展布，向西未见出露，向东延入申扎县永珠一带，图内出露面积约 230km²。出露地层为下统达尔东组和中上统查果罗玛组，主要为一套碳酸盐岩，厚约 1 249m。

达尔东组原称达尔东群（含下组和上组），由夏代祥（1979）创立于申扎县永珠北达尔东，西藏自治区地质矿产局区域地质调查大队 1983 年介绍。林宝玉（1981）将群降级为组。许汉奎等（1981）又将原达尔东群中、下部称达尔东组，上部新建日阿觉组。杨式溥等（1981）将达尔东组之下划出朗玛沟组，饶靖国（1988）将达尔东组之下划出张恩组，顶部划出上朗玛沟组。夏代祥、刘世坤（1997）仍称达尔东组。查果罗玛组由夏代祥（1979）创立于申扎县城北。杨式溥等（1982）将其解体为查果罗玛组和德日昂玛组（3 个段），林宝玉（1983）将该套地层从下而上划分为德日昂玛组、朗玛群、查果罗玛群和洛工组，林宝玉（1984）又将查果罗玛群划分为木纠布曲组、多那个里组和朋嘎组，西藏自治区地质矿产局（1993）将泥盆系划分为下统达尔东组、中统朗玛组和上统查果罗玛组。夏代祥、刘世坤（1997）将上述划分的各组（群）全部归查果罗玛组。本文划分与夏代祥、刘世坤（1997）方案相同，地层划分沿革见表 2-3。

一、剖面描述

尼玛县张恩泥盆系实测剖面如图 2-4 所示。

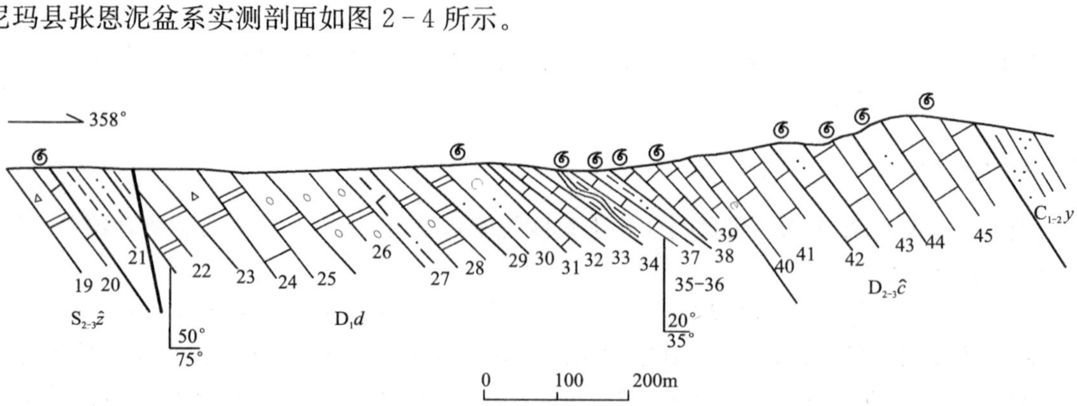

图 2-4　尼玛县张恩泥盆系实测剖面图

剖面位于尼玛县岗龙乡张恩，起点坐标：N. 31°27′36.4″、E. 87°26′55.5″，终点坐标：N. 31°28′41.2″、E. 87°27′08″，与下伏志留系和上覆石炭系均呈整合接触。

上覆：石炭系永珠组($C_{1-2}y$)灰黑色薄层细粒石英杂砂岩

——————— 整 合 ———————

中上泥盆统

查果罗玛组($D_{2-3}\hat{c}$) **299.9m**

45. 浅灰色厚层泥晶灰岩，单层厚 70cm 92.3m

牙形石化石：*Idiognathoides sulcatus* Higgins et Boukaert

44. 浅灰色薄层含粉砂质泥晶灰岩，单层厚 15cm。含较丰富的牙形石和头足类化石 35.9m

牙形石化石：*Polygnathus* sp. (A)

P. sp. (B)

43. 浅灰黄色薄板状泥晶灰岩，单层厚 5cm 56.5m

竹节石化石：*Nowakia* sp.

42. 浅灰黄色中薄层含粉砂泥晶灰岩 36.1m

头足类化石：Pseudorthoceratidae

41. 灰黑色中薄层微晶灰岩，单层厚 10～30cm。具水平层理 64.5m

40. 灰黑色中薄层含生物碎屑泥晶灰岩，单层厚 10～30cm。具水平层理 14.6m

——————— 整 合 ———————

下泥盆统

达尔东组(D_1d) **948.8m**

39. 青灰色薄板状泥晶灰岩(单层厚 1cm)夹少量浅灰红色钙质页岩 79.4m

竹节石化石(灰岩中)：*Nowakia* sp.

38. 浅黄色薄板状泥晶灰岩，单层厚 1cm 37.1m

竹节石化石：*Nowakia* sp.

37. 青灰色薄层泥晶灰岩(单层厚 10cm)夹少量薄板状含粉砂质泥岩 21.2m

头足类化石(灰岩中)：? *Michelinoceras* sp.

36. 浅褐红色薄层泥晶灰岩，单层厚 10cm 12.6m

头足类化石：Pseudorthoceratidae

35. 青灰色薄层泥晶灰岩，单层厚 15cm 8.4m

头足类化石：? *Eifeloceras* sp.

棘皮类化石：*Cyclocyclicus* sp.

34. 浅灰色薄层含炭质泥质板岩夹浅灰色钙质板岩 21.0m

33. 土黄色薄层微晶灰岩与红色薄层含铁质微晶灰岩互层，单层厚 20cm，二者比例为 2∶1 45.5m

32. 青灰色中薄层花斑状泥晶灰岩与紫红色、灰绿色含铁质泥晶灰岩互层，单层厚 30cm，二者比例为 1∶1 32.9m

31. 紫红色、灰绿色含铁质泥晶灰岩 10.8m

30. 灰色含炭质泥质板岩夹灰黑色薄层泥晶灰岩，二者比例下部为 10∶1，上部比例为 5∶1 61.9m

头足类化石：(灰岩中)*Pseudorthoceras* cf. *knoxense* (Mc'Cheerney)

Michelinoceras sp.

? *Arkonoceras* sp.

Pseudodeiroceras sp.

牙形石化石(灰岩中)：*Scolopodus* ? sp.

棘皮类化石：*Cyclocyclicus* sp.

29. 浅灰红色中薄层亮晶砂屑白云岩，砂屑成分为泥晶白云岩，呈次圆状，大小为 0.3～1mm，含量 72% 43.2m

28. 灰白色块状含砾屑中细晶白云岩，单层厚 30cm，砾屑成分为灰岩，呈次棱角状，大小为 1cm，最大 5cm，含量约 10% 75.6m

27. 灰黑色中薄层泥晶灰岩　52.2m
26. 深灰色块状亮晶砾屑白云岩,砾屑成分为微晶白云岩,呈次棱角状,大小为 3～7mm,含量约 90%　126.9m
25. 浅灰色巨厚层含砾屑泥晶白云岩,单层厚 1.5m,角砾成分为灰岩,棱角状,大小为 1cm,个别达 5cm,分布不均匀,含量 10%　48.9m
24. 青灰色块状白云石化粉晶灰岩,单层厚约 2m　52.9m
23. 浅灰色中厚层含角砾细晶白云岩,单层厚约 60cm,角砾成分为白云岩,棱角状,大小为 1cm,个别达 5cm,分布不均匀,含量 10%　65.7m
22. 青灰色中薄层细晶白云岩,单层厚 20cm　34.6m
21. 灰绿色薄层含粉砂质泥岩　118.9m

—————— 整　合 ——————

下伏:中上志留统扎弄俄玛组($S_{2-3}\hat{z}$)灰黑色薄板状泥晶灰岩

表 2-3　测区泥盆系划分沿革表

西藏综合队 1980	林宝玉 1981	许汉奎 1981	西藏自治区地质矿产局区域地质调查大队 1983	杨式溥 1981	林宝玉 1983	林宝玉 1984	饶靖国 1988	西藏自治区地质矿产局 1993	夏代祥等 1997	本书
中下石炭统 永珠群 上组	下石炭统 永珠群 上组	下石炭统	下石炭统 碎屑岩	下石炭统 永珠段	永珠公社组	永珠公社组	永珠公社组	下石炭统	下石炭统 永珠组	下石炭统 永珠组
中下石炭统 永珠群 下组	下石炭统 永珠群 下组	下石炭统	下石炭统 紫红色灰岩	下石炭统 巴日阿朗寨段	洛工组	洛工组	查果罗玛组	上统 查果罗玛组	中上统 查果罗玛组	中上统 查果罗玛组
上泥盆统 查果多玛组	下石炭统 洛工群	上统 灰岩层	下石炭统 灰岩	德日昂玛组 朋嘎段	查果罗玛组	朋嘎组	查果罗玛组	上统 查果罗玛组	中上统 查果罗玛组	中上统 查果罗玛组
上泥盆统 查果多玛组	上统 查果罗玛组	中统 查果罗玛组	上统 查果罗玛组	德日昂玛组 多那个里段	查果罗玛组	多那个里组、木纠布曲组	查果罗玛组	上统 查果罗玛组	中上统 查果罗玛组	中上统 查果罗玛组
上泥盆统 查果多玛组	中统 朗玛组	中统 朗玛群	上统 查果罗玛组	查果罗玛组	朗玛群	朗玛组	查果罗玛组	上统 查果罗玛组	中上统 查果罗玛组	中上统 查果罗玛组
上泥盆统 查果多玛组	下统 德日昂玛组	下统 德日昂玛组	上统 查果罗玛组	查果罗玛组	德日昂玛组	德日昂玛组	德日昂玛组	上统 查果罗玛组	中上统 查果罗玛组	中上统 查果罗玛组
中泥盆统 达尔东群 上组	下统 达尔东组	下统 日阿觉组	中统 上组	达尔东组	达尔东组	达尔东群上组	上朗玛沟组	中统 朗玛组	下统 达尔东组	下统 达尔东组
中泥盆统 达尔东群 下组	下统 达尔东组	下统 达尔东组	下统 下组	朗玛东组	达尔东组	达尔东群上组	达尔东组	下统 达尔东组	下统 达尔东组	下统 达尔东组
							张恩组			

二、岩石地层划分及其特征

(一)岩石地层划分

测区泥盆系总体为碳酸盐岩建造,张恩-腊若一带为原地系统,在加亚补泥以东至喀郭尔一带为推覆岩片。呈带状展布,由下而上划分为下统达尔东组和中上统查果罗玛组。

(二)岩石地层特征

1. 达尔东组(D_1d)

该组底部以一层灰绿色薄层含粉砂质泥岩与下伏中上志留统扎弄俄玛组分界,二者呈整合接触,下部(第 22—29 层)主要为浅灰色—青灰色中薄层—中厚层细晶白云岩、块状泥晶白云岩,深灰色块状亮晶砾屑白云岩,灰白色—浅灰红色块状亮晶砾屑白云岩、含砾屑中细晶白云岩、中薄层亮晶砂屑白云岩夹青灰色块状白云石化粉晶灰岩,灰黑色中薄层泥晶灰岩,厚约 500m。中部(第 30—34 层)主要为青灰—土黄—紫红—灰绿色薄层泥晶灰岩、微晶灰岩,灰、浅灰色薄层含炭质泥质板岩等,含较丰富的头足类及棘皮类化石,厚约 172m。上部(第 35—39 层)主要为青灰色薄层—薄板状泥晶灰岩,含较丰富的头足类、竹节石及棘皮类等化石,厚约 159m。

本次区调在打拿、格仁错北相当于本组中上部灰岩中含竹节石 *Nowakia* sp. ,*Styliolima* sp. ,*Striatostyliolima* sp. ,腕足类 *Howellella khalfini* Kulikov,*H. yukiangensis*,*Huananochonetes ovalis* (Hou et Xian),? *Schizophoria dorsosulcata* Wang et Rong,? *Rostrospirifer tonkinensis* Mansuy,珊瑚 *Disphyllum* sp. ,? *Adradosia* sp. ,*Pleurodictyum* sp. 等。西藏自治区地质局区域地质调查大队(1983)在张恩、别耳巴采获头足类 *Conostichoceras* sp. ,? *Sichuanoceras* sp. ,*Geisonoceras* cf. *teicherti Flower*,*G.* sp. ,*Michelinoceras* sp. ,*Alpenoceras* sp. ,*Dotorthoceras* sp. ,采获竹节石 *Nowakia acuaia*,*Guerichina* sp. ,*Crassilina* sp. ,*Viriatellina* sp. ,*Styliolina* sp. 等。

2. 查果罗玛组($D_{2-3}\hat{c}$)

底部以灰黑色中薄层含生物碎屑灰岩与下伏达尔东组分界,二者呈整合接触。下部(第 40—41 层)为灰黑色中薄层微晶灰岩、含生物碎屑泥晶灰岩,厚约 79m。中部(第 42—44 层)为浅灰红色薄层泥晶灰岩,含丰富的竹节石 *Nowakia* sp. 及头足类 Pseudorthoceratidae,厚 128.5m。上部(第 45 层)为浅灰白色厚层泥晶灰岩,厚 92.3m。在阿若一带由于构造破坏,出露不全,主要岩性为灰色巨厚层微晶灰岩、亮晶砂屑灰岩,厚度大于 182.8m。

西藏自治区地质局区域地质调查大队(1983)在打拿东、郭瓦穷果灰岩中采到珊瑚 *Hexazonaria* sp. ,*Fasciphyllum* sp. ,? *Kodonphyllum* sp. ,*Grypophyllum* sp. ,*Tabulophyllum* sp. ,*Disphyllum* sp. ,*Hexagonaria* sp. ,*Cyathophyllum* sp. ,*Zelophyllum* sp. ,*Neospinochaetetes* sp. ,*Parastriatopora* sp. ,*Favosites* sp. ,*Alveolitella* sp. ,*Cladopora* sp. ;头足类 *Pseudorthoceras* sp. ;张正贵(1988)在张恩块状灰岩中采获牙形石 *Palamatolepis glabrapectinata*,*Polygnathus communis*。

三、生物地层特征

(一)生物地层划分及其特征

区内采获丰富的竹节石、珊瑚、腕足类、头足类、牙形石和棘皮类化石,可建立竹节石 *Nowakia acuria* 带、腕足类 *Howellella*-*Rostrospirifer* 组合带、四射珊瑚 *Grypophyllum*-*Disphyllum* 组合带。

1. 竹节石 Nowakia acuria 带

该带出露于张恩、打拿、格仁错北,相应岩石地层为达尔东组上部。其下伏生物地层为 *Paranowakia bohemica* 带,上覆生物地层为 *Guerichina*-*Nowakia acuria* 带,区内均未发现。*Nowakia acuria* 带以发育 *Nowakia* 为特征,主要含 *Nowakia acuria*,*N.* sp. ,*Guerichina* sp. ,*Crassilina* sp. ,*Viriatellina* sp. ,*Styliolina* sp. ,*Striatostyliolina* sp. 等。多产于薄层—薄板状泥晶灰岩中,属游泳类生物,生活于较浅水环境。区域上该带见于申扎县永珠一带的达尔东组、聂拉木县甲村-亚里一带的凉泉组(穆西南,1975),在云南丽江、墨江及大理一带也有分布(蒋志文,1980),时代为早泥盆世中期(布拉格期)。

2. 腕足类 Howellella - Rostrospirifer 组合带

该组合带出露于格仁错北，相应岩石地层为达尔东组上部。以发育石燕类为特征，主要有 *Howellella khlfini*，*H. yujiangensis*，*Rostrospirifer toxkinensis*，*Huannanochonetes ovalis*，*Schizophyia dorsosulcala* 等。多产于薄层泥晶灰岩中，属底栖类生物，生活于浅水环境。时代为早泥盆世晚期（埃姆斯期）。

3. 四射珊瑚 Grypophyllum - Disphyllum 组合带

该组合带出露于别耳巴、郭瓦穷果等地，相应岩石地层为查果罗玛组，主要有四射珊瑚 *Grypophyllum* sp.，*Disphyllum* sp.，*Hexagonaria* sp.，*Cyathophyllum* sp. 及床板珊瑚 *Fasciphyllum* sp.，? *Kodonphyllum* sp.，*Tabulophyllum* sp.，*Zelophyllum* sp.，*Neospinochaetetes* sp.，*Parastriatopora* sp.，*Favosites* sp.，*Alveolitella* sp.，*Cladopora* sp. 等，属底栖类生物，生活于浅水环境。时代为中泥盆世晚期（吉维特期）—晚泥盆世早期（弗拉斯期）。

（二）生物地层与年代地层对比

Nowakia acuaria 是世界下泥盆统布拉格阶 *Nowakia acuaria* 带的标准分子，因此本区 *Nowakia acuaria* 带与下泥盆统布拉格阶 *Nowakia acuaria* 带相一致。*Howellella khlfini*，*H. yujiangensis*，*Rostrospirifer toxkinensis* 是华南区下泥盆统埃姆斯阶 *Dicoelostrophia* 带主要分子，因此本区 *Howellella - Rostrospirifer* 组合带相当于下泥盆统埃姆斯阶。*Grypophyllum*，*Cyathophyllum* 是我国中泥盆统 *Dendrostelloides* 带主要分子，见于俄罗斯乌拉尔中亚下—中泥盆统，哈萨克斯坦、新地岛中泥盆统吉维特阶。德国莱茵普鲁士、比利时的中泥盆统。我国广西象州中泥盆统上部，四川北川县中泥盆统（侯鸿飞、王士涛等，1988）。*Disphyllum.*，*Hexagonaria* 是我国中泥盆统吉维特阶 *Temnophyllum* 带和上泥盆统弗拉斯阶 *Pseudozaphrentis* 带的主要分子。因此本区 *Grypophyllum - Disphyllum* 组合带相当于中泥盆统吉维特阶—上泥盆统弗拉斯阶。

四、区域地层对比及时代归属

（一）区域地层对比

区内泥盆系为一套碳酸盐岩，厚约 1 250m。达尔东组下部以白云岩为主，上部为灰岩夹含炭质泥质板岩，含丰富的竹节石、头足类化石，厚约 950m，与下伏中上志留统扎弄俄玛组整合接触；查果罗玛组主要为泥晶灰岩，含较丰富的竹节石、头足类化石，厚约 300m，与上覆石炭系碎屑岩整合接触。申扎永珠一带的达尔东组主要为深灰色薄层灰岩、生物碎屑灰岩、泥灰岩，含丰富的竹节石、珊瑚、腕足类等，厚约 480m，与下伏中上志留统扎弄俄玛组整合接触；查果罗玛组主要为浅灰色厚层块状灰岩、白云质灰岩，厚1 263m，与上覆石炭系碎屑岩整合接触。

（二）时代归属

泥盆系整合于志留系之上，又被石炭系碎屑岩整合覆盖，其时代应晚于志留纪，早于石炭纪。

达尔东组含丰富的竹节石、珊瑚、腕足类、头足类等，其中竹节石 *Nowakia acuaia* 带时代为早泥盆世布拉格期，腕足类 *Howellella - Rostrospirifer* 组合带时代为早泥盆世埃姆斯期，因此达尔东组时代为早泥盆世。查果罗玛组含较丰富的竹节石、珊瑚、头足类、牙形石，其中四射珊瑚 *Grypophyllum - Disphyllum* 组合带时代为中泥盆世吉维特期—晚泥盆世弗拉斯期，牙形石 *Palamatolepis glabrapectinata*，*Polygnathus gronbergi* 时代为晚泥盆世。

区域上与申扎永珠一带的相同层位可以对比，且二者大地构造位置一致，上覆、下伏地层也相同，因此，该层位归泥盆系无疑。

第四节　石炭系

测区石炭系出露于岗龙-申亚一带，呈东西向带状展布，大地构造位置位于冈底斯构造带北缘，地层区划属冈底斯-腾冲地层区班戈-八宿地层分区，出露地层为下-上石炭统永珠组和上石炭统-下二叠统拉嘎组，岩性主要为一套碎屑岩，厚约 2 725m，出露面积约 1 500km²。

永珠组由永珠群降级而来。夏代祥(1979)等将申扎永珠一带的中、下石炭统命名为永珠群，并进一步划分为下组和上组，上统命名为昂杰组。杨式溥、范影年(1981)将该套地层划分为上石炭统朗玛日阿组、昂杰组，中石炭统斯所组，下石炭统大塘阶永珠段。林宝玉(1982)将永珠群下组更名为永珠公社组，上组命名为拉嘎组。西藏自治区地质局区域地质调查大队(1983)将该套地层划分为下石炭统永珠群，上石炭统朗玛日群、斯所组、昂杰组。西藏地质矿产局(1997)将该套地层划分为下石炭统永珠组，中石炭统拉嘎组和上石炭统-下二叠统昂杰组。中国地质调查局西南项目办(2002)①将拉嘎组划归上石炭统—下二叠统，其下为下-上石炭统永珠组。本书采用后一种划分方案(表 2-4)。

一、剖面描述

尼玛县莫师当马石炭系实测剖面如图 2-5 所示。

剖面位于尼玛县岗龙乡戈芒错南莫师当马，起点坐标：N. 31°33′25″、E. 87°16′37″，终点坐标：N. 31°30′40″、E. 87°16′16″，全长 5.5km。下与中上泥盆统查果罗玛组整合接触，上未见顶。

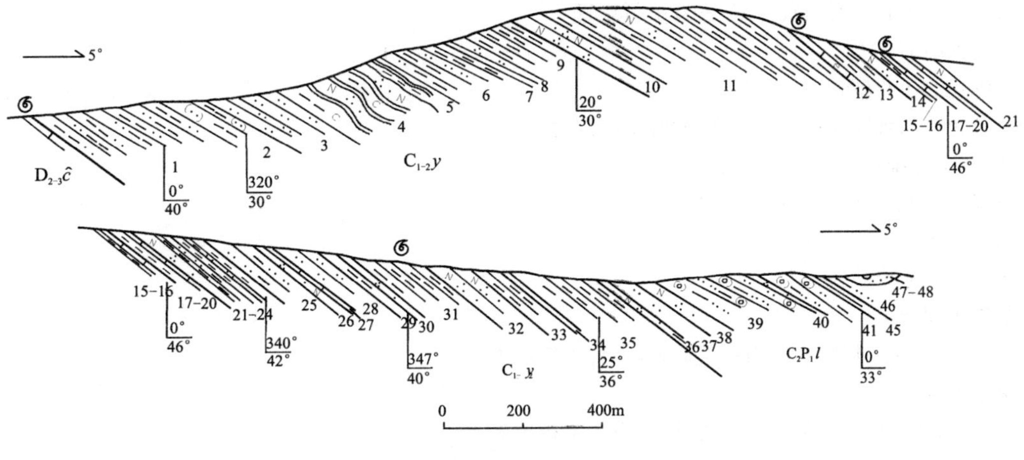

图 2-5　尼玛县莫师当马石炭系实测剖面图

上石炭统—下二叠统

拉嘎组(C_2P_1l)　　　　(向斜核部，未见顶)　　　　**>386.5m**

48. 青灰色中—薄层细粒长石石英砂岩，岩层厚 40～10cm，向上变薄，夹两层分别厚 20cm 和 40cm 的细砾岩，砾石成分以脉石英为主，少量砂岩，大小为 7～10mm，分选磨圆均较好，含量 60%　　>29.9m
47. 青灰色中厚层中细粒石英砂岩夹灰白色复成分细砾岩(30cm)，砾石成分以脉石英为主，砾径一般为 7～10mm，含量约 60%　　21.7m
46. 青灰色泥质长石石英粉砂岩　　29.1m
45. 青灰色中层中细粒长石石英砂岩，夹灰白色复成分细砾岩(30cm)，砾石成分以脉石英为

①中国地质调查局西南项目办．青藏高原及邻区地层划分与对比(讨论稿)．2002.

主，少量砂岩，砾径一般为7～10mm，含量约60%	4.5m
44. 灰绿色泥质长石石英粉砂岩	4.1m
43. 灰黄色复成分细砾岩与含砾粗粒长石石英砂岩、青灰色泥质长石石英粉砂岩组成韵律层，每个韵律层厚1.5～2.1m	6.0m
42. 灰绿色含砾钙质长石石英粉砂岩与灰黄色细粒长石石英砂岩互层(3∶1)	25.2m
41. 青灰色含砾泥质长石石英粉砂岩，砾石成分复杂，主要为砂岩、脉石英、泥岩和少量灰岩，砾径0.2～3cm，个别达7cm，含量约7%	47.3m
40. 青灰色中厚层细粒长石石英砂岩，具大型楔状交错层理，偶夹细砾岩	24.9m
39. 青灰色含砾泥质长石石英粉砂岩	122.6m
38. 灰黄色中薄层细粒长石石英砂岩，单层厚10～15cm	24.9m
37. 深灰、灰黑色长石石英粉砂岩，偶含砾	41.9m
36. 灰白、灰黄色中层细粒岩屑石英砂岩，具楔状交错层理	17.2m

——————— 整　合 ———————

上石炭统—下石炭统

永珠组($C_{1-2}y$)	**1 635.4m**
35. 灰黑色泥岩，具水平纹层，下部夹细粒石英砂岩透镜体，含水平虫穴	99.8m
34. 灰、深灰色薄层细粒石英砂岩，含大量泥砾、泥皮，虫穴发育	8.2m
33. 黑色泥岩	32.6m
32. 浅青灰色中层细粒长石石英砂岩，发育平行层理	53.8m
31. 黑色泥板岩，水平纹层发育，上部夹砾岩及生物碎屑灰岩	85.0m
双壳类化石(灰岩中)：*Eochoristites* sp.	
棘皮类化石(灰岩中)：*Cyclocyclicus* sp.	
30. 灰色中层细粒长石石英砂岩，发育平行层理	14.1m
29. 黑色泥板岩	27.1m
28. 灰绿色石英粉砂岩	32.6m
27. 灰黄色中层细粒长石石英砂岩，发育平行层理	54.4m
26. 灰、灰黄色细粒石英砂岩	5.4m
25. 灰绿色泥质粉砂岩，发育水平纹层	37.4m
24. 黑色泥板岩	13.0m
23. 灰绿色泥质粉砂岩	10.1m
22. 灰黑色泥板岩	16.9m
21. 灰白、灰黄色中层细粒长石石英砂岩，发育平行层理	23.4m
20. 黑色泥板岩	4.2m
19. 灰白、灰黄色中层细粒长石石英砂岩，发育平行层理	23.8m
18. 黑色粉砂质泥岩	6.6m
17. 青灰色泥岩	24.5m
16. 灰色中层生物碎屑灰岩，含棘皮类和珊瑚化石碎片	0.4m
棘皮类化石：*Cyclocyclicus* sp.	
15. 青灰色泥板岩	18.1m
14. 浅青灰色中层细粒长石石英砂岩，发育平行层理，局部见泥皮和水平虫穴	27.0m
13. 青灰、灰绿色泥板岩	31.7m
12. 灰色薄层生物碎屑灰岩，生物碎屑含量约15%，主要为珊瑚、苔藓虫和棘皮类	1.5m
苔藓虫化石：*Rhombopora communis* Moore	
棘皮类化石：*Cyclocyclicus* sp.	
11. 黑色泥板岩夹灰白色细粒长石石英砂岩	312.4m
10. 灰白色中厚层细粒长石石英砂岩	29.9m
9. 浅青灰色泥板岩	78.4m
8. 浅青灰色中层长石石英粉砂岩，局部见泥皮	26.2m

7. 灰黑色泥板岩,发育水平纹层,含大量的水平虫穴,偶见化石印模 13.4m
6. 浅青灰色含粉砂质泥岩,发育水平虫穴 78.6m
5. 灰黑色绢云泥板岩,下部发育细粒石英砂岩条带(1~2cm),向上变少,多呈透镜体 20.4m
4. 黑色含炭质泥板岩与灰色长石石英杂砂岩互层(2~3∶1),间隔1~2m 105.8m
3. 浅青灰色中层长石石英粉砂岩,局部层面见泥皮 80.9m
2. 浅青灰色含粉砂质泥岩,发育水平虫穴 62.5m
1. 黑色粉砂质泥岩 206.0m

——————— 整 合 ———————

下伏:中上泥盆统查果罗玛组($D_{2-3}\hat{c}$)灰色厚层灰岩

表 2-4 测区石炭系—二叠系划分沿革表

<table>
<tr><th colspan="3">夏代祥
1979</th><th colspan="4">杨式溥
1981</th><th colspan="3">林宝玉
1981</th><th colspan="2">西藏自治区地质局区域地质调查大队 1983</th><th colspan="2">西藏自治区地质矿产局
1993</th><th colspan="2">夏代祥、刘世坤
1997</th><th colspan="2">本书</th></tr>
<tr><td rowspan="2">下二叠统</td><td colspan="2" rowspan="2">下拉组</td><td colspan="2" rowspan="2">下二叠统</td><td colspan="2" rowspan="2">下拉组</td><td rowspan="2">下二叠统</td><td colspan="2">下拉组</td><td rowspan="2">下二叠统</td><td rowspan="2">下拉组</td><td rowspan="2">下二叠统</td><td>下拉组</td><td rowspan="3">下二叠统</td><td rowspan="2">下拉组</td><td rowspan="2">中二叠统</td><td rowspan="2">下拉组</td></tr>
<tr><td colspan="2">日阿组</td><td>日阿组</td></tr>
<tr><td rowspan="3">上石炭统</td><td colspan="2" rowspan="3">昂杰组</td><td rowspan="9">石炭系</td><td rowspan="3">上统</td><td colspan="2" rowspan="2">朗玛日阿组</td><td rowspan="3">上石炭统</td><td colspan="2" rowspan="3">昂杰组</td><td rowspan="3">朗马日群</td><td rowspan="2">昂杰组</td><td rowspan="3">上统</td><td rowspan="3">昂杰组</td><td rowspan="3">昂杰组</td><td rowspan="3">下二叠统</td><td rowspan="3">昂杰组</td></tr>
<tr><td rowspan="3">上石炭统</td></tr>
<tr><td colspan="2">昂杰组</td><td>斯所组</td></tr>
<tr><td rowspan="6">中下石炭统</td><td rowspan="6">永珠群</td><td>上组</td><td rowspan="3">中统</td><td colspan="2" rowspan="3">斯所组</td><td>中石炭统</td><td rowspan="4">永珠群</td><td>拉嘎组</td><td rowspan="6">永珠群</td><td rowspan="6"></td><td>中统</td><td>斯所组</td><td>拉嘎组</td><td rowspan="3">上石炭统</td><td>拉嘎组</td></tr>
<tr><td rowspan="5">下组</td><td rowspan="5">下石炭统</td><td rowspan="3">永珠公社组</td><td rowspan="5">下石炭统</td><td>汤莱组</td><td rowspan="5">下石炭统</td><td rowspan="5">永珠组</td><td rowspan="5">永珠组</td></tr>
<tr><td rowspan="2">巴日阿朗寨组</td></tr>
<tr><td rowspan="3">下统</td><td rowspan="3">大塘阶</td><td rowspan="3">永珠段</td><td rowspan="3">上石炭统</td></tr>
<tr><td colspan="2" rowspan="2">洛工组</td><td>朋嘎组</td></tr>
<tr><td>那个多里组</td></tr>
</table>

二、岩石地层划分及其特征

(一)岩石地层划分

根据岩石组合,将区内石炭系由下而上划分为下-上石炭统永珠组和上石炭统-下二叠统拉嘎组。永珠组以黑色泥板岩发育为特征,拉嘎组以含砾碎屑岩为特征,二者呈整合接触。

(二)岩石地层特征

1. 永珠组($C_{1-2}y$)

该组与下伏中上泥盆统查果罗玛组为整合接触,以大套碎屑岩出现作为本组的开始,主要岩性以黑色泥(板)岩、粉砂岩和细粒长石石英砂岩为主,夹生物碎屑灰岩及极少量的砾岩,砂岩中发育平行层理和虫穴,粉砂岩及泥板岩中水平纹层发育。本次采获双壳类、珊瑚、苔藓虫及棘皮类等化石。前人(西藏自治区地质局区域地质调查大队,1983)在区内吉瓦采获珊瑚 *Amplexus* sp. ,*Caninia* sp. ,*Ganganophyllum* sp. ,*Multithecopora* sp. ,*Arachnolasma* sp. ,*Lophophyllum* sp. 等,厚约1 635m。

2. 拉嘎组(C_2P_1l)

该组以含砾碎屑岩为特征。下部为灰白、灰黄色中层细粒岩屑石英砂岩、长石石英砂岩、含砾泥质长石石英粉砂岩，砂岩中发育楔状交错层理。上部为砾岩、长石石英砂岩(含砾)、泥质长石石英粉砂岩。厚度大于386m。

三、磁性地层划分及其特征

本次区调在尼玛县莫师当马剖面采集了一批古地磁样品，在室内加工成2.45cm长的标准古地磁样品，共65块。剩磁测试是在中国地质科学院地质力学所古地磁实验室美制立式2G－755R超导磁力仪上进行的，样品的系统热退磁处理利用美制TD－1热退磁炉完成。热退磁温度间隔为50℃，样品的剩磁组分均利用主向量法。测试数据表明，65块样品中只有13块能分离出较可靠的古地磁分量。

(一)磁性地层划分及其特征

古地磁学研究表明，地球磁场的极性在显生宙曾出现多次转向，尤以石炭系上部到二叠系上部的反极性段最为壮观，称为基亚曼极性段。据M. menning(1993)分析结果，基亚曼极性段的石炭系船山统测得近10个正极性层，二叠系部分应包括4个正极性带，分别出现在阿舍尔阶和萨克马尔阶。石炭系的极性地层单位的序列属石炭系—二叠系反极性巨带(或基亚曼极性段)。区内石炭系—二叠系所获得的古地磁数据正好位于二者界线附近，发现有两个短暂的正向极性期，其余均为反向极性期。因此区内磁性地层单位可划分为石炭系—二叠系反极性巨带、石炭系—二叠系反极性带，由下而上划分为3个反向极性层和2个正向极性层。

1. 反向极性层1

该层位于剖面第35—38层，地理坐标下的磁偏角为204.5°—347.3°，磁倾角分别为34.8°、－64.5°、－71.8°、71.5°和－78.5°，层面坐标下的磁偏角为180.2°—348.4°，磁倾角分别为－11.0°、－21.9°、－29.3°、－28.8°和－35.6°，置信度(α_{95})为3.8～5.2。

2. 正向极性层1

该层位于剖面第34层，地理坐标下的磁偏角为169.7°—173.5°，磁倾角分别为1.0°和－11.6°，层面坐标下的磁偏角为163.1°—171.6°，磁倾角分别为28.6°和39.8°，置信度(α_{95})为10.4～10.9。

3. 反向极性层2

该层位于剖面第28层，地理坐标下的磁偏角为240.7°，磁倾角为－7.9°，层面坐标下的磁偏角为237.8°，磁倾角为21.4°。

4. 正向极性层2

该层位于剖面第25—26层，地理坐标下的磁偏角为108.1°—139.9°，磁倾角分别为12.0°和－47.6°，层面坐标下的磁偏角为130.2°—150.4°，磁倾角分别为16.7°和－46.7°。

5. 反向极性层3

该层位于剖面第18—20层，地理坐标下的磁偏角为231.3°—274.5°，磁倾角分别为52.7°和－61.3°，层面坐标下的磁偏角为242.6°—346.7°，磁倾角分别为76.9°和－26.6°，置信度(α_{95})为6.0～10.0。

从上述特征看，石炭系与二叠系界线应放在第26层底界，正好是正向极性层2的开始，岩石组合也是在此界线有差别。

(二)磁性地层对比

前苏联的研究表明，基亚曼极性段是从上石炭统的巴什基尔-莫斯科阶到上二叠统的下鞑靼阶，其中有两个短时的正向极性期，一个在上石炭统莫斯科阶与格热尔阶之间，另一个在石炭系与二叠系的分界附近即鄂伦保阶与阿什舍尔阶之间。美国的基亚曼极性段的底部从上石炭统的密苏里阶底部开始，终止于上二叠统达卢普阶上部，其中也有两个短暂的正向极性期，一个在果纳德阶内，另一个在石炭—二叠系分界附近的维耳吉尔阶和狼营统之间。南非和中欧也有类似的情况。我国石炭系—二叠系的古地磁测量证实了同样的基亚曼极性段和其中短暂正向极性期的存在。这样，以反极性占优势的基亚曼极性段及其中的正向极性期可作为世界性的地层年代对比标志。区内划分的两个正向极性层也位于石炭系与二叠系分界之间，因此可与我国和世界磁性地层对比。

四、区域地层对比及年代地层讨论

（一）区域地层对比

永珠组在区内整合于中上泥盆统查果罗玛组之上，主要为一套黑色细碎屑岩，含珊瑚、腕足类、苔藓虫及棘皮类化石，厚约 1 635m。在尼玛县吉勒一带，永珠组未见底，主要为黑色粉砂质泥板岩，厚度大于 652m。在昂仁县厄容一带，永珠组也未见底，主要为灰黑色粉砂质泥岩夹少量含生物碎屑灰岩，厚度大于 404m。在申扎永珠一带，永珠组整合于中上泥盆统查果罗玛组之上（图 2－6），以灰白、灰绿色中—粗粒石英砂岩为主，与细粒石英砂岩、页岩不等厚互层，夹多层生物碎屑灰岩，含腕足类、双壳类和腹足类化石，厚 895m。在改则县古昌一带，主要为一套灰绿—黑灰色页岩、粉砂岩、生物灰岩与薄层细粒石英砂岩不等厚互层，主要富含腕足类、珊瑚，次为双壳类、苔藓虫及棘皮类等，厚度大于 460m。在措勤-南木林一线，为一套深灰色细碎屑岩，间夹少量生物碎屑灰岩，局部夹凝灰岩，古生物以腕足类为主，少量珊瑚及棘皮类，厚度大于 2 000m。从北向南该组厚度明显变薄，向东西方向厚度也明显变薄，且向东在永珠一带粒度变粗。

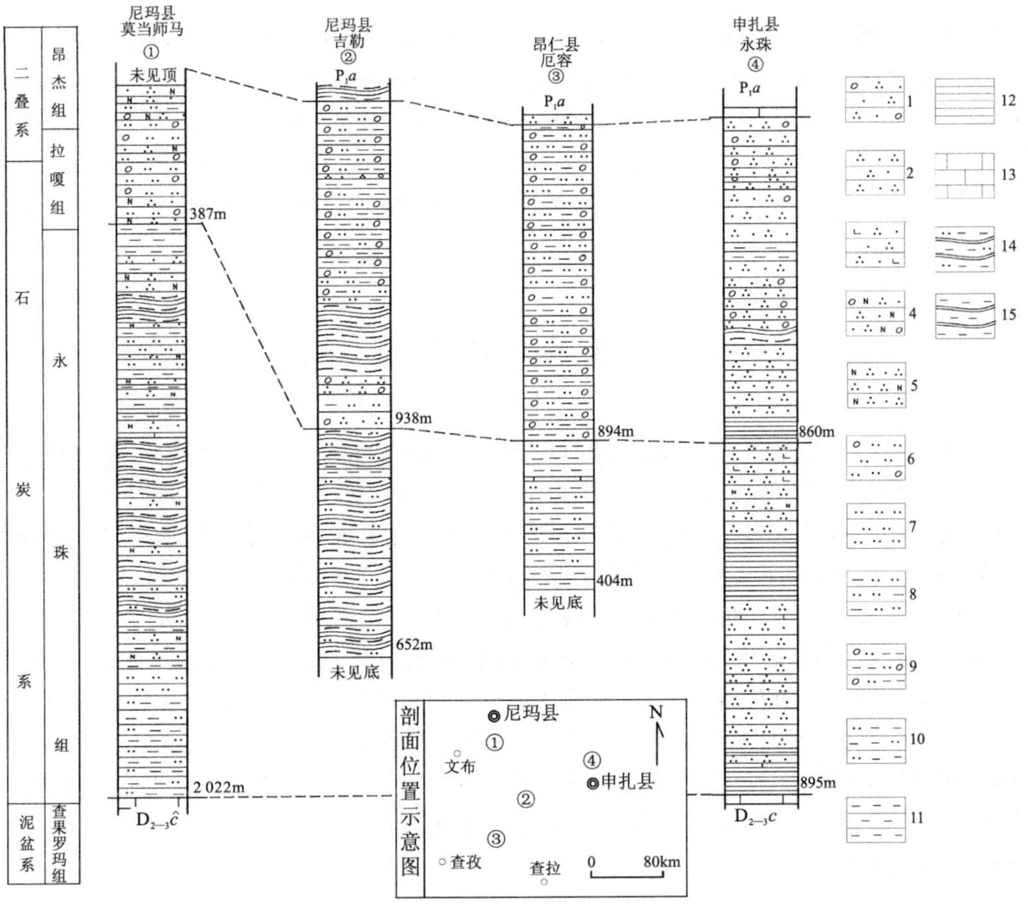

图 2－6　石炭系柱状对比图

1. 含砾石英砂岩；2. 石英砂岩；3. 钙质石英砂岩；4. 含砾长石石英砂岩；5. 长石石英砂岩；6. 含砾粉砂岩；7. 粉砂岩；8. 泥质粉砂岩；9. 含砾粉砂质泥岩；10. 粉砂质泥岩；11. 泥岩；12. 页岩；13. 灰岩；14. 粉砂质泥板岩；15. 泥板岩

区内拉嘎组整合于永珠组之上，被下二叠统昂杰组整合覆盖，主要为极少量砾岩，厚度大于 387m。在尼玛县吉勒一带，该组整合于永珠组之上，被下二叠统昂杰组整合覆盖，主要为含砾粉砂岩、含砾砂岩和石英砂岩、黑色泥板岩，厚 938m。在昂仁县厄容一带，该组整合于永珠组之上，被下二叠统昂杰组整合覆盖，主要为含砾粉砂质泥岩和含砾泥质粉砂岩，厚 894m。在永珠一带（图 2－6）为石英砂岩、含砾砂岩，局部夹薄层灰岩或透镜体，厚 860～1 380m。在狮泉河羊尾山为石英砂岩、钙质砂岩、板岩、含砾板岩，厚 570m。从北向南该组厚度有变薄趋势，向东该组有厚度变厚、粒度变粗趋势。

（二）时代确定

永珠组在区内整合于中上泥盆统查果罗玛组之上，拉嘎组整合于永珠组之上，被下二叠统昂杰组整合覆盖，时代应晚于泥盆纪，早于早二叠世。

区内永珠组采获的珊瑚 *Amplexus* sp.，*Caninia* sp.，*Arachnolasma* sp.，*Lophophyllum* sp.，*Ganganophyllum* sp. 均为石炭纪分子，其中 *Arachnolasma* 见于早石炭世，苔藓虫 *Rhombopora communis* 见于晚石炭世。申扎永珠一带永珠组采获大量腕足类、珊瑚等，时代为早石炭世晚期（夏代祥，1983）；拉嘎组采获腕足类 *Stepanoviella* sp.，*Phricodothyris* sp.，*Cancrinella undata* 和珊瑚 *Amplexocarinia* sp. 等，时代为晚石炭世。因此永珠组时代为早—晚石炭世。

区内永珠组和拉嘎组与区域岩石组合一致，其时代应相同。

综上所述，永珠组时代为早石炭世，跨晚石炭世一部分，拉嘎组为晚石炭世，跨早二叠世一部分。

（三）年代地层讨论

永珠组在永珠一带含珊瑚 *Rhopalasma*，*Zaphrentites*，*Barrendenophyllum*，*Homalophyllum*，*Meniscophyllum*，*Amplexus*，*Mirusophyllum*，腕足类 *Chonetipustula*，*Balakhonia*，*Productus*，*Fluctuaria*，*Dictyoclostus*。其中 *Rhopalasma*，*Chonetipustula* 是维宪阶代表分子，因此，可对比为下石炭统维宪阶。拉嘎组在永珠一带含腕足类 *Eomarginifera* cf. *viseniana*，*Phricodothyris asiatica*，*Choristites* sp.，*Martinothyris lineata*，均为上石炭统常见属种，部分已跨下二叠统，可对比为上石炭统卡西莫夫阶—下二叠统阿瑟尔阶。

第五节 二叠系

二叠系出露位置同石炭系，与石炭系相伴，呈东西向带状展布，出露地层为下二叠统昂杰组和中二叠统下拉组，出露面积约 350km^2。昂杰组主要为细碎屑岩，下拉组为碳酸盐岩，厚约 650m。

昂杰组由夏代祥（1979）创名于申扎县永珠昂杰山，归上石炭统；杨式溥、范影年（1981）将其上部细碎屑岩夹灰岩划归下拉组，将下部灰岩及其以下的石英砂岩、含砾砂岩称朗玛日组，而将其下伏的粉砂岩、页岩夹含砾砂岩、含砾粉砂岩称昂杰组；西藏自治区地质局区域地质调查大队（1983）据生物化石将昂杰组中上部归下拉组，将灰岩及以下层位称昂杰组，林宝玉（1983）将该组归早二叠世；夏代祥、刘世坤（1997）将昂杰组定义为下拉组灰岩之下、拉嘎组含砾砂岩之上的一套细碎屑岩和灰岩，并被后人沿用。下拉组由夏代祥、徐仲勋（1979）创名于申扎县永珠下拉山，夏代祥（1983）介绍；林宝玉（1981）将该组解体为下部的日阿组和上部的下拉组；张正贵（1985）将该组划分为下部的下拉组和上部的卓布组；夏代祥、刘世坤（1997）仍称下拉组，与创名定义相同，指昂杰组之上的一套碳酸盐岩。本文沿用夏代祥、刘世坤（1997）划分方案（表 2－4）。

一、剖面描述

1. 尼玛县加让下二叠统昂杰组实测剖面（图 2－7）

剖面位于尼玛县卓尼乡西北约 17km 的加让，起点坐标：N. 31°12′50″、E. 87°13′09″，终点坐标：

N. 31°13′07″、E. 87°13′10″，剖面长约 0.6km。与下伏上石炭统—下二叠统拉嘎组和上覆中二叠统下拉组均为整合接触。

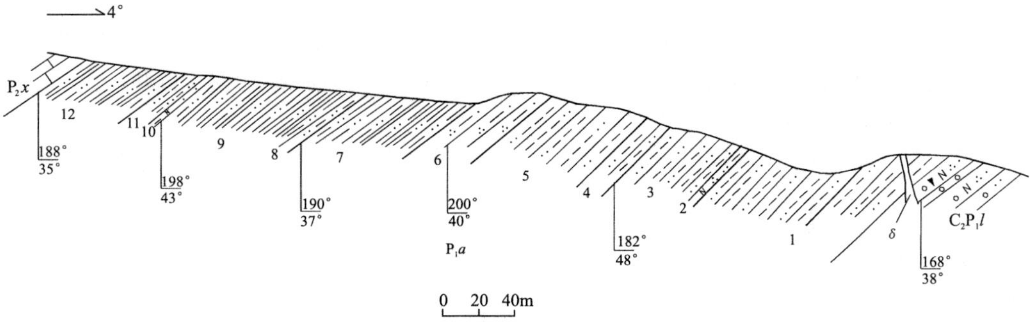

图 2－7　尼玛县加让下二叠统昂杰组实测剖面图

上覆：中二叠统下拉组（P_2x）灰红色薄层泥晶生物碎屑灰岩

——————　整　合　——————

下二叠统	
昂杰组（P_1a）	**341.4m**
12. 黑色粉砂质页岩，夹粉砂岩小透镜体	39.8m
11. 灰黑色含粉砂质泥岩，夹较多的褐黄色泥质粉砂岩透镜体，见水平虫穴	8.8m
10. 灰绿色中薄层中细粒长石石英砂岩，局部含砾，向上岩层变薄	1.5m
9. 黑色粉砂质页岩	56.5m
8. 浅青灰色含粉砂质泥岩	3.4m
7. 黑色粉砂质页岩	29.2m
6. 青灰色中厚层中粒石英杂砂岩	29.9m
5. 灰绿色含粉砂质泥岩	40.4m
4. 青灰色粉砂质泥岩	11.5m
3. 灰黑色含砂质粉砂质泥岩，含零星砾石	33.6m
2. 灰色泥质长石石英粉砂岩	1.6m
1. 灰黑色含砂质粉砂质泥岩	85.3m

——————　整　合　——————

下伏：上石炭统-下二叠统拉嘎组（C_2P_1l）灰黄色中厚层含砾中粒岩屑长石石英砂岩

2. 尼玛县穷门达中二叠统下拉组实测剖面（图 2－8）

剖面位于尼玛县卓尼乡西北约 7.5km 的穷门达，起点坐标：N. 31°13′37″、E. 87°20′30″，终点坐标：N. 31°13′06″、E. 87°20′28″，剖面长约 0.9km。与下伏下二叠统昂杰组为整合接触，上被下白垩统则弄群角度不整合覆盖。

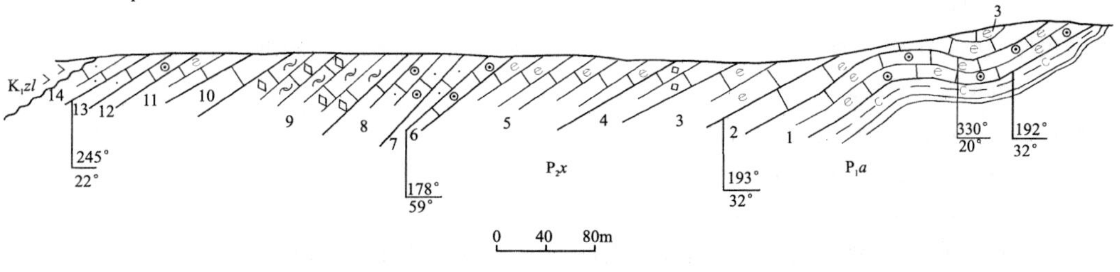

图 2－8　尼玛县穷门达中二叠统下拉组实测剖面图

上覆：下白垩统则弄群(K_1zl)灰黑色安山岩

~~~~~~~~~~~~ 角度不整合 ~~~~~~~~~~~~

中二叠统

下拉组(P_2x)	**310.0m**
14. 砖红色中厚层泥晶砂屑灰岩，砂屑成分为灰岩，呈棱角状，大小 1～1.8mm，含量 78%	4.3m
13. 灰、灰红色中薄层亮晶砂屑灰岩，单层厚 10～20cm。砂屑成分为泥晶灰岩，呈次圆状，大小为 0.1～1mm，个别达 3.5mm，含量 85%	2.9m
12. 深灰色中层亮晶鲕粒灰岩，鲕粒呈圆状、椭圆状，具层圈构造，大小为 0.3～1mm，含量 65%	3.6m
11. 灰黑色中厚层含生物碎屑泥晶灰岩	27.6m
珊瑚化石：*Iranophyllum shirakiense* Yamagiwa et Suzuki，*I.* sp.	
䗴类化石：*Nankinella* sp.	
Chusenella sp.	
有孔虫化石：*Agalhammina* sp.	
10. 灰色厚层泥晶灰岩，偶含燧石团块	22.1m
棘皮类化石：*Cyclocylicus* sp.	
9. 深灰色厚—巨厚层含燧石团块和燧石条带微晶灰岩，单层厚度大于 50cm。燧石向上递减	57.1m
8. 深灰色厚—巨厚层含砾屑亮晶鲕粒灰岩，鲕粒呈圆状、椭圆状，具层圈构造，大小为 0.3～1mm，含量 70%；砾屑少量，成分为灰岩，呈次棱角状，大小为 2～3mm	33.0m
7. 灰黑色薄层泥晶砂屑灰岩，偶含燧石团块，单层厚 8～15cm。砂屑成分为泥晶灰岩，棱角状，大小为 0.1～1.5mm，个别达 3mm，含量 65%	19.0m
珊瑚化石：*Pavastehphyllum* cf. *xuinzaensis* Lin	
Verbeekiella australis Beyrich	
Wannerophyllum sp.	
腹足类化石：*Bellerophon* sp.	
䗴类化石：*Schwagerina* sp.	
6. 灰色厚—巨厚层亮晶鲕粒灰岩，偶含燧石团块。鲕粒呈圆状、椭圆状，具层圈构造，大小为 0.5～1.5mm，含量 60%	13.8m
5. 灰黑色中厚层含生物碎屑泥晶灰岩，生物碎屑主要为腕足类，大小为 0.5～3.5mm，含量 5%，其次有珊瑚和棘皮类	61.7m
珊瑚化石：*Iranophyllum* sp.	
棘皮类化石：*Cyclocylicus* sp.	
4. 肉红色中厚层生物碎屑微晶灰岩。生物碎屑主要为腕足类和棘皮类，大小为 0.3～10mm，含量 50%，另外，有少量苔藓虫	17.3m
苔藓虫化石：*Nikiforovella nana*	
3. 灰红色厚层泥晶生物碎屑灰岩，单层厚 50cm。生物碎屑为棘皮类，大小为 0.3～4mm，含量 50%	15.6m
珊瑚化石：*Wetzelella* sp.	
腕足类化石：*Anidanthus* sp.	
Paraspiriferina sp.	
Martinia sp.	
2. 紫红色厚层泥晶生物碎屑灰岩，单层厚 40～50cm。生物碎屑为棘皮类和腕足类，大小为 0.5～3.5mm，含量 80%	25.8m
珊瑚化石：*Lophophyllum qianggoensis* Lin	
Wannerophyllum sp.	
腕足类化石：*Chaoielle* sp.	
1. 灰红色中厚层泥晶生物碎屑鲕粒灰岩，单层厚 20～40cm。鲕粒呈圆状，大小为 0.2～0.8mm，含量 47%；生物碎屑主要为棘皮类，大小为 1～2.3mm，含量 25%	6.3m
~~~~~~~~~~~~

棘皮类化石：*Cyclocylicus* sp.

—————— 整 合 ——————

下伏：下二叠统昂杰组（P_1a）黑色含炭质泥板岩

二、地层划分及其特征

（一）岩石地层划分

区内二叠系下统为碎屑岩，中统为灰岩，缺失上统，底部整合于上石炭—下二叠统拉嘎组之上，上被下白垩统则弄群角度不整合覆盖，厚约650m。由下而上划分为下二叠统昂杰组和中二叠统下拉组，昂杰组为一套细碎屑岩，下拉组为一套碳酸盐岩，可进一步划分为下部和上部。

（二）岩石地层特征

昂杰组主要为灰黑色含粉砂质泥岩、黑色粉砂质页岩，夹青灰色中厚层中粒石英杂砂岩及少量中细粒长石石英砂岩和泥质长石石英粉砂岩，局部夹生物碎屑灰岩，厚341m。本次在加亚补泥北采获珊瑚 *Lytvolasma elliptium* Wu，*Clavilasma* sp.，*Amplexus* sp.，苔藓虫 *Fenestella* sp.，腕足类 *Linoproductus* sp.，*Plicochonetes weiningensis* Yang，*Echinoconchus subelegans*（Thomas），*Schuchertelle* sp.，*Ptychomaletoechia* cf. *kinlingensis*（Grant），*P.* sp.，*Phricodothyris* sp.，? *Martinia* sp.，*Ambocoelia* sp.，三叶虫 *Weania* sp.，在打拿采获三叶虫 *Paraphillipsia* sp.，在加让采获珊瑚 *Ufimia* sp.，在阿若一带，主要岩性为灰绿色粉砂质泥岩夹生物碎屑灰岩、中细粒石英砂岩，含苔藓虫 *Stenopora* sp. 等，厚度大于263m。

下拉组下部主要为红色中—厚层泥晶生物碎屑灰岩、泥晶生物碎屑鲕粒灰岩、微晶灰岩，厚65m。含苔藓虫 *Nikiforovella nana*，腕足类 *Anidanthus* sp.，*Paraspiriferina* sp.，*Martinia sp.*，*Chaoielle* sp.，珊瑚 *Lophophyllidum qianggonsis* Lin，*Wannerophyllum* sp.，*Wetzelella* sp.，棘皮类 *Cyclocyclicus* sp. 等。中部以含燧石团块为特征，主要为灰—深灰—灰黑色含生物碎屑泥晶灰岩、含燧石团块微晶灰岩、含砂屑鲕粒灰岩、含燧石团块泥晶灰岩、含燧石团块泥晶砂屑灰岩、含燧石团块亮晶鲕粒灰岩，厚206.7m。含珊瑚 *Iranophyllum* sp.，*Parastehphyllum* cf. *xuinraensis* Lin，*Verbeekiella australis Beyrich*，*Wannerophyllum* sp.，䗴 *Schwagerina* sp.，腹足类 *Bellerophon* sp. 等。上部为灰黑—深灰色中厚层含生物碎屑泥晶灰岩、亮晶鲕粒灰岩、灰红色中薄层亮晶砂屑灰岩、砖红色中厚层泥晶砂屑灰岩，厚度大于38.4m。含珊瑚 *Iranophyllum shirasakiense* Yamagiwa et Suzuki，*I.* sp.，䗴 *Nankinella* sp.，*Chusenella* sp.，有孔虫 *Agalhammina* sp. 等。

本次在知弄拉采获䗴 *Schwagerina* sp.，*Nankinella* sp.，在加让采获珊瑚 *Neokuechowpora* aff. *lhumzhunensis* Wu et Zhao，*Wannerophyllum* sp.，在穷门达采获珊瑚 *Wannerophyllum* sp.，*Multithecopora nephitheca*，*Parastehphyllum* cf. *xuinaensis* Lin，*Verbeekiella australis* Beyrich，在格仁错北采获珊瑚 *Waagenophyllum* sp. 等。前人在戈芒错南采获珊瑚 *Iranophyllum* sp.，*Waagenophyllum* sp.，*Paraipciphyllum* sp.，*Huayunophyllum* sp.，腕足类 *Uncinunellina* sp.，*Marginifera* sp.，*Orthotetes* sp.，*Squamularia* aff. *elegantula*（Waagen），*Composita* sp.，*Cancrinella* sp.；在张乃错南采获珊瑚 *Wentzelella* sp.，*Szechuanophyllum* sp.，*Iranophyllum* sp.，䗴 *Nankinella* sp.，*N.* cf. *inftlata*（Colani），*N. oribicularia* Lee，有孔虫 *Glomospira regularis* Lipina，*Braoyininae* sp.，腕足类 *Stenoscisma* cf. *purdoni*（Davidson）等。

三、生物地层划分及其特征

（一）生物地层特征

二叠系含较丰富的珊瑚，可建立两个珊瑚组合带，即 *Lytrolasma* 组合带和 *Iranophyllum* 组合带。

1. *Lytrolasma* 组合带

Lytrolasma 组合带是吴望始(1975)在藏南建立的,原称 *Lytrolasma* 动物群。该组合带见于昂杰组顶部和下拉组下部,主要分子有 *Lytrolasma ellipticum* Wu, *Clavilasma* sp., *Amplexus* sp., *Lophophyllidum qianggonsis*, *L.* aff. *zhongbeiensis*, *Wannerophyllum* sp., *Wentzelella* sp., *Ufimia* sp. 等。*Lytrolasma* 是俄国乌拉尔、中国北部、西藏南部、印尼帝汶岛等地冷水型动物群的标准分子(林宝玉,1983)。区域上该组合见于北喜马拉雅地区色龙群上部、札达县姜叶玛组下部和申扎一带下拉组下部。昂杰组珊瑚化石较少,下拉组下部较为丰富,为固着底栖型动物群,生活于较深水环境。时代为中二叠世早期。

2. *Iranophyllum* 组合带

该组合带见于下拉组上部,主要分子有 *Iranophyllum shirasakiense*, *I.* sp., *Paraipciphyllum* sp., *Parastehphyllum* cf. *xuinzaensis*, *Verbeekiella australis*, *Wannerophyllum* sp., *Waagenophyllum* sp., *Huayunophyllum* sp., *Wentzelella* sp., *Szechuanophyllum* sp., *Neokuechowpora* aff. *lhumzhunensis*, *Thomasiphyllum* sp., *Lophophyllidium* cf. *pendulum*, *L.* sp., *Lophocarinophyllum* sp., *Tachylasma* sp., *Amplexocarina* sp., *Pleramplexus* sp., *Paracaninia* sp., *P.* aff. *intermedia* 等。区域上该组合见于林周乌鲁龙洛巴堆组下部、尼玛县文部及申扎一带下拉组上部。珊瑚较丰富,为固着底栖型动物群,生活于较深水环境,水深大于100m,为暖水型动物群。时代为中二叠世晚期。

(二)生物地层与年代地层对比

Lytrolasma 是俄国乌拉尔、中国北部、西藏南部、印尼帝汶岛等地中二叠统冷水型动物群的标准分子(林宝玉,1983)。*Lytrolasma ellipticum* 见于西藏吉隆(吴望始,1975)、吉林桦甸、内蒙古科尔沁等地的中二叠统。*Lophophyllidum qianggongensis*, *L.* aff. *zhongbeiensis* 见于西藏拉孜县柳区一带的浪错组。*Lytrolasma* 组合带是我国藏南阳新统栖霞亚统罗甸阶-祥播阶珊瑚组合带,相当于国际年代地层系统的乌拉尔统空谷阶-瓜德鲁普统罗德阶。*Iranophyllum* 见于广西靖西、贵州贵定和紫云、青海达日和兴海的中二叠统。*Pavastehphyllum* cf. *xuinzaensis* 见于西藏申扎地区的中二叠统下拉组。*Verbeekiella australis* 见于广西来宾的中二叠统。*Lophophylliodium* cf. *pendulum* 见于江苏高淳、黑龙江札赉特旗、吉林桦甸和汪清的中二叠统。*Lytrolasma* 组合带是我国华南、藏南地区阳新统茅口亚统冷坞阶珊瑚组合带,相当于国际年代地层系统的瓜德鲁普统卡皮敦阶。

四、区域地层对比及时代归属

(一)区域地层对比

区域上昂杰组变化不大,区内昂杰组与下伏石炭系为整合接触,主要为灰黑色含粉砂质泥(页)岩,夹青灰色中厚层中粒石英杂砂岩及少量中细粒长石石英砂岩和泥质长石石英粉砂岩,局部夹生物碎屑灰岩,含少量珊瑚、腕足类、苔藓虫等,厚约340m。申扎县永珠一带(图2-9)的昂杰组主要为灰黑色页岩、粉砂岩夹砂岩及灰岩,厚约120m。在纳木错一带,下部为灰绿色泥质粉砂岩、粉砂质泥岩夹凝灰质粉砂岩、灰岩,在林周一带为黑色板岩夹凝灰质砂岩,上部为灰岩夹钙质砂岩,厚约170m。在噶尔县羊尾山为黑色板岩夹灰岩,厚约66m(夏代祥、刘世坤,1997)。区域上该组从北向南厚度变小、粒度变粗,向东西两个方向厚度变小。

区域上下拉组均为一套碳酸盐岩,区内含较丰富的珊瑚、腕足类、蜓、有孔虫、苔藓虫等,厚度大于310m。在昂仁县措迈-贡久布一带含蜓、珊瑚、腕足类等,厚约500m;在申扎县下拉(图2-9)含蜓、有孔虫、腕足类等,厚502m;班戈县纳木错西岸至木纠错一带含珊瑚、腕足类等,厚度约200～600m。在噶尔县羊尾山含蜓、珊瑚、腕足类等,厚1 300m(夏代祥、刘世坤,1997)。

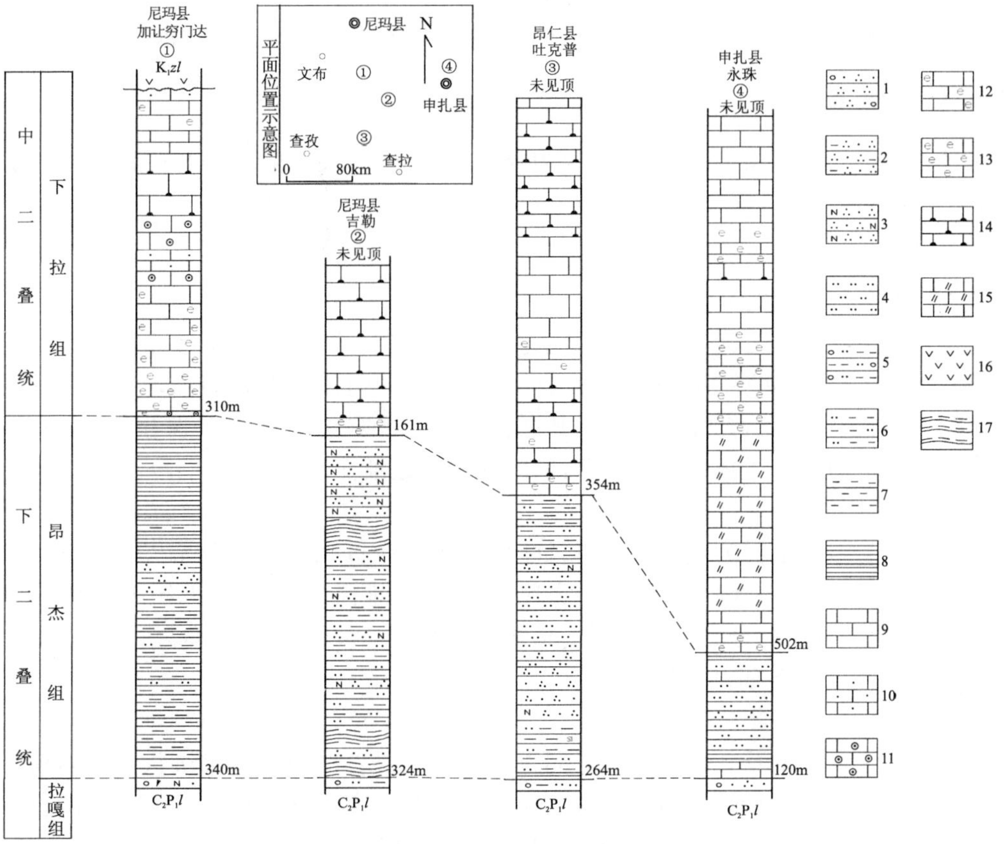

图 2－9　二叠系柱状对比图

1. 含砾石英砂岩；2. 石英杂砂岩；3. 长石石英砂岩；4. 粉砂岩；5. 含砾粉砂质泥岩；6. 粉砂质泥岩；7. 泥岩；8. 页岩；9. 灰岩；10. 砂屑灰岩；11. 鲕粒灰岩；12. 含生物碎屑灰岩；13. 生物碎屑灰岩；14. 含燧石团块灰岩；15. 白云质灰岩；16. 安山岩；17. 板岩

(二)时代确定

昂杰组整合于拉嘎组之上、下拉组之下，其时代应晚于拉嘎组、早于下拉组。下拉组被下白垩统则弄群不整合覆盖，在谢通门县里窝、措勤县敌布错等地被上二叠统敌布错组不整合覆盖(周幼云等，2002)，其时代应早于晚二叠世。

区内昂杰组含腕足类 *Linoproductus* sp.，*Plicochonetes weiningensis*，*Echinoconchus subelegans*，*Schuchertelle* sp.，*Ptychomaletoechia* cf. *kinlingensis*，*P.* sp.，*Phricodothyris* sp.，? *Martinia* sp.，*Ambocoelia* sp.，时代为早二叠世，顶部及下拉组含珊瑚 *Lytvolasma* 组合带和 *Iranophyllum* 组合带及腕足类 *Stenoscisma* cf. *purdoni*，*Uncinunellina* sp.，*Marginifera* sp.，*Orthotetes* sp.，*Squamularia* aff. *elegantula*，*Composita* sp.，*Cancrinella* sp.，䗴 *Nankinella* cf. *inftata*，*N. oribicularia*，*N.* sp.，有孔虫 *Glomospira regularis Lipina*，*Braoyininae* sp.，时代为中二叠世。

区域上昂杰组和下拉组岩石组合变化不大。所处大地构造位置一致，所含动物化石也基本相同，因此其时代应相同。

第六节　古生代沉积盆地分析

测区古生代地层不发育，出露于格仁错构造带附近及其以南地区，占总面积的 13.4%。沉积类型简单，志留系、泥盆系及中二叠统以碳酸盐岩为主，石炭系及下二叠统以陆源碎屑岩为主。沉积盆地为稳定陆块上的克拉通浅海盆地，为远源碳酸盐建造。

本报告沉积盆地分析主要包括沉积组合、沉积层序、碎屑岩模型分析及盆地演化等内容。

一、志留纪沉积盆地

测区志留系分布于格仁错构造带附近，主要为碳酸盐岩，由局限陆棚边缘盆地逐渐演化为台地边缘盆地，水体逐渐变浅。

1. 主要沉积组合

（1）局限陆棚边缘盆地沉积组合

该组合以德悟卡下组下部为代表。主要岩性为灰黑色和灰色薄层粉砂质微晶灰岩，含较丰富的笔石化石，水平纹理极为发育，单层厚度小，一般为5cm。未见任何浅水沉积标志。主要表现为色深、层薄、粒细。总体上代表了一种闭塞的海盆沉积，其沉积物中有机质含量较高，且保存条件较好，可以成为有利的生油岩系。由下而上泥质板岩逐渐增多，反映其水体逐渐变深。

（2）浅海陆棚沉积组合

该组合以德悟卡下组中上部为代表。主要岩性为青灰色薄板状—薄层泥晶灰岩、灰色薄板状粉砂质微晶灰岩，灰黑色含炭质钙质板岩，含鹦鹉螺类化石，水平纹理极为发育，未见任何浅水沉积标志。主要表现为色稍浅、层薄、粒细，部分岩层含炭质。总体上代表了一种较开阔的海盆沉积，有机质含量也较高，保存条件较好，也可以成为有利的生油岩。

（3）台地边缘斜坡沉积组合

该组合以德悟卡下组顶部及扎弄俄玛组下部为代表。主要岩性为灰白色块状含角砾粉晶灰岩、青灰色中厚层含角砾微晶灰岩、中薄层泥晶灰岩，生物以双壳类为主。青灰色岩层为原地沉积，灰白色为异地沉积，常含角砾，角砾成分为泥晶灰岩，大小为1～5cm，含量一般为10%。主体表现为色浅、层厚、含角砾、沉积构造不发育。该沉积组合可以作为良好的储油层。

（4）台地边缘滩沉积组合

该组合以扎弄俄玛组上部为代表。主要为浅灰色中厚层砾屑细晶白云岩、中晶白云岩、青灰色中薄层微晶白云岩及浅灰色块状含角砾细晶白云岩。砾屑白云岩中砾屑成分为微晶灰岩，大小为2～12mm，含量25%～35%，为高能浅水沉积。含角砾白云岩中，角砾成分为同生角砾，成分为细晶白云岩，大小约1cm，含量约10%，为浅水标志。主要表现为色浅、层厚、含砾屑，为一套白云岩，沉积构造不发育，化石极少。可作为寻找石油的盖层进行评价。

（5）台地潮下沉积组合

该组合以扎弄俄玛组顶部为代表。主要为黑色薄板状泥晶灰岩，含鹦鹉螺和棘皮类等化石。表现为色深、层薄、粒细。

2. 沉积层序分析

测区古生界可划分为一个巨层序，进一步分为志留系—泥盆系和石炭系—二叠系两个超层序。志留系构成一个较完整的Ⅲ级层序，可分出低水位体系域、海侵体系域和高水位体系域(图2-10)，根据申扎地区资料，志留系平行不整合于奥陶系之上，其界面应为Ⅰ型层序界面。

低水位体系域(LST)：位于剖面第1—2层，厚597m。基本层序(图2-11)由深灰色薄板状粉砂质灰岩(厚20～10cm，向上变薄)→灰黑色泥岩(厚8～4cm，向上变薄)组成，厚14～28cm，向上逐渐变薄。生物主要为笔石和头足类，显示加积的沉积结构，为局限陆棚边缘盆地沉积环境。

海侵体系域(TST)：位于剖面第3—7层。海侵面位于第3层底部，即灰色薄板状含粉砂质微晶灰岩底部，为一突变面，底面较平直稍有弯曲。向上与钙质泥岩互层，岩层中发育水平纹层，单层厚10～40cm。含鹦鹉螺类和瓶筐类，显示加积—退积沉积结构，为浅海陆棚沉积环境。

凝缩段位于第7层，岩性为灰黑色含碳钙质板岩，岩层中水平纹理发育，厚度较大，最大海泛面位于该层顶面，为一过渡界面。

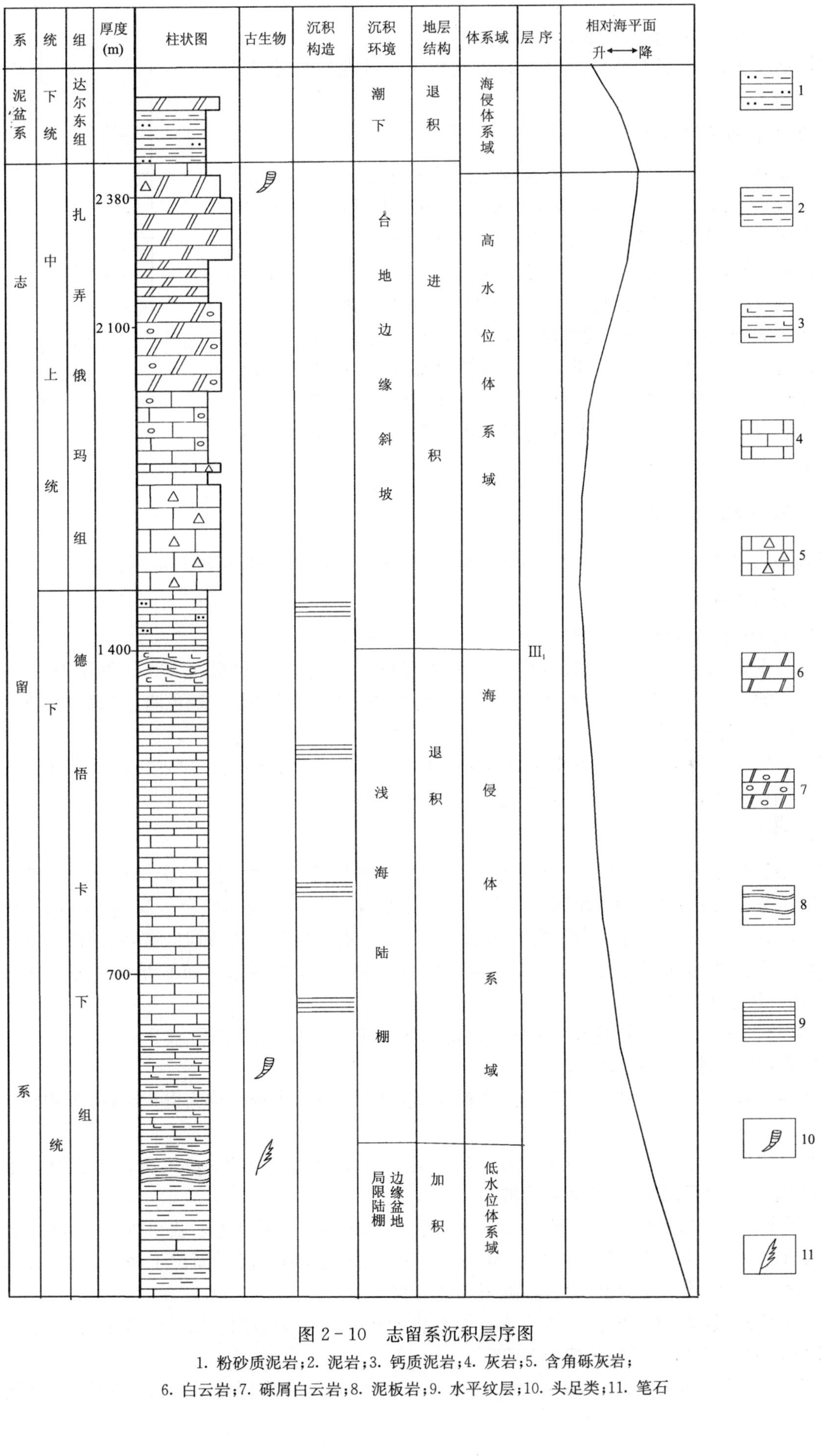

图 2-10　志留系沉积层序图

1. 粉砂质泥岩；2. 泥岩；3. 钙质泥岩；4. 灰岩；5. 含角砾灰岩；

6. 白云岩；7. 砾屑白云岩；8. 泥板岩；9. 水平纹层；10. 头足类；11. 笔石

高水位体系域(HST):位于剖面第 8—19 层。向上粒度变粗,岩层变厚,显示为进积结构,为台地边缘斜坡沉积环境。

暴露面位于第 19 层上部,岩性为浅灰色块状含角砾细晶白云岩,为浅水沉积。

3. 沉积盆地演化特征

志留系在纵向上演化明显,具有由深到浅的演化特征,早志留世早期海水普遍较深,岩石组合为青灰色薄层—薄板状泥晶灰岩与灰黑色泥岩互层,含较丰富的游泳类化石如笔石、头足类等,为较局限的陆棚边缘盆地沉积环境。晚期海水逐渐变浅,形成青灰色薄板状—厚层泥晶灰岩夹灰黑色含炭质钙质板岩,水平纹理发育,古生物化石较少,形成于浅海陆棚环境。中晚志留世早期海水继续变浅,形成灰白色块状粉晶灰岩、青灰色中厚层泥晶灰岩及含砾屑微晶灰岩,形成于台地边缘盆地环境。晚期主要为一套结晶白云岩,形成于台地潮间带环境。最晚期海水加深,岩性为灰黑色薄板状泥晶灰岩,形成于台地潮下带环境。

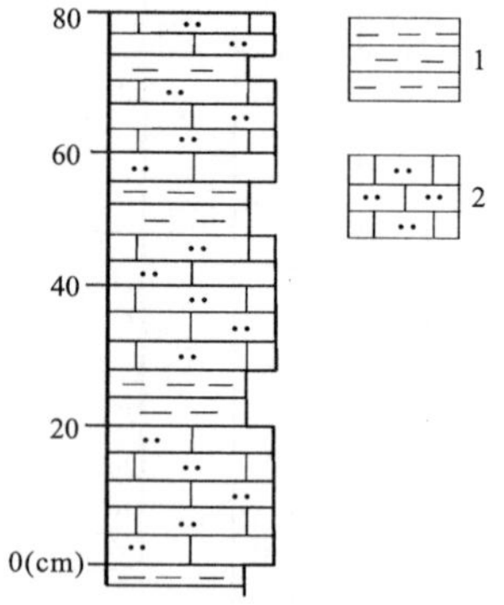

图 2-11　德悟卡下组下部基本层序

1. 泥岩;2. 粉砂质灰岩

二、泥盆纪沉积盆地

泥盆纪沉积盆地继承了志留纪海盆地特征,海水进一步扩大,仍以碳酸盐沉积为主。

1. 主要沉积组合

(1) 开阔碳酸盐台地沉积组合

该组合主要以达尔东组底部为代表。主要岩性为灰绿色含粉砂质泥岩,单层厚 20cm(总厚 118.9m),含较丰富的头足类、棘皮类、竹节石、腕足类等化石。具厚度大、颜色暗、层薄等特征。

(2) 局限台地沉积组合

该组合见于达尔东组下部,主要为一套灰色块状砾屑白云岩、含砾屑泥晶白云岩,中厚层含角砾细晶白云岩,中薄层细晶白云岩,未见生物化石,沉积构造不发育。

2. 沉积层序分析

测区泥盆系分为 4 个Ⅲ级层序,每个层序均由海侵体系域和高水位体系域组成(图 2-12)。

海侵体系域底界为海侵面,超覆于下伏高水位体系域之上。表现为颜色较深、岩层较薄、含炭质泥岩夹泥晶灰岩,其下的灰色中层白云岩为浅水沉积。最大海泛面位于饥饿段底部,饥饿段主要表现为色深、层薄、富含生物,延伸较远且稳定。暴露面一般为色浅、层厚,含铁质。沉积结构在海侵体系域为退积,在高水位体系域为进积。

$Ⅲ_1$ 层序。位于中上志留统扎弄俄玛组顶部及达尔东组下部(张恩剖面第 20—25 层),厚约 347m。由海侵体系域和高水位体系域组成。

海侵体系域(第 20—21 层):发育向上变粗变厚的基本层序,沉积结构为退积结构,沉积环境为潮下低能环境。

高水位体系域(第 22—25 层):主要为一套巨厚层结晶白云岩,厚约 200m,为向上变厚变细的基本层序,沉积结构为进积结构,沉积环境为潮间带。

$Ⅲ_2$ 层序。位于达尔东组中下部(第 26—29 层),厚 298m。由海侵体系域和高水位体系域组成。

海侵体系域(第 26—27 层):厚约 180m。底部有侵蚀现象,最大海泛面位于泥晶灰岩中间,为向上变细的基本层序,沉积结构为退积结构,沉积环境为潮下带。

高水位体系域(第 28—29 层):主要为一套含内碎屑的白云岩,厚约 120m。为向上变细的基本层序,沉积结构为进积结构,沉积环境为潮间带。

$Ⅲ_3$ 层序。位于达尔东组中部(第 30—33 层),厚约 150m。由海侵体系域和高水位体系域组成。

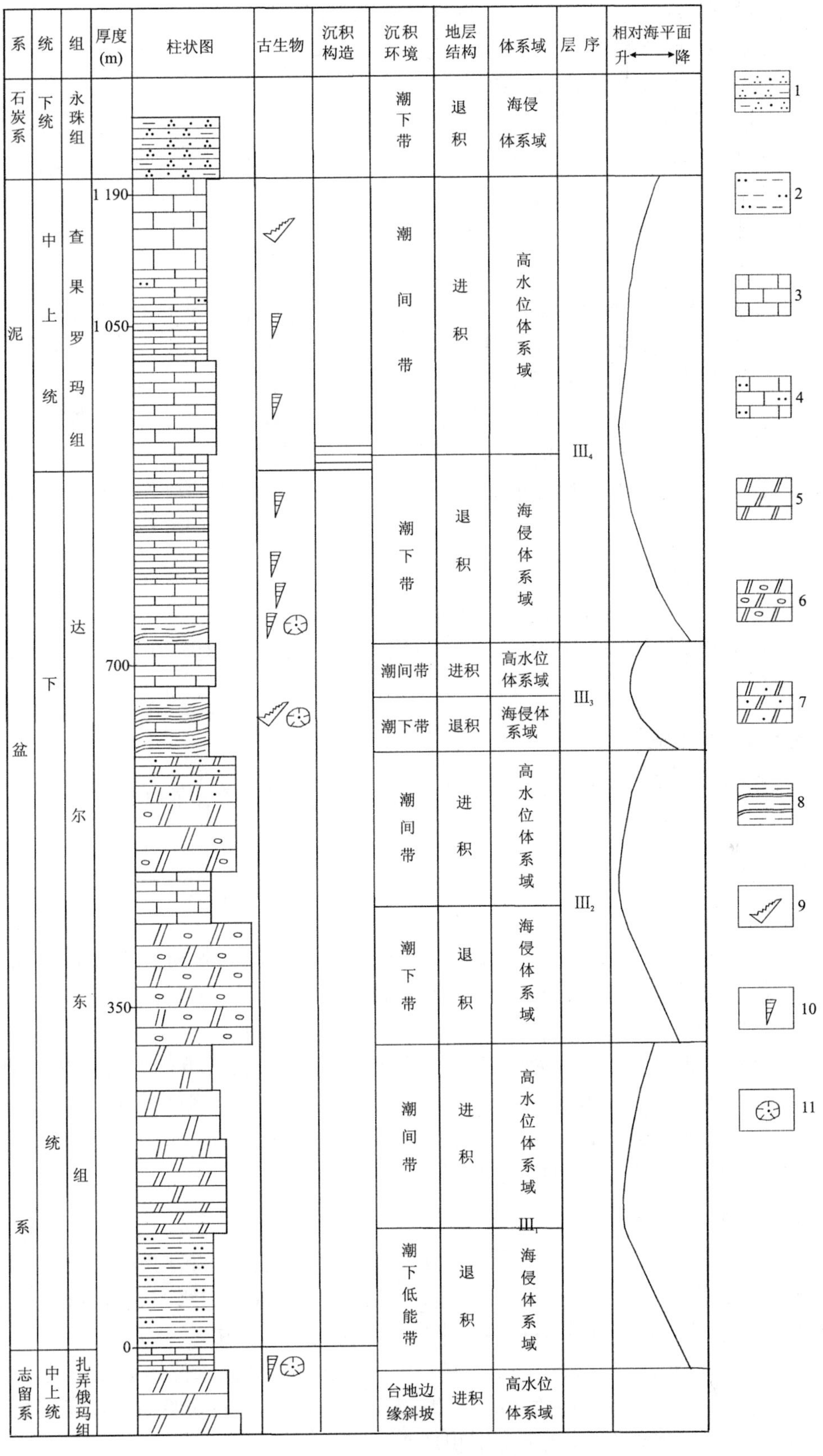

图 2-12　泥盆系沉积层序图

1. 石英杂砂岩；2. 含粉砂泥岩；3. 灰岩；4. 粉砂质灰岩；5. 白云岩；6. 砾屑白云岩；7. 砂屑白云岩；8. 泥质板岩；9. 牙形石；10. 头足类；11. 棘皮类

海侵体系域(30层):底界面为一海侵面。含丰富的头足类及棘皮类,向上泥晶灰岩逐渐增多,厚约60m。为向上变粗的基本层序,沉积结构为退积结构,沉积环境为潮下带。

高水位体系域(第31—33层):厚约90m。为向上变粗变厚的基本层序,沉积结构为进积结构,顶界面为一暴露面,沉积环境为潮间带。

Ⅲ$_4$层序。位于达尔东组上部和查果罗玛组(第34—45层),厚约480m。分为海侵体系域和高水位体系域。

海侵体系域(第34—40层):底界面为一海侵面。含丰富的竹节石、牙形石、珊瑚、腕足类、头足类及棘皮类,厚约200m。为向上变薄的基本层序,沉积结构为退积结构,沉积环境为潮下带。

高水位体系域(第41—45层):厚约290m。为向上变厚的基本层序(图2-13),沉积结构为退积结构,顶界面为一暴露面,沉积环境为潮间带。

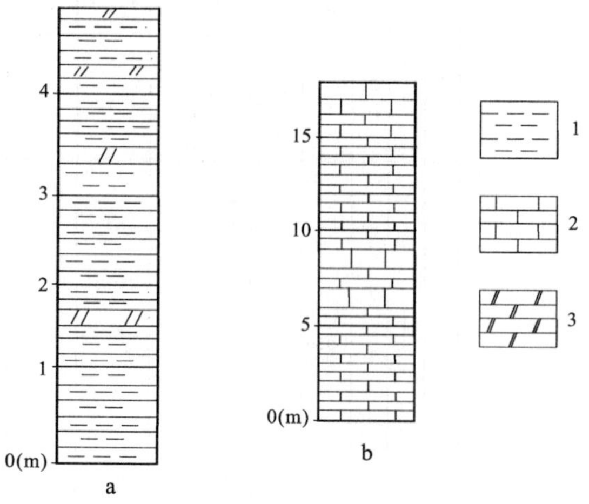

图2-13　达尔东组上部基本层序

1. 泥岩;2. 灰岩;3. 白云岩

3. 沉积盆地演化特征

测区泥盆系主要为一套碳酸盐岩,沉积环境继承了志留纪沉积环境,主要为稳定台地。在早泥盆世,海平面变化频繁,在中晚泥盆世,海平面变化不大。海水总体由深到浅。

三、石炭纪沉积盆地

石炭纪继承了泥盆纪海盆地特征,随着海岸上超范围的扩大,形成了以碎屑岩为主的稳定台地沉积。

1. 主要沉积组合

(1) 潮下带沉积组合

该组合以永珠组中下部为代表。主要岩性为灰黑色粉砂质泥岩、含粉砂质泥岩,颜色较深,厚度较薄,颗粒细,发育水平虫穴,沉积构造不发育,为静水沉积。

(2) 潮间带沉积组合

该组合以永珠组中上部及拉嘎组为代表。下部岩性为细粒长石石英砂岩夹生物碎屑灰岩,局部层面见泥砾、波痕,发育水平层理和水平虫穴,有时夹砾岩透镜体,表现为颗粒较粗、岩层较厚、颜色较浅,上部主要为细砾岩和含砾粗粒长石石英砂岩及少量含砾粉砂岩,发育潮状交错层理,主要表现为色较深,岩层厚,粒度粗,为一套向上变粗的海岸沉积。

2. 沉积层序分析

根据层序界面特征,可分为5个Ⅲ级层序(图2-14),与二叠系一起构成一个超层序,相应岩石地层为永珠组和拉嘎组,代表厚度为2 022m,总体向上变浅。海侵面为二级不整合界面,位于海侵体系域底部,最大海泛面位于黑色泥岩中,暴露面位于潮间带形成的的砂岩中。

Ⅲ$_1$层序。位于永珠组底部(剖面第1—3层),由海侵体系域和高水位体系域组成,厚约350m。

海侵体系域:位于剖面第1层,厚约200m。海侵面位于底部,即石炭系与泥盆系接触界面。为退积型沉积结构,颜色较深,厚度较大,为潮下带沉积环境。

高水位体系域:位于剖面第2—3层,厚约143m。最大海泛面位于黑色粉砂质泥岩底部。为向上变粗、变厚、变浅的沉积层序,为进积型沉积结构,颜色较浅,为潮间带沉积环境。

Ⅲ$_2$层序。位于永珠组下部(第4—14层),由海侵体系域和高水位体系域组成,厚约725m。

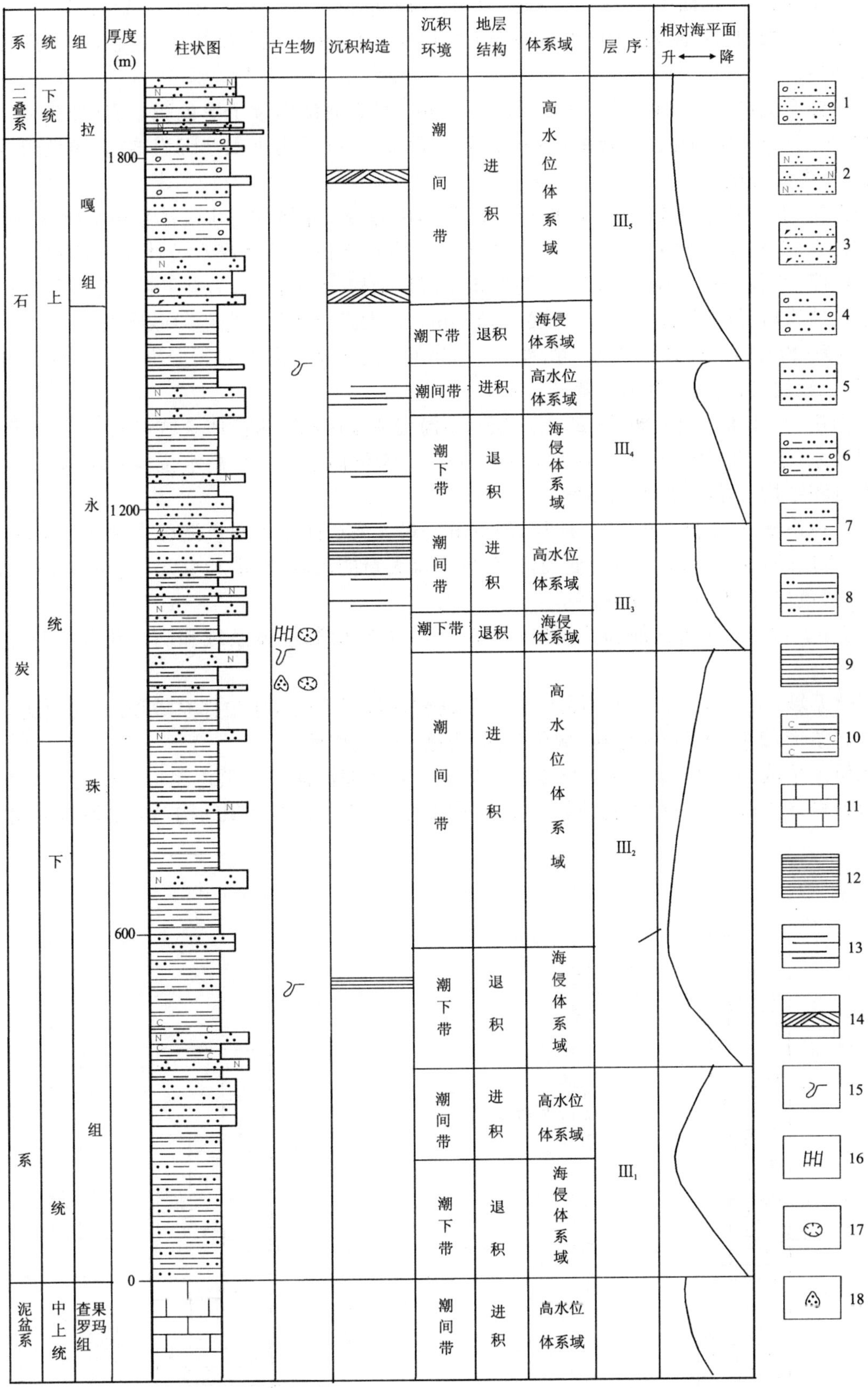

图 2-14　石炭系沉积序列图

1. 含砾石英砂岩；2. 长石石英砂岩；3. 岩屑石英砂岩；4. 含砾粉砂岩；5. 粉砂岩；6. 含砾泥质粉砂岩；7. 泥质粉砂岩；8. 粉砂质泥岩；9. 泥岩；10. 炭质泥岩；11. 灰岩；12. 水平层理；13. 平行层理；14. 楔状层理；15. 虫穴；16. 珊瑚；17. 棘皮类；18. 苔藓类

海侵体系域：位于剖面第 4—7 层，厚约 218m。海侵面位于下伏高水位体系域顶部，向上逐渐变深。岩层发育水平纹层和水平虫穴，为向上变薄变细的层序，为退积型沉积结构，颜色较深，厚度较大，为潮下带沉积环境。

高水位体系域：位于剖面第 8—14 层，厚约 480m。最大海泛面位于黑色泥板岩中间。基本层序为砂岩（发育平行层理，层面见泥皮及虫穴）→泥板岩，厚 2～20m。为进积型沉积结构，颜色较浅，厚度较大，为潮间带沉积环境。

Ⅲ₃ 层序。位于位于永珠组中部（第 15—27 层），由海侵体系域和高水位体系域组成，厚约 186m。

海侵体系域：位于剖面第 15—18 层，厚约 50m。海侵面位于下伏高水位体系域顶部，向上逐渐变深。基本层序为泥岩→灰岩，厚 18.5m。为退积型沉积结构，颜色较深，为潮下带沉积环境。

高水位体系域：位于剖面第 19—27 层，厚 136m。最大海泛面位于黑色粉砂质泥岩中间。基本层序（图 2-15）为（粉）砂岩→泥岩，厚度一般为 28～33m（向上增厚），向上岩石变细岩层变薄，为进积型沉积结构，颜色较浅，为潮间带沉积环境。

Ⅲ₄ 层序。位于永珠组上部（第 28—34 层），由海侵体系域和高水位体系域组成，厚约 275m。

海侵体系域：位于剖面第 28—31 层，厚约 180m。海侵面位于下伏高水位体系域顶部，向上变深。为退积型沉积结构，为潮下带沉积环境。

高水位体系域：位于剖面第 32—34 层，厚 95m。最大海泛面位于黑色泥板岩中间。基本层序为砂岩（发育平行层理）→泥岩，向上变薄变细，顶部砂岩含大量的泥砾、泥皮和虫穴，为暴露标志，为进积型沉积结构，颜色较浅，为潮间带沉积环境。

Ⅲ₅ 层序。位于永珠组顶部和拉嘎组（第 35—48 层），由海侵体系域和高水位体系域组成，厚约 486m。

海侵体系域：位于剖面第 35 层，厚约 100m。海侵面位于下伏高水位体系域顶部，向上变深，发育细粒石英砂岩条带，为退积型沉积结构，颜色较深，为潮下带沉积环境。

高水位体系域：位于剖面第 36—48 层，厚 387m。最大海泛面位于黑色泥板岩中间。基本层序（图 2-16）为砾岩→含砾砂岩→粉砂岩，厚 9～33m，向上变厚，为进积型沉积结构，颜色较浅，为潮间带沉积环境。

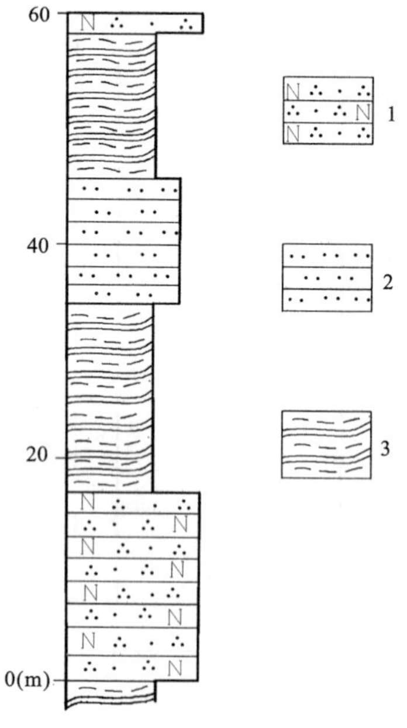

图 2-15　永珠组基本层序

1. 长石石英砂岩；2. 粉砂岩；3. 泥质板岩

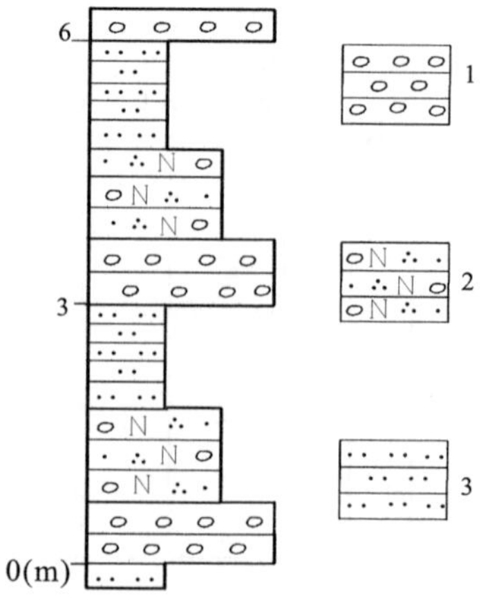

图 2-16　拉嘎组基本层序

1. 砾岩；2. 含砾长石石英砂岩；3. 粉砂岩

石炭纪海盆地继承了泥盆纪海盆地特征，仍为台地沉积环境，在早石炭世，快速海侵引起海平面迅速上升，沉积范围迅速扩大，沉积物主要为陆缘碎屑，区内海水较深，局部地段形成浊流，生物较少，水平虫穴较发育，以潮下环境为主。在晚石炭世—早二叠世，海水逐渐变浅，形成含砾碎屑岩系，为浅水沉积，可能含有冰水沉积物，生物极少，以潮间环境为主。永珠组砂岩粒度特征显示为成熟海滩沉积特征，为一跳跃主体(图 2－17)，砂岩成熟度较高，以细砂岩为主，分选良好，不稳定成分较少，主要有长石(0.3%)和云母(7.8%)，碎屑成分主要为单晶石英(Qm＝97%)、长石(F＝1%)和沉积岩岩屑(Ls＝2%)，基本组合为 Q 型，投影在库克(1974)QFR 图解上落入陆壳稳定区(图 2－18)，在维罗尼和梅纳德(1981)QFL 图解上落入浅海盆地区(图 2－19)，在 Dickinson(1979) QFL 图解上落入再旋回造山带物源区(图 2－20)，说明永珠组沉积盆地属稳定型浅海盆地，其物源来自再旋回造山带物源区。

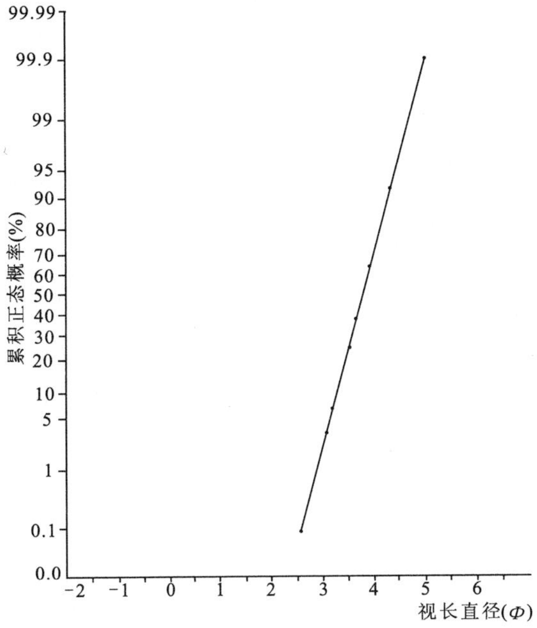

图 2－17　永珠组砂岩粒度累积概率曲线图

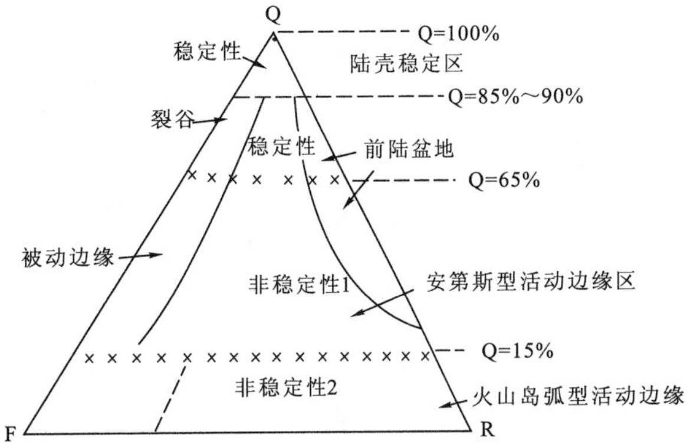

图 2－18　永珠组砂岩在 QFR 图解中碎屑沉积模型

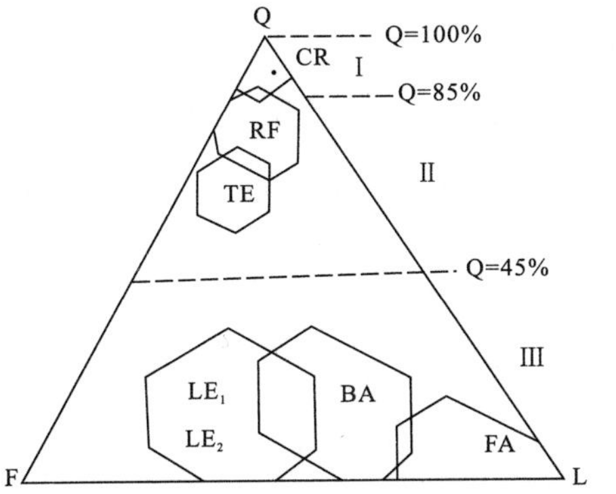

图 2－19　永珠组砂岩在 QFL 图解中碎屑沉积模型

TE. 被动边缘盆地；LE. 活动边缘盆地；BA. 弧后盆地；FA. 弧前盆地；CR. 稳定克拉通浅海盆地；RF. 裂谷及断陷盆地

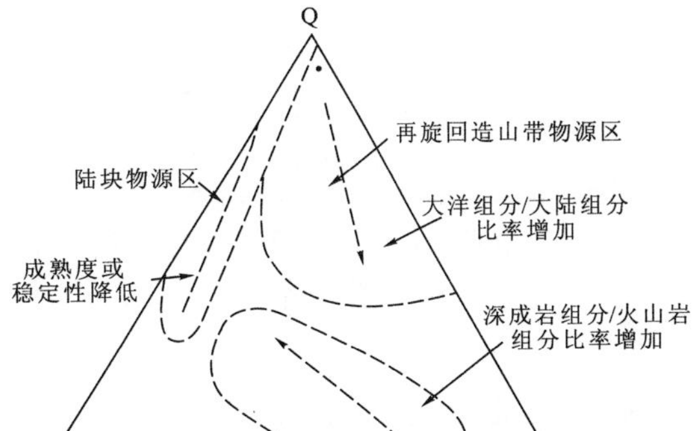

图 2－20　永珠组砂岩在 Dickinson QFL 图解中碎屑沉积模型

拉嘎组粒度特征显示为海滩沙丘沉积特征，为滚动主体和跳跃主体(图 2－21)。砂岩成熟度较低，分选较差，不稳定成分较多，主要有长石(6%～27%)和岩屑(1%～5%)，其中岩屑成分复杂，主要有砂岩、粉砂岩、灰岩、安山岩、闪长岩等。碎屑成分主要为单晶石英(Qm＝65%～88%)、长石(F＝6%～

27%)、沉积岩岩屑(Ls=1%~9%)和火山岩岩屑(Lv=0~2%),基本组合为 QF 型。投影在库克(1974)QFR 图解上落入裂谷和陆壳稳定区(图 2-22),在维罗尼和梅纳德(1981)QFL 图解上落入裂谷和断陷盆地区(图 2-23),在 Dickinson(1979)QFL 图解上落入再旋回造山带物源区(图 2-24),说明拉嘎组为主体稳定型浅海盆地,其物源多来自造山带物源区。

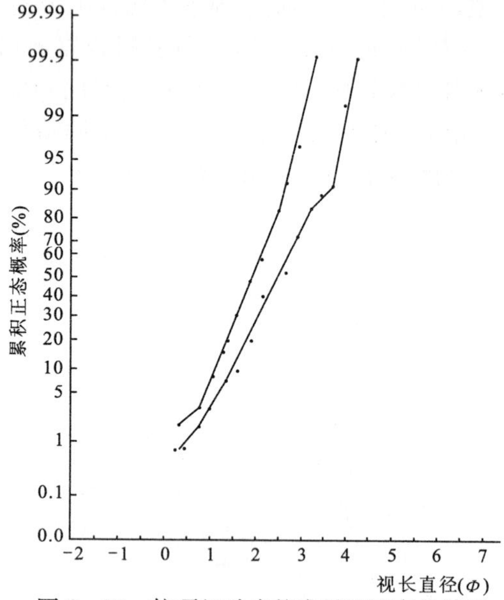

图 2-21　拉嘎组砂岩粒度累积概率曲线图

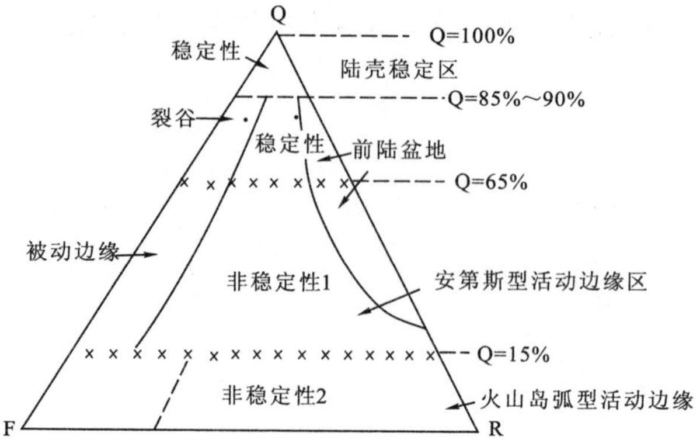

图 2-22　拉嘎组砂岩在 QFR 图解中碎屑沉积模型

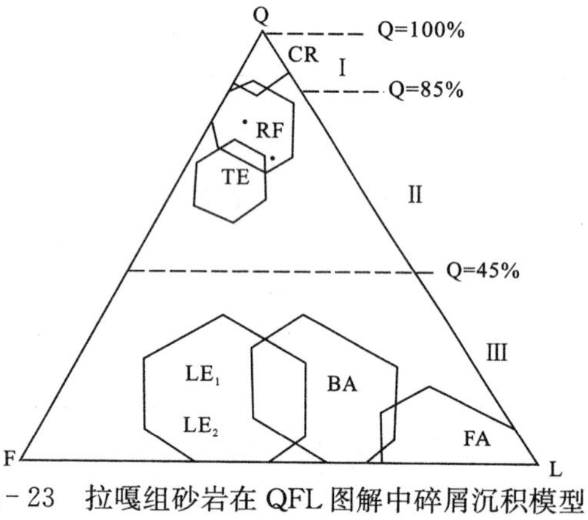

图 2-23　拉嘎组砂岩在 QFL 图解中碎屑沉积模型

(图例说明同图 2-19)

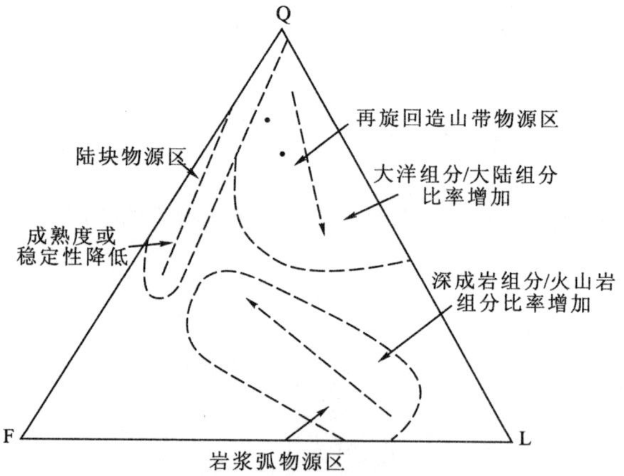

图 2-24　拉嘎组砂岩在 Dickinson QFL 图解中碎屑沉积模型

四、二叠纪沉积盆地

1. 主要沉积组合

(1) 潮下带碎屑岩沉积组合

该组合以昂杰组下部为代表。主要岩性为灰黑色粉砂质泥岩、含粉砂质泥岩、泥质粉砂岩夹少量灰黑色中层含生物屑泥晶灰岩及细砂岩透镜体,灰岩中含较丰富的有孔虫、珊瑚,海百合等。表现为色深、层薄、粒细,含水平虫穴。

(2) 潮间带碎屑岩沉积组合

该组合以昂杰组中上部为代表。主要岩性为中粒石英杂砂岩、中细粒长石石英砂岩,表现为色浅、层厚、粒粗等特征等特征。

(3) 潮下带碳酸盐沉积组合

该组合以下拉组上部为代表。主要岩性为灰黑色中层含生物碎屑泥晶灰岩，含较丰富的䗴类、非䗴有孔虫、珊瑚、腕足类及棘皮类等。表现为色深、层薄、粒细等特征。

(4) 潮间带碳酸盐沉积组合

该组合以下拉组下部为代表。主要岩性为紫红色厚层泥晶生物碎屑灰岩、亮晶鲕粒灰岩、泥晶砂屑灰岩，普遍含燧石团块，含䗴类、珊瑚、腕足类、棘皮类和腹足类等化石。表现为色浅、层厚、粒粗等特征。

2. 沉积层序分析

二叠系可分为4个Ⅲ级层序(图2-25)。海侵面位于海侵体系域底部，主要由灰黑、黑色含粉砂质泥岩或灰黑色含生物碎屑泥晶灰岩，为一突变面。暴露面位于高水位体系域顶界，主要为灰、灰红、灰绿色含砾砂岩或厚层含燧石灰岩微晶灰岩，最大海泛面位于海侵体系域顶部，主要为黑色泥岩或黑色含生物碎屑泥晶灰岩。

$Ⅲ_1$层序。位于昂杰组中下部(加让剖面第1—10层)，由海侵体系域和高水位体系域组成，厚约292m。

海侵体系域(TST)：位于剖面第1—3层，厚约120m。为一套细碎屑岩，主要表现为颜色深、粒度细、岩层薄，形成于台地潮下带沉积环境。

高水位体系域(HST)：位于剖面第4—10层，厚约172m。为一套细碎屑岩，主要表现为颜色浅、粒度粗、岩层厚，形成于台地潮间带沉积环境。

$Ⅲ_2$层序。位于昂杰组上部及下拉组下部(加让剖面第11—12层和穷门达剖面第1—4层)，由海侵体域和高水位体系域组成，厚约114m。

海侵体系域(TST)：位于加让剖面第11—12层，厚约49m。主要为细碎屑岩，表现为颜色深、粒度细、岩层薄，形成于台地潮下带沉积环境。

高水位体系域(HST)：位于穷门达剖面第1—4层，厚约65m。主要为一套灰岩，表现为颜色发红、岩层较厚、含大量生物碎屑，形成于台地潮间带沉积环境。

$Ⅲ_3$层序。位于下拉组中部(穷门达剖面第5—9层)，由海侵体系域和高水位体系域组成，厚约185m。

海侵体系域(TST)：位于穷门达剖面第5层，厚约62m。主要为一套灰岩，表现为颜色深、厚度较小、粒度细，含较丰富的珊瑚和棘皮类等化石，形成于台地潮下带沉积环境。

高水位体系域(HST)：位于穷门达剖面第6—9层，厚约123m。主要一套含内碎屑灰岩，表现为颜色较浅、岩层厚、含燧石、颗粒多，含珊瑚和䗴类化石，形成于台地潮间带沉积环境。

$Ⅲ_4$层序。位于下拉组上部(穷门达剖面第10—14层)，由海侵体系域和高水位体系域组成，厚度大于60m。

海侵体系域(TST)：位于穷门达剖面第10—11层，厚约53m。主要为一套灰岩，表现为颜色深、厚度较小，粒度细，含较丰富的生物化石，形成于台地潮下带沉积环境。

高水位体系域(HST)：位于穷门达剖面第12—14层，厚度大于7m。主要为内碎屑灰岩，表现为颜色发红、颗粒多、不含生物，形成于台地潮间带沉积环境。

3. 沉积盆地演化特征

区内二叠系下部为碎屑岩，上部为碳酸盐岩，为台地相沉积。早二叠世海水总体较深，沉积环境为潮下—潮间带下部，中二叠世海水变浅，沉积环境为潮下—潮间上部。整个海盆地在逐渐缩小，区域上缺失晚二叠世沉积。昂杰组砂岩粒度特征显示为近滨沉积特征，为两个总体(图2-26)。昂杰组以粉砂岩和粉砂质泥岩为主夹砂岩，砂岩成熟度较高，分选良好，粒径以0.03～0.06mm为主。不稳定成分较少，主要有长石和岩屑，含量小于10%。碎屑成分主要为单晶石英(Qm=70%～98%)、多晶质岩屑(Qp=0～1%)、长石(F=1%～5%)和沉积岩岩屑(Ls=0～3%)，基本碎屑组合为Q型，投影在库克(1974)QFR图解上落入陆壳稳定区(图2-27)，在维罗尼和梅纳德(1981)QFL图解上落入浅海盆地区(图2—28)，在Dickinson(1979)QFL图解上落入陆块物源区(图2-29)，说明二叠系为稳定型浅海盆地，其物源来自陆块物源区。

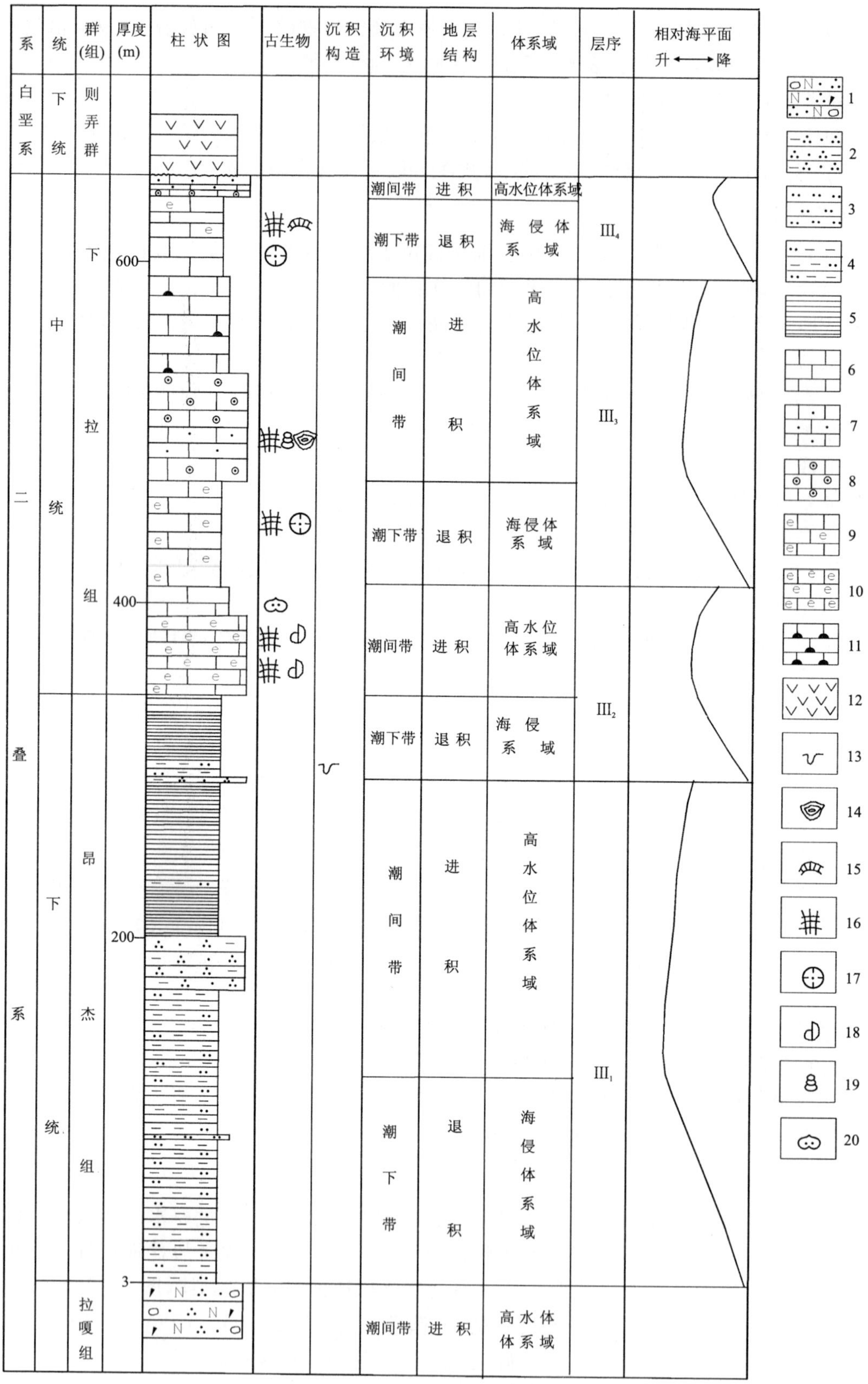

图 2-25　二叠系沉积序列

1. 含砾岩屑长石石英砂岩；2. 石英杂砂岩；3. 粉砂岩；4. 粉砂质泥岩；5. 页岩；6. 灰岩；7. 砂屑灰岩；8. 鲕粒灰岩；9. 含生物碎屑灰岩；10. 生物碎屑灰岩；11. 含燧石团块灰岩；12. 安山岩；13. 虫穴；14. 鲢；15. 有孔虫；16. 珊瑚；17. 棘皮类；18. 腕足类；19. 腹足类；20. 苔藓虫

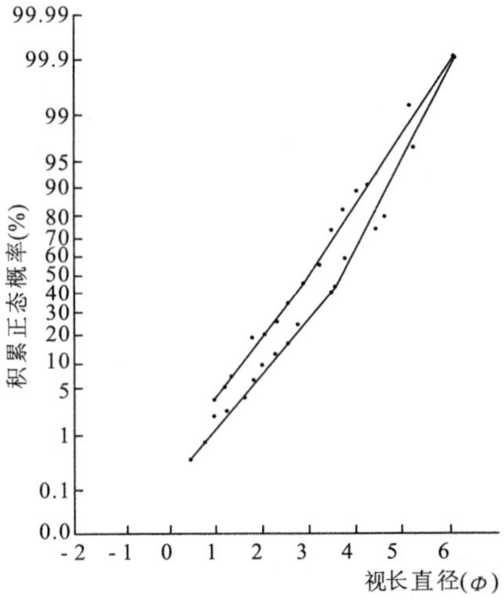

图 2-26　昂杰组砂岩粒度累积概率曲线图

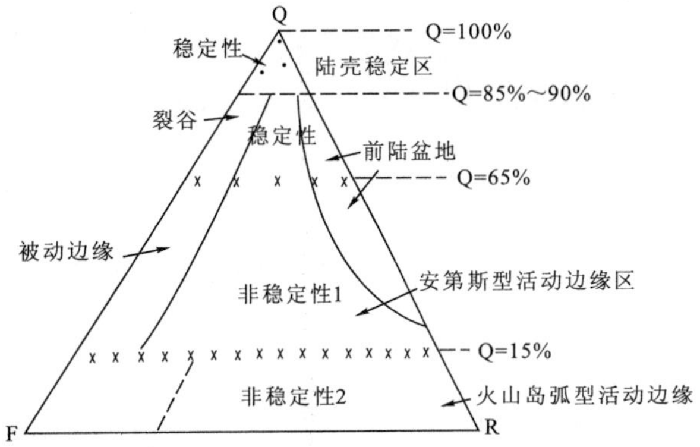

图 2-27　昂杰组砂岩在 QFR 图解中碎屑沉积模型

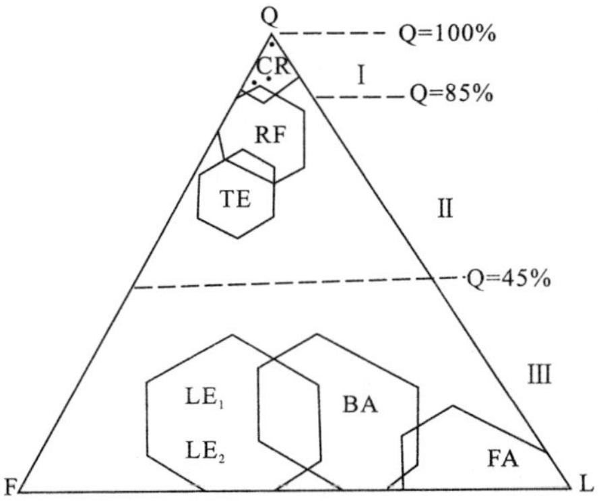

图 2-28　昂杰组砂岩在 QFL 图解中碎屑沉积模型
（图例说明同图 2-19）

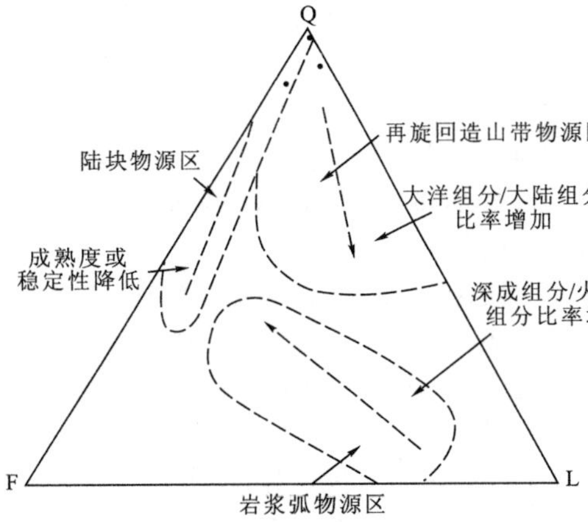

图 2-29　昂杰组砂岩在 Dickinson QFL 图解中碎屑沉积模型

第七节　三叠系

三叠系出露于班公湖-怒江结合带南缘，区内位于拉惹-康如断裂北侧，在尼玛南-摸都一带呈东西向带状展布，出露地层为中上三叠统确哈拉群，出露面积约 260km²。为一套深水复理石沉积。

确哈拉群由饶荣标等（1987）创名于丁青县查隆乡确哈拉，西藏自治区地质局区域地质调查大队（1983）在尼玛县达者错东创名巫嘎群，夏代祥、刘世坤（1997）认为二者为同一套地层，仍沿用确哈拉群，主要岩性为砂岩、粉砂岩，夹硅质灰岩、泥灰岩，时代归中晚三叠世。

一、剖面描述

1. 双湖区曲康巴勒中上三叠统确哈拉群实测剖面（图 2-30）

剖面位于双湖区南措折乡东约 16km 的曲康巴勒，起点坐标：N. 31°53′07.7″、E. 88°04′19.3″，终点坐标：N. 31°50′32.9″、E. 88°03′19.8″，剖面长约 5.5km。下未见底，上未见顶，区域上被中侏罗统去申拉组不整合覆盖，厚度大于 2 100m。

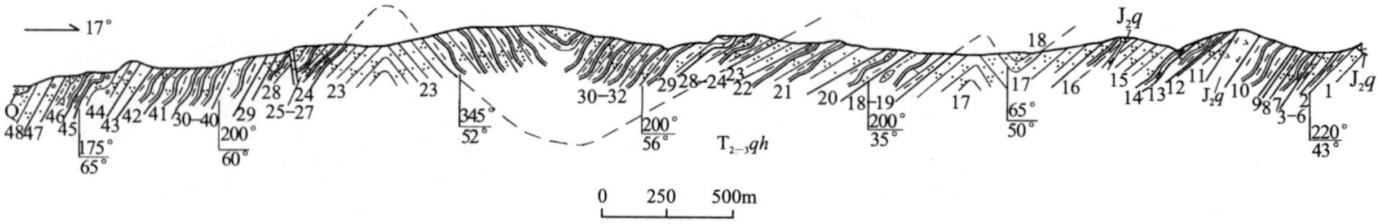

图 2-30　双湖区曲康巴勒中上三叠统确哈拉群实测剖面图

中上三叠统

确哈拉群($T_{2-3}qh$)　(未见顶)　**2 079.6m**

48. 褐灰色中层细粒石英砂岩夹黄灰色泥质粉砂岩，二者比例为 2∶1(第四系覆盖)　36.7m
47. 褐灰色中层细粒石英砂岩与灰绿色中层含砾不等粒岩屑石英砂岩韵律性互层，向上含砾砂岩减少　39.7m
46. 灰褐色薄层—薄板状细粒石英砂岩，下部与灰黑色粉砂质泥板岩互层，中上部与浅灰色粉砂质泥板岩互层，砂岩层面见对称波痕　80.3m
45. 灰黑色页片状泥板岩，偶夹灰色细粒石英砂岩及灰黑色泥晶灰岩透镜体　23.2m
44. 下部为褐灰色中层细砾岩与褐灰色厚层含砾中细粒石英砂岩互层，向上变薄变细；上部为含砾中细粒石英砂岩与细粒石英砂岩互层。砾岩中砾石成分为石英岩、灰岩，少量硅质岩、泥岩，多呈次圆状，大小为 2.4～4mm，含量 47%　133.2m
43. 绿灰色中粒石英砂岩　47.8m
42. 灰黑色页片状泥板岩夹薄板状细粒石英砂岩(10∶1)　105.0m
41. 绿灰色页片状泥质板岩夹灰色薄板状细粒石英砂岩　79.6m
40. 灰色薄层—薄板状细粒石英砂岩与绿灰色页片状泥质板岩韵律性互层，基本层序同第 31 层　40.5m
39. 绿灰色页片状泥质板岩夹薄板状石英粉砂岩，基本层序同第 32 层　29.1m
38. 褐灰色薄层—薄板状细粒石英砂岩与绿灰色页片状泥质板岩韵律性互层，基本层序为砂岩(25cm)→泥质板岩夹砂岩(1.4m)，向上泥质板岩增厚　37.6m
37. 绿灰色页片状泥质板岩夹薄板状石英粉砂岩，基本层序同第 32 层　5.9m
36. 深灰色薄层—薄板状石英粉砂岩与绿灰色页片状泥质板岩互层，基本层序同第 31 层　14.8m
35. 浅灰色薄板状石英粉砂岩与绿灰色页片状泥质板岩互层(1∶1.5)　7.4m
34. 绿灰色页片状泥质板岩夹薄板状石英粉砂岩，基本层序同第 32 层　11.2m
33. 灰色薄层—薄板状细粒石英砂岩与绿灰色页片状泥板岩韵律性互层，基本层序同第 31 层　14.8m
32. 绿灰色页片状泥质板岩夹薄板状石英粉砂岩，基本层序为石英粉砂岩(3cm)→泥质板岩(7cm)　16.3m
31. 灰色薄层—薄板状细粒石英砂岩与绿灰色页片状泥板岩韵律性互层，基本层序为砂岩(10cm)→泥板岩夹砂岩(1.2m)，向上砂岩变薄　9.6m
30. 灰黑色页片状泥质板岩夹绿灰色薄板状石英粉砂岩　20.8m
29. 褐灰色薄层细粒石英砂岩　29.8m
28. 绿灰色薄板状石英粉砂岩与灰黑色页片状泥质板岩韵律性互层，基本层序为石英粉砂岩(具沟模)→泥质板岩，基本层序厚 5～180cm，下部较薄，上部较厚　150.1m
27. 灰黑色页片状泥板岩夹绿灰色薄板状石英粉砂岩，基本层序为石英粉砂岩→泥板岩，厚 10～100cm，下部薄，上部厚　7.9m
26. 褐灰色薄层细粒石英砂岩　11.8m
25. 灰色薄板状石英粉砂岩与灰黑色页片状泥板岩互层，基本层序为石英粉砂岩→泥质板岩，基本层序厚 7～17cm　23.4m
24. 灰黑色页片状泥板岩夹灰岩透镜体　10.8m
23. 灰色薄层—薄板状石英粗粉砂岩夹少量灰黑色页片状泥板岩　59.4m

22. 灰黑色页片状泥质板岩夹少量细粒石英砂岩透镜体 10.5m
21. 深灰色薄层—薄板状细粒石英砂岩夹页片状泥质板岩，砂岩具槽状交错层理及波痕，基本层序为石英砂岩→泥板岩，厚6～25cm，下部厚，上部薄 132.1m
20. 土灰色粉砂质泥质板岩 64.7m
19. 灰黑色薄板状细粒石英杂砂岩 77m
18. 灰色薄层细粒石英砂岩夹少量灰黑色泥质板岩 21.8m
17. 灰色薄层石英粗粉砂岩，具水平和垂直虫穴 111.1m
16. 灰色薄层细粒石英砂岩夹少量灰黑色泥质板岩，砂岩中见网状虫迹 52.7m
15. 绿灰色薄层细粒石英砂岩夹黄色薄板状粉砂岩，砂岩具小型槽状交错层理 165.0m
14. 灰黑色泥质板岩夹绿灰色薄层细粒石英砂岩透镜体 12.6m
13. 紫灰色薄层细粒石英砂岩夹黄灰色泥质板岩 41.3m
12. 灰色薄层细粒石英砂岩夹灰黑色泥质板岩 8.1m
11. 淡绿色薄层细粒石英砂岩 37.9m
10. 灰黑色、绿灰色页片状泥板岩 166.6m
9. 褐红色薄层细粒石英砂岩 14.2m
8. 灰黑色粉砂质泥板岩 23.3m
7. 灰色薄板状细粒石英砂岩与灰黑色泥板岩互层，基本层序为砂岩→泥板岩，厚5～10cm，具鲍马层序 46.6m

孢粉化石(泥板岩中)：*Punctatosporites* sp.
Granulatisporites sp.
Acanthotriletes sp.
Cyclogranisporites microgranus Bharadwaj
Alisporites sp.

6. 土黄色页片状泥板岩夹灰色菱铁质灰岩角砾岩透镜体 12.0m
5. 褐灰色薄层细粒石英砂岩 9.9m
4. 紫灰色薄层细粒石英砂岩夹灰黑色页片状泥板岩 10.7m
3. 土黄、紫色细粒石英杂砂岩，发育水平层理 14.3m
2. 灰黑色页片状泥板岩夹泥质石英粉砂岩，粉砂岩中发育槽模 21.3m
1. 红灰色中—薄层细粒石英砂岩，具平行层理 1.9m

(未见底)

2. 双湖区贡日中上三叠统确哈拉群实测剖面(图2-31)

剖面位于双湖区南措折乡西南约15.5km的贡日，起点坐标：N. 31°47′14.4″、E. 87°47′29.5″，终点坐标：N. 31°45′17.9″、E. 87°47′43″，剖面长3.9km。下未见底，上未见顶，区域上被中侏罗统去申拉组不整合覆盖，厚度大于2 150m。

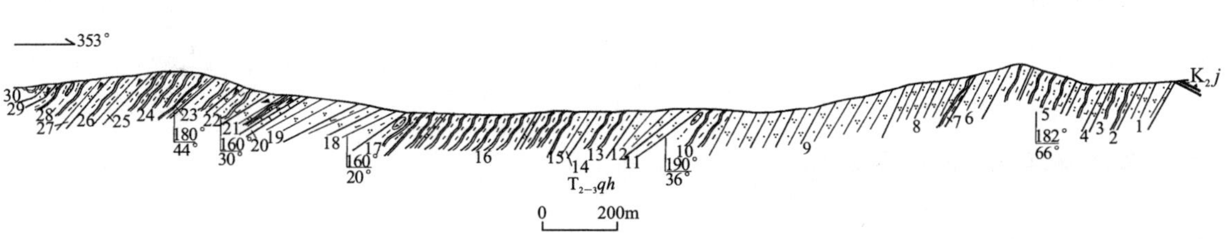

图2-31 双湖区贡日中上三叠统确哈拉群实测剖面图

中上三叠统

确哈拉群($T_{2-3}qh$) (向斜核部，未见顶) **>2 153.6m**

30. 灰黑色泥板岩夹灰色细粒岩屑石英砂岩、粉砂岩透镜体 56.1m

29. 灰色厚层细粒岩屑石英砂岩	16.8m
28. 灰黑色泥板岩夹灰色细粒岩屑石英砂岩、粉砂岩透镜体	64.9m
27. 灰色薄层细粒岩屑石英砂岩	18.2m
26. 灰黑色泥质板岩，偶夹灰色薄层细粒岩屑石英砂岩	41.7m
25. 绿灰色薄板状细粒岩屑石英砂岩	22.0m
24. 灰黑色泥质板岩，夹少量褐灰色粉砂质板岩	126.9m
23. 灰色中—薄层细粒岩屑石英砂岩与灰黑色粉砂质板岩互层夹灰黑色泥质板岩，粉砂质板岩发育水平层理。基本层序为砂岩→粉砂质板岩→泥质板岩夹砂岩→粉砂质板岩→泥质板岩夹粉砂岩，基本层序厚 7.15m	7.9m
遗迹化石：*Planolites montanus*	
22. 灰黑色含粉砂质钙质泥板岩，偶夹灰色薄层细粒岩屑石英砂岩，泥板岩见菱铁矿结核（2cm×4cm），距顶 1m 处夹深灰色薄层粉砂岩（厚 1.5m），具水平层理，水平虫穴发育	106.1m
孢粉化石（钙质泥板岩中）：*Classopollis* sp. *Annulispora* sp.	
21. 灰色薄层细粒岩屑石英砂岩夹粉砂质泥板岩	59.8m
20. 灰黑色薄层亮晶含砂质生物碎屑鲕粒灰岩，生物碎屑为腕足类和双壳类，含量约 20%	10.0m
19. 灰色薄层中粒石英砂岩	78.2m
18. 灰黑色薄层—薄板状细粒石英杂砂岩与钙质页岩互层，二者组成基本层序，由砂岩→页岩组成，厚 5～7cm，向上变厚	76.5m
17. 灰绿色泥质板岩夹灰色薄板状细粒石英杂砂岩透镜体	33.9m
16. 灰黑色泥质板岩夹灰色薄板状细粒石英杂砂岩，底部含砾	279.2m
遗迹化石（砂岩中）：*Planolites montanus*	
15. 灰黑色粉砂质泥板岩	4.6m
14. 灰色薄层细粒石英砂岩，含褐铁矿（5%）	18.3m
13. 黄绿色含粉砂质泥质板岩	82.9m
12. 灰色薄层细粒石英砂岩，见递变粒序	57.8m
11. 灰色薄层泥质粉砂岩与钙质粗粉砂岩互层	28.5m
10. 土黄灰色含粉砂质泥板岩夹灰色薄板状泥晶灰岩及少量薄层细粒石英杂砂岩透镜体	50.8m
9. 淡灰色中层细粒石英砂岩	200.8m
8. 灰色薄板状石英粗粉砂岩	148.8m
7. 灰黑色泥质板岩	7.6m
6. 灰色薄板状石英粗粉砂岩	74.3m
5. 灰黑色粉砂质泥板岩，偶夹薄层石英粗粉砂岩及灰黑色中层粉砂质微晶灰岩	267.3m
4. 浅灰色薄层细粒石英砂岩	13.1m
3. 灰黑色粉砂质泥板岩灰色薄层细粒石英砂岩	86.9m
2. 浅灰色薄板状细粒石英砂岩	87.7m
1. 灰色薄层细粒石英砂岩	>6.0m

（未见底）

二、岩石地层划分及其特征

（一）岩石地层划分

区内三叠系仅有确哈拉群，主要岩性为灰色细粒石英砂岩、石英粉砂岩与灰黑色泥板岩互层，夹少量灰岩，局部含褐铁矿和菱铁矿。砂岩中具槽状交错层理，其底面见沟模和槽模，含生物遗迹及孢粉化石，基本层序主要为砂岩→泥板岩。厚 2 100～2 150m。根据岩石组合可进一步划分为 3 个岩性段。

（二）岩石地层特征

下段：西部主要岩性为灰色薄—中层细粒石英砂岩、薄板状石英粉砂岩与灰黑、灰绿色泥板岩互层，夹灰岩，砂岩发育水平虫迹，基本层序为砂岩→泥板岩。厚 1 155.4m。东部为杂色薄层细粒石英砂岩与灰黑色泥板岩互层，夹石英粉砂岩，砂岩发育槽状交错层理、平行层理，粉砂岩发育水平虫迹，泥板岩中含较多的孢粉 *Punctatosporites* sp.，*Granulatisporites* sp.，*Acanthotriletes* sp.，*Cyclogranisporites microgranus* Bharadwaj，*Alisporites* sp.，基本层序为砂岩→泥板岩，厚约 1 126.7m。

中段：西部为灰黑、灰绿色泥板岩、灰色薄层中粒石英砂岩少量灰色薄层细粒石英砂岩、灰黑色薄层生物碎屑灰岩，砂岩含虫迹 *Planolites montanus*；基本层序为砂岩→泥板岩。厚 477.8m。东部为灰色薄层细粒石英砂岩、绿灰色薄板状石英粉砂岩与灰黑色页片状泥质板岩互层，基本层序为(粉)砂岩→泥板岩，厚 615.7m。

上段：西部为灰色薄层细粒岩屑石英砂岩、细粒石英杂砂岩与灰黑色泥板岩互层，夹少量粉砂岩，砂岩中含虫迹 *Planolites montanus*，泥板岩中含孢粉 *Classopollis* sp.，*Annulispora* sp.，基本层序为砂岩→泥板岩，厚 520.4m。东部下部为灰褐色中层细砾岩、含砾中细粒石英砂岩、中粒石英砂岩；中部为褐灰色薄层—薄板状细粒石英砂岩与灰黑色泥板岩互层，夹粉砂岩，偶夹泥晶灰岩；上部为褐灰色中层细粒石英砂岩(底面具槽模)、含砾砂岩，夹泥质粉砂岩，总厚 337.7m。

三、区域地层对比及时代归属

（一）区域地层对比

区内确哈拉群岩性和厚度变化不大，岩性主要为灰色细粒石英砂岩、石英粉砂岩与灰黑色泥板岩互层，夹少量灰岩，含孢粉 *Punctatosporites* sp.，*Granulatisporites* sp.，*Acanthotriletes* sp.，*Cyclogranisporites microgranus* Bharadwaj，*Alisporites* sp.，*Classopollis* sp.，*Annulispora* sp. 等，厚 2 100～2 150m。区域上在丁青一带(图 2－32)该群由 3 个沉积旋回组成(饶荣标等，1987)，第一、二旋回以长石岩屑石英砂岩、长石石英砂岩、板岩开始，以硅质条带灰岩结束，第三旋回主要为硅质灰岩与砂板岩不等厚互层，底部为砂板岩，含珊瑚 *Thamnasteria rectilamellosa* Winkler，双壳类 *Myophoria elegans* (Dunker)等，总厚2 661m。在班戈江错、达则错地区为黑色板岩、千枚岩夹灰岩和少量火山岩，含双壳类 *Schafhaeutlia* cf. *subastartiformis*，*Elegantinia* sp.，*Protrigonia* sp.，与下伏二叠系平行不整合接触，厚 1 400m(西藏自治区地质矿产局，1993)。均为一套复理石沉积。

（二）时代确定

确哈拉群在区内未见底，上被中侏罗统去申拉组不整合覆盖，在班戈江错、达如错地区该群平行不整合于二叠系之上，其时代应晚于二叠纪，早于中侏罗世。

区内确哈拉群采获少量孢粉化石，因数量太少，只能确定为中生代；丁青一带的确哈拉群含珊瑚 *Thamnasteria rectilamellosa*(饶荣标等，1987)，时代为晚三叠世诺利期；含双壳类 *Myophoria elegans*(李璞，1959)，时代为中晚三叠世。

图幅内的确哈拉群与区域上的确哈拉群岩石组合一致，大地构造位置相同，其时代应相同。因此其时代归中晚三叠世。

（三）年代地层讨论

确哈拉群在丁青一带含珊瑚 *Thamnasteria rectilamellosa* 地理分布很广，层位较稳定，在奥地利、伊朗、北美加利福尼亚等地的上三叠统诺利阶是十分常见的分子。在我国西藏定日、藏北双湖、云南剑川、兰坪、四川义敦纳山和龙门山等地上三叠统也颇为常见(饶荣标等，1987)。双壳类 *Myophoria elegans* 是中上三叠统的常见分子(李璞，1959)。因此，确哈拉群归属于中上三叠统。

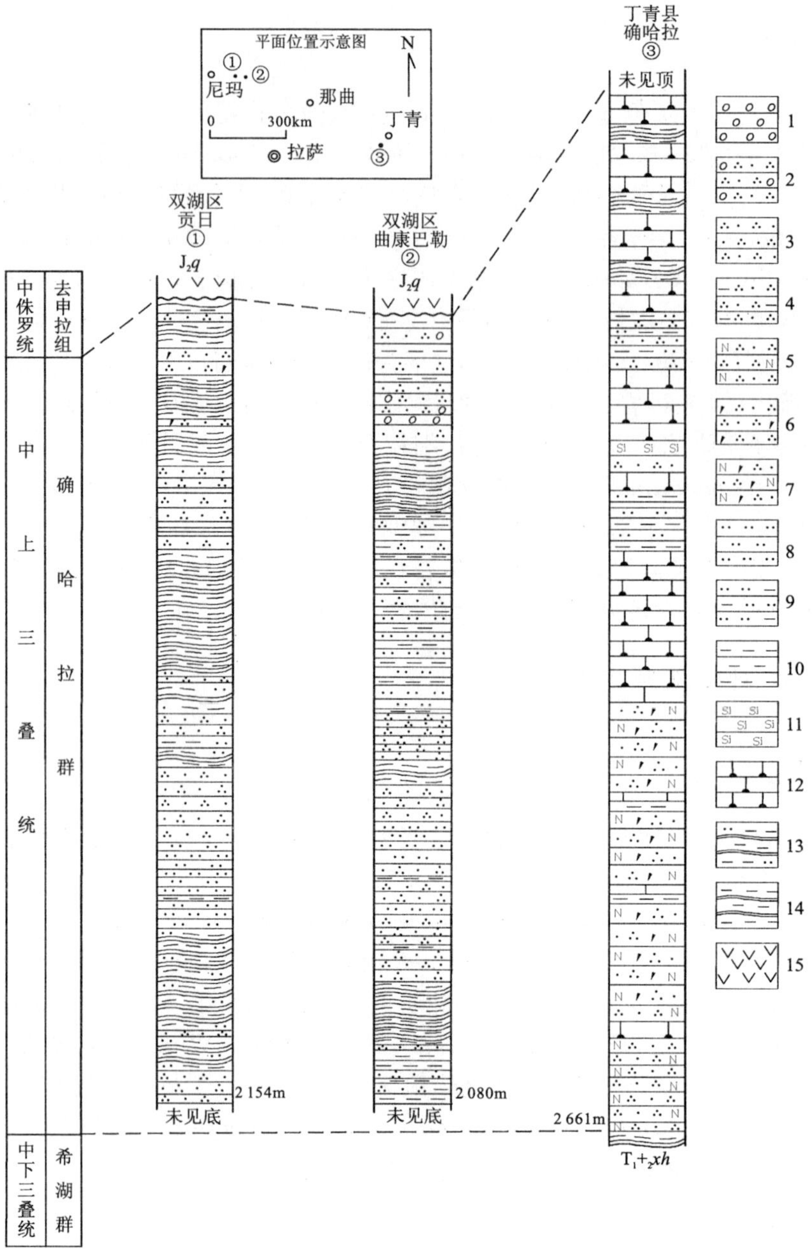

图 2-32　三叠系柱状对比图

1. 砾岩；2. 含砾石英砂岩；3. 石英砂岩；4. 石英杂砂岩；5. 长石石英砂岩；6. 岩屑石英砂岩；7. 长石岩屑石英砂岩；8. 粉砂岩；9. 粉砂质泥岩；10. 泥岩；11. 硅质岩；12. 燧石团块灰岩；13. 粉砂质泥板岩；14. 泥板岩；15. 安山岩

第八节　侏罗系

区内侏罗系出露于班公湖-怒江结合带南缘，分布于拉惹-康如断裂以北，呈东西向带状展布。根据岩石组合特征，以当蒙脚-字康勒断裂为界，分为两个地层小区，北部称达则错小区，主要为一套碎屑岩-碳酸盐岩建造，出露地层有下侏罗统木嘎岗日群、中侏罗统俄蒙勒组和上侏罗-下白垩统沙木罗组；南部称宋我日小区，出露地层为中侏罗统去申拉组，为一套火山岩建造；总面积约 425km^2。

木嘎岗日群由文世宣(1979)创名于改则县木嘎岗日主峰木格各波日东南，原义指不整合伏于第三系棕红色碎屑岩之下代表中侏罗统的一套深灰色—灰黑色—灰绿色砂岩、泥岩夹硅质灰岩、灰岩透镜体的地层，下未见底。西藏自治区地质局区域地质调查大队(1986、1987、1993)沿用此名，但时代归属各异，依次分别为侏罗系、中侏罗统、中上侏罗统。郭铁鹰、梁定益、张宜智等(1991)将日土一带与此相同的一套地层称日松群，并由下而上划分为答波组、麻嘎藏布组，时代归中侏罗统。夏代祥、刘世坤(1997)沿用木嘎岗日群，时代归侏罗纪。俄蒙勒组为本次工作新建组，地点在尼玛县城西北约14km的俄蒙勒，是从原木嘎岗日群中解体出来的一套碎屑岩组合，主要岩性为砂岩与泥板岩互层，含珊瑚、水螅及孢粉，时代为中侏罗世。沙木罗组由西藏自治区地质局区域地质调查大队(1987)创名于革吉县盐湖区沙木罗[①]，时代归晚侏罗—早白垩世。

一、达则错地层小区

(一)剖面描述

1. 尼玛县俄蒙勒中侏罗统俄蒙勒组实测剖面(图2-33)

剖面位于尼玛县城西北约14km的俄蒙勒，起点坐标：N.31°54′33″、E.87°10′15″，终点坐标：N.31°56′56.5″、E.87°07′22.5″，剖面长4.6km。下未见底，上与上侏罗统-下白垩统沙木罗组整合接触，厚约1 860m。

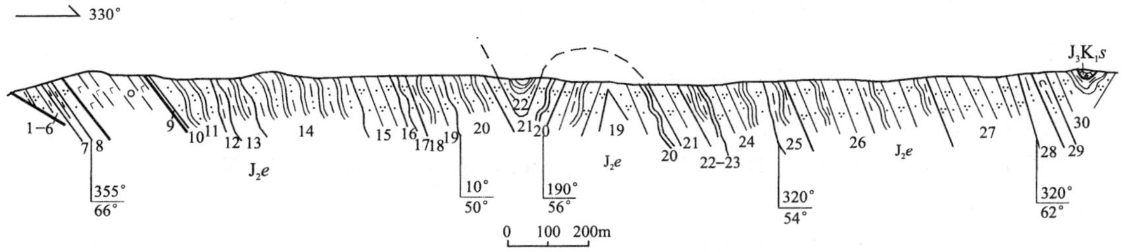

图2-33　尼玛县俄蒙勒中侏罗统俄蒙勒组实测剖面图

上覆：上侏罗-下白垩统沙木罗组($J_3\hat{s}$)灰色薄—中层(含砾)含生物碎屑砂质鲕粒灰岩

——————　整　合　——————

中侏罗统

俄蒙勒组(J_2e)　　>1 860.3m

30. 灰色薄—中层细粒石英砂岩，夹粉砂质泥板岩、泥板岩及炭质板岩，砂岩底面凹凸不平，层面发育泥膜　　98.9m
29. 灰绿色、灰黑色含炭质粉砂质泥岩，含黄铁矿结核及硅质结核，局部夹细粒石英砂岩及泥质粉砂岩透镜体　　35.5m
    孢粉化石：*Leiotriletes* sp.
    Annulispora sp.
    Classopollis sp.
    Podocarpidites sp.
28. 灰色薄—中层泥质粉砂岩，底部常有细砂岩(水平层理发育)，局部夹灰黑色泥质板岩　　42.3m
27. 灰色薄—中层细粒石英砂岩，夹含泥质粉砂质板岩及泥质板岩　　221.7m
26. 灰色薄—中层细粒石英砂岩，夹含泥质粉砂质板岩及泥质板岩　　337.4m
25. 灰黄色—浅黄绿色泥质板岩夹灰色薄层细粒石英砂岩、粉砂质板岩和灰黑色炭质板岩　　47.8m
24. 灰色—浅紫红色薄—中层细粒石英砂岩夹灰黄色含粉砂质泥板岩、泥质粉砂质板岩，局部夹炭质板岩，砂岩具水平层理，顶底界面不平，可见双壳类印模。基本层序为砂岩→泥质

---

①西藏自治区地质局区域地质调查大队．1∶100万日土幅区域地质调查报告(Ⅰ-44)．1987.

粉砂质板岩→泥板岩→炭质板岩 141.0m

23. 灰色—土黄色钙质泥板岩夹灰色含粉砂质泥板岩、灰黑色炭质板岩，局部夹细粒石英砂岩透镜体 18.8m

22. 灰色、土黄色含粉砂质泥板岩夹细粒石英砂岩透镜体(0.2m×1.5m) 48.6m

21. 灰色、青灰色薄—中层细粒石英砂岩，局部夹灰黑色炭质板岩 31.5m

20. 灰色粉砂质泥板岩夹薄层细粒石英砂岩，局部夹灰黑色炭质板岩 88.6m

19. 灰色薄板状细粒石英砂岩夹泥质粉砂质板岩 51.1m

18. 灰色泥板岩夹薄层细粒石英砂岩，局部夹灰黑色炭质板岩 22.8m

17. 灰色薄层细粒石英砂岩，具水平层理 13.6m

16. 灰黄色泥质板岩夹细粒石英砂岩及灰岩透镜体，砂岩具水平层理 30.3m

15. 灰色薄层细粒石英砂岩，夹粉砂岩及泥质板岩 74.2m

14. 灰色粉砂质泥质板岩，夹粉砂岩及细粒石英砂岩透镜体，偶夹灰黑色绢云板岩 252.8m

13. 灰色、灰褐色含铁质泥板岩，夹粉砂岩及细粒石英砂岩透镜体 41.8m

12. 灰黄色泥板岩 19.0m

11. 灰色粉砂质板岩，含双壳类化石碎片 92.9m

10. 黄褐色粉砂质泥板岩 20.9m

9. 灰、灰绿色泥硅质岩，具透镜状层理，含铁质结核(0.8cm×1.2cm) 7.9m

——————— 断　层 ———————

8. 黄褐色中层细粒石英砂岩夹灰绿色薄层粉砂质泥岩，砂岩含虫穴，泥岩含双壳类化石印模和碎片 24.2m

7. 灰绿色泥岩与灰褐色薄板状细粒石英砂岩互层，夹灰褐色砂质灰岩透镜体 25.1m

双壳类化石(灰岩中)：*Lopha* sp.

6. 灰绿色粉砂质泥岩夹灰褐色薄板状细粒石英砂岩及灰褐色砂质泥晶鲕粒灰岩透镜体 10.6m

遗迹化石(砂岩中)：*Palaeophycus tubularis*

Skolithos verticalis

双壳类化石(灰岩中)：*Lopha* sp.

5. 灰绿色粉砂质泥岩夹灰褐色薄板状细粒石英砂岩，泥岩中含炭化植物化石 6.5m

孢粉化石：*Leiotriletes* sp.

Annulispora sp.

Apiculatisporites sp.

Klukisporites sp.

Classopollis sp.

Pseudopicea sp.

4. 灰褐色薄层细粒石英砂岩与灰绿色粉砂质泥岩互层，砂岩发育水平虫穴，泥岩水平纹层发育 4.7m

遗迹化石：*Cruziana* sp.

双壳类化石：*Lopha* sp.

3. 灰色泥岩夹灰色薄层泥质粉砂岩，泥岩中含炭化植物化石 15.5m

遗迹化石(粉砂岩中)：*Palaeophycus tubularis*

双壳类化石(泥岩中)：*Lopha* sp.

2. 灰黄色含粉砂质泥岩，发育水平纹层 7.8m

1. 灰、灰黄色泥岩 >30.5m

孢粉化石：*Cyathidites minor* Couper

Baculatisporites sp.

Stereisporites sp.

Classopollis sp.

(因断层切割，未见底)

2. 尼玛县日日阿吕上侏罗-下白垩统沙木罗组实测剖面(图 2-34)

剖面位于尼玛县西北约 20km 的日日阿吕，起点坐标：N. 31°57′16.4″、E. 87°07′55.5″，终点坐标：N. 31°58′51.4″、E. 87°07′12.2″，剖面长约 3.5km，与下伏中侏罗统俄蒙勒组整合接触，上未见顶。

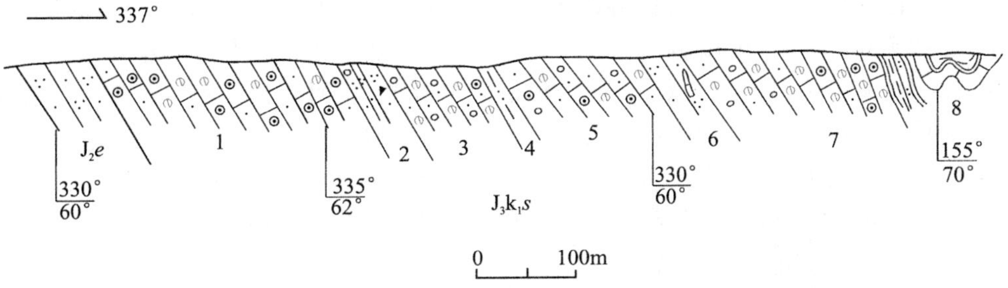

图 2-34　尼玛县日日阿吕上侏罗-下白垩统沙木罗组实测剖面图

上侏罗—下白垩统

沙木罗组($J_3K_1\hat{s}$)　　(未见顶)　　**>781.3m**

8. 灰绿色泥岩夹灰色细粒岩屑石英砂岩及含生物碎屑鲕粒灰岩，砂岩底部含砾，切割下伏泥岩。灰岩中鲕粒呈圆状，具层圈构造，大小 0.2～0.7mm，含量 75%　　47.4m
7. 灰色薄—中厚层含砾含生物碎屑砂质鲕粒灰岩、含生物碎屑鲕粒灰岩，夹灰绿色泥岩。鲕粒呈圆状、椭圆状，具层圈构造，大小 0.3～0.7mm，含量 77%，生物碎屑以双壳类、棘皮类、鱼牙等为主　　214.8m
6. 灰绿色细粒石英杂砂岩夹灰色砂屑灰岩透镜体，砂岩发育虫穴，含较多的生物碎屑，灰岩中含较多的双壳类、棘皮类等化石碎片　　35.4m

   腹足类化石：*Paraglauconia* sp.

   Mesoglauconia sp.

   Procerithium sp.

   Cassiope cf. *lanzingensis*
5. 灰色薄—中厚层含砾含生物碎屑鲕粒灰岩，局部夹灰绿色泥岩。鲕粒呈圆状、椭圆状，具层圈构造，大小 0.2～0.5mm，含量 50%，生物碎屑主要为双壳类、棘皮类、鱼牙等　　138.3m

   双壳类化石(灰岩中)：Ostreacea
4. 灰绿色泥质石英粉砂岩夹灰黄色细粒石英砂岩透镜体，虫穴发育　　10.8m
3. 灰色薄—中厚层含砾含生物碎屑砂质砂屑灰岩，局部夹含钙质鲕粒灰岩，发育斜层理。砂屑呈次圆状、次棱角状，大小为 0.15～0.25mm，少数为 0.3～1mm，含量 65%，含双壳类、棘皮类、鱼牙等化石碎片　　77.4m
2. 灰白、浅灰绿色薄—中厚层细粒岩屑石英砂岩，局部夹黄褐色含砾含生物碎屑灰岩透镜体　　47.9m
1. 灰色薄—中厚层(含砾)含生物碎屑砂质鲕粒灰岩。鲕粒呈圆状、椭圆状，具层圈构造，大小 0.2～0.5mm，含量 52%，生物碎屑主要有双壳类、棘皮类、鱼牙等　　209.3m

   双壳类化石：*Lopha* sp.

   Ostreacea

——————　整　合　——————

下伏：中侏罗统俄蒙勒组(J_2e)灰色薄—中厚层细粒石英砂岩

(二)岩石地层划分及其特征

1. 岩石地层划分

根据岩石组合、古生物特征及地层间的接触关系，将区内侏罗系由下而上划分为下统木嘎岗日群、中统俄蒙勒组及上侏罗-下白垩统沙木罗组。其中木嘎岗日群为构造岩片，与相邻地层为构造接触，俄蒙勒组与沙木罗组为连续过渡。

2. 岩石地层特征

木嘎岗日群(J_1mg)出露于俄蒙勒-玛下俄玛混杂岩带上，混杂岩主要由火山岩岩片、糜棱岩岩片、硅质岩岩片、复理石岩片和外来灰岩岩块等组成，以构造形式叠加。其中复理石岩片确定为木嘎岗日群，其他岩片还不能确定归属。火山岩岩片主要出露于俄蒙勒一带，主要岩性为灰绿色片理化的玄武岩、蚀变玻基玄武岩，夹灰色薄层灰岩及长英质糜棱岩、硅质岩透镜体，出露厚度约36m。糜棱岩岩片出露于玛下俄玛，为褐红、灰红色钙质糜棱岩，发育旋转碎斑及顺层掩卧褶皱，拉伸线理不发育，原岩为灰岩。硅质岩岩片出露于玛下俄玛，主要为深灰色薄层硅质岩，夹硅化石英粉砂岩，岩石致密坚硬。复理石岩片出露于玛下俄玛，主要为浅灰色薄板状石英砂岩与灰色泥岩呈薄韵律互层，发育粒序层理，具鲍马层序，发育 c、d、e 层，为深海复理石沉积。

俄蒙勒组(J_2e)出露于俄蒙勒-字康一带，呈东西向带状展布，东西长约 100km，南北宽 2～7km。下部主要为灰—灰绿—灰黄色(含粉砂质)泥岩与灰褐—黄褐色薄—中层细粒石英砂岩互层，夹泥质粉砂岩、生物碎屑鲕粒灰岩透镜体，含双壳类 *Lopha* sp.、棘皮类、鱼牙等动物化石，含较丰富的生物遗迹 *Palaeophycus tubularis*，*Skolithos verticalis*，*Cruziana* sp.，泥岩中含较丰富的孢粉 *Leiotriletes* sp.，*Annulispora* sp.，*Apiculatisporites* sp.，*Klukisporites* sp.，*Classopollis* sp.，*Pseudopicea* sp.，*Cyathidites minor* Couper，*Baculatisporites* sp.，*Stereisporites* sp. 等。上部为灰色薄层细粒石英砂岩与灰色(含粉砂质)泥质板岩互层，夹炭质泥质板岩、粉砂岩及生物碎屑灰岩透镜体，含孢粉 *Leiotriletes* sp.，*Annulispora* sp.，*Classopollis* sp.，*Podocarpidites* sp. 等，总厚度大于 1 860.3m。

本次区调在曲吞弄灰岩中采获珊瑚 *Thamnasteria coquandi* Etallon，*T.* cf. *coquandi* Etallon，*Pachythecopora pachytheca* Deng，*Montlivoltia* sp.，*Stylina* sp.，水螅 *Spongimorpha* sp.，在可弄南采获双壳类 *Lopha* sp.，Ostreacea 等。

沙木罗组($J_3K_1\hat{s}$)出露于木嘎曲惹-旗勒一带，出露面积约 35km²。主要为灰色薄—中层含砾含生物碎屑砂质鲕粒灰岩、细粒岩屑石英砂岩、石英杂砂岩，夹泥质粉砂岩，含丰富的双壳类 *Lopha* sp.，Ostreacea，腹足类 *Paraglauconia* sp.，*Mesoglauconia* sp.，*Procerithium* sp.，*Cassiope* cf. *lanzingensis* 等，厚约 780m。

(三)区域地层对比及时代确定

1. 区域地层对比

区内岩石组合基本一致，下侏罗统出露较零星，为一套构造混杂岩，区域上可与木嘎岗日地区的木嘎岗日群对比，为一套复理石沉积。俄蒙勒组区域上可与丁青一带的德极国组对比，德极国组与下伏三叠纪蛇绿岩不整合接触，底部为灰、灰褐色复成分砾岩，下部为灰—灰白色细粒石英砂岩、粉砂岩、粉砂质泥岩，上部为灰黑色页岩，含双壳类、腹足类、棘皮类等化石，厚 987.6m。沙木罗组可与革吉县盐湖区相同层位对比。

2. 时代确定

区内侏罗系未见底，其上被上白垩统竟柱山组不整合覆盖。在丁青一带侏罗系不整合于早侏罗世蛇绿岩之上，在革吉县盐湖区被下白垩统郎山组不整合覆盖，其时代应为侏罗纪—早白垩世。

区内俄蒙勒组含珊瑚 *Thamnasteria coquandi* Etallon，*T.* cf. *coquandi* Etallon，*Pachythecopora pachytheca* Deng，*Montlivoltia* sp.，*Stylina* sp.，水螅 *Spongimorpha* sp.，孢粉 *Leiotriletes* sp.，*Annulispora* sp.，*Apiculatisporites* sp.，*Klukisporites* sp.，*Classopollis* sp.，*Pseudopicea* sp.，*Cyathidites minor* Couper，*Baculatisporites* sp.，*Stereisporites* sp.，*Podocarpidites* sp. 等，时代为中侏罗世，沙木罗组含丰富的双壳类 *Lopha* sp.，Ostreacea，腹足类 *Paraglauconia* sp.，*Mesoglauconia* sp.，*Procerithium* sp.，*Cassiope* cf. *lanzingensis* 等，时代为晚侏罗—早白垩世。

在丁青一带德极国组含双壳类 *Protocardia striklandi*，*P.* *lycetti*，*Myophorella signata*，

M. maliensis, *Astartemaliensis*, *A.* cf. *elegans*, *A.* sp., *Ceratomyopsis nudulata*, *Sphaeriola oolithica*, *Palaeonucula* cf. *cuneiformis*, *Cerconmya punctata*, *Cucullaea* sp. 等，时代为中侏罗世（王建平等，2003）。在革吉县盐湖区沙木罗组含珊瑚 *Heliocoenia* cf. *orbignyi*, *H. meriani*, *Dermoseris deloguboi*, *Stylina lobata*, *Thecosmilia magna*, *Axosmilia* cf. *marcou*, *Plesiosmilia* sp., 层孔虫 *Parastromatopora* sp., *Xizangstromatopora* sp., 时代为晚侏罗世①。

班公湖-怒江地层区的侏罗系在区域上沿班公湖-怒江断裂带分布，岩石组合基本相同，各组均含化石，其时代较为一致。

3. 年代地层讨论

区内俄蒙勒组含珊瑚 *Thamnasteria coquandi* Etallon, *Pachythecopora pachytheca* Deng，其中 *Thamnasteria* cf. *coquandi* 见于双湖色哇区莎巧木山中侏罗统、丁青协雄一带中侏罗统德吉弄组，*Pachythecopora pachytheca* 见于双湖纳各若山北中侏罗统雁石坪群，*Montlivoltia*, *Stylina* 则是中生代常见分子。在丁青一带德极国组含双壳类 *Protocardia lycetti* - *Myophorella signata* 组合，时代为中侏罗世巴柔—巴通期。年代地层可对比为中侏罗统巴柔阶—巴通阶，其下未含珊瑚的地层对比为中侏罗统阿林阶。

区内沙木罗组与俄蒙勒组为连续沉积，含丰富的双壳类 *Lopha* sp., Ostreacea，时代为晚侏罗世，上部含腹足类 *Paraglauconia* sp., *Mesoglauconia* sp., *Procerithium* sp., *Cassiope* cf. *lanzingensis* 等，时代为早白垩世。因此沙木罗组对比于上侏罗统-下白垩统贝利阿斯阶。

二、宋我日地层小区

在该小区出露地层为中侏罗统去申拉组，出露面积为 130km²。该组由西藏自治区地质局区域地质调查大队（1986）命名，地点在改则县洞错北去申拉，主要岩性为玄武岩、安山岩、凝灰岩等，不整合于侏罗系木嘎岗日群之上，时代归早白垩世。后被归入则弄群，区内为一套火山岩系，厚约 930m。

（一）剖面描述

双湖区宋我日中侏罗统去申拉组实测剖面如图 2-35 所示。

剖面位于双湖区南措折乡东约 22km 的宋我日，起点坐标：N. 31°53′43.9″、E. 88°07′10.7″，终点坐标：N. 31°54′22.8″、E. 88°07′10.8″，剖面长约 1km，下与中上三叠统确哈拉群、上与上白垩统竟柱山组均为不整合接触。

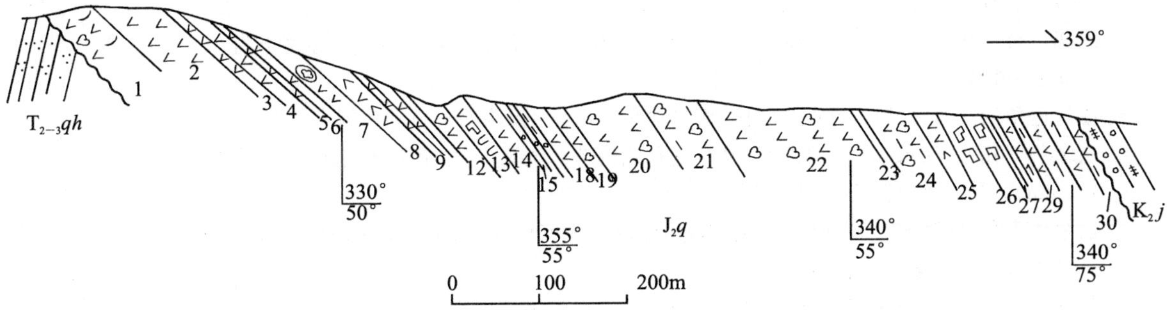

图 2-35 双湖区宋我日中侏罗统去申拉组实测剖面图

上覆：上白垩统竟柱山组（K_2j）灰黑色中厚层复成分砾岩

~~~~~~~~~~~~ 角度不整合 ~~~~~~~~~~~~

①西藏自治区地质局区域地质调查大队．1∶100 万日土幅区域地质调查报告（Ⅰ-44）．1987.
~~~~~~~~~~~~

中侏罗统

去申拉组(J_2q) **929.6m**

30. 灰红色辉石安山岩,斜长石含量90%,辉石含量10% 21.8m
29. 灰绿色辉石安山岩,岩石具斑状结构,斑晶主要为斜长石,大小为(0.4~1)mm×0.2mm,含量3%。基质中斜长石含量75%,辉石含量20% 78.3m
28. 深灰色碳酸岩化安山岩,斑晶少量,主要为斜长石,大小为0.3mm×0.2mm 1.9m
27. 灰红色中层英安质沉晶屑岩屑凝灰岩,偶含角砾。碎屑物主要成分为英安岩和安山岩,含量约90% 3.6m
26. 砖红色安山质集块岩,集块成分主要为安山岩,少量凝灰岩,大小不一,大者可达50cm,一般为10~20cm 33.4m
25. 灰绿色角闪英安岩,岩石具斑状结构,斑晶为斜长石和角闪石,含量25% 19.2m
24. 灰红色杏仁状透辉石安山岩,岩石具斑状结构,斑晶为斜长石和透辉石,含量15% 43.1m
23. 灰绿色角闪英安岩,岩石具斑状结构,斑晶为斜长石和角闪石,含量25% 4.0m
22. 灰红色杏仁状安山岩,岩石具斑状结构,杏仁状构造。杏仁呈浑圆状,大小为1~2mm,含量5%,斑晶主要为斜长石和透辉石,含量17% 66.6m
21. 黄绿色杏仁状透辉石安山岩,岩石具斑状结构,杏仁状构造。杏仁呈浑圆状,大小为2~4mm,含量2%,斑晶主要为斜长石和透辉石,含量8% 118.7m
20. 灰色杏仁状安山岩,岩石具斑状结构,杏仁状构造。杏仁呈浑圆状,大小为0.8~1mm,含量2%,斑晶主要为斜长石,含量10% 67.8m
19. 灰红色杏仁状安山岩,岩石具斑状结构,杏仁状构造。杏仁呈浑圆状,大小为0.7~2mm,含量3%,斑晶主要为斜长石,含量20% 20.3m
18. 黄绿色透辉石安山岩,岩石具斑状结构,斑晶含量10%,主要为斜长石和透辉石 21.8m
17. 灰红色含透辉石安山质集块熔岩,集块成分为安山岩,大小为10~20cm,含量35% 10.2m
16. 黄绿色透辉石安山岩,岩石具斑状结构,斑晶含量10%,主要为斜长石和透辉石 6.5m
15. 灰红色含透辉石安山岩,岩石具斑状结构,斑晶含量10%,主要为斜长石和少量透辉石 6.5m
14. 黄绿色气孔状透辉石安山岩,岩石具斑状结构,气孔状构造,气孔呈不规则状,大小为0.8~2.5mm,含量3%,斑晶含量10%,主要为斜长石和透辉石 27.6m
13. 灰绿色安山质集块熔岩,集块成分为安山岩,大小不等,小者6~15cm,大者30~50cm,分布不均匀,含量30%~50% 39.4m
12. 灰绿色杏仁状安山岩,岩石具斑状结构,杏仁状构造。杏仁呈不规则状,大小为0.5~2mm,含量3%,斑晶主要为斜长石,含量5% 45.9m
11. 灰色含角砾安山岩,角砾成分为安山岩,大小为0.5~2cm,含量5% 2.9m
10. 紫灰色安山岩,岩石具斑状结构,斑晶含量10%,主要为斜长石 16.7m
9. 深灰色杏仁状安山岩,岩石具斑状结构,杏仁状构造。杏仁石少量,呈圆状,大小为0.8~1.5mm,斑晶主要为斜长石,含量20% 1.3m
8. 深灰色角闪安山岩,岩石具斑状结构,斑晶含量15%,主要为斜长石和角闪石 37.3m
7. 灰绿色气孔状安山岩,岩石具斑状结构,气孔状构造。气孔少量,呈不规则状,大小为0.8~1.5mm,斑晶主要为斜长石,含量5% 43.5m
6. 灰绿色含角砾安山岩,岩石具斑状结构,角砾成分为安山岩,大小为2~5mm,含量为5%;斑晶含量7%,主要为斜长石 22.5m
5. 灰绿色含角砾角闪安山岩,岩石具斑状结构,角砾成分为安山岩,大小为0.5~5cm,含量为5%;斑晶含量10%,主要为斜长石 4.3m
4. 灰绿色安山岩,岩石具斑状结构,斑晶含量12%,主要为斜长石 26.6m
3. 灰绿色安山质集块熔岩,集块成分为安山岩,大小为6~20cm,分布不均匀,含量35%~55% 23.5m
2. 深灰色安山岩,岩石具斑状结构,斑晶含量5%,主要为斜长石 75.3m
1. 深灰色杏仁状玻基安山岩,岩石具斑状结构,斑晶含量65%,主要为斜长石 57.1m

~~~~~~~~~~~~ 角度不整合 ~~~~~~~~~~~~

下伏:中上三叠统确哈拉群($T_{2-3}qh$)灰红色薄板状细粒石英砂岩
~~~~~~~~~~~~

（二）岩石地层划分及其特征

1. 岩石地层划分

该区仅出露中侏罗统去申拉组，分布于玉雄-宋我日一带，呈东西向带状展布，东西长45km，南北宽0.5～3km，面积约170km^2。出露厚度约930m。

2. 岩石地层特征

该组以发育安山岩为特征，主要岩性为深灰—灰绿—黄绿—灰红色杏仁状安山岩、角闪安山岩、透辉石安山岩、辉石安山岩，夹角闪英安岩、安山质集块熔岩及少量沉晶屑岩屑凝灰岩，共有7个喷发韵律，均由熔岩→火山碎屑熔岩（或火山碎屑岩），韵律清楚，每个韵律均为溢流→喷发，韵律厚度为31～395m不等，向上有变厚趋势。根据岩石组合和岩石地球化学特征，为艾达克岩，属岛弧火山岩。同位素年龄为98～166Ma。

（三）区域地层对比及时代确定

1. 区域地层对比

去申拉组在区内岩性变化不大，主要为安山岩，西部火山碎屑岩较多，东部火山熔岩较多。在改则县洞错-直若错一带主要岩性为玄武岩、安山岩、粗面岩、凝灰岩及火山角砾岩，厚85～1 550m。

2. 时代确定

区内去申拉组不整合于中上三叠统确哈拉群之上，其上被上白垩统竟柱山组不整合覆盖，因此其时代应晚于三叠纪，早于晚白垩世。

本次区调在宋我日采获全岩K－Ar法同位素年龄为98.14±1.52Ma，西藏自治区地质局区域地质调查大队（1986）①在去申拉采获全岩Rb－Sr法同位素年龄为111Ma，杨德明等（1999）曾在此采获全岩Rb－Sr同位素年龄为166.0Ma，综合考虑将该套火山岩时代归中侏罗世。区域上该套火山岩明显老于则弄群（K_1*zl*）火山岩（同位素年龄99.0Ma），因此将其归侏罗系是合适的。

三、侏罗系小结

区内侏罗系仅见于班公湖-怒江地层区，达则错小区为碎屑岩-碳酸盐岩建造，由下而上分为下统木嘎岗日群、中统俄蒙勒组和上侏罗-下白垩统沙木罗组，总厚大于2 700m，沉积环境为次深海—滨海环境。宋我日小区为火山岩建造，厚约930m，时代归中侏罗世。

第九节　白垩系

区内白垩系出露于班公湖-怒江地层区和冈底斯-腾冲地层区的班戈-八宿地层分区吴如错地层小区和申亚地层小区，分布于拉惹-康如断裂两侧及昂孜错-色热巴断裂以北的广大地区。班公湖-怒江地层区主要为上统竟柱山组陆相红色碎屑岩系。申亚地层小区主要为下统则弄群火山岩系，吴如错地层

①西藏自治区地质局区域地质调查大队．1∶100万改则幅区域地质调查报告（Ⅰ－45）．1986．

小区主要为下统俄杀而补组碎屑岩系、多尼组碎屑岩夹碳酸盐岩和火山岩系、郎山组碳酸盐岩系和上统竟柱山组陆相红色碎屑岩系。

申亚地层小区的则弄群由西藏自治区地质局区域地质调查大队(1983)创名于申扎县东则弄附近的不尔嘎。地质部青海石油普查大队王文彬等(1957)①把该套地层称堡尔嘎岩系,归下白垩统。西藏自治区地质局区域地质调查大队(1983)②将布尔嘎岩系分为上下两部分,下部称则弄群,归下白垩统,上部称不尔嘎组,归下白垩统上部—上白垩统。则弄群被后人沿用至今。

吴如错地层小区中,俄杀而补组为本项目新建组,创名地点位于申扎县西俄杀而补(5 164 高程点),岩性主要为一套深色细碎屑岩,厚约三千余米。多尼组由李璞(1955)创名于洛隆县多尼,原称多尼煤系,斯行健、周志炎(1962)将其改称多尼组,西藏自治区地质局区域地质调查大队韩湘涛等(1983)③将区内该套地层称曲松波群,夏代祥、刘世坤(1983)将曲松波群进一步划分为川巴组和多巴组,西藏地质矿产局(1997)将二组合并称多尼组。郎山组由西藏第四地质队(1973)创名为门德洛子岩系,自下而上划分为下统多巴组、郎山组、上统竟柱山组,地点位于班戈县郎钦山(表 2-5)。

表 2-5 吴如错小区白垩系划分沿革表

<table>
<tr><th>单位
地层</th><th>青海石油大队
1957</th><th>第四石油普查队
1968</th><th>马存达
1972</th><th colspan="2">西藏四队
1973</th><th colspan="2">西藏自治区地质局区域地质调查大队 1983</th><th>西藏地质矿产局 1993</th><th>夏代祥等
1997</th><th colspan="2">本书</th></tr>
<tr><td>K_2</td><td>渠生保岩系</td><td>门德洛子组</td><td>夏曲组</td><td rowspan="8">门德洛子群</td><td>竟柱山组</td><td colspan="2">竟柱山组</td><td>竟柱山组</td><td>竟柱山组</td><td colspan="2">竟柱山组</td></tr>
<tr><td rowspan="7">K_1</td><td rowspan="7">门德洛子岩系</td><td rowspan="7">多巴组</td><td rowspan="7">诺尔果组</td><td rowspan="3">郎山组</td><td colspan="2" rowspan="3">郎山组</td><td rowspan="3">郎山组</td><td rowspan="3">郎山组</td><td rowspan="3">郎山组</td><td>三段</td></tr>
<tr><td>二段</td></tr>
<tr><td>一段</td></tr>
<tr><td rowspan="4">多巴组</td><td rowspan="4">曲松波群</td><td rowspan="2">多巴组</td><td rowspan="2">多巴组</td><td rowspan="4">多尼组</td><td rowspan="3">多尼组</td><td>三段</td></tr>
<tr><td>二段</td></tr>
<tr><td rowspan="2">川巴组</td><td rowspan="2">川巴组</td><td>一段</td></tr>
<tr><td colspan="2">俄杀而补组</td></tr>
</table>

一、下白垩统

(一)吴如错地层小区

吴如错地层小区的下白垩统呈东西向梯形展布,东宽西窄,面积约 4 400km²。东部厚度较大,西部较小,出露地层为俄杀而补组、多尼组和郎山组,总厚约 5 800m。

1. 剖面描述

(1) 申扎县俄杀而补下白垩统实测剖面(图 2-36)

剖面位于申扎县格仁错北岸俄杀而补西岗夺,起点坐标:N. 31°18′27″、E. 88°10′40.6″,终点坐标:N. 31°20′55.0″、E. 88°12′5.6″,长约 5.4km。下未见底,与上覆郎山组整合接触。

①青海石油普查大队.青藏高原东部石油地质普查报告(内部出版).1957.

②西藏自治区地质局区域地质调查大队.1∶100 万日喀则幅、亚东幅区域地质调查报告(地质部分).1983.

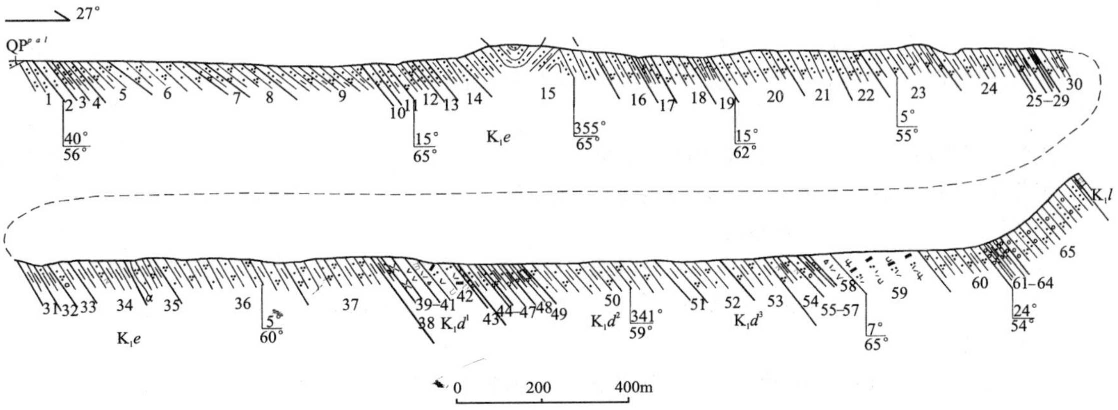

图 2-36 申扎县俄杀而补下白垩统实测剖面图

上覆:下白垩统郎山组灰绿色薄层泥晶灰岩

—————— 整 合 ——————

下白垩统

多尼组(K_1d) **1 281.8m**

三段(K_1d^3) 736.2m

65. 浅紫色厚—中厚层砾岩(1～2m)、灰紫色厚层含砾粗砂岩(0.5～2m)、薄—中厚层细粒石英砂岩(3m),粉砂质泥岩或泥岩(0.5～4m)互层,由上述岩性组成基本层序多次重复,砾岩多呈透镜状,泥岩中含大量的钙质结核和铁质结核,局部见泥裂 84.6m

64. 灰紫色厚层细砾岩、含砾中细粒石英砂岩、泥质粉砂岩互层,三者组成基本层序(共两个,向上变薄)。砾岩中砾石成分为砂岩、石英岩、泥岩,次棱角状,大小为 2～40mm,一般为 3～6mm,含量为 60% 4.8m

63. 灰紫色薄层—中厚层细粒石英砂岩与粉砂岩(顶部常有 20～50cm 粉砂质泥岩)互层,二者组成基本层序(共 5 个) 9.9m

62. 下部为灰色—黄绿色薄—中厚层细粒石英砂岩与薄层泥岩互层,上部为紫色粉砂岩,顶部为粉砂质泥岩 5.5m

61. 底部为灰紫色厚层细砾岩,中部为灰黄色厚层细粒石英砂岩与薄层泥岩互层,上部为紫色粉砂岩,顶部为粉砂质泥岩。砾岩中砾石成分为石英岩和英安岩,次圆状—次棱角状,大小为 2～5.5mm,含量为 80% 5.5m

60. 下部为灰色薄—中层细粒石英砂岩夹浅灰色薄层泥岩,上部为浅灰色薄层泥岩夹黄绿色泥岩,泥岩中含少量双壳类碎片,二者组成基本层序(共 10 个,向上变薄) 103.5m

59. 灰色英安质角砾晶屑凝灰岩,角砾成分为英安岩,大小为 2～8mm,含量为 10% 158.5m

58. 灰色含角砾英安岩,角砾以大理岩为主,少量砂岩、泥岩、英安岩,大小为 2～17mm,含量 20% 43.2m

57. 灰色厚层砾岩,砾石以泥晶灰岩为主,少量砂岩、泥岩,多呈次棱角状,大小为 2～10mm,含量 70% 5.8m

56. 灰色泥岩夹薄层细粒石英砂岩、生物碎屑灰岩 18.0m

55. 灰色厚层含砾细粒石英砂岩夹砾岩透镜体 19.4m

54. 底部为灰色厚层细粒长石石英砂岩(3m),下部为薄层细粒长石石英砂岩与泥岩互层(3～5m),上部为泥岩夹薄层含生物泥晶灰岩(5～20cm) 51.2m

—————— 整 合 ——————

二段(K_1d^2) 315.2m

53. 灰色中厚层细粒石英砂岩、薄层—薄板状细粒石英砂岩与灰黑色泥岩互层、灰黑色泥岩,由上述岩性组成基本层序(共 3 个,每个基本层序厚 30cm) 109.0m

孢粉化石:*Cyathidetesminor* Coper

Densoisporites sp.

? *Classopollis* sp.

? *Dicheiropollis* sp. 等

52. 灰色薄层细粒石英砂岩与灰黑色泥岩互层，二者组成基本层序（共 5 个，每个基本层序厚 20cm） 90.7m

51. 灰黑色泥岩，下部夹少量灰色薄层细粒石英砂岩 26.6m

50. 灰色薄—中层细粒石英砂岩夹浅灰绿色泥岩、浅灰绿色泥岩，二者组成基本层序（共 30 个，每个厚 5～15m），含少量孢粉 256.1m

49. 浅灰色厚层细粒石英杂砂岩（2～3m）、灰色薄层细粒石英砂岩与浅灰绿色泥岩互层（1～2m）、浅灰绿色泥岩（2～4m），三者组成基本层序（共 3 个，向上层序厚度变薄），砂岩底部具重荷模 19.7m

48. 浅灰色厚—中层细粒石英砂岩（5m）、浅灰色薄层细粒石英砂岩与浅灰绿色泥岩互层（3m）、浅灰绿色泥岩（3～4m），三者组成基本层序（共两个） 19.7m

47. 浅灰色薄板状细粒钙质石英砂岩（6～8m）与灰绿色泥岩（8m）互层，二者组成基本层序 19.7m

46. 灰紫色厚层细粒钙质石英砂岩（50～70cm）与灰绿色泥岩（2.5～4m）互层，二者组成基本层序（共 3 个） 21.9m

45. 浅紫红色含粉砂质泥岩（20～100cm）与浅紫色薄层细粒石英砂岩互层，二者组成基本层序，向上砂岩变厚 7.3m

44. 浅灰绿色含砂质泥岩（2～4m）与浅黄绿色薄层泥质粉砂岩（0.5～1.5m）互层，二者组成基本层序（共 4 个），向上砂岩变厚 29.6m

——————— 整　合 ———————

一段（K_1d^1） 250.1m

43. 浅灰黄色厚层流纹质角砾岩屑凝灰熔岩，角砾成分为流纹岩和含砂质泥岩，大小为 2～4mm，含量 15%，岩屑成分为流纹岩，大小为 0.25～1.5mm，含量 20% 8.5m

42. 灰色厚层流纹质晶屑凝灰熔岩，晶屑为斜长石和钾长石，大小为 0.1～1.5mm，含量为 15% 63.4m

41. 灰色厚层流纹质熔结角砾岩，角砾成分为流纹岩和少量粉砂质泥岩，大小为 2～5mm，含量为 75% 29.6m

40. 黄绿色层状英安岩，岩石具斑状结构，斑晶为斜长石和石英，含量为 2% 29.6m

39. 浅灰色厚层流纹岩，岩石具斑状结构，斑晶为斜长石和钾长石，含量为 3% 16.2m

38. 浅黄绿色厚层泥岩（0.3～2.0m）与灰色厚层细粒石英砂岩（0.5～2.0m）互层，夹灰岩透镜体 24.3m

——————— 整　合 ———————

俄杀而补组（K_1e） **>2 526.9m**

37. 黄褐色薄—中层中细粒石英砂岩夹灰黑色泥岩，砂岩具平行层理及小型板状交错层理 186.5m

36. 灰色薄板状细粒石英砂岩与灰黑色泥岩互层，二者组成基本层序（共 76 个），向上变厚（下部厚 2～3m，上部厚 5～6m） 248.0m

孢粉化石（泥岩中）：*Leiotriletes* sp.

Cyathidites sp.

? *Gleicheniidites* sp.

Acanthotriletes sp.

Classopollis sp.

Dicheiropollis sp.

35. 灰黄色薄—中层细粒石英砂岩与灰黑色泥岩互层 63.8m

孢粉化石（泥岩中）：*Echinatisporis* sp.

Classopollis sp.

Dicheiropollis sp.

34. 灰黑色泥岩夹灰黄色薄—中层细粒长石石英砂岩和细粒石英砂岩 114.8m

孢粉化石（泥岩中）：*Leiotriletes rombodeus* Bolchovitina

Pterisisporitesmedirhaptes Li
Classopollis sp.
Dicheiropollis sp.

33. 黄褐色厚—薄层含砾细粒石英砂岩夹灰黑色泥岩，二者组成基本层序(共两个)，向上砂岩变厚　42.1m
32. 灰黑色薄—中层条带状粉砂质泥岩夹灰黑色泥岩透镜体　26.9m
31. 灰黑色薄—中层含粉砂质泥岩夹灰黑色泥岩，含粉砂质泥岩底部有细粒石英砂岩(厚5～20cm)　36.2m
30. 灰色薄—中层细粒石英砂岩与灰黑色泥岩互层，二者组成基本层序(共12个，每个基本层序厚3～5m)，砂岩向上变厚　54.7m
29. 灰黑色薄—中层粉砂质泥岩夹灰黑色泥岩，粉砂质泥岩底部有细粒石英砂岩(厚5～20cm)　36.2m
28. 灰色薄—中层细粒石英砂岩与灰黑色泥岩互层，二者组成韵律层，厚5～10cm。砂岩具小型板状交错层理，砂岩顶部常见1～2cm厚的浅灰白色粉砂岩　6.3m
27. 黄褐色厚—中层细粒石英杂砂岩，底部含砾石　12.7m
26. 灰色薄板状细粒石英砂岩与灰黑色泥岩互层，二者组成韵律层，厚5～10cm　20.6m
25. 灰色薄—中层细粒石英砂岩与灰黑色泥岩互层，二者组成韵律层，厚5～10cm。砂岩中发育板状交错层理，底部常有细砾岩(5～10cm)，顶部为浅灰绿色安山岩(20～30cm)　20.6m
24. 灰—黄褐色薄板状细粒石英砂岩与灰黑色泥岩互层，二者组成韵律层，厚5～10cm。砂岩中发育板状交错层理　129.3m
孢粉化石(泥岩中)：? *Dicheiropollis* sp.
23. 灰色薄—中层细粒岩屑石英砂岩与灰黑色泥岩互层，二者组成韵律层，厚7～50cm。砂岩底部含砾，具正粒序　137.0m
22. 黄褐色薄—中层细粒石英砂岩夹灰黑色薄层粉砂岩，砂岩中含铁质结核　66.5m
21. 灰色中层细粒石英砂岩与灰黑色薄层粉砂岩互层，二者组成基本层序，厚30～50cm。向上砂岩变薄　110.8m
20. 灰、灰黄色薄层细粒石英砂岩与灰黑色薄层粉砂岩互层，二者组成韵律层，厚10～20cm。砂岩具水平层理，并含粉砂质条带　145.6m
19. 下部灰色含砾细粒岩屑砂岩、灰色薄—中层细粒石英砂岩、灰黑色粉砂质泥岩互层，上部灰黑色薄层粉砂岩与灰色中层泥质钙质硅质岩互层　40.3m
18. 灰黄色薄—中层含砾细粒岩屑砂岩、细粒岩屑石英砂岩与灰黑色薄层粉砂岩互层　69.3m
17. 灰黄色厚—薄层砾岩(向上变薄)夹粗中粒钙质长石岩屑砂岩及细粒石英砂岩、灰黑色薄层粉砂岩。砾岩中砾石成分主要为石英岩，少量粉砂岩、脉石英，呈次圆状—圆状，大小为5～8mm，个别达10cm，含量为60%　41.7m
16. 灰黄色薄—中层细粒石英砂岩、中粒钙质岩屑砂岩夹灰黑色粉砂质泥岩　88.0m
15. 灰黑色粉砂质泥岩，上部夹细粒石英砂岩　102.3m
14. 灰黑色粉砂质泥岩，具条带状构造　60.2m
13. 灰黑色薄—中层粉砂岩夹粉砂质泥岩　32.5m
12. 灰黑色薄—中层粉砂岩夹薄—中层细粒石英砂岩及灰黑色粉砂质泥岩　56.9m
11. 灰黑色薄—中层粉砂岩与灰黑色粉砂质泥岩互层，粉砂岩具条带状构造　40.7m
10. 灰色厚层细粒石英砂岩　16.3m
9. 浅灰绿色薄层泥质粉砂岩与灰色薄—中层细粒石英砂岩互层，二者组成基本层序(共11个)　175.3m
8. 灰白色厚层细粒石英砂岩，上部夹灰黄色薄层粉砂岩　81.4m
7. 灰白色厚层细粒石英砂岩与灰黄色薄层粉砂岩互层，含黄铁矿和褐铁矿　27.0m
6. 灰白色薄—中层细粒石英砂岩，局部夹灰黄色薄层粉砂岩。砂岩发育水平层理和小型板状交错层理　120.7m
5. 浅灰绿色薄层泥质粉砂岩与灰黄色石英粉砂岩互层，二者组成基本层序(共13个，向上变薄)，厚6～1.5m，向上变薄　56.1m

4. 灰绿色薄—中层泥质粉砂岩灰黄色薄—中层石英粉砂岩互层，二者组成基本层序（共两个），厚 40～50cm，向上变厚　29.0m

3. 灰黄色薄—中层石英粉砂岩与灰白色薄层泥质粉砂岩互层，二者组成基本层序（共 5 个），厚 0.2～1.3m，向上变厚。石英粉砂岩中发育小型板状交错层理和平行层理　19.4m

2. 灰黄色中层石英粉砂岩　22.2m

1. 黄褐色中—厚层石英粉砂岩　15.9m

（未见底）

（2）尼玛县俄坐下白垩统多尼组一、二段实测剖面（图 2-37）

剖面位于尼玛县俄坐，起点坐标：N. 31°39′50.0″、E. 87°14′07″，终点坐标：N. 31°41′19.6″、E. 87°14′28.4″，长 2.6km，下未见底，上与三段为整合接触。

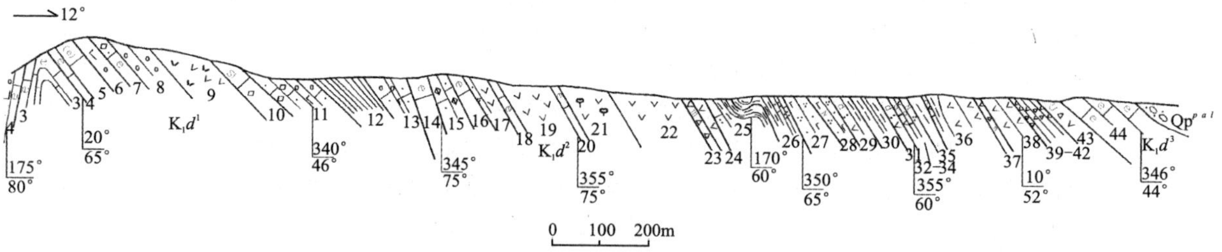

图 2-37　尼玛县俄坐下白垩统多尼组一、二段实测剖面图

上覆：下白垩统多尼组三段灰色厚层含生物碎屑泥晶灰岩，含圆笠虫

———————— 整　合 ————————

多尼组（K_1d）

二段（K_1d^2）　1 019.7m

43. 灰紫色厚层安山质角砾熔岩，角砾成分为安山岩，大小为 0.2～6cm，含量为 20%　39.1m

42. 黄色杏仁状安山岩，岩石具斑状结构，杏仁状构造，杏仁石呈不规则状，大小为 0.3～0.5mm，含量较少，斑晶含量为 3%，主要为斜长石　10.5m

41. 灰绿色安山质角砾熔岩，角砾成分为安山岩，大小为 0.2～6cm，含量为 20%　9.8m

40. 黄绿色杏仁状安山岩，岩石具斑状结构，杏仁状构造，杏仁石呈不规则状，大小为 0.3～0.5mm，含量较少，斑晶含量为 3%，主要为斜长石　10.7m

39. 灰绿色安山质角砾熔岩，角砾成分为安山岩，大小为 0.2～1cm，含量为 15%　7.1m

38. 浅灰紫色安山岩，岩石具斑状结构，斑晶含量为 5%，主要为斜长石　45.6m

37. 灰紫色厚层安山质熔角砾岩，角砾成分为英安岩，大小为 2～2.5mm，含量为 80%　7.4m

36. 灰绿色安山岩与灰紫色安山岩互层，岩石具斑状结构，斑晶含量为 5%，主要为斜长石　59.2m

35. 灰色薄板状沉安山质晶屑岩屑凝灰岩与灰紫色泥岩互层，沉安山质晶屑岩屑凝灰岩中岩屑成分为安山岩，次棱角状—次圆状，大小为 0.05mm，含量为 70%　57.3m

34. 下部为灰色薄板状沉安山质晶屑岩屑凝灰岩与灰红色泥岩互层，夹砾岩透镜体；上部为灰红色厚层细粒石英砂岩夹砾岩透镜体，砂岩具水平层理和斜层理　12.5m

33. 灰绿色薄—中层安山质岩屑熔结凝灰岩与灰色薄层砾岩互层，安山质岩屑熔结凝灰岩中岩屑成分为安山岩，不规则状，大小为 0.05mm，含量为 70%　8.4m

32. 灰红色薄板状沉安山质晶屑岩屑凝灰岩，岩屑成分为安山岩，棱角状，大小为 0.05～0.2mm，含量为 77%　9.2m

31. 灰色薄板状沉安山质晶屑岩屑凝灰岩夹砾岩透镜体，安山质晶屑岩屑凝灰岩中岩屑成分为安山岩，棱角—次棱角状，大小为 0.05～0.1mm，含量为 65%　19.5m

30. 灰红色含粉砂质泥岩夹薄层沉安山质晶屑岩屑凝灰岩，安山质晶屑岩屑凝灰岩中岩屑成分为安山岩，棱角状，大小为 0.1～0.5mm，含量为 70%　43.1m

29. 灰红色薄板状沉安山质晶屑岩屑凝灰岩与灰红色含粉砂质泥岩互层，安山质晶屑岩屑凝灰岩发育水平层理和小型斜层理，岩屑成分为安山岩，棱角状，大小为0.12～0.4mm，含量为87%，泥岩具虫穴 37.6m

28. 灰红色薄层钙质粗粉砂岩，具水平层理和小型斜层理 25.3m

27. 灰红色厚层细粒岩屑石英砂岩，底部含少量砾石，发育平行层理和小型斜层理 25.3m

26. 灰红色薄层粉砂质粉晶灰岩夹泥岩及粉砂岩，灰岩具水平层理及小型斜层理 81.7m

圆笠虫化石：*Mesorbitolina birmanica* (Sahni)

M. cf. *birmanica* (Sahni)

M. parva (Douglass)

有孔虫化石：*Daxia* sp.

25. 灰红色泥岩夹薄板状粉砂质粉晶灰岩，灰岩具水平层理 43.6m

24. 浅灰紫色安山岩，具斑状结构，斑晶含量为10%，主要为斜长石和角闪石 22.6m

23. 灰紫色厚层安山质熔结角砾岩，角砾成分为安山岩，大小为2～20mm，含量为70% 14.8m

22. 浅灰紫色安山岩，具斑状结构，斑晶含量为2%，主要为斜长石和角闪石 110.0m

21. 灰色杏仁状安山岩，具斑状结构，杏仁状构造，杏仁石少量，呈不规则状，大小为0.5～1mm，斑晶含量为10%，主要为斜长石 81.9m

20. 灰黄色厚—中层圆笠虫灰岩 10.6m

圆笠虫化石：*Palorbitolina lenticularis* (Blumenbach)

19. 灰、暗灰色安山岩，具斑状结构，斑晶含量为6%，主要为斜长石和角闪石 85.1m

18. 灰色厚层含生物碎屑泥晶灰岩，生物碎屑含量1%，主要为圆笠虫和少量双壳类 12.6m

17. 底部为灰色薄层细粒石英砂岩，具水平层理；中上部为灰、暗灰色安山岩，具斑状结构，斑晶含量为3%，主要为斜长石 31.5m

16. 灰色厚层含生物碎屑泥晶灰岩，生物碎屑含量1%，主要为圆笠虫和少量双壳类 25.2m

15. 紫红色薄层砂屑细晶灰岩夹钙质砾岩透镜体。砂屑细晶灰岩中砂屑成分为泥晶灰岩，呈次棱角—次圆状，大小为0.06～0.15mm，含量为20% 31.7m

14. 灰色厚层泥晶生物碎屑灰岩，夹圆笠虫灰岩和含生物碎屑泥晶灰岩 40.8m

圆笠虫化石：*Palorbitolina* cf. *discoides* (Gras)

Mesorbitolina sp.

—————— 整 合 ——————

一段(K_1d^1) 540.8m

13. 浅紫红色薄层含砂质砂屑灰岩夹钙质砾岩透镜体，砂屑灰岩中砂屑成分为泥晶灰岩，呈次棱角—次圆状，大小为0.2～0.25mm，含量为77% 77.1m

12. 紫红色页岩(3～4m)夹灰绿色、浅灰色页岩(0.5～1m)及少量浅灰色细粒石英砂岩透镜体 62.4m

11. 浅紫红色薄层细晶砂屑灰岩夹薄—中层钙质砾岩，砂屑灰岩中砂屑成分为泥晶灰岩，呈次棱角—次圆状，大小为0.1～0.5mm，含量为60%；砾岩中砾石成分为生物碎屑泥晶灰岩，呈次棱角—次圆状，大小为2～16mm，含量为85% 94.1m

10. 灰黄色厚层含硅质微晶灰岩 46.1m

圆笠虫化石：*Mesorbitolina* sp.

9. 浅灰、灰白色英安岩夹紫红色砂屑灰岩透镜体，英安岩具斑状结构，斑晶含量较少，主要为斜长石；砂屑灰岩中砂屑成分为微晶灰岩，呈次棱角—次圆状，大小为0.2～0.5mm，含量为75% 76.8m

8. 灰紫色厚层砾岩夹砂岩透镜体，砾石成分主要为灰岩，少量砂岩、泥岩，呈次棱角状—圆状，分选差，具定向排列，大小为2～4cm，含量为70% 67.9m

7. 紫红色中—厚层中晶含生物碎屑砂屑灰岩，局部见槽状交错层理。砂屑成分为泥晶灰岩，呈次棱角—次圆状，大小为0.2～1mm，含量为55%，生物碎屑主要为圆笠虫和少量双壳类，含量5% 26.3m

6. 灰、紫红色生物礁灰岩，礁体由固着蛤组成，礁体前有固着蛤砾石，大小不一，一般为2～5cm，含量为75% 31.8m

5. 灰色厚层含泥晶生物碎屑灰岩，生物碎屑主要为双壳类，含量10% 29.4m

4. 灰色厚层含固着蛤泥晶灰岩　　13.6m

圆笠虫化石：Orbitoliniids

3. 灰、灰黑色厚层泥晶圆笠虫灰岩，生物碎屑主要为圆笠虫，大小为1～4mm，含量55%　　>15.3m

圆笠虫化石：*Mesorbitolina birmanica* (Sabai)

M. sp.

（未见底）

（3）尼玛县卓嘎普多尼组三段实测剖面（图2－38）

剖面位于尼玛县卓嘎普，起点坐标：N. 31°31′53″、E. 87°29′47″，终点坐标：N. 1°33′35″、E. 87°30′24″，剖面长约3.0km，与下伏多尼组二段为整合接触，与上覆郎山组为断层接触。

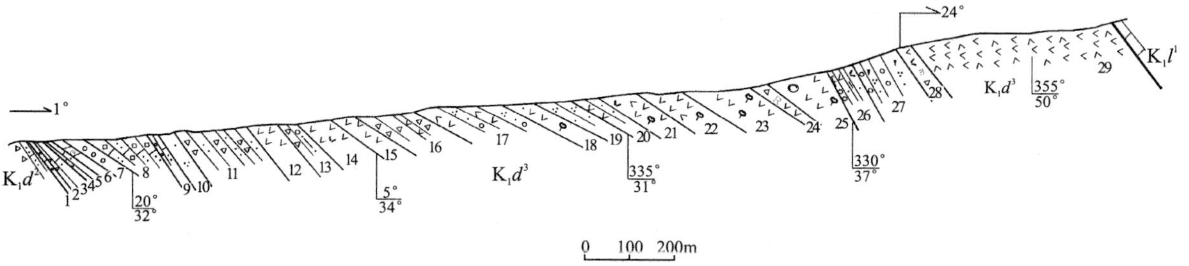

图2－38　尼玛县卓嘎普下白垩统多尼组三段实测剖面图

上覆：郎山组一段（K_1l^1）紫红色中层泥晶灰岩

断　层

下白垩统

多尼组（K_1d）

三段（K_1d^3）　　1 605.0m

29. 灰色厚层角闪安山岩，具斑状结构，斑晶含量为17%，主要为斜长石和角闪石　　308.2m

28. 黄色英安质熔结角砾岩，角砾成分为安山岩，大小为2～30mm，含量为60%　　3.3m

27. 紫褐色砾岩与灰色薄层细粒石英砂岩互层，二者组成基本层序（共15个，每个厚8～10m）。砾岩中砾石成分为石英砂岩，呈次圆—圆状，大小为2～30mm，含量为55%　　133.6m

26. 下部为紫红色英安质砾岩、含砾石英砂岩，上部为凝灰岩。英安质砾岩中砾石成分为英安岩，次棱角状，大小为2～40mm，含量为70%　　90.2m

25. 灰色厚层杏仁状安山岩和气孔状角闪安山岩。杏仁状安山岩具斑状结构，杏仁状构造，杏仁石少量，呈不规则状，大小为0.24～1mm，含量1%，斑晶含量2%，主要为斜长石；气孔状角闪安山岩具斑状结构，气孔状构造，气孔少量，斑晶含量2%，主要为斜长石和角闪石　　109.1m

24. 黄褐色层状安山质熔角砾岩，角砾成分为安山岩，大小为2～20mm，含量为60%　　27.5m

23. 黄褐—灰黑色杏仁状安山岩，具斑状结构，杏仁状构造，杏仁石呈圆状，大小为0.5～3mm，含量3%，斑晶少量，主要为斜长石　　79.0m

22. 灰黑色层状杏仁状辉石安山岩夹灰白色蚀变杏仁状安山岩透镜体，杏仁状辉石安山岩中具斑状结构，杏仁状构造，斑晶2%，主要为辉石和角闪石　　57.6m

21. 灰黑色层状蚀变杏仁状英安岩与灰黄色层状角闪安山岩互层，杏仁状英安岩具斑状结构，杏仁状构造，杏仁石少量，呈圆状，大小为0.5～2mm，含量3%　　48.1m

20. 灰黑色层状杏仁状安山岩与灰黄色中层蚀变英安岩互层，组成两个韵律层。岩石特征同第18层　　28.5m

19. 灰黄色中层细粒石英砂岩，底部为砾岩（0.5～2m）。砾岩中砾石成分为砂岩、少量灰岩及安山岩，次棱角状，大小为2～40mm，含量为70％　39.2m

18. 灰黑色层状杏仁状安山岩夹灰黄色安山岩，杏仁状安山岩具斑状结构，杏仁状构造，杏仁石呈圆状，大小为0.5～1mm，含量5％，斑晶含量为5％，主要为斜长石　28.2m

17. 灰黑色层状角闪安山岩与灰白色中层含砾细粒石英砂岩互层夹含钙质泥岩，角闪安山岩厚6～8m，共有3层。角闪安山岩具斑状结构，斑晶含量为11％，主要为斜长石和角闪石，少量透辉石　94.2m

16. 灰黄色厚层角砾岩（特征同第11层）夹灰黑色层状安山岩透镜体　61.2m

15. 灰黑色层状安山岩与灰色中层蚀变安山岩互层，共有9个韵律，每个韵律厚1～5m，向上变厚　51.1m

14. 灰黑色层状安山岩（0.5～3m）与灰白色层状蚀变安山岩（1～5m）韵律互层　43.1m

13. 灰黄色厚—巨厚层角砾岩（特征同第11层）、含砾砂岩，夹安山岩透镜体　41.0m

12. 灰黑色层状安山岩与灰色层状蚀变安山岩互层，具斑状结构，斑晶含量为5％，主要为斜长石　59.8m

11. 下部为灰黄色厚层角砾岩（20～25m），角砾成分为砂岩和少量灰岩、泥岩，棱角状，大小2～5cm，含量60％；上部为灰黄色中层中粗粒砂岩（30～40m）　69.7m

10. 黄褐色中层细粒石英砂岩，发育水平层理及小型斜层理　36.7m

9. 下部为灰黄色厚层砾岩（3～4m），黄褐色中层中细粒含砾石英砂岩（1～2m）；上部为含粉砂质粉晶灰岩。砂岩具水平层理及小型斜层理。砾岩中砾石成分为砂岩、少量灰岩及安山岩，次棱角状，大小为0.5～15mm，含量为60％　20.4m

8. 灰色薄—中层粉砂质细晶灰岩，粉砂含量30％　80.3m

7. 灰色厚—巨厚层礁灰岩，生物以固着蛤为主，呈次棱角状—圆状，大小为0.5～10cm，多为3～5cm，定向明显　30.6m

6. 浅灰绿色中—厚层含生物碎屑泥晶灰岩夹亮晶团粒生物碎屑灰岩，团粒生物碎屑灰岩中生物碎屑以双壳类为主，含量55％，团粒圆形，大小为0.05～0.2mm，含量35％　17.9m

圆笠虫化石：Orbitoliniids

5. 灰色厚层亮晶砂屑灰岩夹浅灰绿色中层泥晶灰岩，砂屑灰岩中砂屑成分为泥晶灰岩，棱角状，大小为0.1～0.7mm，含量80％　14.3m

4. 灰黑色厚层生物碎屑灰岩（底部含砾）。生物碎屑以双壳类为主，含量30％～50％　3.6m

3. 深灰色中层亮晶砂屑团粒灰岩，团粒圆形，大小为0.05mm，含量55％，砂屑成分为泥晶灰岩，棱角状，大小为0.5～1.9mm，含量25％　14.3m

圆笠虫化石：Orbitoliniids

2. 深灰色厚—巨厚层亮晶团粒砾屑灰岩，砾屑成分为泥晶灰岩，棱角—次棱角状，大小为5～20mm，含量60％；团粒圆形，大小为0.05～3mm，含量27％　8.6m

1. 底部灰色厚层砾岩（2～3m），中部灰色中厚层含砾含鲕粒灰岩（20～40cm），上部为灰色中厚层亮晶团粒灰岩（20～40cm）。砾岩中砾石成分为安山岩和泥岩，次圆—次棱角状，大小为2～7mm，含量55％　5.7m

———————— 整　合 ————————

下伏：下白垩统多尼组二段灰色火山角砾岩夹灰绿色粉砂质灰岩

(4) 尼玛县左波列下白垩统郎山组实测剖面（图2-39）

剖面位于尼玛县左波列，起点坐标：N. 1°37′40.9″、E. 87°43′41.3″，终点坐标：N. 31°38′33.7″、E. 87°43′53.6″，剖面长约3.0km。

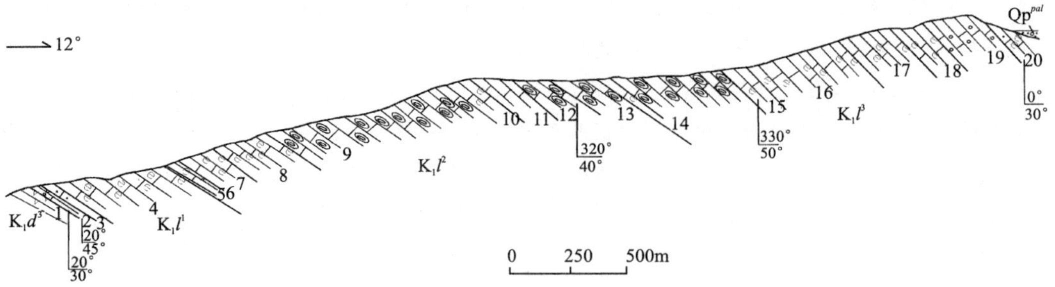

图 2-39　尼玛县左波列下白垩统郎山组实测剖面图

下白垩统

郎山组(K_1l)　　(未见顶)

三段(K_1l^3)　>356.3m

20. 浅灰色厚层亮晶含生物碎屑砂屑灰岩,含少量燧石团块。砂屑成分为泥晶灰岩,次圆状,大小为 0.1~0.8mm,含量 72%,生物碎屑主要为双壳类和圆笠虫,含量 8%　12.6m

腕足类化石:*Cruralina* cf. belbekensis Smirnova

C. sp.

19. 深灰色厚层亮晶含砂屑砾屑灰岩,砾屑成分为泥晶灰岩,棱角—次棱角状,大小为 2~7mm,含量 70%,砂屑成分为泥晶灰岩,棱角—次棱角状,大小为 0.1~1.8mm,含量 10%　64.9m

18. 灰、浅灰色厚层生物碎屑泥晶灰岩,生物碎屑以圆笠虫为主,少量珊瑚、双壳类、海绵骨针等　32.2m

17. 褐灰色厚层含燧石团块含生物碎屑泥晶灰岩,生物碎屑含量 12%,主要为海绵骨针,燧石团块含量小于 2%　76.9m

16. 褐灰色厚层燧石团块含生物碎屑泥晶灰岩,燧石团块含量 5%~10%,生物碎屑含量 15%,主要为海绵骨针,少量圆笠虫　91.8m

圆笠虫化石:Orbitoliniids

15. 灰色中层圆笠虫泥晶灰岩,圆笠虫呈圆状,大小为 0.2~4mm,含量达 20%　70.1m

圆笠虫化石:Orbitoliniids

14. 灰色生物碎屑泥晶灰岩,生物碎屑含量 20%,主要为双壳类　7.8m

双壳类化石:Radiolitidea

圆笠虫化石:Orbitoliniids

—————— 整　合 ——————

二段(K_1l^2)　382.7m

13. 深灰色厚层圆笠虫泥晶灰岩,圆笠虫呈椭圆状,大小为 0.4~6mm,含量为 30%　4.7m

有孔虫化石:*Cuneolina* sp.

Daxia sp.

Mesorbitolina birmanica (Sahni)

M. sp.

Pseudocyclammina sp.

12. 深灰色厚层圆笠虫泥晶灰岩,圆笠虫呈椭圆状,大小为 0.4~6mm,含量为 30%　1.9m

有孔虫化石:*Daxia* sp.

Cuneolina sp.

Mesorbitolina orientala Zhang

Pseudocyclammina sp.

Palorbitolina sp.

11. 浅灰色厚层微晶灰岩,圆笠虫呈椭圆状,大小为 0.4~1.5mm,含量为 2%。　15.2m

有孔虫化石:*Palorbitolina lenticularis* (Blumenbach)

Mesorbitolina cf. *tibetica*(Cotter)

M. sp.

Cuneolina sp.

10. 浅灰色厚层生物碎屑泥晶灰岩，生物碎屑以圆笠虫为主，少量双壳类和棘皮类，大小为0.7～4mm，含量为35% 33.2m

圆笠虫化石：*Mesorbotolina* sp.

Pseudocyclammina lobata He

Cuneolina sp.

9. 深灰色厚层圆笠虫泥晶灰岩，圆笠虫呈椭圆状，大小为1～5.5mm，含量为35% 203.5m

圆笠虫化石：*Palorbitolina lenticularis*(Blumenbach)

P. sp.

Mesorbitolina cf. *subconcava*(Leymene)

M. sp.

Cuneolina sp.

8. 灰色中层含生物碎屑泥晶灰岩，生物碎屑主要为圆笠虫和双壳类，大小为0.4～4.5mm，含量为5% 61.1m

有孔虫化石：*Mesorbitolina gregavia* Zhang

M. birmanica(Sahni)*Pseudocyclammina lobata* He

7. 深灰色薄层生物碎屑泥晶灰岩，生物碎屑主要为圆笠虫和双壳类，大小为0.4～4.5mm，含量为5% 48.2m

圆笠虫化石：Orbitoliniids

6. 深灰色中层圆笠虫泥晶灰岩，圆笠虫呈椭圆状，大小为1.5～7mm，含量为25% 1.4m

圆笠虫化石：*Palorbitolina lenticularis*(Blumenbach)

Mesorbotolina sp.

Cuneolina sp.

5. 深灰色中层生物碎屑泥晶灰岩，生物碎屑主要为圆笠虫和双壳类，大小为1.5～7.5mm，含量为20% 13.5m

圆笠虫化石：Mesorbitolina sp.

Orbitoliniids

——————— 整 合 ———————

一段(K_1l^1) 165.4m

4. 灰色中层含生物碎屑泥晶灰岩，生物碎屑主要为双壳类，大小为0.5～3mm，含量为3% 140.7m

双壳类化石：Radiolitidea

珊瑚化石：*Motlivaltia* sp.

3. 灰红色厚层亮晶含砾屑圆笠虫砂屑灰岩，砂屑成分为微晶灰岩，次棱角—次圆状，大小为0.24～1.7mm，含量50%。圆笠虫呈椭圆状，大小为0.5～2.4mm，含量为10%。砾屑成分为微晶灰岩，次棱角—次圆状，大小为2～3.8mm，含量5% 12.4m

2. 浅灰白色中—厚层微晶灰岩 4.6m

1. 砖红色厚层亮晶圆笠虫砾屑灰岩及亮晶砂屑灰岩。圆笠虫砾屑灰岩中砾屑成分为泥晶灰岩，次棱角—次圆状，大小为2～25mm，含量50%；圆笠虫呈椭圆状，大小为0.5～4.5mm，含量为20%。砂屑灰岩中砂屑成分为泥晶灰岩，次棱角—次圆状，大小为0.2～1.5mm，含量70% 7.7m

——————— 整 合 ———————

下伏：下白垩统多尼组三段(K_1d^3)紫灰色流纹岩及灰绿色安山岩

(5) 申扎县鸭穷勒郎山组实测剖面(图2-40)

剖面位于申扎县鸭穷勒-玛穷查吾，起点坐标：N.31°37′44″、E.88°26′1.6″，终点坐标：N.31°40′16″、E.88°15′48.2″，长约3.2km，与下伏多尼组三段呈整合接触，与上覆上白垩统竟柱山组呈角度不整合接触。

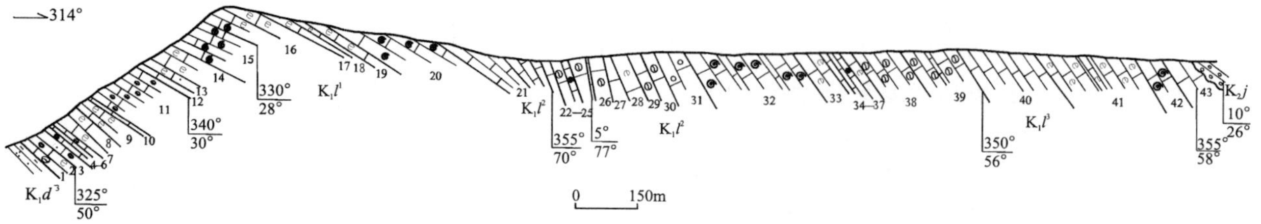

图 2-40 申扎县鸭穷勒下白垩统郎山组实测剖面图

上覆：上白垩统竟柱山组(K_2j)紫红色厚层砾岩

角度不整合

下白垩统

郎山组(K_1l) **2 115.3m**

三段(K_1l^3) 1 051.8m

43. 底部为厚层生物碎屑泥晶灰岩(厚 3m)，之上为灰白色厚层—巨厚层泥晶灰岩，顶部夹紫红色砾屑灰岩 58.1m
42. 浅灰色厚层含生物碎屑泥晶灰岩，夹砾屑灰岩、砂屑灰岩、泥晶灰岩。生物碎屑主要为双壳类，含量 10%。向上岩层变厚，生物碎屑增多，含少量燧石团块 54.0m
41. 浅灰色厚层含生物碎屑泥晶灰岩，夹砾屑灰岩、砂屑灰岩。生物碎屑主要为圆笠虫，大小为 0.8～3.5mm，含量 10%。向上岩层变厚，生物碎屑增多 197.5m
40. 浅灰色中—厚层含燧石团块，夹圆笠虫灰岩、砾屑灰岩、砂屑灰岩。泥晶灰岩中含 3%的生物碎屑，主要为双壳类 151.7m
39. 浅灰色厚层泥晶圆笠虫灰岩，夹砾屑灰岩、砂屑灰岩。泥晶圆笠虫灰岩中圆笠虫呈圆形、椭圆形，大小为 2～6mm，含量 55% 113.9m
38. 灰色厚层圆笠虫泥晶灰岩，夹砾屑灰岩、含固着蛤灰岩，顶部为含燧石团块泥晶灰岩(1～2m)。圆笠虫泥晶灰岩中圆笠虫呈圆形、椭圆形，大小为 0.7～4.5mm，含量 25% 115.6m
37. 浅灰色厚层含燧石条带泥晶生物碎屑灰岩，生物碎屑主要为双壳类，少量圆笠虫，含量 60% 28.9m
36. 浅灰色厚层含生物碎屑灰岩，夹砾屑灰岩透镜体。生物碎屑主要为双壳类，含量约 3% 19.3m
35. 深灰色薄层泥晶灰岩，岩层向上变厚 9.6m
34. 浅灰色厚层含生物碎屑泥晶灰岩，夹砾屑灰岩透镜体 19.3m
33. 灰色中—厚层含生物碎屑泥晶灰岩，夹砾屑灰岩透镜体。生物碎屑主要为为双壳类，含量约 1% 54.2m
32. 灰白色厚层含生物碎屑泥晶灰岩，局部夹泥晶灰岩、含砾屑砂屑灰岩。生物碎屑主要为为双壳类，含量约 2% 234.9m

整　合

二段(K_1l^2) 342.0m

31. 灰色中—厚层砾屑灰岩，夹含生物碎屑泥晶灰岩、砂屑灰岩透镜体。砾屑成分为泥晶灰岩，次棱角状，大小为 2～15mm，含量 60% 66.5m
30. 灰色中—厚层含圆笠虫泥晶灰岩，圆笠虫呈椭圆形，大小为 1～5mm，含量 15% 33.3m
    海绵类化石：Sphinctosoids
29. 灰黑色薄层圆笠虫泥晶灰岩，圆笠虫呈椭圆形，大小为 3～4mm，含量 30% 31.4m
28. 灰色中层生物碎屑泥晶灰岩，生物碎屑主要为圆笠虫和双壳类，含量为 25% 40.0m
    珊瑚化石：cf. *Fungiacyathus* sp.
27. 灰黑色薄层泥晶灰岩，含 1%的海绵骨针 19.1m
26. 灰色中层含圆笠虫泥晶灰岩，含少量燧石团块。圆笠虫呈椭圆形，大小为 2～5mm，含量 5% 36.2m
25. 灰色薄—中层含燧石条带含生物碎屑泥晶灰岩，生物碎屑主要为圆笠虫和海绵骨针，含量

为 4% 6.7m

24. 浅灰色中—厚层圆笠虫泥晶灰岩，含少量燧石团块。圆笠虫呈椭圆形，大小为 1～5mm，含量 30%，海绵骨针为单轴单射状，大小为 0.2～0.5mm，含量 2% 40.8m

23. 浅灰色中—厚层含生物碎屑泥晶灰岩，生物碎屑主要为双壳类，含量为 3% 17.0m

22. 灰色中层圆笠虫泥晶灰岩，圆笠虫呈椭圆形，大小为 2.3～6mm，含量 25% 25.5m

21. 浅灰色薄—中层泥晶圆笠虫灰岩，圆笠虫呈椭圆形，大小为 1.8～7.5mm，含量 55%，双壳类含量为 5% 25.5m

——————— 整 合 ———————

一段(K_1l^1) 714.3m

20. 浅灰色厚层含生物碎屑泥晶灰岩，生物碎屑主要为双壳类，大小为 0.5～7mm，含量为 5% 92.5m

19. 浅灰色中—厚层含生物碎屑泥晶灰岩，生物碎屑主要为圆笠虫，大小为 1～2mm，含量为 2% 21.0m

18. 浅灰色厚层含生物碎屑泥晶灰岩，生物碎屑主要为双壳类，大小为 0.5～7mm，含量为 5% 10.5m

17. 浅灰色中—厚层含生物碎屑泥晶灰岩，生物碎屑主要为圆笠虫，大小为 1～2mm，含量为 2% 25.6m

16. 浅灰色厚—巨厚层含生物碎屑泥晶灰岩，夹砂屑灰岩透镜体。生物碎屑主要为双壳类，大小为 0.5～7mm，含量为 2% 85.8m

15. 浅灰色厚层泥晶生物碎屑灰岩夹泥晶灰岩、砾屑灰岩及砂屑灰岩透镜体。生物碎屑主要为双壳类，含量为 60% 75.0m

14. 浅灰色中—厚层含燧石团块含生物碎屑泥晶灰岩夹砂屑灰岩透镜体。生物碎屑主要为双壳类，含量为 5% 49.9m

13. 浅灰色厚层含生物碎屑泥晶灰岩，生物碎屑主要为双壳类，含量为 15% 16.9m

12. 浅灰色厚层含燧石团块含生物碎屑泥晶灰岩，生物碎屑主要为双壳类，含量为 5% 17.6m

11. 浅灰色厚—巨厚层含燧石团块圆笠虫泥晶灰岩，夹砾屑灰岩透镜体。圆笠虫呈椭圆形，大小为 2～5.5mm，含量 50% 129.1m

10. 浅灰色中—厚层含生物碎屑泥晶灰岩，生物碎屑主要为双壳类和圆笠虫，含量为 15% 8.6m

9. 浅灰色巨厚层含生物碎屑泥晶灰岩，夹砂屑灰岩透镜体。生物碎屑主要为双壳类和圆笠虫，含量为 7% 34.4m

8. 浅灰色巨厚层含燧石团块含生物碎屑泥晶灰岩，生物碎屑主要为圆笠虫和海绵骨针，含量为 5% 22.2m

7. 灰白色厚—巨厚层含燧石团块含生物碎屑泥晶灰岩，生物碎屑以圆笠虫为主，少量双壳类，含量为 15% 31.0m

6. 浅灰色厚层含生物碎屑泥晶灰岩，夹圆笠虫灰岩透镜体。生物碎屑主要为双壳类，含量为 10% 8.6m

5. 浅灰色厚层含圆笠虫泥晶灰岩，圆笠虫呈椭圆形，大小为 3.5～4.5mm，含量 5% 12.8m

4. 灰色厚层含生物碎屑泥晶灰岩，生物碎屑主要为双壳类，含量为 10% 8.6m
双壳类化石：Radiolitidae

3. 灰色薄—中层亮晶圆笠虫砂屑灰岩，砂屑成分为泥晶灰岩，棱角—次棱角状，大小为 0.1～0.8mm，含量 40%，圆笠虫呈椭圆形，大小为 3～3.5mm，含量 10% 23.1m

2. 土黄色薄—中层亮晶砂屑生物碎屑灰岩夹紫红色薄—中层含生物碎屑泥晶灰岩。砂屑生物碎屑灰岩中生物碎屑主要为双壳类和圆笠虫，含量为 55%，砂屑成分为泥晶灰岩，棱角—次棱角状，大小为 0.15～2mm，含量 15% 24.0m

1. 浅灰绿色薄—中层泥晶圆笠虫灰岩，圆笠虫呈椭圆形，大小为 2.5～6mm，含量 70% 17.1m

——————— 整 合 ———————

下伏：下白垩统多尼组三段(K_1d^3)浅紫红色薄—中层细粒石英砂岩与泥岩互层

2. 岩石地层划分及其特征

(1) 岩石地层划分

吴如错小区的下白垩统自下而上划分为俄杀而补组、多尼组和郎山组。俄杀而补组未见底，各组之间均为整合接触，其中多尼组和郎山组均划分为 3 个岩性段。俄杀而补组主要为一套深水相细碎屑岩，多尼组为浅一滨海相碎屑岩夹火山岩，郎山组为台地相碳酸盐岩。

（2）岩石地层特征

1）俄杀而补组（K_1e）。仅出露于私荣藏布以东、格仁错以北的俄杀而补-理弄勒一带，东西长约45km，南北宽0.5～3.5km，面积约70km²。俄杀而补组总厚约2 902m。下部（第1—15层）主要为灰、灰黄、灰绿色薄—中层粉砂岩夹灰白色中—厚层细粒石英砂岩，发育粒序层理，厚约856m。中部（第16—22层）主要为灰—灰黄色薄—中厚层细粒石英砂岩、灰黑色薄层粉砂岩，夹砾岩、含砾细粒岩屑砂岩、含砂质灰岩、灰岩及少量粉砂质泥岩，厚约938m。上部（第23—37层）主要为灰色薄—中厚层细粒石英砂岩与灰黑色泥岩互层，夹粉砂质泥岩，厚约1 109m。含较丰富的孢子花粉 *Leiotriletes romboideus* Bolchovitina，*L.* sp.，*Pterisisporites medirhaptes* Li，*Classopollis* sp.，*Dicheiropollis* sp.，*Echinatisporis* sp.，*Cyathidites minor* Couper，*C.* sp.，? *Glecheniidites* sp.，*Acanthotriletes* sp.，*Neoraistrickia* sp.，*Jugella* sp.，*Densoisporites* sp. 等。

2）多尼组（K_1d）。在私荣藏布以东与下伏俄杀而补组整合接触，在私荣藏布以西未见底，在卡规错北不整合于三叠系确哈拉群之上，上与郎山组整合接触。根据岩石组合可分为3个岩性段，每段以灰岩开始到碎屑岩结束。以私荣藏布为界，东西两侧岩石组合差别较大。

一段（K_1d^1）：私荣藏布以东底部为浅黄绿色厚层泥岩与灰色厚层细粒石英砂岩互层夹灰岩；下部为灰—浅灰—黄绿色流纹岩、英安岩及流纹质碎屑熔岩；上部为灰紫—紫红色细粒钙质石英砂岩、含粉砂质泥岩与灰绿色泥岩互层；总厚约250m。私荣藏布以西下部为含生物碎屑泥晶灰岩、泥晶圆笠虫灰岩、含生物碎屑砂屑灰岩夹钙质砾岩；上部为浅灰色英安岩、紫红色页岩，夹砂屑灰岩、含硅质微晶灰岩，含圆笠虫 *Mesorbitolina birmanica*（Sahni），*M.* sp.，双壳类 Radiolitidae，Rudists，厚约540m。

二段（K_1d^2）：私荣藏布以东主要为浅灰色中—厚层细粒石英砂岩与浅灰绿色泥岩互层，厚约315m。私荣藏布以西底部为灰色厚层泥晶生物碎屑灰岩、含生物碎屑泥晶灰岩、紫红色薄层砂质含砂屑细晶灰岩夹钙质砾岩透镜体，含圆笠虫 *Palorbitolina* cf. *discoides*（Gras），*Mesorbitolina* sp.；下部为浅紫灰色安山岩、安山质熔结角砾岩，夹灰色厚层含生物碎屑泥晶灰岩及泥晶圆笠虫灰岩，灰岩中含圆笠虫 *Palorbitolina lenticularis*（Blumenbach）；中部为灰红色泥岩、含粉砂质泥岩、粉砂岩、粉砂质粉晶灰岩，夹细粒岩屑石英砂岩及少量沉安山质晶屑岩屑凝灰岩；上部为灰绿—灰紫—黄绿色安山岩、安山质熔角砾岩、角砾熔岩等；总厚约1 790m。

三段（K_1d^3）：私荣藏布以东底部为灰黑色泥岩；下部为灰色薄层细粒石英砂岩与灰黑色泥岩互层，夹泥晶生物碎屑灰岩；中下部为灰色厚层含角砾英安岩和英安质角砾晶屑凝灰岩；中上部为灰色薄—中层细粒石英砂岩及泥岩；上部为灰—浅紫色厚层砾岩、含砾砂岩、薄—中层细粒长石石英砂岩、粉砂岩，夹粉砂质泥岩，总厚约736m。私荣藏布以西下部为深灰色亮晶团粒砾屑灰岩、砂屑团粒灰岩、砂屑灰岩、含生物碎屑泥晶灰岩、礁灰岩等；中部为灰黄色砾岩、含砾中细粒石英砂岩夹少量灰岩和安山岩；上部为灰黑色角闪安山岩、杏仁状安山岩、英安岩，夹少量火山碎屑岩及细粒石英砂岩；在热曲东含头足类? *Calliptychoceras* sp.，有孔虫 *Mesorbitolina gigantea* Zhang，*M. gregaria* Zhang，*Daxia* sp.，*Pseudocyclammina* sp.，双壳类 *Neithea* sp.，Rudists，在马耳哥含圆笠虫 *Mesorbitolina* sp.，在拉差热含双壳类 Cardiidae，在姜弄、姐哇含双壳类 Radiolitidae 等，厚约1 605m。

3）郎山组（K_1l）。与下伏多尼组整合接触，上被上白垩统竟柱山组不整合覆盖。根据岩石组合，可分为3个岩性段。

一段（K_1l^1）：在马跃一带底部以一层浅灰绿色薄—中层泥晶圆笠虫灰岩与下伏多尼组三段碎屑岩分界，主要为灰—浅灰色厚—块状含生物碎屑泥晶灰岩、含燧石团块生物碎屑泥晶灰岩、圆笠虫泥晶灰岩、亮晶砂屑生物碎屑灰岩，含双壳类 Radiolitidae，厚约714m；在左波列一带主要为灰红色砾屑灰岩、含砾屑圆笠虫灰岩、灰色中层泥晶灰岩，含双壳类 Radiolitidae，厚约229m。

在马耳哥含珊瑚 cf. Dimorpharaea，*Montlivaltia* sp.，圆笠虫 *Mesorbitolina* sp.，*M. tibetica*（Cotter），*M.* cf. *burmanica*（Sahni），*M.* cf. *alticonica* Zhang，*Palorbitolina lenticularis*（Blumenbach），*Daxia* sp.，双壳类 *Praeradiolites* sp.，腹足类 *Nerinea* sp.，*Megoglauconia trotteri*（Feistmantel），*M.*

bicarinata(Hamlin),*Pleurotomaria*? sp. 等。

二段(K_1l^2):在马跃一带主要为灰黑色中—薄层含圆笠虫泥晶灰岩、生物碎屑泥晶灰岩,含珊瑚 cf. Fungiacyathus,圆笠虫 *Megoglauconia* sp.,? *Palorbitolina* sp.,*Pseudocyclammina* sp.,*Cuneolina* sp. 等,厚约 342m。在左波列一带主要为深灰色中—薄层含圆笠虫灰岩、生物碎屑泥晶灰岩、微晶灰岩,含圆笠虫 *Mesorbitolina gregaria* Zhang,*M. orientala* Zhang,*M.* cf. *subconcava* (Leymerie),*M.* sp.,*Palorbitolina* sp.,*Pseudocyclammina* sp.,*Cuneolina* sp.,*Daxia* sp. 等,厚约 298m。

三段(K_1l^3):在马跃一带主要为浅灰、灰白色厚层块状含生物碎屑泥晶灰岩、含燧石团块泥晶灰岩、泥晶灰岩,夹砾屑灰岩,含双壳类 Radiolitidae,腹足类 *Rostrocerithium* cf. *plicatum* 等,厚约 1 052m。在左波列一带主要为灰—浅灰色厚层生物碎屑泥晶灰岩、含燧石团块含生物碎屑泥晶灰岩、砾屑灰岩,夹含生物碎屑泥晶灰岩,含腕足类 *Cruralina* cf. *belbekensis* Smirnova,双壳类 Radiolitidae,圆笠虫 *Daxia* sp.,*Cuneolina* sp.,*Mesorbitolina parva* (Douglass),*M. gigantean* Zhang,*Palorbitolinoides* sp.,腹足类 *Vernedia* cf. *pusillina* Pan,海绵 *Pseudomillestroma reticulata* Deng 等,厚约 356m。

3. 生物地层划分及其特征

(1) 生物地层划分

该小区俄杀而补组含较丰富的孢子花粉,可建立 *Classopollis-Dicheiropollis* 组合带,多尼组和郎山组含丰富的圆笠虫,可建立 *Palorbitolina lenticularia* 组合带和 *Mesorbitolina gigantea* 组合带。

(2) 生物地层特征

1) *Classopollis-Dicheiropollis* 组合带。见于俄杀而补组上部,主要分子有 *Classopollis* sp.,*Dicheiropollis* sp.,*Densoisporites* sp.,*Cyathidites minor*,*C.* sp.,? *Gleicheniidites* sp.,*Pterisisporites medirhaptes*,*Leiotriletes romboideus*,*Echinatisporites* sp.,*Acanthotriletes* sp.,*Neoraistrickia* sp.,*Jugella* sp. 等。该组合孢子以蕨类孢子为主,主要有卷柏科、桫椤科、凤尾蕨科、里白科、双扇蕨科等,花粉以裸子植物花粉为主,主要有掌鳞杉科、天南星科。产于灰黑色薄层泥岩中,由下向上逐渐增多,代表厚度 427m。时代为早白垩世早期。

2) *Palorbitolina lenticularia* 组合带。见于多尼组-郎山组一段,主要分子有 *Palorbitolina lenticularia*,*P. discoides*,*P.* cf. *discoides*,*P.* sp.,*Mesorbitolina birmanica*,*M.* cf. *birmanica*,*M. gigantean*,*M. gregaria*,*M. tibetica*,*M.* cf. *alticonica*,*M. texana*,*M.* cf. *parva*,*M.* sp. 等。该组合以古圆笠虫发育为特征,并有大量的中圆笠虫,为底栖型生物群落,生活于热带、亚热带温水、浅水环境,多产于灰色中层含生物碎屑泥晶灰岩中。时代为早白垩世中期。

3) *Mesorbitolina orientala* 组合带。见于郎山组二、三段,主要分子有 *Mesorbitolina orientala*,*M. gregaria*,*M.* cf. *subconcava*,*Mesorbitolina gregavia*,*M. birmanica*,*Mesorbitolina parva*,*Mesorbitolina* cf. *tibeticam.* sp.*M. gigantean*,*Palorbitolina lenticularis* (Blumenbach),*P.* sp.,*Palorbitolinoides* sp.,*Orbitolina* sp. 等。该组合以发育中圆笠虫为特征,并有大量的古圆笠虫,为底栖型生物群落,生活于热带、亚热带温水、浅水环境,多产于灰色中层含生物碎屑泥晶灰岩中。时代为早白垩世中期。

(3) 生物地层与年代地层对比

Classopollis-Dicheiropollis 组合带见于黑龙江穆棱组(赵传本等,1993)及城子河组(张清波,1988;尚玉珂,1997)、辽西义县组、冀北西瓜园组(余静贤,1989)、山东莱阳组(余静贤等,1982)、江西冷水坞组(江西省地质矿产局赣西地质调查大队,1985)、海南鹿母湾群(董宝林等,1991)等,时代为早白垩世早期,可对比于下白垩统凡兰吟阶—巴雷姆阶。*Palorbitolina lenticularia* 组合带在藏北多尼组-郎山组一段分布较广泛,在东欧、中东、南亚也广泛分布,时代为早白垩世中—晚期,对比于下白垩统阿普特阶-阿尔必阶下部(章炳高,1982)。*Mesorbitolina orientala* 组合带在藏北多尼组-郎山组一段分布较广泛,在东欧、中东、南亚也广泛分布,时代为早白垩世晚期,可对比于下白垩统阿尔必阶中上部(章炳高,1982)。

4. 化学地层分析

化学地层分析仅对郎山组进行。本次区调在郎山组剖面上采集了大量的碳酸盐样品，分析项目有CaO、MgO、MnO、SiO_2、Al_2O_3 等，结果显示，CaO 含量普遍较高，平均为 50.93%，MgO 含量较低，平均为 0.40%，MnO 含量极少，变化较小，平均为 0.02%，SiO_2 含量与岩石组成成分有关，燧石含量高时 SiO_2 较高，平均为 8.21%，Al_2O_3 含量变化较大，平均为 2.17%。

根据氧化物的含量及其变化情况，将 SiO_2、Al_2O_3、CaO、MgO 作为主要变量，进行化学地层划分，以鸭穷勒郎山组剖面为例，共划分出 12 个化学地层单元。

(1) 化学地层特征

单元 1：位于郎山组一段底部（第 1—2 层），SiO_2 含量为 11.75%～9%，Al_2O_3 含量为 2.72%～1.62%，MgO 含量为 0.75%～0.48%，均为向上减少；CaO 含量为 46.14%～48.74%，向上增多。

单元 2：位于郎山组一段下部（第 3—4 层），SiO_2 含量为 7.68%～1.82%，Al_2O_3 含量为 1.12%～0.19%，均为向上减少；CaO 含量为 49.78%～54.6%，向上增多。

单元 3：位于郎山组一段中下部（第 5—6 层），SiO_2 含量为 5.37%～2.31%，Al_2O_3 含量为 1.35%～0.35%，MgO 含量为 0.21%～0.16%，均为向上减少；CaO 含量为 51.34%～54.17%，向上增多。

单元 4：位于郎山组一段中部（第 7—10 层），SiO_2 含量为 39.25%～1.89%，Al_2O_3 含量为 0.57%～0.27%，均为向上减少；CaO 含量为 32.34%～54.32%，向上增多。

单元 5：位于郎山组一段中上部（第 11—13 层），SiO_2 含量为 2.75%～1.25%，Al_2O_3 含量为 0.32%～0.16%，MgO 含量为 0.48%～0.43%，均为向上减少；CaO 含量为 53.64%～55.34%，向上增多。

单元 6：位于郎山组一段上部（第 14—20 层），SiO_2 含量为 7.62%～0.33%，Al_2O_3 含量为 0.41%～0.07%，MgO 含量为 0.85%～0.11%，均为向上递减；CaO 含量为 50%～55.64%，向上递增。

单元 7：位于郎山组二段下部（第 21—23 层），SiO_2 含量为 6.25%～1%，Al_2O_3 含量为 1.15%～0，MgO 含量为 0.8%～0.21%，均为向上增多又减少；CaO 含量为 50.33%～55.37%，为向上减少又增多。

单元 8：位于郎山组二段上部（第 24—30 层），SiO_2 含量为 15.15%～1%，Al_2O_3 含量为 0.6%～0.08%，MgO 含量为 0.7%～0.32%，均为向上增多又减少；CaO 含量为 45.87%～55.37%，为向上减少又增多。

单元 9：位于郎山组三段下部（第 31—35 层），SiO_2 含量为 1.76%～11.12%，为向上增多；Al_2O_3 含量为 0.79%～0.49%，CaO 含量为 54.84%～49.18%，为向上减少。

单元 10：位于郎山组三段中下部（第 36—37 层），SiO_2 含量为 3.75%～8.75%，MgO 含量为 0.3%～0.32%，均为向上增多；Al_2O_3 含量为 0.14%～0.13%，CaO 含量为 53.42%～51.04%，为向上减少。

单元 11：位于郎山组三段中上部（第 38—40 层），SiO_2 含量为 4.25%～17%，向上递增；CaO 含量为 51.64%～46.72%，向上递减；Al_2O_3 含量为 1.31%～0.08%，MgO 含量为 0.7%～0.11%，为向上增多又减少。

单元 12：位于郎山组三段上部（第 41—43 层），SiO_2 含量为 1.5%～0.56%，为向上减少；MgO 含量为 0.3%～0.32%，Al_2O_3 含量为 0.01%～0.07%，CaO 含量为 54.99%～55.14%，向上增多。

(2) 沉积环境判别

在单元 1 中，SiO_2 含量较高，而 CaO 含量较低，可能与含陆源碎屑有关，因下伏岩层为陆源碎屑岩。SiO_2 在单元 4、10、11 中含量较高，是岩石中含有大量燧石团块或条带所引起，含燧石团块或条带一般为潮间—潮上沉积环境。其他单元 CaO 含量较高，应形成于潮下沉积环境。与层序地层中所分析的沉积环境基本一致。

(3) 化学地层与岩石地层对比

化学地层单元 1—6 与岩石地层郎山组一段相对应，单元 7—8 与岩石地层郎山组二段相对应，单元

9—12 与郎山组三段相对应，而且与各段之间的界线完全一致。郎山组一段 SiO_2 平均含量为 8.67%，Al_2O_3 平均含量为 0.86%，CaO 平均含量为 49.77%，MgO 平均含量为 0.38%；郎山组二段 SiO_2 平均含量为 5.19%，Al_2O_3 平均含量为 0.48%，CaO 平均含量为 52.11%，MgO 平均含量为 0.33%；郎山组三段 SiO_2 平均含量为 6.42%，Al_2O_3 平均为含量 0.42%，CaO 平均含量为 51.74%，MgO 平均含量为 0.37%。从上述特征看，各段氧化物含量均有变化，平均含量不一致，SiO_2 在一段和三段较高，Al_2O_3 在一段含量较高，CaO 在二段含量较高。

5. 区域地层对比及时代确定

(1) 区域地层对比

该小区白垩系区域上向东延伸到班戈一带，向西延伸到革吉、噶尔一带。区内俄杀而补组岩性主要为灰色薄—中层细粒石英砂岩与灰黑色泥岩互层，夹砾岩、岩屑砂岩及灰岩，上部含较丰富的孢子花粉

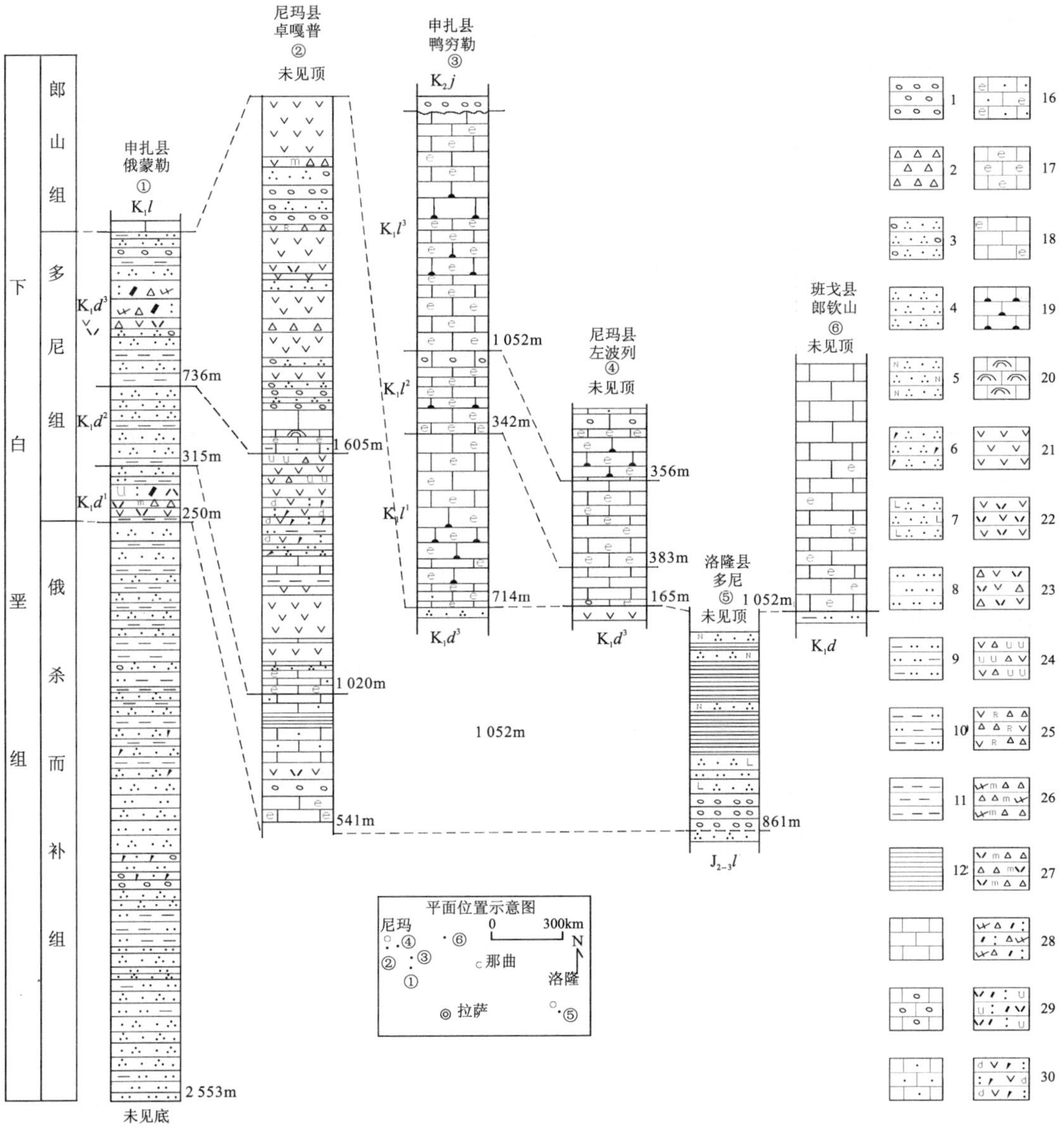

图 2-41　下白垩统柱状对比图

1. 砾岩；2. 角砾岩；3. 含砾石英砂岩；4. 石英砂岩；5. 长石石英砂岩；6. 岩屑石英砂岩；7. 钙质石英砂岩；8. 粉砂岩；9. 泥质粉砂岩；10. 粉砂质泥岩；11. 泥岩；12. 页岩；13. 灰岩；14. 砾屑灰岩；15. 砂屑灰岩；16. 含生物碎屑砂屑灰岩；17. 生物碎屑灰岩；18. 含生物碎屑灰岩；19. 含燧石团块灰岩；20. 礁灰岩；21. 安山岩；22. 英安岩；23. 含角砾英安岩；24. 安山质角砾熔岩；25. 安山质熔角砾岩；26. 英安质熔结角砾岩；27. 流纹质熔结角砾岩；28. 英安质角砾晶屑凝灰岩；29. 流纹质晶屑凝灰熔岩；30. 沉安山质岩屑凝灰岩

化石，厚约 2 900m，相当于石油大学（1997）划分的多尼组川巴段下部。在班戈县多巴一带（图 2-41）岩性为灰黑色板岩、深灰色页岩夹灰色砾岩、细粒石英砂岩、英安质凝灰岩及数层生物碎屑灰岩，含双壳类化石，厚约 700m。在申扎县邦多一带岩性为灰黑色泥岩和薄—中层中、粗粒岩屑砂岩，含双壳类化石，厚度大于 950m。在改则县川巴一带岩性为灰黑色泥岩、薄层细砂岩及灰白色、黄褐色中细粒石英砂岩，夹煤层，厚约 900m。在洞错一带下部岩性为灰黑色泥岩、粉砂质泥岩夹煤线，含植物化石；中上部为灰白色中—厚层石英砂岩、岩屑石英砂岩、及凝灰质砂岩，厚约 800m。在噶尔县以北，主要为碎屑岩夹火山岩及灰岩，厚度大于 1 000m。多尼组区内岩性东西向差别较大，东部以碎屑岩为主夹火山岩，3 个岩性段不明显，厚约1 300m；西部 3 个岩性段明显，均以灰岩开始到碎屑岩夹火山岩结束。

（2）时代确定依据

区内俄杀而补组未见底，在川巴煤矿一带的“川巴组”整合于中上侏罗统接奴群之上（蒋中惕，1972），区内多尼组不整合于中上三叠统确哈拉群之上，郎山组被上白垩统竞柱山组不整合覆盖，因此，其时代应晚于中晚侏罗世、早于晚白垩世，时代应为早白垩世。

俄杀而补组上部含孢粉 *Classopollis-Dicheiropollis* 组合带，时代相当于早白垩世凡兰吟期—巴雷姆期，多尼组和郎山组含圆笠虫 *Palorbitolina lenticularia* 组合带和 *Mesorbitolina orientala* 组合带，时代为早白垩世阿普特期—阿尔比期。

区域上，俄杀而补组岩石组合与多尼组川巴段下部基本一致，川巴段根据所含菊石、双壳类，时代确定为早白垩世贝利阿斯期—凡兰吟期（西藏自治区地质局区域地质调查大队，1983）。多尼组含圆笠虫、双壳类、腹足类，时代确定为早白垩世巴雷姆期—阿普特期，郎山组含丰富的圆笠虫、双壳类、腹足类，时代确定为早白垩世阿尔比期。因此，区内下白垩统各组时代基本与上述相同。

（二）申亚地层小区

该小区出露于尼玛县卓尼乡-申扎县夏谷北，呈东西向带状展布，出露面积约 1 200km²。出露地层为下白垩统则弄群，主要为一套火山岩系。

1. 剖面描述

尼玛县丁仁嘎布下白垩统则弄群实测剖面如图 2-42 所示。

剖面位于尼玛县申亚乡东约 4km 的丁仁嘎布（5135 高程点）西侧，起点坐标：N. 31°16′10″、E. 87°50′50″，终点坐标：N. 31°14′20″、E. 31°51′10″，剖面长约 3. 1km。与下伏石炭系永珠组呈角度不整合接触。

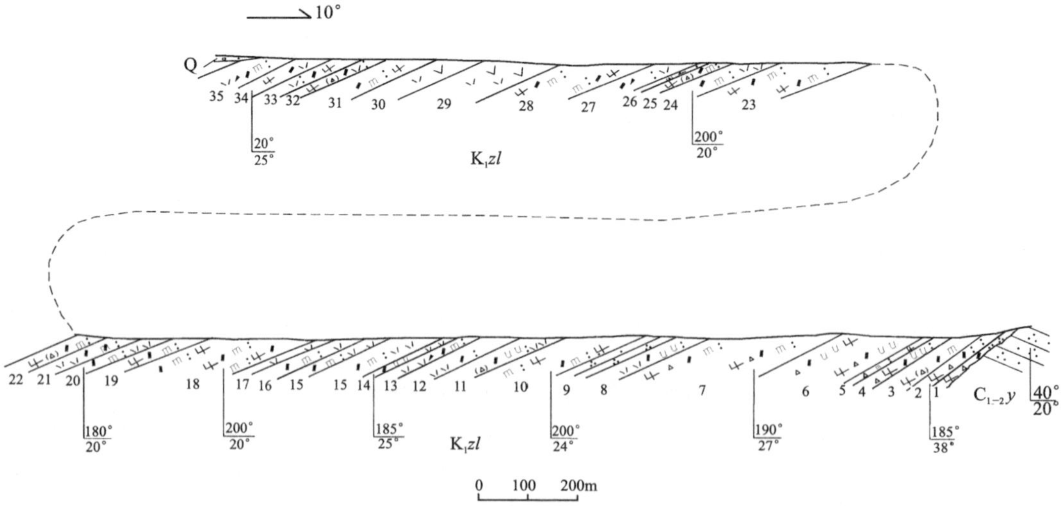

图 2-42 尼玛县丁仁嘎布下白垩统则弄群实测剖面图

下白垩统

则弄群(K_1zl) (第四系覆盖,未见顶) **>1 192.3m**

35. 灰白色流纹质岩屑晶屑熔结凝灰岩,碎屑物呈棱角—次棱角状,大小为0.1~1.7mm,含量为70% >27.3m
34. 灰白色英安质玻屑晶屑凝灰岩,碎屑物呈棱角—次棱角状,大小为0.1~1.8mm,含量为25% 25.9m
33. 灰绿色英安质晶屑凝灰岩,碎屑物呈棱角—次棱角状,大小为0.1~1.5mm,含量为70% 10.1m
32. 浅灰色英安质含角砾晶屑凝灰岩,碎屑物呈棱角—次棱角状,角砾大小为2~3mm,晶屑大小为0.1~1.8mm,含量为30% 16.8m
31. 浅灰色英安质晶屑熔结凝灰岩,碎屑物呈棱角—次棱角状,大小为0.1~1.5mm,含量为65% 37.0m
30. 灰白色英安岩,具斑状结构,斑晶主要为斜长石和石英,含量为30% 36.6m
29. 浅灰色英安岩,具斑状结构,斑晶主要为斜长石和石英,含量为30% 60.5m
28. 灰白色英安质晶屑熔结凝灰岩,碎屑物呈棱角—次棱角状,大小为0.1~1.8mm,含量为60% 58.5m
27. 浅灰色流纹质岩屑晶屑凝灰岩,碎屑物呈棱角—次棱角状,大小为0.1~1.8mm,含量为35% 37.9m
26. 浅灰色英安质含角砾晶屑凝灰岩,碎屑物呈棱角状,角砾成分为粉砂岩和同源角砾,大小为0.1~1.5mm,晶屑大小为0.1~1.5mm,含量为65% 5.1m
25. 浅灰色英安质含角砾晶屑熔结凝灰岩,碎屑物呈棱角状,角砾大小为2~5mm,晶屑大小为0.1~1.5mm,含量为63% 13.6m
24. 浅灰色流纹质晶屑熔结凝灰岩,碎屑物呈棱角状,大小为0.05~1.7mm,含量为62% 35.7m
23. 浅灰色英安质晶屑熔结凝灰岩,碎屑物呈棱角状,大小为0.1~1.7mm,含量为65% 60.8m
22. 浅灰色英安质含角砾晶屑熔结凝灰岩,碎屑物呈棱角状,角砾大小为2~20mm,含量为5%,晶屑大小为0.1~1.5mm,含量为65% 20.9m
21. 灰白色流纹质晶屑凝灰岩,碎屑物呈棱角状,大小为0.1~1.5mm,含量为15% 25.7m
20. 浅灰色流纹质晶屑熔结凝灰岩,碎屑物呈棱角状,大小为0.1~1.5mm,含量为60% 23.1m
19. 灰色英安质晶屑熔结凝灰岩,碎屑物呈棱角状,大小0.1~1.8mm,含量为60% 23.1m
18. 灰黑色英安质晶屑熔结凝灰岩,碎屑物呈棱角状,大小为0.1~1.5mm,含量为60% 74.2m
17. 浅灰白色流纹岩,具斑状结构,斑晶主要为斜长石和石英,含量为8% 14.0m
16. 褐灰色流纹质晶屑熔结凝灰岩,碎屑物呈棱角状,大小0.1~1.9mm,含量为57% 24.0m
15. 浅灰色流纹质晶屑熔结凝灰岩,碎屑物呈棱角状,大小为0.1~1.8mm,含量为55%~60% 61.6m
14. 浅灰白色流纹质晶屑凝灰熔岩,碎屑物呈次棱角状,大小为0.1~1.4mm,含量为38% 10.5m
13. 浅灰色流纹质岩屑晶屑熔结凝灰岩,碎屑物呈棱角状,大小为0.1~1.9mm,含量为60% 19.6m
12. 浅灰色流纹质晶屑凝灰岩,碎屑物呈棱角状,大小为0.1~1.5mm,含量为60% 33.2m
11. 灰黑色流纹质含角砾晶屑凝灰熔岩,碎屑物呈棱角—次棱角状,角砾大小为5~6mm,含量为5%,晶屑大小为0.1~1.5mm,含量为35% 38.4m
10. 灰白色英安质晶屑熔结凝灰岩,碎屑物呈棱角状,大小为0.1~1.6mm,含量为60% 62.0m
9. 浅灰色中厚层中细粒石英砂岩夹薄层砾岩,砾岩中砾石成分为硅质岩,圆—次圆状,大小为0.2~3cm,含量为50% 30.7m
8. 灰色流纹质晶屑凝灰熔岩,碎屑物呈棱角状,大小为0.2~1.9mm,含量为33% 28.5m
7. 浅灰黑色英安质角砾晶屑熔结凝灰岩,碎屑物呈棱角状,角砾大小为0.2~1cm,含量为10%,晶屑大小为0.15~1.8mm,含量为60% 113.6m
6. 浅灰白色英安质角砾晶屑熔结凝灰岩,碎屑物呈棱角状,角砾大小为0.2~1cm,含量为10%,晶屑大小为0.15~1.9mm,含量为30% 63.8m
5. 灰黄色英安质角砾晶屑熔结凝灰岩,碎屑物呈棱角状,角砾大小为2~4.5mm,含量为10%,晶屑大小为0.2~1.9mm,含量为60% 9.6m
4. 浅灰黑色英安质角砾晶屑凝灰熔岩,碎屑物呈棱角状,角砾大小为2~3.5mm,含量为10%,晶屑大小为0.2~1.3mm,含量为33% 18.0m
3. 灰黑色英安质含角砾晶屑熔结凝灰岩,碎屑物呈棱角状,角砾大小为2~6mm,含量为5%,晶屑大小为0.15~1.8mm,含量为60% 33.5m

2. 青灰色英安质角砾晶屑凝灰岩，碎屑物呈棱角状，角砾大小为 0.2～1.5cm，含量为 10%，晶屑大小为 0.2～1.8mm，含量为 70% 25.7m

1. 青灰色英安质晶屑凝灰岩，晶屑呈棱角状，大小为 0.2～1.9mm，含量为 15% 12.9m

～～～～～～～～ 角度不整合 ～～～～～～～～

下伏：石炭系永珠组灰黑色中层中粒石英砂岩

2. 岩石地层划分及其特征

(1) 岩石地层划分

区内下白垩统出露地层为则弄群，主要为一套火山碎屑岩，根据火山喷发韵律可划分为 4 个岩性段。每段均以碎屑岩或火山碎屑岩开始到火山熔岩结束。

(2) 岩石地层特征

一段(第 1—8 层)底部不整合于石炭系之上，下部为青灰色英安质(角砾)晶屑凝灰岩，中部为灰、浅灰色英安质(含)角砾晶屑熔结凝灰岩和(含)角砾晶屑凝灰熔岩，上部为灰色流纹质晶屑凝灰质熔岩，厚约 306m。二段(第 9—17 层)底部以一层浅灰色中厚层中细粒石英砂岩与一段分界，主要为浅灰、灰白色流纹质晶屑熔结凝灰岩和晶屑凝灰质熔岩，夹流纹质晶屑凝灰岩和英安质晶屑熔结凝灰岩，顶部为一层浅灰白色流纹岩，厚 294m。三段(第 18—30 层)底部以一层灰黑色英安质晶屑熔结凝灰岩与二段分界，下部主要岩性为浅灰色英安质晶屑熔结凝灰岩与流纹质晶屑熔结凝灰岩组成韵律层，夹流纹质晶屑凝灰岩，上部主要为浅灰色流纹质岩屑晶屑凝灰岩和英安质晶屑熔结凝灰岩，顶部为浅灰、灰白色英安岩，厚 475.4m。四段(第 31—35 层)底部以浅灰色英安质晶屑熔结凝灰岩与三段分界，主要为浅灰色英安质(玻屑)晶屑凝灰岩，顶部为灰白色流纹质岩屑晶屑熔结凝灰岩，厚约 117m。

3. 区域地层对比及时代确定

(1) 区域地层对比

区内则弄群岩性变化较大，在申亚一带以火山碎屑岩为主夹砂岩、生物碎屑灰岩，本次区调在申亚西生物碎屑灰岩中采获圆笠虫 *Mesorbitolina lhunzhubensis* (Zhang)，前人(西藏自治区地质局区域地质调查大队，1983)在申亚西南灰岩中采获圆笠虫 *Orbitolina* sp.，腹足类 *Ampullina* sp.，*Nerinea gemmifera* Coquand，*Drepanocheilus* sp.；在卓尼-夏谷一带以英安岩、流纹岩为主，下部夹红色碎屑岩及少量含粉砂质灰岩。区域上则弄群岩性变化较大，在革吉县茶里错一带，岩性为砂岩、含砾砂岩、页岩夹安山岩、玄武岩和凝灰岩，厚 695～905m(西藏地质矿产局，1993)，与下伏中二叠统下拉组为不整合接触；在申扎县永珠桥一带岩性以灰岩、凝灰岩为主夹粉砂岩、泥岩，灰岩中含腕足类、腹足类、层孔虫等，厚度大于 528m。在纳木错西岸下部为中基性—中酸性熔岩及火山碎屑岩，夹砂岩和泥岩，厚度大于 1 965m；上部为紫红色砾岩、砂岩、泥岩及凝灰质砂岩，含介形类和轮藻，厚度大于 950m(夏代祥、刘世坤，1997)。

(2) 时代确定

区内则弄群在申亚一带不整合于石炭系之上，在卓瓦一带不整合于二叠系之上，在叶野错、孔错等地被渐新统日贡拉组不整合覆盖，其时代应晚于二叠纪、早于渐新世。

测区申亚西含圆笠虫 *Mesorbitolina lhunzhubensis* (Zhang)，时代为早白垩世阿普特期。申扎永珠桥一带含腕足类 *Zeillerina walkeriformis*，*Peregrinella cheboensis*，*P. bangoinensis*，*P. bifurcata*，*P. dongqiaoensis*，双壳类 *Cyprina teolluensis*，*Cyprimeria* cf. *quadrata* 等，时代为早白垩世早期(西藏地质矿产局，1993)。在纳木错西岸含介形虫 *Lycopterocypris* cf. *grandis*，*L. fabaria*，*Cypribea* cf. *pusilla*，*Damonella* sp.，*Xestoleris* sp. 等(西藏地质矿产局，1993)，时代为早白垩世早期。

本次在申亚东丁仁嘎布则弄群火山岩中采获 K－Ar 法年龄为 83.35±1.33Ma，申亚南则弄群火山岩中 89.4Ma，前人(西藏自治区地质局区域地质调查大队，1983)在区内卓瓦路线剖面流纹岩中采获 K－Ar 法年龄为 99Ma，综合上述同位素年龄，其时代主要为早白垩世。

区内与区域上则弄群岩石组合基本一致，所含化石时代多为早白垩世，大地构造位置也一致，其时代也应相同。圆笠虫 *Mesorbitolina lhunzhubensis* 产于则弄群上部，是 *Palorbitolina lenticularis* 组合带的主要化石，时代为早白垩世阿普特期，腕足类 *Zeillerina walkeriformis* 为贝利阿斯期分子，介形虫 *Lycopterocypris* cf. *grandis*, *L. fabaria*, *Cypribea* cf. *pusilla* 及双壳类 *Cyprina teolluensis*, *Cyprimeria* cf. *quadrata* 等，时代主要为早白垩世，因此则弄群相当于下白垩统贝利阿斯阶-阿普特阶。

4. 下白垩统小结

区内下白垩统划分为两个地层小区，吴如错小区由下而上划分为俄杀而补组、多尼组和郎山组，将多尼组和郎山组进一步划分为 3 个岩性段。俄杀而补组主要为细碎屑岩，含较丰富的孢粉，厚 2 902m。多尼组由灰岩—碎屑岩夹火山岩组成 3 个岩性段，含圆笠虫和双壳类化石，总厚 1 281～3 166m。郎山组为一套碳酸盐岩，含较丰富的圆笠虫化石，厚 954～2 115m。建立了 3 个古生物组合带，划分出 9 个Ⅲ级层序，并将郎山组划分为 12 个化学地层单元。申亚小区仅出露则弄群，主要岩性为一套火山碎屑岩，夹少量碎屑岩及灰岩，灰岩中含圆笠虫化石，火山岩同位素年龄为 83～99Ma，厚约 1 192m。

二、上白垩统

出露于班公湖-怒江地层区木嘎岗日地层分区及冈底斯-腾冲地层区班戈-巴宿地层分区吴如错地层小区，在拉惹-康如断裂两侧呈东西向带状展布，出露面积约 370km²。出露地层仅有竟柱山组，主要为一套红色陆相碎屑岩系，厚度较大(2 218m)。

(一)剖面描述

1. 尼玛县城西上白垩统竟柱山组实测剖面(图 2-43)

剖面位于尼玛县城西约 6.5km 门里勒西，起点坐标：N. 31°46′59.8″、E. 87°09′57.1″，终点坐标：N. 31°48′24.7″、E. 87°10′49.8″，剖面长约 2.7km。与下伏下白垩统多尼组呈角度不整合接触，上未见顶。

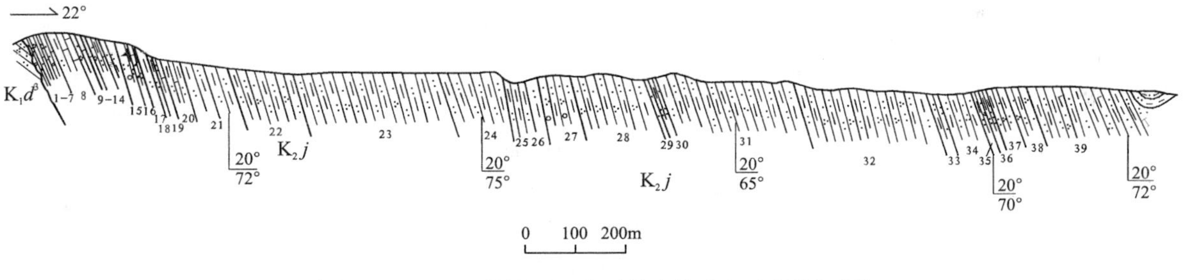

图 2-43　尼玛县城西上白垩统竟柱山组实测剖面图

上白垩统

竟柱山组(K_2j)　(向斜核部，未见顶)　**>2 241.9m**

39. 褐红色粉砂质泥岩夹薄层钙质石英粉砂岩，基本层序为粉砂岩(30～50cm)→粉砂质泥岩，二者比例为 1∶5，每个基本层序厚 4～5m　>246m
38. 褐红色粉砂质泥岩与薄层细粒石英砂岩互层，砂岩具槽状交错层理。基本层序为砂岩(1～2m)→粉砂质泥岩(3～4m)　50.4m
37. 褐红色粉砂质泥岩夹薄层细粒石英砂岩，砂岩具槽状交错层理，基本层序为砂岩(1～2m)→粉砂质泥岩(8～10m)，基本层序厚(9～12m)　47.4m
36. 褐红色薄层细粒石英砂岩与粉砂质泥岩互层，基本层序为砂岩(30～50cm)→粉砂质泥岩(20～30cm)　18.7m
35. 褐红色粉砂质泥岩夹薄层细粒石英砂岩，基本层序为砂岩(3m)→粉砂质泥岩(15m)　18.7m
34. 褐红色薄层细粒石英砂岩与粉砂质泥岩互层，砂岩发育槽状交错层理，层面见波痕及虫

穴，基本层序为砂岩(1～2m)→粉砂质泥岩(0.5～lm) 79.8m

33. 褐红色粉砂质泥岩夹薄层细粒石英砂岩，砂岩发育槽状交错层理，基本层序为砂岩→泥岩，砂、泥岩比为1∶3～4;基本层序厚8～10m 25.0m

孢粉化石(泥岩中)：*Varirugosisporites tolmanensis* Srivastava
Laevigatosporites gracilis Wilson et Webster
Coptosporites paradoxa Dettmann
C. granulata Yu et Zhang
Tsugaepollenites ingiculus Potonie & Venitz
Meliaceodites rhomboiporus Wang
Cedripites arcuatus Yu
C. minutulus (Chlonova) Krutzsch
C. rarus (Bolkhovitina) Zhang W. P.
Alisporites thomasii Pocock
Florinites spp.
Abietineaepollenites spp.
Piceites pseudorotundiformis (Maliavkina) Pocock
P. cf. *podocarpites* Bolkhovitina
Pinuspollenites divulgatus (Bolch.) Qu
P. strobiformis (Zaklinskaja) Miao
Piceaepollenites cf. *giganteus* Wang
P. alatus Potonie
P. exilioides (Bolkhovitina) Xu & Zhang
Callialosporites trilobatus Sukh Dev
Podocarpidites sp.
Parvisaccites ampleus Brenner

32. 褐红色薄层细粒石英砂岩与紫红色粉砂质泥岩互层，砂岩发育槽状及楔状交错层理，层面上见虫穴。基本层序为砂岩(2～2.5m)→粉砂质泥岩(2.5～3m) 141.4m

31. 紫红色粉砂质泥岩夹褐红色薄层细粒石英砂岩，砂岩发育槽状交错层理，基本层序为细粒石英砂岩(5～30cm)→粉砂质泥岩(3m) 301.2m

孢粉化石(泥岩中)：*Brevilaesurospora* sp.
Varirugosisporites tolmanensis Srivastava
Laevigatosporites gracilis Wilson et Webster
L. major (Verbitskaja) Zhang Q. B.
Coptosporites paradoxa Dettmann
C. granulata Yu et Zhang
Cyadopites elongates Zhang
Tsugaepollenites ingiculus Potonie & Venitz
Meliaceodites rhomboiporus Wang
Cedripites arcuatus Yu
C. rarus (Bolkhovitina) Zhang W. P.
Alisporites thomasii Pocock
Florinites spp.
Abietineaepollenites spp.
Piceites pseudorotundiformis (Maliavkina) Pocock
P. cf. *podocarpites* Bolkhovitina
P. expositus Bolkhovitina
Pinuspollenites divulgatus (Bolch.) Qu
P. strobiformis (Zaklinskaja) Miao

Pristinuspollenites microreticulatus (Brenner) Tschuclu
Piceaepollenites cf. *giganteus* Wang
P. alatus Potonie
P. exilioides (Bolkhovitina) Xu & Zhang
Callialosporites trilobatus Sukh Dev
Podocarpidites sp.
Parvisaccites ampleus Brenner
Chordasporites singulichorda Klaus
Pacrycarpites australiensis
Puncatosporites sp.
Granulatisporites sp.

30. 紫红色粉砂质泥岩夹褐红色薄层细粒石英砂岩，向上泥岩增厚 19.9m

29. 褐红色薄层细粒石英砂岩夹紫红色泥岩，砂岩中发育槽状交错层理，层面上发育波痕 8.9m

28. 底部为灰绿色泥岩(1m)，向上为紫红色粉砂质泥岩与褐红色薄层细粒石英砂岩互层，砂岩发育槽状交错层理，下部多含砾石，砂、泥岩比为 1∶2 172.7m

孢粉化石(泥岩中)：*Varirugosisporites tolmanensis* Srivastava
Laevigatosporites gracilis Wilson et Webster
Coptosporites paradoxa Dettmann
C. granulata Yu et Zhang
C. elongates Zhang
Tsugaepollenites ingiculus Potonie & Venitz
Meliaceodites rhomboiporus Wang
Cedripites arcuatus Yu
C. rarus (Bolkhovitina) Zhang W. P.
Alisporites thomasii Pocock
Florinites spp.
Abietineaepollenites spp.
Piceites pseudorotundiformis (Maliavkina) Pocock
P. cf. *podocarpites* Bolkhovitina
Pinuspollenites strobiformis (Zaklinskaja) Miao
Pristinuspollenites microreticulatus (Brenner) Tschuclu
Piceaepollenites cf. *giganteus* Wang
P. alatus Potonie
P. exilioides Bolkhovitina
Callialosporites trilobatus Sukh Dev
Podocarpidites sp.
Parvisaccites ampleus Brenner
Chordasporites singulichorda Klaus
Pacrycarpites australiensis
Cyclogranisporites sp.

27. 紫红色粉砂质泥岩与褐红色薄层细粒石英砂岩互层，砂岩含砾，具槽状交错层理，砂、泥岩比为 1∶1 75.3m

26. 下部灰绿色泥岩(1m)，向上为紫红色粉砂质泥岩夹褐红色薄层细粒石英砂岩，向上变粗 63.1m

孢粉化石(灰绿色泥岩中)：*Brevilaesurospora* sp.
Varirugosisporites tolmanensis Srivastava
Laevigatosporites gracilis Wilson et Webster
Coptosporites paradoxa Dettmann
C. granulata Yu et Zhang

Cedripites minutulus Yu
Tsugaepollenites ingiculus Potonie & Venitz
Stereisporites antiquesporites Dettmann
Meliaceodites rhomboiporus Wang
Cedripites arcuatus Yu
C. *rarus* (Bolkhovitina) Zhang W. P.
Florinites spp.
Abietineaepollenites spp.
Piceites pseudorotundiformis (Maliavkina) Pocock
P. cf. *podocarpites* Bolkhovitina
Pinuspollenites divulgatus (Bolkh.) Qu
P. strobiformis (Zaklinskaja) Miao
Pristinuspollenites microreticulatus (Brenner) Tschuclu
Piceaepollenites cf. *giganteus* Wang
P. alatus Potonie
P. exilioides (Bolkhovitina) Xu & Zhang
Callialosporites trilobatus Sukh Dev
Podocarpidites sp.
Parvisaccites ampleus Brenner

25. 下部灰绿色泥岩(1m),向上为紫红色粉砂质泥岩夹褐红色薄层细粒石英砂岩　13.4m

24. 紫红色粉砂质泥岩(7～10m)夹灰绿色泥岩(10～30cm)　156.6m
孢粉化石(灰绿色泥岩中):*Cyachidites australis* Yu
Varirugosisporites tolmanensis Srivastava
Laevigatosporites gracilis Wilson et Webster
L. major (Verbitskaja) Zhang Q. B.
Coptosporites paradoxa Dettmann
C. granulata Yu et Zhang
C. minutulus Yu
C. elongatus Zhang
Tsugaepollenites ingiculus Potonie & Venitz
Stereisporites antiquasporites Dettmann
Cedripites rarus (Bolkhovitina) Zhang W. P.
Abietineaepollenites spp.
Piceites pseudorotundiformis (Maliavkina) Pocock
P. cf. *podocarpites* Bolkhovitina
Pristinuspollenites microreticulatus (Brenner) Tschuclu
Piceaepollenites cf. *giganteus* Wang
P. alatus Potonie
P. exilioides (Bolkhovitina) Xu & Zhang
Callialosporites trilobatus Sukh Dev
Podocarpidites sp.
Chordasporites singulichorda Klaus
Parvisaccites ampleus Bernner

23. 紫红色粉砂质泥岩夹褐红色薄层中细粒石英砂岩,砂岩单层厚 30～40cm,砂、泥岩比为 1∶8～10　236.0m

22. 紫红色粉砂质泥岩与褐红色薄层中细粒石英砂岩互层,砂岩具槽状交错层理,层面见波痕,砂、泥岩比为 1∶3　106.9m
孢粉化石:*Doltoidospora* sp.

Juglanspollenites sp.

Ephedripites sp.

Ulmipollenites sp.

21. 紫红色粉砂质泥岩与褐红色薄层细粒石英砂岩互层，砂岩具槽状交错层理、爬升层理，水平层理。砂、泥岩比1∶3，基本层序为细粒石英砂岩(40～50cm)→粉砂质泥岩(1～1.5m)　112.5m
20. 紫红色粉砂质泥岩夹浅灰绿色薄层泥晶灰岩及极薄层褐红色细粒钙质石英砂岩(5～10cm)。基本层序为粉砂质泥岩(3m)→泥晶灰岩(30～40cm)，底部为厚约40cm的褐红色薄层细粒钙质石英砂岩　45.5m
19. 紫红色粉砂质泥岩夹褐红色薄层细粒石英砂岩，顶部为浅灰绿色薄层泥晶灰岩，砂岩中见不对称波痕及虫穴。基本层序为砂岩(40～80cm)→泥岩(8～10cm)→灰岩(30cm)　24.2m
18. 紫红色粉砂质泥岩夹褐红色细粒石英砂岩，偶夹泥晶灰岩薄层，基本层序为砂岩(20～40cm)→泥岩(3～4m)　12.6m
17. 紫红色粉砂质泥岩夹褐红色薄层细粒石英砂岩，底部为灰绿色泥岩(30～40cm)，顶部为浅灰绿色薄层泥晶灰岩(30cm)，砂岩中具槽状交错层理，层面见波痕，虫穴，基本层序为砂岩(20～40cm)→泥岩(3～4m)→灰岩(30cm)　28.0m
16. 下部褐红色薄层状细粒石英砂岩，底部含砾，发育槽状交错层理，层面见虫穴；上部紫红色泥岩，偶夹极薄层灰岩，顶部浅灰色薄层泥晶灰岩(40cm)　17.4m

    孢粉化石(灰岩中)：*Doltoidospora* sp.

    Polypodiaceaesporites sp.

    Juglanspollenites sp.

    Bctulapollenites sp. 等

15. 下部褐灰色薄层含砾中粒石英砂岩，具槽状交错层理，层面见虫穴；上部为褐红色粉砂质泥岩。基本层序(5个)为中粒石英砂岩(1m)→粉砂质泥岩(4m)　29.0m
14. 下部为灰色中薄层中细粒石英砂岩，底部含砾，发育槽状层理，层面见虫穴；上部为紫红色粉砂质泥岩夹极薄层泥晶灰岩，顶部浅灰绿色泥晶灰岩　5.7m
13. 下部为灰色中薄层中细粒石英砂岩，底部含砾，发育槽状层理，层面见虫穴；上部为紫红色粉砂质泥岩夹浅灰色薄层泥晶灰岩　22.1m

    孢粉化石(泥晶灰岩中)：*Doltoidospora* sp.

    Betulapollenites sp.

    Lygodiumsporites sp.

    Polypodiaceaesporites sp.

    Juglanspollenites sp. 等

12. 灰色薄层细粒石英砂岩(2.5m)、紫红色粉砂质泥岩、浅灰绿色薄层泥晶灰岩，砂岩底部含砾，发育槽状层理，砂岩∶泥岩∶灰岩=1∶3∶2　7.9m
11. 灰色薄层细粒石英砂岩(3m)、紫红色粉砂质泥岩、浅灰绿色薄层泥晶灰岩，砂岩发育槽状层理，砂岩∶泥岩∶灰岩=2∶4∶1　13.6m
10. 下部为灰色薄层细粒石英砂岩(底部含砾)，层面见虫穴；中部为紫红色粉砂质泥岩夹少量砂岩；上部为浅灰色薄层泥晶灰岩。砂岩∶泥岩∶灰岩=2∶4∶1　13.0m
9. 下部为灰色薄层细粒石英砂岩，层面见虫穴；中部为紫红色粉砂质泥岩；上部为浅灰色薄层含生物碎屑泥晶灰岩　11.3m
8. 紫红色薄层粉砂质泥岩与浅灰色薄层泥晶灰岩互层；二者比例为1∶1　53.9m
7. 下部为紫红色泥质粉砂岩夹薄层细粒钙质石英砂岩，上部为浅灰色薄层泥晶灰岩夹生物碎屑灰岩，生物碎屑灰岩中含丰富的腹足类 *Staja* cf. *tibetica* Yu　11.7m
6. 下部为灰色薄层细粒钙质石英砂岩，具水平层理和波状层理，层面见波痕；上部为浅灰色薄层泥晶灰岩，顶部为生物碎屑灰岩(15cm)　8.8m

    腹足类化石(生物碎屑灰岩中)：*Otostoma* sp.

    Lymnaea sp.

5. 下部为紫红色薄层细粒钙质石英粉砂岩夹灰色薄层细粒钙质石英砂岩，见波痕及虫穴；上

部为深灰色薄层泥晶灰岩　6.9m

4. 浅灰色薄层泥晶灰岩夹两层厚约 30cm 的紫红色粉砂质泥岩和薄层细粒石英砂岩　11.7m

3. 灰黄色中层细粒石英砂岩，发育槽状交错层理，向上变薄变细　6.8m

2. 灰色厚层复成分砾岩，夹较多的砂岩透镜体，发育槽状交错层理，砾石成分主要为砂岩和灰岩，大小一般为 3～5cm，个别达 10cm，分选好，多呈次棱角状，含量为 35%～70%　4.9m

1. 灰色巨厚层含砾中细粒石英砂岩，砾石成分主要为圆笠虫灰岩，呈次棱角状—圆状，大小一般为 1～2cm，含量 5%　3.9m

～～～～～～～～～～　角度不整合　～～～～～～～～～～

下伏：下白垩统多尼组三段(K_1d^3)褐红色泥质粉砂岩夹黄褐色细粒石英砂岩

2. 双湖区宋我日上白垩统竟柱山组实测剖面(图 2-44)

剖面位于双湖区南错折乡东约 21km 的宋我日，起点坐标：N. 31°54′20.1″、E. 88°06′56.8″，终点坐标：N. 31°55′05″、E. 88°06′59.5″，剖面长 1.5km。与下伏中侏罗统去申拉组呈角度不整合接触。

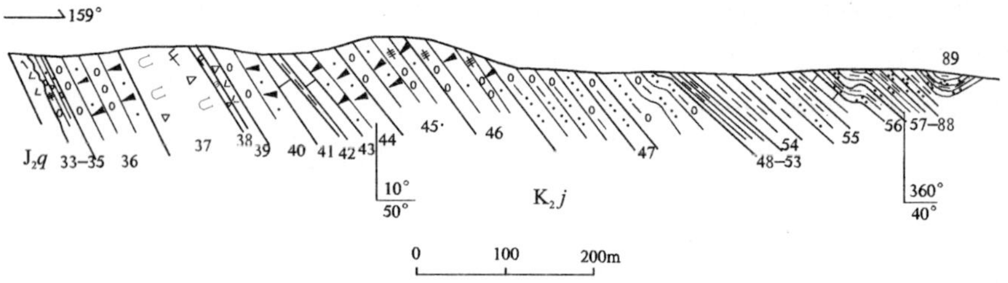

图 2-44　双湖区宋我日上白垩统竟柱山组实测剖面图

上白垩统

竟柱山组(K_2j)　　(向斜核部，未见顶)　　**>880.2m**

89. 暗红色泥岩　>5.3m

88. 灰绿色薄板状泥晶灰岩，层面见泥裂　6.7m

87. 灰红色泥岩　5.9m

86. 灰绿色薄板状泥晶灰岩　5.1m

85. 灰红色泥岩夹灰绿色薄板状钙质细粒石英砂岩，二者组成基本层序(6 个)　19.4m

84. 灰色薄层钙质细粒石英砂岩(30cm)、薄板状泥晶灰岩(10cm)、泥岩组成基本层序　1.7m

83. 暗红色泥岩　1.7m

82. 灰色薄层钙质细粒石英砂岩　2.1m

81. 灰红色泥质粉砂岩　2.5m

80. 灰绿色薄板状泥晶灰岩　1.3m

79. 暗红色泥岩夹薄板状钙质细粒石英砂岩(30～40cm)，二者组成向上变细的基本层序　2.5m

78. 灰绿色薄板状泥晶灰岩　0.8m

77. 灰红色薄板状钙质粉砂岩与灰红色泥岩互层　3.8m

76. 灰绿色薄板状泥晶灰岩　0.8m

75. 暗红色泥岩　2.1m

74. 灰绿色薄板状泥晶灰岩，层面具泥裂，夹细砂岩透镜体　3.8m

孢粉(灰岩中)：*Doltoidospora* sp.

Lygodiumsporites sp.

Polypodiaceaesporites sp.

Polypodisporites sp.

Juglanspollenites sp. *Betulapollenites* sp.

Alnipollenites sp.

Quercus sp.

Pterocaryapollenites sp.

Ulmipollenites sp.

Lonicerapollis sp.

Liquidambarpollenites sp.

Pinuspollenites sp.

Taxodiaceaepollenites sp.

73. 灰红色薄板状钙质细粒石英砂岩，具楔状交错层理 0.4m
72. 暗红色泥岩 3.4m
71. 灰绿色薄板状泥晶灰岩，层面具泥裂、虫穴 3.4m
70. 暗红色泥岩 3.4m
69. 灰色薄层钙质石英粉砂岩 0.8m
68. 暗红色泥岩 0.8m
67. 灰色薄层钙质石英粉砂岩 0.8m
66. 暗红色泥岩 6.7m
65. 灰色薄层钙质石英粉砂岩，具楔状交错层理 0.8m
64. 暗红色泥岩 1.4m
63. 灰色中薄层钙质石英粉砂岩，具楔状交错层理 4.7m
62. 灰、灰绿色薄板状钙质石英粉砂岩(具水平层理，厚3m)与暗红色泥岩组成向上变细的基本层序 6.4m
61. 灰、灰绿色薄板状钙质石英粉砂岩(30cm)与暗红色泥岩组成向上变细的基本层序 2.9m
60. 灰、灰绿色薄板状钙质石英粉砂岩(20～30cm)与暗红色泥岩组成向上变细的基本层序 4.1m
59. 灰红色薄层—薄板状钙质石英粉砂岩与暗红色泥岩组成向上变细的基本层序 2.3m
58. 灰红色薄层—薄板状钙质石英粉砂岩(具楔状交错层理，25cm)与暗红色泥岩组成向上变细的基本层序 4.1m
57. 灰红色薄层—薄板状钙质石英粉砂岩(20cm)与暗红色泥岩组成向上变细的基本层序 4.1m
56. 灰红色薄层—薄板状钙质石英粉砂岩(10～20cm)与暗红色泥岩组成向上变细的基本层序 3.5m
55. 暗红色泥岩(2～5m)夹薄层—薄板状钙质石英粉砂岩(20～40cm)和灰绿色薄板状泥晶灰岩透镜体，灰岩层面具泥裂和虫穴，粉砂岩具楔状交错层理 51.3m
54. 暗红色泥岩偶夹灰红色粉砂岩透镜体 28.4m
53. 灰红色中层钙质细粒石英砂岩 2.5m
52. 灰红色薄层钙质石英粉砂岩(20～40cm)与暗红色泥岩组成向上变细的基本层序(4个，每个厚2～3m) 9.5m
51. 灰红色薄层钙质石英粉砂岩(单层厚20cm)与暗红色泥岩组成向上变细的基本层序 1.3m
50. 灰绿色钙质泥岩 9.3m
49. 浅灰色薄板状微晶灰岩，偶见水平虫穴 1.0m
48. 灰红色薄层钙质石英粉砂岩，具小型斜层理 5.2m
47. 灰红色巨厚层含砾泥质粉砂岩，偶夹砾岩和砂岩透镜体 133.1m
46. 灰红色中—厚层砾岩(同第45层)与岩屑砂岩、含砾泥质粉砂岩组成基本层序(厚20～30m)，向上粉砂岩增厚 52.9m
45. 灰红色中厚层复成分砾岩(20～50cm)与薄层中细粒岩屑砂岩(具平行层理和楔状交错层理，厚10～20cm)组成基本层序(厚70～150cm)，砾岩中砾石成分为安山岩、砂岩及灰岩，多呈圆状，大小为4～8cm，含量为60%～65% 71.2m
44. 灰红色中厚层中细粒岩屑砂岩，局部夹砾岩透镜体，具水平层理 38.8m
43. 灰色薄板状含粉砂质粉晶灰岩 21.2m
42. 灰绿色钙质泥岩夹灰色含粉砂质粉晶灰岩透镜体 0.7m
41. 灰红色粉砂质粉晶灰岩，具水平纹层 9.0m
40. 灰红色中薄层砾岩与中厚层岩屑砂岩组成基本层序(厚2m) 49.8m

39. 灰红色杏仁状英安岩，具斑状结构，杏仁状构造，杏仁体少量，呈云朵状，大小为 1～5cm，斑晶含量为 5%，主要为斜长石　6.0m
38. 灰红色中薄层英安质熔结角砾岩，角砾成分为英安岩，大小为 2～4mm，含量约 83%　5.1m
37. 灰红色英安质角砾熔岩，角砾成分为英安岩，大小为 1～3cm，含量 30%～35%　67.6m
36. 灰黑色中层复成分砾岩(同 33 层)、灰红色中厚层含砾中粒岩屑砂岩(同 34 层)、灰红色中薄层含砾细粒岩屑砂岩(同 35 层)组成向上变细的基本层序(厚 5～8m)　88.8m
35. 灰红色中薄层含砾细粒岩屑砂岩　0.9m
34. 灰红色厚层含砾中粒岩屑砂岩　0.9m
33. 灰黑色中厚层复成分砾岩，砾石成分以安山岩为主，少量砂岩，呈次棱角状，大小为 1～4cm，含量为 65%～70%　1.8m

～～～～～～～　角度不整合　～～～～～～～

下伏：中侏罗统去申拉组(J_2q)灰红、灰绿色辉石安山岩

3. 申扎县刻玛贡玛上白垩统竟柱山组实测剖面(图 2-45)

剖面位于申扎县马跃乡西约 35km 的刻玛贡玛，起点坐标：N. 31°36′55.7″、E. 88°05′06.7″，终点坐标：N. 31°37′27.6″、E. 88°06′54.4″，剖面长约 1.5km。与下伏下白垩统郎山组呈角度不整合接触，上未见顶。

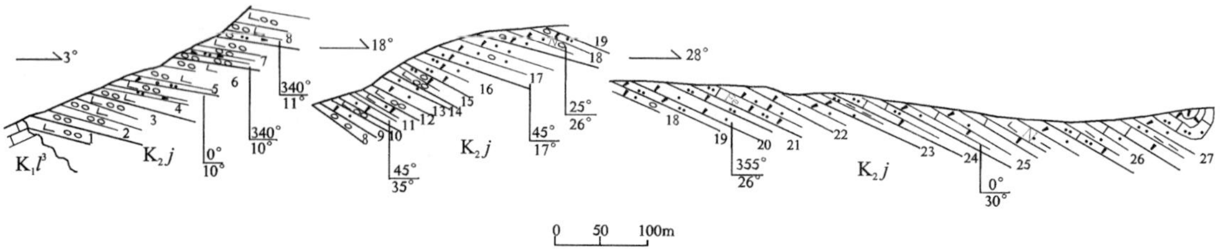

图 2-45　申扎县刻玛贡玛上白垩统竟柱山组实测剖面图

上白垩统

竟柱山组(K_2j)　　(向斜核部，未见顶)　　**>646.3m**

27. 浅红、砖红色薄层含粉砂质铁质泥晶灰岩(3～3.8m)夹暗红色薄层细粒钙质岩屑砂岩，砂岩水平层理发育　>14.0m
26. 砖红色薄层含粉砂质泥晶灰岩与灰红色薄层细粒岩屑砂岩、暗红色薄层细粒钙质岩屑砂岩互层，由灰岩(2.8～3.5m)→岩屑砂岩(40cm)→钙质岩屑砂岩(30～40cm)组成基本层序　80.5m
25. 灰红、暗红色薄板状含粉砂质泥晶灰岩与灰红色薄层细粒岩屑砂岩互层，二者比例为 2∶1　63.1m
24. 灰红、暗红色薄板状含粉砂质泥晶灰岩，见少量虫穴　21.0m
23. 浅灰红、暗灰色薄板状粉砂质泥岩与灰红、浅红色薄层细粒岩屑砂岩(具楔状交错层理)互层，由粉砂质泥岩(1.5m)→岩屑砂岩(0.4m)组成向上变粗的基本层序　17.6m
22. 灰黄、浅黄色薄层含砾细粒岩屑砂岩夹少量钙质泥岩　42.2m
21. 灰红、浅红色薄层粉砂岩与灰红色含粉砂质铁质微晶灰岩互层，二者比例为 4∶1。粉砂岩见虫穴、泥裂、小波痕。由灰岩→粉砂岩组成向上变粗的基本层序　23.8m
20. 浅红、暗红色薄层细粒岩屑砂岩，底部含砾。见不对称波痕和楔状交错层理　17.2m
19. 浅红、砖红色薄层细粒岩屑砂岩，下部夹灰白色薄层泥岩。含少量虫穴　7.9m
18. 浅灰红色中薄层含砾粗中粒岩屑砂岩与粗粒岩屑砂岩互层，二者比例为 2∶3。由含砾粗中粒岩屑砂岩(20cm)→粗粒岩屑砂岩(30cm)组成向上变细的基本层序　43.7m
17. 暗红、灰红色中层含砾中粒岩屑砂岩　42.0m
16. 灰红、褐红色薄层细中粒岩屑砂岩，底部含砾。具平行层理及楔状交错层理　14.3m
15. 灰红、褐红色厚层灰岩质砾岩与砖红、浅红色中薄层含砾粗中粒岩屑砂岩互层。砾岩中砾岩中砾石成分主要为灰岩，呈次棱角状—次圆状，大小为 1～3cm，含量 40%～50%，砂岩具平行层理及楔状交错层理。由砾岩(1m)→含砾粗中粒岩屑砂岩(1.2m)组成基本层序　13.1m

14. 灰红、褐红色中薄层含砾粗中粒岩屑砂岩与中薄层砾岩互层。砾岩中砾石成分主要为灰岩，呈次棱角状—次圆状，大小为1～2cm，含量约40%，砂岩具平行层理及楔状交错层理。由砾岩(15～20cm)→含砾粗中粒岩屑砂岩(40～50cm)组成基本层序　5.7m

13. 砖红浅红色中薄层细粒岩屑砂岩(下部含砾)，上部夹一层厚40cm的钙质硅质岩。砂岩发育楔状交错层理　13.1m

12. 灰红、浅红色中厚层砾岩夹细粒岩屑砂岩透镜体。砾岩中砾石成分主要为灰岩，少量燧石和砂岩，呈次圆状，大小为0.5～3.5cm，含量约30%～40%　6.6m

11. 灰红、褐红色中薄层细粒岩屑砂岩，夹砾岩透镜体，发育楔状交错层理　27.1m

10. 灰红、浅红色中厚层砾岩夹细粒岩屑砂岩条带(厚2～3cm)。砾石成分主要为灰岩，少量燧石和砂岩，呈次棱角状—次圆状，大小为0.5～2cm，个别达6cm，含量约30%～40%　9.8m

9. 灰红、褐红色中薄层细粒岩屑砂岩，上部含少量同生结核，夹两层砾岩(分别厚30cm和40cm)。由砾岩→细粒岩屑砂岩组成向上变细的基本层序　12.3m

8. 灰红、褐红色中厚层砾岩夹岩屑砂岩透镜体，砾岩中砾石成分主要为灰岩和燧石，少量砂岩，呈次棱角状，大小为0.3～4cm，个别达6cm，含量约50%～60%　45.6m

7. 青灰、灰红色中厚层砾岩夹灰红色薄层细粒岩屑砂岩，砾石成分主要为灰岩，少量燧石和砂岩，呈次棱角状—次圆状，大小为0.7～3cm，个别达6cm，含量约60%，砂岩具楔砾石成分主要为灰岩，少量燧石和砂岩，呈次棱角状—次圆状，大小为0.7～3cm，个别达6cm，含量约60%　24.0m

6. 灰红、浅红色厚—巨厚层砾岩夹砂岩透镜体，砾石成分主要为灰岩，少量燧石，呈次棱角状—次圆状，大小为0.5～3cm，个别达5cm，含量约60%　27.0m

5. 灰红、褐红色中厚层含砾细粒岩屑砂岩，具楔状交错层理　4.2m

4. 灰红、褐红色中层砾岩，夹少量薄层细粒岩屑砂岩，砾岩中砾石成分主要为灰岩，少量燧石，呈次棱角状—次圆状，大小为0.3～3cm，含量约70%　21.2m

3. 灰黄、浅黄色中层砾岩。砾石成分主要为灰岩和燧石，呈次棱角状—次圆状，大小为0.5～5cm，个别达8cm，含量约60%～70%　20.9m

2. 灰红、褐红色中厚层砾岩，局部夹砂岩透镜体，砾岩中砾石成分主要为灰岩，少量燧石，呈次棱角状，大小为0.5～6cm，个别达15cm，含量约70%，局部夹砂岩透镜体　22.2m

1. 浅灰黄色中厚层砾岩，砾石成分主要为灰岩，少量燧石，呈次棱角状—次圆状，大小为0.5～4cm，含量约70%　5.9m

～～～～～～～　角度不整合　～～～～～～～

下伏：下白垩统郎山组三段(K_1l^3)灰白、青灰色厚层含生物碎屑泥晶灰岩

(二)岩石地层划分及其特征

1. 岩石地层划分

区内竟柱山组岩性变化较大，主要为一套红色碎屑岩，厚度较大，含丰富的孢粉及少量腹足类，根据岩石组合将竟柱山组进一步划分为两个岩性段。

2. 岩石地层特征

下段底部为灰、灰黄色中—厚层砾岩，砾石成分复杂，厚度变化较大，在北部尼玛-宋我日一带较薄，一般厚2～8m，在南部刻玛贡玛-马窑一带较厚，厚30～70m。下部主要为灰红色中—厚层含砾岩屑砂岩、岩屑砂岩夹砾岩，砂岩中发育槽状、楔状交错层理、平行层理，层面具波痕，在宋我日夹火山岩。基本层序为砾岩→砂岩，向上砾岩变薄，砂岩增厚，基本层序一般厚25～58m。上部主要为灰红色中—薄层细粒岩屑(石英)砂岩与泥质粉砂质泥岩互层，夹浅灰色薄层灰岩，砂岩发育槽状交错层理和水平层理，粉砂岩中虫穴极为发育，在尼玛西灰岩中含腹足类 *Staja* cf. *tibetica*，*Otostoma* sp.，*Lymnaea* sp.，孢粉 *Doltoidospora* sp.，*Lygodiumsporites* sp.，*Polypodiaceaesporites* sp.，*Betulapollenites* sp.，*Juglanspollenites* sp. 等；顶部以灰色薄板状灰岩(0.3～1m)与上段分界，基本层序(图2-46)为砂岩→泥岩→灰岩，向上砂岩变薄，泥岩增厚，基本层序一般厚3～5m。总厚340～554m。

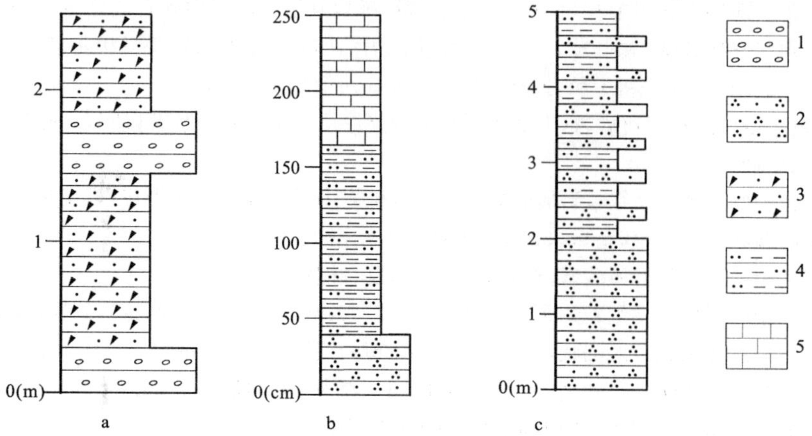

图 2-46 竟柱山组基本层序图

1. 砾岩；2. 石英砂岩；3. 岩屑砂岩；4. 粉砂质泥岩；5. 灰岩；a. 下段下部；b. 下段上部；c. 上段

上段在北带主要为褐红色薄层细粒石英砂岩、石英粉砂岩与灰红色（粉砂质）泥岩互层，含丰富的孢粉 *Varirugosisporites tolmanensis*，*Laevigatosporites gracilis*，*Coptosporites paradoxa*，*C. granulata*，*C. minutulus*，*Tsugaepollenites ingiculus*，*Stereisporites antiquasporites*，*Meliaceodites rhomboiporus*，*Cedripites arcuatus*，*C. rarus*，*Piceites pseudorotundiformis*，*P. podocarpites*，*Pinuspollenites divulgatus*，*P. strobiformis*，*Pristinuspollenites microreticulatus*，*Piceaepollenites* cf. *giganteus*，*P. alatus*，*P. exilioides*，*Callialosporites trilobatus*，*Parvisaccites ampleus* 等；在南带主要为灰红色薄层细粒岩屑砂岩、薄板状粉砂质泥岩与含粉砂质泥晶灰岩互层；基本层序为砂岩→泥岩，向上砂岩变薄，泥岩增厚，基本层序一般厚 3～15m。总厚 238～1 903m。

（三）生物地层划分及其特征

1. 生物地层特征

区内竟柱山组含丰富的孢粉，可建立 *Cyathidites-Piceaepollenites* 孢粉组合，见于尼玛城西剖面，相应地层为竟柱山组上部，多产于灰绿色泥岩中，代表的厚度为 1 330m。

Cyathidites-Piceaepollenites 孢粉组合：该组合孢子花粉极为丰富，主要分子有 *Cyathidites australis*，*Brevilaesurospora* sp.，*Varirugosisporites tolmanensis*，*Laevigatosporites gracilis*，*L. major*，*Coptosporites paradoxa*，*C. granulata*，*Cyadopites elongates*，*Tsugaepollenites ingiculus*，*Stereisporites antiquasporites*，*Meliaceodites rhomboiporus*，*Cedripites arcuatus*，*C. rarus*，*Alisporites tnamasii*，*Florinites* spp.，*Abietineaepollenites* spp.，*Piceites pseudorotundiformis*，*P. podocarpites*，*P.* cf. *podocarpites*，*P. expositus*，*Pinuspollenites divulgatus* *P. strobiformis*，*Pristinuspollenites microreticulatus*，*Piceaepollenites* cf. *giganteus*，*P. alatus*，*P. exilioides*，*P.* sp.，*Callialosporites trilobatus*，*Podocarpidites* spp.，*P. nageiformis*，*Parvisaccites ampleus*，*Chordasporites singulichorda*，*Pacrycarpites australiensis*，*Cyclogranisporites* sp.，*Puncatosporites* sp.，*Granulatisporites* sp.，*Juglanspollenites* sp.，*Betulapollenites* sp.，*Alnipollenites* sp.，*Quercus* sp.，*Pterocaryapollenites* sp.，*Ulmipollenites* sp.，*Lonicerapollis* sp.，*Liquidambarpollenites* sp.，*Ephedripites* sp.，*Taxodiaceaepollenites* sp.，*Doltoidospora* sp.，*Lygodiumsporites* sp.，*Polypodiaceaesporites* sp.，*Polypodiisporites* sp. 等。孢子以蕨类孢子为主，主要有 *Cyathidites*，*Coptosporites*，*Varirugosisporites*，*Laevigatosporites* 等，花粉以裸子植物花粉为主。时代为晚白垩世早期。

2. 生物地层与年代地层对比

Cyathidites-Piceaepollenites 孢粉组合可与江苏浦口组、松辽盆地青山口组（高瑞琪，1982）、广东三水盆地大塱山组孢粉组合（余静贤等，1988）、新疆莎车地区（余静贤等，1981）的乌依塔克组等地的上

白垩统孢粉组合进行对比。时代为上白垩统赛诺曼阶。

(四)区域地层对比及时代确定

1. 区域地层对比

竟柱山组在区内北部以细碎屑岩为主，马窑一带以粗碎屑岩为主，总体向上变细，厚578～2 217m，上未见顶，下与三叠系、侏罗系、下白垩统不整合接触。区域上该组分布于班公错、改则、班戈、洛隆、八宿等地，在班公错至革吉一带不整合于郎山组之上，下部为紫红色复成分砾岩、砂砾岩、岩屑砂岩夹砾屑灰岩，上部为灰岩，含淡水双壳类 *Trigonioides*(*T.*)*siniensis*，*T.*(*Diversitrigonioides*)*bangongcoensis*，*T.*(*D.*) *xizangensis*，厚200～300m。在改则洞巴错一带，该组为紫色砂岩、砾岩，厚600～1 650m。在申扎县永珠桥西的舍尔戈山一带，下部为灰黄色砂砾岩夹砂岩、粉砂岩、灰岩及安山岩，上部为紫红色砾岩、砂砾岩夹粉砂岩，厚700m。在班戈县扎山地区，由紫红—灰绿色凝灰质砾岩、含砾砂岩、砂岩和少量粉砂岩及灰岩，含圆笠虫 *Orbitolina concave*，厚1 800m。在比如-洛隆一带，该组不整合与多尼组或拉贡塘组之上，为紫红色砾岩、砂岩夹粉砂岩，局部夹安山岩，厚461～2 500m。在八宿地区，该组为红色碎屑岩夹灰岩(图2－47)。

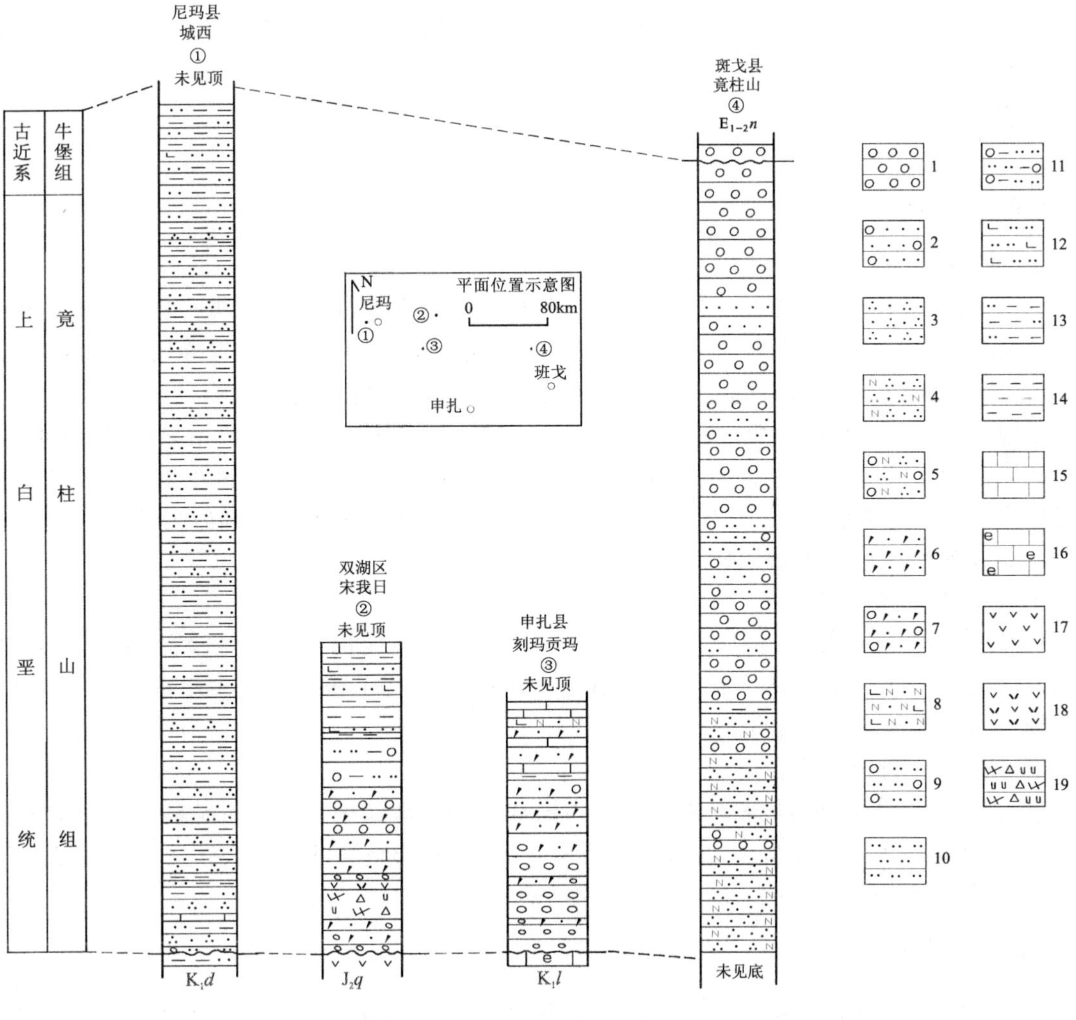

图2－47　上白垩统柱状对比图

1. 砾岩；2. 含砾砂岩；3. 石英砂岩；4. 长石石英砂岩；5. 含砾长石石英砂岩；6. 岩屑砂岩；7. 含砾岩屑石英砂岩；8. 钙质长石石岩；9. 含砾粉砂岩；10. 粉砂岩；11. 含砾泥质粉砂岩；12. 钙质粉砂岩；13. 粉砂质泥岩；14. 泥岩；15. 灰岩；16. 含生物碎屑灰岩；17. 安山岩；18. 英安岩；19. 英安质角砾熔岩

从区域岩石组合来看，主要为红色碎屑岩、夹灰岩及安山岩，厚度变化较大，沉积环境主要为河流—湖泊相。从古生物化石来看，时代为晚白垩世早期。

2. 时代确定

区内竟柱山组不整合于下白垩统郎山组之上，其时代应晚于早白垩世。区域上该组不整合于下白垩统郎山组之上，又被古近系牛堡组不整合覆盖，其时代应早于古近纪。

区内竟柱山组含 *Coptosporites - Piceaepollenites* 孢粉组合，时代为晚白垩世赛诺曼期。区域上含双壳类、圆笠虫，时代也为晚白垩世赛诺曼期。

区内岩石组合与区域上岩石组合完全一致，均以红色碎屑岩为特征，因此，其时代应一致。

综上所述，竟柱山组时代为晚白垩世早期。

第十节　中生代沉积盆地分析

测区中生代地层较发育，占总面积的 34.5%。沉积类型复杂，演化较快。三叠纪为被动陆缘盆地，侏罗纪为前陆盆地，早白垩世为弧后盆地，晚白垩世为前陆盆地。三叠纪为复理石建造，侏罗纪为海相灰色磨拉石建造，早白垩世为火山岩建造、陆源碎屑沉积建造及台地碳酸盐建造。晚白垩世为陆相红色磨拉石建造。

一、三叠纪沉积盆地

1. 主要沉积组合

（1）陆棚边缘盆地沉积组合

该组合以确哈拉群下部为代表。主要岩性为灰色薄板状细粒石英砂岩、灰—灰黑色石英粉砂岩、灰黑色页片状泥质板岩，局部夹砾岩透镜体。具小型槽状交错层理、平行层理，岩层顶部局部见波痕，底面发育槽模。岩层中见水平虫管、网状虫迹。为一套细浊积岩，发育不完整的鲍马层序，常见 B、C、D、E 层，韵律层厚 0.3～1m。B 层为细粒砂岩，一般在 5～25cm，层面不平整，一般不显层理，局部见平行层理，岩层底面发育槽模；C 层为粉砂岩，层面较平整，厚度一般为 5～15cm，常见小型槽状交错层理，层面上见波痕，底面也常见槽模，岩层中见水平虫穴；D 层主要为粉砂质泥岩夹细砂岩透镜状，水平纹理发育；E 层主要为泥板岩夹灰岩透镜体。

（2）浅海陆棚下部沉积组合

该组合以确哈拉群中部为代表。岩性为主要灰色薄层—薄板状细粒石英砂岩、绿灰色页片状泥质板岩。砂岩单层一般 10～25cm，泥板岩单层厚度一般为 0.3～1m，很少发现大化石，仅有少量孢粉。层面之间界面平坦，沉积构造不发育。

（3）浅海陆棚上部沉积组合

该组合以确哈拉群上部为代表。主要岩性为褐灰色中—薄层中—细粒石英砂岩，含砾中细粒石英砂岩、细砾岩、灰黑色粉砂质泥板岩，页片状泥板岩，少量泥质粉砂岩，很少发现化石，局部细砂岩底面见槽模。粉砂岩见水平虫穴。岩层之间的接触面不平坦。

2. 沉积层序分析

根据沉积环境、沉积结构及海平面变化情况，将确哈拉群划分为两个Ⅲ级层序（图 2 - 48），归一个超层序。每个Ⅲ级层序均划分为低水位体系域、海侵体系域和高水位体系域。海侵面位于海侵体系域底部，为一突变面。向上海水逐渐加深至饥饿段，表现为颜色深、单层厚度小，粒度细，沉积厚度较大，最大海泛面位于饥饿段中间，暴露面位于高水位体系域顶部，其上覆界面为下一层序的底界面，为一上超界面。沉积结构为向上变粗，沉积环境为半深海-浅海陆棚。

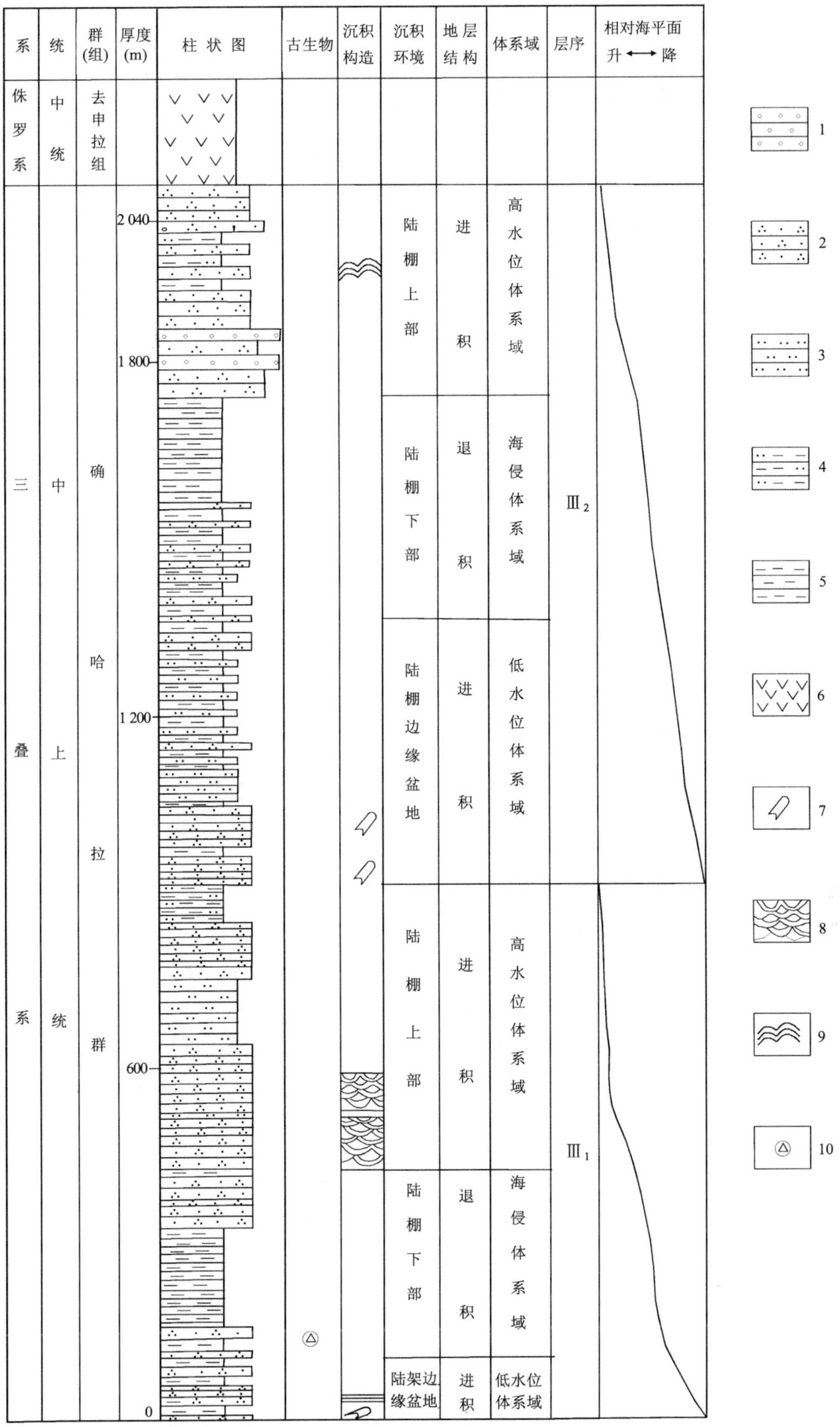

图 2-48 三叠系沉积层序图

1. 砾岩;2. 石英砂岩;3. 粉砂岩;4. 粉砂质泥岩;5. 泥岩;6. 安山岩;7. 槽模;8. 槽状交错层理;9. 波痕;10. 孢粉

Ⅲ₁ 层序。位于确哈拉群下段，由低水位体系域、海侵体系域和高水位体系域组成。

低水位体系域：位于下段下部（贡日剖面第 1—2 层，曲康巴勒剖面第 1—7 层），厚 94～117m。基本层序为砂岩（具平行层理、粒序层理，发育槽模）→泥板岩（图 2-49），总体向上变薄变细，以发育鲍马层序为特征，沉积结构为进积型，为陆棚边缘盆地沉积。

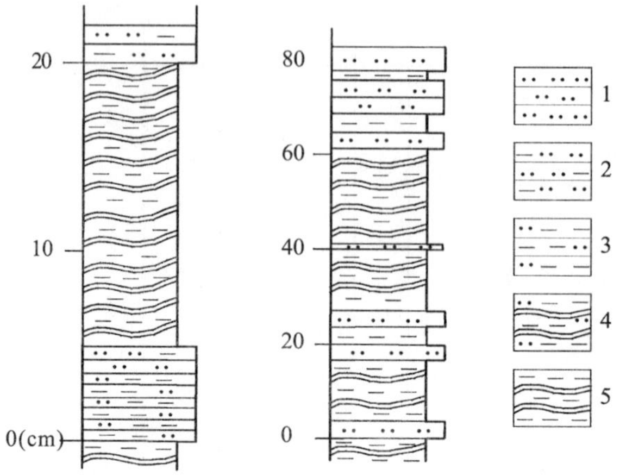

图 2-49 确哈拉群基本层序

1. 粉砂岩；2. 泥质粉砂岩；3. 粉砂质泥岩；4. 粉砂质泥岩；5. 泥板岩

海侵体系域：位于下段中部（贡日剖面第 3—5 层，曲康巴勒剖面第 8—14 层），厚 280.7～367.3m。基本层序为砂岩（发育槽状交错层理）→泥板岩，向上变细变薄，泥板岩中含较多的砂岩透镜体，沉积结构为退积型，为浅海陆棚下部沉积。

高水位体系域：位于下段上部（贡日剖面第 6—10 层，曲康巴勒剖面第 15—20 层），厚 482.3～192.8m。基本层序为砂岩→粉砂岩（发育水平及垂直虫穴），向上变薄，沉积结构为进积型，为浅海陆棚上部沉积。

Ⅲ₂ 层序。位于确哈拉群中上段，由低水位体系域、海侵体系域和高水位体系域组成。

低水位体系域：位于确哈拉群中段下部（贡日剖面第 11—16 层，曲康巴勒剖面第 21—30 层），厚 456.6～491.3m。基本层序为（粉）砂岩（具递变层理，岩层底面具沟模，含 *Planolitesmontanus*）→泥板岩，向上变细变薄，沉积结构为进积型，为陆棚边缘盆地沉积。

海侵体系域：位于中段上部（贡日剖面第 17—22 层，曲康巴勒剖面第 31—42 层），厚 364.5～371m。基本层序为（粉）砂岩（具水平层理和水平虫穴）→泥板岩，向上变细变薄，沉积结构为退积型，为浅海陆棚下部沉积。

高水位体系域：位于上段（贡日剖面第 23—30 层，曲康巴勒剖面第 43—48 层），厚 337.7～354.5m。基本层序为砂岩（底面见槽模，含 *Planolites montanus*）→泥板岩夹砂岩→粉砂质板岩（发育水平层理）→泥板岩，厚约 7m，向上变细。沉积结构为进积型，为浅海陆棚上部沉积。

3. 沉积盆地演化分析

三叠系总体显示向上变浅的沉积特征，从陆棚边缘盆地向浅海陆棚演化，砂岩粒度特征显示为滨外，概率曲线图上表现为滚动、跳跃和悬浮总体（图 2-50）。砂岩成熟度较高，分选较好。不稳定成分较少，长石 L=1%～4%、沉积岩屑 Ls=0～8%、火成岩岩屑 Lv=0～4%，基本组合为 QL 型。投影在库克（1974）QFR 图解上落入陆壳稳定区（图 2-51），在维罗尼和梅纳德（1981）QFL 图解上落入稳定克拉通浅海盆地区（图 2-52），在 Dickinson（1979）QFL 图解上落入陆块物源区和再旋回造山带物源区（图 2-53），说明三叠系沉积盆地属于稳定类型，沉积环境总体应为浅海陆棚，局部有浊流沉积，应为陆棚边缘盆地。

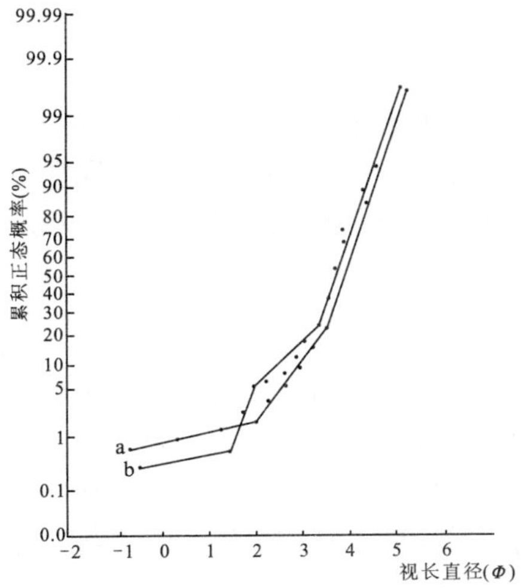

图 2－50　确哈拉群砂岩粒度累积概率曲线图

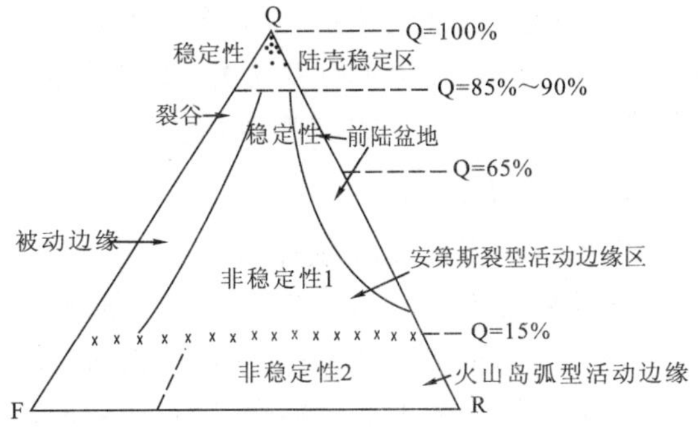

图 2－51　确哈拉群砂岩在 QFR 图解中碎屑沉积模型

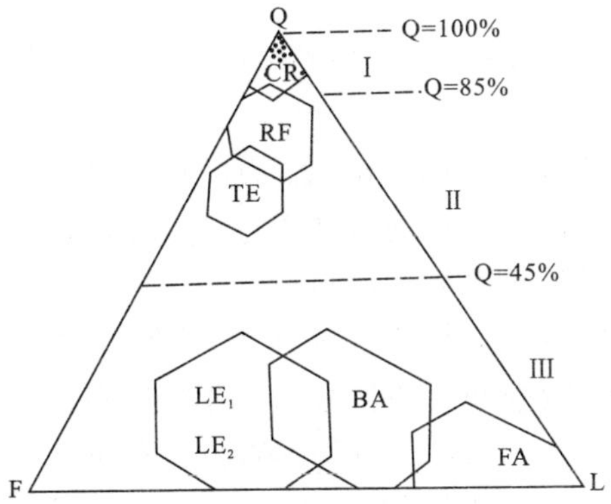

图 2－52　确哈拉群下段砂岩在 QFL 图解中碎屑沉积模型

（图例说明同图 2－19）

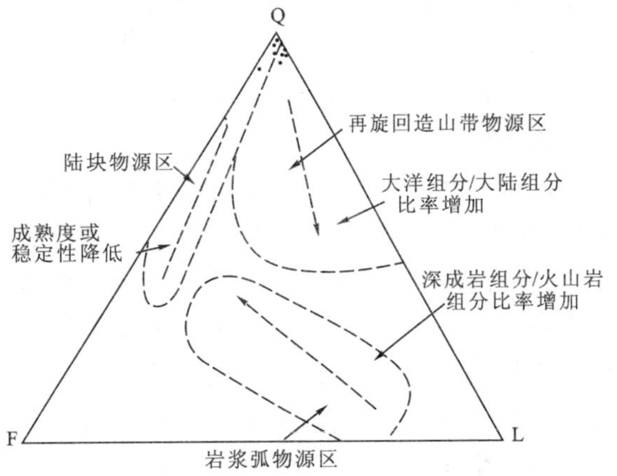

图 2－53　确哈拉群砂岩在 Dickinson QFL 图解中碎屑沉积模型

二、侏罗纪沉积盆地

1. 主要沉积组合

（1）次深海沉积组合

该组合以木嘎岗日群为代表，主要岩性为薄板状石英砂岩与石英粉砂岩韵律性互层及硅质岩，发育粒序层理，具鲍马层序，为次深海沉积。

（2）河口湾沉积组合

该组合以俄蒙勒组下部为代表，主要岩性为灰—灰绿—灰黄色泥岩、粉砂质泥岩、黄褐色薄层细粒石英砂岩，下部夹泥质粉砂岩透镜体，上部夹砂质泥晶鲕粒灰岩透镜体。灰岩及泥岩中含较丰富双壳类化石，泥岩中有时可见碳化的植物碎片，砂岩中发育水平、垂直潜穴，如 *Palaeophycus*，*Skolithos* 等。岩层中发育水平层理、透镜状层理，沉积环境为潮间带。

（3）浅海陆棚沉积组合

该组合以俄蒙勒组中下部为代表。主要岩性为灰色中—薄层细粒石英砂岩，灰—灰黑色粉砂质泥板岩、灰色泥板岩，少量灰黑色炭质板岩，夹粉砂岩、灰岩透镜体。砂岩中发育水平层理，层面凹凸不平，含双壳类碎片。

（4）滨海浅滩沉积组合

该组合以沙木罗组为代表。主要岩性为灰色薄—中厚层含砾含生物碎屑砂质鲕粒灰岩、砂质砂屑灰岩，灰绿色薄—中层细粒岩屑石英砂岩，少量灰绿色泥质石英粉砂岩和灰绿色泥岩。发育楔状交错层理，生物种类较多，主要有双壳类、棘皮类、腹足类、鱼类牙齿等，砂岩中颗粒极为发育，主要为鲕粒和砂屑，含量50%～75%，具典型滩相特征。

2. 沉积层序分析

根据沉积界面及沉积环境，将该小区侏罗系划分为一个超层序，两个Ⅲ级层序（图2-54、图2-55），下侏罗统为一个不完整的Ⅲ级层序，仅识别出低水位体系域，沉积环境为次深海环境。中上侏罗统为一个完整的Ⅲ级层序，由低水位体系域、海侵体系域和高水位体系域组成，沉积环境为浅海—滨海环境。底界面推测为Ⅰ型不整合界面，海侵面位于泥硅质板岩底部，最大海泛面位于俄蒙勒组近顶部的灰黑色含炭质粉砂质泥岩（含黄铁矿结核），暴露面未见。

$Ⅲ_1$层序。见于下侏罗统木嘎岗日群，仅有低水位体系域，主要为浅灰色薄板状细粒石英砂岩、粗粉砂岩与灰色泥岩互层，发育粒序层理，具鲍马层序。基本层序为细砂岩（发育水平层理，厚2～7cm）→粗粉砂岩（发育水平层理，厚2～5cm）→泥岩（厚1～3cm），厚5～15cm。为一套深水复理石沉积，沉积环境为次深海环境。

$Ⅲ_2$层序。见于俄蒙勒组和沙木罗组，为一个完整的Ⅲ级层序，由低水位体系域、海侵体系域和高水位体系域组成。

低水位体系域：位于俄蒙勒组下部（俄蒙勒剖面第1—8层），厚约125m。岩石发育水平层理和透镜状理，灰岩中含双壳类、棘皮类等化石碎片，生物扰动较强烈，含较丰富的生物遗迹 *Palaeophycus tubularis*，*Skolithos verticalis*，*Cruziana* sp.，指示浅水环境，因此该体系域为河口湾环境。

海侵体系域：位于俄蒙勒组中上部（俄蒙勒剖面第9—29层），底界面为海侵面，饥饿段位于俄蒙勒组近顶部，岩性为灰黑色含炭质粉砂质泥岩，海泛面位于饥饿段中间。该体系域基本层序（图2-56）为薄层细粒石英砂岩（具水平层理）→（含粉砂质）泥质板岩，厚约1 637m。为浅海陆棚沉积环境。

高水位体系域：位于俄蒙勒组顶部（俄蒙勒剖面第30层）和沙木罗组，厚约880m。生物门类丰富，主要为双壳类、腹足类、棘皮类、鱼类等，灰岩中含大量的鲕粒、砂屑、砾屑、生物碎屑等，基本层序为含砾砂岩→粉砂岩（图2-57）为滨海浅滩沉积环境。

3. 沉积盆地演化分析

早侏罗世为一套深水复理石沉积，代表次深海沉积，形成海底浊积扇；中侏罗世早期为河口湾沉积，海盆地较小，代表与早侏罗世之间有一次较大的沉积间断。中侏罗世中晚期为浅海沉积，代表有一次较大的海侵，海域扩大，海盆地范围也较大，形成了以浅海陆棚为主的沉积环境；晚侏罗—早白垩世海水变浅，海盆地缩小，形成了以滨海为主的沉积环境。俄蒙勒组砂岩在概率曲线上主要显示跳跃总体，曲线斜率较大，细粒物质较多，为浅海陆棚特征（图2-58）。不稳定成分较多，长石F=1%～11%、岩屑L=1%～11%，基本组合为QF型。投影在库克（1974）QFR图解上落入陆壳稳定区（图2-59），在维罗尼和梅纳德（1981）QFL图解上大部分落入浅海盆地区，少部分落入裂谷和断陷盆地区（图2-60），在Dickinson（1979）QFL图解上落入陆块物源区和再旋回造山带物源区（图2-61）。沙木罗组砂岩在概率曲线上显示滚动和跳跃两个总体，为海滩特征（图2-62）。砂岩成分复杂，不稳定成分较多，长石F=2%～11%、岩屑L=3%～24%，基本组合为QL型。投影在库克（1974）QFR图解上落入陆壳稳定区和前陆盆地区（图2-63），在维罗尼和梅纳德（1981）QFL图解上落入浅海盆地区和浅海盆地与断陷盆地区交界部位（图2-64），在Dickinson（1979）QFL图解上大部分落入再旋回造山带物源区，少量落入陆块物源区（图2-65）。说明中侏罗世以后沉积盆地已转入稳定盆地，其物源多来自再旋回造山带和大陆板块。

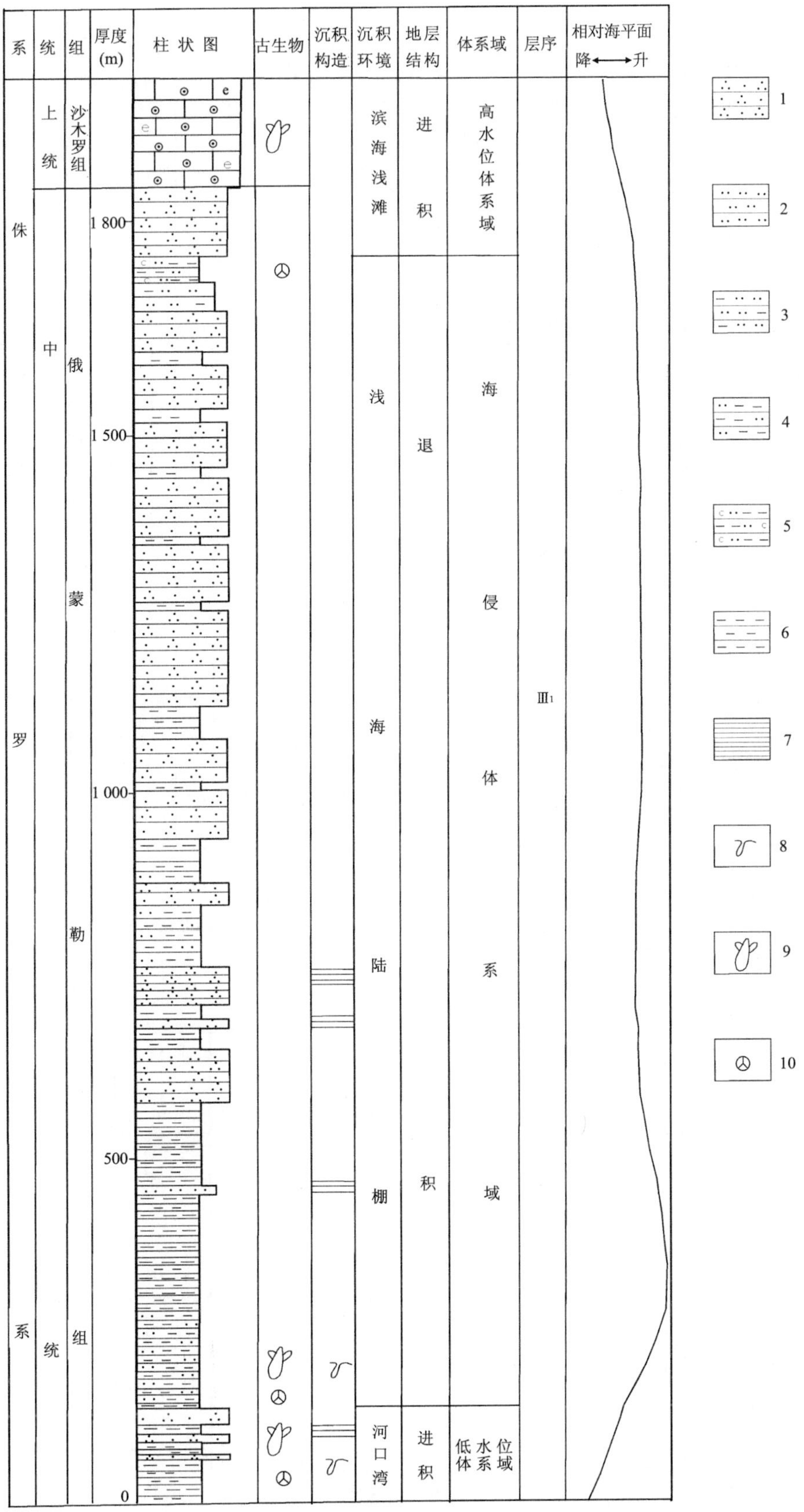

图 2-54 俄蒙勒组沉积层序图

1. 石英砂岩;2. 粉砂岩;3. 粉砂质泥岩;4. 粉砂质泥岩;5. 含炭质粉砂质泥岩;6. 泥岩;7. 水平层理;8. 虫穴;9. 双壳类;10. 孢粉

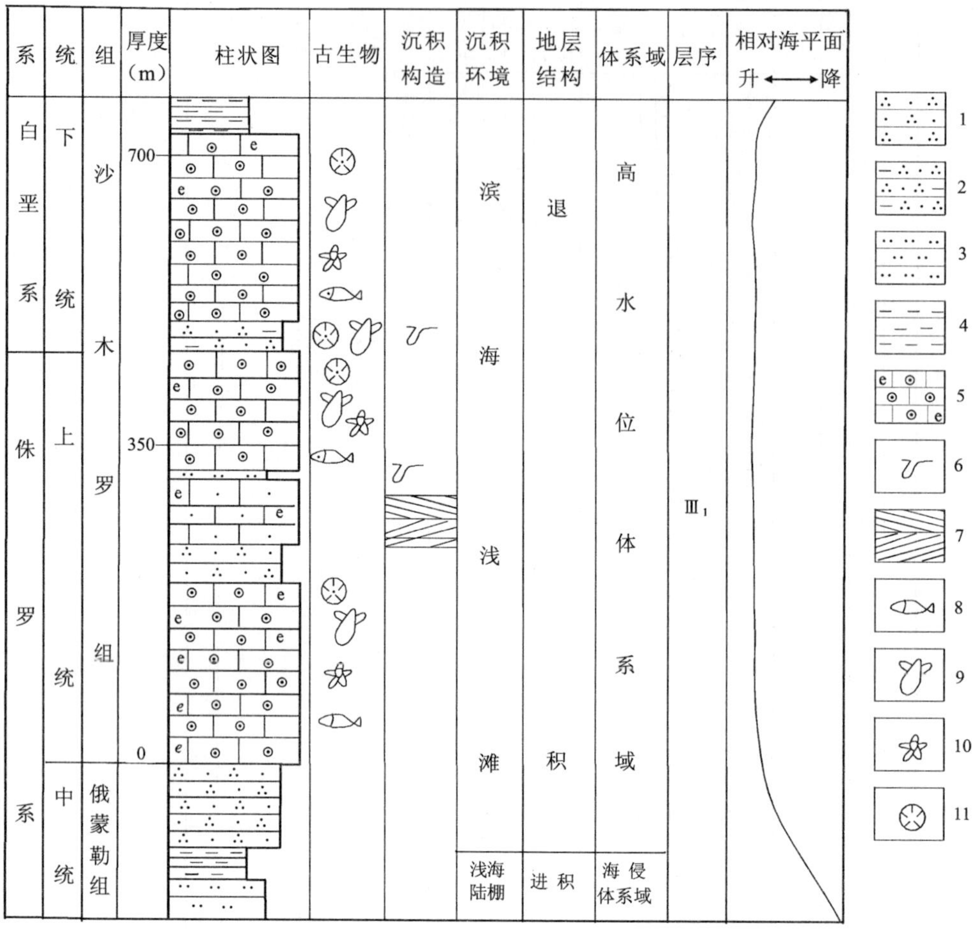

图 2-55　沙木罗组沉积层序

1. 石英砂岩；2. 石英杂砂岩；3. 粉砂岩；4. 泥岩；5. 含生物碎屑鲕粒灰岩；6. 虫穴；7. 楔状交错层理；8. 鱼类；9. 双壳类；10. 海胆；11. 海百合茎

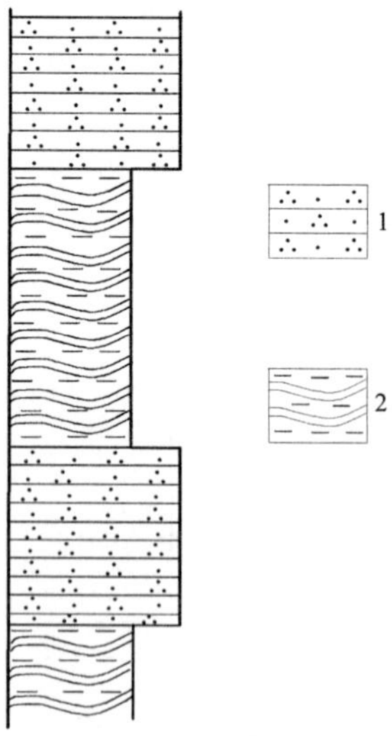

图 2-56　俄蒙勒组上部基本层序

1. 石英砂岩；2. 泥板岩

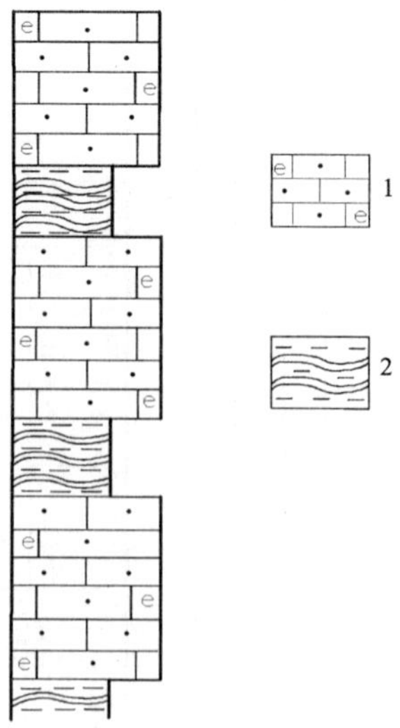

图 2-57　沙木罗组基本层序

1. 含生物碎屑砂屑灰岩；2. 泥板岩

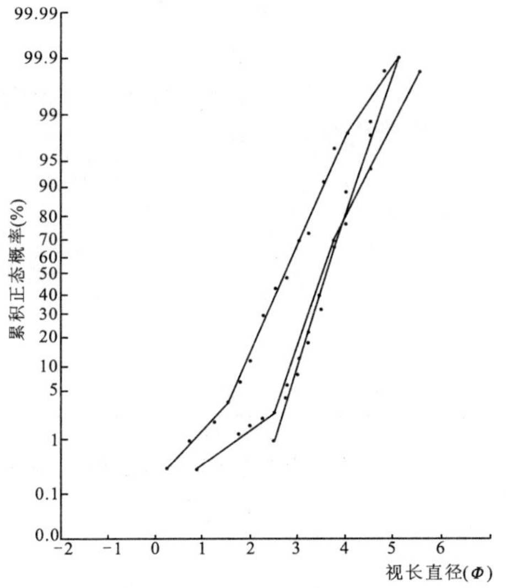

图 2-58 俄蒙勒组砂岩粒度累积概率曲线图

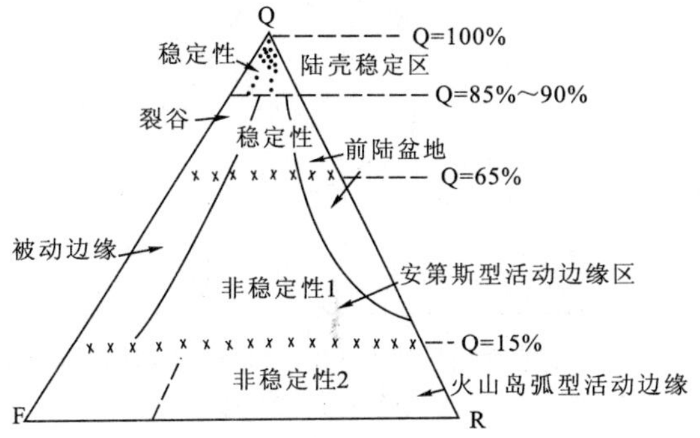

图 2-59 俄蒙勒组砂岩在 QFR 图解中碎屑沉积模型

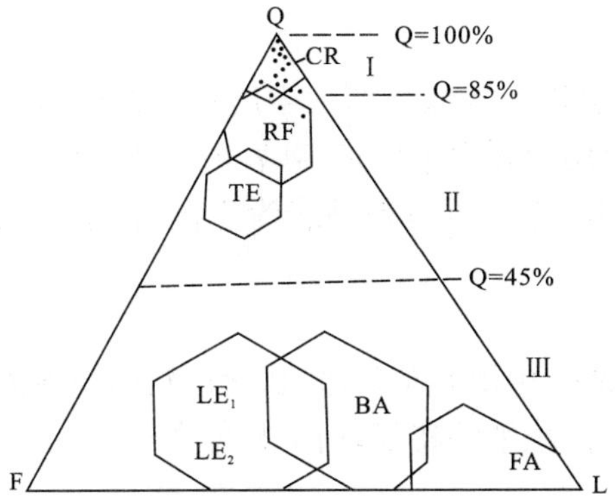

图 2-60 俄蒙勒组砂岩在 QFL 图解中碎屑沉积模型

(图例说明同图 2-19)

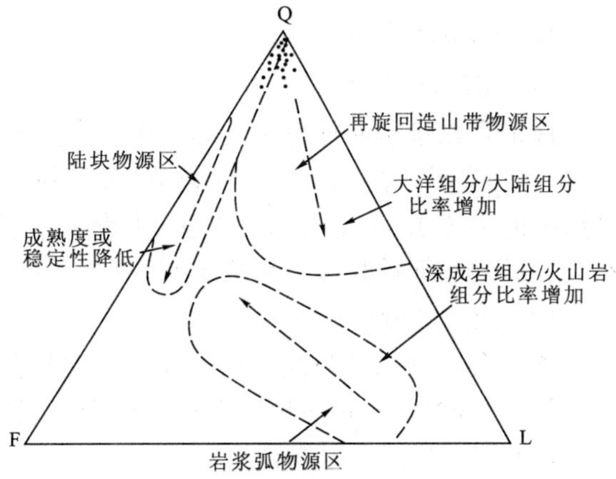

图 2-61 俄蒙勒组砂岩在 Dickinson QFL 图解中碎屑沉积模型

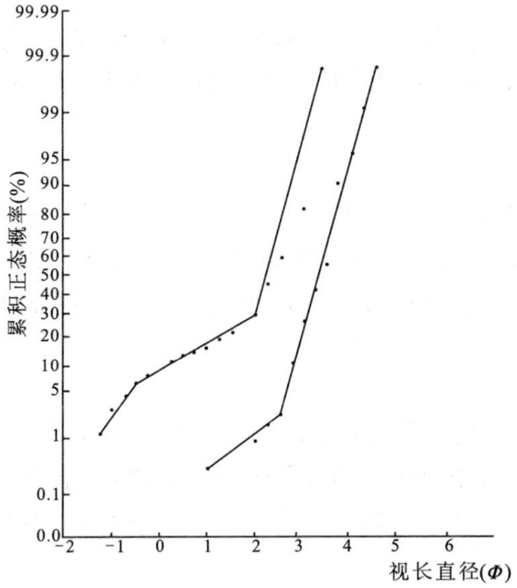

图 2-62 沙木罗组砂岩粒度累积概率曲线图

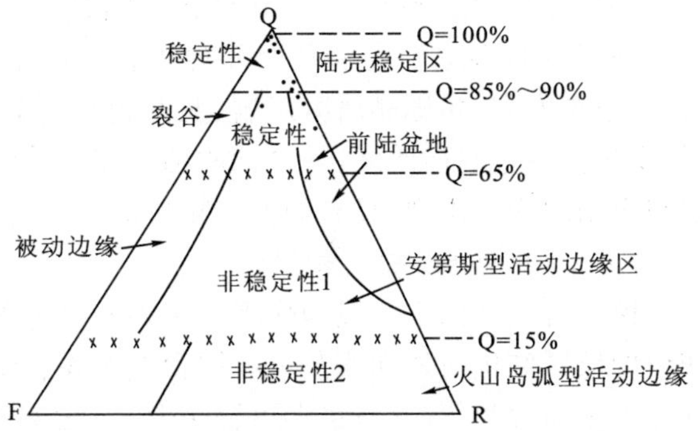

图 2-63 沙木罗组砂岩在 QFR 图解中碎屑沉积模型

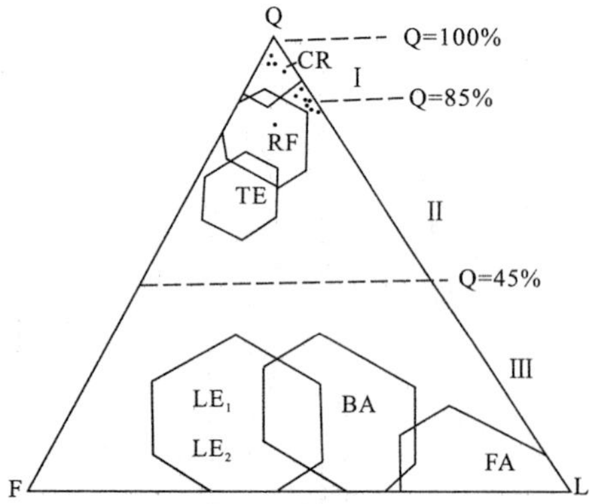

图 2－64　俄蒙勒组砂岩在 QFL 图解中碎屑沉积模型
(图例说明同图 2－19)

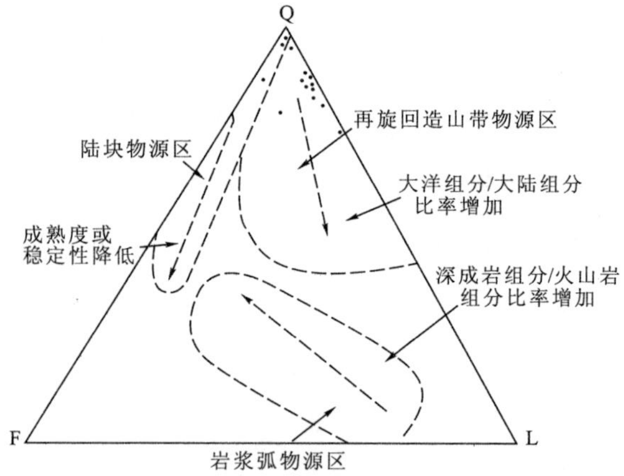

图 2－65　沙木罗组砂岩在 Dickinson QFL 图解中碎屑沉积模型

三、早白垩世盆地分析

1. 主要沉积组合

(1) 半深海-深海沉积组合

该组合以俄杀而补组下部为代表。主要岩性为灰黄—黄褐—灰绿色薄—中层石英粉砂岩、泥质粉砂岩、灰白色薄—厚层细粒石英砂岩，发育粒序层理、小型斜层理和水平层理，砂岩中含黄铁矿。发育鲍马层序的 B、C 层，B 层以砂岩为主，发育水平层理和小型斜层理；C 层以粉砂岩为主，发育水平层理，由石英粉砂岩与泥质粉砂岩组成层对，每个层对厚 15～10cm。

(2) 浅海陆棚沉积组合

该组合以俄杀而补组中部为代表。主要岩性为灰黑色薄—中层石英粉砂岩，薄层粉砂质泥岩，灰色薄层泥质粉砂岩，少量厚层细粒石英砂岩。表现为色暗、层薄、粒细等特征，向上粒度变细。

(3) 潮下带碎屑岩沉积组合

该组合以俄杀而补组中部和上部为特征，主要岩性为灰—黄褐色薄—中层细粒岩屑石英砂岩、石英杂砂岩与灰黑色泥岩互层，砂岩底部常见细砾岩，砂岩与泥岩组成层对，每个层对厚 5～10cm。砂岩中常见板状交错层理。未见大化石，孢子花粉较丰富。表现为色深、层薄、含岩屑、具正粒序等特点。

(4) 潮下-潮间带碎屑沉积组合

该组合以俄杀而补组下部为代表，主要岩性为灰—灰黄色薄—厚层细粒石英砂岩、砾岩，含砾细粒岩屑砂岩、长石岩屑砂岩，灰黑色粉砂质泥岩夹粉砂岩透镜体。主要特征为颜色较浅，层厚，粒粗，成分杂，含砾石和岩屑。具向上变粗特征。

(5) 潮下-潮间碎屑岩-火山岩沉积组合

该组合以多尼组底部及上部为代表。岩性复杂，主要为浅灰色薄—中层细粒石英砂岩、灰黑色泥岩、灰色英安岩、角砾晶屑凝灰岩、灰紫色厚层砾岩、含砾砂岩、中—薄层细粒长石石英砂岩、泥质粉砂岩，少量黄绿色粉砂质泥岩(含钙质结核和铁质结核)，未见大化石，含少量孢子花粉。主要特征是碎屑岩与火山岩交互出现，具有向上变粗特征。主要表现为色杂、层厚、粒粗。

(6) 潮下带碳酸盐沉积组合

该组合以郎山组二段为代表。主要岩性为深灰色薄—中层圆笠虫泥晶灰岩、生物碎屑泥晶灰岩、深灰色中层圆笠虫灰岩和浅灰色厚层含生物碎屑微晶灰岩。生物种类较多，主要为珊瑚、圆笠虫、有孔虫、双壳类及海绵类等，含量最多可达 70%，主要表现为色深、层薄、粒细，生物丰富，为一良好的生油层段。

(7) 潮下-潮间带碳酸盐沉积组合

该组合以郎山组一段和三段为代表，主要岩性为浅灰色厚层泥晶灰岩，含生物碎屑泥晶灰岩，砾屑灰岩、砂屑灰岩，岩层中含大量燧石团块，生物含量较少，主要为圆笠虫、固着蛤、珊瑚、海绵类等。主要表现为色浅、层厚、粒粗，含大量燧石团块。

2. 沉积层序分析

下白垩统俄杀而补组至郎山组为1个超层序，7个Ⅲ级层序(图2-66、图2-67、图2-68)，俄杀而补组有4个Ⅲ级层序，多尼组有1个Ⅲ级层序，郎山组有两个Ⅲ级层序。每个Ⅲ级层序进一步划分为海侵体系域和高水位体系域，仅俄杀而补组的Ⅲ级层序进一步划分为低水位体系域、海侵体系域和高水位体系域。总体向上变浅，沉积环境为半深海-台地相。俄杀而补组区内未见底，但根据沉积特征可以推测其下存在Ⅰ型不整合界面。海侵面位于下伏高水位体系域之上，对下伏岩层有冲刷、侵蚀现象，最大海泛面位于饥饿段中间，主要为灰黑色薄—薄板状(含粉砂)泥岩，暴露面位于高水位体系域顶面，多为火山岩，沉积岩主要为红色、厚层(厚层—块状)的粗碎屑岩或生物礁。

$Ⅲ_1$层序。位于俄杀而补组下部，由下而上可划分为低水位体系域、海侵体系域和高水位体系域。

低水位体系域(LST)：见于俄杀而补剖面第1—8层，发育粒序层理，厚度为372m。下部基本层序为灰绿色薄—中层泥质粉砂岩与石英粉砂岩互层→灰白色中层细粒石英砂岩，基本层序厚0.1～1m，向上变厚变粗，为进积型沉积结构，表明海平面逐渐下降，主要表现为泥质粉砂岩向上变薄、石英粉砂岩向上变厚，并逐渐过渡为细粒石英砂岩，沉积速率高，厚度巨大，为一种快速堆积(浊流)的沉积环境，应为半深海浊积成因。厚度为372m。

海侵体系域(TST)：见于俄杀而补剖面第9—14层，厚约382m。底界面为一海侵面。下部基本层序为薄层细粒石英砂岩→薄层泥质粉砂岩，厚1～3m，向上变厚。上部基本层序(图2-69a)为薄层粉砂岩→粉砂质泥岩，厚3～5m，向上变厚。总体为向上变细变厚，为退积型沉积结构，表明海平面缓慢上升，最大海泛面位于顶部的灰黑色条带状粉砂质泥岩(厚约60m)。沉积速率相对较缓，沉积环境为浅海陆棚。

高水位体系域(HST)：见于俄杀而补剖面第15—19层，厚度为342m。底界面为最大海泛面。岩性较复杂，基本层序(图2-69b)为(含砾)岩屑砂岩(底部为砾岩)→细粒石英砂岩→粉砂质泥岩与含泥质细晶灰岩互层，厚3～5m。沉积速率相对较高，为快速堆积的沉积环境，主体为潮下带环境。反映了海平面快速下降，为进积型沉积结构。

$Ⅲ_2$层序。位于俄杀而补组中部，由海侵体系域和高水位体系域组成。

海侵体系域(TST)：见于俄杀而补剖面第20—21层，底界面为一海侵面。厚约177m。基本层序为砂岩(厚10～20cm，具平行层理)→泥岩(厚15～30cm)，向上砂岩变薄，泥岩增厚，为退积型沉积结构，沉积速率相对较缓，表明海平面缓慢上升，最大海泛面位于顶部的灰黑色条带状粉砂质泥岩中。沉积环境为浅海陆棚。

高水位体系域(HST)：见于俄杀而补剖面第22—27层，厚396m。底界面为最大海泛面。岩性较复杂，厚度较大，基本层序为砂岩→泥岩，厚3～5m。沉积速率相对较高，为快速堆积的沉积环境，反映了海平面快速下降，为进积型沉积结构。沉积环境为潮下带。

$Ⅲ_3$层序。位于俄杀而补组上部，由海侵体系域和高水位体系域组成。

海侵体系域(TST)：见于俄杀而补剖面第28—31层，厚106m。底界面为一海侵面。基本层序(图2-69c)为砂岩→泥岩，向上砂岩变薄，泥岩增厚，厚3～5m。为退积型沉积结构，沉积速率相对较缓，表明海平面缓慢上升，最大海泛面位于顶部的灰黑色含粉砂质泥岩中。沉积环境为浅海陆棚。

高水位体系域(HST)：见于俄杀而补剖面第32～33层，厚69m。底界面为最大海泛面。基本层序为粉砂质泥岩→含砾细粒石英砂岩夹泥岩，向上砂岩变厚，泥岩变薄，厚1～2m。沉积速率相对较高，为快速堆积的沉积环境，反映了海平面快速下降，为进积型沉积结构。沉积环境为潮下-潮间带。

$Ⅲ_4$层序。位于俄杀而补组顶部至多尼组下部，由海侵体系域和高水位体系域组成。

海侵体系域(TST)：见于俄杀而补剖面第34—36层和俄坐剖面第3层，厚427m。底界面为一海侵面。基本层序为砂岩→泥岩(图2-70)，向上砂岩变厚，泥岩变薄，下部基本层序厚2～3m，上部厚3～5m。沉积速率相对较缓，表明海平面缓慢上升，最大海泛面位于顶部的灰黑色泥岩中。沉积环境为潮下带。

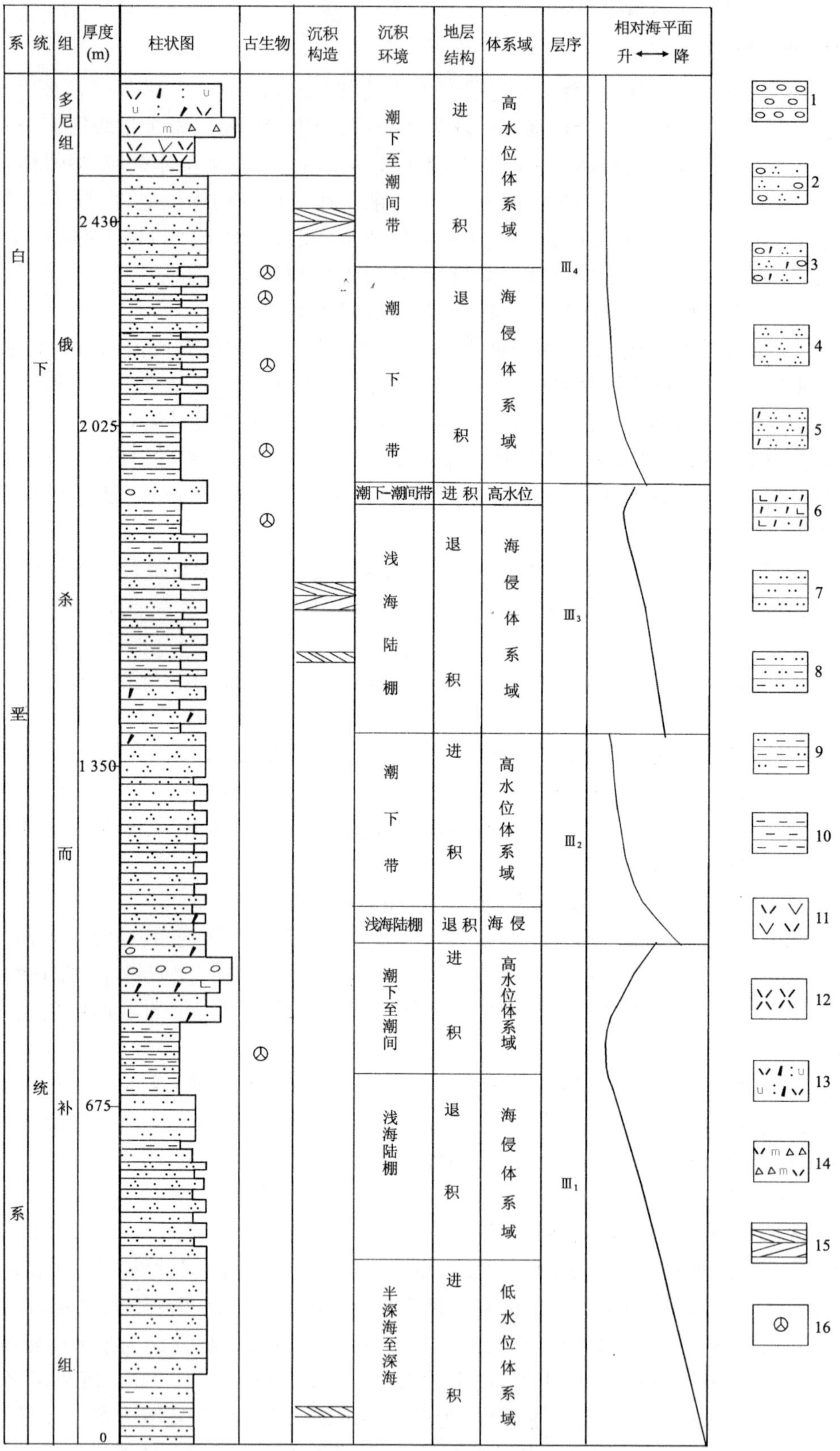

图 2-66　俄杀而补组沉积层序图

1. 砾岩；2. 含砾石英砂岩；3. 含砾岩屑石英砂岩；4. 石英砂岩；5. 岩屑石英砂岩；6. 钙质岩屑砂岩；7. 粉砂岩；8. 泥质粉砂岩；9. 粉砂质泥岩；10. 泥岩；11. 英安岩；12. 流纹岩；13. 流纹质晶屑凝灰熔岩；14. 流纹质熔结角砾岩；15. 楔状交错层理；16. 孢粉

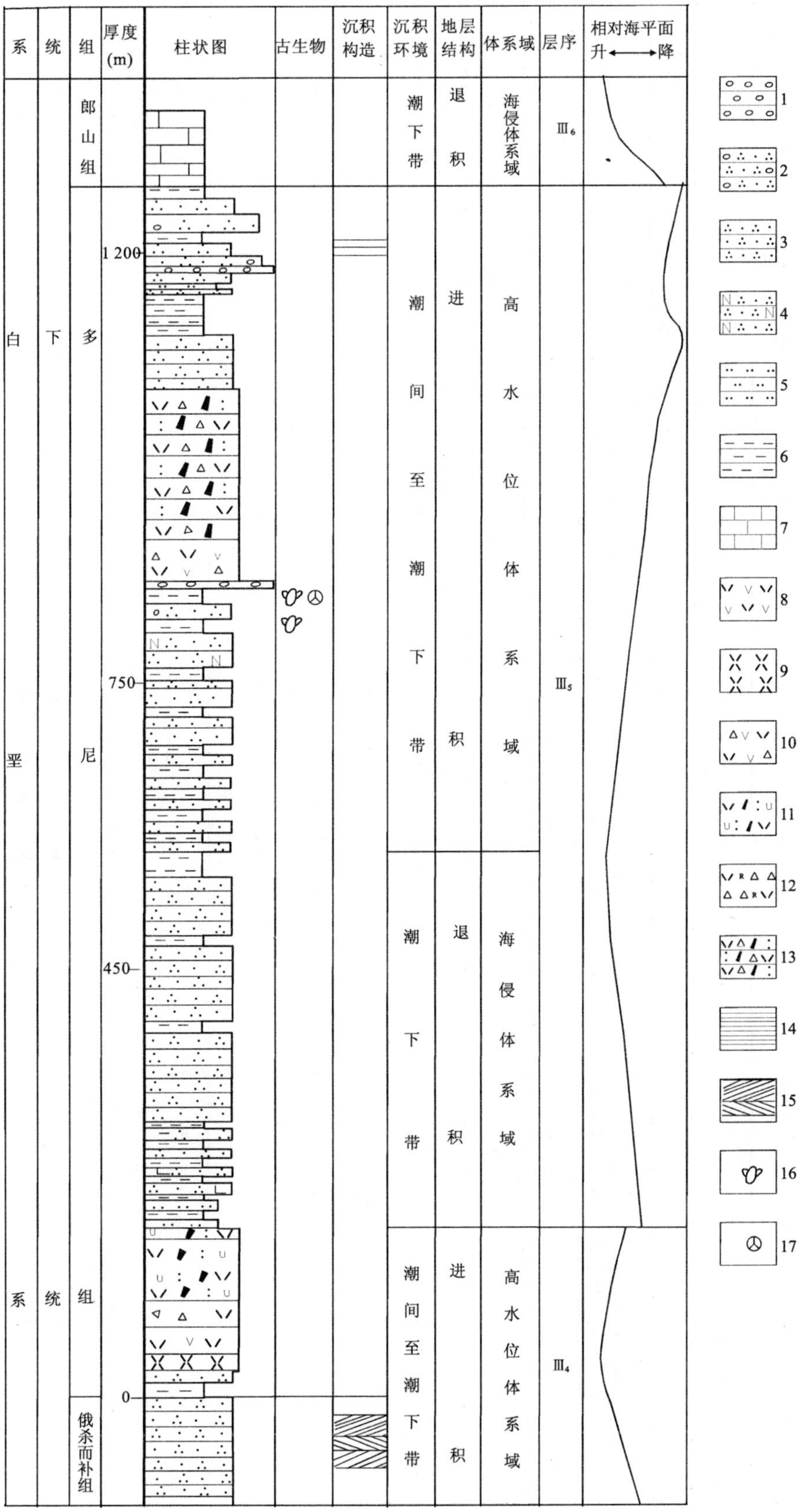

图 2－67　多尼组沉积层序图

1. 砾岩；2. 含砾石石英砂岩；3. 石英砂岩；4. 长石石英砂岩；5. 粉砂岩；6. 泥岩；7. 灰岩；8. 英安岩；9. 流纹岩；10. 角砾英安岩；11. 流纹质晶屑凝灰熔岩；12. 流纹质熔结角砾岩；13. 英安质角砾晶屑凝灰岩；14. 水平层理；15. 楔状交错层理；16. 双壳类；17. 孢粉

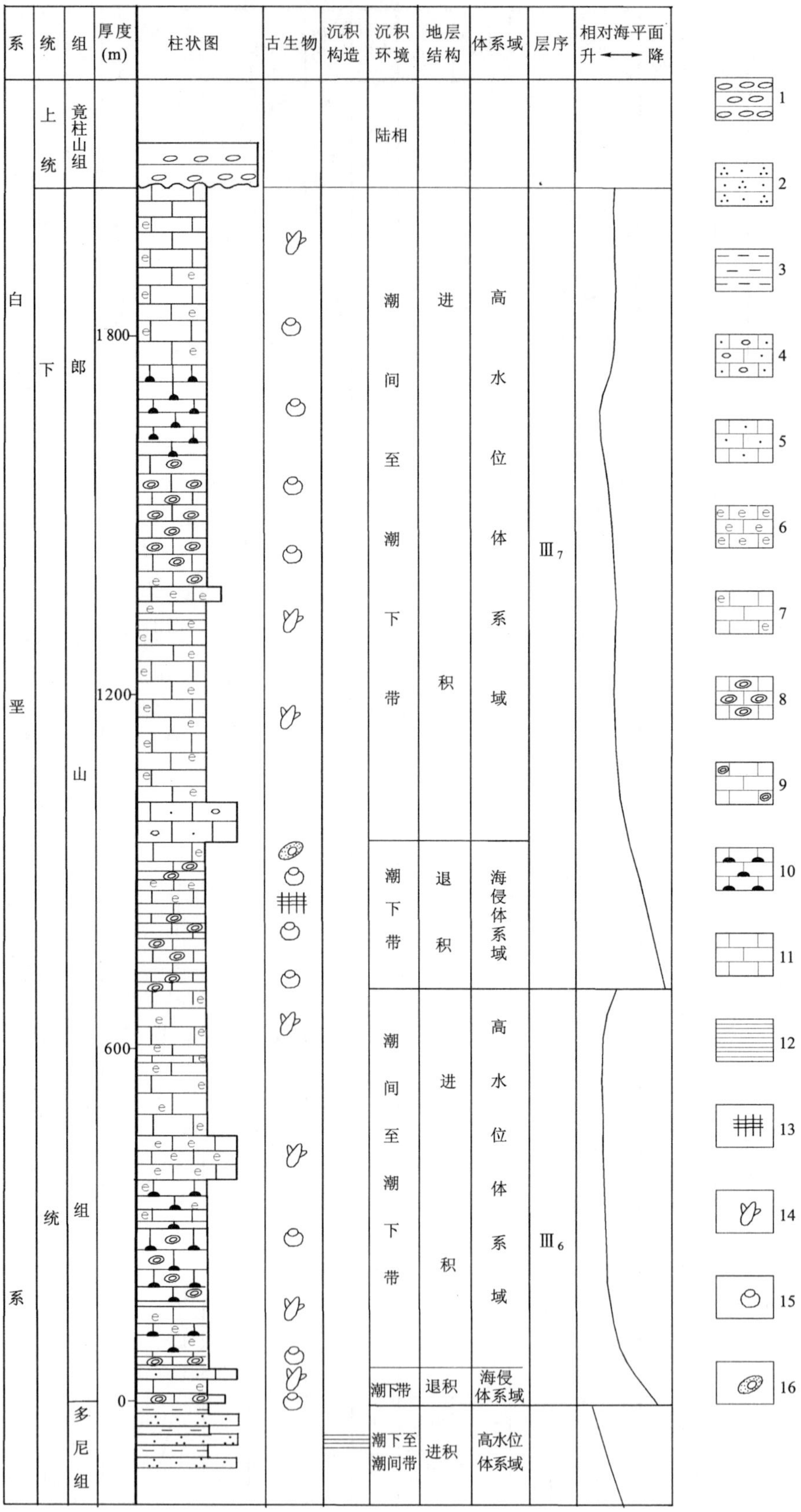

图 2-68　郎山组沉积层序图

1. 砾岩；2. 石英砂岩；3. 泥岩；4. 砾屑砂质灰岩；5. 砂屑灰岩；6. 生物碎屑灰岩；7. 含生物碎屑灰岩；8. 圆笠虫灰岩；9. 含圆笠虫灰岩；10. 燧石团块灰岩；11. 灰岩；12. 水平层理；13. 珊瑚；14. 双壳类；15. 圆笠虫；16. 海绵

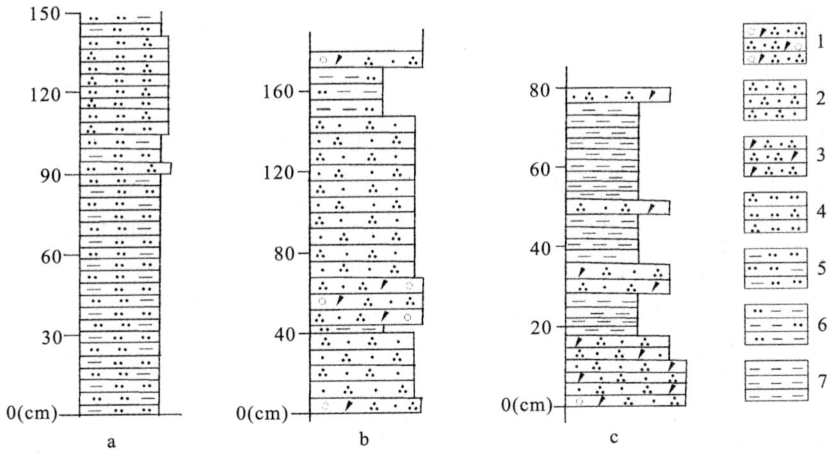

图 2-69　俄杀而补组基本层序图

1. 含砾岩屑石英砂岩；2. 石英砂岩；3. 岩屑石英砂岩；4. 石英粉砂岩；5. 泥质粉砂岩；6. 粉砂质泥岩；7. 泥岩；a. 下部；b. 中部；c. 上部

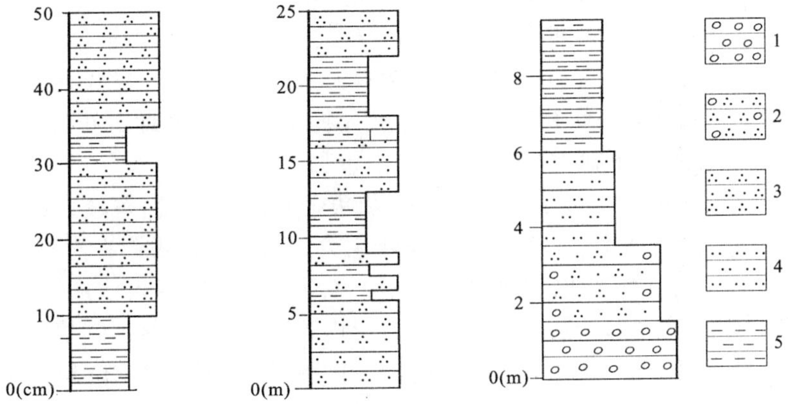

图 2-70　多尼组碎屑岩基本层序

1. 砾岩；2. 含砾石英砂岩；3. 石英砂岩；4. 粉砂岩；5. 泥岩

高水位体系域(HST)：见于俄杀而补剖面第 37—43 层，厚 436.6m。底界面为最大海泛面。下部基本层序为砂岩(具平行层理、小型板状交错层理)→泥岩，厚 1～4m；上部基本层序为火山熔岩→火山碎屑岩，厚度较大。由于火山喷发，造成海平面下降。暴露面位于火山岩顶面，显示为进积型沉积结构，沉积环境为潮下-潮间带。

Ⅲ$_5$ 层序。位于多尼组中上部，由海侵体系域和高水位体系域组成。

海侵体系域(TST)：见于俄杀而补剖面第 44—51 层，厚 204m。底界面为一海侵面。基本层序为中层砂岩→薄层砂岩→泥岩，下部厚 5～8m，上部厚 3～5m。沉积速率相对较缓，表明海平面缓慢上升，最大海泛面位于顶部的灰黑色泥岩中。沉积环境为潮下带。

高水位体系域(HST)：见于俄杀而补剖面第 52—65 层，厚 936m。底界面为最大海泛面。下部基本层序为砂岩与泥岩互层→泥岩，厚 20～30m；中部为英安岩→晶屑凝灰岩，厚约 200m；上部为砾岩→(含砾)砂岩→粉砂岩→泥岩，厚 5～8m。岩性较复杂，厚度较大，显示为进积型沉积结构，沉积环境为潮下-潮间带。

Ⅲ$_6$ 层序。位于郎山组下部，由海侵体系域和高水位体系域组成。

海侵体系域(TST)：见于鸭穷勒剖面第 1—3 层和左波列剖面第 1—2 层，厚 64m。底界面为一海侵面。主要为一套灰岩，向上变细，颗粒减少，显示为退积型沉积结构，最大海泛面位于灰色薄层含生物碎屑泥晶灰岩中间，为潮下带沉积环境。

高水位体系域(HST):见于鸭穷勒剖面第 4—20 层和左波列剖面第 3—4 层,厚 650m。底界面为最大海泛面。灰岩中含大量的随时团块,岩层有向上变厚趋势,显示为进积型沉积结构,沉积环境为潮下-潮间带。

$Ⅲ_7$ 层序。位于郎山组上部,由海侵体系域和高水位体系域组成。

海侵体系域(TST):见于鸭穷勒剖面第 21—29 层和左波列剖面第 5—15 层,厚 343m。底界面为一海侵面。向上岩层变薄,生物碎屑减少,显示为退积型沉积结构,最大海泛面位于灰黑色薄层泥晶灰岩中间,为潮下带沉积环境。

高水位体系域(HST):见于鸭穷勒剖面第 30—43 层和左波列剖面第 16—20 层,厚 1 152m。底界面为最大海泛面。灰岩中含大量的燧石团块,向上岩层变厚,颜色变浅,为进积型沉积结构,沉积环境为潮下-潮间带。

3. 沉积盆地演化分析

早白垩世早期在东部海水较深,主体为半深海—浅海陆棚沉积环境。中—晚期东、西部海盆地连在一起,海水变浅,形成台地潮下-潮间带沉积环境。

俄杀而补组砂岩在粒度概率曲线上显示为滚动和跳跃两个总体,曲线斜率较大(图 2 - 71)。不稳定成分较多,长石 F=0～10%、岩屑 L=12%～53%,基本组合为 QL 型。投影在库克(1974)QFR 图解上大部分落入陆壳稳定区,少量落入非稳定区(图 2 - 72)。在维罗尼和梅纳德(1981)QFL 图解上落入浅海盆地区(图 2 - 73)。在 Dickinson(1979)QFL 图解上大部分落入陆块物源区,少部分落入再旋回造山带物源区(图 2 - 74)。说明俄杀而补组大部分为陆壳稳定型浅海盆地沉积环境,少部分为非稳定型沉积环境,其物源多来自陆块物源区,少部分来自造山带物源区。

多尼组砂岩在粒度概率曲线上显示为滚动和跳跃两个总体,曲线斜率较大(图 2 - 75)。不稳定成分较多,长石 F=1%～8%、岩屑 L=1%～19%,基本组合为 QL 型。投影在库克(1974)QFR 图解上落入陆壳稳定区(图 2 - 76)。在维罗尼和梅纳德(1981)QFL 图解上落入浅海盆地区(图 2 - 77)。在 Dickinson(1979)QFL 图解上大部分落入再旋回造山带物源区,少部分落入陆块物源区(图 2 - 78)。说明多尼组为陆壳稳定型浅海盆地,其物源多来自造山带物源区,少部分来自陆块物源区。

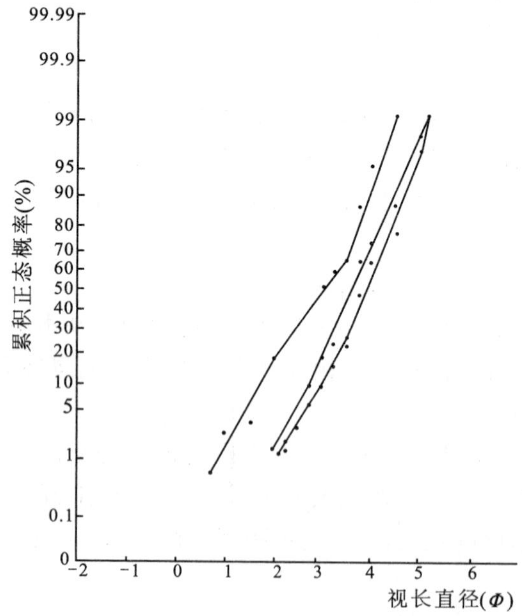

图 2 - 71　俄杀而补组砂岩粒度累积概率曲线图

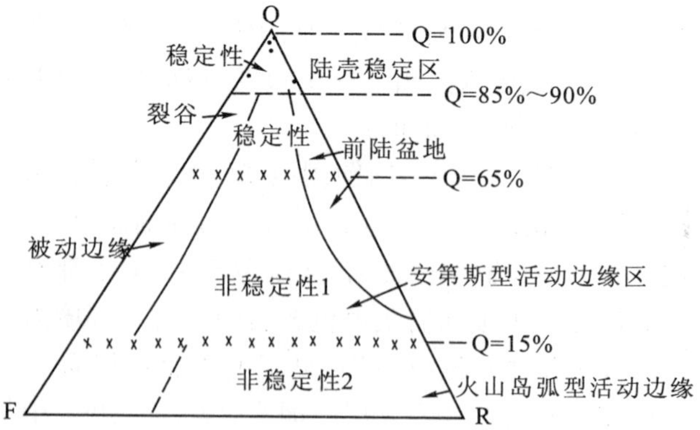

图 2 - 72　俄杀而补组砂岩在 QFR 图解中碎屑沉积模型

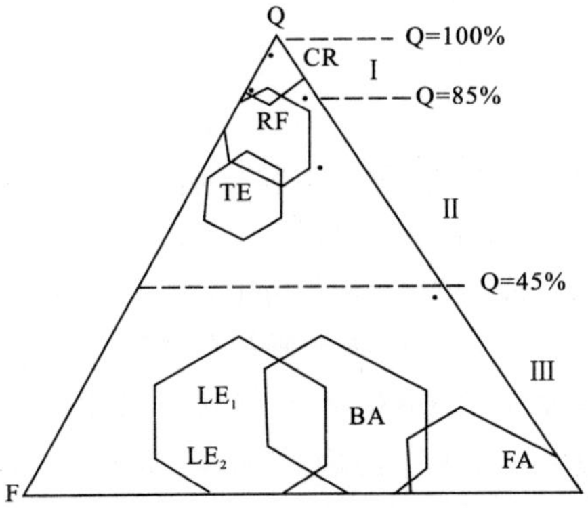

图 2-73　俄杀而补组砂岩在 QFL 图解中碎屑沉积模型

（图例说明同图 2-19）

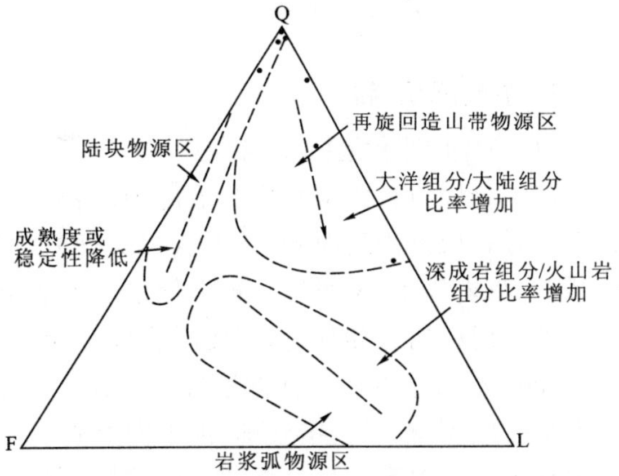

图 2-74　俄杀而补组砂岩在 QFL 图解中碎屑沉积模型

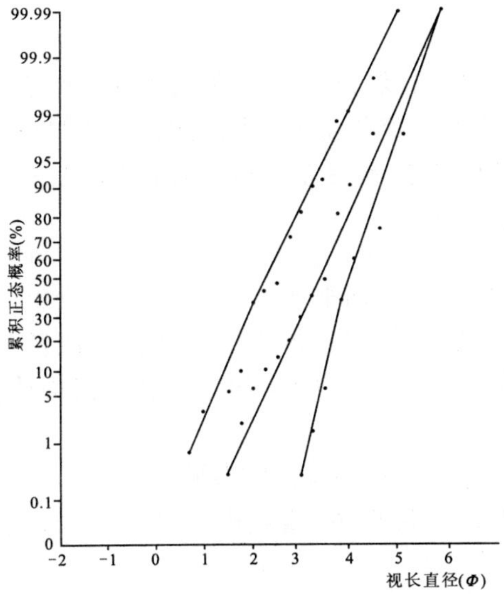

图 2-75　多尼组砂岩粒程度累积概率曲线图

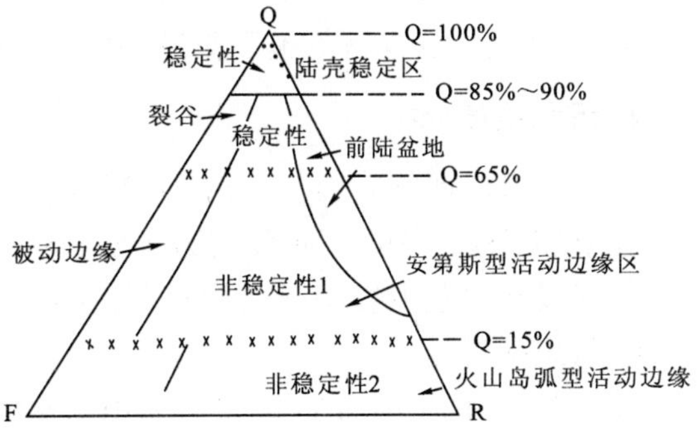

图 2-76　多尼组砂岩在 QFR 图解中碎屑沉积模型

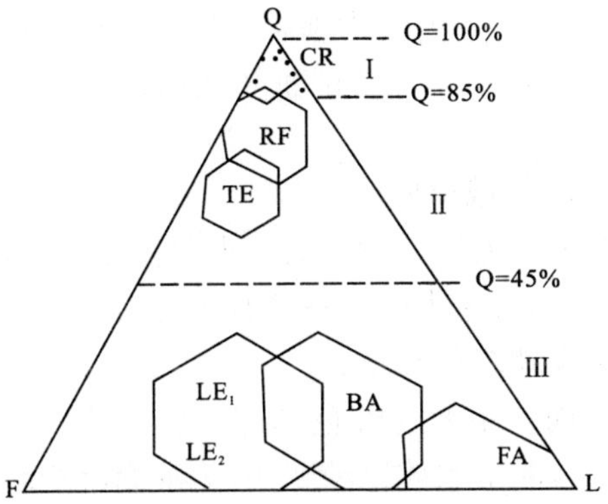

图 2-77　多尼组砂岩在 QFL 图解中碎屑沉积模型

（图例说明同图 2-19）

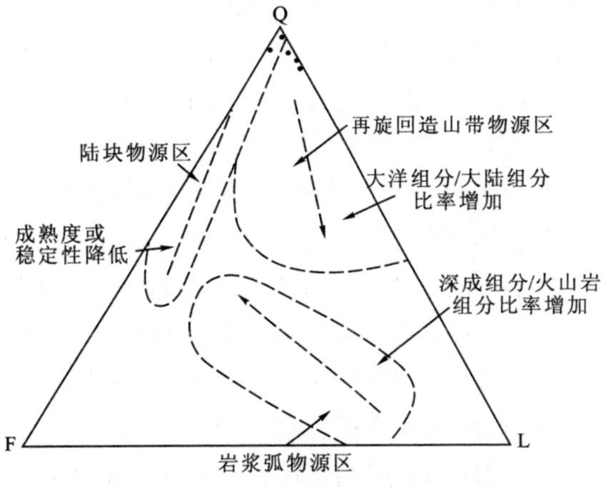

图 2-78　多尼组砂岩在 Dickinson QFL 图解中碎屑沉积模型

四、晚白垩世沉积盆地

1. 主要沉积组合

（1）河流-冲积扇沉积组合

该组合以竟柱山组底部和下部为代表。主要岩性为杂色厚层砾岩、含砾中粒岩屑砂岩和细粒岩屑砂岩。砾石成分因地而异，与下伏岩层有关，在马窑一带下伏地层为郎山组含燧石团块灰岩，砾石成分以燧石、灰岩为主，宋我日一带下伏地层为去申拉组火山岩，砾石成分以安山岩为主，在尼玛一带下伏地层为多尼组碎屑岩和灰岩，主要砾石成分为砂岩、灰岩。砾径大小不一，近缘者砾径较大，如在马窑一带5～10cm，最长达30cm，其他地方一般为3～5cm。砾石中常见砂岩透镜体，发育槽状交错层理，砂岩中发育平行层理、楔状交错层理，由下向上砂岩体逐渐增多，厚度不一，东厚西薄，平面上显示出向上凸起的扇状体。主要表现为色杂、厚层、粒粗，含大量砾石和岩屑，发育大型交错层理。

（2）滨湖沉积组合

该组合以竟柱山组上部为代表，主要岩性为褐红色薄层细粒石英砂岩、紫红色粉砂质泥岩，砂岩底部常含透镜状砾岩，发育槽状交错层理和不对称波痕，并有大量虫穴，泥岩中含丰富的孢子花粉。表现为色红、层薄，砂岩含砾，层理发育等特征。

（3）浅湖相沉积组合

该组合主要出现紫红色粉砂质泥岩，少量灰色薄—薄板状泥晶灰岩、灰绿色泥岩和褐红色薄层细粒石英砂岩，砂岩中发育水平层理、爬升层理和小型槽状交错层理，层面见波痕，泥晶灰岩中含双壳类和腕足类化石，泥岩中含丰富的孢子花粉。主要表现为色红、层厚、粒细，较多灰绿色泥岩和泥晶灰岩。

2. 沉积层序分析

现以尼玛城西剖面为例，进行沉积层序分析。根据沉积界面和湖平面的升降，由下而上可分为4个Ⅲ级层序（图2-79）。底界面为Ⅰ型不整合界面，有河流切割作用。最大湖泛面位于浅灰色薄层泥晶灰岩或灰绿色泥岩中间，暴露面位于高水位体系域顶部，以砂岩为主，发育浅水沉积构造，如波痕、泥裂、虫穴等。

$Ⅲ_1$层序。位于剖面第1—20层，由低水位体系域、水进体系域和高水位体系域组成。

低水位体系域：位于剖面第1—3层，底界面为不整合界面。主要为一套粗碎屑岩，发育槽状交错层理，为冲积扇—河流沉积环境。

水进体系域：位于剖面第4—8层，底界面为一湖侵面。主要为含钙质碎屑岩和泥晶灰岩，具水平层理，层面发育小波痕，并有大量的虫穴，含较多的腹足类化石，最大湖泛面位于第8层泥晶灰岩顶部，湖水逐渐加深，为滨—浅湖沉积环境。

高水位体系域：位于剖面第9—20层，底界面为最大海泛面。主要岩性为细碎屑岩夹极少量泥晶灰岩，砂岩中发育槽状交错层理和不对称波痕，并有许多的虫穴，泥岩中含丰富的孢子花粉。基本层序为砂岩→泥岩→灰岩，基本层序厚3.5～4.7m。为滨湖沉积环境。

$Ⅲ_2$层序。位于剖面第21—29层，由水进体系域和高水位体系域组成。

水进体系域：位于剖面第21—26层，底界面为湖侵界面。主要为红色细碎屑岩夹绿色泥岩，砂岩中发育水平层理、爬升层理和小型槽状交错层理，层面见波痕。基本层序为砂岩→紫红色泥岩→灰绿色泥岩，向上水体逐渐加深。最大湖泛面位于第26层底部，主体为浅湖沉积环境。

高水位体系域：位于剖面第27—29层，底界面为最大湖泛面。主要为红色细碎屑岩。砂岩中底部常含砾，发育槽状交错层理。基本层序为泥岩→砂岩，向上变粗，向上水体逐渐变浅，为滨湖沉积环境。

$Ⅲ_3$层序：位于剖面第30—38层，由水进体系域和高水位体系域组成。

水进体系域：位于剖面第30—31层，底界面为湖侵界面。主要为红色细碎屑岩，砂岩具小型槽状交错层理。基本层序为砂岩→泥岩，向上变细，基本层序厚4.5～5.5m。

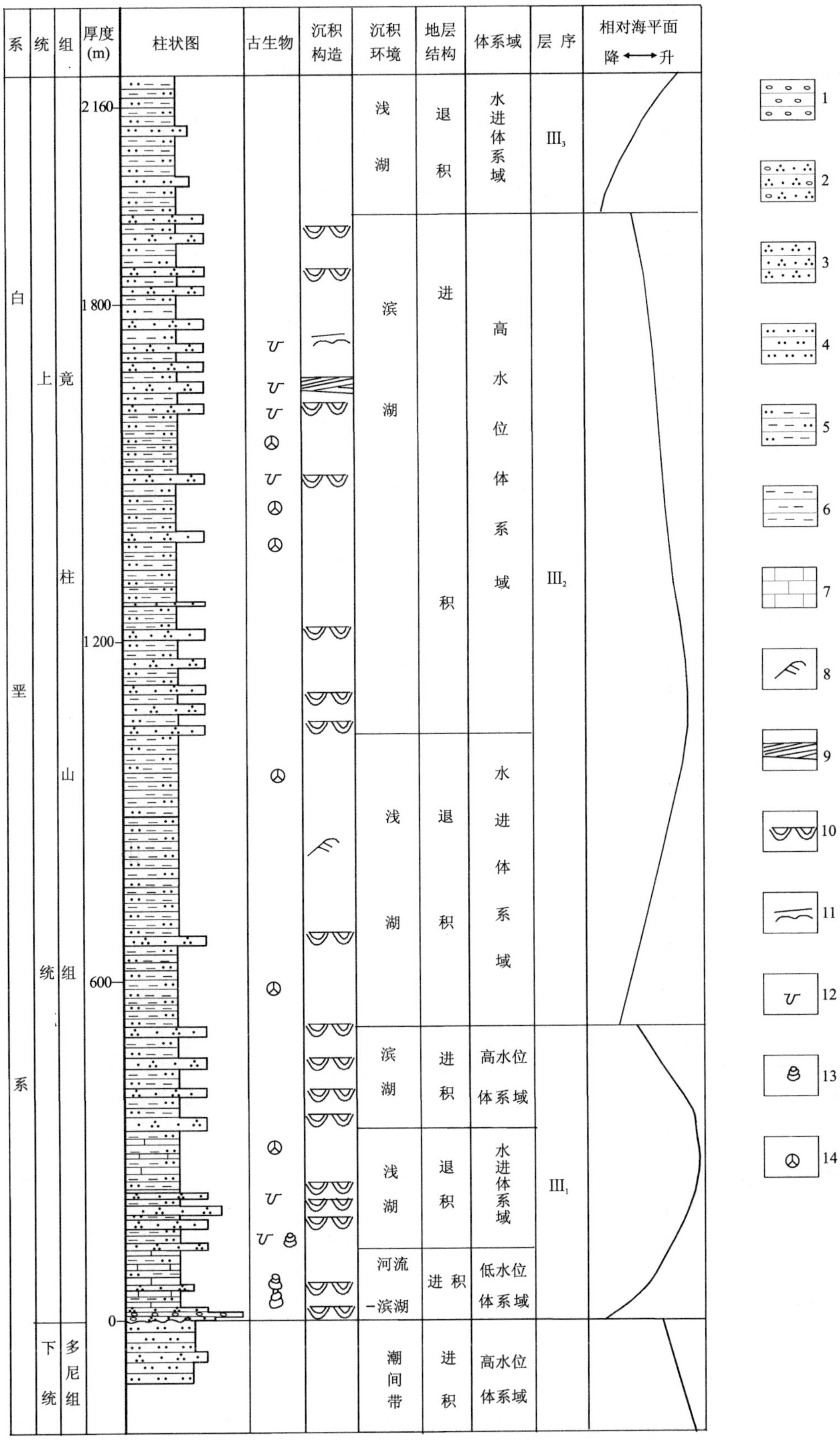

图 2-79 竟柱山组沉积层序图

1. 砾岩;2. 含砾石英砂岩;3. 石英砂岩;4. 粉砂岩;5. 粉砂质泥岩;6. 泥岩;7. 灰岩;8. 爬升层理;9. 楔状层理;10. 槽状层理;11. 波痕;12. 虫穴;13. 腹足类;14. 孢粉

高水位体系域：位于剖面第32—38层，底界面为最大湖泛面。主要为褐红色细碎屑岩，发育槽状交错层理。基本层序为砂岩→粉砂质泥岩，向上变粗，向上水体逐渐变浅，为浅湖环境。

3. 沉积盆地演化分析

区内晚白垩世沉积盆地从早到晚盆地逐渐扩大，早期形成河流—冲积扇，中晚期形成湖泊，水体逐渐加深。河流—冲积扇形成于盆地边缘，沉积物主要来源于山前基岩的剥蚀、搬运物质，沉积物成分因地而异，与基底的岩性有关。湖泊的形成与构造沉降有关，根据区内资料，在晚白垩世早期大地构造处于沉降阶段。

第十一节　古近系

测区古近系地层属冈底斯-腾冲地层区，隆格尔-南木林地层分区，区内仅有林子宗群帕那组出露，分布于(区内)西南昂孜错南岸帮弄、各穷一带，面积约5km²，为一套火山碎屑岩及中酸性熔岩。林子宗群是李璞(1955)根据"林子宗火山岩"演化而来，本报告采用西藏自治区地质局区域地质调查大队(1991年1∶20万拉萨幅报告)的划分方案，将该群分为3个组，自下而上为典中组、年波组和帕那组，区域上帕那组被渐新统日贡拉组不整合覆盖，下与年波组整合接触，区内未见顶底。

一、剖面描述

申扎县卓尼乡昂孜错南帮弄始新统帕那组剖面如图2-80所示。

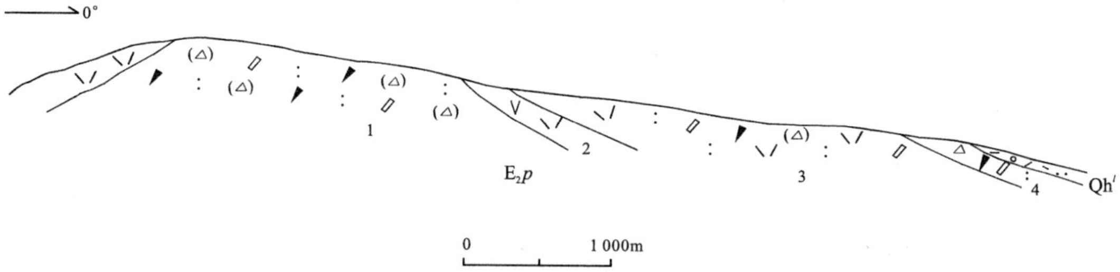

图2-80　申扎县卓尼乡昂孜错南帮弄始新统帕那组实测剖面图

剖面位于申扎县卓尼乡昂孜错南帮弄，起点坐标：N. 31°00′16″、E. 87°11′19″，终点坐标：N. 30°57′16″、E. 87°11′32″，厚度大于1 803.05m，部分出测区约5km。下未见底，上被第四系覆盖。

始新统帕那组(E_2p)	(未见顶)	**>1 803.05m**
4. 灰色流纹质角砾岩屑晶屑凝灰岩		>143.50m
3. 灰、灰黑色流纹质含角砾晶屑岩屑凝灰岩		817.95m
2. 灰红色斑状英安岩		86.10m
1. 灰、灰黑色英安质含角砾岩屑晶屑凝灰岩		>755.50m
	(未见底)	

二、岩石地层划分及其特征

根据岩石组合，区内仅出露林子宗群帕那组。

岩性组合为英安质含角砾岩屑晶屑凝灰岩、英安岩、流纹质含角砾晶屑岩屑凝灰岩、流纹质角砾岩屑晶屑凝灰岩。主体岩性为火山碎屑岩，普遍含有角砾，角砾大小多在2～10mm之间，个别大于

10mm，底部少量大于 100mm，为火山集块岩。角砾含量在 10%～30%，为同源角砾。岩屑成分为安山岩、英安岩，含量 10%～20%，晶屑成分为斜长石、钾长石、石英等，含量 20%～30%，胶结物为火山灰，含量大于 50%。本组色调总体呈灰—灰黑色，熔岩呈灰红色，为一套火山碎屑岩夹少量熔岩建造，未见沉积夹层，层状构造，假流纹构造发育，是火山物质正常堆积的产物。

根据岩石组合特征及厚度分析，喷发韵律有如下特点：厚度从厚→薄→厚，岩性变化为含角砾凝灰岩(角砾大至为集块)→英安岩→角砾状凝灰岩(角砾大小一般小于 10mm)，共可划分为两个韵律，有从强爆发→喷溢(弱)→强爆发的喷发特点，以爆发相为主间杂有喷溢相。区域上林周地区有河湖相沉积夹层，推测其为陆相环境下的喷发产物。

三、区域对比及时代讨论

帕那组为西藏自治区地质局区域地质调查大队(1991)在林周县命名，标准剖面在林周县年波村附近，为一套凝灰岩为主夹火山角砾岩、流纹岩、英安岩、杂砂岩及砾岩的地层体，区域上东部夹有陆源碎屑岩，西部几乎全为火山碎屑岩，从东至西厚度为 1 800～4 500m 不等。该组在本区出露面积小，岩性简单，与标准层型剖面对比相当于其中上部岩性段。

区域上帕那组上部被渐新世日贡拉组不整合覆盖，下与年波组整合接触。本次工作在热布喀幅获得全岩 K－Ar 同位素年龄样为 52.8Ma，区域上董国臣等(2002)在林周地区帕那组底部熔结凝灰岩中采用$^{40}Ar/^{39}Ar$ 阶段升温图谱方法，获得同位素年龄样为 38.7Ma，综上所述，帕那组时代为始新世。

第十二节 新近系

测区新近系地层属班公湖-怒江地层区，木嘎岗日地层分区，区内仅有康托组出露。分布于测区北缘江列朗注一带，面积约 30km²，为一套灰红色河流相碎屑沉积，区内该组不整合于中侏罗统俄蒙勒组之上，上未见顶。

一、剖面描述

双湖区南错折乡查拉约新近系康托组剖面如图 2－81 所示。

剖面位于双湖区南错折乡查拉约一带，起点坐标：N. 32°00′49″、E. 87°57′00.6″，终点坐标：N. 31°58′50.9″、E. 87°55′48.8″，厚度大于 1 162.0m，未见顶。

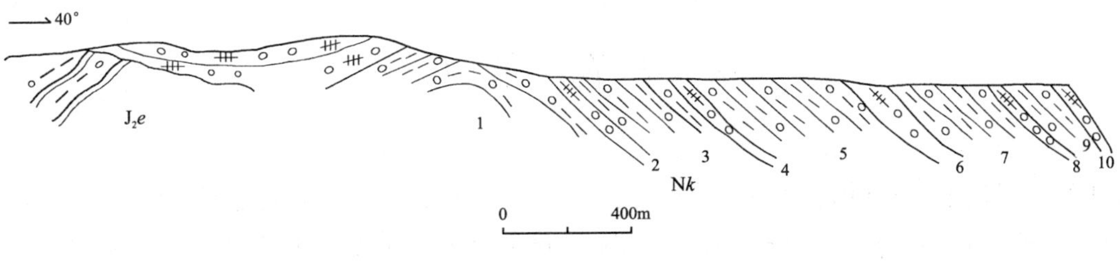

图 2－81 双湖区南错折乡查拉约新近系康托组实测剖面图

新近系

康托组(N*k*) (未见顶) **>1 162.0m**

10. 红褐色复成分砾岩砾石成分主要为灰岩、砂岩、英安岩，多呈圆—次圆状，大小为 0.2～40cm，含量约 70% >20m

9. 砖红色砾质泥岩 134.0m

8. 红褐色复成分砾岩　33.5m
7. 砖红色砾质泥岩　201.0m
6. 红褐色复成分砾岩透镜体　87.1m
5. 砖红色砾质泥岩　335.07m
4. 红褐色复成分砾岩透镜体　26.8m
3. 砖红色砾质泥岩　227.8m
2. 红褐色复成分砾岩透镜体　26.8m
1. 砖红色砾质泥岩(未见底)　>70.0m

~~~~~~~~~~ 角度不整合 ~~~~~~~~~~

下伏:中侏罗统俄蒙勒组灰绿、灰黄色泥质板岩

二、岩石地层划分和对比

区内出露地层为康托组,康托组是西藏自治区地质局区域地质调查大队(1986)命名,正层型剖面在改则县康托西山,是一套紫红色砂砾岩为主,次为泥岩、砂岩的(小型山间湖盆)沉积组合。区域上康托组分布较为广泛,厚度300~2 700m不等,在东部唐古拉山以南夹有火山岩及膏盐层。区内该组出露面积小,岩性简单,与正层型剖面对比有一定困难。

区内该组岩性为红褐色复成分砾岩与砖红色含砾泥岩,为陆上冲积扇的沉积组合,属红色复陆屑沉积建造,表现为横向上不稳定的红褐色砾岩透镜体,块状或厚层状,无层理。砾石含量60%~90%,钙泥质胶结,分选性差,大小为0.2~40cm不等,磨圆度差,次棱角状为主。砾石成分90%以上为紧邻物源区的母岩碎块,杂乱堆积的砾石与砾质泥岩在剖面上频繁地粗细交错,组成较明显的洪积层理,基本层序叠置十分有规律(图2-82),厚度为50~380m不等,每个基本层序由红褐色砾岩→砾质泥岩组成,反映出较干旱、湿热的氧化环境下冲积扇沉积环境。

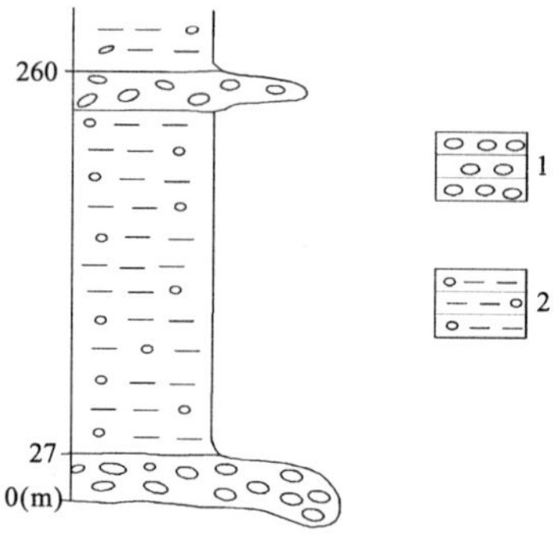

图2-82　康托组基本层序

1. 红褐色砾岩透镜体,砾径2mm~20cm;
2. 砖红色砾质泥岩,其中砾石径2mm~5cm

区域上康托组不整合于日贡拉组之上,上被鱼鳞山组碱性火山岩覆盖,鱼鳞山组火山岩的主体时代为第四纪,康托组产孢粉 *Quercus*, *Juglans*, Gramineae, *Polygonum* sp.,组合特征显示时代为新近纪(夏代祥、刘世坤,1997)。

综上所述康托组时代为新近纪。

第十三节　第四系

区内湖泊星罗棋布,河谷纵横交错,第四纪广泛分布于河流沟谷、山间盆地、山麓边缘等,面积约4 000km²,占图幅面积的1/4。更新统至全新统发育齐全。主要类型有冲积、洪积、湖积、残坡积、沼泽堆积及一些混合成因类型。受第四纪气候变化、新构造运动和冰川作用的影响,区内第四纪沉积物具有复杂多变的特点。

1. 尼玛县吴如错湖盆阶地实测剖面(图2-83)

剖面位于吴如错西岸,起点坐标:N.31°43′00.6″、E.87°49′45.9″,终点坐标:N.31°42′27.7″、E.87°51′37.9″,剖面长度约2 862.0m,由7级阶地组成,Ⅰ级阶地为全新统湖积层组成,Ⅱ—Ⅵ级为更新统湖积层组成,Ⅶ级为更新统洪冲积层。上为更新统坡积、沉积层。
~~~~~~~~~~

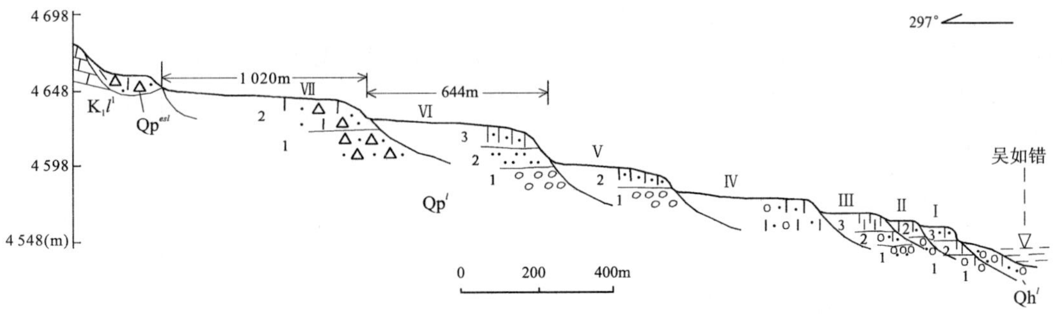

图 2-83　尼玛县阿达勒吴如错湖盆阶地实测剖面图

湖漫滩与湖面几乎水平,宽 78m

全新统湖积层(Qh^l)

1. 砾质亚砂土层、砾石层混合堆积,半沼泽化;砾石 40%~60%,次圆状,大小多小于 1cm,粉砂及粘土 60%~40%,未固结

Ⅰ级阶地:高出湖面 8.5m,阶面宽 100m

3. 灰黄色含砾亚砂土层,粉砂 70%,粘土 20%,砾石 10%,砾径 1~3cm,磨圆好,成分以灰岩、砂岩为主,胶结松散　3.7m
2. 灰色粘土层,粘土大于 90%,粉砂 10%,胶结松散,成层性好　0.1m

　孢粉化石:*Celtis*
　　Juglams
　　Pinus
　　Betula
　　Ranunculus
　　Ulmus
　　Compositae
　　Salvinia
　　Adiantum

1. 暗灰黄色砂质砾石层,砂及粉砂 20%,砾石 80%,砾石成分为灰岩、砂岩,砾径 1~5cm,呈次圆—次棱角状,未固结　4.7m

更新统湖积(Qp^l)

Ⅱ级阶地:高出湖面 13.0m,阶面宽 70m

2. 灰黄色含砾亚砂土层,粉砂 70%,粘土 20%,砾石 10%,砾径 0.4~3cm,磨圆度次圆—次棱角,微有分选,成分灰岩、砂岩,胶结疏松　1.5m
1. 灰色砂质砾石层,砂及粉砂 30%,砾石 70%,砾径 0.3~4cm,集中在 0.5cm,成分为灰岩、砂岩,磨圆次圆—次棱角,未胶结　3.0m

Ⅲ级阶地:高出湖面 19.5m,阶面宽 185m

3. 灰黄色粘土层,粘土 90%,粉砂 10%,胶结松散　0.1m
2. 灰黄色含砾亚砂土,粉砂 70%,粘土 20%,砾石 10%,砾径 0.3~3cm,磨圆度次圆—次棱角,分选性好,成分复杂,胶结松散　2.4m
1. 灰色砂质砾石层,砾石 70%,砂及粉砂 30%,砾径 0.5~5cm,磨圆一般,分选性好,成分复杂,未固结　4.0m

Ⅳ级阶地:高出湖面 23.6m,阶面宽 365m

1. 灰黄色含砾亚砂土,粉砂 70%,粘土 10%,砾石 20%,砾石砾径约 1cm,成分复杂,磨圆度次圆—次棱角,分选好,胶结松散　4.1m

Ⅴ级阶地:高出湖面 33.4m,阶面宽 330m

2. 灰黄色亚砂土,粉砂 80%,粘土 20%,胶结松散,微成层,共出现 3 次　0.01~0.05m

1. 暗灰黄色砾石层，砾石 90%以上，少量砂，砾径 0.2～3cm，成分多为灰岩、砂岩、脉石英等，次圆—次棱角，分选性好，砂土胶结，较疏松，二者构成韵律共出现 3 次　　3.2m

Ⅵ级阶地：高出湖面 53.5m，阶面宽 644m。由以下 3 层组成韵律层频繁出现，总厚20.1m。

3. 灰黄色亚砂土，粉砂 60%，粘土 40%，胶结一般，成层性好　　0.02m

孢粉化石：*Celtis*

Juglans

Betula

Ranunculus

Ulmus

Compositae*Pinus*

Salvinia

Adiantum

2. 灰黄色砂土层，砂及粉砂含量 90%，粘土 10%，胶结一般　　0.15m

1. 灰色砾石层，砾石含量 80%，砂含量 20%，砾石砾径 0.5～5cm，磨圆好，成分多为灰岩、砂岩、脉石英，砂质胶结，少可见钙质胶结　　0.80m

更新统洪冲积（Qp^{pal}）

Ⅶ级阶地：高出湖面 73.5m，阶面宽 1 020m

2. 灰色角砾质亚砂土，砂及粉砂含量 70%，砾石含量 10%，粘土含量 20%，砾石砾径 0.5～8cm，棱角状、胶结疏松　　2.0m

孢粉化石：*Compositae*

Pinus

Ranunculus

Ulmus

1. 杂色砂、砾石层，砂、砾石混合堆积，砾石含量 40%～60%，砂含量 60%～40%，分选差，砾石磨圆度为次棱角，成分复杂，砾径 0.5～16cm 不等，最大可达 25cm，未固结　　8.0m

更新统坡积物（Qp^{dl}）：宽约 70m

1. 含泥砂角砾层，角砾含量 90%，砾砂含量 10%，砾径 10～60cm，棱角状，成分主要类岩及燧石团块，未固结　　20m

2. 尼玛县波仓藏布南岸河流阶地实测剖面（图 2－84）

剖面位于尼玛县城，起点坐标：N. 31°47′38.5″、E. 87°14′13.9″，终点坐标：N. 31°47′02.7″、E. 87°14′25.5″。剖面长度约 8 450m，由 3 级阶地组成，Ⅰ级阶地为全新统河流早期沉积物组成，Ⅱ级阶地为全新统冲积物组成，Ⅲ级阶地为更新统冲洪积物组成。

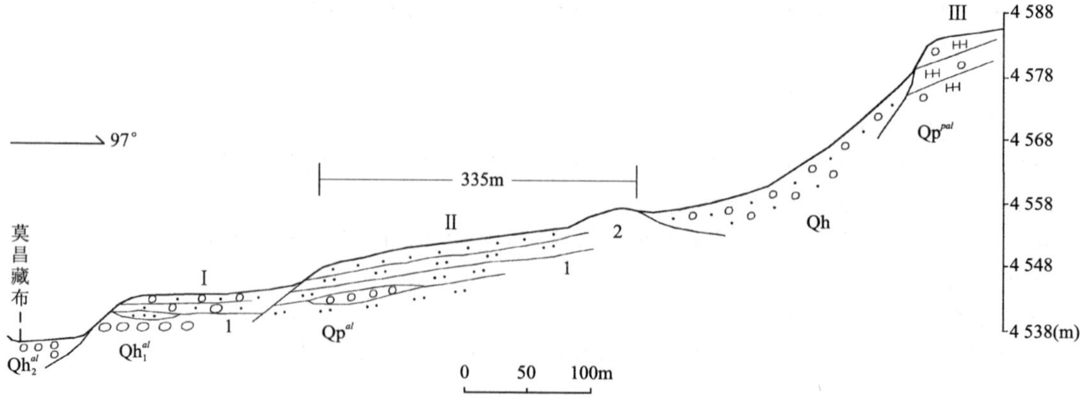

图 2－84　尼玛县波仓藏布南岸河流阶地实测剖面图

全新统(Qh)

晚期(Qh_2^{al})

1. 河床及河漫滩堆积物,鹅卵石、砂堆积,砾石含量80%,砂含量20%,砾径0.2~40cm不等,次圆—次棱角,分选较差,成分复杂

早期(Qh_1^{al})

Ⅰ级阶地:高出河面9.5m,阶面宽165m

2. 灰色砾石层夹沙土透镜体,砾石含量大于90%,砂10%,砾石砾径5~25cm,次圆表现光滑,成分复杂,未固结。砂土透镜体,砂粒含量大于90%,砾石含量10%,厚约10cm,胶结松散　1.5m

1. 杂色砂砾石层,砾石含量70%,砂粒含量30%,砾径3~10cm,次圆,分选较差,成分复杂,未固结　8.0m

更新统(Qp^{pal})

Ⅱ级阶地:高出河面19.8m,阶面宽335m

2. 灰色砂及粉砂层,发育水平层理,砂含量80%,粉砂含量20%,未固结　6.9m

1. 杂色砂层夹薄层砾石层,砂层中砂含量大于90%,粉砂少量,未固结,单层厚15~20cm,砾石层中砾石含量大于90%,砂含量5%~10%,砾径0.5~5cm,次圆,定向排列,单层厚约6cm　3.4m

Ⅲ级阶地:高出河面47.0m,其中19.8~40m为全新统沟口冲积扇沉积物,阶面宽22.5m,更新统洪冲积物界面宽度大于40m

1. 白色复成分砾岩,砾石含量80%,砂含量10%,钙质含量10%,砾径0.5~10cm,个别为漂砾,大于40cm,次圆—次棱角,分选一般,定向排列,产状350°∠8°,成分复杂,钙质胶结　>7m

3. 尼玛县宗日波仓藏布第四系实测剖面(图2-85)

剖面位于尼玛县城东波仓藏布宗日,剖面长度约50m,底部为更新统河流相冲洪积物,上部为更新统湖积物。

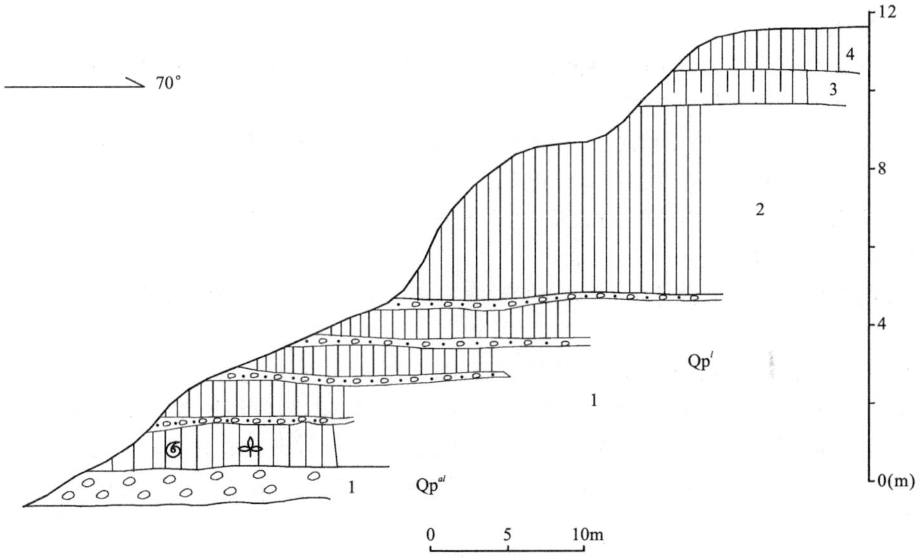

图2-85　尼玛县宗日波仓藏布第四纪实测剖面图

更新统湖积层(Qp^l)

4. 灰绿色粘土层,土质均一,有光滑感,微显水平纹层　>1m

3. 灰红色含砾亚粘土层,粉砂含量30%,砾石含量10%,粘土含量60%,砾石砾径1~2cm,成分砂岩,灰岩居多,磨圆度次圆—圆状,分选好,胶结疏松　1.5m

2. 紫红色粘土层为灰紫红色粉土层互层,单层厚5~13cm,粉砂含量小于10%,发育水平层理　5.0m

1. 灰白色粘土层夹砾石层,粘土层土质均一,细腻、光滑,发育水平层理,单层厚40cm。粘土中

含有草本植物根、茎，见有膏盐沉积，砾石层，砾石含量大于 80%，泥砂含量 20%，砾石成分为砂岩、灰岩等，磨圆度圆—次圆状，分选好，砾径 1cm 左右，单层厚 1～5cm 不等，胶结疏松　　3.4m

更新统冲积（Qp^{al}）

1. 灰白色砾岩层：砾石含量大于 70%，砂含量 20%，泥含量 0～5%，砾径 3～5cm，次圆—次棱角状，分选性好，成分复杂，未固结　　1.0m

4. 尼玛县雀普第四系实测剖面（图 2－86）

剖面位于尼玛县达则错西雀普，长约 60m。

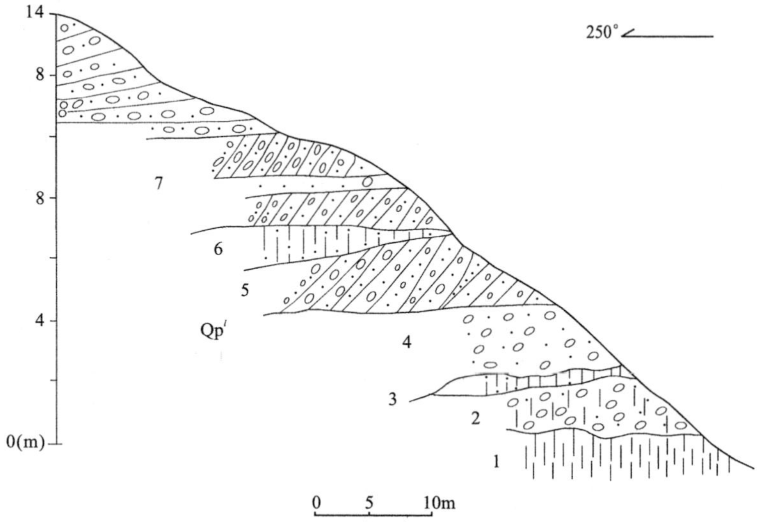

图 2－86　尼玛县雀普第四系实测剖面图

全新统湖积层（Qp^{l}）

8. 杂色砂砾石层，砾石含量大于 70%，砂及粉砂含量约 30%，砾径多在 2～4cm，成分为灰岩、砂岩、火山岩，磨圆及分选均较好，胶结松散　　>3m
7. 灰紫红色砂砾石层夹灰色砾质粗砂层，砂砾石层中砾含量 70%，砂含量 30%，砾石大小为 2～5cm，成分多为灰岩、砂岩、火山岩，分选、磨圆均较好，半固结。发育板状、楔状交错层理，单层厚 0.5m；砾质粗砂层，砂含量 70%，砾石含量 30%，大小为 0.5～2cm，分选磨圆均较好，半固结，单层厚 0.2～0.6m　　2.4m
6. 灰—灰黄色亚粘土层，粘土含量 80%，砂及粉砂含量 20%，泥质较高，较坚固，层厚不稳定，单层 0～0.5m　　0.5m
5. 灰—杂色砂砾石层夹灰色含砾粗砂层，砂砾石层，砾石含量 70%，砂含量 25%，泥质含量 5%，砾石大小 2～4cm。成分为灰岩、砂岩，分选及磨圆均较好，胶结松散，单层厚 0～0.5m；含砾粗砂层，砂含量 80%，砾含量 10%，泥质含量 10%，砾石成分灰岩、砂岩，砾石大小 2～4mm，圆—次圆状，分选好，泥砂质半固结，单层厚 0.05～0.2m，发育楔状交错层理　　1.0m
4. 灰色砂砾石层，砾石含量 80%，砂含量 15%，泥质含量 5%，砾石成分为灰岩、砂岩、火山岩类，大小 2～4cm，圆—次圆状，分选好，泥、砂质半固结　　0.5～2.0m
3. 灰白色—灰绿色亚粘土层，粘土含量 70%，粉砂含量 30%，上、下底面均呈弯曲状，厚度不稳定　　0～0.15m
2. 灰白色砾质亚粘土层夹薄层砂砾石层，砾质亚粘土层，粘土含量 60%，砂及粉砂含量 20%，砾石含量 20%。亚粘土成分以高岭石为主，砾石成分有砂岩、花岗岩、火山岩等，大小 2～4mm，最大可达 10mm，分选磨圆均较好，单层厚 0.6～0.8m。砂砾石层砾石 60%，砂 30%，粘土 10%，泥砂质胶结，厚度不稳定，单层厚 5～10cm　　1.5～2m
1. 杂色粘土层，颜色灰绿、灰黄、紫红色，粘土为主，少量粉砂，胶结好，较坚固　　>1.0m

二、地层划分及成因类型

综合上述剖面及路线地质研究资料，第四系地层划分为更新统和全新统两个地层单元及多种成因类型。

（一）更新统（Qp）

1. 残坡积层（Qp^{esl}）

区内残坡积层分布广泛，在不同的海拔高度形成形态各异的地形、地貌，堆积物为棱角状砾石、粘土，部分砾石有明显的土壤化现象，残积物为基岩原地风化的产物，高原特有的强物理风化条件，使区内基岩被残积覆盖严重。坡积物为冰雪、雨水搬运，在山坡、山脚下的堆积物，常呈不规则面状分布，与现代地形基本一致，厚度受基底地形控制，近山麓低地堆积较厚，反之较薄，厚度 1～2m 不等。

区内残积、坡积及冰碛作用无明显的界线，尤其是坡积为冰碛，是混杂状态，在野外较难划分出两者的确切界线，因此只分为残-坡积成因。

2. 洪冲积层（Qp^{pal}）

洪冲积层是区内第四系分布最广泛的成因类型之一，约占第四系分布面积的 1/3，广布于现代河流Ⅱ级阶地、沟口洪冲积扇群及山前平原外围。下部主要岩性为杂色复成分砾石层，砾石成分复杂，次圆—次棱角，分选差，中部杂色砂层夹砾石层，上部粉砂及亚砂土层，发育水平层理，胶结松散，钙质胶结少见。一般高出河面 20m，厚度大于 15m。

3. 湖积层（Qp^{l}）

区内现代湖泊分布面积较大，更新统湖积层分布于现代湖泊的Ⅱ级以上阶地，常组成开阔而平坦的地貌单元，海拔 4 400～5 000m 均有分布。早期冰水沉积环境为主，晚期为泥砂质沉积，沉积物以砂、粘土为主夹少量磨圆度很高的砾石，成层性好。

在吴如错湖盆阶地剖面，更新统湖积层共划分 6 个阶地，其沉积物沉积特征为：下部为杂色砂、砾石层砂质砾石类；中部含砾石砂土；上部为砂土、亚砂土、粉土层等。砾石（多成熟度高）圆—次圆状，分选好，成分较为单一，成层性好，微胶结。各级阶地陡坎高度为 5～20m 不等，阶面宽度从 70～600m 不等，横向上延伸较为明显，从远到近（离现在湖水面）阶地内陡坎高度从高到低，阶面宽度从宽到窄，说明湖面的下降速率从快到慢。反映出湖盆面积退缩从大到小，退缩速度由快到慢的演化趋势，区内星罗棋布的大小湖盆的演化正在证明这一趋势。

湖积层含孢粉：*Celitis*，*Juglans*，*Betula*，*Ranunculus*，*Ulmus*，Compositae，*Pinus*，*Salvima*，*Adiountum* 等，其中 *Juglans*（胡桃属），*Ranunculus*（毛茛属），*Betula*（桦属）为第四纪更新世常见分子，其组合特征显示时代为第四纪更新世。

在尼玛县宗日波仓藏布剖面中，其更新统湖积物特征与吴如错湖盆阶地剖面明显不同，其岩性以灰白色、灰红色粘土层为主，夹少量砾石层，水平层理发育，砾石成分单一，分选磨圆较好。

（二）全新统（Qh）

1. 洪积层（Qh^{pl}）

洪积层主要集中在格仁错北岸，常组成沟口扇，沉积物以砾石为主，次为泥、砂，砾石成分较杂，磨圆度多为次棱角—棱角状，分选差，大小不一，从河口近端到远端，沉积物有变细的特点，不显层理。

2. 冲积层（Qh^{al}）

冲积层主要分布于区内各大河流及其支流两岸，为现代河流的河床、河漫滩及Ⅰ级阶地沉积物，其二元结构，从河流阶地剖面分析，按岩性、地貌特征可分为下部冲积层（Qh_1^{al}）、上部冲积层（Qh_2^{al}）。

（1）下部冲积层（Qh_1^{al}）

下部冲积层主要分布于区内各大河流及其支流两岸，为河流Ⅰ级阶地，岩性为砾石层，砾石层及泥质粉砂层，尼玛县城波仓藏布北岸（图 2－87）为一典型的向上变细的曲流河沉积层序，二元结构明显，下部河道沉积以砾和砂砾层（1）为主，上部以河漫边滩沉积的砂、粉砂、泥质粉砂层（2、3、4）为主，砂岩中见板状及平行层理。

（2）上部冲积层（Qh_2^{al}）

上部冲积层主要分布于区内大小河流的河床、河漫滩上，岩性因地而异，河流上游到下游沉积均由大到小，磨圆度由棱角到次棱角—次圆状，分选由差到好的分布特征，沉积以砾、砂为主，局部地带可见有淤泥沉积。

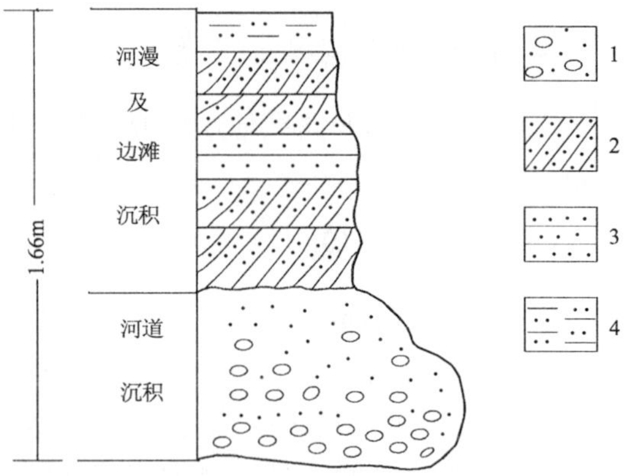

图 2－87　尼玛波仓藏布冲积层序

1. 块状砂砾石层砾质泥岩；2. 具板状层的砂层；3. 具平行层理的砂层；4. 具水平层理的泥质粉砂层

3. 湖积层（Qh^l）

湖积层分布现代湖泊的外围，组成湖漫滩或湖岸 I 级阶地。为更新统湖积在地貌上分界明显，地势开阔、平坦或微向湖心方向倾斜，沉积物以粘土、砂为主，湖岸附近表层见有蒸发岩类沉积。

4. 沼泽沉积（Qh^f）

沼泽沉积分布于现代河流、湖河边部和山间平地，沉积以黑色砂质淤泥为主，富含有机质，地表水草生长茂盛。常年积水，生物与化学作用是其堆积物形成的主要原因，区内大部分沼泽人可通行。

三、第四系小结

区内第四系分布面积大，成因类型齐全，地形属高原低山区，湖积平原、山麓倾斜平原（冲洪积平原）相对发育。湖积平原分布于区内众多湖泊周围，地势平坦，多为草地、牧场，总体上构成近东西向的带状展布。山麓倾斜平原，地势多平坦，局部有孤丘，但相对高差不大。区内河流发育，因气候干燥，雨雪少，蒸发量大，一半以上河流为季节性河流。区内新构造运动表现明显，常为隆起、断陷和断裂的地形地貌。隆起带多为海拔 5 000m 以上的单面山形态，北面缓、南面陡。断陷带中常分布现代湖泊和大片沼泽，二者延伸方向一致。活动断裂发育，地震和地热活动频繁。总之区内第四系受控于新构造运动明显。

1. 第四系冰川讨论

区内受第四系气候及厄尔尼诺现象影响，冰川雪线不断抬高，区内极少有常年积雪地区。现代冰川仅在格仁错北高山区有少量存在，冰川遗迹被第四系其他成因类型改造强烈，通过地质路线调查、卫片解译，冰川遗迹、冰川地形在许多地方仍较为发育，有冰斗、角峰、刃脊、悬谷、U 型谷等冰蚀地形。冰斗、刃脊及悬谷常呈带状分布在一定的海拔高度之上，马窑南扎如强日、孤日鸭弄一带发育的较为典型，海拔越高，上述冰川地貌发育越新鲜、完整。有资料表明冰川谷槽、U 型谷易受后期河流冲洪改造、覆盖，在晚更新世晚期，雪线上升，冰川后退，河流发育，冰川地貌保留不完整。在格仁错北岸、申亚南、孜桂错西北一系列的深大沟谷表现的较为明显，原有的 U 型谷被河流切割成陡坎高 20～30m 的峡谷地带，但上游 U 型保留较好，下游 V 型明显，谷底见有巨大漂砾，漂砾上擦痕明显。

区内冰川有山谷冰川、高原冰川等类型，现代冰川类型为山谷冰川，冰川地貌为尖锐的角峰刃脊，地形陡峭，在马窑南海拔 5 528m 的冰斗中充满了冰雪。高原冰川类型在测区表现为分布广泛的开阔平原 U 型谷槽及被后期河流改造覆盖的冰蚀平台。

2. 古大湖讨论

区内湖泊面积为 1 641km²，更新统至全新统湖积层分布较广，从海拔 4 400 多米到 5 000 米均有分布。本次工作通过路线地质调查，在昂孜错江母-英多一带、赛布错北那木顶等地发现一套海拔 4 700～5 050m 的高位湖相层，其岩性为灰白—灰红—灰黄色含砾粉砂层、亚砂土层，复成分砾石层，弱固结，产状水平，不整合于下伏地层（基岩）之上。在那木顶所取得的同位素年龄结果 59.5±18.2ka，为中更新世晚期，这是目前藏北地区发现海拔最高的湖相层。从达则错到南错折乡、赛布错，更新统湖相层呈明显的较宽带状分布，且地势平坦，分水岭高度较低，说明在这一时期，达则错与赛布错为连通一起的大湖，两湖之间现有一系列的残留小湖盆。

通过对区内 1∶10 万实际材料图及遥感影像图的解译，结果表明，古大湖面以 4 720～5 050m 为基准(后期高原隆升高度的差异)，测区内由北向南，达则错、赛布错与吴如错、恰规错、孜桂错、格仁错、昂孜错，孜桂错向西与控错、戈芒错、冻果错及邻区和当惹雍错、色林错为连在一起的古大湖。上述湖盆之间现在大都以河流相连，分水岭高度较低，一般在 20～50m 之间。昂孜错与格仁错、格仁错与戈芒错之间，更新统湖相层呈明显的条带状分布，区内古大湖是现今湖泊面积的 3～5 倍，面积可达 8 000km^2 左右。

近年来，李炳元(2000)、Zheng Mianping(2000)提出青藏高原 40～20ka 或 25ka 时期为"泛湖期或大湖区"的观点。赵希涛(2002)在纳木错对湖岸阶地、高位湖相沉积进行了详细研究，并对湖相沉积进行了铀系法测年，结果表明，纳木错在更新世早期(9.07～71.8ka)与邻近的仁错-久如错和申错湖盆为一连通在一起的大湖，提出了纳木错与藏北高原若干个大中型湖泊在某一或几个时段连在一起为巨大的"羌塘湖"的观点，其总面积可达 100 000km^2 左右，是现今湖泊的 5～8 倍，区内古大湖应为"羌塘湖"的一部分。

区内从中更新世古大湖期至今，湖泊演化频繁，它们是高原构造隆起和气候变化共同作用的结果，在一定程度上反映了区内古地理环境变迁。区域上通过对封闭湖泊周围普遍发育环湖的古湖岸或湖泊阶地的研究，年代测定取得了进展，在中更新世的晚期(50kaBP 以来)，现代湖泊地貌发育期(古大湖期)与现现代湖泊密切相关(施雅风等，1998)。区内在中更新世—晚更新世为大湖期，之后总的趋势是湖泊普遍退缩，一些外流湖泊变成内流湖泊，如赛布错、达则错、昂孜错等，其含盐量不断增加，为现在的碱水湖。格仁错通过水道与孜桂错、吴如错、恰规错及图外的色林错连在一起，为外流湖泊，格仁错至今仍是淡水湖。吴如错湖泊阶地剖面显示，其早期阶地高度较大，晚期较小，反映了高原隆升早期强度较大，晚期隆起接近现代高度，高山对湿润气流的屏障作用导致高原内部干旱化，造成湖泊强烈退缩趋势(图 2－88)。

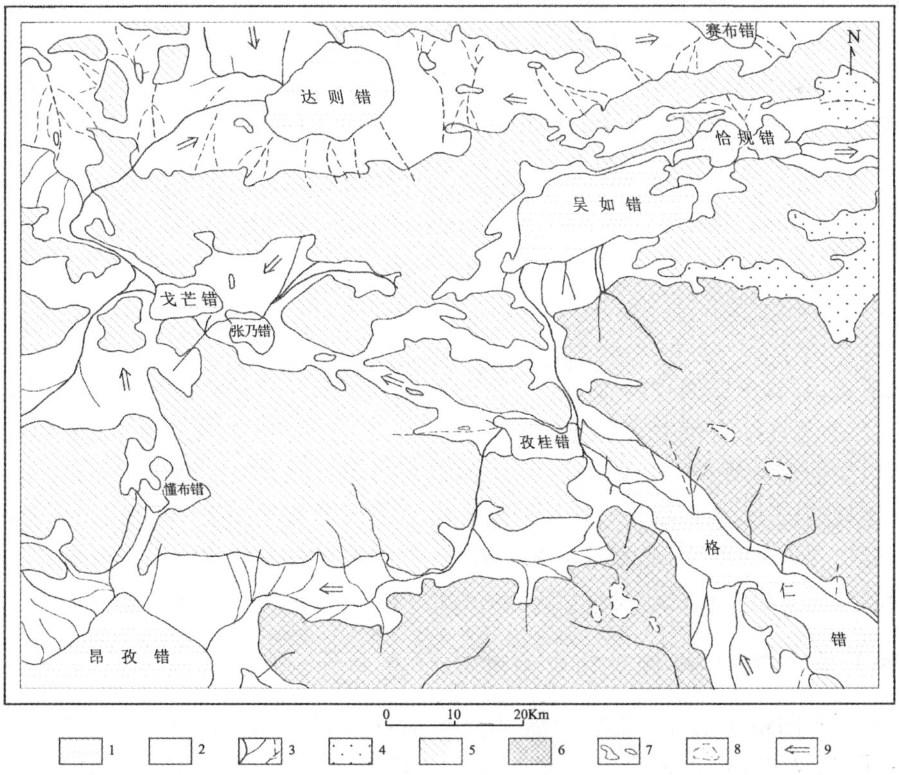

图 2－88 区内古大湖分布位置图

. 现代湖泊；2. 古大湖；3. 河流和季节性河流；4. 洪积平原；5. 低起伏高山(相对高度小于 500m)；6. 中起伏高山(相对高度大于 500m)；7. 浅洼地；8. 现代冰川；9. 湖泊退缩方向

第三章 岩浆岩

测区岩浆岩出露面积约 3 165km²，占测区面积的 20%，其中侵入岩占岩浆岩的 15%，火山岩占 85%。大地构造上位于冈底斯陆块北缘和班公湖-怒江结合带南部。岩石类型以酸性岩为主，次为中性岩，少量基性岩。岩浆活动开始于中生代的中侏罗世，结束于晚白垩世，时期短暂但活动频繁。中侏罗世仅发育中性为主的火山岩，晚侏罗世表现为酸性岩的侵入活动，早白垩世以大规模的中酸性岩浆侵入和喷发为特点，晚白垩世则表现为较大规模的酸性岩侵入和少量火山岩的喷发。

测区岩浆岩的分布受板块构造所控制，总体沿构造线呈 NW－SE 向展布，具有南强北弱的特征，这种特征在侵入岩中表现得尤为突出，从而形成一系列不同类型不同特色的岩浆岩带。

岩浆岩的时代按照全国地层委员会 2001 年编制的《中国地层指南及中国地层指南说明书》所推荐的中国年代地层表进行划分。

岩浆岩的分类命名按照 1999 年实施的国家标准《火成岩岩石分类和命名方案》进行；结合测区实际，对于似斑状花岗岩采用斑晶含量 10%作为含斑花岗岩与斑状花岗岩的界线；为了克服深成岩粒度较粗、矿物含量测量形成的偏差，采用 Rache 等(1980)提出的阳离子分类方案进行验证。

岩体的组合类型采用《花岗岩类区 1∶5 万区域地质填图方法指南》的“简单深成岩体—复杂深成岩体—复式深成侵入杂岩体”的划分方案，对于复式深成侵入杂岩体进一步解体为一系列简单深成岩体和复杂深成岩体而进行命名。将各侵入体根据地质岩石学特征的一致性、空间分布的关联性、侵入的基本同时性、形成机制的相似性对比为一次侵入活动；根据各次侵入岩在空间上紧密伴生性、时间上的紧密相关性，岩石学、岩石地球化学的相似性和规律性演化而归并为一期侵入活动；同时，将岩浆活动纳入造山过程，把各期侵入活动与造山的各个阶段相联系，将一个构造-岩浆旋回形成的相对集中分布的岩体归为一个侵入岩带，同一期之中形成的相对集中分布的岩体归为一个亚带。

第一节 侵入岩

测区侵入活动偏弱，出露面积约 485km²，占测区面积的 3.1%，绝大部分定位于冈底斯陆块北缘，仅少量位于班公湖-怒江结合带中。岩石类型以酸性的二长—正长花岗岩为主，次为中性的闪长岩、二长岩、正长岩，极少的基性辉长岩。除脉岩外，主体岩浆活动时期为晚侏罗世—晚白垩世。

测区内岩体规模较小，大多数呈岩株—岩瘤产出。本次区调工作经过详细的野外观察和室内研究，除岩脉外共划分出侵入体 43 个，其划分情况见表 3－1，分布情况见图 3－1。

花岗岩类的成因类型采用巴尔巴林(Barbarin，1996、1999)的划分方案进行划分。

一、晚侏罗世央雄勒-曲松乃嘎白云母花岗岩亚带/叶鲁木岩体

该亚带分布于本图幅东南部与南邻图幅的东北部；在南邻图幅出露其主体部分，包括央雄勒、曲松乃嘎岩体；在该图幅仅出露叶鲁未简单深成岩体，该岩体位于叶鲁未山西南侧，出露面积约 1.2km²。经分析认为该亚带的形成与班公湖-怒江结合带的闭合有关，归该造山旋回后碰撞阶段第二期侵入岩(第一期侵入岩在邻图幅有出露)。该亚带包含两次侵入活动，图幅内出露的叶鲁未岩体仅含其第二次侵入岩，岩性为灰白色中粒白云母二长花岗岩($J_3\eta\gamma$)，其各项特征与该亚带中的曲松乃嘎岩体完全可以对比。

表 3-1 测区侵入岩划分表

时期	岩带	亚带	分次	主要岩体	主要岩性	代号	同位素年龄	接触关系	备注		
									旋回	阶段	分期
K_2—K_1	色热巴-夏噶日中酸性花岗岩带	晚白垩世折勒-得木我碱性斑岩亚带	二	折勒、得木我	石英斑岩	$K_2\lambda\pi$		侵入 K_1zl 火山岩	K_2—K_1 造山旋回	后碰撞	四
			一		石英正长斑岩	$K_2\xi o\pi$					
		晚白垩世夏噶日-嘎儿金花岗岩亚带	五	夏噶日、嘎儿金、日阿若、钵布日、阿英莫	花岗斑岩	$K_2\gamma\pi$		侵入 K_1zl 火山岩			三
			四		斑状黑云母正长花岗岩	$K_2\eta\gamma$	黑云母 $^{39}Ar-^{40}Ar$ 101.85Ma				
			三		粗粒正长花岗岩	$K_2\xi\gamma$					
			二		细粒黑云母二长花岗岩	$K_2\eta\gamma$					
			一		不等粒角闪黑云二长花岗岩	$K_2\eta\gamma$					
		晚白垩世查木岗白云母花岗岩亚带	三	查木岗	正长花岗斑岩	$K_2\gamma\pi$		侵入石炭系—二叠系			二
			二		细粒黑云白云正长花岗岩	$K_2\xi\gamma$					
			一		中斑状中粒二云母正长花岗岩	$K_2\xi\gamma$					
		晚白垩世马耳哥-我木途里闪长岩亚带	仅一次	马耳哥西、沙玉、阿若北沟、我木途里	细粒黑云母石英闪长岩或玢岩	$K_2\delta O$、$K_2\delta O\mu$	角闪石 K-Ar 92.7Ma	侵入 K_1d			一
					细粒黑云母闪长岩或玢岩	$K_2\delta$、$K_2\delta\mu$					
		早白垩世得尔东-扎个勒花岗岩亚带	仅一次	得尔东、扎个勒	含大斑中粒黑云母二长花岗岩	$K_1\eta\gamma$		侵入 K_1zl 火山岩		碰撞	一
		早白垩世色热巴-碧尖勒中酸性岩亚带	三		黑云母二长花岗岩	$K_1\eta\gamma$		侵入 K_1zl 火山岩		俯冲	二
			二	国布勒	黑云母石英二长岩	$K_1\eta o$	锆石 U-Pb 116Ma				
		早白垩世纳巴乃嘎-安门闪长岩亚带	仅一次	纳巴乃嘎、容那勒、安门	闪长玢岩	$K_1\delta\mu$		侵入 K_1zl 火山岩			一
J_3	阿若-帮勒基性岩带		仅一次	阿若、帮勒	细粒辉长岩 斜长角闪岩	$J_3\upsilon$	黑云母 K-Ar 134Ma	侵入 P_1a、被马耳哥闪长岩亚带侵入			
J_3—J_2	松木果-央雄勒强过铝花岗岩带	晚侏罗世央雄勒-曲松乃嘎白云母花岗岩亚带	二	叶鲁未	中粒白云母二长花岗岩	$J_3\eta\gamma$	白云母 K-Ar 132Ma		J_2—J_3 造山旋回	后碰撞	二

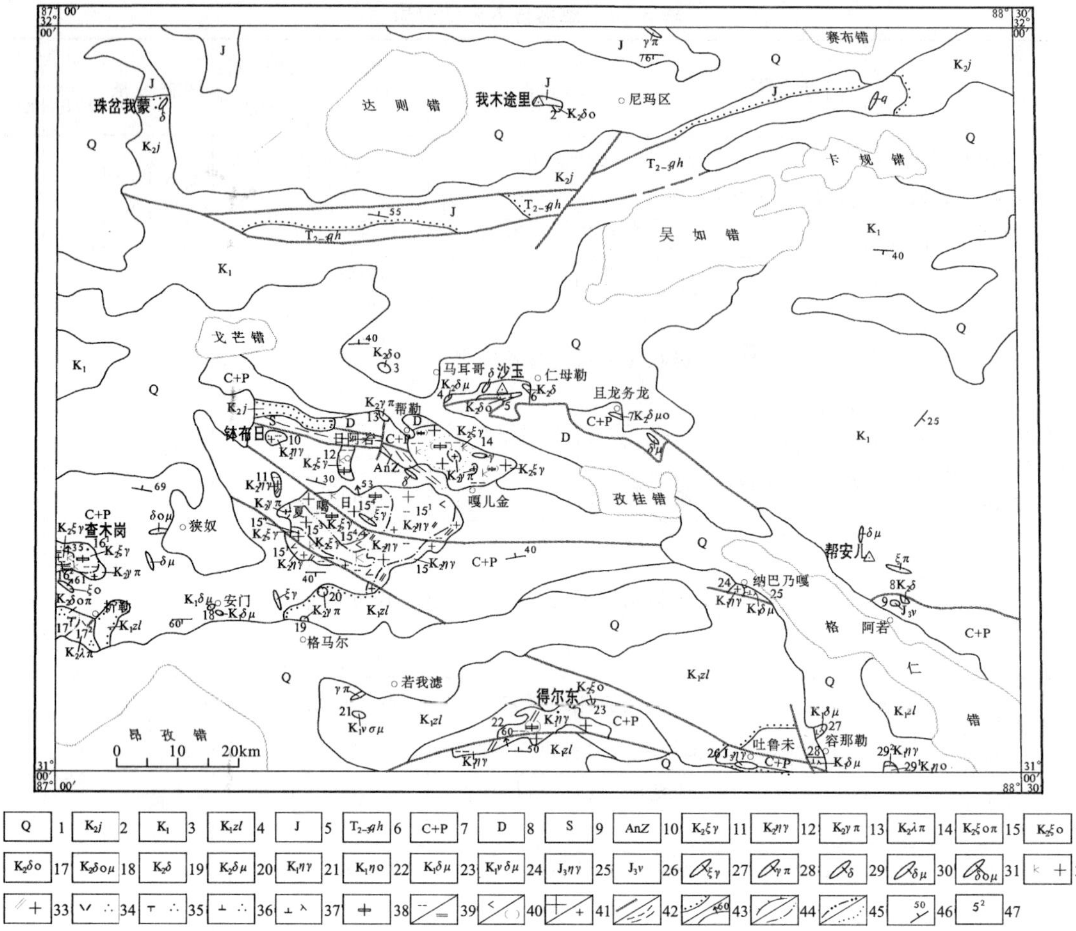

图 3-1　尼玛区幅侵入岩分布图

1. 第四系；2. 上白垩统镜柱山组；3. 下白垩统(未分)；4. 下白垩统则弄群；5. 侏罗系；6. 中—上三叠统确哈拉群；7. 石炭—二叠系；8. 泥盆系；9. 志留系；10. 前震旦系；11. 晚白垩世正长花岗岩；12. 二长花岗岩；13. 花岗斑岩；14. 石英斑岩；15. 石英正长斑岩；16. 石英正长岩；17. 石英闪长岩；18. 石英闪长玢岩；19. 闪长岩；20. 闪长玢岩；21. 早白垩世二长花岗岩；22. 石英二长岩；23. 闪长玢岩；24. 斜长玢岩；25. 晚侏罗世二长花岗岩；26. 辉长岩；27. 长花岗岩脉；28. 花岗斑岩脉；29. 闪长岩脉；30. 闪长玢岩脉；31. 石英闪长玢岩脉；32. 正长花岗岩；33. 二长花岗岩；34. 石英斑岩；35. 石英正长斑岩；36. 石英闪长岩；37. 闪长玢岩；38. 中斑状；39. 黑云母、白云母；40. 角闪石，含；41. 粗粒、细粒；42. 断层、韧性剪切带；43. 不整合界线、侵入界线；44. 超动、脉动关系；45. 涌动关系、渐变关系；46. 层理产状；47. 岩体编号(右上角为岩体内部相对序次：1. 珠岔我蒙岩脉群；2. 我木途里；3. 马耳哥西；4. 马耳哥南；5. 沙玉；6. 仁母勒西南；7. 且龙务龙；8. 阿若北沟；9. 阿若辉长岩；10. 钵布日；11. 阿英莫；12. 日阿若；13. 控错南；14. 嘎儿金；15. 夏噶日；16. 查木岗；17. 折勒；18. 安门；19. 普珠；20. 绒章勒；21. 格马尔东南；22. 得尔东；23. 得木我；24. 纳巴乃嘎西南；25. 纳巴乃嘎；26. 叶鲁未；27. 容纳勒北；28. 容纳勒南；29. 国布勒)

(一)地质特征

岩体侵位于格仁错构造带与色热巴断裂之间的申扎岛弧区，侵入永珠组($C_{1-2}y$)碎屑岩。岩体向边部粒度变细，岩体边界切割围岩层理；后期则弄群(K_1zl)火山岩不整合覆盖其上。

(二)岩石学特征

岩石学特征见表 3-2，与曲松乃嘎岩体相比十分一致，仅本岩体石英含量略高，不含黑云母。该亚带的曲松乃嘎岩体钾长石、斜长石、白云母晶体成分及化学式分别见表 3-3、表 3-4 和表 3-5。

(三)岩石地球化学特征

同类型的曲松乃嘎岩体测试结果可代表本岩体特征，其岩石化学、微量元素、稀土元素分析结果分别见表 3-6、表 3-7 和表 3-8。氧化物含量与中国二云母花岗岩平均值相比具有 Al_2O_3 稍高，FeO

低，MgO、CaO 稍低的特点；属高钾钙碱性岩(图 3-2、图 3-3、图 3-4、图 3-5)，里特曼指数 σ=1.97；铝指数 A/CNK=1.35，富含白云母，为强过铝质类型。微量元素含量与花岗岩维氏平均值相比具富 Hf，贫 V、Cr、Zr 的特点，地球化学型式见图 3-6，曲线向右陡倾，强烈富集不相容元素，相容元素中等亏损，具 Th、Ce、Sm 正异常和 Ba 的负异常，为典型碰撞花岗岩型式；稀土元素标准化曲线见图 3-7，为轻稀土富集型，轻重稀土比值 $\sum$Ce/$\sum$Y=3.67，具弱—中等铕亏损，稀土总量 $\sum$REE=130.38×10^{-6}，较低。

表 3-2　叶鲁末岩体特征及与南邻图幅曲松乃嘎岩体对比表

特征＼岩体名称		叶　鲁　末	曲　松　乃　嘎
位　置		均处于申扎燕山期岛弧区，空间位置相距较近	
岩石类型		灰白色中粒白云母二长花岗岩	灰白色中—细粒白云母二长花岗岩
结构、构造		中粒花岗结构，块状构造	中—细粒花岗结构，块状构造
岩性特征	斜长石	27%±，2.4mm×1mm～3.5mm×1.5mm，半自形板柱状，完全被绢云母取代	29%±，1mm×0.8mm～2.5mm×1.5mm，主体更长石，一般 An=28～20，个别显细密双晶，半自形板柱状，杂乱分布
	钾长石	30%±，2mm×1mm～3.5mm×2mm，杂乱分布	43%±，1.5mm×0.5mm～2.5mm×1.8mm，有的显格子双晶为微斜长石，不均匀分布，成分：Or 为 94.33%，Ab 为 5.61%
	石英	30%±，1～4.5mm，他形粒状，少数聚集，具波状消光，裂纹发育	24%±，0.7～2mm，不规则粒状，波状消光明显，裂纹发育
	白云母	3%±，0.5～2mm，片状，不均匀分布	4%±，0.2～0.7mm，片状
	黑云母	不含	少量，0.2～0.7mm，片状
副矿物		磁铁矿	磁铁矿
包体、组构、岩脉		无	无

表 3-3　尼玛区幅侵入岩钾长石化学成分一览表

亚带	央雄勒-曲松乃嘎亚带	阿若-帮勒基性岩带	色热巴-碧尖勒亚带				马耳哥-我木途里亚带	夏噶日-嘎儿金亚带			
分次	二		二		三			一	四		
样号	2 042/1	21 347/1	3 046/2		2 046/1		22 041/3	3 401/1	3 408/1		2 054/1
序号	1	2	3	4	5	6	7	8	9	10	11
Na_2O(%)	0.74	1.14	2.16	0.15	0.49	0.38	0.12	0.79	0.55	0.41	0.86
MgO(%)	0.00	0.06	0.08	0.02	0.00	0.00	0.00	0.00	0.00	0.04	0.11
Al_2O_3(%)	18.53	19.69	18.73	18.58	18.08	18.29	18.17	18.23	18.02	18.12	18.73
SiO_2(%)	64.24	63.34	65.08	64.10	64.71	64.29	63.92	64.11	64.01	64.40	64.39
K_2O(%)	15.87	14.52	13.46	16.83	16.34	16.56	16.71	16.03	16.21	16.09	15.94
CaO(%)	0.00	0.13	0.13	0.00	0.03	0.00	0.09	0.00	0.00	0.01	0.00
TiO_2(%)	0.07	0.18	0.04	0.05	0.00	0.00	0.14	0.00	0.00	0.00	0.00
Cr_2O_3(%)	0.05	0.02	0.00	0.01	0.04	0.11	0.00	0.00	0.00	0.00	0.00
MnO(%)	0.06	0.04	0.07	0.02	0.04	0.00	0.01	0.00	0.00	0.02	0.06
FeO(%)	0.01	0.36	0.07	0.00	0.11	0.19	0.13	0.19	0.09	0.10	0.05
$\sum$(%)	99.57	99.48	99.82	99.76	99.84	99.82	99.29	99.35	98.88	99.19	100.14
Or(%)	94.33	89.33	80.38	98.67	95.65	96.63	98.93	93.02	95.09	96.28	92.42
Ab(%)	5.67	10.67	19.62	1.33	4.35	3.37	1.07	6.98	4.91	3.72	7.58
样品来源	曲松乃嘎岩体	阿若辉长岩	碧尖勒岩体				沙玉岩体	夏噶日岩体			嘎儿金

表 3-4　尼玛区幅侵入岩斜长石化学成分一览表

亚带	央雄勒-曲松乃嘎亚带		阿若-帮勒基性岩带	色热巴-碧尖勒亚带				马耳哥-我木途里亚带		夏噶日-嘎儿金亚带		
分次	二			二		三				一	四	
样号	2 042/1		21 347/1	3 046/2		2 046/1		22 041/3		3 401/1	3 408/1	2 054/1
序号	1	2	3	4	5	6	7	8	9	10	11	12
Na_2O(%)	10.54	7.15	1.14	4.99	4.98	9.23	9.89	5.94	10.49	6.84	10.26	10.38
MgO(%)	0.24	0.29	0.06	0.11	0.02	0.00	0.27	0.00	0.35	0.30	0.24	0.32
Al_2O_3(%)	19.33	22.52	19.69	27.61	27.05	20.95	20.97	19.25	19.72	24.70	19.37	19.46
SiO_2(%)	69.03	64.90	63.34	56.38	56.37	66.52	65.46	65.87	68.57	59.03	68.54	67.33
K_2O(%)	0.19	1.96	14.52	0.45	0.20	0.31	0.08	7.78	0.30	0.83	0.53	0.13
CaO(%)	0.20	0.88	0.13	10.00	10.22	2.17	2.73	0.15	0.40	7.64	0.60	0.76
TiO2(%)	0.00	0.00	0.18	0.00	0.09	0.09	0.07	0.08	0.05	0.06	0.02	0.00
Cr_2O_3(%)	0.01	0.00	0.02	0.07	0.00	0.01	0.02	0.04	0.02	0.04	0.04	0.00
MnO(%)	0.00	0.00	0.04	0.00	0.04	0.00	0.00	0.01	0.00	0.00	0.03	0.08
FeO(%)	0.02	0.37	0.36	0.01	0.13	0.00	0.16	0.06	0.16	0.33	0.14	0.37
Σ(%)	99.56	98.07	99.48	99.62	99.10	99.28	99.65	99.18	100.06	99.77	99.77	98.83
Or(%)	1.15	14.45	64.05	2.73	1.22	1.93	0.46	45.95	1.82	4.69	3.18	0.78
Ab(%)	97.84	80.10	31.31	46.27	46.29	86.81	86.38	53.31	96.15	58.93	93.78	95.36
An(%)	1.01	5.44	4.64	51.23	52.49	11.26	13.16	0.74	2.03	36.37	3.04	3.86
种类	钠长石	奥长石	拉长石	拉长石	拉长石	奥长石	奥长石	中长石	钠长石	中长石	钠长石	钠长石
样品来源	曲松乃嘎岩体		阿若辉长岩	碧尖勒岩体				沙玉岩体		夏噶日岩体		嘎儿金

表 3-5　尼玛区幅侵入岩白云母晶体化学成分及化学式表(24 个 O 为基数)

亚　带	样品号	Na_2O(%)	MgO(%)	Al_2O_3(%)	SiO_2(%)	K_2O(%)	CaO(%)	TiO_2(%)	Cr_2O_3(%)	MnO(%)	FeO(%)	Σ(%)
央雄勒-曲松乃嘎亚带	2 042/1	0.420	0.380	35.110	47.610	10.640	0.000	0.330	0.010	0.000	2.080	96.580

A			B						T		样品来源
K(%)	Na(%)	Ca(%)	Al^{VI}(%)	Ti(%)	Fe(%)	Cr(%)	Mn(%)	Mg(%)	Al^{IV}(%)	Si(%)	曲松乃嘎岩体
1.785	0.107	0.000	3.697	0.033	0.229	0.012	0.001	0.074	1.740	6.260	

表 3-6 图幅侵入岩岩石化学成分、CIPW 标准矿物成分及参数一览表

亚带	分次	序号	样品编号	岩石化学成分(%)												
				SiO_2	TiO_2	Al_2O_3	Fe_2O_3	FeO	MnO	MgO	CaO	Na_2O	K_2O	P_2O_5	H_2O^+	CO_2
格马尔西北晶洞正长花岗岩脉		24	GS32 098/1	77.10	0.07	12.11	0.22	0.65	0.03	0.15	0.53	3.70	4.55	0.02	0.61	0.09
K_2 折勒-得木我亚带	二	23	3 411/检 1	72.57	0.35	13.69	1.37	0.47	0.06	0.41	0.61	3.77	5.90	0.06	0.46	0.04
	一	22	34 067/检 1	66.49	0.67	16.13	2.26	1.00	0.09	0.68	2.32	3.97	4.93	0.19	0.62	0.09
K_2 夏噶日-嘎儿金亚带	五	21	3 403/1	76.69	0.15	12.15	0.70	0.40	0.02	0.26	0.50	3.37	4.93	0.03	0.61	0.04
		20	3 405/1	77.19	0.07	11.99	0.30	0.48	0.01	0.19	0.45	3.10	5.56	0.02	0.47	0.02
		19	31 622/1	65.03	0.78	16.63	2.14	1.15	0.08	0.90	2.14	3.97	5.86	0.25	0.49	0.02
		典型样品平均		76.94	0.11	12.07	0.50	0.44	0.015	0.23	0.48	3.24	5.25	0.025	0.54	0.03
	四	18	3 408/1	76.71	0.14	12.28	0.11	1.13	0.14	0.28	0.53	3.35	4.66	0.03	0.51	0.06
		17	13 057/西 1	77.28	0.10	12.13	0.35	0.60	0.02	0.24	0.47	3.22	4.98	0.02	0.41	0.06
		16	2 054/1	77.38	0.05	12.79	0.08	0.53	0.01	0.17	0.25	3.84	4.41	0.02	0.32	0.04
	三	15	3 402/1	76.94	0.22	11.78	0.64	0.92	0.02	0.36	0.21	2.93	4.80	0.06	0.91	0.04
	一	14	3401/1	67.26	0.62	15.29	1.49	1.78	0.07	1.06	2.44	3.67	4.59	0.18	1.16	0.04
K_2 查木岗亚带	二	13	34 061/3	73.12	0.10	13.90	0.31	0.85	0.03	0.62	0.92	2.39	5.70	0.15	1.64	
	一	12	34 061/2	73.78	0.18	13.43	0.49	1.07	0.05	0.72	0.73	2.55	5.84	0.18	0.94	
K_2 马耳哥-我木途里亚带		11 *	22 041/3	61.85	0.74	15.43	2.86	4.77	0.17	1.03	2.63	5.42	2.19	0.21	2.00	0.48
		10 *	3 502/41-1	56.73	1.09	16.85	1.37	5.38	0.11	3.28	5.83	4.41	1.56	0.17	2.61	0.44
		9	3 502/45-1	53.07	2.07	15.90	2.14	8.85	0.16	4.17	4.08	3.38	1.29	0.20	3.54	0.39
		8	22 010/1	53.16	1.45	16.51	2.40	5.25	0.14	4.51	5.86	4.90	0.99	0.35	3.81	
		7	31 016/3	61.63	0.65	15.12	1.35	2.98	0.07	2.45	4.06	4.46	2.43	0.21	2.24	2.08
K_1 得尔东-扎个勒亚带		6	13 088/北 1	79.64	0.08	10.71	0.11	0.49	0.05	0.25	0.64	2.72	4.19	0.12	1.02	
K_1 色热巴-碧尖勒亚带	三	5	2 046/1	75.50	0.14	13.05	0.40	0.80	0.02	0.27	1.02	2.81	5.07	0.08	0.63	0.06
	二	4	2 046/2	67.26	0.48	14.61	1.55	2.53	0.08	1.70	3.46	2.96	3.52	0.10	1.50	0.06
J_3 阿若-邦勒基性岩带		3	21 347/1	48.30	2.92	14.18	2.54	10.90	0.19	5.49	7.26	2.79	1.05	0.13	3.66	0.37
		2	2 022/1	52.11	2.12	12.15	5.33	9.90	0.20	3.80	8.48	1.29	1.55	0.34	2.45	0.02
J_3 央雄勒-曲松乃嘎亚带		1	2 042/1	74.19	0.13	14.39	0.95	0.60	0.03	0.22	0.32	2.85	4.99	0.08	1.04	0.04

续表 3－6

序号	CIPW 标准矿物成分(%)					其他参数										样品来源
	Q	Or	Ab	An	C	DI	σ	A/CNK	AR	$(Na_2O+K_2O)/K_2O$	Na_2O/K_2O	Na_2O/CaO	FeO(T)/(FeO+MgO)	MgO/FeO(T)	MgO/MnO	
24	36.44	20.88	31.31	2.50	0.18	94.62	2.00	1.01	3.82	8.25	0.81	6.98	0.85	0.18	5.00	
23	26.31	34.86	31.90	2.63	0.14	93.06	3.16	1.00	3.23	9.67	0.64	6.18	0.81	0.24	6.83	折勒岩体
22	18.95	29.13	33.59	10.27	0.50	81.67	3.37	1.00	2.51	8.90	0.81	1.71	0.82	0.22	7.56	
21	36.80	29.13	28.51	2.28	0.43	94.44	2.05	1.04	3.28	8.30	0.68	6.74	0.80	0.25	13.00	夏噶日岩体
20	36.45	32.85	26.23	2.10	0.10	95.53	2.19	1.00	2.99	8.66	0.56	6.89	0.80	0.25	19.00	
19	14.30	34.62	33.59	8.98	0.46	82.51	4.386	0.99	2.47	9.83	0.68	1.86	0.77	0.29	11.25	普珠岩体
						95.00	2.12	1.03	3.14	8.48	0.62	6.82	0.80	0.25	16.00	典型样品平均
18	37.11	27.53	28.34	2.43	0.83	92.98	1.90	1.07	3.19	8.01	0.72	6.32	0.81	0.23	2.00	夏噶日岩体
17	37.88	29.42	27.24	2.20	0.64	94.55	1.96	1.05	3.09	8.20	0.65	6.85	0.79	0.26	12.00	
16	37.06	26.05	32.49	1.11	1.29	95.60	1.98	1.11	3.87	8.25	0.87	15.36	0.78	0.28	17.00	嘎儿金岩体
15	40.34	28.36	24.79	0.65	1.52	93.49	1.77	1.13	2.91	7.73	0.61	13.95	0.81	0.24	18.00	夏噶日岩体
14	21.53	27.12	31.05	10.93	0.00	79.70	2.81	0.99	2.41	8.26	0.80	15.04	0.75	0.34	15.14	
13	34.36	33.73	20.22	3.58	2.47	88.31	2.18	1.18	1.95	8.10	0.42	2.60	0.56	0.78	20.67	查木岗岩体
12	33.86	34.50	21.58	2.45	2.02	89.93	2.29	1.13	2.13	8.39	0.44	3.49	0.58	0.71	14.40	
11*	12.95	12.94	45.86	11.30	0.00	71.74	3.07	0.36	2.46	7.61	2.47	2.06	0.91	0.14	6.06	沙玉岩体
10*	6.30	9.22	37.31	21.57	0.00	52.83	2.60	0.86	1.71	5.97	2.83	0.76	0.67	0.50	29.82	阿若北沟岩体
9	8.90	7.62	28.60	18.93	2.00	45.12	2.17	1.11	1.61	4.67	2.62	0.83	0.28	0.38	26.06	
8	1.50	5.85	41.46	20.13	0.00	48.81	3.42	0.83	1.71	5.89	4.95	0.84	0.62	0.61	32.21	我木途里岩体
7	14.09	14.36	37.74	14.06	0.00	66.19	2.55	0.87	2.12	6.89	1.84	1.10	0.63	0.58	35.00	珠岔我蒙岩脉
6	46.04	24.75	23.01	2.39	0.82	93.81	1.30	1.05	2.84	6.91	0.65	4.25	0.84	0.42	5.00	得尔东岩体
5	36.97	29.95	23.78	4.54	1.28	90.70	1.91	1.09	2.33	7.88	0.55	2.75	0.81	0.23	13.50	碧尖勒岩体
4	25.74	20.80	25.04	16.18	0.00	71.58	1.73	0.98	1.97	6.48	0.84	0.86	0.76	0.32	21.25	
3	1.17	6.20	23.61	23.07	0.00	30.98	2.78	0.75	1.44	3.84	2.66	0.38	0.71	0.42	28.89	阿若岩体
2	14.62	9.16	10.91	22.78	0.00	34.69	0.89	0.63	1.29	2.84	0.83	0.15	0.79	0.26	19.00	帮勒岩块
1	37.55	29.48	24.11	1.07	3.91	91.15	1.97	1.35	2.27	7.84	0.57	8.91	0.87	0.15	7.33	曲松乃嘎岩体

注：* 为本次侵入岩典型样品。

表 3-7　图幅侵入岩微量元素全分析结果及参数一览表

亚带	分次	序号	样品号	微量元素含量（$\times10^{-6}$） V	Cr	Ni	Rb	Sr	Zr	Ba	Th	Sc	Hf	Nb	Co	Ta	Ga	参数 K/Rb	Rb/Sr	Ba/Sr	样品来源
格乌尔西北晶洞正长花岗岩脉		24	Wl32 098/1	9.4	10.5	2.5	464.9	8	122	30	55.7	2.8	6.2	24.8	22.7	7.0	19.1	81.2	5.81	3.75	
K_2 折勒-得木我亚带	二	23	3 411/检 1	18.0	20.2	5.9	241.9	37	516	313	30.5	6.1	11.9	27.7	20.4	2.6	17.9	202.5	6.54	8.46	折勒岩体
	一	22	34 067/检 1	45.5	16.0	10.8	77.0	278	610	2 250	21.9	8.4	14.7	16.7	14.9	2.1	19.4	531.4	0.28	8.09	
K_2 夏噶日-嘎儿金亚带	五	21	*3 403/1	12.9	7.0	5.3	305.6	223	104	69	43.5	2.1	3.9	15.6	18.9	4.4	17.6	133.9	13.20	3.00	夏噶日岩体
		20	*3 405/1	9.1	12.1	4.7	247.1	11	82	29	45.8	1.7	4.5	11.6	25.2	3.7	15.2	186.8	22.50	2.64	
		19	31 622/1	47.8	6.1	5.6	134.3	425	687	3 128	21.0	9.3	17.6	14.9	9.6	2.3	24.4	362.2	0.32	7.36	普珠岩体
			典型样品平均	11.0	9.6	5.0	276.4	17	93	49	44.7	1.9	4.17	13.6	22.1	4.1	16.4	160.4	17.60	2.82	
	四	18	*3 408/1	13.8	9.9	5.9	359.2	22	144	81	48.8	3.4	5.4	19.6	38.5	3.8	16.9	107.7	16.32	3.68	夏噶日岩体
		17	13 057/西 1	8.1	<3.0	2.7	407.0	17	102	61	47.8	3.5	3.8	19.5	27.1	3.5	11.3	101.6	23.94	3.59	
		16	*2 054/1	6.2	<3.0	2.0	397.0	2	94	11	26.8	1.0	4.8	30.9	34.4	3.8	13.5	92.2	198.50	5.50	嘎儿金岩体
	三	15	3 402/1	18.5	31.3	7.3	246.7	20	157	171	38.5	3.0	6.2	16.0	21.3	4.1	16.6	161.5	12.35	8.55	夏噶日岩体
	一	14	3 401/1	48.6	12.1	10.1	177.7	256	381	1485	23.0	7.6	11.2	14.7	17.3	2.1	18.3	214.4	0.694	5.80	
K_2 马耳哥-我木途里亚带		11	22 041/3	29.3	9.0	5.2	88.3	208	333	329	8.4	16.4	10.0	10.4	8.7	0.6	30.1	205.9	0.42	1.58	沙玉岩体
		10	3 502/41-1	119.0	23.5	28.8	63.2	332	143	235	5.9	13.5	3.7	7.1	27.7	<0.5	16.0	204.9	0.20	0.71	阿若北沟岩体
		9	3 502/45-1	251.0	37.3	24.1	53.0	416	161	683	7.3	21.8	4.6	9.2	34.2	0.75	21.8	202.0	0.13	1.64	
		7	31 016/3	94.6	35.3	15.5	67.8	545	120	587	7.2	9.2	4.2	10.6	12.2	0.9	18.3	297.5	0.12	1.08	珠岔我蒙岩脉
K_1 得尔东-扎个勒亚带		6	13 088/北 1	100.0	250.0		Cu—	Pb125	Zn<100	Mo—	Sn 10										得尔东岩体
K_1 色热巴-碧尖勒亚带	三	5	2 046/1	10.5	<3.0	5.4	263.0	71	110	459	21.6	4.4	4.0	10.7	28.1	2.5	9.1	160.0	3.70	6.46	碧尖勒岩体
	二	4	2 046/2	93.7	14.3	10.3	166.0	221	116	444	19.0	12.2	3.6	9.2	31.0	1.3	10.9	176.0	0.75	2.01	
J_3 阿若-邦勒基性岩带		3	21 347/1	524.5	34.0	16.1	53.0	320	141	225	6.1	37.2	3.4	7.6	49.9	0.6	14.9	164.5	0.17	0.70	阿若岩体
		2	2 022/1	471.2	34.0	26.5	143.3	154	192	253	6.9	37.9	5.8	10.5	41.4	<0.5	19.7	89.79	0.93	1.64	帮勒岩块
J_3 央雄勒-曲松乃嘎亚带		1	2 042/1	12.2	41.8	7.9	308.0	158	78	592	14.7	4.2	3.4	14.6	3.4	1.6	13.8	134.5	19.50	3.75	曲松乃嘎岩体

注：* 为本次侵入岩典型样品。

表 3-8　图幅侵入岩稀土元素测试结果一览表

亚带	分次	序号	样品号	稀土元素含量（$\times10^{-6}$） La	Ce	Pr	Nd	Sm	Eu	Gd	Tb	Dy	Ho	Er	Tm	Yb	Lu	Y	ΣREE	参数 ΣCe/ΣY	δEu	$(La/Yb)_N$	$(La/Sm)_N$	$(Gd/Yb)_N$	样品来源
格马尔西北晶洞正长花岗岩脉		24	XT32 098/1	26.53	54.34	6.46	22.82	6.07	0.07	6.77	1.34	8.72	1.80	5.81	0.98	7.23	1.07	51.52	201.53	1.36	0.03	2.47	2.75	0.76	
K_2 折勒-得木我亚带	二	23	3 411/检 1	78.51	221.90	20.44	70.10	11.51	1.64	8.47	1.22	6.38	1.21	3.17	0.51	3.08	0.50	30.18	458.83	7.38	0.49	17.19	4.29	2.22	折勒岩体
	一	22	34 067/检 1	48.00	92.92	10.74	36.43	6.17	2.91	5.02	0.71	4.00	0.79	2.19	0.35	2.17	0.36	21.44	234.19	5.32	1.55	14.91	4.89	1.87	
K_2 夏噶日-嘎儿金亚带	五	21	3 403/1	24.14	67.38	5.84	19.04	3.93	0.22	3.81	0.71	4.77	0.96	3.11	0.52	3.66	0.56	28.68	167.32	2.58	0.17	4.45	3.86	0.84	夏噶日岩体
		20	3 405/1	9.93	27.65	2.93	9.62	2.38	0.14	2.46	0.47	3.30	0.66	2.09	0.36	2.44	0.41	20.07	84.96	1.63	0.18	2.70	2.62	0.80	
		19	31 622/1	127.50	257.70	29.22	103.10	14.06	4.65	9.11	1.15	5.49	1.11	2.76	0.44	2.78	0.45	28.00	587.53	10.45	1.18	30.92	5.70	2.64	普珠岩体
	四	18	*3 408/1	30.98	73.72	7.78	25.10	5.49	0.17	5.53	1.03	6.98	1.37	4.28	0.70	4.89	0.73	40.43	209.19	2.17	0.09	4.27	3.55	0.91	夏噶日岩体
		17	13 057/西 1	18.23	54.29	5.33	16.42	4.50	0.15	5.00	1.13	7.23	1.67	5.18	0.86	6.17	0.89	44.47	171.52	4.63	0.65	13.65	4.44	1.80	
		16	*2 054/1	5.02	25.52	2.27	7.19	2.34	0.03	2.41	0.57	3.70	0.84	3.01	0.53	3.98	0.59	23.28	81.28	1.09	0.038	0.85	1.35	0.49	嘎儿金岩体
	三	15	3 402/1	34.81	78.77	8.16	26.80	5.31	0.31	5.40	0.93	6.16	1.21	3.70	0.59	3.86	0.63	36.44	213.07	2.62	0.175	6.08	4.12	1.13	夏噶日岩体
	一	14	3 401/1	43.56	87.78	9.62	33.04	5.41	2.01	4.31	0.62	3.34	0.66	1.78	0.28	1.76	0.28	17.93	212.37	5.86	1.23	16.69	5.06	1.98	
K_2 马耳哥-我木途里亚带		11	22 041/3	25.92	62.48	7.48	31.80	7.69	2.32	9.11	1.47	9.32	1.90	5.72	0.87	5.90	0.89	56.73	229.62	1.50	0.85	2.96	2.12	1.25	沙玉岩体
		10	3 502/41-1	13.94	29.39	3.72	15.15	3.54	1.11	3.88	0.67	4.03	0.86	2.46	0.38	2.42	0.35	22.32	104.23	1.79	0.84				阿若北沟岩体
		9	3 502/45-1	16.86	32.83	4.43	17.66	4.22	1.35	4.61	0.82	4.95	0.95	2.81	0.44	2.73	0.41	25.44	120.51	1.79	0.93				
		7	31 016/3	15.80	31.67	3.57	12.51	2.37	0.77	2.08	0.33	1.68	0.35	0.93	0.16	1.01	0.16	8.46	81.81	4.40	1.04	10.55	4.19	1.66	珠岔我蒙岩脉
K_1 色热巴-碧尖勒亚带	三	5	2 046/1	14.68	32.57	3.78	13.05	3.01	0.79	2.93	0.54	3.27	0.72	2.22	0.38	2.67	0.41	19.01	102.71	2.20	0.80	3.71	3.07	0.89	碧尖勒岩体
	二	4	2 046/2	26.23	49.99	5.62	19.19	3.84	0.82	3.38	0.56	3.34	0.70	2.12	0.34	2.36	0.37	19.23	138.09	3.26	0.68	7.49	4.30	1.16	
J_3 阿若-邦勒基性岩带		3	21 347/1	12.94	27.06	3.83	14.59	3.61	1.23	4.05	0.71	4.00	0.83	2.44	0.38	2.38	0.36	21.75	100.16	1.71	0.98	3.67	2.25	1.37	阿若岩体
		2	2 022/1	21.22	49.47	5.91	24.21	5.73	1.86	7.74	1.17	7.72	1.53	4.77	0.70	4.92	0.69	48.73	186.36	1.39	0.85	2.91	2.33	1.27	邦勒岩块
J_3 央雄勒-曲松乃嘎亚带		1	2 042/1	16.58	62.62	4.48	14.66	3.49	0.66	3.10	0.51	3.19	0.62	1.68	0.27	1.67	0.23	16.63	130.38	3.67	0.60	6.69	2.99	1.50	曲松乃嘎岩体

注：* 为本次侵入岩典型样品。

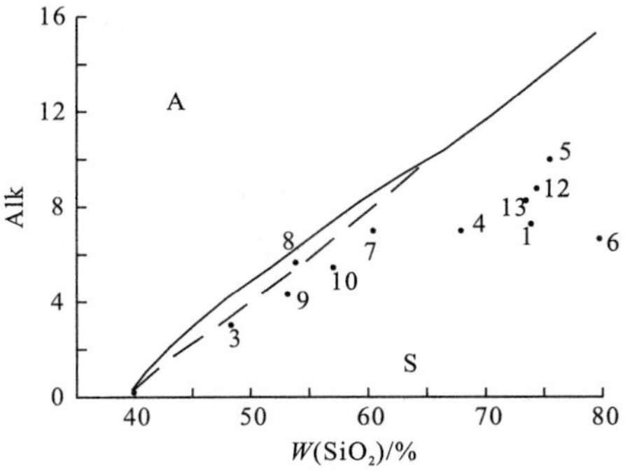

图 3-2　尼玛幅侵入岩硅-碱图

（T. N. Irvine 等，1971，编号同表 3-6）

A. 碱性系列；S. 亚碱性系列

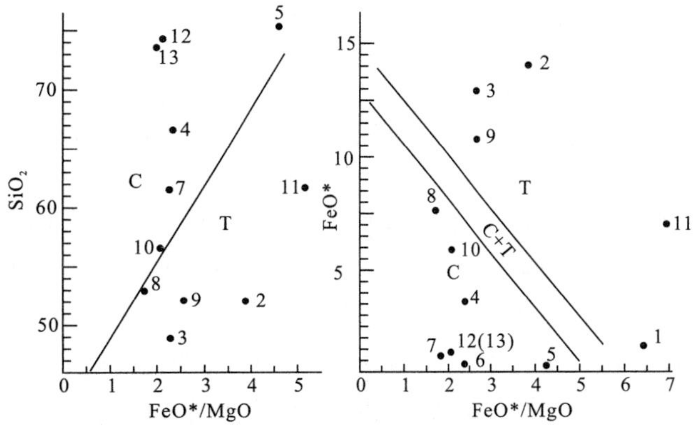

图 3-3　尼玛区幅侵入岩 FeO^*/MgO 与 SiO_2、FeO^* 图

（A. Miyashiro，1974，编号同表 3-6）

C. 钙碱性系列；T. 拉斑玄武岩系列

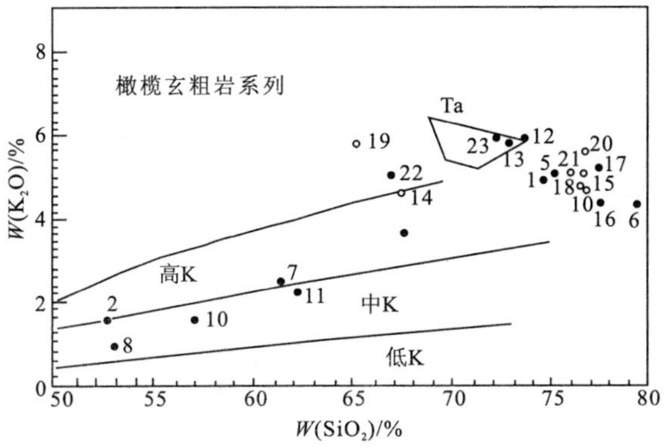

图 3-4　尼玛区幅侵入岩 K_2O-SiO_2 图解

（编号同表 3-6）

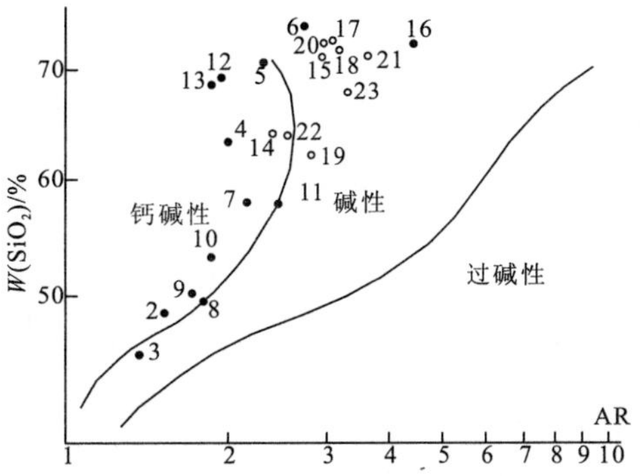

图 3-5　尼玛区幅侵入岩 AR-SiO_2 与碱度关系图

（J. B. Wright，1969，编号同表 3-6）

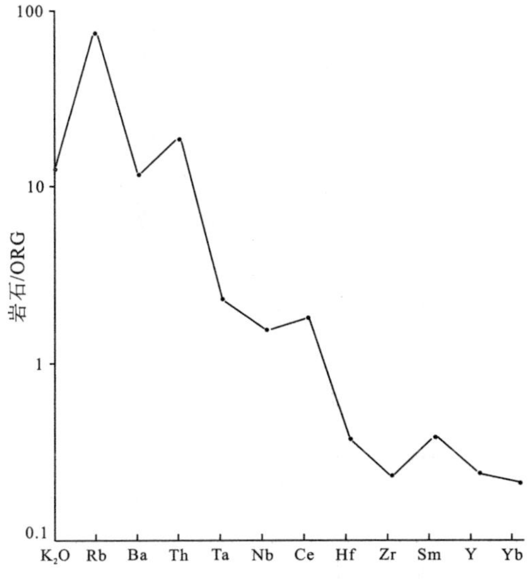

图 3-6　央雄勒-曲松乃嘎亚带中的曲松乃嘎白云母二长花岗岩地球化学型式图

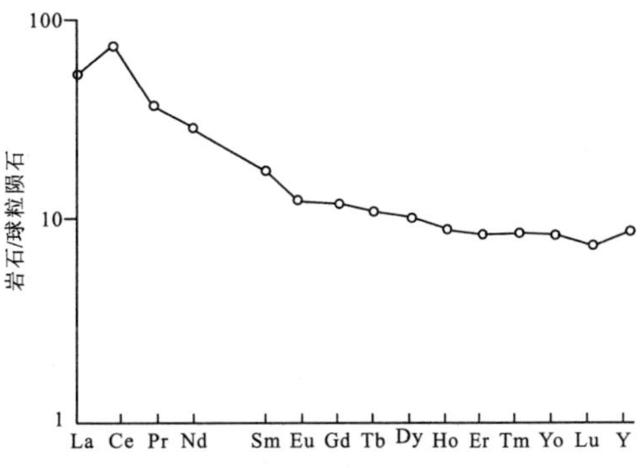

图 3-7　央雄勒-曲松乃嘎亚带中的曲松乃嘎白云母二长花岗岩稀土元素标准化曲线

(四)成因及构造背景探讨

该岩体富白云母,其云母粒径可与主矿物相比,没有被包裹现象,为原生白云母,不含镁铁质包体;铝指数 A/CNK=1.35,为巴尔巴林的"含白云母过铝花岗岩类";成因类型表明其来自于壳源熔融、形成于广义的碰撞环境。

在 Maniar 环境判别图上(图 3-8)显示为碰撞环境(广义);在 Rb-(Y+Nb)、Rb-(Yb+Ta)判别图(Pearce 等,1984)上(图 3-9)位于同碰撞区,微量元素具同碰撞花岗岩的典型型式;据对该亚带中的央雄勒岩体(位于南邻图幅)研究结果,其形成与色热巴左行剪切活动有关;该亚带进一步属强过铝花岗岩类,研究表明与大规模剪切有关的白云母花岗岩是陆内俯冲的标志;结合其时代和当时的构造背景,综合结论为该亚带形成于后碰撞环境。该岩体边界切割围岩的层理面,未表现出任何主动膨胀特征,故认为与央雄勒岩体系同一机制形成,就位与色热巴左行剪切引起的旁侧构造扩张有关。

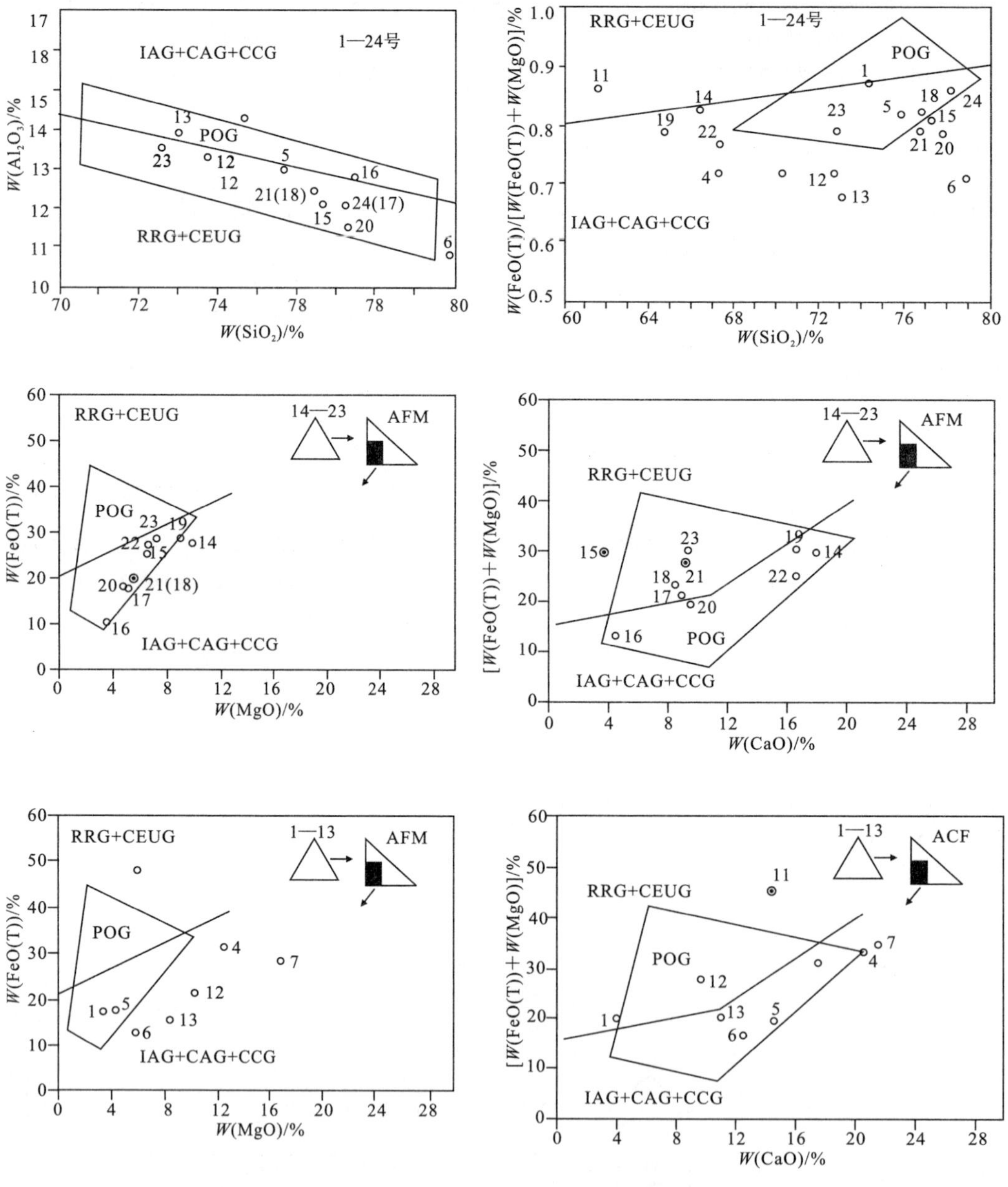

图 3-8　尼玛幅侵入岩 Maniar 的主元素环境判别图解

(编号同表 3-6)

IAG+CAG+CCG. 岛弧、大陆弧、碰撞花岗岩;POG. 后造山花岗岩;

RRG+CEUG. 与裂谷、造陆抬升有关的花岗岩

从 $Al_2O_3/TiO_2-CaO/Na_2O$ 图解(图 3-10)上可以看出该亚带均具高 Al_2O_3/TiO_2 特征、显示形成于相对低温环境;与本岩体可类比的曲松乃嘎岩体具低 CaO/Na_2O 值,显示系由成熟的、富粘土的源岩熔融而成。

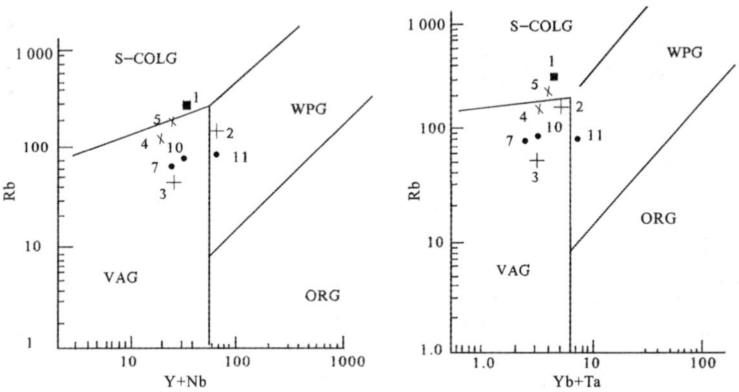

图 3-9 尼玛区幅侵入岩的非活动性元素的环境判别图

(Pearce 等,1984,编号同表 3-6)

VAG. 火山弧;WPG. 板内;S-COLG. 同碰撞;ORG. 洋中脊

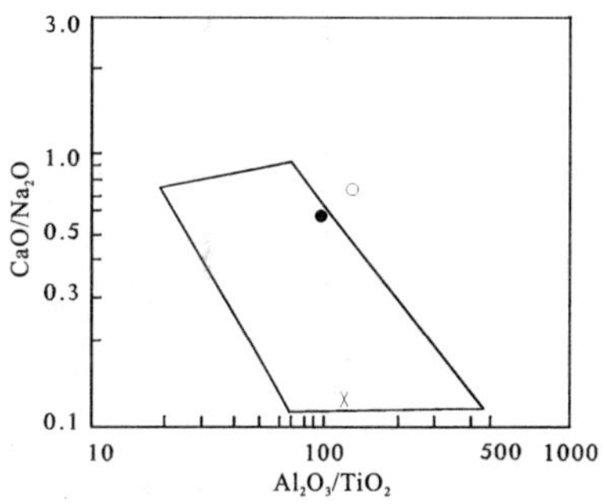

图 3-10 央雄勒-曲松乃嘎亚带

$CaO/Na_2O-Al_2O_3/TiO_2$ 图解

•. 第一次侵入岩;第二次侵入岩;

○. 央雄勒岩体;×. 曲松乃嘎岩体

(五)时代确定

本次区调在该亚带曲松乃嘎岩体中—细粒白云母二长花岗岩中获得白云母 K-Ar 年龄为 132Ma,在该亚带央雄勒岩体斑状中粒白云母黑云二长花岗岩中获得白云母 K-Ar 年龄为 142Ma,二者分别相当于本亚带第二次与第一次侵入岩,据封闭温度理论,白云母 K-Ar 年龄值偏小于岩体侵位年龄,故将其形成时代确定为晚侏罗世中期。

二、晚侏罗世阿若-帮勒基性岩带

阿若-帮勒基性岩带分布于图幅东部的格仁错北岸阿若和中部的控错南帮勒一带,均位于格仁错构造带之中并沿该带 NW-SE 向展布,出露面积约 1.5km^2。有两种类型的岩体,一种为阿若辉长岩(9)、一种为帮勒斜长角闪岩。

(一)阿若辉长岩

阿若辉长岩分布于阿若北沟,仅发现一个小岩体,面积约 0.5km^2。呈岩瘤状侵入周围昂杰组(P_1a)碎屑岩之中(图 3-11),后期马耳哥闪长岩亚带之岩脉穿插其中(图 3-12)。

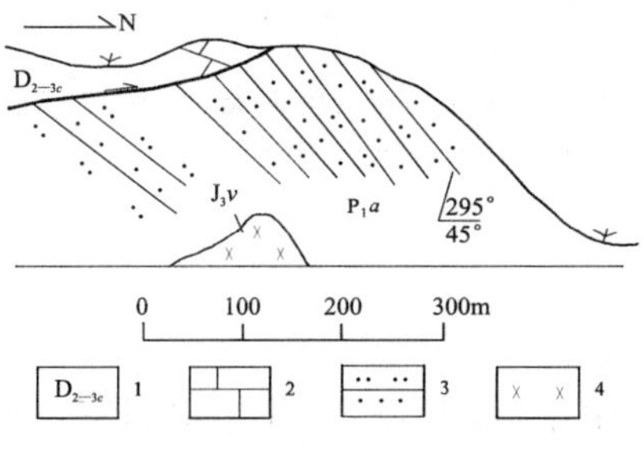

图 3-11 阿若辉长岩(J_3v)侵入于昂杰组(P_1a)碎屑岩中素描剖面图

1. 查果罗玛组;2. 灰岩;3. 砂岩与粉砂岩互层;4. 辉长岩

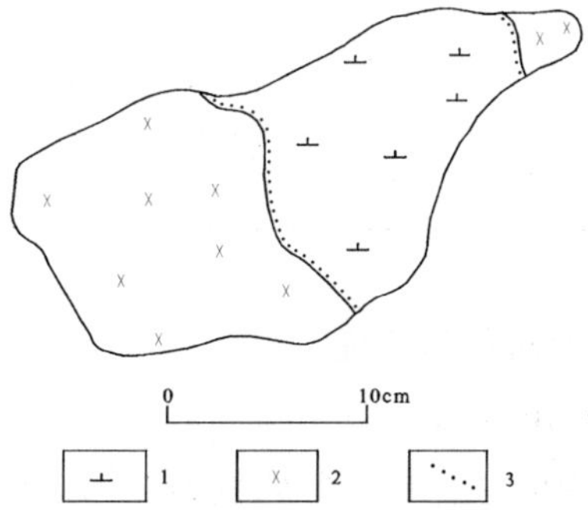

图 3-12 申扎县阿若北沟闪长岩呈脉状穿插阿若辉长岩素描图(滚石)

1. 细粒闪长岩;2. 细粒辉长岩;3. 冷凝边

1. 岩石类型及岩性特征

依据实际矿物含量、多阳离子 R_1-R_2 图解(图 3-13,位于辉长岩区)及 SiO_2 含量(48.3%)确定岩石类型为细粒辉长岩。

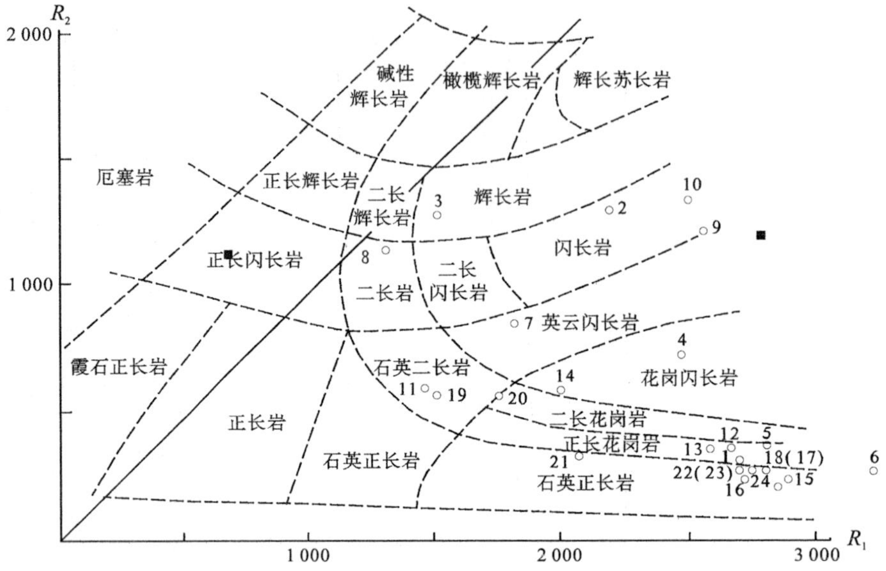

图 3-13　尼玛区幅侵入岩岩石分区的 R_1-R_2 图解

(De La Rache 等,1980,编号同表 3-6)

$R_1=4Si-11(Na+K)-2(Fe+Ti)$;$R_2=Al+2Mg+6Ca$

岩石呈暗绿色,细粒半自形粒状结构,块状构造,由斜长石 65%±、辉石 15%±、黑云母 15%±、石英 3%±组成,偶见钾长石,副矿物为磁铁矿 2%±。斜长石 0.3mm×0.1mm～0.8mm×0.5mm,半自形板柱状,杂乱分布,其晶体组分见表 3-4,有钾质交代现象,原成分为拉长石;辉石 0.25mm×0.1mm～0.5mm×0.2mm,柱状,其晶体成分及化学式见表 3-9,为普通辉石;黑云母 0.2mm×0.5mm,褐色片状;石英 0.1～0.2mm,他形粒状,不均匀分布于长石之间;钾长石晶体成分及化学式见表 3-3。

表 3-9　阿若辉长岩辉石化学成分及晶体化学式(以 6 个 O 为基数)　　　(单位:%)

样品号	Na_2O	MgO	Al_2O_3	SiO_2	K_2O	CaO	TiO_2	Cr_2O_3	MnO	FeO	Σ
21 347/1	0.00	11.98	7.58	45.23	0.10	13.09	0.55	0.09	0.23	18.65	97.50

样品号	A						B						T	
	Mg	Fe	Mn	Ca	Na	K	Al	Ti	Fe^{3+}	Fe^{2+}	Cr	Mg	Si	Al
21 347/1	0.000	0.440	0.008	0.548	0.000	0.005	0.115	0.016	0.088	0.081	0.003	0.697	1.766	0.234

2. 岩石地球化学特征

(1) 岩石化学特征

岩石化学成分及有关参数见表 3-6,与中国辉长岩平均值相比,该辉长岩 TiO_2 高、P_2O_5 低、CaO 稍低,其他一致。分异指数 DI=30.98,在硅-碱图(图 3-2)上位于亚碱性系列区,在 FeO^*/MgO 与 SiO_2、FeO^* 图上(图 3-3)位于拉斑玄武岩系列区,故属拉斑玄武岩系列;在 AR-SiO_2 图解(图 3-5)上位于钙碱性岩区,$\sigma=2.78$,综合判断属钙碱性岩;A/CNK=0.75,未出现 ac 标准矿物分子,故属偏铝质类型。综上所述,该辉长岩属拉斑玄武岩系列、莱特的钙碱性岩,偏铝质类型。

(2) 微量元素特征

岩石微量元素特征分析结果见表 3－7，与基性岩维氏平均值相比有较大差别，表现为富 V、Rb、Th、Sc 而贫 Cr、Ni、Nb，从地球化学型式图(图 3－14)可以看出富集不相容元素而亏损相容元素。

(3) 稀土元素特征

岩石稀土元素特征分析结果及参数见表 3－8，球粒陨石标准化曲线(图 3－15)为向右缓倾的平滑曲线，轻重稀土比值$\sum Ce/\sum Y=1.71$，属轻稀土弱富集型，铕异常系数$\delta Eu=0.98$，基本无铕异常。

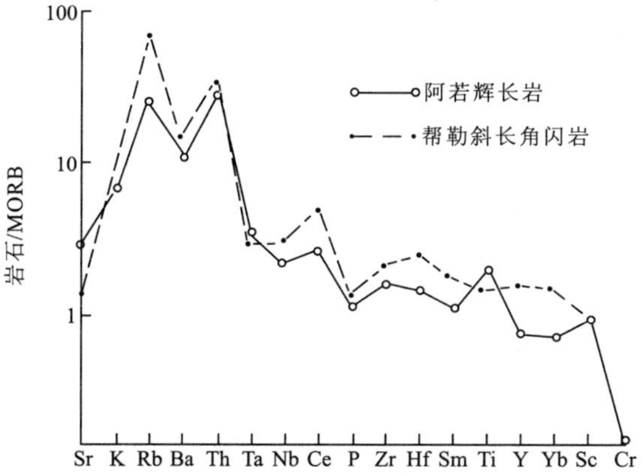

图 3－14　阿若-帮勒基性岩带地球化学型式图

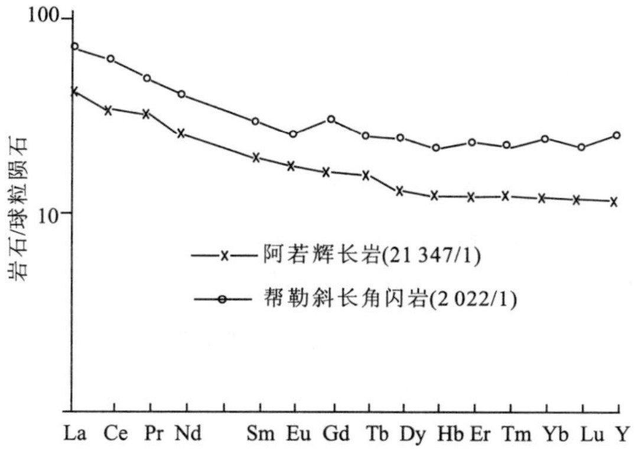

图 3－15　阿若-帮勒基性岩带稀土元素标准化曲线图

3. 侵入深度、剥蚀程度

阿若辉长岩具细粒结构，接触变质现象不发育，形成深度应为浅带。据岩体出露面积小推断剥蚀程度较低。

(二)帮勒斜长角闪岩

帮勒斜长角闪岩零量分布于帮勒南的念青唐古拉岩群(AnZNq)中，呈块状、透镜状、不规则短带状产出，大小不一，一般在 3m×10m～0.25m×0.3m 之间，总面积约 1km²。与周围长英质糜棱岩接触界线(图 3－16)呈港湾状、折线状，切割糜棱面理走向，有的为截然关系，有的在边界处暗色矿物含量渐变似同化混染现象，一般先后关系不清，个别可看出呈脉状沿围岩层理面侵入。该斜长角闪岩块体据野外观察系剪切透镜化的结果，内部发育弱糜棱面理、拉伸线理，均为后期变形构造。

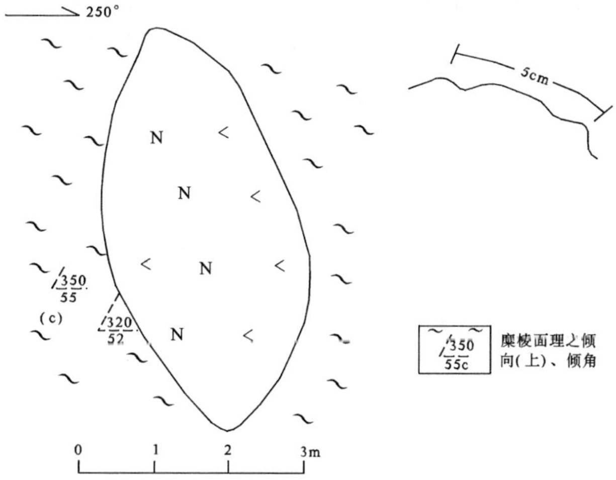

图 3－16　帮勒斜长角闪岩与周围长英质糜棱岩接触关系及接触面形态(右侧)素描剖面图

1. 岩石学特征

岩石为深绿色，柱粒状变晶结构，定向构造，由角闪石(85%～60%)、斜长石(15%～40%)组成，副矿物磁铁矿微量。角闪石 0.3～0.8mm，柱状、柱粒状，多色性吸收性明显，定向分布；斜长石 0.1～0.5mm±，不规则粒状—半自形板柱状，部分已变成角闪石，在角闪石颗粒间呈不均匀的定向分布。

该岩石在沃克的 MgO - CaO - FeO* 图解、米斯拉的 TiO_2 - F 图解、MnO - TiO_2 图解、格林杰的 Zr - MgO 图解上均位于正斜长角闪岩区，结合野外呈脉状侵入围岩、与围岩似同化混染判断原岩为侵入岩，据岩块规模不大判断原岩可能为一些岩墙。在多阳离子 R_1 - R_2 图解上(图 3 - 13)位于靠近辉长岩边界的闪长岩区，SiO_2 占 52.1%，故原岩应为辉长质—闪长质。

2. 岩石地球化学特征

(1) 岩石化学特征

岩石化学特征分析结果及参数见表 3 - 6，与中国辉长岩平均值较接近，仅 TiO_2 稍高、MgO、Na_2O 低、P_2O_5 稍低；除 TiO_2、Na_2O 表现出异常外，其他如 MgO、P_2O_5 异常应系 SiO_2 稍高导致相应分异程度稍高引起，分异指数 DI=34.69。

在硅-碱图(图 3 - 2)上位于亚碱性区，在 FeO* /MgO 与 SiO_2、FeO* 图上(图 3 - 3)位于拉斑玄武岩系列区，故属拉斑玄武岩系列。在 AR - SiO_2 图解上(图 3 - 5)位于广义的钙碱性区，结合里特曼指数 σ =0.885 判断为钙性岩。铝指数 A/CNK=0.63，未出现霓石标准矿物，故属偏铝质类型。

(2) 岩石微量元素特征

岩石微量元素特征分析结果见表 3 - 7，与基性岩维氏平均值相比有较大差别，表现为 V、Rb、Sc、Hf、Ta 高，Zr、Th 稍高，Cr、Ni 低。

岩石微量元素地球化学型式见图 3 - 14，可以看出显著富集相容元素，亏损不相容元素。

(3) 岩石稀土元素特征

岩石稀土元素特征分析结果及参数见表 3 - 8，标准化曲线见图 3 - 15，为向右缓倾的平滑曲线。轻重稀土比值 $\sum Ce/\sum Y$=1.39，属轻稀土弱富集型，铕异常系数 δEu=0.85，具弱铕亏损。

(三)阿若-帮勒基性岩带小结

阿若辉长岩与帮勒斜长角闪岩均产于格仁错构造带中，两者的特征相近，微量元素地球化学型式图(图 3 - 14)很相似；差别在于后者受到了后期变质变形的影响，且分异指数较高，相应引起其他主元素和微量元素稍有变化，表现为 Ti、Al、Mg、Na 的降低和 K、Fe 及稀土总量增高、并进而出现铕亏损。

该基性岩与地层的侵入关系表明不属蛇绿岩套成分，标准矿物 Or=6.2%～9.16%、K_2O=1.05%～1.15%，均大于蛇绿岩套中的浅色岩极限值；该基性岩化学成分及微量元素含量最为接近

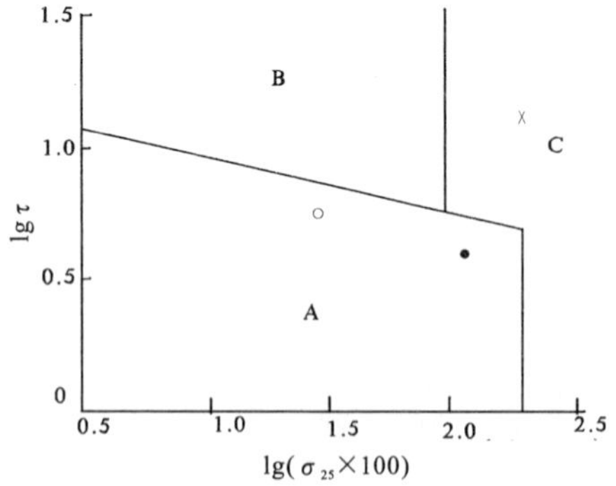

图 3 - 17　lg τ - lg(σ_{25} ×100)图

A. 板内稳定区火山岩；B. 消减带火山岩；C. A、B 区演化的碱性火山岩；•. 阿若辉长岩；○. 帮勒斜长角闪岩；×. 马耳哥闪长岩带沙玉石英闪长岩

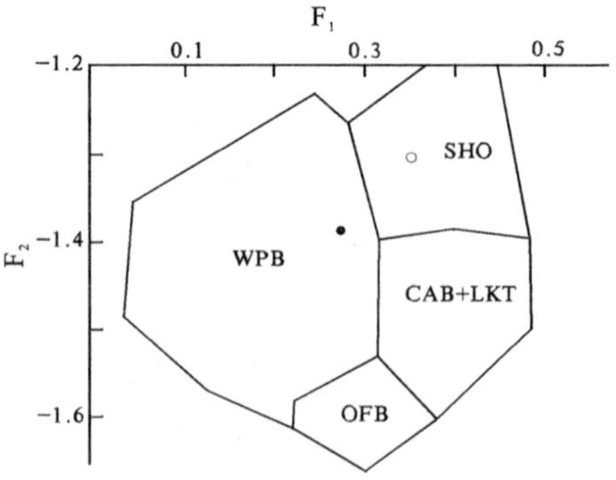

图 3 - 18　F_1 - F_2 图

(J. A. Pearce，1976)

WPB. 板内玄武岩；SHO. 钾玄岩；•. 阿若辉长岩；○. 帮勒斜长角闪岩

裂谷拉斑玄武岩平均值；$\lg\tau-\lg(\sigma_{25}\times100)$图解（图 3－17），$F_1-F_2$ 图解（图 3－18）、FeO^*/MgO 与 FeO^* 或 TiO_2 图解（图 3－19）、$FeO^*-MgO-Al_2O_3$ 图解（图 3－20）、$Ti/100-Zr-(y\times3)$图解（图 3－21）主体显示为大陆板内环境；在微量元素地球化学型式图上（图 3－14）具单隆起型分布型式，除亏损 Y、Yb、Sc、Cr 外其他元素均富集，且从 Ti 至 Th、从 Sr 至 Rb 逐渐增高，具有板内拉斑玄武岩的特征，与洋脊拉斑玄武岩的平坦分布型式和火山弧拉斑玄武岩的低“Ta－Yb”特征不同；轻稀土富集的配分模式（图 3－15）与大陆裂谷拉斑玄武岩特征一致，而与洋中脊拉斑玄武岩亏损型模式不同。上述特征显示该基性岩不是蛇绿岩套成分，而具有大陆板内的特征。本次区调发现，永珠-格仁错构造带之中发育一套俄杀而补组深水复理石沉积，所产的微体化石表明其时代为早白垩世早期，说明早白垩世早期该地区处于被动大陆边缘深水环境。本次工作在阿若辉长岩中获得黑云母 K－Ar 年龄为 134Ma，据封闭温度理论，黑云母 K－Ar 年龄偏小于侵位年龄，故将其时代置于晚侏罗世晚期；结合当时的构造背景认为该基性岩的形成与拉张作用有关。

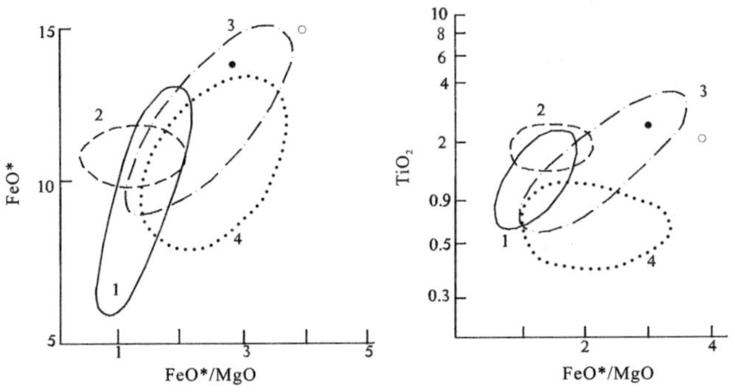

图 3－19　FeO^*/MgO 与 FeO^* 或 TiO_2 图

（A. Miyashiro，1975；从柏林，1980 修改）

1. 大洋拉斑玄武岩；2. 大洋橄榄拉斑玄武岩；3. 大陆拉斑玄武岩；4. 岛弧拉斑玄武岩；•. 阿若辉长岩；○. 帮勒斜长角闪岩

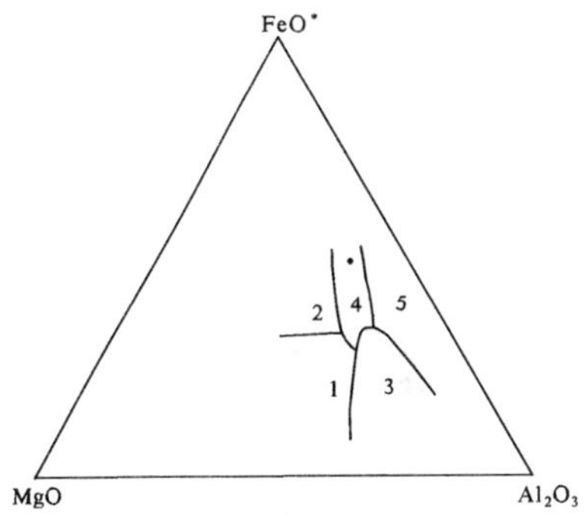

图 3－20　$FeO^*-MgO-Al_2O_3$ 图

（T. H. Pearce，1977）

1. 洋中脊及洋底；2. 大洋岛屿；3. 造山带；4. 大陆板块内部；5. 扩张中心岛屿；•. 帮勒斜长角闪岩

三、白垩纪色热巴-夏噶日中酸性花岗岩带

该岩带南界基本以昂孜错-色热巴断裂（见 1∶25 万热布喀幅）为界，在该图幅内广泛出露，但沿构造线集中成带分布特征明显，除少数闪长岩类位于格仁错构造带（戈芒错-格仁错一线）以北外，主体位于格仁错构造带之中或其南侧的申扎燕山期岛弧区，图内出露面积约 482km²。经分析认为其形成与格仁错构造带闭合有关，由该造山旋回俯冲阶段早期（一期）的早白垩世纳巴乃嘎-安门闪长岩亚带、晚期（二期）的色热巴-碧尖勒中酸性岩亚带、碰撞阶段的得尔东-扎个勒花岗岩亚带；后碰撞阶段一期的晚白垩世马耳哥-我木途里闪长岩亚带、二期的查木岗白云母花岗岩亚带、四期的折勒-得木我碱性斑岩亚带和三期的夏噶日-嘎儿金花岗岩亚带组成。

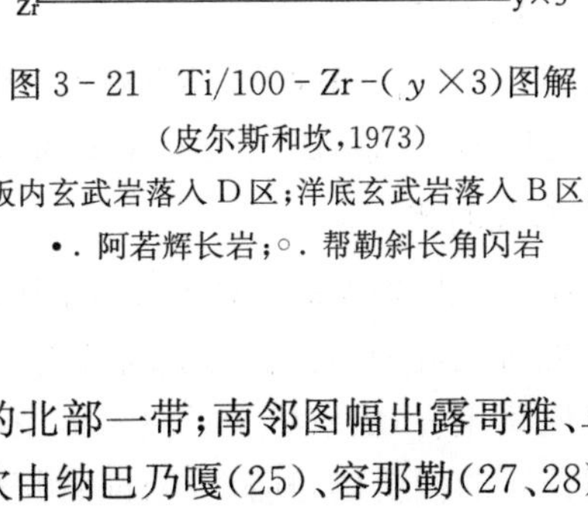

图 3－21　$Ti/100-Zr-(y\times3)$图解

（皮尔斯和坎，1973）

板内玄武岩落入 D 区；洋底玄武岩落入 B 区；

•. 阿若辉长岩；○. 帮勒斜长角闪岩

（一）早白垩世纳巴乃嘎-安门闪长岩亚带

该亚带分布于本图幅南部的昂孜错-格仁错南和南邻图幅的北部一带；南邻图幅出露哥雅、卓觉怒弄勒岩体；该图幅出露其主要部分，面积约 10km²，从东至西依次由纳巴乃嘎（25）、容那勒（27、28）、格马尔东南（21）、安门（18）5 个小型简单深成岩体组成，该亚带经分析归属为俯冲阶段一期，共有两次侵入活动，图幅内岩体仅含第一次侵入岩，主要岩性为闪长玢岩（$K_1\delta\mu$）、偶有透辉斜长玢岩（$K_1\nu\delta\mu$）。

1. 地质特征

侵位于格仁错构造带南侧的申扎燕山期岛弧区，诸岩体沿构造线呈带状展布，呈不整合的岩瘤状、透镜状侵入周围则弄群火山岩（图 3－22）及石炭系—二叠系地层，边界呈陡倾港湾状，内部见有少量围岩捕虏体。

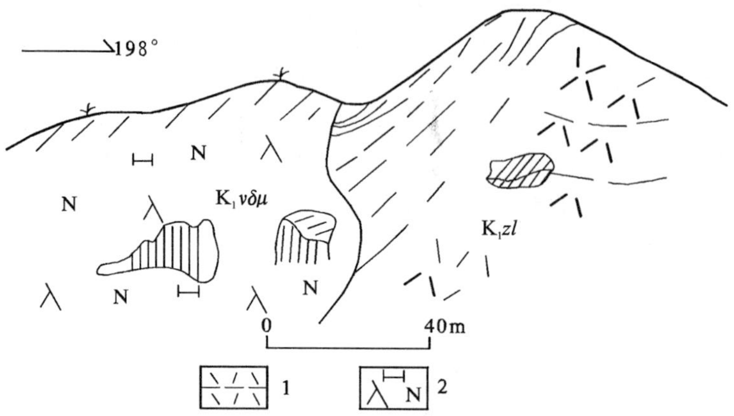

图 3－22　尼玛县格马尔东南透辉斜长玢岩体（$K_1\nu\delta\mu$）与则弄群（K_1zl）侵入关系素描图

1. 灰白色流纹岩；2. 青灰色透辉斜长玢岩

2. 岩石类型及岩性特征

1）闪长玢岩。灰绿色—灰黑色，斑状结构、基质半自形细粒—微粒结构，块状构造。斑晶为斜长石 2%～5%，平均 4%，个别岩体具透辉石斑晶（1%±）；基质由斜长石（52%～92%，一般 74%）、角闪石（44%～8%，一般 20%±）、石英（0～2%）组成，副矿物为磁铁矿。

斑晶斜长石 1mm×0.5mm～2mm×0.5mm，半自形板柱状，具环带；斑晶透辉石 0.8mm×0.3mm，柱状；基质斜长石 0.4mm×0.1mm～0.9mm×0.2mm，半自形板柱状；基质角闪石 0.4mm×0.1mm～1mm×0.2mm，柱状。

2）透辉斜长玢岩。青灰色，斑状结构、基质微晶结构，块状构造，斑晶为斜长石（10%±）、透辉石（5%±），基质由长英质组成，副矿物为磁铁矿。斜长石斑晶具环带，显聚片双晶，An=31，系更长石。

3. 侵位深度及就位机制

该亚带闪长岩具斑状结构，斑晶斜长石具环带，基质粒度细小、可达微粒，具浅成岩的特点；据岩体规模小、接触面为陡倾港湾状、岩体侵位于则弄群火山岩之中或附近、大部分岩体伴有小规模断裂，判断系沿火山作用形成的裂隙侵位；一部分岩体无断裂伴生，据呈岩瘤状判断系沿火山喷发后岩浆房空隙就位。故认为该类岩体为火山口塌陷机制形成的高位深成岩体。

4. 成因分析

该闪长岩富含角闪石，伴有辉石，无钾长石，石英含量低，副矿物为磁铁矿，与巴尔巴林的"含角闪石钙碱性花岗岩"一致，成因类型显示物质来源为幔源为主的幔壳混合源，其形成与俯冲作用有关。

5. 形成时代

该亚带闪长岩形成于俯冲构造阶段，其侵入早白垩世则弄群火山岩、与其空间关系密切，从南邻图幅该亚带出现英云闪长岩构成闪长岩-斜长花岗岩岩石组合分析应属低钾奥长花岗岩系列，从俯冲环境岩石系列演化看、应该早于早白垩世中晚期形成的色热巴-碧尖勒中酸性岩亚带，后者内部发现有一些早期闪长岩的捕虏体，其特征与前者相同，故将其时代暂定为早白垩世早—中期。

(二)早白垩世色热巴-碧尖勒中酸性岩亚带/国布勒岩体

该亚带分布于本图幅的东南侧和南邻图幅的东北侧,在南邻图幅出露其主体部分、包括色热巴、碧尖勒岩体等,在该图幅仅出露国布勒复杂深成岩体(29),该岩体南延出图、北部被第四系覆盖,图内仅出露 1.2km^2。该亚带经分析归属为俯冲阶段二期,共有 3 次侵入事件,图幅内的国布勒岩体出露其中的第二、三次侵入岩,岩性分别为黑云石英二长岩($k_1\eta o$)和黑云二长花岗岩($k_1\eta\gamma$)。该岩体与东侧的碧尖勒岩体(位于南邻图幅)相距甚近且沿构造线方向展布,特征一致,为同一机制下形成的两个岩体。

1. 地质特征

本岩体侵位于格仁错构造带与色热巴断裂之间的申扎燕山期岛弧区。露头不好,大致看出侵入周围则弄群(K_1zl)火山岩,边界不规整,向外缓倾,晚次侵入体位于外侧,在该岩体中二者野外关系不明,据对碧尖勒岩体观察,二者为脉动侵入关系。该岩体不显定向组构,由于露头不好未发现包体、也未见接触变质现象。

2. 岩石学特征

(1) 第二次侵入的小斑状中粒黑云石英二长岩

岩石呈灰白色,似斑状结构,基质半自形中粒结构,块状构造。斑晶为钾长石 10%±,半自形板柱状,8mm×6mm;基质由钾长石(26%±)、斜长石(49%±)、石英(10%±)、黑云母(6%±)及少量角闪石组成,副矿物为磁铁矿—白钛石。钾长石 2mm×1mm～2.5mm×3.5mm,半自形板柱状、粒状,为微斜长石,其晶体成分见表 3-3,平均 Or=89%,Ab=11%;斜长石 2mm×0.8mm～2.5mm×1mm、个别达 3.5mm×4.5mm,最大消光角法测得 An=26,其晶体成分见表 3-4;石英 0.6～1.7mm,他形粒状,不均分布;黑云母 0.5～1mm,片状,大都淅铁变成绿泥石;角闪石晶体成分及化学式见表 3-10,属钙角闪石组的镁角闪石。

表 3-10　角闪石晶体成分及化学式(以 23 个 O 为基数)　(单位:%)

亚带	分次	样品号	序号	Na_2O	MgO	Al_2O_3	SiO_2	K_2O	CaO	TiO_2	Cr_2O_3	MnO	FeO	Σ
夏噶日-嘎儿金亚带	一	3 401/1	3	1.540	8.680	8.090	46.230	1.050	10.640	1.170	0.070	0.070	18.430	96.570
马耳哥-我木途里亚带		2 204/2	2	0.79	5.954	4.010	48.230	0.580	11.080	1.090	0.060	0.390	24.610	96.780
色热巴-碧尖勒亚带	二	2 046/1	1	0.70	9.630	6.900	47.020	0.750	12.060	1.170	0.100	0.720	17.530	96.580

序号	A	B				C								D				样品来源
	K	Fe	Mn	Ca	Na	Al	Cr	Fe^{3+}	Ti	Mg	Fe^{2+}	Mn	Ca	Si	Al	Fe^{3+}	Ti	
3	0.201	0.000	0.000	1.552	0.448	0.364	0.008	0.676	0.132	1.941	1.636	0.085	0.158	6.935	1.065	0.000	0.000	夏噶日
2	0.144	0.000	0.000	1.769	0.204	0.271	0.012	0.461	0.132	2.153	1.738	0.088	0.091	2.052	0.948	0.000	0.000	沙玉
1	0.114	0.000	0.000	1.763	0.237	0.189	0.007	0.213	0.127	1.370	2.910	0.051	0.073	7.459	0.541	0.000	0.000	碧尖勒

(2) 第三次侵入的中—细粒黑云母二长花岗岩

岩石呈灰白色、风化面淡黄色,中—细粒花岗结构,块状构造,由斜长石(35%)、钾长石(40%)、石英(20%)、黑云母(5%)组成。长石均呈半自形板柱状,1.4mm×1mm～2.5mm×2mm,其中钾长石为条纹长石、杂乱分布,其晶体成分见表 3-3;斜长石为更长石,其成分见表 3-4,平均 Or=1.2%,Ab=86.6%,An=12.2%;石英 0.4～0.9mm,他形粒状,具波状消光;黑云母 0.2～0.4mm,褐色片状,其晶体成分及化学式见表 3-11,属铁质黑云母(图 3-23)。

表 3-11　尼玛区幅侵入岩黑云母晶体成分及化学式(以 24 个 O 为基数)　　(单位:%)

亚带	分次	样品号	序号	Na_2O	MgO	Al_2O_3	SiO_2	K_2O	CaO	TiO_2	Cr_2O_3	MnO	FeO	Σ
夏噶日-嘎儿金亚带	四	3 408/1	5	0.040	4.070	14.290	37.370	8.490	0.040	4.370	0.010	0.600	27.610	96.890
	一	3 401/1	4	0.010	10.710	14.470	37.260	6.400	1.000	3.770	0.070	0.470	23.110	97.270
色热巴-碧尖勒亚带	三	2 046/2	3	0.000	4.230	18.750	36.980	8.430	0.050	1.280	0.000	0.290	26.380	96.390
			2	0.150	3.820	17.540	36.790	9.370	0.160	1.640	0.050	0.460	27.480	97.460
			1	0.030	4.050	16.070	36.300	9.280	0.010	1.830	0.050	0.560	28.630	97.440

序号	A			B						T		样品来源
	K	Na	Ca	Mg	Fe	Al^{VI}	Ti	Cr	Mn	Al^{IV}	Si	
5	1.757	0.013	0.007	0.984	3.476	0.793	0.533	0.001	0.082	1.937	6.063	夏噶日岩体
4	1.280	0.003	0.168	2.503	3.030	0.512	0.445	0.009	0.062	2.159	5.841	
3	1.729	0.000	0.009	1.014	3.546	1.493	0.155	0.000	0.039	2.056	5.944	碧尖靳岩体
2	1.930	0.047	0.028	0.919	3.710	1.273	0.199	0.006	0.063	2.061	5.939	
1	1.926	0.009	0.002	0.982	3.896	1.106	0.224	0.006	0.077	2.094	5.906	

3. 岩石地球化学特征

与国布勒岩体可类比的碧尖勒岩体岩石化学、微量元素、稀土元素分析结果见表 3-6、表 3-7 和表3-8。

石英二长岩氧化物含量与中国石英二长岩平均值接近，仅 Na_2O 稍低，属中—高钾钙碱性系列，莱特的钙碱性岩(图 3-2、图 3-3、图 3-4、图 3-5)；铝指数 A/CNK=0.98，出现角闪石，属偏铝质类型。二长花岗岩与黑云母花岗岩相比富 SiO_2、K_2O，贫 Fe_2O_3、FeO、CaO、Na_2O，属高钾钙碱性系列，莱特的钙碱性岩(图 3-2、图 3-3、图 3-4、图 3-5)；铝指数 A/CNK=1.09，暗色矿物仅见黑云母，属过铝质类型。从早至晚，钾质、铝指数有所增高。

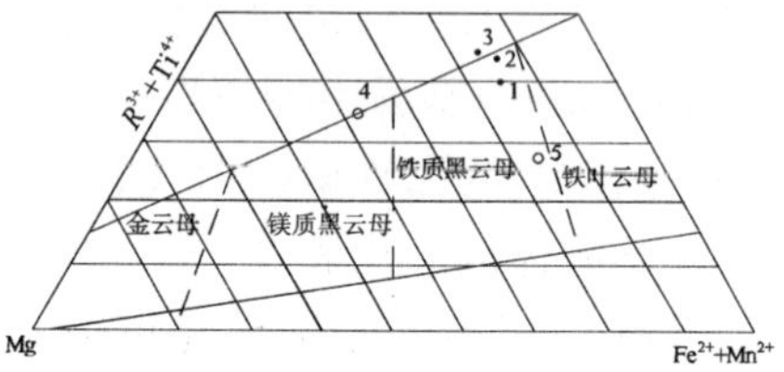

图 3-23　黑云母($R^{3+}+Ti^{4+}$)-Mg-($Fe^{2+}+Mn^{2+}$)图解
(编号同表 3-11)

石英二长岩微量元素与涂和费富钙酸性岩平均值相比具富 Th、Hf、Co，贫 Sr、Nb 的特点；二长花岗岩与花岗岩维氏平均值相比富 Co、Hf，贫 V、Cr、Sr、Zr、Nb、Ga，两次侵入岩均具有富 Co、Hf，贫 Sr、Nb 的特点。其地球化学型式见图 3-24，两次侵入岩十分相近，均强烈富集不相容程度高的元素，Rb、Th 正异常强烈，具火山弧花岗岩向碰撞花岗岩过渡的特点。

稀土元素标准化曲线见图 3-25，两次侵入岩曲线形态十分相似。稀土总量普遍较低，从早至晚依次为 $138.1\times10^{-6}\sim102.7\times10^{-6}$，均为轻稀土富集型，轻重稀土比值(∑Ce/∑Y)依次为 3.26～3.32，均具中等铕亏损，铕异常系数 δEu 依次为 0.68～0.62。

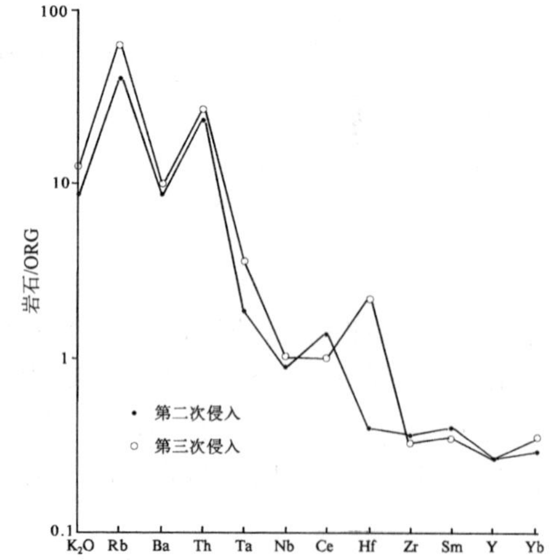

图 3-24　色热巴-碧尖勒亚带地球化学型式图

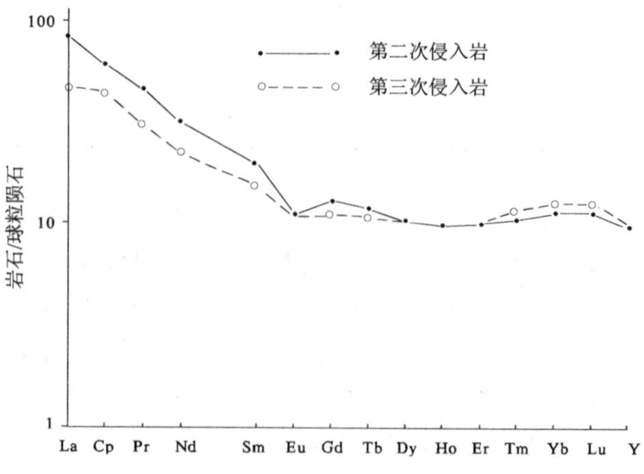

图 3-25　色热巴-碧尖勒亚带稀土元素标准化曲线

4. 岩脉特征

石英二长岩中发育少量中粒正长花岗岩脉，由于露头原因产状规模不明，岩石呈花岗结构，块状构造，由半自形的更长石(5%±)、条纹长石(75%±)、他形石英(20%±)及少量黑云母组成。

5. 成因及构造背景分析

该亚带石英二长岩中镁铁质包体中等发育(结合邻幅资料)，暗色矿物以黑云母为主，含少量角闪石，为偏铝质类型，属巴尔巴林的"富钾钙碱性花岗岩类"，岩石类型显示岩浆来自于壳幔混合源，形成于俯冲环境；二长花岗岩据暗色矿物仅为黑云母，过铝质，总体磁铁矿相对较少等特征认为属巴尔巴林的"含堇青石过铝花岗岩类"，岩石类型显示来自于壳源，形成于大陆碰撞环境。

石英二长岩在 Maniar 环境判别图(图 3-8)及 Rb-(Y+Nb)、Rb-(Yb+Ta)图解上(图 3-9)均位于火山弧区；二长花岗岩在上述图解中均位于"碰撞区"(结合该次侵入岩 A/CNK 平均值为 1.23 判断)，地球化学型式图具火山弧花岗岩向碰撞花岗岩过渡的特点。

上述各种结论十分一致，结合二者的伴生关系综合判断该亚带主体侵入岩形成于俯冲环境，晚期侵入岩已向碰撞环境转化。

6. 就位机制概略分析

该亚带的碧尖体显示清晰的折线状边界，明显截切围岩层理且围岩层理未见扰动，晚期侵入岩位于外侧，故主要以构造扩张机制就位。测区内的国布勒岩体由于露头所限，仅大体看出边界不规整，据与碧尖勒岩体的相似性推断，也认为其主要以构造扩张机制就位。

7. 时代

该亚带的国布勒岩体、碧尖勒岩体均侵入早白垩世则弄群；区域上与甲岗岩体无论岩性、地质学特征、构造位置均很一致，空间位置相近，可以对比；吴珍汗(2001)等在甲岗花岗闪长岩中获得同位素年龄 116Ma，角闪石 K-Ar 年龄 74.21Ma，据封闭温度理论可知，前者代表了岩体侵位年龄，后者为岩体进一步冷却年龄，故将该亚带时代确定为早白垩世中晚期。

(三)早白垩世得尔东-扎个勒花岗岩亚带

该亚带分布于图幅东南部，由得尔东(22)、纳巴乃嘎西南(24)、扎个勒 3 个中、小型简单深成岩体组成，面积共约 58km²。经分析归属碰撞阶段，仅有一次侵入活动($K_1\eta\gamma$)，岩性主要为灰白色含大斑细—中粒黑云母二长花岗岩，小岩体普遍不含斑晶而成细—中粒或中粒黑云母二长花岗岩。该亚带中的得尔东岩体规模最大，最具代表性，其他岩体规模均较小。现以得尔东岩体为主综合叙述如下。

1. 地质特征

侵位于申扎格仁错构造带南侧的燕山期岛弧区，呈岩株、岩瘤状侵入周围石炭系和则弄群(K_1zl)火山岩(图 3-26)。岩体平面形态主要呈不规则的带状，边界呈极度弯曲的港湾状，边缘常有岩枝插入围岩，接触面产状变化大，一般向外中等倾斜，局部缓倾和内倾，切割周围地层，普遍发育宽约 5m±的细粒花岗岩冷凝边。内部常有细粒花岗岩脉穿插其中。

2. 岩石类型及岩性特征

岩石呈灰白色，细—中粒花岗结构、块状构造，主要由钾长石(25%～29%，平均 27%)、斜长石(37%～40%，平均 39%)、石英(29%～30%)、黑云母(5%)组成，副矿物为磁铁矿。钾长石斑晶在得尔东岩体中发育，含量约 5%±，15mm×(25～40)mm、个别可达 80mm，半自形板柱状，边缘不规则，内部包有斜长石、石英、黑云母等。基质钾长石 1.5～2mm，半自形板柱状、粒状；斜长石 1.7mm×1mm～3.8mm×1.8mm，半自形板柱状，粒状，An=25，系更长石；石英 1～3.5mm，他形粒状，波状消光明显；黑云母 0.5～1mm，片状，大都淅铁变成了绿泥石。

在 Q-A-P 图解(图 3-27)上，样点位于二长花岗岩区；在多阳离子 R_1-R_2 图解(图 3-13)上落入花岗闪长岩区，与前者基本一致。

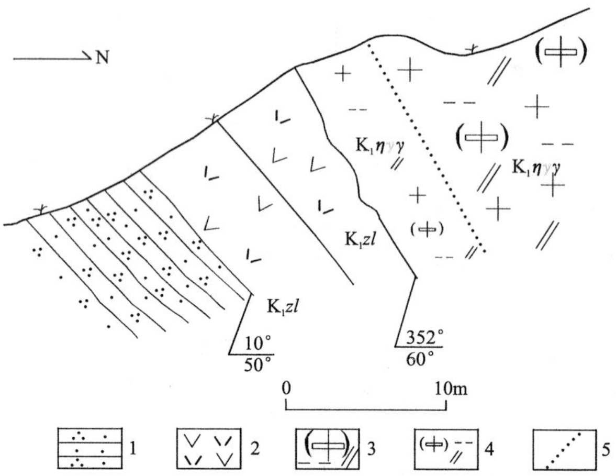

图 3-26　尼玛县得尔东岩体（$K_1\eta\gamma$）侵入则弄群（K_1zl）素描剖面图

1. 红色石英砂岩；2. 灰色英安岩；3. 含大斑细—中粒黑云母二长花岗岩；4. 含小斑细粒黑云母二长花岗岩；5. 相变界线

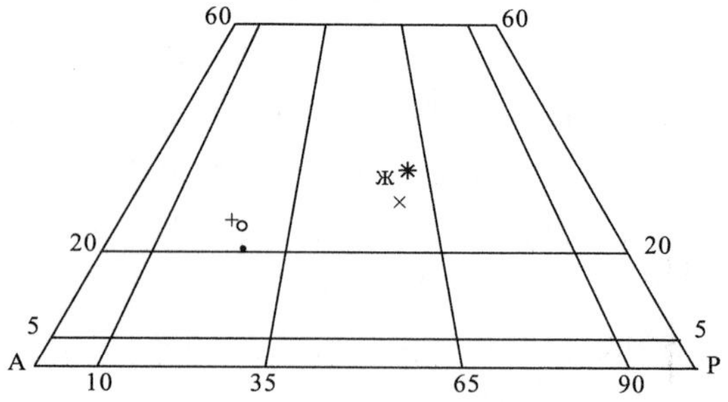

图 3-27　Q-A-P 图解

得尔东-扎个勒亚带：×得尔东岩体，ж 扎个勒岩体；✱纳巴乃嘎岩体；

查木岗亚带：•. 第一次侵入岩；○. 第二次侵入岩；+. 第三次侵入岩

3. 岩石地球化学特征

岩石化学分析结果及参数见表 3-6，与中国黑云母花岗岩平均值相比，富 SiO_2（高达 79.64%），贫 Al_2O_3、Fe_2O_3、FeO、MnO、MgO、CaO、Na_2O。在硅-碱图上（图 3-2）位于亚碱性区，在 FeO^*/MgO 与 FeO^*、SiO_2 图解上（图 3-3）位于狭义的钙碱性系列区，在 K_2O-SiO_2 图解上（图 3-4）位于高钾区，故该岩石属高钾钙碱性系列（狭义）；在 AR-SiO_2 图解上（图 3-5）位于碱性区但碱性程度不高，里特曼指数 $\sigma=1.3$，结合岩石中钾长石不高判断属莱特的钙碱性岩；铝指数 A/CNK=1.05，属弱过铝类型。微量元素半定量分析结果见表 3-7，本花岗岩具有富 V、Cr、Pb、Zn 的特点。

4. 包体特征

岩体中围岩捕虏体中等发育，一种为石炭系碎屑岩，一种为则弄群火山岩，边部、内部均有分布，其中内部者属顶垂体，这些捕虏体分布不均、大小不等，大者可达 250m×500m。花岗岩与捕虏体接触处粒度变细，捕虏体具烘烤现象。其他类型包体均不发育。

5. 侵入深度、温度及剥蚀程度

得尔东岩体内部常具顶垂体，边部常发育较宽的冷凝边，同化混染弱，机械贯入作用强，接触变质作用弱。岩石基质粒度为细—中粒，侵入稍早喷发的则弄群火山岩，从地质特征上看，侵位深度位于浅带。据全岩阳离子数及斜长石号码法温度计，温度大约 800℃（图 3-28）。

据本岩体出露面积不大，内部发育大型顶垂体，岩体接触面一般中等倾斜判断为浅剥蚀。

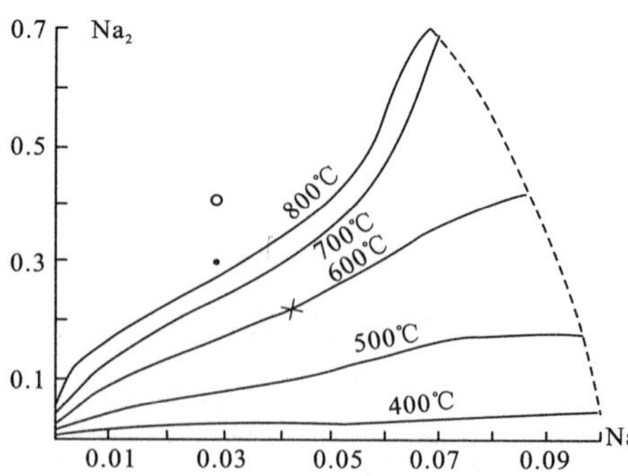

图 3-28　Na_1-Na_2 与温度关系图

（Рябчик О В，1956）

○. 得尔东岩体，查木岗岩体；

•. 第一次侵入岩；×. 第二次侵入岩

6. 就位机制概略分析

得尔东岩体平面形态极不规则，岩体边界切割地层产状，呈极度弯曲的港湾状且产状变化大，常发育贯入围岩的岩枝，岩体边部发育捕虏体，内部发育大型顶垂体，岩体内部及围岩就位组构不发育，上述情况说明主动膨胀机制很弱或不存在。从捕虏体的发育程度看，存在着一定程度的顶蚀作用，但影响有限，同化混染作用弱。故该岩体就位的大部分空间主要为构造扩展或岩浆侵吞的其他作用提供。

7. 成因及构造背景

本亚带为弱过铝类型，尚未发现镁铁质包体，FeO(T)/[FeO(T)+MgO]=0.7，$Fe^{3+}/(Fe^{3+}+Fe^{2+})=0.22$，具高Si，低Na、Ca特征，与巴尔巴林的“含堇青石过铝花岗岩”相当，成因类型显示岩浆来自于壳源岩石熔融、形成于大陆碰撞环境。在Maniar的环境判别图上(图3-8)大部分位于“大陆弧-碰撞区”，$Na_2O/(K_2O+Na_2O)=0.65$，$Na_2O/CaO=4.25$，$MgO/FeO^*=0.42$，MgO/MnO=5，$Al_2O_3/(K_2O+Na_2O)=1.18$，这些数值与其“碰撞花岗岩”一致而与“大陆弧花岗岩”有所不同。

结合上述成因类型综合判断该花岗岩形成于碰撞环境。

8. 形成时代

本亚带形成于碰撞构造阶段，侵入早白垩世则弄群火山岩，从所处构造阶段看应晚于色热巴-碧尖勒亚带而早于后碰撞阶段形成的诸亚带，该亚带与色热巴-碧尖勒亚带第三次侵入的二长花岗岩从岩性特征上看，具有一定的继承演化性，故将其确定为早白垩世末期。

(四)晚白垩世马耳哥-我木途里闪长岩亚带

该亚带主要位于格仁错构造带北侧的班戈燕山期弧后盆地区，极少量位于班公湖-怒江结合带中，出露面积约6.7km²。成带状分布明显，依分布可进一步划分为两个小带，一个是位于图幅中部控错-格仁错北岸一带的马耳哥-阿若北沟小带；另一个是图幅北部达则错附近的珠岔我蒙-我木途里小带。前者沿格仁错构造带北侧展布，由马耳哥西(3)、马耳哥南(4)、沙玉(5)、仁母勒西南(6)、且龙务龙(7)、阿若北沟(8)等7个小岩体及多条岩脉组成；后者位于班公湖-怒江结合带中，由我木途里岩体和珠岔我蒙岩脉群组成。该亚带经分析归后碰撞阶段一期，主体岩性为细粒黑云母石英闪长岩($K_2\delta o$)或玢岩($K_2\delta o\mu$)、细粒黑云母闪长岩($K_2\delta$)或玢岩($K_2\delta\mu$)。其中马耳哥南侧的沙玉岩体规模最大、最具代表性，现以沙玉岩体为主综合叙述如下。

1. 地质特征

该亚带呈岩瘤、岩墙、岩脉状侵入周围的查果罗玛组($D_{2-3}\hat{c}$)、俄蒙勒组(J_2e)、多尼组(K_1d)、竟柱山组(K_2j)地层(图3-29)以及阿若辉长岩(J_3v)之中(图3-12)。呈岩瘤、岩墙产出者具冷凝边和围岩捕虏体，界线呈锯齿状、折线状，接触面陡倾而切割围岩层理面，岩体规模多在0.2～2km²之间，平面形态呈长椭圆状、圆状和带状，其延长方向与层理走向一致；呈脉状者宽约5～40m，长约0.3～2km(一般0.5～1km)，常顺围岩层理面和断层附近的次级构造面侵入。

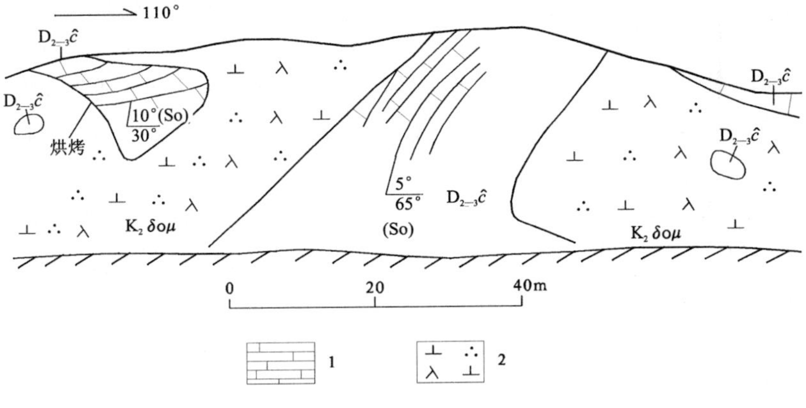

图3-29 亚龙务龙石英闪长玢岩陂($K_2\delta o\mu$)侵入查果罗玛组($D_{2-3}\hat{c}$)素描剖面图

1. 薄层灰岩；2. 石英闪长岩

2. 岩石类型及岩性特征

上述岩石类型在多阳离子 R_1-R_2 图解(图 3－13)上落入石英二长岩、二长岩、英云闪长岩区,与实际矿物含量所定名称稍有差别。

岩石呈灰绿色、灰色,半自形细粒结构,块状构造,由斜长石(75%～92%,平均 82%)、石英(2%～10%,一般 4%～5%±)、黑云母(5%～20%,平均 11%)、角闪石(0～2%)、透辉石(0～2%)组成,副矿物为磁铁矿—锆石—榍石,含极少的石榴石。斜长石 0.3mm×0.1mm～2mm×0.8mm,自形板柱状,一般 An=35～36,系中长石,晶体化学成分见表 3－4;石英 0.1～0.8mm,他形粒状,不均匀分布于长石孔隙中;黑云母 0.2～1.3mm,褐色片状,多色性吸收性明显,个别向绿泥石变化;角闪石 0.5mm×0.2mm～1mm×0.5mm,柱状,属钙角闪石组的铁角闪石,其晶体成分及化学式见表 3－10,个别向黑云母变化;辉石 0.3mm×0.2mm～0.9mm×0.5mm,柱状。角闪石、辉石不均分布,石榴石为铁铝质的钙铝榴石,其晶体成分及化学式见表 3－12。

表 3－12　马耳哥-我木途里闪长岩亚带石榴石晶体成分及化学式表(以 12 个 O 为基数)　　(单位:%)

岩体	样品号	Na_2O	MgO	Al_2O_3	SiO_2	CaO	TiO_2	Cr_2O_3	MnO	FeO	Σ
沙玉岩体	22 041/3	0.000	1.260	20.350	41.550	22.370	0.150	0.050	0.100	13.180	99.010
		A					B			T	
		Mg	Fe	Mn	Ca	Na	Al	Ti	Cr	Si	Al
		0.151	0.626	0.007	1.930	0.000	1.929	0.009	0.003	3.345	0.000

珠岔我蒙等岩脉群常不含石英,个别岩体(且龙务龙、马耳哥南)和大多数岩脉具斑状结构,斑晶为斜长石,含量 2%～25%,2.4mm×0.8mm±,半自形板柱状,An=29～38,系中长石。仁母勒西南灰色细粒黑云母闪长岩中分异有灰白色的细粒斜长岩条带,不含其他暗色矿物,仅含 2%±的褐铁矿,石英含量同主岩。

3. 岩石地球化学特征

(1) 岩石化学特征

岩石化学特征分析结果及参数见表 3－6。阿若北沟闪长岩略有风化,与中国闪长岩平均值相比仅 K_2O、Fe_2O_3 稍低,而 FeO 稍高;沙玉石英闪长岩与中国石英闪长岩平均值相比 Na_2O 高、FeO 稍高,Al_2O_3、MgO、CaO 稍低。我木途里石英闪长岩、珠岔我蒙闪长岩由于岩石风化太强,不好对比。如果剔除阿若北沟闪长岩的风化性影响,可以看出本亚带 Na_2O 总体偏高。

在硅-碱图上(图 3－2)本闪长岩均位于亚碱性区但十分近碱性区边界,在 FeO^*/MgO 与 SiO_2、FeO^* 图解上(图 3－3)位于富铁的拉斑玄武岩区(风化较严重样品位于钙碱性系列区,但不同程度靠近富铁区);本岩带岩石 K_2O 不高,在 K_2O-SiO_2 图解上位于中钾区(图 3－4),Na_2O/K_2O=2.47～2.8,相对较高;在 $AR-SiO_2$ 图解(图 3－5)上均位于碱性区与钙碱性区分界处,里特曼指数 σ=3.07±。故该闪长岩属拉斑玄武岩系列,莱特或里特曼的钙碱性岩,铝指数 A/CNK=0.96,属偏铝质类型。

(2) 微量元素特征

微量元素特征分析结果见表 3－7。本亚带岩石与闪长岩维氏平均值相比有较大差别,表现为 Cr、Ni、Sr、Ba、Nb 低而 Sc、Hf 高,阿若北沟闪长岩 Co 高而沙玉石英闪长岩 V 低。从微量元素地球化学型式图上(图 3－30)可以看出本亚带岩石均显著富集不相容元素而亏损相容元素,阿若北沟闪长岩与珠岔我蒙闪长岩微量元素曲线特征极其一致,与沙玉石英闪长岩相比后者不相容元素更加富集一些。

(3) 稀土元素特征

稀土元素特征分析结果见表 3－8。标准化曲线(图 3－31)为向右倾斜的平滑曲线,属轻稀土富集型,轻重稀土比值 $\sum Ce/\sum Y$=1.498～1.79,具弱铕亏损,δEu=0.85～0.84,稀土总量 $\sum REE=229\times10^{-6}\sim104\times10^{-6}$,与世界同类岩石相比稍高。

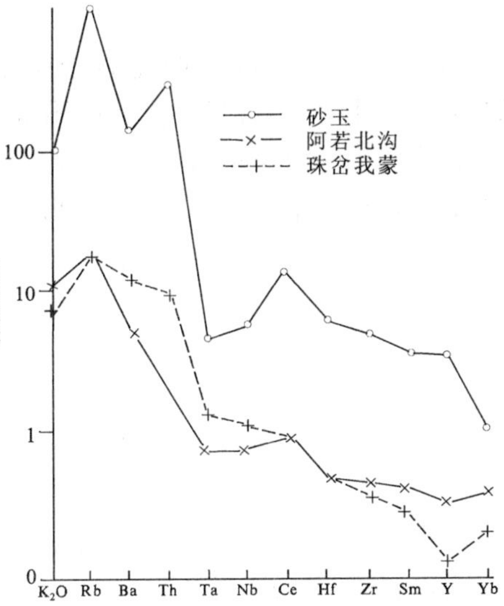

图 3-30　马耳哥-我木途里闪长岩亚带地球化学型式

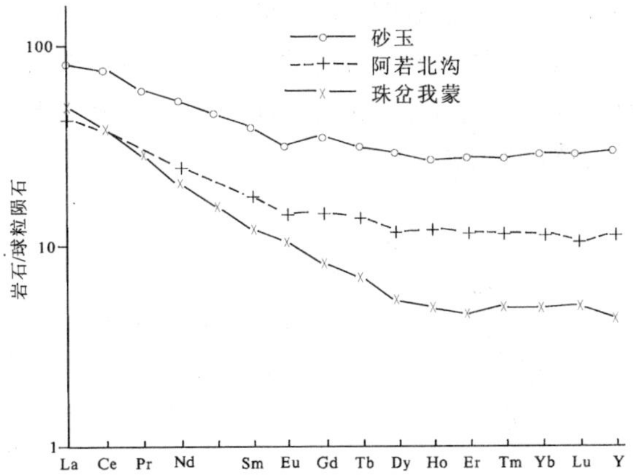

图 3-31　马耳哥-我木途里亚带稀土元素标准化曲线图

(4) 包体及节理特征

较大岩体的边部及内部常分布围岩捕虏体和顶垂体，其大小不等，大者基本保持了原岩的产状，有的构成残留顶盖。有些岩体内部节理发育，节理间隔一般 30cm±，其内被方解石脉充填。

(5) 接触变质及蚀变作用

岩体接触变质作用弱，仅表现为一些热烘烤现象。岩体内部常发育弱碳酸盐化，形成一些不均匀分布的方解石团块。

(6) 侵位深度及剥蚀程度

本亚带诸岩体接触变质作用弱，内部常具顶垂体，机械贯入作用表现强烈，岩石具斑状结构—细粒结构，为典型的浅成岩体。据顶垂体和捕虏体较大较多、岩体出露面积均较小推测剥蚀较浅。

(7) 就位机制概略分析

本亚带岩体形态多呈带状、脉状，界线呈锯齿状、折线状，局部可见切割围岩层理面。从特征较明显的岩体看，均为沿裂隙贯入，岩体内捕虏体、顶垂体多，有些顶垂体基本为原地，围岩面理未受扰动，故认为该亚带岩体主要为构造扩张就位。

(8) 成因分析

该闪长岩与围岩呈侵入关系。K_2O=2.19～1.56，标准矿物 Or=12.94～9.22，均远大于蛇绿岩套中的浅色岩系；稀土曲线为轻稀土富集型，与蛇绿岩套明显不同。这些特征均说明不是蛇绿岩套成分。

在 $\lg\tau-\lg(\sigma_{25}\times100)$ 图解上(图 3-16)位于板内演化的碱性岩区，在 Maniar 的 3 个环境判别图上(图 3-8)均位于非造山区，但分异指数 DI=71.74～52.83，不具裂谷环境的双峰式特征。在非活动性元素 Rb-(Y+Nb)、Rb-(Yb+Ta)图解上(图 3-9)位于板内区(有所风化样品位于弧区)，其地球化学型式图(图 3-30)与碰撞花岗岩典型图式具有一致性。

结合当时的构造背景我们认为是后碰撞环境下在格仁错构造带以北形成了局部快速拉张环境，引起岩浆沿扩张裂隙侵位而成。

(9) 时代

本次区调在阿若北沟闪长岩中获得黑云母 K-Ar 年龄 92.7Ma，该亚带侵入早白垩世多尼组，化石表明多尼组形成于阿普特期，同时发现部分岩脉侵入晚白垩世竟柱山组，该组所产化石表明为赛诺曼期，结合所处的构造阶段将其时代置于晚白垩世早期。

(五)晚白垩世查木岗白云母花岗岩亚带/查木岗岩体

该亚带在图幅内仅出露查木岗复杂深成岩体(16),分布于图幅西南的昂孜错西北侧,图内面积约30km²,向西延出图外至文部一带,1∶100万日喀则幅区调称“文部岩体”。经分析归为后碰撞阶段二期侵入岩,包含3次侵入活动。第一次为中斑状中粒二云母正长花岗岩($K_2\xi\gamma$),面积22km²;第二次为细粒黑云白云母正长花岗岩,面积6km²;第三次为补充期侵入的正长花岗斑岩($K_2\gamma\pi$),面积2km²。查木岗岩体剖面见图3-32。

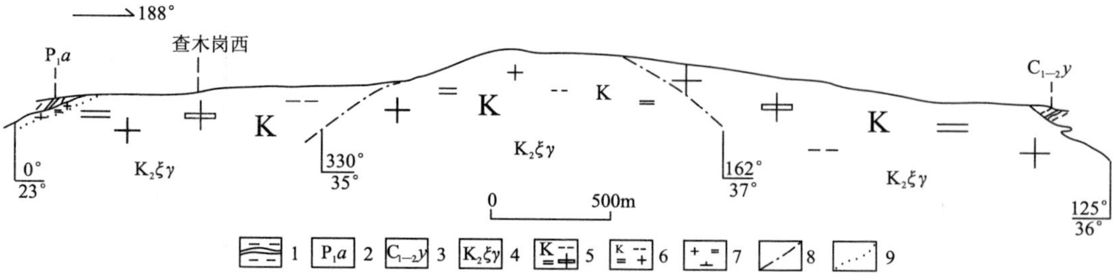

图3-32　查木岗岩体剖面图

1. 泥质板岩;2. 昂杰组;3. 永珠组;4. 晚白垩世正长花岗岩;5. 中斑状中粒二云母正长花岗岩;6. 细粒黑云白云母正长花岗岩;7. 细粒白云母花岗闪长岩;8. 脉动侵入接触界线;9. 岩性渐变界线

1. 地质特征

该亚带位于格仁错构造带南侧的申扎燕山期岛弧区,侵入周围石炭系、二叠系地层(图3-33),普遍发育2m±的冷凝边、捕虏体、岩枝以及接触变质作用。岩体内部第一、二次侵入岩之间为脉动关系,后者边缘具2mm±的冷凝边并呈脉状岩枝贯入前者之中(图3-34)。结合其产状可知早晚关系。岩体呈不整合的带形岩株切割围岩层理,但延伸方向与区域构造线一致。岩体边界一般呈圆滑状,局部因岩枝侵入而呈锯齿状。复杂深成岩体内部主体期侵入岩呈套叠状分布型式。

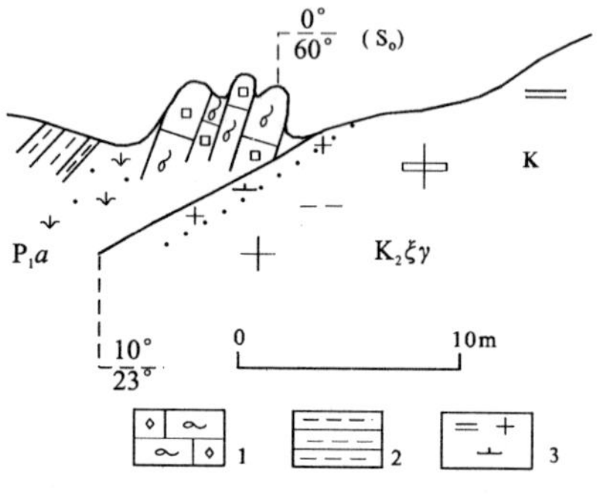

图3-33　查木岗岩体侵入昂杰组(P_1a)素描剖面图

1. 条带状中晶灰岩;2. 泥质板岩;3. 细粒白云母花岗闪长岩

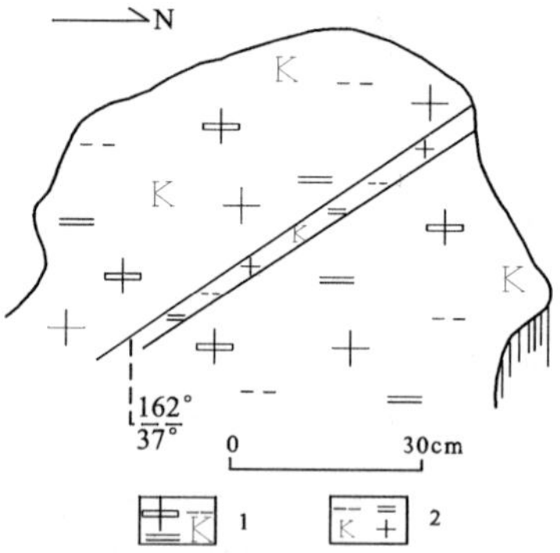

图3-34　查木岗岩体细粒花岗岩呈脉状岩枝贯入斑状中粒花岗岩素描图

1. 中斑状中粒二云母正长花岗岩;2. 细粒黑云母正长花岗岩

2. 岩石类型及岩性特征

Q-A-P图解(图3-27)和多阳离子R_1-R_2图解(图3-13)显示均为正长花岗岩。

(1) 第一次侵入的中斑状中粒二云母正长花岗岩

岩石呈灰白色,风化面略呈浅肉红色,似斑状结构,基质中粒花岗结构,块状构造。斑晶为钾长石,分布不均,含量2%~15%,平均为9%,5mm×8mm~10mm×25mm,长柱、长条状;基质由钾长石

(55%～42%，平均45%)、斜长石(20%±)、石英(20%±)、黑云母(3%±)，白云母(少量～5%，平均3%)组成，副矿物为磁铁矿-磷灰石。基质中斜长石1.5mm×0.7mm～2.3mm×0.7mm，半自形板柱状，An=26，系更长石；钾长石1.8mm×1.1mm～4mm×2mm，半自形板柱状，为微斜长石，内部包裹斜长石、黑云母等；黑云母、白云母均呈片状，0.8～1.8mm，不均匀分布；石英1～2mm，他形粒状。

(2) 第二次侵入的细粒黑云白云母正长花岗岩

岩石呈灰白色，细粒花岗结构，块状构造，由钾长石(53%)、斜长石(15%)、石英(25%)、黑云母(2%)、白云母5%组成，副矿物为磁铁矿-磷灰石。钾长石0.5～1mm，半自形粒状，有的具格子双晶，为微斜长石；斜长石0.5～1mm，半自形板柱状、粒状，An=25，系更长石；石英0.5～1mm，他形粒状；白云母、黑云母0.5～1.5mm，片状。

(3) 第三次侵入的(正长)花岗斑岩

岩石呈灰白色，风化面褐黄色，斑状结构，基质微晶结构，块状构造。斑晶由钾长石(5%±)、石英(3%±)及少量斜长石组成，基质由钾长石(52%±)、斜长石(20%±)、石英(20%±)组成，副矿物为褐铁矿。斑晶钾长石0.5mm×0.2mm～3mm×2mm，自形、半自形板柱状，包裹斜长石；斑晶斜长石0.7mm×0.3mm～1.5mm×0.7mm，半自形板柱状；斑晶石英0.5～1.6mm，熔蚀的粒状或自形粒状；基质长石0.06mm±，小板条状，石英0.03mm±，他形粒状。

三次侵入岩均为正长花岗岩，在Q-A-P图解上(图3-27)的投点较为接近，主体期的第一、二次侵入岩均为黑云母-白云母组合，从早至晚白云母有所增高，副矿物均为磁铁矿-磷灰石型。它们的区别主要是结构上的差别。从岩石类型上看具同源岩浆演化特点。

3. 岩石化学特征

主体期侵入的第一、二次侵入岩岩石化学分析结果及参数见表3-6。

第一、二次侵入岩与中国二云母花岗岩相比十分接近，仅K_2O稍高，Fe_2O_3、FeO、Na_2O稍低。第一次侵入岩MgO稍高，第二次侵入岩CaO稍高。

第一、二次侵入岩在硅-碱图上均位于亚碱性区(图3-2)，在FeO^*/MgO与SiO_2、FeO^*图上(图3-3)均位于狭义的钙碱性系列区，在SiO_2-K_2O图解(图3-4)上位于高钾区。在AR-SiO_2图解上(图3-5)位于钙碱性区，里特曼指数σ分别为2.29和2.18，属莱特的钙碱性岩(狭义)。铝指数分别为1.13和1.18，富含白云母，为强过铝质岩石。

第一、二次侵入岩分异指数相近，分别为89.9和88.3，其他化学成分含量基本一致(仅早期Mg、Ti稍高，晚期Ca稍高)。岩石化学属性一致，从早至晚铝指数略有升高。岩石化学特征具同源岩浆演化性。

4. 包体、组构、节理特征

岩体中发育围岩捕虏体和残留体两种类型包体。捕虏体仅在边部大量发育，主要为石炭系的板岩，无定向，大小不一，一般11cm×10cm～50cm×500cm，在最后侵入的花岗斑岩中局部呈顶盖“漂”在其上，残留体为富云包体，由黑云母和白云母组成，仅局部见于第一次侵入岩边部，一般3cm×2cm～9cm×1.5cm。第一次侵入岩的边部局部地段发育糜棱岩化，糜棱面理走向与岩体边界一致，其内部的富云包体也随之定向，围岩靠近岩体边部局部地段也具糜棱岩化。从某些地段可看出该面理走向与区域构造线却不一致，显示该组构的形成与岩体就位有关。从西邻图幅糜棱岩带的规模看，该糜棱岩的形成还与当时的构造应力有关。岩体中节理十分发育，把岩石切割成薄板外貌。

5. 接触变质作用

岩体围岩普遍发育宽约10m±的接触变质带，主要为热变质形成的具硅质岩条带中晶灰岩、绢云母板岩、斑点状板岩和含红柱石板岩。沿围岩裂隙有绿帘石化现象，岩体与其内部的捕虏体之间常发生不同程度的同化混染现象。

6. 侵入深度、形成的物化环境及剥蚀程度

(1) 深度及压力

该岩体主体期(第一、二次侵入岩)侵入的正长花岗岩钾长石均为微斜长石,基质粒度较细,为中细粒。岩体边界具不协调向协调过渡的特点,接触变质作用强。从地质特征上看形成于中—浅带。在Q-Ab-Or-P_{H_2O}相图(图3-35)上第一次侵入岩位于2 000巴,第二次侵入岩位于1 700巴,相应深度分别为6.6~5.6km,与上述地质特征相吻合,故认为主体期侵入岩形成于中—浅带。

(2) 温度

据全岩阳离子数及斜长石号码法温度计(图3-1),第一次侵入岩形成温度为900℃,第二次侵入岩形成温度为600℃。可以看出,从早至晚,侵位深度稍有变浅但温度却迅速降低。

(3) 剥蚀程度

岩体南、北方向出露较窄,岩体与围岩接触面及内部接触面均向外缓倾,第一、二次侵入岩之间表现出脉动关系,故认为剥蚀程度浅。

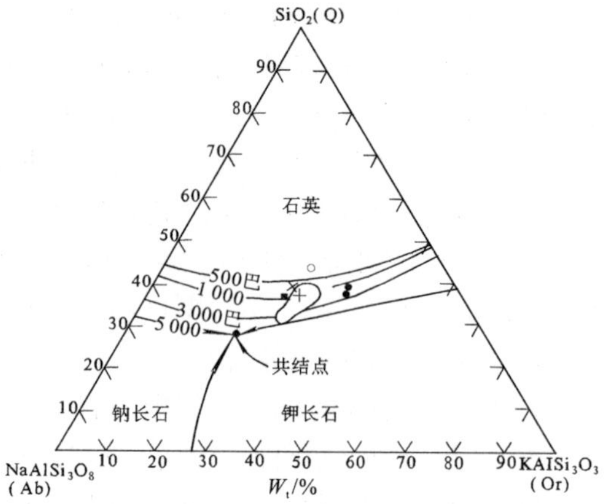

图3-35　不同P_{H_2O}下的Ab-Or-Q相图

(N. L. Bowen、O. F. Tunle,1958)

查木岗岩体、夏噶日岩体:○. 第三次侵入岩;×. 第四次侵入岩;+. 第五次侵入岩;•. 嘎儿金岩体

7. 就位机制分析

本岩体呈长带状,延伸方向与区域构造线方向一致,边界一般圆滑,岩体边部及围岩中发育就位糜棱岩等特征显示出主动就位特点,但岩体边界切割围岩产状呈现不整合岩体,围岩层理基本未受影响等特征又显示出被动就位的特点。故认为该岩体主要以底辟和构造扩展的复合机制就位。

8. 成因及构造背景分析

该岩体富含原生白云母,具残留富云包体,无镁铁质包体,铝指数A/CNK大于1,$Fe^{3+}/(Fe^{3+}+Fe^{2+})$=0.29~0.27,故属巴尔巴林的"含白云母过铝质花岗岩类"。岩石类型显示岩浆来自于壳源物质的熔融,形成于大陆碰撞(广义)环境。在Al_2O_3/TiO_2-CaO/Na_2O判别图解上(图3-36)属中—高Al_2O_3/TiO_2型,结合富白云母判断岩石是在富水相对低温环境下熔融、结晶而成,具中—高CaO/Na_2O值,说明源岩为砂屑岩或泥质岩与砂屑岩互层。砂屑岩中富含水分的最好解释是与附近的韧性剪切带有关。在Maniar的环境图上主体位于"碰撞花岗岩区"(图3-8),Na_2O/K_2O=0.44~0.42,Na_2O/CaO=3.5~2.6,MgO/FeO(T)=0.48~0.55,均与其"碰撞花岗岩"一致。

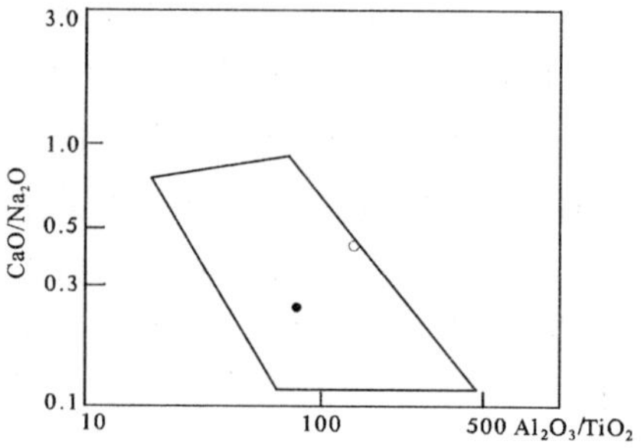

图3-36　查木岗岩体CaO/Na_2O-Al_2O/TiO_2图解

•. 第一次侵入的斑状花岗岩;

○. 第二次侵入的正长花岗岩

研究表明,白云母—二云母花岗岩是陆内俯冲的标志,结合该亚带与韧性剪切带的因果关系,我们认为该亚带同样形成于后碰撞环境。

9. 形成时代

西邻1∶25万帮多幅区调在该亚带沿构造线西延的其他岩体中获得K-Ar年龄值为93.5±1.81Ma,1∶100万日喀则幅及西邻帮多幅区调均发现该亚带的其他岩体侵入周围早白垩世则弄群,结合该岩体所处的构造阶段及岩浆演化规律我们将其暂放于晚白垩世早期。

(六)晚白垩世夏噶日-嘎儿金花岗岩亚带

该亚带出露于图幅中南部夏噶日山一带,面积约348km²。由夏噶日(15)、嘎儿金(14)、日阿若(12)、铨布日(10)、阿英莫(11)、控错南(13)、普珠(19)等9个岩体组成,经分析归为后碰撞阶段第四期侵入岩。可划分为5次侵入活动，第一次为灰白色不等粒角闪黑云二长花岗岩($K_2\eta\gamma$)，由2个侵入体组成，面积约$112km^2$；第二次为浅肉红色细粒黑云母二长花岗岩($K_2\eta\gamma$)，由2个侵入体组成，面积约$28km^2$；第三次为肉红色粗粒正长花岗岩($K_2\xi\gamma$)，仅有1个侵入体，面积约$31km^2$；第四次为斑状细—中粒黑云母正长花岗岩($K_2\xi\gamma$)，由3个侵入体组成，面积约$165km^2$；第五次为灰红色花岗斑岩($K_2\xi\pi$)，由8个侵入体组成，面积$12km^2$。该亚带中夏噶日岩体发育最完整，特征最典型，可作为代表，其剖面见图3-37。现主要以夏噶日岩体为例结合其他岩体特征，将该亚带叙述如下。

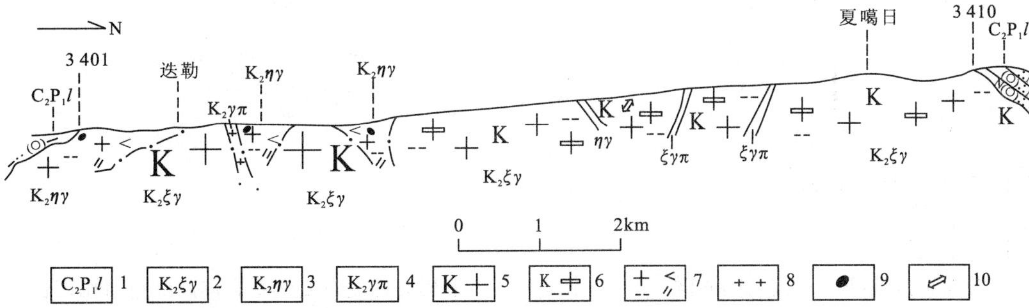

图3-37　尼玛县夏噶日岩体实测剖面图

1. 拉嘎组；2. 晚白垩世正长花岗岩；3. 晚白垩世二长花岗岩；4. 晚白垩世花岗斑岩；5. 粗粒正长花岗岩；6. 中斑状细—中粒黑云母正长花岗岩；7. 不等粒角闪黑云母二长花岗岩；8. 花岗斑岩；9. 暗色包体；10. 斑晶定向

1. 地质特征

侵位于格仁错构造带南界帮勒韧性剪切带南、北两侧，侵入周围前震旦纪念青唐古拉岩群，石炭系—二叠系(图3-38)，普珠花岗斑岩尚侵入则弄群(K_1zl)火山岩(图3-39)，呈大小悬珠的岩基、岩株、岩瘤产出，平面形态不规则，延伸方向常斜交甚至垂直构造线。大型岩体均为多次侵入而构成的复杂岩体，各次之间呈套叠分布；小型岩体均为一次侵入的简单式岩体，呈卫星状散布于大岩体周围。其中夏噶日岩体呈岩基状产出，由上述5次侵入岩组成，嘎儿金岩体呈大型岩株，由第四次斑状花岗岩、第五次花岗斑岩组成。

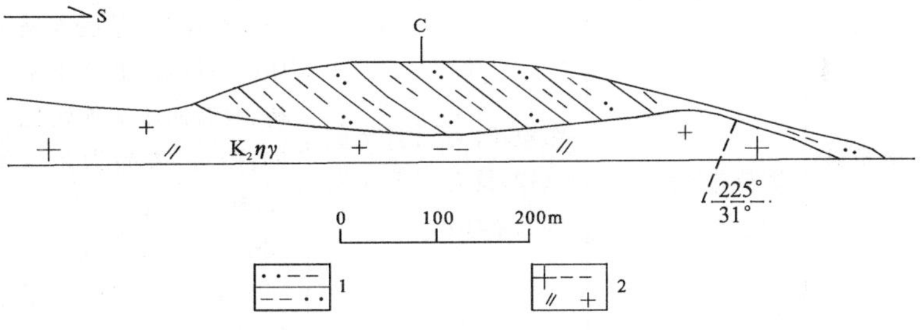

图3-38　尼玛县迭勒东南夏噶日岩体($K_2\eta\gamma$)侵入石炭系(C)素描剖面图

1. 粉砂质泥岩；2. 不等粒黑云二长话岗岩

岩体与围岩接触界线呈枝叉状、港湾状、折线状，产状多向外缓倾，局部中等外倾，围岩边界常发育较多的小型岩瘤和岩脉。

第一、二次侵入的二长花岗岩，分布于岩体的边部，二者呈截然的脉动关系，先后关系野外不易确定，仅据岩性特征大致确定早晚；第三、四次正长花岗岩之间为涌动接触，二者之间发育几米宽的岩性混合带，没有明显界线，仅据空间位置及演化关系确定早晚。第三次侵入的正长花岗岩与第一次侵入的不等粒花岗岩之间常有围岩断续分布或二长花岗岩脉充填其间，从它们之间的产状关系可以明确确定正长花岗岩侵入二长花岗岩(图3-40)。

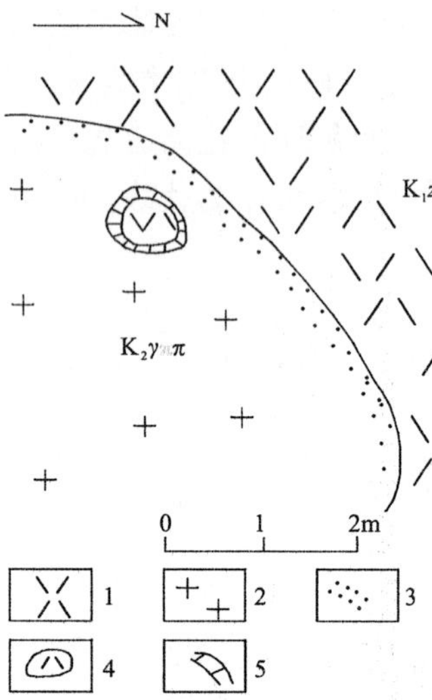

图 3-39 普珠岩体陂($K_2\gamma\pi$)侵入则弄群(K_1zl)素描平面图
1. 流纹岩;2. 花岗斑岩;3. 细粒边;4. 捕虏体;5. 烘烤边

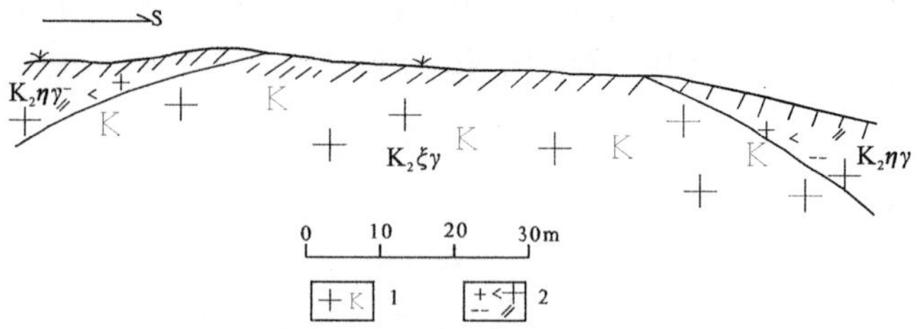

图 3-40 尼玛县迭勒东夏噶日岩体肉红色粗粒正长花岗岩($K_2\xi\gamma$)侵入周围不等粒二长花岗岩($K_2\eta\gamma$)素描图
1. 粗粒正长花岗岩;2. 不等粒角闪黑云二长花岗岩

2. 岩石类型及岩性特征

各次侵入岩定名的 Q-A-P 图解见图 3-41,参考的 R_1-R_2 图解见图 3-13。岩石类型及岩石学特征见表 3-13。钾长石、斜长石、黑云母、角闪石晶体化学成分及化学式见表 3-3、表 3-4、表 3-10 和表 3-11;黑云母分类图解见图 3-23。

表 3-13 夏噶日岩体岩石学特征表

项目 \ 分次	一	二	三	四	五
名称	不等粒角闪黑云二长花岗岩	细粒黑云母二长花岗岩	粗粒正长花岗岩	中斑状细—中粒黑云母正长花岗岩	正长花岗斑岩
结构	不等粒结构、略显斑状特点	细粒花岗结构	粗粒花岗结构,文象结构,具有不等粒结构的某些特点	似斑状结构,基底细—中粒花岗结构,文象结构,具有向不等粒转化的特点。斑晶为条纹长石,半自形粒状,10mm×6mm~7mm×16mm,23%~30%,平均 26%	斑状结构,基质细粒花岗—文象结构。斑晶钾长石:2%±,1.5mm×2mm~6mm×8mm,半自形板柱状—圆化粒状;斜长石:少量;斑晶石英:3%±,他形粒状,2~5mm
构造	块状	块状	晶洞构造	晶洞-晶腺构造	大量晶洞-晶腺构造
钾长石	含量 25%~46%,平均 37%,0.3mm×0.7mm~10mm×20mm,肉红色,半自形板柱状、粒状,包裹斜长石,Or=93.02,Ab=6.98	44%±,1mm×0.5mm~1.5mm×1.2mm,半自形板柱状	60%~45%,平均 53%,4mm×6mm~5mm×10mm,肉红色,半自形板柱状,包裹且交代斜长石,为条纹长石,Or=94.1,Ab=5.0	30%~45%,平均 37%,1.5mm×1.3mm~6mm×3.5mm,一般 2mm×1.2mm~4.5mm×2.4mm,半自形板柱状、粒状,有的具卡氏双晶,大部分为条纹长石,Or=95.7,Ab=4.3	60%~48%,平均 55%,0.5~1.7mm,半自形板柱状、粒状,有的具条纹结构,有的含石英构成文象结构

续表 3－13

项目＼分次	一	二	三	四	五
斜长石	含量 30%～51%，平均 38%，一般 34%～47%，0.3mm×0.2mm～2.4mm×2.4mm，半自形板柱状、粒状，个别自形，部分显双晶，An＝26～30，更—中长石	29%±，1mm×0.3mm～1.6mm×1mm，An＝26，更长石，半自形板柱状，聚片双晶清楚	15%～20%，平均 18%，2.5mm×1.2mm～5mm×10mm，半自形板柱状，白色，An＝27～28，更长石	8%～25%，平均 13%，1mm×0.8mm～4mm×1.5mm，一般 1.5mm×1mm～3mm×2.3mm，半自形板柱状，聚片双晶清楚，An＝3～27，钠—更长石	10%～28%，平均 20%，半自形板柱状、粒状，0.3～0.7mm，个别具双晶，An＝25，更长石
石英	含量 20%～25%，粒度 0.1～2.2mm，青灰色，他形—自形粒状	24%±，0.4～1.5mm，他形粒状，具波状消光	20%～38%±，平均 28%，(1.8～3) mm×4mm，灰白色—青灰色，他形粒状	20%～25%±，平均 22%，0.5～3mm，一般 0.7～2.4mm，青灰色，他形粒状，有的呈 4mm±的集合体，有的与钾长石构成文象结构	16%～25%±，平均 20%，0.2～0.8mm，青灰色，他形粒状
黑云母	少量 0～5%，平均 3%，0.2～0.8mm，属镁质黑云母，褐色片状，少数向绿泥石变化	3%±，0.4～0.5mm，褐色片状	无	少量～5%、平均 2%，0.5～2mm，属铁质黑云母，褐色片状，大都新鲜，个别向绿泥石变化	少量～2%，0.3～0.8mm，褐色片状，大都新鲜，个别向绿泥石转化
角闪石	少量～2%，平均 1%，0.3m×0.2m～1.5m×0.3m，系钙质角闪石，发生了不同程度绿泥石化		1%±，0.8mm×0.3mm～1.2mm×0.8mm，绿色柱状，发生了不同程度绿泥石化		
副矿物	磁铁矿、磷灰石	磁铁矿	磁铁矿	磁铁矿、磷灰石、锆石、褐帘石	磁铁矿、锆石、榍石
备注	R_1-R_2 图上位于花岗闪长岩区		R_1-R_2 图上位于碱性花岗岩区	R_1-R_2 分类图上位于碱性花岗岩区	

第一次侵入岩从边缘向内部角闪石含量增高，边缘部分常无角闪石构成黑云母二长花岗岩；嘎儿金岩体中的第四次侵入岩其钾长石斑晶含量低，向中心逐渐增大；最后一次侵入的花岗斑岩其钾长石含量变化较大，但在夏噶日、嘎儿金岩体中一般为正长花岗斑岩，局部可过渡为二长、碱长花岗斑岩。除第一、二次二长花岗岩外，其他各次侵入岩均普遍发育晶洞-晶腺构造（图 3－42），这是本期侵入岩的一大重要特征，晶洞直径一般 1～8cm，边界不规则，大部分内部充填有长英晶腺，有的仅三五粒，个别已经填满，晶洞均顺原生裂隙（张节理）分布。

副矿物以磁铁矿、磷灰石为主，少量侵入体可见锆石、褐帘石、榍石。

3. 岩石地球化学特征

（1）岩石化学特征

岩石化学特征分析结果及主要参数见表 3－6。

第一次侵入岩与中国角闪黑云母花岗岩相比，具有富 K_2O，稍贫 Al_2O_3、Na_2O，贫 FeO、MgO、CaO 的特点；第三、四、五次侵入岩与中国黑云母花岗岩（或花岗岩）相比均具有富 SiO_2，稍富 K_2O，贫 Al_2O_3、Fe_2O_3、FeO、MgO、CaO 的特点；第三次侵入的粗粒正长花岗岩尚具有贫 Na2O 特征；第四、五次侵入岩具有贫 TiO_2 特征。

本期侵入岩在硅-碱图上（图 3－43）均位于亚碱性系列区，在 FeO^*/MgO 与 SiO_2、FeO^* 图解上（图 3－44）均位于狭义的钙碱性系列区，在 SiO_2-K_2O 图解上（图 3－4）均位于高钾区，故均属狭义的钙碱

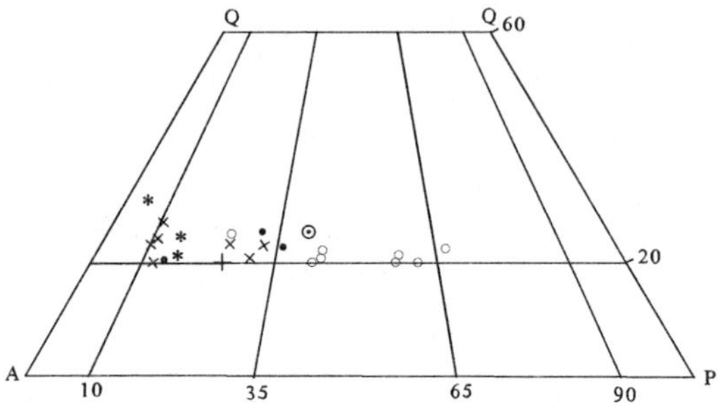

图 3-41　夏噶日-嘎儿金亚带 Q-A-P 图解

○. 第一次侵入岩；⊙. 第二次侵入岩；+. 第三次侵入岩；第四次侵入岩：×. 夏噶日；*. 嘎儿金；•. 第五次侵入岩

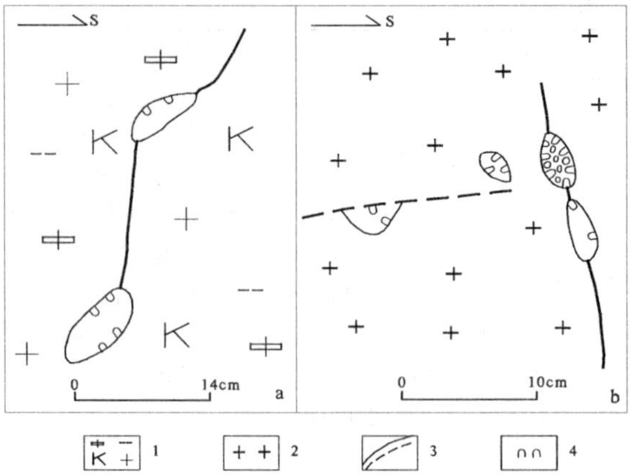

图 3-42　夏噶日岩体第四次侵入岩(左)、第五次侵入岩(右)的晶洞-晶腺素描剖面图

1. 裂隙；2. 晶簇；3. 裂隙；4. 晶簇

性系列高钾类型。

第一次侵入的二长花岗岩在 AR-SiO_2 图解(图 3-5)上位于钙碱性岩区，里特曼指数 σ =2.81，二者较为一致，故属莱特的钙碱性岩。铝指数 A/NCK=0.99，出现角闪石，故属偏铝类型。第三次侵入的正长花岗岩在 AR-SiO_2 图解(图 3-5)上位于碱性岩区，里特曼指数 σ =1.76，综合看属莱特的碱性岩，但二者均说明碱性程度不算高，铝指数 A/NCK=1.13，但岩石中出现角闪石，故确定为偏铝质类型。第四次侵入的斑状正长花岗岩在 AR-SiO_2 图解(图 3-5)上，位于碱性岩区，但靠近钙碱性区，里特曼指数σ=1.9，综合看属莱特的碱性岩，但二者均表明碱性程度不高，铝指数 A/NCK=1.05～1.07，岩石中暗色矿物仅有黑云母，故属偏铝质类型；相应的嘎儿金岩体在 AR-SiO_2 图解(图 3-5)上位于碱性岩区，σ =1.98，说明碱度略高，铝指数也稍高，A/NCK=1.11，达强过铝类型。第五次侵入的花岗斑岩，属补充期侵入体，在 AR-SiO_2 图解(图 3-5)上位于碱性岩区，里特曼指数 σ =2.12，综合看属莱特的碱性岩；铝指数 A/NCK=0.77，未出现霓石标准矿物，属偏铝质类型。总之，该期侵入岩属弱过铝—弱偏铝类型，除第一次侵入岩属莱特钙碱性岩外，其他各次均属莱特的碱性岩，但碱性程度一般不高，且从早到晚有增加趋势。

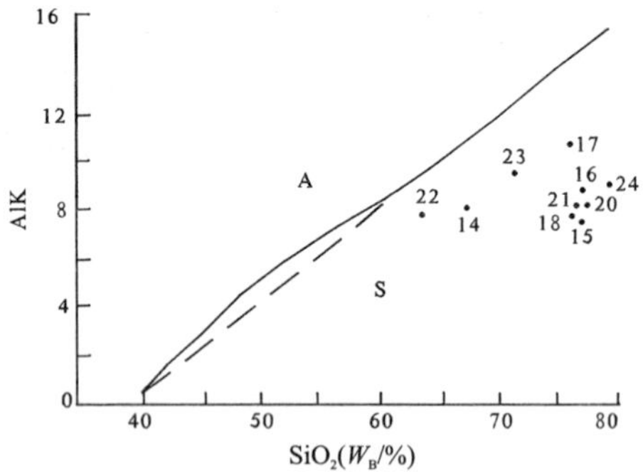

图 3-43　硅-碱图

(T. N. Irvine 等，1971，编号同表 3-6)

A. 碱性系列；S. 亚碱性系列

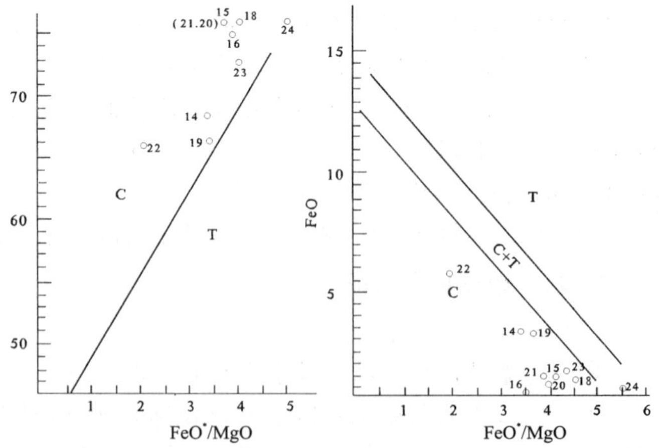

图 3-44　夏噶日-嘎儿金亚带、折勒-得木我亚带 FeO^*/Mg_2O 与 SiO_2、FeO^* 图

(A. Miyashiro，1974，编号同表 3-6)

C. 钙碱性系列；T. 拉斑系列

(2) 微量元素特征

微量元素特征分析结果见表 3-7。

与花岗岩维氏克拉克值相比，第一次侵入的二长花岗岩铁族元素中富 Co 而稍贫 V、Cr，造岩元素富 Ba，其他稀有分散元素富 Zr、Sc、Hf；第三、四、五次侵入岩铁族元素一般富 Co 而贫 V、Cr、Ni(仅第三次侵入岩富 Cr，第五次侵入岩 Co 为正常值)，造岩元素贫 Sr、Ba(第四次侵入岩富 Rb)，稀有元素中 Th、Hf 高而 Ga、Zr 稍低。地球化学型式见图 3-45、图 3-46。第一次侵入的二长花岗岩 Ba 异常不明显，曲线陡倾，无 Sm 异常，相容元素中等亏损，具“火山弧—同碰撞花岗岩”型式。其他侵入岩地球化学型式十分相近，相容元素中等亏损，强烈富集不相容程度高的元素，具 Rb、Th、Ce、Sm 正异常和 Ba 的负异常，与“碰撞花岗岩”型式相同。

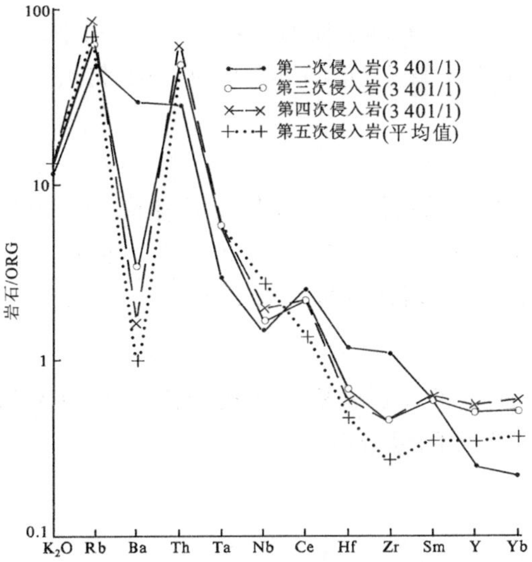

图 3-45　夏噶日岩体地球化学型式图

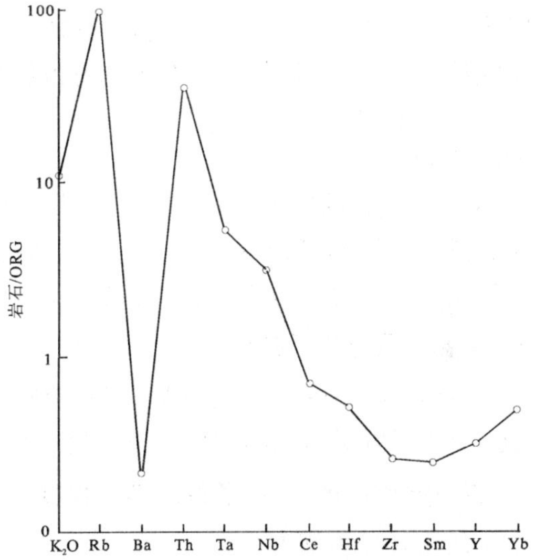

图 3-46　嘎儿金岩体斑状花岗岩地球化学型式图

(3) 稀土元素特征

稀土元素特征分析结果及参数见表 3-8，标准化曲线见图 3-47。

第一次侵入岩为轻稀土富集型，轻重稀土比值$\sum Ce/\sum Y=5.86$，具弱铕正异常，铕异常系数 $\delta Eu=1.23$，稀土总量$\sum REE=212.37\times10^{-6}$，为正常值，重稀土分馏较明显，$(Gd/Yb)_N=1.98$。第三、四、五次侵入岩均为轻稀土富集型，轻重稀土比值($\sum Ce/\sum Y$)依次为 2.62、2.17 和 2.11，具强烈铕亏损，铕异常系数分别为 0.175、0.09 和 0.175，重稀土分馏程度不明显，$(Gd/Yb)_N$ 分别为 1.13、0.91 和 0.82。稀土总量分别为 213×10^{-6}、209×10^{-6}、126.14×10^{-6}，除后者稍低外，其他均为正常值。

嘎儿金岩体略有不同，其第四次侵入的斑状花岗岩表现出低稀土总量($\sum REE=81\times10^{-6}$)，轻重稀土分馏不明显($\sum Ce/\sum Y=1.09$)，具十分强烈铕亏损($\delta Eu=0.038$)的极

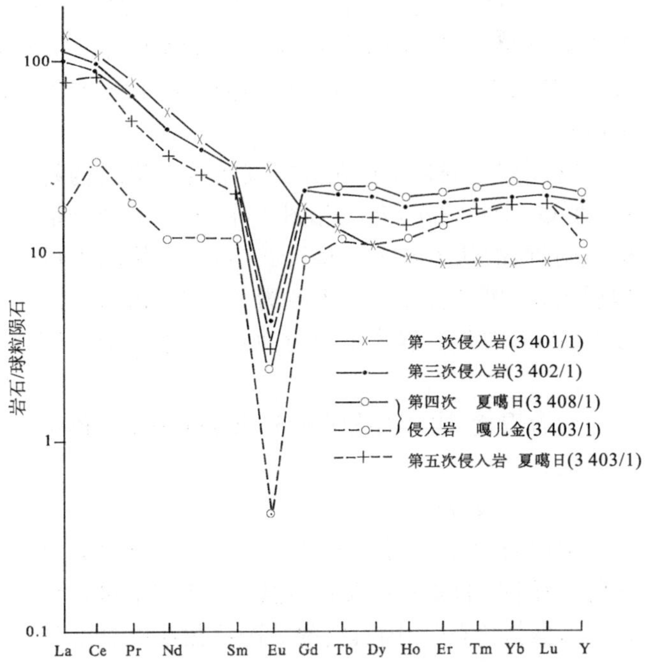

图 3-47　夏噶日-嘎儿金亚带稀土标准化曲线

端分异的特点。

4. 包体、组构、节理、岩脉特征

(1) 包体

该期岩体发育捕虏体和闪长质包体。捕虏体多分布于岩体的边部，大小不等，岩体内部偶尔见斑状安山岩大型顶垂体。仅在第一次侵入的二长花岗岩中零星发育灰绿色细粒石英闪长岩或石英闪长玢岩-暗绿色细粒斜长角闪岩包体，包体 1cm×1cm～3cm×(10～20)cm，与主岩边界截然，一般呈港湾状边界的浑圆形，个别呈块状，块状者常构成单成分包体群，包体中的长石斑晶一部分显熔蚀浑圆外貌，应为捕虏晶。

(2) 组构、节理

岩体内部局部发育流动成因的斑晶弱定向，其边部局部发育平行于接触带的斑晶弱定向。节理在第四次侵入的斑状花岗岩中特别发育，其他侵入岩中等发育。节理主要有三组，一组产状平缓甚至成水平状，间隔 20～40cm，局部使岩石形成薄板状外貌，一组近于直立，走向 30°±，另一组北倾约 74°±，间隔 40cm，节理面均平整。

(3) 岩脉

岩体中伴生岩脉较少，岩石类型为细粒—中粒黑云母二长花岗岩和细粒正长花岗岩—正长花岗斑岩。一组走向 SE，倾角陡—中等；另一组走向 EN，产状一般为 140°～160°∠60°～78°，尚有一组零星发育呈 SN 走向。岩脉宽约 1m±，形态多不规则，系沿张节理和岩体内部接触面就位。

5. 接触变质作用及矿化

该亚带围岩普遍发生接触变质现象，使碎屑岩产生明显的斑点状构造和条带状构造，使灰岩产生大理岩化并形成 Pb、Zn 矿化，有些岩体围岩可见接触交代形成的绿帘石化。

6. 岩浆侵位深度、温压条件及剥蚀程度

(1) 压力及侵入深度

本亚带诸岩体接触变质作用较强烈，缺乏冷凝边，具不等粒结构特点，基质中普遍有细粒成分，尤其是晚期的正长花岗岩普遍具有晶洞-晶腺构造，从地质特征上看具浅带特征。

第一次侵入的二长花岗岩据角闪石和黑云母铝的分配压力关系图解可知为 0.32GPa，经 Ti - Si 图解判断该花岗岩中的角闪石为岩浆成因角闪石，Mg/(Mg+Fe)＞0.35，应用钙质角闪石全铝压力计计算，其结果为 0.206GPa，结合上述地质特征，认为 0.206GPa 的压力值比较接近实际，相应深度大约 6.8km。

晚期侵入的各正长花岗岩基质具文象结构特征，在 Q - Ab - Or - P_{H_2O} 相图上(图 3 - 35)位于最低点附近，故认为基本上接近共结熔浆，从图中可以看出，夏噶日岩体压力大致为 700 巴，相当于深度 2.3km，嘎尔金岩体压力为 900 巴，相当于深度 3km。

综合看，前述二长花岗岩 6.8km 的深度值仍略显偏大。

(2) 形成温度

夏噶日岩体中第一次侵入的二长花岗岩据黑云母-角闪石 Ti 的分配系数与温度关系图解可知为 730℃，据斜长石-角闪石钙的分配系数地质温度计可知为 600℃，取其平均值为 670℃，晚期的正长花岗岩据标准花岗岩始熔曲线与饱和水含量图解可知夏噶日岩体形成温度为 740℃，嘎儿金岩体形成温度为 720℃。

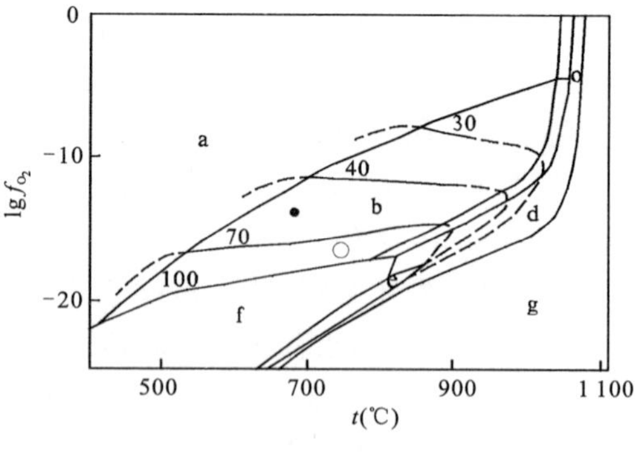

图 3 - 48 黑云母的 $\lg f_{O_2}$ - t - 100Fe/(Fe+Mg) 关系曲线图

•. 夏噶日岩体二长花岗岩(本亚带第一次侵入岩)；

○. 夏噶日岩体正长花岗岩(本亚带第三次侵入岩)

(3) 氧逸度

据黑云母的 $\lg f_{O_2}-t-100Fe/(Fe+Mg)$ 关系图(图 3-48)可知夏噶日岩体第一次侵入的二长花岗岩氧逸度为 10^{-13} Pa,晚期的正长花岗岩为 10^{-16} Pa。

(4) 剥蚀程度

夏噶日岩体的外接触面主体缓倾、局部中等倾斜,第三次侵入的粗粒正长花岗岩产状同样外倾较缓,故认为系浅剥蚀。其他岩体如控错南岩体等也具有上述特征,故认为该亚带岩体普遍为浅剥蚀。

7. 岩体对比及演化特征

(1) 岩体对比

第一次侵入岩的另一个侵入体——钵布日岩体与夏噶日岩体中的同类侵入体相比较为一致(表 3-14),仅钵布日侵入体钾长石含量稍高,副矿物中未发现磁铁矿而为白钛石。第四次侵入岩中的日阿如岩体属夏噶日岩体的卫星岩体,与之特征完全一样;另一个较大侵入体即嘎儿金岩体中的同类侵入体与之相比(表 3-15)大体一致,但嘎儿金岩体钾长石斑晶含量低,碱度、铝指数稍高,稀土总量较低,轻重稀土分馏不明显,铕亏损更加强烈,Rb/Sr 值较高。第五次侵入的花岗斑岩属补充期侵入体,一般不具有对比意义。夏噶日岩体中的该类侵入体已如上述,其他侵入体特征见表 3-16,可以看出岩石类型主要为正长花岗岩斑岩,个别如控错南、普珠、绒章勒侵入体过渡为二长花岗斑岩,普珠岩体表现出碱度较高,富 Ba、Zr,稀土总量高,轻稀土强烈富集,具弱铕正异常,反映出残余岩浆多变化的特点。

(2) 演化特征

该亚带各次侵入岩群居在一起构成复杂深成岩体或卫星式岩体,空间关系密切。岩石类型呈现规律性变化,表现为从早至晚角闪石含量减少、钾长石含量增高,副矿物均以磁铁矿—磷灰石为主,其中的正长花岗岩均具有晶洞-晶腺构造。岩石化学均属高钾钙碱性系列、弱偏铝—弱过铝类型,铝指数变化不大。第一次侵入岩属莱特的钙碱性岩,其余各次侵入岩均属碱性岩。从早至晚 SiO_2、Na_2O+K_2O、分异指数逐渐增高,FeO、MgO、CaO、TiO_2、P_2O_5 逐渐下降(图 3-49)。

除第一次侵入岩外,其他各次侵入岩微量元素地球化学型式十分接近。在 Rb-Sr-Ba 图解(图 3-50)上沿 Rb-Ba 线向 Rb 方向有规律演化。在 Rb-Zr、Rb/Zr-Rb/Ba 协变图解(图 3-51)上均呈规律性演化,前者呈曲线型式,后者略具曲线型式,说明本岩体部分熔融和分离结晶机制均存在。从早至晚,稀土总量逐渐降低,重稀土含量增高,轻重稀土比值降低,δEu 值总体变小。在 La/Sm-La 图解上(图 3-52)具明显的规律性,主体侵入岩表现出部分熔融的特征。

综上所述,上述五次侵入岩尤其是后三次侵入岩具密切的成因联系,故将其归为一期。

表 3-14　夏噶日-嘎儿金亚带第一次侵入岩对比表

项目＼所在岩体	夏噶日	钵布日
岩石种类	灰白色不等粒角闪黑云二长花岗岩	灰白色不等粒黑云二长花岗岩
结构、构造	不等粒结构,略具斑状特点	不等粒结构,略具斑状特点
岩石学特征	斜长石:38%,An=26～30 钾长石:37%,0.3mm×0.7mm～10mm×20mm 石　英:21%,他形自形粒状 黑云母:3%,褐色片状 角闪石:1%	斜长石:27%,1mm×0.4mm～3mm×4mm,An=26,更长石,半自形板柱状 钾长石:50%,0.8mm×1mm～10mm×20mm,有的具条纹结构 石　英:20%,0.3～0.5mm,他形粒状,黑云母 3%,0.3～1mm,褐色片状
副矿物	磁铁矿—磷灰石	白钛石

表 3-15　夏噶日-嘎儿金亚带第四次侵入岩对比表

项目＼所在岩体		夏噶日	嘎儿金
岩石种类		灰白色中斑状细—中粒黑云母正长花岗岩	灰白色含小斑—含中小斑中粒黑云母正长花岗岩
结构构造		似斑状结构，基质细中粒花岗结构、文象结构，具向不等粒结构转化特点，晶洞-晶腺构造	似斑状结构，基质花岗结构，文象结构，略具不等粒结构，块状构造
岩石学特征	斑晶	钾长石：26%，系条纹长石	钾长石：5%～7%，系条纹长石
	基质	钾长石：37%，大部分为条纹长石，Or=95.7，Ab=4.3 斜长石：13%，An=3～27 石　英：22%，他形粒状 黑云母：2%，褐色片状	钾长石：58%，为条纹长石，Or=92.4，Ab=7.6 斜长石：12%，为钠—更长石 石　英：23%，他形粒状 黑云母：2%，褐色片状
副矿物		磁铁矿—磷灰石—锆石	磁铁矿
组构、包体节理、岩脉		斑晶具弱定向，未见镁铁质包体，节理中等发育，具少量花岗岩脉	未见斑晶定向，镁铁质包体，发育两组共扼节理，发育少量花岗细晶岩脉
岩石化学		高钾钙碱性系列，碱性岩 SiO_2=76.7，DI=92.98，σ=1.9，A/NCK=1.06	高钾钙碱性系列，碱性岩 SiO_2=77.3，DI=95.6，σ=1.98，A/NCK=1.11
微量元素		富Co、Rb、Th、Hf，贫V、Cr、Sr、Ba，具碰撞型地球化学形式 K/Rb=107.7，Rb/Sr=16.32，Ba/Sr=3.7	富CO、Rb、Th、Hf，贫V、Cr、Sr、Ni、Ba、Zr，具碰撞型地球化学形式 K/Rb=92.2，Rb/Sr=198.5，Ba/Sr=5.5
稀土元素		$\Sigma REE=209\times10^{-6}$，$\Sigma Ce/\Sigma y$=2.17，$\delta Eu$=0.09	$\Sigma REE=81.3\times10^{-6}$，$\Sigma Ce/\Sigma y$=1.09，$\delta Eu$=0.38

表 3-16　夏噶日-嘎儿金亚带第五次侵入岩各侵入体特征表

项目＼所在岩体		嘎　儿　金	控　错　南	普珠、绒章勒
岩石类型		灰红色花岗斑岩	浅肉红色花岗斑岩	灰红色花岗斑岩
结构构造		斑状结构，基质微花岗结构，块状构造	斑状结构，基质细粒花岗结构，块状构造	斑状结构，基质微花岗结构
岩石学特征	斑晶	钾长石：7%，为条纹长石 斜长石：3%，An=24，更长石 石　英：3%，圆粒状 黑云母：少量	钾长石：6%，为正长石 石　英：8%，青灰色者呈不规则粒状，乳白色者呈锥状，二者各占一半	钾长石：10% 斜长石：5%，An=26～27，黑云母少量
	基质	斜长石：15% 钾长石：46% 石　英：25% 黑云母：2%至少量	钾长石：29%±，为条纹长石 斜长石：38%±，An=26，更长石 石　英：16%±，他形粒状 黑云母：3%±	钾长石：40% 斜长石：25% 石　英：20% 黑云母：2%
副矿物		磁铁矿		磁铁矿
普珠岩体岩石地球化学特征	岩石化学	富TiO_2、Al_2O_3、K_2O，贫SiO_2，DI=82.5，σ=4.3，属高钾钙碱性系列，为莱特碱性岩，偏铝质类型		
	微量元素	富Ba、Zr、Sc、Hf，贫Cr，K/Rb=362.2，Rb/Sr=0.32，Ba/Sr=7.36		
	稀土元素	$\Sigma REE=587.5\times10^{-6}$，$\Sigma Ce/\Sigma y$=10.45，$\delta Eu$=1.18，具高稀土总量，属轻稀土强烈富集型，具弱铕正异常		

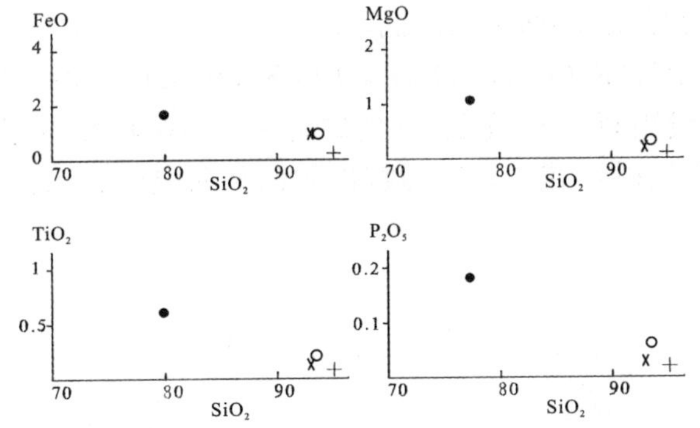

图 3-49　夏噶日岩体哈克型岩石化学变异图
•. 第一次侵入岩；○. 第三次侵入岩；×. 第四次侵入岩；
+. 第五次侵入岩

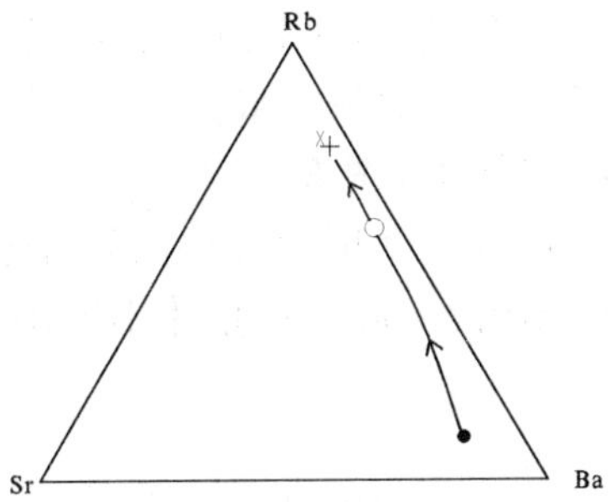

图 3-50　夏噶日岩体 Rb-Sr-Ba 图解
•. 第一次侵入岩；○. 第三次侵入岩；+. 第四次侵入岩；
×. 第五次侵入岩

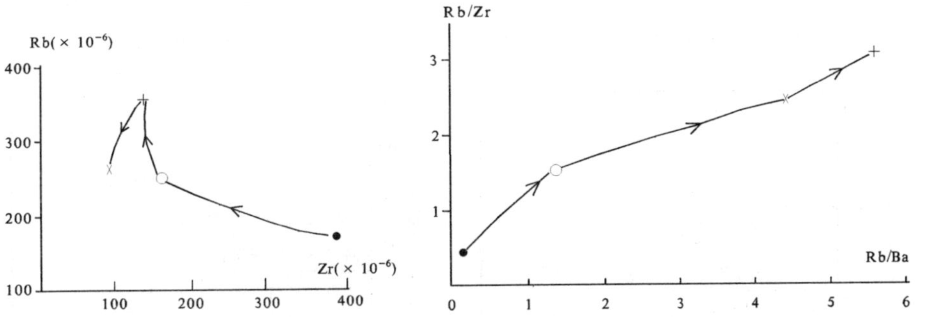

图 3-51　夏噶日岩体元素协变图解
•. 第一次侵入岩；○. 第三次侵入岩；+. 第四次侵入岩；×. 第五次侵入岩

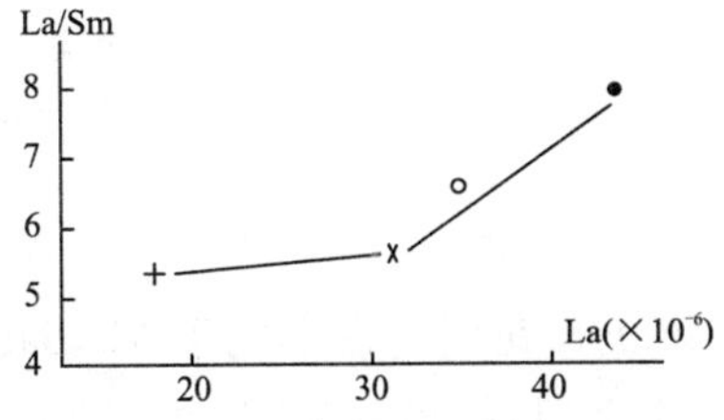

图 3-52　夏噶日岩体 La/Sm-La 图解
•. 第一次侵入岩；○. 第三次侵入岩；
×. 第四次侵入岩；+. 第五次侵入岩

8. 就位机制分析

该亚带诸岩体形态不规则，不具同心环带状分布型式。有些岩体延伸方向与区域构造线垂直，具不整合的特点。界线局部圆滑，大部呈折线状、锯齿状，常呈岩枝、小岩瘤贯入围岩，边部具大型捕虏体。上述特征显示出以被动就位为主的特点，但从局部圆滑的界线看，也可能含有主动就位成分。

岩体内部组构缺乏，仅有斑晶弱定向且定向性无规律，基质石英未显示变形，说明系流动成因，仅大型岩体边部发育与其平行的斑晶弱定向。上述情况说明岩体以被动就位为主，大型岩体可能有主动就位成分。

围岩中未发育新的面理，原有构造未受干扰。岩体内部捕虏体少，说明顶蚀作用提供空间有限。岩体内部及边部尚未发现明显的同化混染现象。岩体与围岩边界截然，说明无原地重熔提供空间的可能性。

综上所述认为，该亚带诸岩体空间主要受构造扩展或各种沉陷机制提供，大型岩体复合有一定程度的主动膨胀成分。

9. 成因及构造背景探讨

该亚带主体为正长花岗岩且具晶洞-晶腺构造，具高 Si、高 Na+K，低 Al、Ca、Mg 的特点，其高 Si、低 Ca 特征比一般 A 型花岗岩更加明显。在 K_2O-Na_2O 图、Q-A-P 图解上均位于 A 型区，稀土标准化曲线具有轻稀土分馏明显、重稀土分馏不明显的特点，以上特征确实具有一些 A 型花岗岩的特点。但它又与前人定义的 A 型花岗岩存在明显差别，表现为以下几点：①贫 Fe、Ti，富 Cr、Co 的反常现象；②在 AR－SiO_2 图解上虽然落入碱性区，但碱性程度较低；③稀土总量低，在 $213\times10^{-6}\sim126\times10^{-6}$ 之间，高价阳离子总体含量偏低，在 FeO^*/MgO－Ga/Al、(K_2O+Na_2O)/CaO 与 K_2O/MgO－(Zr+Nb+Y+Ce)图解上(图 3－53)位于 A 型与分异型界线附近。其碱度、暗色矿物种类、副矿物、铝指数、FeO^*/(FeO^*+MgO)等特征却与巴尔巴林的“富钾钙碱性花岗岩”一致，巴尔巴林研究结论为该类型来自于壳幔混合源，与构造体制转换有关。

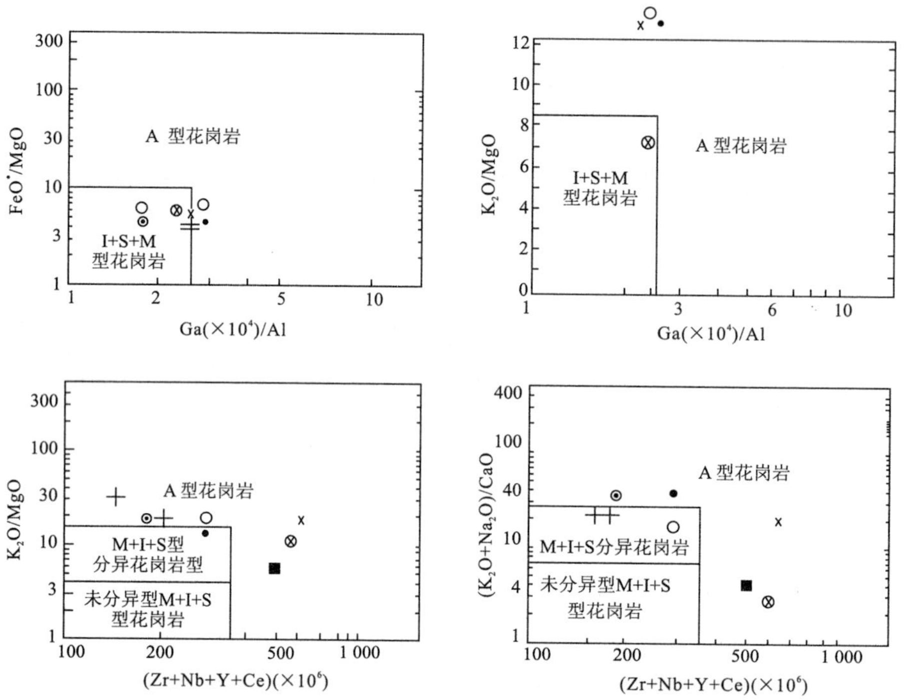

图 3－53 夏噶日－嘎儿金亚带、折勒－得木我亚带成因类型判别图解

夏噶日－嘎儿金亚带：■. 第一次侵入岩；●. 第三次侵入岩；

○.⊙. 第四次侵入岩(前为夏噶日，后为嘎儿金)；+. 第五次侵入岩；

折勒亚带：⊗. 石英正长斑岩；×. 石英斑岩

该正长花岗岩也不同于 Maniar 定义的“非造山花岗岩”，表现为以下几点：①MgO/FeO^* 值在 0.22～0.24 之间，超出其范围；②Al_2O_3/(K_2O+Na_2O)=1.17～1.18，在铝饱和指数图解上位于“非造山花岗岩”区之外；③在其环境判别图(图 3－8)上主体位于碰撞区与后造山的重叠区，Na_2O/K_2O=0.72～0.61，Na_2O/CaO=6.85～13.95，Al_2O_3/(K_2O+Na_2O)值、MgO/FeO^* 值与“碰撞或后造山花岗岩”吻合。

在 Rb－(Y+Nb)、Rb－(Yb+Ta)图解上(图 3－54)大部分位于同碰撞区，微量元素地球化学型式与碰撞型花岗岩相同。

结合时代、构造背景我们认为该正长花岗岩形成于后碰撞环境。

该亚带中的二长花岗岩在上述各种图解中均位于弧区，但基于与正长花岗岩的亲缘性，我们认为也是后碰撞环境下的产物。

前述可知该亚带各次侵入岩地球化学特征表明具有部分熔融和结晶分异的双重特征；岩石类型判别图(图 3－53)位于分异型花岗岩区及附近，MgO、FeO^*、TiO_2、P_2O_5 及稀土总量的逐渐降低说明发生了暗色矿物的分离，δEu 值、CaO 的逐渐降低说明了斜长石的分离，也只有经过这种强烈的分异，才能形成该亚带晚次侵入岩高硅、高碱、低 Al、Ca、Mg 的特点，故我们认为该亚带是部分熔融和分离结晶双

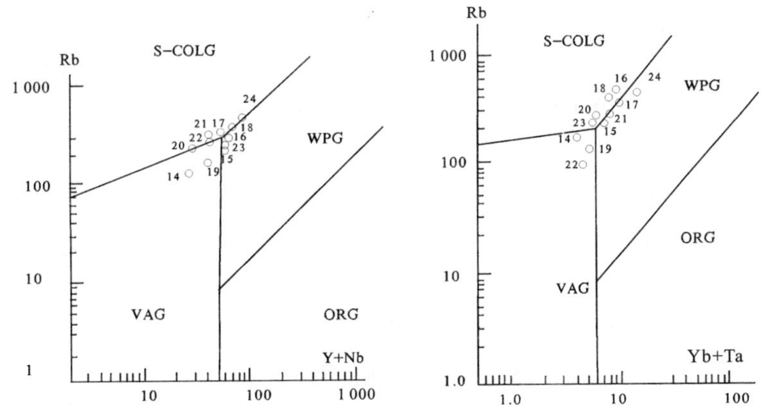

图 3-54　侵入岩的非活动性元素的环境判别图

(Pearce 等,1984,编号同表 3-7)

VAG. 火山弧;WPG. 板内;S-COLG. 同碰撞;ORG. 洋中脊

重作用的结果。其岩性特征、岩石组合、岩石化学类型、元素演化特点均与东北张广才岭晶洞花岗岩十分一致,可以类比。经吴福元等研究张广才岭晶洞花岗岩为分异型花岗岩,Sr 初始比值为 0.704 5,具地壳底部和上地幔源区特征。

结合其具体就位机制等认为该亚带形成于后碰撞伸展构造体制下。结合测区地质背景,我们认为该亚带的形成是由于韧性剪切形成部分熔融带,构造扩张时幔源岩浆导入,从而引起进一步熔融、新生岩浆不断加入母岩浆中,又经高度分异,上升依次侵位于较浅部位。

10. 形成时代

夏噶日岩体内部发现有安山岩顶垂体,据岩石学特征及区域地质情况判断为早白垩世则弄群成分,普珠花岗斑岩与则弄群侵入关系明确。本次区调在夏噶日岩体斑状正长花岗岩中(属本亚带第四次侵入岩)采集了黑云母^{39}Ar-^{40}Ar 年龄样,其黑云母新鲜,年龄谱高温段坪年龄为 101.85±0.23Ma,^{40}Ar/^{36}Ar-^{39}Ar/^{36}Ar 具良好的相关性(图 3-55),同时在嘎尔金岩体斑状正长花岗岩中(相当于本亚带第四次侵入岩)获得全岩 K-Ar 年龄 70.8Ma。根据构造岩浆旋回内部各阶段岩浆岩演化的一般规律(晚期富硅、富碱),我们认为该亚带是该旋回较晚期侵入活动产物,故将其时代置于晚白垩世中期。

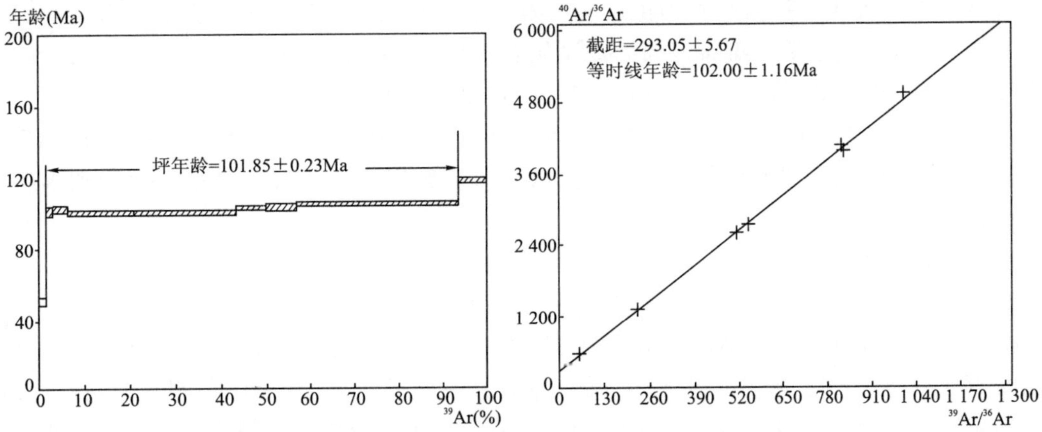

图 3-55　夏噶日岩体斑状正长花岗岩^{39}Ar-^{40}Ar 法年龄谱图及^{40}Ar/^{36}Ar-^{39}Ar/^{36}Ar 相关图

(七)晚白垩世折勒-得木我碱性斑岩亚带

该亚带分布于图幅南部昂孜错附近,西延出图,部分地段被第四系覆盖,图内出露面积约 28km^2。

由折勒复杂深成岩体(17)、得木我简单深成岩体(23)及岩体附近同类岩脉组成,东部的格仁错北岸正长斑岩脉也属于此带(由于岩性与前述岩体有一定差别,归入岩脉部分描述)。经分析将其归为后碰撞阶段三期,可划分为两次侵入活动。第一次侵入岩主体岩性为灰红色石英正长斑岩($k_2\xi o\pi$),由2个侵入体及其周围脉体组成,面积14km²;第二次侵入岩为灰白色石英斑岩($k_2\lambda\pi$),仅出露1个侵入体,面积14km²。

1. 地质特征

侵位于格仁错构造带南侧申扎燕山期岛弧区,诸岩体沿构造线呈东西向带状展布,呈岩株、岩瘤状侵入周围石炭系及则弄群(k_1zl)火山岩,内部发育则弄群大型顶垂体,顶垂体边界清晰,具烘烤现象。两次侵入岩之间为涌动关系,发育10～30m的岩性混合过渡带,晚次侵入体位于岩体外侧。岩体中三组节理发育使岩石成似层状外貌,并具球状风化现象。折勒岩体由上述两次侵入岩组成,得木我岩体仅含第一次侵入岩。

2. 岩石类型及岩性特征

第一次侵入的石英正长斑岩多阳离子R_1-R_2图解落入石英二长岩区(图3-13)。岩石呈灰红色,风化面灰白色,斑状结构,局部发育聚斑结构,基质半自形细粒结构,块状构造。斑晶由钾长石(20%～30%±,平均5%)和少量斜长石组成;基质由钾长石(57%±)、斜长石(10%±)、石英(5%±)、黑云母(3%±)组成。斑晶钾长石0.5～2mm,半自形粒状,包裹斜长石;斜长石1.5～3.5mm,半自形粒状,An=31,系更长石,显双晶。基质长石0.5mm×0.2mm～0.7mm×0.5mm,半自形板柱状,有的钾长石与石英共同构成文象结构;石英0.1～0.2mm,他形粒状;黑云母0.1～1mm,片状。

第二次侵入的石英斑岩在R_1-R_2图解上位于碱性花岗岩区(图3-13)。岩石呈灰白色—青灰色,风化面褐黄色—紫褐色,斑状结构、基质微晶结构,块状构造。斑晶由钾长石(5%±)、斜长石(3%±)、石英(7%±)及少量黑云母组成,基质由长英质微晶(89%±)组成。斑晶钾长石1mm×0.5mm～4.5mm×3.5mm,半自形板柱状,显环带,个别显卡氏双晶,内部包有斜长石;斜长石0.5mm×0.2mm～1.7mm×1mm,半自形板柱状;石英0.3～1.5mm,呈熔蚀的粒状;黑云母0.3～0.7mm,褐色片状。

第一次侵入岩在岩体边部基质粒度变细,局部构成球粒结构。两次侵入岩之间从早至晚长石斑晶含量变少而代之以石英斑晶。副矿物均为磁铁矿。

3. 岩石地球化学特征

(1) 岩石化学特征

岩石化学分析结果及主要参数见表3-6。

第一次侵入的石英正长斑岩与中国正长岩—石英正长斑岩平均值极其一致,仅CaO高,FeO、P_2O_5低,K_2O稍低。第二次侵入的石英斑岩与同类型岩石相比富Fe_2O_3、K_2O而贫FeO、CaO。

两次侵入岩据硅-碱图(图3-2)、FeO^*/MgO与SiO_2、FeO^*关系图解(图3-3)、SiO_2-K_2O图解(图3-4)判断属狭义的钙碱性系列中的钾玄岩系。据里特曼指数$\sigma=3.37～3.16$,结合$AR-SiO_2$图解(图3-5)判断属碱性岩,但碱性程度不高。两次侵入岩铝指数A/CNK均为1,属饱和铝质类型。

(2) 微量元素特征

微量元素分析结果见表3-7。

第一次侵入的石英正长斑岩与正长岩涂氏平均值相比铁族元素中富Cr、Ni、Co,稍富V,造岩元素中贫Rb,稀有分散元素中富Sc,稍富Th,稍贫Nb。第二次侵入的石英斑岩与花岗岩维氏克拉克值相比铁族元素V、Co高,Cr低,造岩元素Sr、Ba低,稀有分散元素中Zr、Sc、Hf高,Th较高。可以看出,本期岩体与相应岩石相比普遍具有富V、Co、Sc、Th的特点。地球化学型式见图3-56。强烈富集不相容元素,相容元素轻微亏损,具有Rb、Th、Ce、Sm正异常和Ba的负异常,接近于“碰撞花岗岩”型式。

(3) 稀土元素特征

稀土元素特征分析结果及参数见表3-8。球粒陨石标准化曲线见图3-57,为轻稀土富集型。轻重稀土比值$\sum Ce/\sum Y$依次为5.32～7.38;从早至晚由铕正异常($\delta Eu=1.55$)变为中等铕亏损($\delta Eu=$

0.49)，稀土总量较高，依次为 234×10^{-6}、458×10^{-6}，具增高趋势。

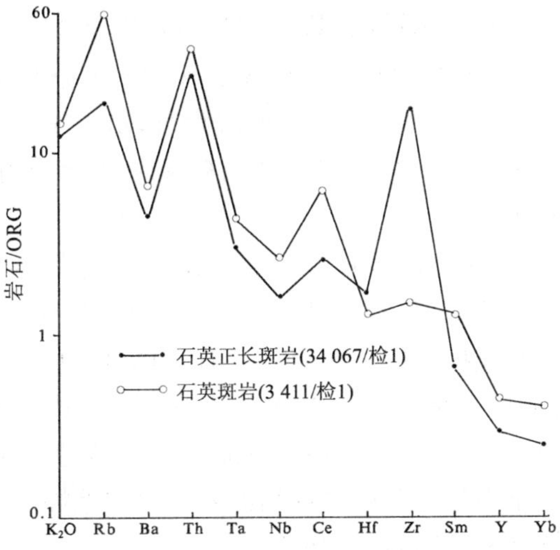

图 3－56　折勒岩体地球化学型式图

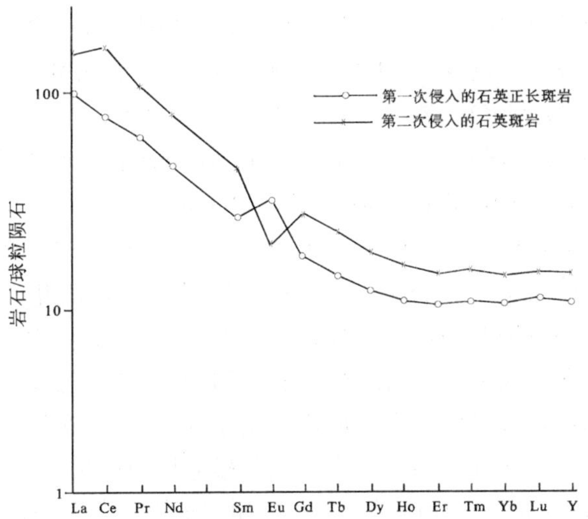

图 3－57　折勒岩体稀土元素标准化曲线

4. 侵入深度及剥蚀程度

本亚带岩体规模小，普遍具斑状结构，石英斑晶具熔蚀现象，基质粒度细，为典型的浅成岩。侵入则弄群火山岩也说明侵位深度较浅，据 H_2O^+ 百分含量(0.62～0.46)大致估算深度应在 1km 以下。据晚次侵入体面积基本与早次相当判断为中等剥蚀。

5. 岩浆演化特征

两次侵入岩群居于一个复杂深成岩体之中，空间关系密切。二者为涌动关系，时间上紧密相关。岩石类型由石英正长斑岩至石英斑岩符合一般岩浆演化规律，副矿物均为磁铁矿型。

两次侵入岩碱性程度及铝饱和程度相同。从早至晚，SiO_2 含量、分异指数 DI、全碱含量均增高，FeO、MgO、CaO、TiO_2、Al_2O_3、P_2O_5 均下降，符合同源岩浆演化规律。从早至晚 K/Rb 值(450～171.7)下降，Rb/Sr 值(0.28～6.54)升高，Ba/Sr 值(8.09～8.45)略有升高，符合岩浆演化一般规律。二者地球化学型式较相似(图 3－56)，从早至晚，不相容元素增高而相容元素降低，符合分离结晶的一般规律。在 La/Sm－La 图解(图 3－58)上接近分离结晶趋势。

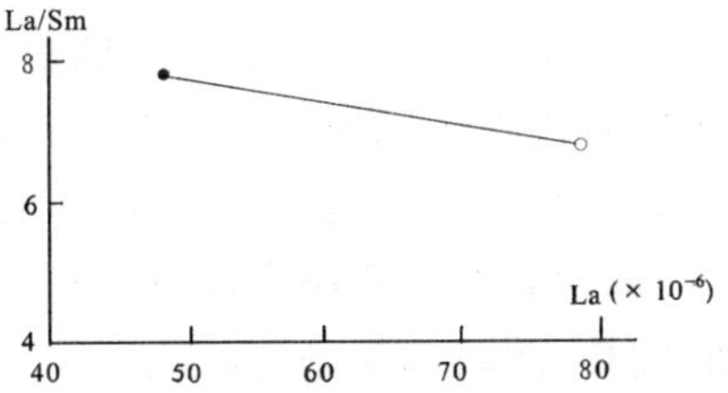

图 3－58　折勒岩体 La/Sm－La 图解

•. 第一次侵入岩；○. 第二次侵入岩

可以看出，两次侵入岩之间关系十分密切，系同源岩浆分离结晶依次上侵形成，故我们将其归为一期岩浆活动。

6. 就位机制初步分析

该亚带诸岩体形态不规则，晚次侵入体位于外侧，内部缺乏定向组构，具少量大型顶垂体，围岩原有构造未受干扰，也未发育新生面理，说明主动膨胀机制很弱，甚至不存在。总体看顶蚀作用不强，未发现同化混染现象，从岩体与围岩界线截然看也不具备原地重熔性，故该期岩体的空间主要为构造扩展或岩浆侵吞的其他作用(如火山口沉陷、深部壳源重熔换位)提供。

7. 成因及大地构造背景分析

该亚带具钾长石斑状结构，暗色矿物仅有黑云母，副矿物为磁铁矿，铝指数 A/NCK＝1，FeO(T)/[FeO(T)+MgO]＝0.82～0.81，相对富钾，与巴尔巴林的“富钾钙碱性花岗岩”较接近，巴氏认为该类岩石的形成与构造体制转换有关。同时 Na_2O 较高，在 Q－A－P 图解和 K_2O-Na_2O 图解中均落入 A 型区。在 AR－SiO_2 图解上（图 3－5）落入碱性区，但从落点情况看碱性程度不高，与 A 型花岗岩有别。石英正长斑岩与纽芬兰 A 型石英正长岩相比，SiO_2 含量一致，但 Al、Ca、K 高，Ti、Na 低。FeO(T) 明显偏低，石英斑岩与世界 A 型花岗岩相比稍高 Ti 而稍贫 FeO(T)。在 FeO^*/MgO－Ga/Al、$(K_2O+Na_2O)/CaO$ 与 K_2O/MgO－(Zr＋Nb＋Y＋Ce) 图解上（图 3－53），二者落入 A 型与分异型界线附近，Zr＋Nb＋Y＋Ce 虽较高，但 Ga/Al 却较低。在 Maniar 的环境判别图上（图 3－8），主体位于"后碰撞"与"后造山"重叠区，个别位于后碰撞区，$Na_2O/K_2O=0.8\sim0.63$，$Na_2O/CaO=1.71\sim6.1$，$MgO/FeO^*=0.22\sim0.24$，$Al_2O_3/(K_2O+Na_2O)=1.36\sim1.08$，这些比值均与其"碰撞花岗岩"或"后造山花岗岩"一致，而 MgO/FeO^*、$Al_2O_3/(Na_2O+K_2O)$ 值与非造山花岗岩不同。Rb－Y＋Nb、Rb－Yb＋Ta 图解（图 3－9）位于同碰撞与板内区边界附近，微量元素地球化学型式接近"碰撞花岗岩"，岩浆-构造-热事件序列 pTt 轨迹研究表明，无负铕异常的正长岩类是陆壳加厚作用之后的火成岩类。上述表明该亚带形成于后碰撞-后造山环境，结合区域构造演化背景分析，在较短的时间内进入后造山环境可能性不大，故我们认为形成于后碰撞环境。研究表明后碰撞形成的钾玄岩系来自于新生地壳中含钾高的安山岩或地幔中富含金云母的钾-碱镁闪长石类的熔融，据该亚带不含暗色包体判断应属前一种情况。

8. 形成时代

该亚带侵入早白垩世则弄群火山岩，与夏噶日-嘎儿金亚带同属莱特的碱性岩，就位机制及就位深度具有共性，各项特征较为相似，同属后碰撞环境产物，据后碰撞阶段岩浆演化的一般规律，即开始为大规模的高钾钙碱性岩的侵位，后期向钾玄岩成分过渡，故将其作为夏噶日-嘎儿金亚带形成之后的一期岩浆事件，归为后碰撞阶段三期，其形成时代暂定为晚白垩世中、晚期。

（八）白垩纪色热巴-夏噶日中酸性花岗岩带小结

该带各阶段花岗岩类从空间、时间、成因联系上自成体系。从空间上看主体位于昂孜错-色热巴断裂（见南邻热布喀幅）北，沿构造线成带分布特征明显，从南往北总体由老变新；从时间成因上看构成了从早白垩世至晚白垩世较为完整的造山旋回侵入岩序列，故我们将其归并为一个岩浆岩带。

俯冲阶段在图幅内共分两期。一期的纳巴乃嘎闪长岩亚带在热布喀幅出现钾长石含量很低的斜长花岗岩，从岩石组合上看该亚带属钙碱性奥长花岗岩系；二期的色热巴-碧尖勒亚带属中—高钾钙碱性系列，内部含有的早期捕虏体成分与上述纳巴乃嘎闪长岩特征一致。从接触关系及岩性特征看，二者间隔时间较长，故将其划分为两期。

后碰撞阶段共分 4 期。第一期的石英闪长岩从分布、岩性上看与其他各期截然不同，故单独作为一期；二期的查木岗岩体从岩石类型及岩体延伸方向分析为逆冲推覆期产物；而四期的夏噶日-嘎儿金亚带与逆冲推覆形成的东西向拉张有关，故将二者划分开来；折勒碱性斑岩带（三期）与夏噶日亚带某些特征相似但又明显不同，仅依一般的演化规律分早晚两期。

该岩带受各种构造控制比较明显，主要岩体均产在岛弧隆起带或大型构造带之中或附近，具体尚受断层及褶皱核部控制。除后碰撞早期的马耳哥-我木途里闪长岩位于格仁错构造带以北外，其余均位于格仁错构造带以南，且有从东至西逐渐变新的特点。俯冲阶段早期形成的纳巴乃嘎-安门闪长岩一般产在岛弧沉降带的火山岩分布区，与火山作用形成的小断层及岩浆房空隙关系密切。上述马耳哥闪长岩均产在大型构造带之中或附近，其他后碰撞岩体一般产在韧性剪切带与背斜核部的复合部位。

四、脉岩

图幅内脉岩较少，主要为酸性岩，次为中性岩。脉岩主要受岩体节理、地层层理及断层控制，大部分分布于岩体内部、周围及岩浆岩带附近，绝大部分与围岩为截然界线，系侵入成因。相关性的岩脉前已述及，其他岩脉情况见表 3－17，现分述如下。

(一)中性岩脉

(1) 闪长岩类

闪长岩类分布于格仁错构造带南侧的石炭—二叠系中，较为发育，一般宽 10m±，长 1km±，主体走向 EW。该类岩脉与纳巴乃嘎闪长玢岩岩性类似，又处于一个带上，故二者系同源产物，时代为早白垩世。

(2) 正长斑岩脉

正长斑岩脉偶见于多尼组(K_1d)之中，受 SE 走向断层控制，从位置、岩性看与折勒-得木我石英正长斑岩可以对比，故时代为晚白垩世。

表 3－17　图幅脉岩一览表

岩类	岩石名称	产状	产地	结构构造	矿物成分	
					斑晶	基质
中性岩脉	闪长岩	走向 SE，陡倾脉状，宽 10m，长 300m	控错南	细粒结构，块状构造		斜长石 68%，角闪石 30%，云母及石英少量
	透辉闪长玢岩	宽 10m，长 1 000m	董布错西	斑状结构，基质细粒结构，块状构造	斜长石 5%，角闪石 3%，透辉石 5%	斜长石 82%，黑云母 5%，微量磁铁矿
	黑云石英闪长玢岩	近 EW 走向，陡倾脉状	董布错西	斑状结构，基质半自形粒状结构，块状构造	斜长石 10%，石英 3%，黑云母 5%，钾长石少量	斜长石 74%，石英 3%，绿泥石 5%，微量磁铁矿
	正长斑岩	走向 SE，陡倾岩墙状，宽 50m，长2 000m	格仁错北	斑状结构，基质微粒结构，块状构造	钾长石 15%	基质为长英质
酸性岩脉	正长花岗岩	走向 SE，岩墙状，宽 50m，长 2 000m	格马尔西北	细粒花岗结构，文象结构，晶洞构造		钾长石 60%～70%，斜长石 10%～20%，石英 20%，黑云母少量，微量磁铁矿
	正长花岗斑岩	走向 NE，较陡岩脉状，宽 10m ±，长 800m±	帮勒	斑状结构，基质文象结构，微粒结构，块状构造	钾长石 5%，斜长石 2%，石英 10%	钾长石 58%，斜长石 10%，石英 15%，微量磁铁矿
	未分花岗斑岩	走向 NE，宽 2～5m	董布错北、马尔下错北	斑状结构，基质微晶结构，块状构造	绢云母化长石 2%	石英 20%，长石 78%
	霏细斑岩	走向 SE，宽 18m，长 1 000m	赛布错西	斑状结构，基质霏细结构，块状构造	高岭土化长石 10%±	长英矿物 90%
	石英脉	走向 NE，细脉状、块状，脉体宽十几厘米，长几米	吴如错北			

(二)酸性岩脉

(1) 正长花岗岩脉

正长花岗岩脉见于夏噶日岩体周围的下拉组灰岩(P_2x)中，并使灰岩产生重结晶。岩石化学，微量元素、稀土元素分析结果见表 3－6、表 3－7 和表 3－8。其岩石化学属高钾钙碱性系列、钙碱性岩(图 3－

41、图 3-43、图 3-44）、饱和铝质类型（A/CNK＝1.01），其微量元素与花岗岩维氏克拉克值相比差别较大，具富 Co、Rb、Th、Hf、Ta、Sr、Ba 的特点。稀土元素标准化曲线见图 3-59，轻重稀土比值低，具强烈铕亏损。从具晶洞构造、钾长石含量高及地球化学特征看，属夏噶日岩体的末期脉岩，时代为晚白垩世。

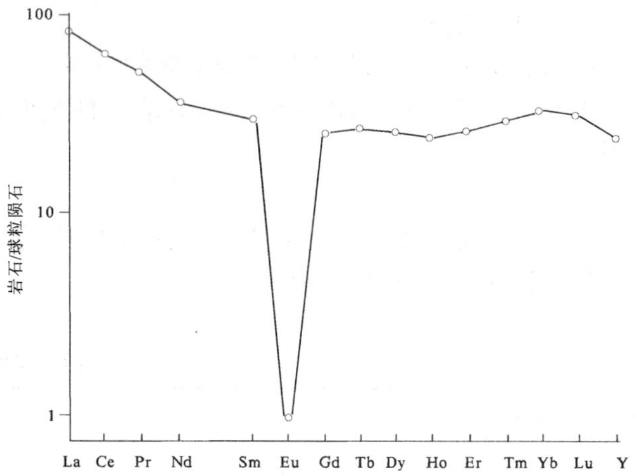

图 3-59　正长花岗岩脉稀土标准化曲线

（2）正长花岗斑岩脉

正长花岗斑岩脉分布于嘎尔金岩体周围附近的念青唐古拉岩群之中，呈多条产出构成岩脉群，岩石类型与该岩体补充期侵入的花岗斑岩相当，形成时代确定为晚白垩世。

（3）未分花岗斑岩脉

未分花岗斑岩脉零星分布于图幅西南则弄群和石炭—二叠系之中，与小型断层关系密切，部分岩脉具黄铁矿化或强烈绢云母化，从其分布位置看，分别与得尔东岩体、夏噶日岩体关系较为密切，故形成时代分别为早白垩世及晚白垩世。

（4）霏细斑岩脉

霏细斑岩脉分布于图幅北部，侵入周围的康托组（Nk）碎屑岩，故形成时代确定为新近纪。

（5）石英脉

石英脉分布于确哈拉群（$T_{2-3}qh$）之中，较为发育，且常被拉断，走向与该群层理产状具有一致性。形成时代可能为三叠纪—侏罗纪。

五、测区侵入岩综述

（一）时空分布特征

测区侵入岩受其大地构造位置及造山运动所产生的构造控制而形成带状分布的旋回性岩浆岩带，在各级构造的制约下，新老旋回性岩浆岩带有时在某一构造区间上相互叠合构成不同特色的构造岩浆岩带。测区分别依班公湖-怒江结合带的南缘（拉惹-康如断裂）、永珠-格仁错构造带为界由北往南可划分为班-怒构造岩浆岩带、吴如错构造岩浆岩带、格仁错-申扎构造岩浆岩带。班-怒构造岩浆岩带、吴如错构造岩浆岩带岩浆侵入活动很弱，前者更甚，仅分布有晚白垩世马耳哥-我木途里闪长岩类；格仁错-申扎构造岩浆岩带侵入活动明显较强，由晚侏罗世央雄勒-曲松乃嘎白云母花岗岩带、晚侏罗世阿若-帮勒基性岩带和白垩纪色热巴-夏噶日中酸性花岗岩带组成。测区侵入活动从北往南逐渐增强，总体看侵入时代从南往北有变新趋势。

（二）各时期侵入岩的区别特征及演化特点

1. 各时期侵入岩的特征区别

各时期各类侵入岩平均矿物含量 Q-A-P 图解见图 3-60。

图幅内出现下述两种闪长岩。马耳哥-我木途里石英闪长岩均分布于格仁错构造带以北，侵入多尼组（K_1d），石英含量高（4%～5%），暗色矿物稍低（14%）且以黑云母为主；纳巴乃嘎闪长岩均分布于格仁错构造带以南，侵入则弄群（K_1zl），石英含量低（＜2%）、暗色矿物含量高（20%±）且以角闪石为主。

俯冲阶段侵入的早白垩世国布勒复杂岩体的两次侵入岩均以石英含量低（图 3-61）为特征。早期的石英二长岩以其独特的岩性，含少量钾长石小斑晶，具大量暗色包体等与其他易于区别；晚期侵入的黑云母二长花岗岩从 Q-A-P 图解上看与夏噶日亚带第一次侵入岩较为接近，但前者不含包体和角闪石。基质为等粒结构，岩石化学属过铝质，后者含较多包体和角闪石，为不等粒结构，属偏铝质，其他的二长花岗岩石英含量普遍较高，属后碰撞环境形成的晚侏罗世叶鲁未二长花岗岩以富含白云母为特征，属碰撞环境形成的早白垩世得尔东二长花岗岩以钾长石含量低、铝指数低为特征。

图幅内各个岩体中的正长花岗岩区别如下：查木岗正长花岗岩以富含白云母、基质等粒结构、强过铝为特征，夏噶日-嘎儿金正长花岗岩暗色矿物仅为黑云母(个别侵入体含少量角闪石)，以高石英、高钾长石不同程度向不等粒结构转化，具晶洞-晶腺构造为特征。

折勒-得木我碱性斑岩亚带以斑状结构、基质粒度细小、全碱含量高为特征易于与其他岩体区别。

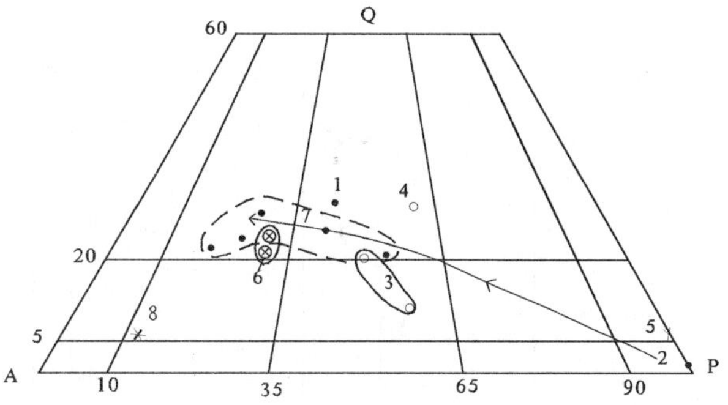

图 3-60　测区各时期侵入岩 Q-A-P 图解

1. J_3 央雄勒-曲松乃嘎亚带；2. K_1 纳巴乃嘎-安门亚带；3. K_1 色热巴-碧尖勒亚带国布勒岩体；4. K_1 得尔东亚带；5. K_2 马耳哥-我木途里亚带；6. K_2 查木岗亚带；7. K_2 夏噶日-嘎儿金亚带；8. K_2 折勒-得木我亚带

2. 测区侵入岩的演化特点

从每一期岩体内部各次侵入岩的结构看，从早至晚，大部分岩体(如查木岗岩体、国布勒岩体、折勒岩体)粒度变细，斑晶变少，表现出反演化特征；据对查木岗岩体的初步分析，可能与侵入深度变浅、温度迅速降低有关；而岩石类型、岩石化学、微量元素均表现出正向演化特点，表现为石英、钾长石含量增高，Fe、Mg、Ca、Ti、P 下降，Rb/Sr、Ba/Sr 升高；测区早阶段形成的复杂深成岩体(如国布勒岩体)内部各次侵入岩从早至晚 $\sum$REE、$\sum$Ce/$\sum$Y 增高，负铕异常渐强，而晚阶段形成的深成岩体内部(如夏噶日岩体)从早至晚 $\sum$REE、$\sum$Ce/$\sum$Y 渐降，负铕异常渐强；图幅内既存在着以分离结晶为主的同源岩浆演化的岩体(如折勒岩体、查木岗岩体)，也存在着其他机制(如部分熔融、岩浆混合)起着主导或一定作用的开放体系的岩浆演化的岩体(如夏噶日岩体、国布勒岩体)。

总体看，图幅内各时代侵入岩之间从早至晚石英、钾长石含量具增高趋势(图 3-60)。从主元素演化图上(3-61)可以看出 SiO_2、全碱总量总体上升，MgO、CaO 总体下降，$FeO+Fe_2O_3$ 则变化不大。从表 3-8 可以看出，稀土总量总体升高，铕异常系数总体变小。这些特征在白垩纪色热巴-夏噶日中酸性花岗岩带内部表现得尤为明显。

(三)测区侵入岩生成及就位模式探讨

1. 晚侏罗世叶鲁未岩体的生成及就位模式

晚侏罗世测区产生大规模的韧性剪切作用，经对同类的央雄勒岩体分析结果，系色热巴断裂的剪切活动造成岩石含水并在剪切热的作用下发生低温熔融，在剪切带旁侧，派生出构造扩张薄弱带，岩浆沿薄弱带就位，我们认为叶鲁未岩体具有类似机制，该岩体的形成源岩经分析为成熟的富粘土质岩石。

2. 早白垩世纳巴乃嘎-安门闪长岩亚带的生成及就位模式

早白垩世测区处于俯冲构造阶段，产生了大规模的火山喷发，形成则弄群火山岩之后，在火山喷发区由于喷发作用形成了较多的断裂和空虚的岩浆房，俯冲产生的以幔源为主的岩浆顺上述裂隙侵位，形成高位深成岩体，岩浆也可顺其他的裂隙贯入(如节理、层理)形成岩墙、岩脉。

3. 早白垩世国布勒中酸性花岗岩体的生成及就位模式

俯冲继续进行，在其上覆板块产生拉张作用，幔源岩浆注入上地壳部分熔融带，在幔源岩浆热力作用下，产生内部对流引起岩浆的混合，形成含较多暗色包体(从色热巴-碧尖勒亚带总体看)的浆混石英二长岩侵位。末期俯冲及幔源岩浆活动停止，形成少量壳源为主的二长花岗岩。由于岩浆总体供应量偏少，形成构造扩张为主要特点的就位形式。

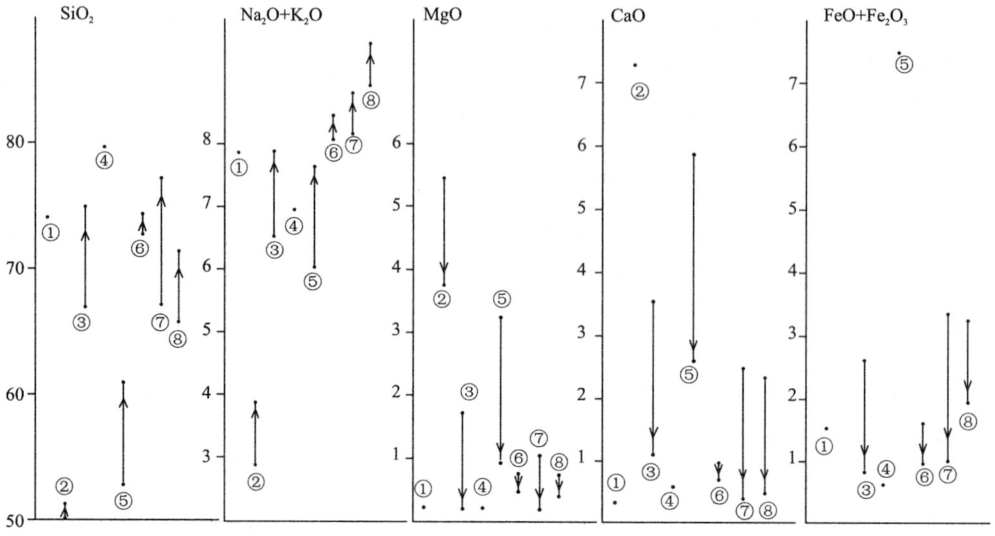

图 3-61 图幅内各时期侵入岩主元素演化图

①J_3 央雄勒-曲松乃嘎亚带；②J_3 阿若-帮勒基性岩带；③K_1 色热巴-碧尖勒亚带；④K_1 得尔东-扎个勒亚带；⑤K_1 马耳哥-我木途里亚带；⑥K_2 查木岗亚带；⑦K_2 夏噶日-嘎儿金亚带；⑧K_2 折勒亚带

4. 早白垩世得尔东-扎个勒花岗岩亚带的生成及就位模式

早白垩世末期，测区进入短暂碰撞阶段，但仍存在着幔源岩浆的底侵作用，地热梯度较高，引发壳源干深熔作用，岩浆沿岛弧隆起带上的构造薄弱带或火山喷发区的其他薄弱地带侵位形成"CPG"型花岗岩。由于岩浆供应量偏少，形成以被动就位为主要特点的构造形式。

5. 晚白垩世马耳哥-我木途里闪长岩亚带的生成及就位模式

晚白垩世早期，测区进入后碰撞阶段，在格仁错对接带的北侧产生短暂拉张作用，幔源岩浆快速上升，在其上升过程中混染少量壳源，形成马耳哥-我木途里拉斑系列闪长岩，并以构造扩展机制就位。

6. 晚白垩世查木岗岩体、夏噶日-嘎儿金亚带的形成和就位模式

后碰撞环境常伴随大规模的韧性剪切作用，测区情况也是如此。逆冲剪切引起岩石富水，并在剪切热的作用下，由不成熟的砂屑岩或泥质岩与砂屑岩互层的源岩发生熔融形成含水低温岩浆，由于富水而浮力增大，岩浆主要以底辟形式并沿构造薄弱带侵位，形成查木岗强过铝白云母花岗岩的底辟和构造扩展的复合就位型式，在边缘应力集中地段发育就位糜棱岩。

南北挤压持续进行，引起东西向扩张。在帮勒右行斜冲推覆剪切作用下，壳源岩石发生部分熔融，幔源岩浆顺扩张带上侵，并导入部分熔融带引起进一步熔融作用，形成的岩浆经高度的分离结晶上升到浅处，形成夏噶日晶洞花岗岩。主岩浆通道由于岩浆供应量大，在构造扩张的总体机制下复合了主动膨胀的成分，而次要通道则基本为构造扩展机制，从而形成南北向延伸的岩体。

(三)测区侵入岩形成环境的认识

本图幅出露的的叶鲁未岩体属联测图幅央雄勒-曲松乃嘎白云母花岗岩亚带的一部分，该亚带各项特征表明为后碰撞产物，同位素年龄表明为晚侏罗世，故认为晚侏罗世以前该区存在一次板块俯冲作用。

色热巴-碧尖勒亚带主体岩性石英二长岩为典型的岩浆混合花岗岩(结合南邻热布喀幅资料)，各项特征表明为巴尔巴林的"富钾钙碱性花岗岩"，在 Maniar 的环境判别图及皮切尔非活动性元素判别图上均表明形成于俯冲环境，同位素年龄表明为早白垩世中晚期侵位，说明该区在该时期存在板块俯冲作用。

第二节 火山岩

测区火山岩广泛分布，主要集中于尼玛县城南-多来-宋我日、拉惹-陇台勒-申扎县马跃、尼玛县卓尼-申亚-申扎县下过3个地区，为一套以爆发相、溢流相为主的中性、中酸性、酸性火山岩。出露层位有早侏罗世木嘎岗日群、中侏罗世去申拉组、早白垩世则弄群、多尼组、晚白垩世竟柱山组、始新世林子宗群等，出露面积约2 680km²。其中去申拉组、则弄群、多尼组中火山岩最为发育，为本节讨论的重点，其余如图幅西南角少量的林子宗群帕那组流纹岩、尼玛县城西木嘎岗日群中的玄武岩残片、竟柱山组中的统纹岩层等因其出露有限或厚度小不再叙述。

一、中侏罗世去申拉组火山岩

（一）火山地层

1. 概述

去申拉组分布于测区北部尼玛县城南-多来-宋我日一带，平面上呈NWW向不连续带状展布，不整合覆盖于三叠纪确哈拉群之上，其上被晚白垩世竟柱山组覆盖，出露面积约170km²。去申拉组火山岩为一套陆相火山岩，火山堆积物往往围绕火山口呈环形、月牙形或舌形分布，不同火山口由于喷发能量不同，活动方式也会随之改变，表现为爆发或溢流，形成产状各异、矿物成分、结构构造多变的火山岩。受东西向基底断裂的制约和影响，去申拉组火山岩的厚度和岩性在空间和时间上变化均较大，东部堆积厚度较小，以中性溢流相岩石为主，少量爆发相岩石；西部堆积厚度较大，以中性—酸性爆发相岩石为主，溢流相岩石次之。自东向西，火山活动由弱到强，岩性由中性向中酸性演化。下部主要岩性为安山岩、角砾安山岩、少量火山碎屑岩，上部主要岩性为安山质集块熔岩、（透）辉石安山岩、英安岩和少量沉火山碎屑岩。总体为安山岩＋英安岩组合，具有弧火山岩特征。根据野外宏观观察，去申拉组火山岩多呈层状和似层状产出，沉积夹层较少，表现为火山物质的正常堆积，地层结构为熔岩与火山碎屑岩互层类型。

2. 火山喷发旋回

（1）韵律划分

去申拉组火山岩由火山碎屑岩、熔岩组成，其韵律特征表现为火山活动方式和喷发强度的周期性变化，可由双湖区宋我日剖面说明。

该剖面岩性相对单一，主要由安山质岩石组成，代表火山爆发的集块岩、火山角砾岩较为发育，与熔岩交替产出。根据该剖面的岩相变化特点，可划分出7个韵律，从强爆发开始到岩浆的溢流、间歇性喷发结束，显示火山活动由强到弱之规律（表3-18）。

韵律特征：①每个韵律都是从爆发开始到溢流结束；②上部韵律有些成分变化，从偏基性开始至中酸性结束。

（2）旋回划分

在上述剖面韵律划分的基础上发现，从下而上其岩性具有角闪安山岩→安山岩、透辉石安山岩→安山岩和透辉石安山岩→安山岩—角闪英安岩的韵律变化特征，火山活动具有由强爆发→溢流、强爆发→溢流→沉积的韵律特征。将去申拉组火山活动划分为一个完整的喷发旋回。

3. 火山活动时限

去申拉组不整合覆盖于中晚三叠世确哈拉群之上，其上被晚白垩世竟柱山组不整合覆盖，表明其形成晚于三叠纪，早于晚白垩世；据长春地质学院杨德明等报道，去申拉组下部火山岩Rb-Sr测年结果为166.0Ma，属中侏罗世。

根据以上直接和间接证据可知，去申拉旋回火山活动时间为中侏罗世。

（二）岩石类型及其基本特征

去申拉组火山岩以中、中酸性岩类为主，据岩石分类命名方案国家标准（1999），划分为熔岩类、火山碎屑岩类等大类，并根据其成分、结构、构造特征进行细分，现分述如下。

1. 熔岩类

熔岩类为去申拉组火山岩的主体，岩性以安山岩、英安岩为主，约占本组火山岩的80%。

（1）安山岩亚类

该类岩石在区内去申拉组中分布广泛，为本组的主要岩性。岩石呈灰绿色—暗灰色，斑状结构，块状构造、气孔状构造。斑晶主要为斜长石，An=32～38（中长石），呈半自形板柱状，显聚片双晶，粒径一般为0.5mm×0.15mm～3mm×1mm，含量为5%～60%。基质为交织结构，以斜长石为主。副矿物主要为磁铁矿。根据矿物成分的不同又可细分为如下几种类型。

1）透辉石安山岩。斑晶中见有透辉石，含量约为5%，呈柱粒状，大小0.1～0.7mm，$C \wedge Ng=38°$，岩石中多见气孔。

2）角闪石安山岩。斑晶中见有角闪石，含量约为5%，呈柱状，大小0.6mm×0.3mm～2mm×1mm，大都暗化，光性不好。

3）碳酸盐化安山岩。岩石中裂隙发育，方解石细脉沿裂隙充填，将岩石分割成极小块，但原岩结构清楚。

表3-18　双湖区宋我日剖面去申拉组韵律划分表

韵律	厚度（m）	岩性	韵律结构特征	喷发强度
7	80.2	辉石安山岩	安山岩→辉石安山岩	溢流
		碳酸盐化安山岩		
6	408.7	英安质沉晶屑凝灰岩	含透辉石安山质集块熔岩→透辉石安山岩→安山岩→角闪英安岩→沉安山质集块岩→英安质沉晶屑凝灰岩	强爆发→溢流→沉积
		沉安山质集块岩		
		角闪英安岩		
		透辉石安山岩		
		角闪英安岩		
		安山岩		
		透辉石安山岩		
		安山岩		
		透辉石安山岩		
		含透辉石安山质集块熔岩		
5	79.9	安山岩	安山质集块熔岩→透辉石安山岩→安山岩	强爆发→溢流
		透辉石安山岩		
		安山质集块熔岩		
4	48.8	安山岩	含角砾安山岩→安山岩	爆发→溢流
		含角砾安山岩		

续表 3-18

韵律	厚度(m)	岩性	韵律结构特征	喷发强度
3	125.7	安山岩	含角砾安山岩→角闪安山岩→安山岩	爆发→溢流
		角闪安山岩		
		安山岩		
		角闪安山岩		
		含角砾安山岩		
2	50.0	安山岩	安山质集块熔岩→安山岩	强爆发→溢流
		安山质集块熔岩		
1	112.4	安山岩	玻基安山岩→安山岩	溢流
		玻基安山岩		

(2) 英安岩亚类

英安岩亚类出露于去申拉组的上部层位，主要分布于重昌、玉雄等地。岩石呈紫红色—浅灰色，斑状结构，块状构造、流纹构造。斑晶以斜长石为主，另有少量的钾长石、石英、角闪石、黑云母。斑晶斜长石呈半自形板柱状，呈聚片双晶，大小 0.5mm×0.3mm～2.4mm×1.3mm，An=32～37(中长石)，含量10%～25%；钾长石零星可见，多为他形粒状的高温透长石；石英呈熔蚀的不规则粒状，大小 0.3～0.7mm，含量为 2%～5%；黑云母少量，多为褐色片状，片度 0.6～1mm；角闪石为柱状，大小 0.6mm×0.2mm～1.2mm×0.5mm，多发生不同程度的绿泥石化、纤闪石化。当角闪石含量达到 5%以上时，该岩石命名为角闪英安岩。基质呈微晶结构、玻璃质结构，由玻璃质组成，脱玻化形成一些长英矿物雏晶。副矿物主要为磁铁矿。岩石多发生蚀变，主要为碳酸盐化。

(3) 流纹岩亚类

流纹岩亚类在去申拉组上部有少量出露，分布于曲康巴勒一带，岩石呈灰白色、浅红色，斑状结构，流纹构造。斑晶由斜长石、钾长石、石英组成。斜长石呈半自形板柱状，大小 0.5mm×0.2mm～1.3mm×0.5mm，含量约为 2%；钾长石呈半自形粒状，大小 0.8～1.5mm，含量小于 5%；石英呈熔蚀粒状，大小 1mm 左右，含量小于 5%。基质呈玻璃质结构，由玻璃质组成，显流纹构造。副矿物主要为磁铁矿。

2. 火山碎屑岩类

火山碎屑岩在去申拉组中也较为发育，约占 20%。其类型齐全，既有向熔岩过渡的碎屑熔岩亚类，也有向沉积岩过渡的沉积火山碎屑岩、火山碎屑沉积岩亚类。

(1) 碎屑熔岩亚类

基质具熔岩特征，火山碎屑物主要为同源角砾或集块，成分较复杂，常见于火山口附近，如玉雄盾状火山、宋我日层状火山的火山口附近均有大面积分布。根据岩石成分特点又可分为下述 3 类。

1) 安山质角砾集块熔岩。分布于宋我日一带，基质一般为灰绿色、浅灰色。集块或角砾成分以安山岩为主，含量一般为 20%～40%，局部可达 50%，大小一般为 5～20cm，个别大的可达 50cm。多呈棱角状、次棱角状，个别呈浑圆状，分选性较差，多为大小混杂，熔岩胶结成分为安山岩。根据碎屑的大小和含量，此类岩石可分出从角砾集块熔岩到凝灰熔岩等许多不同类型，在此不再赘述。

2) 英安质角砾集块熔岩。分布于玉雄一带，在去申拉组上部。岩石呈灰色、浅红色，集块或角砾以英安岩为主，局部可见基底岩石变质粉砂岩角砾，其特征基本同安山质角砾集块熔岩。

3) 流纹质角砾集块熔岩。分布于曲康巴勒一带，在去申拉组上部。岩石呈灰、灰白色，集块或角砾以流纹岩为主，局部可见基底岩石石英砂岩或变泥质粉砂岩砾石，其他特征同安山质角砾集块熔岩。

(2) 正常火山碎屑岩亚类

正常火山碎屑岩亚类可分为普通火山碎屑岩和熔结火山碎屑岩两大类型。

1) 熔结火山碎屑岩。区内去申拉组不发育。根据成分特征不同可分为英安质和流纹质熔结凝灰岩,以英安质熔结凝灰岩为主;根据岩石含碎屑的种类和多少的不同可分为熔结角砾岩、熔结角砾晶屑凝灰岩、熔结晶屑凝灰岩和熔结凝灰岩等不同类型。现择要简述如下。

英安质熔结凝灰岩:主要分布于重昌破火口内。岩石呈浅灰、灰白色,熔结凝灰结构,块状构造、假流动构造,新鲜面上往往不清楚,但风化面上可见清楚而明显的塑变浆屑。岩石中含有较多的斜长石、钾长石晶屑和少量石英晶屑,浆屑粒度变化大,定向明显,为强熔结类型。

英安质熔结角砾岩:分布于生达拿波和昌涕等地。岩石呈灰色,角砾状结构,块状构造。火山角砾为同源火山岩,含量约50%~70%,呈次棱角状,一般2~16mm,大小混杂,胶结物为英安岩,具斑状结构,斑晶为斜长石,基质由微晶长英矿物组成。

2) 普通火山碎屑岩。在去申拉组中也不甚发育。根据成分特点仅见有英安质火山碎屑岩,根据碎屑类型及含量的不同可以划分出角砾凝灰岩、角砾晶屑凝灰岩、晶屑凝灰岩、凝灰岩以及火山角砾岩或火山集块岩。现择要简述如下。

英安质晶屑凝灰岩:分布于玉雄等地。岩石呈灰白色,凝灰结构,块状构造。晶屑主要为斜长石,少量石英、钾长石,呈棱角状,大小一般为0.3~1.5mm,含量约为10%,胶结物为火山灰,含量约为90%,多发生脱玻化形成一些长英矿物微晶。

凝灰角砾岩:主要分布于玉雄等地。岩石呈紫红色,角砾结构,块状构造。角砾成分为英安岩,含量约为75%,大小一般为2~4mm,个别大的可达5mm,多呈棱角状、次棱角状,分选性较差,大小混杂,胶结物为火山灰,含量约为25%,多发生脱玻化形成一些长英矿物微晶。

(3) 沉积火山碎屑岩亚类

去申拉组中缺少具有延伸性或可对比的沉积火山碎屑岩。该类岩石出露少,主要分布于重昌破火口的边部。根据火山碎屑物的大小、成分和含量可进一步划分为以下3类。

1) 沉安山质角砾凝灰岩。岩石呈暗紫红色,角砾凝灰结构,块状构造,层理不甚发育。岩石由碎屑物和胶结物两部分组成。碎屑物有火山角砾、岩屑和晶屑3种。火山角砾的成分为安山岩(15%)、英安岩(5%),共约20%,大小2~9mm,多呈棱角状、次棱角状,无分选性,大小混杂;岩屑的成分为安山岩(50%)、英安岩(15%),共约65%,大小0.5~1.9mm,其他特征同火山角砾;晶屑为石英,含量约为5%,大小0.5~1.5mm,多呈棱角状。钙质和铁质胶结,钙质为晶粒方解石,铁质为隐晶土状氧化铁。

2) 沉英安质晶屑岩屑凝灰岩。层理清楚,岩石呈灰红色,岩屑凝灰砂状结构,块状构造,由碎屑物和胶结物两部分组成。碎屑物由岩屑安山岩(10%)、英安岩(80%)和晶屑斜长石(5%)、石英(2%)组成,均呈次棱角状、次圆状,大小0.25~0.8mm。胶结物为钙质,已结晶成晶粒方解石。

3) 沉英安质凝灰岩。成层性明显,多为中层状。岩石呈灰紫红色,岩屑砂状结构,块状构造。由碎屑物和胶结物两部分组成。碎屑物由英安岩岩屑(70%)、英安岩火山角砾(2%)、泥岩(5%)、石英(10%)组成,均呈棱角状、次棱角状。英安岩岩屑0.2~1.2mm,火山角砾2~5mm,泥岩0.5~1mm,个别可达2.4mm,多已变成绢云母,石英多数(0.05mm±)为粉砂,少数(0.1~0.5mm)为晶屑。胶结物为铁质(3%)、钙质(10%),铁质为尘状氧化铁,钙质为晶粒方解石。

(三)岩石化学和地球化学

1. 岩石化学特征

去申拉组火山岩的化学分析结果及它们相对应的标准矿物计算结果和各种参数见表3-19。

表 3-19　中侏罗世去申拉组火山岩岩石化学成分标准矿物及有关参数

层位	序号	样品号	岩石名称	化学成分(W_t%)													
				SiO_2	TiO_2	Al_2O_3	FeO	Fe_2O_3	MnO	MgO	CaO	Na_2O	K_2O	P_2O_5	H_2O^-	CO_2	总量
去申拉组	1	2 014/4-1	角闪安山岩	61.82	0.56	16.01	2.27	2.66	0.09	2.92	4.87	4.14	0.93	0.17	2.16	1.20	99.8
	2	1 001/1	安山岩	60.27	0.73	15.43	1.72	4.47	0.06	1.51	4.77	3.85	2.39	0.22	2.03	2.29	99.74
	3	1 001/2	安山岩	55.95	0.87	15.64	1.97	5.41	0.24	3.84	6.35	4.10	1.06	0.21	2.28	1.86	98.47
	4	1 001/3	安山岩	58.28	0.89	15.10	0.93	6.41	0.13	4.79	5.44	4.72	0.47	0.27	1.75	0.60	99.78
			安山岩平均值	58.16	0.83	15.39	1.54	5.43	1.43	3.38	5.52	4.22	1.31	0.23	2.02	1.60	

层位	序号	样品号	岩石名称	CIPW 标准矿物(%)									相关参数								
				Il	Ap	Mt	Or	Ab	An	Di	Hy	Q	σ	AR	DI	τ	Si	AlK	Al/CNK	Na/K	$Mg^{\#}$
去申拉组	1	2 014/4-1	角闪安山岩	1.06	0.39	3.12	5.49	35.03	22.35	0.56	8.47	18.90	1.336	1.64	59.42	21.20	22.69	5.07	0.96	4.45	60
	2	1 001/1	安山岩	1.39	0.51	4.02	14.12	32.57	17.76	3.66	4.55	16.67	2.256	1.89	63.36	15.86	10.97	6.24	0.96	1.61	43
	3	1 001/2	安山岩	1.65	0.49	4.33	6.26	34.69	21.14	7.26	10.20	9.35	2.056	1.61	50.31	13.26	23.80	5.16	0.88	3.84	60
	4	1 001/3	安山岩	1.69	0.63	4.35	2.78	39.94	18.63	5.28	13.04	10.76	1.763	1.68	53.48	11.66	28.21	5.19	0.80	10.04	79

(1) 岩石化学分类

《火山岩地区区域地质调查方法指南》(1∶5 万)推荐按李兆鼐的划分方案进行投图(图 3-62)。在图上,去申拉组火山岩均落入Ⅳa 区,进一步对照其基本岩石名称图解为玄武安山岩类。

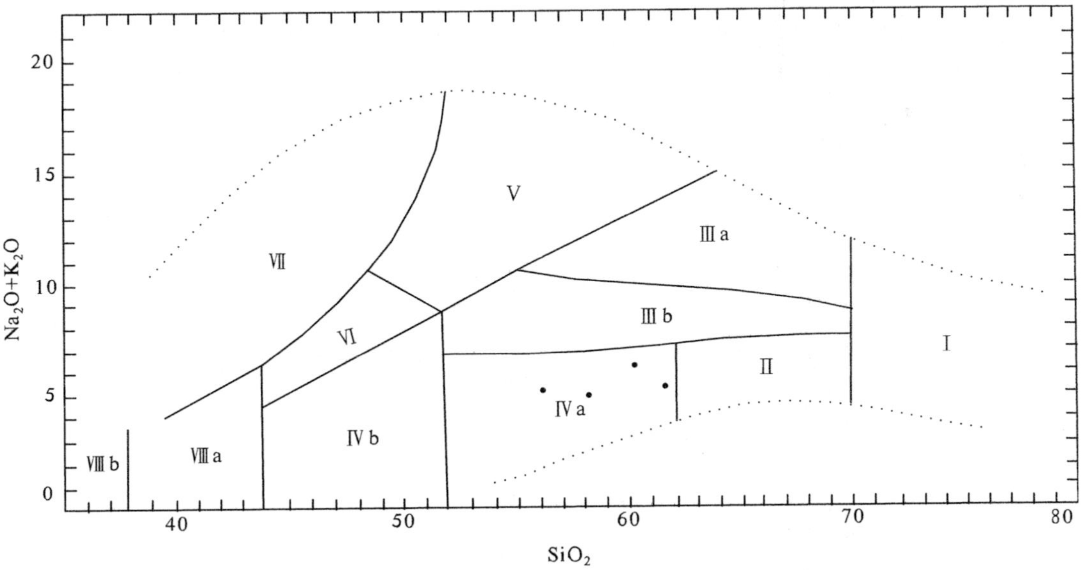

图 3-62　去申拉组火山岩化学定量分类图解(基本大类名称)

(李兆鼐等,1984)

Ⅰ. 流纹岩类;Ⅱ. 英安岩类;Ⅲa. 粗面岩类;Ⅲb. 安粗岩类;Ⅳa. 安山岩类;Ⅳb. 玄武岩和碱性玄武石类;Ⅴ. 响岩类;Ⅵ. 碱玄岩类;Ⅶ. 副长石岩类;Ⅷa、Ⅷb. 超镁铁质岩类(点线为中国火山岩投影点的实际范围)

CIPW 标准矿物计算表明(表 3-9),去申拉组火山岩的主要标准矿物为石英(Q)、钾长石(Or)、钠长石(Ab)和钙长石(An),少量磁铁矿(Mt)、钛铁矿(il)和磷灰石(Ap),此外还出现了紫苏辉石和透辉石。为正常岩石类型($(CaO+Na_2O)+K_2O>Al_2O_3>(Ka_2O+Na_2O)$)。用岩石学成分计算出的标准矿物在 Q-A-P 图上投点,落入 4、5、10[#] 区,主要对应安山岩类和英安岩类(图 3-63)。

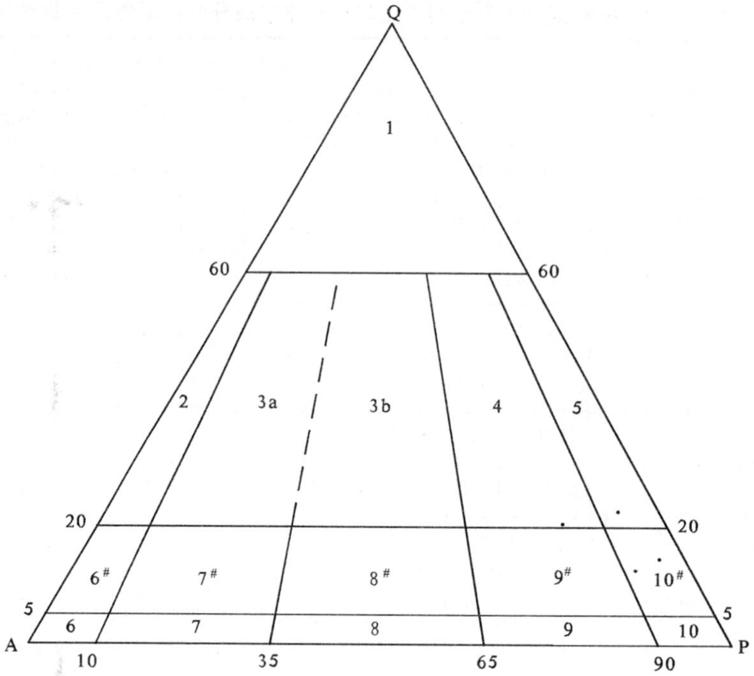

图 3-63　去申拉组火山岩 Q-A-P 图

(IUGS,1972,1989)

1. 富石英流纹岩;2. 碱长流纹岩;3a、3b. 流纹岩;4、5. 英安岩;6#. 碱长石英粗面岩;7#. 石英粗面岩;8#. 石英安粗岩;9#. 石英粗安岩;10#. 石英安山岩;6. 碱长粗面岩;7. 粗面岩;8. 安粗岩;9. 粗安岩;10. 安山岩、玄武岩

在 TAS 图解(图 3-64)上,去申拉组火山岩分别落入到 O_1 和 O_2 区,属玄武安山岩和安山岩,与硅-碱图解结果不大相同,这主要是两种方法的划分标准不同引起的。

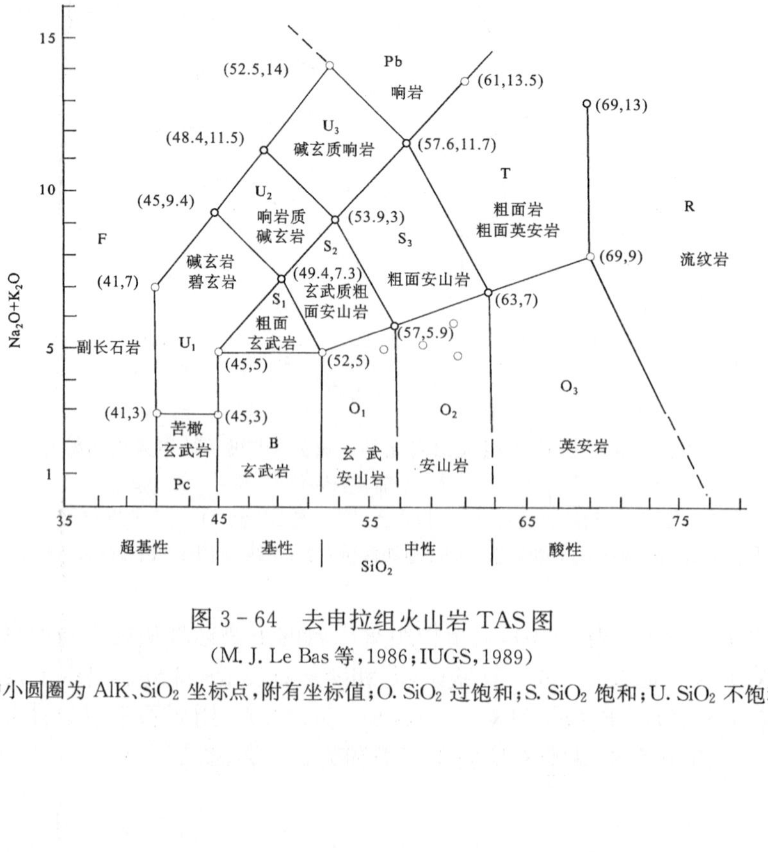

图 3-64　去申拉组火山岩 TAS 图

(M. J. Le Bas 等,1986;IUGS,1989)

图中小圆圈为 AlK、SiO_2 坐标点,附有坐标值;O. SiO_2 过饱和;S. SiO_2 饱和;U. SiO_2 不饱和

在 TAS 图中，样品投点落入于 O 区，需应用硅-钾图解进一步划分出高钾、中钾和低钾系列。投图结果表明(图 3－65)，样品落入到中钾玄武安山岩系列和中、低钾安山岩系列。

(2) 岩石系列划分

图 3－66 为去申拉组火山岩硅(SiO_2)-碱(K_2O+Na_2O)成分的投图结果，从图中可以看出，本组火山岩属亚碱性系列。在 AFM 图(图 3－67)上，所有样品均落入 C 区，说明去申拉组火山岩属钙碱性系列。从本区火山岩从安山岩→英安岩→流纹岩的演化趋势来看也与钙碱性系列相符。

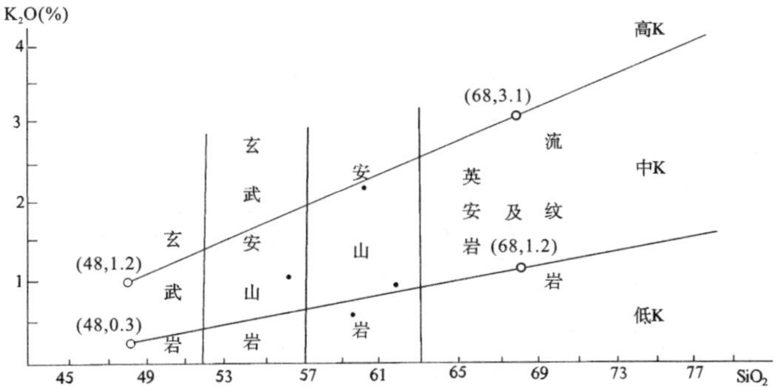

图 3－65　去申拉组火山岩硅-钾图

(Pecerillo 等，1976；Ewart，1979；IUGS，1989)

图中 4 个圆圈为 SiO_2、K_2O 含量的坐标点

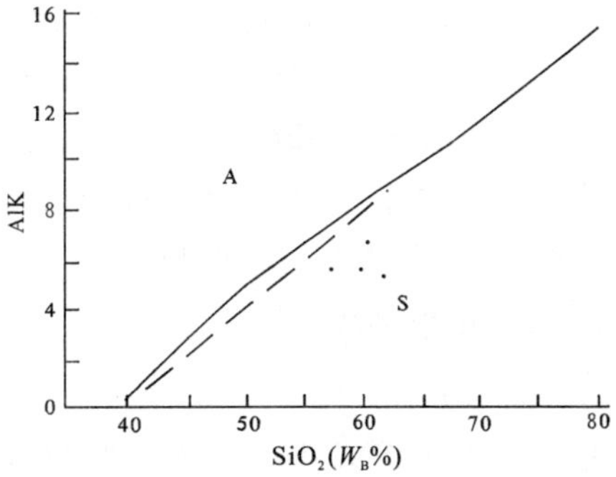

图 3－66　去申拉组火山岩硅-碱图

(T. N. Irvine 等，1971)

A. 碱性系列；S. 亚碱性系列；

实线——Macdonald (1968)；虚线——Irvine 等(1971)

(3) 岩石化学特征

由表 3－19 可以看出，去申拉组火山岩的 SiO_2 含量为 55.95%～61.82%，Al_2O_3 变化不大，为 15.1%～16.01%，碱质稍高，K_2O+Na_2O＝5.07%～6.24%，$Na_2O>K_2O$，Na_2O/K_2O 比值为 1.61～10.04，CaO 为 4.77%～6.35%，且有随着 SiO_2 含量的增高而减少的特征。MgO 含量较高，为 1.51%～4.79%，角闪安山岩 SiO_2 为61.8%，Na_2O+K_2O 为 5.07%，$Na_2O>K_2O$，明显富钠，与中国角闪安山岩平均化学成分相比 SiO_2、Na_2O 偏高。TiO_2、Al_2O_3、Fe_2O_3、FeO、MnO、MgO、CaO、K_2O 偏低，与世界角闪安山岩的平均化学成分相比，MgO、Na_2O 偏高，TiO_2、Al_2O_3、MnO、CaO、K_2O 偏低，SiO_2、FeO、Fe_2O_3 较为接近。安山岩 SiO_2 为 58.16%，K_2O+Na_2O 为 5.53%，$Na_2O>K_2O$，明显富钠，与中国和世界安山岩的平均化学成分相比结果一致，SiO_2、TiO_2、Fe_2O_3、MgO、Na_2O 偏高，Al_2O_3、FeO、CaO、K_2O 偏低，MnO 接近。

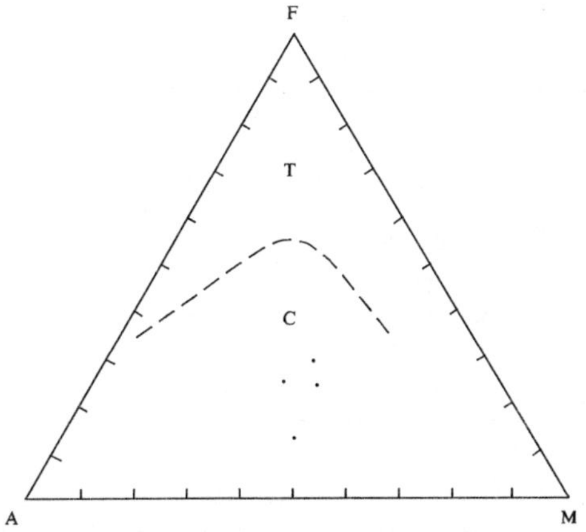

图 3－67　去申拉组火山岩 AFM 图

(T. N. Irvine 等，1971)

T. 拉斑玄武岩系列；C. 钙碱性系列

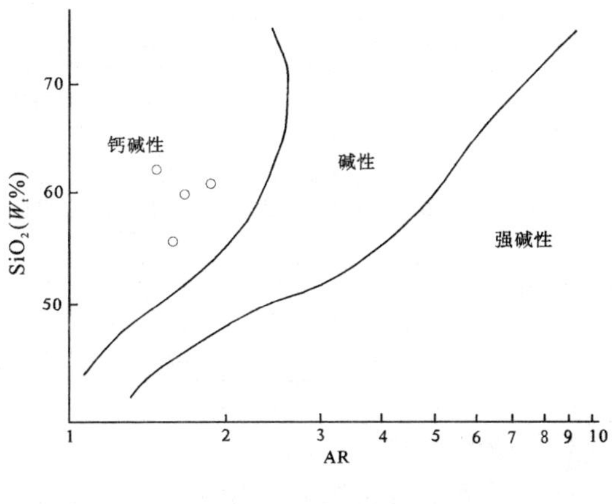

图 3－68　去申拉组火山岩 AR－SiO_2 与碱度关系图

(J. B. Wright，1969)

里特曼指数 $\sigma=1.3\sim2.3$，按照里特曼的二分法属钙碱性岩系。在 SiO_2 - AR 图解上投点全部落入钙碱性区（图 3 - 68），分异指数 DI 变化于 50.31～63.36 之间，与安山岩的分异指数 56 较为接近（桑汤和塔塔尔，1960），且随 $SiO_2\%$ 的增加，分异指数（DI）逐渐增高。另外，固结指数（SI）随 SiO_2（%）的增加有由高变低的趋势。

从分异指数（DI）对氧化物图解（图 3 - 69）可知，随分异指数的增加，SiO_2、AlK 逐渐增高，FeO^*、MgO、CaO 逐渐降低，Al_2O_3 无明显变化，由此说明去申拉组火山岩为正常的岩浆分异作用的产物，同化混杂作用不明显。

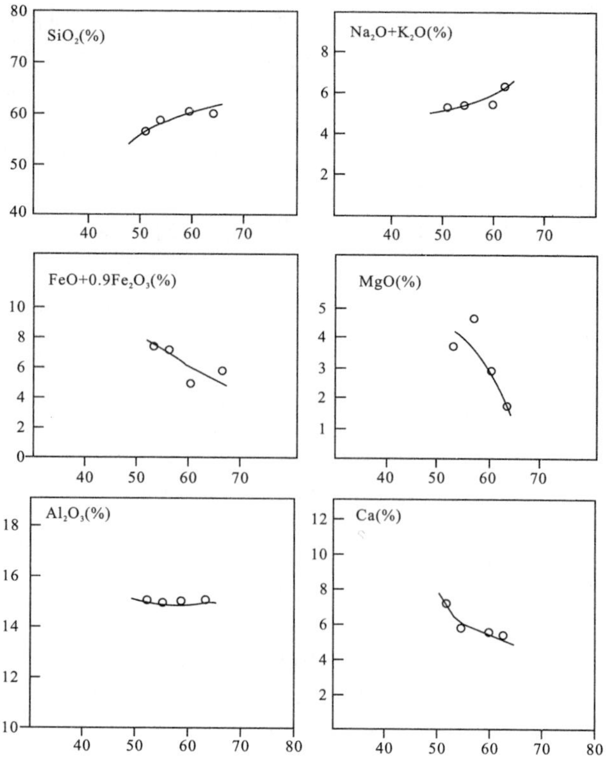

图 3 - 69　去申拉组火山岩氧化物- DI 变异图

2. 地球化学特征

（1）稀土元素

去申拉组火山岩稀土元素分析结果及有关参数见表 3 - 20。从表 3 - 20 可以看出，区内去申拉组火山岩的稀土总量为 $67.65\times10^{-6}\sim102.85\times10^{-6}$。其中，安山岩为 $92.45\times10^{-6}\sim102.85\times10^{-6}$，平均值为 97.73×10^{-6}；角闪安山岩为 67.65×10^{-6}。角闪安山岩的稀土总量相对较小。$\sum Ce/\sum Y=2.33\sim3.4$，$(La/Yb)_N=4.76\sim7.67$，均大于 1，表明为轻稀土富集型。$\delta Eu=0.89\sim0.91$，有轻度铕亏损，造成铕异常的原因可能是早期晶出的斜长石以晶屑的形式较多的分布于火山碎屑岩中。稀土配分曲线（图 3 - 70）属平坦的右倾型，各类岩石的曲线特点相似，反映其为同源岩浆演化的产物。

表 3 - 20　去申拉组火山岩岩石稀土元素含量及有关参数

地层	样号	稀土元素含量（$\times10^{-6}$）									
		La	Ce	Pr	Nd	Sm	Eu	Gd	Tb	Dy	Ho
去申拉组	2 014/4 - 1	9.46	21.92	2.63	10.37	2.25	0.72	2.29	0.36	2.01	0.40
	1 001/1	15.81	38.82	4.22	16.48	3.28	0.92	2.91	0.44	2.40	0.47
	1 001/2	11.58	28.17	3.52	14.33	3.29	1.09	3.45	0.54	3.15	0.62
	1 001/3	13.28	32.62	3.81	15.71	3.37	1.09	3.33	0.51	2.90	0.59

地层	样号	稀土元素含量（$\times10^{-6}$）					有关参数			
		Er	Tm	Tb	Lu	Y	$\sum REE(\times10^{-6})$	$\sum Ce/\sum Y$	δEu	$(La/Yb)_N$
去申拉组	2 014/4 - 1	1.22	0.20	1.34	0.20	12.28	67.65	2.33	0.96	4.76
	1 001/1	1.35	0.21	1.39	0.22	13.94	102.85	3.40	0.89	7.67
	1 001/2	1.86	0.29	1.92	0.29	18.34	92.45	2.03	0.98	4.07
	1 001/3	1.68	0.27	1.69	0.25	16.79	97.89	2.49	0.98	5.30

（2）微量元素

微量元素的分析结果及相关参数见表 3 - 21。可以看出，去申拉组火山岩微量元素含量的平均值与地壳元素丰度值（黎彤）相比，Zr、V、Hf 相对富集，Ga、Sc 较为接近，其他较低。与维氏中性岩平均值相比 Sc、V、Cr 相对富集，其他偏低。$Rb/Sr=0.04\sim0.23$，$Sr/Ba=0.66\sim1.92$，$Zr/Hf=26.89\sim33.33$，表明岩浆分异作用不明显。

表 3-21　去申拉组火山岩微量元素含量及特征值

地层	样号	微量元素含量($\times10^{-6}$)									
		Nb	Sc	Ga	Zr	Th	Sr	Ba	V	Co	Cr
去申拉组	2 014/4-1	5.5	11.8	17.2	101.0	2.90	382	391.0	113.5	16.6	56.3
	1 001/1	9.9	13.0	18.1	170.0	8.90	350	534.0	139.5	16.3	82.1
	1 001/2	6.4	20.7	18.6	121.0	3.70	506	308.0	195.2	23.1	177.0
	1 001/3	6.2	20.0	16.6	101.0	3.00	470	245.0	180.0	21.9	38.1
	平均值	7.0	16.4	17.6	123.3	4.63	427	369.5	157.1	19.5	88.0
	地壳元素丰度值	19.0	18.0	18.0	130.0	5.80	480	390.0	140.0	25.0	110.0

地层	样号	稀土元素含量($\times10^{-6}$)				特征值				
		Ni	Rb	Ta	Hf	Rb/Sr	Sr/Ba	Zr/Hf	Nb/Ta	Ti/V
去申拉组	2 014/4-1	32.9	76.3	<0.5	3.7	0.04	0.98	27.30		29.6
	1 001/1	31.0	81.5	<0.5	5.1	0.23	0.66	33.33		31.4
	1 001/2	48.5	20.9	<0.5	4.5	0.04	1.64	26.89		26.70
	1 001/3	27.8	6.6	<0.5	3.5	0.07	1.92	28.86		29.67
	平均值	35.1	31.3	<0.5	4.2					
	地壳元素丰度值	89.0	78.0	1.6	1.5					

去申拉组火山岩微量元素蛛网图(图 3-71)与火山弧型钙碱性玄武岩类似，以明显富集 Sr、K、Rb、Ba 和 Th，并伴有 Ce、P 和 Sm 富集为特征，即具有富集大离子亲石元素 Sr、Rb、Ba、Ce，亏损高场强元素 Zr、Nb、Hf、Ti、Y 等的特征。不同岩性微量元素含量变化呈现同步消长趋势，说明其为同源岩浆的产物。

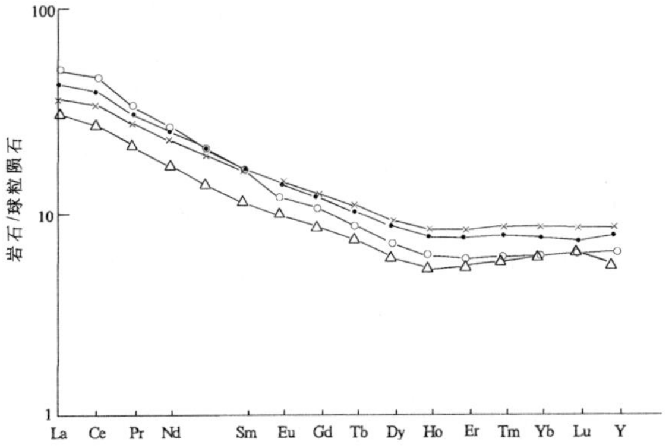

图 3-70　去申拉组火山岩稀土元素配分曲线

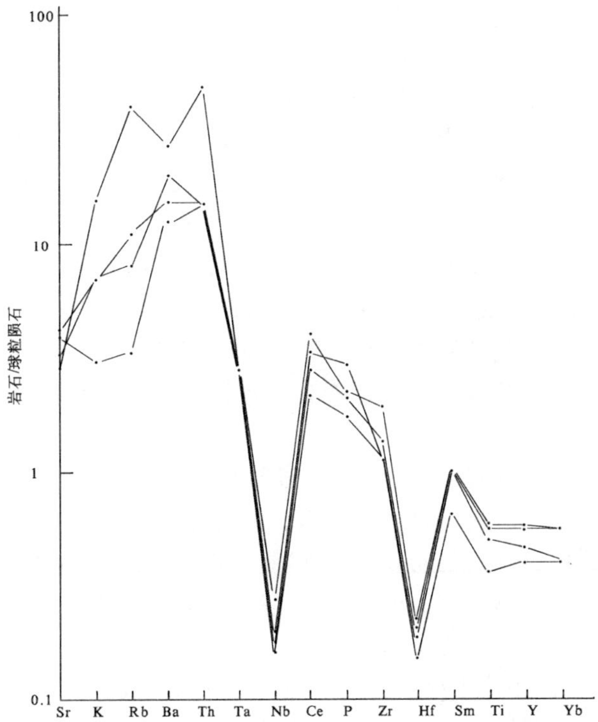

图 3-71　去申拉组火山岩微量元素蛛网图

(四)火山构造及古火山机构

1. 火山岩相划分及特征

按照《火山岩区区域地质调查方法指南》(1∶5 万)的划分标准，去申拉组火山岩岩相划分为爆发相、喷溢相、喷发沉积相、火山通道相 4 种基本类型，各岩相分布不平衡，以溢流相为主，约占火山岩分布面积的 80％。

（1）爆发相

区内则弄群中最常见的是与碎屑流堆积有关的各类熔结凝灰岩和崩落堆积有关的火山角砾岩、火山集块岩等。

1）碎屑流堆积。包括密度流、涌流和灰流堆积，以前者为主。岩石中普遍含有压扁拉长的塑变浆屑和分布不均匀的火山角砾、集块等，塑变浆屑的长宽比多达 10 以上，假流动构造十分发育，有时可见流变褶皱、纹层，甚至交错层，当有角砾集块时纹层绕过之。从角砾成分来看，均以同源火山岩为主，另有少量的异源角砾，多为刚性角砾，其成分多为砂岩、泥板岩。角砾大小不一，棱角明显，在其周围常见浅色蚀变晕，说明其形成的温度较高。

2）崩落堆积。主要是分布在火山口附近的火山角砾岩、火山（角砾）集块岩及集块角砾凝灰岩等。火山碎屑物较粗，所占比例较大，角砾、集块也以同源火山岩为主，大小混杂，分选性差，棱角明显，胶结松散，无层理构造，多与晶屑凝灰岩等呈过渡关系。

（2）喷溢相

喷溢相为去申拉组的主要岩相，组成该岩相的岩石主要为透辉石安山岩、角闪安山岩、安山岩和角闪英安岩。其产状多为复式熔岩流，单式熔岩流次之。

熔岩流多围绕火山口呈环状、月牙状、舌状分布，有的呈带状分布，有的相互交错或重叠产出。单个熔岩流规模一般较小，宽度以几十米到几千米，长可达几千米到几十千米，厚度往往不大，为几十厘米到几十米，明显受古地形影响。安山质熔岩流中，其间常常含有气孔和杏仁体，其拉伸和延展方向与岩流方向一致，一般喷发单层顶部气孔小而多，中部多而大，下部界于两者之间；英安质、流纹质熔岩流中流动构造发育，延伸方向与流动方向一致，受古地形的影响，局部可见揉皱或涡流构造，其间普遍含有长石、石英斑晶，多定向排列往往不明显，在熔岩流的顶部或前锋往往出现同成分的自碎角砾熔岩。

（3）喷发-沉积相

该相在去申拉组不发育，主要分布于测区西部的重昌破火山口内。除此之外，在该组上部也有断续出露，其岩石类型主要由沉角砾集块岩、沉火山角砾（集块）凝灰岩、沉凝灰岩系列和凝灰质砂岩、凝灰质粉砂岩系列组成，根据水动力条件的差异和水体环境的不同，分为火山泥石流沉积和破火山湖沉积。

火山泥石流沉积主要分布于宋我日、玉雄等地。自下而上可划分为 3 个岩带。底部带沉火山角砾集块岩，单层厚度 2～5m 左右，层理不明显，砾石多为附近岩性，应为近源堆积，含量可达 50％～60％，多呈棱角状、次棱角状，个别具浑圆状，分选性差，小的 1～5cm，一般为 10～20cm，大的达 50cm 左右，杂乱分布，胶结松散，为砂、泥质胶结；中间带为沉火山角砾岩，与底部带为渐变过渡，该带中砂砾岩透镜体较多具有明显的层理；顶部带为沉晶屑岩凝灰岩，单层厚 20～30cm 左右，具透镜状层理，含有少量的角砾。

破火山口湖沉积分布于重昌破火山口内，为不断接受来自火山口边缘风化剥蚀搬运来的火山碎屑物，形成的火山碎屑岩沉积。主要特点是分选性好，韵律层清晰。主要岩性为沉安山质角砾岩、沉英安质凝灰角砾岩、粉砂岩、粉砂质泥岩，顶部为中酸性熔岩覆盖。在火山口边部的角砾岩、凝灰角砾岩环绕火山口分布，应为火山口蹋陷的产物，在破火山口内外发育着面貌完全不同的火山岩组合。

（4）火山通道相

该相位于火山喷发中心，在玉雄、宋我日等地去申拉组中均可见到。其特征为通道平面形态多为圆形、椭圆形，大小不一，大的可达几百平方米，小的数十平方米，剖面形态多为筒状、漏斗状，充填其中的岩石主要有熔岩和碎屑熔岩两种。火山颈中熔岩为致密块状，具明显的分带性，边部较细，局部为玻璃质，多有自碎角砾岩带，宽度不大，多为几十厘米至几米，向中心逐渐变粗；熔岩筒中角砾集块岩，熔岩碎屑成分复杂，以同源碎屑为主，另有少量的异源碎屑，形态不规则，无定向排列。

综上所述去申拉组火山岩以溢流相为主，爆发相分布局限，且多呈夹层产出，火山通道相不甚发育，喷发-沉积相多分布于该组的上部和破火山湖内。据此推断去申拉组火山活动特点为能量小，活动频繁，堆积厚度大，这与岩浆的自身条件和区域构造条件有密切关系。

2. 火山构造及火山机构

据《火山岩地区区域地质调查方法指南》(地质矿产部区域地质矿产地质司，1987)推荐的火山构造划分方案，本区去申拉组火山岩可划分为1个朱日-宋我日火山喷发带(Ⅲ级)，分布于测区北部的尼玛县朱日—宋我日一带，呈北东东向带状展布，长约70km，宽0.8～8km，受北东东向断裂控制。按火山机构的分布特征、岩石组合、岩性特征，自西向东划分出3个Ⅳ级火山构造，即重昌破火山群、玉雄火山群和宋我日火山群，Ⅴ级火山构造即各类火山机构共识别出6个。火山活动以中心式喷发为特征，划分为层状火山、破火山、盾状火山3种。

(1) 玉雄火山群

玉雄火山群位于测区北部尼玛县达则错南池子-玉雄一带，呈带状近东西向展布，出露面积约80km²。岩性为安山岩、英安岩、角砾集块熔岩、角砾凝灰岩、晶屑凝灰岩、沉晶屑凝灰岩等。有火山通道相、溢流相和喷发沉积相。已发现出露较好的火山机构有2个，分别为玉雄和娥让火山机构，根据地貌、岩性、岩相特征均为盾状火山。

玉雄盾状火山位于尼玛县达则错南约10km的玉雄山(5 094m)一带，平面形态呈椭圆状，NW-SE向展布，出露面积约4km²，中央山峰高耸，溢流相围绕火山通道相呈环形分布(图3-72)。

火山通道相位于火山中心，其充填物为安山质集块角砾熔岩和熔结凝灰岩。安山质集块角砾熔岩位于火山通道的中心位置，熔结条带发育，产状较陡，向中心倾斜，倾角60°～80°之间，与岩颈壁产状基本一致。

溢流相由安山岩和英安岩两种岩性组成，呈环带状围绕火山喷发中心分布。安山岩分布于外围，构成第一环带，岩石多发生蚀变，主要为碳酸盐化；英安岩直接分布于火山通道的外围覆盖于安山岩之上，构成第二环带，为岩浆第二次溢流的产物，流纹构造发育，岩石多发生蚀变，主要为碳酸盐化。

根据以上岩性、岩相特征分析，该火山随着岩浆的分异作用，经历了两次岩浆溢流，先后形成了安山岩、英安岩，岩浆大规模溢出后，残留在岩浆房中的熔浆挥发性组分含量较高，充填在火山口的熔岩再次爆发，形成棱角状大小不等的碎块，最后熔浆继续向上运移，由于碎屑物的堵塞，把其胶结充填于火山通道，形成集块角砾熔岩、熔结凝灰岩，火山活动结束。

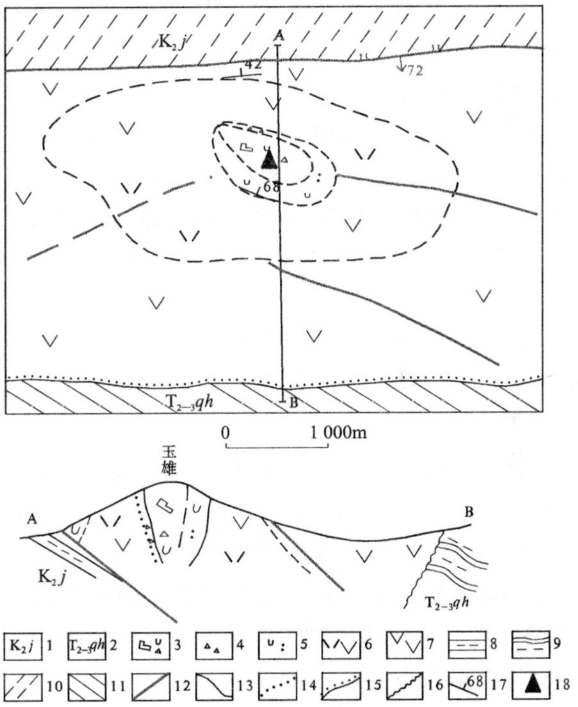

图3-72 尼玛县玉雄盾状火山岩性岩相地质图

1. 竟柱山组；2. 确哈拉群；3. 集块角砾熔岩；4. 碎裂角砾岩；5. 熔结凝灰岩；6. 英安岩；7. 安山岩；8、10. 泥岩；9、11. 泥板岩；12. 断层；13. 岩性界线；14. 岩相界线；15、16. 不整合；17. 产状；18. 山峰

(2) 重昌破火山

重昌破火山位于测区北部尼玛县达则错东南约15km的重昌-生达拿波一带，平面形态呈NE-SW展布，出露面积约60km²，出露岩性为安山岩、英安岩、角砾凝灰岩、沉角砾凝灰岩、沉凝灰岩等，有爆发-溢流相、爆发相、喷发沉积相等。其地貌特征为周边高、中间低的锅状洼地，反映了这一火山构造的特征。

爆发-喷溢相是破火山早期喷发阶段的产物，主要由安山质角砾集块岩、英安质角砾熔岩、安山岩、英安岩组成，呈环状分布于破火山外侧，由多次爆发-喷溢作用形成，不整合覆盖于确哈拉群之上。

爆发相呈环状分布于破火山口的中部，主要岩性为英安质熔结凝灰岩、英安质凝灰岩，岩石中含有大量的塑性浆屑及较早形成的岩石碎块，塑性浆屑被强烈压扁，拉长呈细纹状，具定向分布，构成假流纹构造。

喷发沉积相呈环状分布于破火山口的边缘，主要岩性为沉英安质角砾凝灰岩、沉英安质含角砾凝灰岩，层理清楚，产状向火山中心倾斜，具内倾围斜特征。

从以上岩性、岩相特征可以看出，该破火山活动过程，大致经历了下述4个阶段。

1）爆发-溢流阶段。该破火山以早期强爆发开始，形成安山质集块岩、火山角砾岩和含集块角砾凝灰岩。爆发作用后期，因熔浆内挥发份大量溢出，内压降低，转为溢流形成安山岩、英安岩。这种爆发、溢流在破火山口经历了多次。

2）爆发阶段。岩浆大规模溢出后，残留在岩浆房中的熔浆挥发份含量增高，形成猛烈的火山喷发，形成了中带的英安质熔结凝灰岩、英安质凝灰岩。爆发作用后期，因熔浆内挥发份大量逸出，内压降低，岩浆转为溢流。

3）破火山口沉陷阶段。经过多次强烈爆发-喷溢作用，由于岩浆物质大量抛出后，岩浆房空虚，在上覆火山生成物的重力作用下，产生大规模的塌陷形成破火山口，使喷发物产状皆向内倾。

4）晚期强烈爆发阶段。火山活动经早期爆发-喷溢之后，由于岩浆向酸性演化，挥发份大量聚积，便产生了再次强烈爆发，大量的火山碎屑和炽热的火山灰流被抛出，在早期形成的破火山口迅速堆积，形成沉英安质角砾凝灰岩和沉英安质含角砾凝灰岩。

(3) 宋我日火山群

宋我日火山群位于测区北部尼玛县曲康巴勒-宋我日一带，平面形态呈带状，近东西向展布，面积约10km²，出露岩性为辉石安山岩、角闪安山岩、安山岩、角闪英安岩、流纹岩、角砾集块熔岩、角砾岩、沉晶屑凝灰岩等。有火山通道相、爆发相、溢流相、喷发沉积相等。根据地貌特征、火山机构的规模、岩性、岩相特征判断以层状火山机构为主，已识别出3个火山机构。现以宋我日层状火山为例对该火山群特征作介绍。

宋我日层状火山位于尼玛县曲康巴勒一带，平面形态近圆状，出露面积2km²，中央山峰高耸，安山岩、角闪安山岩、辉石安山岩、角砾集块熔岩、角砾安山岩围绕火山口交替成层出现。岩性、岩相特征如下。

火山通道相位于喷发中心，火山充填物为安山质角砾集块熔岩。岩石呈灰绿色，集块角砾熔岩结构，角砾成分主要为安山质，英安质少量，大小一般(8～15cm)，含量50%，个别大的可达60cm，小的2mm左右，无分选，杂乱排列，熔岩胶结。

溢流相围绕火山口分布，主要岩性为辉石安山岩、角闪安山岩、安山岩。岩石呈暗灰色，斑状结构，块状构造、气孔状构造。斑晶由斜长石(An=32～38为更长石)、透辉石、角闪石组成，基质为交织结构，其成分以斜长石为主。

爆发相与溢流相的岩石相互交替产出，环绕火山口分布，主要由角砾集块熔岩、角砾安山岩或集块岩组成，大小一般为5～10cm，多成棱角状、次棱角状，个别呈浑圆状，胶结物为熔岩。

根据以上岩相特征分析，结合宋我日剖面的韵律划分(前述)，恢复该火山活动历程为早期强爆发形成安山质集块岩、角砾集块岩。后期，因熔浆内挥发份大量溢出，内压降低，转为溢流，形成安山岩、英安岩。根据剖面分析，该火山至少经历了7次爆发-溢流。随着火山作用的减弱，能量的衰减，火山通道中碎屑物中被后期上升的熔浆熔结，火山活动进入休眠状态，形成现在看到的火山面貌。

区内去申拉组火山岩明显受基底断裂控制，由于火山爆发、喷溢的多次活动，形成了不同类型的火山岩。不同的火山机构尽管能量及其活动历史不同，但其活动方式大同小异，形成火山堆积物也具有较大的相似性。早期均以强爆发-溢流开始，形成安山质火山碎屑岩和安山岩，随着岩浆分异结晶，继之形成英安岩、流纹质火山碎屑岩及其熔岩，如此周而复始多次爆发-喷溢。经过早期熔浆的大规模溢出，岩浆房中熔浆向酸性演化，挥发份大量增加，造成强烈的火山爆发，形成酸性火山碎屑岩和少量熔岩。随着火山作用的减弱，能量的衰减，形成沉火山碎屑岩。

（五）火山活动的构造环境

邱家骧、王人镜认为，造山带（活动大陆边缘与岛弧）τ 值一般为 10～30，稳定的火山岩区 τ 值一般较低，小于 10（一般为 3～4）。测区去申拉组 τ 值在 11.66～21.2 之间，平均为 15.5，应为造山带环境下形成的产物。在 $\lg\sigma-\lg\tau$ 图解（图 3-73）上，去申拉组火山岩均落入 B 区，属造山带（或活动陆缘、闭合边缘的岛弧）构成环境。

区内去申拉组火山岩以安山岩为主，英安岩、流纹岩较少，以溢流为主。岩石 SiO_2 含量为 55.95%～61.82%，平均值为 59.08%，FeO^*/MgO 为 1.6～3.8，平均值为 2.14，K_2O/Na_2O 为 0.01～0.6，平均值为 0.28。Jakes(1992)等研究认为，活动陆缘火山岩 SiO_2=56%～75%，$FeO^*/MgO>2.0$，$K_2O/Na_2O>0.6$，岛弧火山岩 SiO_2=50%～66%（多小于 56%），$FeO^*/MgO<2.0$，$K_2O/Na_2O<0.6$。对比发现去申拉组火山岩与岛弧火山岩特征相近。

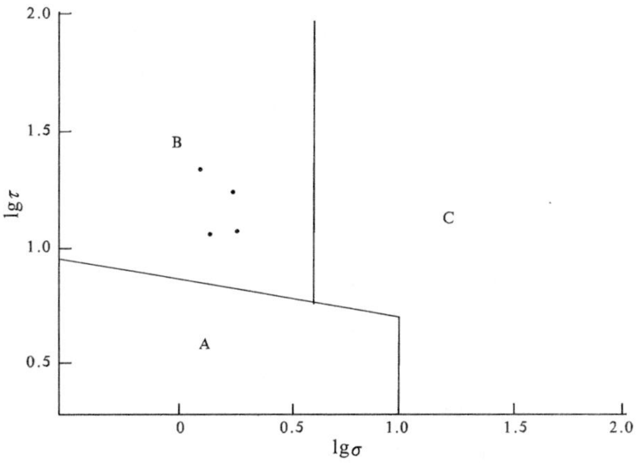

图 3-73　去申拉组火山岩 $\lg\tau-\lg\sigma$ 图
（A. Rittmann，1970）

埃达克岩（Adakite）是 1990 年由 Defant 和 Drummond 提出来的，意指由年龄小于或等于 25Ma 的洋壳俯冲形成的一套岛弧岩浆岩系。由于其具有确切的构造含义和成矿专属性，故在近十年来得到了国际地质界普遍接受，并被广泛深入地研究。测区去申拉组火山岩的岩石组合、地球化学特征与埃达克岩相比具有相似性。① 岩相学特征：埃达克岩为一套中酸性岩石组合，主要矿物组合是斜长石、角闪石，去申拉组火山岩为安山岩—英安岩—流纹岩组合，主要矿物组合为斜长石、透辉石、角闪石，二者表现基本一致；② 岩石地球化学特征：将埃达克岩的一些岩石地球化学参数与去申拉组火山岩比较发现，二者基本一致，与岛弧火山岩明显不同（表 3-22），另外去申拉组火山岩还具有 LREE 富集，无铕异常或轻微的负铕异常，富集大离子亲石元素，亏损高场强元素的特征，也与埃达克岩特征一致（详见前述）。

表 3-22　去申拉组岩石地球化学特征与埃达克岩、岛弧对比一览表

	SiO_2(%)	Al_2O_3(%)	MgO(%)	Y	Yb	Sr	Na/K	La/Sm	Sr/Y	Zr/Sm	Mg#
去申拉组	59.08	15.55	3.30	15.33	1.59	427	4.99	4.12	27.9	40.6	60.5
埃达克岩①	≥56.00	≥15.00	<3.00	≤18.00	≤1.90	>400	3.08	5.40	104.0	47.0	48.0
岛弧②	67.72	15.44	0.11	28.50	4.26	229	1.73	2.30	9.3	24.0	34.0

注：①数据均引自张旗(2002)；②数据引自 Atherton M. P.(1993)。

区域地质构造研究表明，晚三叠世末中特提斯洋向南俯冲，当俯冲板块下插到 80km 左右时（埃达克岩形成深度），由于温度的升高，消减带部分熔融，形成埃达克岩岩浆。在中侏罗世受构造作用的影响，得以快速上升，从而发生了强烈的火山爆发作用。由于火山活动滞后于俯冲作用，所以将它们归为“滞后型”弧火山岩。

二、早白垩世则弄群火山岩

（一）火山地层

1. 概述

则弄群主要分布于测区南部尼玛县布噶日-申亚-申扎县尼阿节一带，平面上呈东西向带状分布，不整合覆盖于石炭、二叠系之上，其上被第四系松散沉积物覆盖，出露面积约 1 200km^2。则弄群火山岩为一套陆相火山岩，厚度和岩性在空间上和时间上变化较大，西部厚度较大，以中、酸性溢流相岩石为主；东部厚度较小，以中酸性的爆发相岩石为主，溢流相岩石次之。自西向东，火山活动由弱到强，岩性由中性向中酸性、酸性演化。下部以岩浆的溢流为主，主要岩石类型有安山岩、英安岩、流纹岩；中部以火山强爆发为主，主要岩石类型为英安质→流纹质晶屑凝灰岩、熔结凝灰岩、凝灰熔岩；上部仍以喷溢为主，主要岩石类型有英安岩、流纹岩。自下而上具有从中、中酸性向中酸性、酸性和火山活动由弱—强—弱的演化特征。岩石组合为安山岩＋英安岩＋流纹岩，具有弧火山岩特征。根据野外宏观观察，则弄群火山岩多呈层状、似层状产出，沉积夹层较少，表现为火山物质的正常堆积，地层结构为熔岩、火山碎屑岩、熔岩与火山碎屑岩互层等多种类型。以熔岩与火山碎屑岩互层类型为主。

2. 火山喷发旋回

(1) 韵律划分

则弄群的地层结构主要为熔岩与火山碎屑岩互层类型，物质成分、火山喷发方式、喷发强度的变化均能反映出其韵律特征。现以尼玛县申亚乡丁仁嘎布剖面为例，介绍则弄群火山岩的韵律特征。

该剖面的岩性主要由晶屑凝灰熔岩、熔结晶屑凝灰岩、晶屑凝灰岩夹少量的英安岩、流纹岩、沉积岩组成。考虑到物质成分、火山活动方式、活动强度、熔结程度等多种因素，以物质成分的变化为主线，自下而上划分出 5 个韵律，从英安质开始到流纹质结束，显示火山由中酸性向酸性的演化规律(表 3－23)：①英安质—流纹质岩石呈规律性出现，不同成分的岩石交替产出；②凝灰岩、熔结凝灰岩、凝灰熔岩、熔岩规律性产出，反映火山活动由强到弱的变化特征。

表 3－23 丁仁嘎布则弄群剖面韵律划分表

韵律	厚度(m)	岩性	韵律结构特征	喷发强度
5	272.67	流纹质晶屑熔岩凝灰岩 英安质(玻屑)晶屑凝灰岩 英安质含角砾晶屑凝灰岩 英安质晶屑熔结凝灰岩 英安岩 英安质晶屑熔结凝灰岩	英安质火山碎屑岩→英安岩→英安质火山碎屑岩→流纹质火山碎屑岩	爆发→溢流→爆发
4	153.10	流纹质岩屑晶屑凝灰岩 英安质含角砾晶屑凝灰岩 英安质含角砾晶屑熔结凝灰岩 英安质晶屑熔结凝灰岩 英安质含角砾晶屑熔结凝灰岩	英安质火山碎屑岩→流纹质火山碎屑岩	爆发
3	146.21	流纹质晶屑凝灰岩 流纹质晶屑熔结凝灰岩 英安质晶屑熔结凝灰岩	英安质火山碎屑岩→流纹质火山碎屑岩	爆发
2	263.21	流纹岩 流纹质晶屑熔结凝灰岩 流纹质晶屑凝灰岩 流纹质岩屑晶屑凝灰熔岩 流纹质晶屑凝灰岩 流纹质含角砾晶屑凝灰熔岩 英安质晶屑熔结凝灰岩	英安质火山碎屑岩→流纹质火山碎屑岩→流纹岩	爆发→溢流
1	332.58	中厚层中粒石英砂岩 流纹质晶屑凝灰熔岩 英安质角砾晶屑熔结凝灰岩 英安质角砾晶屑凝灰熔岩 英安质角砾晶屑熔结凝灰岩 英安质角砾晶屑凝灰熔岩 英安质含角砾晶屑熔结凝灰岩 英安质角砾晶屑凝灰岩 英安质晶屑凝灰岩	英安质火山碎屑岩→流纹质火山碎屑岩→沉积岩	爆发→沉积

韵律结构类型有 4 种。①英安质火山碎屑岩→流纹质火山碎屑岩→沉积岩；②英安质火山碎屑岩→流纹质火山碎屑岩→流纹岩；③英安质火山碎屑岩→流纹质火山碎屑岩；④英安质火山碎屑岩→英安岩→英安质火山岩碎屑岩→流纹质火山碎屑岩。

(2) 旋回划分

则弄群火山地层剖面，从下而上岩性呈周期性变化，根据由中酸性—酸性方向演化的规律及火山活动由强到弱的演变规律，将测区则弄群火山岩划分为一个完整的喷发旋回。

3. 火山活动时限

则弄群不整合于覆盖于石炭系、二叠系地层之上，其形成时代应晚于二叠系；则弄群中的灰岩夹层中，富含圆笠虫化石，其时代为早白垩世；本次工作取得全岩 K-Ar 同位素年龄为 83.35±1.33Ma，前人取得 K-Ar 同位素年龄为 99Ma。综合认为，则弄群火山活动时限为早白垩世，据区域资料，向下可能跨晚侏罗世晚期。

(二)岩石类型及其基本特征

则弄群火山岩为一套中性—中酸性—酸性岩石组合。根据室内镜下岩矿鉴定和岩石化学成分的有关图解，结合《国标》火山岩的岩石分类命名原则，将测区内的则弄群火山岩划分为熔岩类、火山碎屑岩类和潜火山岩 3 大类型，再根据成分、结构、构造特征进行细分。

1. 熔岩类

则弄群中较为发育，分布广泛。岩性以安山岩、英安岩、流纹岩为主，约占则弄群火山岩的 60%。

(1) 安山岩亚类

安山岩亚类主要见于布噶日-亚孔一带，则弄群下部，由安山岩、黑云母安山岩、透辉石安山岩组成。岩石呈灰绿色、暗灰色，斑状结构、块状构造，局部见气孔、杏仁构造。基质为玻晶交织结构、玻璃质结构。斑晶由斜长石、黑云母、透辉石组成。斜长石呈半自形板柱状，具聚片双晶，大小一般为 0.7mm×0.3mm～1.5mm×1mm，An=34～36(中长石)，含量约为 10%；黑云母为片状，大小 0.5～0.7mm，大部变成了绿泥石；透辉石为柱状，大小 0.5mm×0.3mm～1.5mm×0.6mm。基质由斜长石、黑云母、透辉石和玻璃质组成，斜长石呈小板条状，大小 0.1～0.2mm，杂乱分布，在小板条之间分布着玻璃质。副矿物为磁铁矿等。气孔被微粒石英、玉髓、绿泥石等充填形成杏仁。

当岩石中的黑云母或透辉石的含量大于 5%时，分别命名为黑云母安山岩和透辉石安山岩。

(2) 英安岩亚类

测区则弄群中英安岩类分布比较广泛，主要出露于蒙列那、罗布弄拉、马让、达日格等地，由英安岩、角闪英安岩、黑云母英安岩、含角砾英安岩组成。岩石呈浅灰色、浅紫红色、灰白色，斑状结构、块状构造，局部为流状构造。基质具玻璃质结构、微晶结构。斑晶由斜长石、石英、角闪石、黑云母、钾长石组成。斜长石呈半自形板柱状，大小 0.2～2mm，双晶多微有显示，个别清楚，An=26(更长石)，含量 10%～20%；石英呈熔蚀粒状，大小 0.3～1.5mm，裂纹发育，波状消光明显，含量 2%～10%；角闪石呈针柱状，大小 0.3～1.5mm，多被暗化，为绿泥石所取代，含量 2%～5%；黑云母为片状，大小 0.4～1mm，大量淅铁，含量 2%～5%；钾长石零星可见，多为他形粒状的高温透长石。基质主要由斜长石、黑云母、微粒状长英矿物及玻璃质组成，玻璃质定向排列，可形成流纹构造，脱玻化后被长英矿物取代呈条带状分布。副矿物由磁铁矿等组成。

当岩石中的黑云母、角闪石含量大于 5%时，参加岩石命名。

(3) 流纹岩类

测区则弄群中流纹岩比较发育，分布广泛，主要出露于扎热达、亚甲乃嘎、卡渣扎日、知弄拉等地，由流纹岩、含角砾流纹岩、蚀变珍珠岩组成。岩石呈灰白、紫红、灰紫色，斑状结构、残余斑状结构，块状构造、流纹构造、珍珠构造。基质具玻璃质结构，似球粒结构。斑晶由斜长石、钾长石、石英、黑云母组成。斜长石呈半自形板柱状，大小 1～2mm，显聚片双晶，An=24～27(更长石)，含量 3%～20%，多发生轻微的绿帘石、黝帘石化；钾长石呈半自形板柱状，大小 0.5～2mm，含量 2%～10%；石英呈熔蚀粒状，大小 0.3～5mm，裂纹发育，波状消光明显，含量 2%～8%；黑云母为片状，大小 0.4～1.5mm，大部分淅铁，变成绿泥石，含量 2%～5%。副矿物由磁铁矿等组成。基质由玻璃质、隐晶质组成，玻璃质定向排列形成流纹构造，脱玻化后被长英质矿物取代形成似球粒结构。

2. 火山碎屑岩类

测区则弄群中火山碎屑岩也较发育，主要产于破火山、层状火山、锥状火山之中，根据其结构构造特点、堆积环境及其分布规律、胶结类型、成岩方式，按照《国标》火山碎屑岩的划分方案，将区内则弄群的火山碎屑岩划分为碎屑熔岩、正常火山碎屑岩和火山-沉积碎屑岩 3 大类。

(1) 碎屑熔岩亚类

该类岩石区内则弄群中多见，分布在火山通道附近或熔岩流的顶部与熔岩呈渐变过渡关系。据碎屑物的大小可分为集块熔岩、集块角砾熔岩、角砾熔岩及凝灰熔岩。

1) 集块熔岩。仅在夏嘎、帮弄乃嘎等地出露，主要为流纹质集块熔岩，岩石呈灰、灰白色，角砾结构，块状构造。集块为棱角状、次棱角状，个别为次圆状，大小一般为 20～50cm，最大的可达 70cm，含量 30%～50%，表面多见一层不太明显的氧化薄膜。胶结物含量为 50%～70%，具斑状结构，斑晶由斜长石、石英、钾长石组成，在碎屑物周围定向排列显示流动构造。碎屑物与胶结物成分相同，均为流纹质。

2) 火山集块角砾熔岩。露头较少，仅在拉嘎雄野玛、羊弄乃嘎、约那等地出露，岩性为流纹质集块角砾熔岩。岩石呈浅灰色、灰白色，集块角砾熔岩结构，块状构造，碎屑物由集块、角砾及少量岩屑组成，成分为流纹质，大小一般为 4～10cm，个别大的可达 40cm，小的 1～2cm，含量约 32%～40%，呈棱角状、次棱角状，大小混杂，无分选。胶结物由流纹岩组成，含量约为 60%～70%，具斑状结构，块状构造，斑晶由斜长石、钾长石、石英组成，基质为玻璃质或隐晶质。

3) 火山角砾熔岩。仅有零星分布，主要出露于故尔嘎、不巴拉、尼弄玛等地，主要岩性为英安质火山角砾熔岩和流纹质火山角砾熔岩，除碎屑物成分不同，其他特征基本相同，即岩石呈浅灰色、灰白色、灰紫色，角砾熔岩结构、块状构造。碎屑物角砾为棱角状、次棱角状，少部分为次圆状、浑圆状，大小一般为 2～3cm，个别大的可达 5cm，小的为岩屑，含量 50%～60%。胶结物为熔岩，含量 40%～50%，斑状结构，斑晶由斜长石、钾长石、石英、角闪石、黑云母组成，基质为玻璃质、隐晶质。

4) 凝灰熔岩。出露较少，主要分布于扎格勒、丁仁嘎布等地，多为层状产出，与正常火山碎屑岩互层。主要岩性为英安质(含)角砾晶屑凝灰熔岩、英安质晶屑凝灰熔岩、流纹质含角砾晶屑凝灰熔岩、流纹质晶屑凝灰岩，其中以英安质角砾晶屑凝灰熔岩和流纹质含角砾晶屑凝灰熔岩最为发育。

英安质角砾晶屑凝灰熔岩：呈浅灰色，凝灰熔岩结构，块状构造。碎屑物由角砾、晶屑和玻屑组成。角砾多为异源碎屑，其岩性主要为灰黑色的石英砂岩，同源角砾少量，大小一般为 0.2～1cm，多成棱角状，含量约 8%～10%。晶屑主要由斜长石、石英组成，黑云母少量。斜长石、石英均呈棱角状，大小 0.15～1.9mm，含量 20%～40%；黑云母为片状，大小 0.3～0.5mm。玻屑为塑性的岩屑，呈麻花状，多发生脱玻化形成一些长英矿物微量，含量较少。胶结物为英安岩，含量为 50%～72%，斑状结构，斑晶以斜长石为主，次为石英、黑云母。基质由玻璃质组成，已发生脱玻化，形成一些长英矿物微晶。

流纹质含角砾晶屑凝灰熔岩：呈浅灰、灰红、灰白色，凝灰熔岩结构，块状构造。碎屑物由角砾和晶屑组成。角砾为同源角砾，大小一般为 4～7mm，个别大的可达 1.5cm，多为棱角状、次棱角状，多具定向性，含量约为 4%～8%。晶屑由斜长石、钾长石、石英和黑云母组成，大小一般为 0.15～1.5mm，除黑云母为片状外，其他均呈棱角状，含量约为 30%～35%。胶结物为流纹岩，含量约为 58%～66%，斑状结构，斑晶由斜长石、钾长石、石英和黑云母组成。基质由玻璃质组成，玻璃质发生了轻微的脱玻化，形成了一些长英矿物微量。

(2) 正常火山碎屑岩类

正常火山碎屑岩类又可分为熔结碎屑岩和普通火山碎屑岩两大类，二者在则弄群火山岩中均有分布，主要分布于丁仁嘎布一带，以熔结碎屑岩为主。

1）熔结火山碎屑岩。区内则弄群中不发育，根据成分特征的不同可分为英安质和流纹质熔结凝灰岩，根据岩石中含碎屑物的种类和多少的不同可分为熔结角砾岩、熔结角砾晶屑凝灰岩、熔结晶屑凝灰岩和熔结凝灰岩等不同类型。常见的岩石类型有以下3种。

英安质含角砾晶屑熔结凝灰岩：呈灰、深灰色，角砾晶屑熔结灰结构、块状构造、假流动构造。碎屑物含量30%～60%，主要由同源角砾和斜长石、石英、黑云母晶屑组成。同源角砾多成棱角状，大小2～4.5mm，个别大的可达2cm，多具定向性；斜长石晶屑呈棱角状，大小0.2～1.9mm，个别显聚片双晶，An=26（为更长石）；石英晶屑呈棱角状，裂纹发育，波状消光明显，大小0.15～1.8mm；黑云母为片状，大小0.2～0.5mm。胶结物为火山灰和玻屑。

英安质晶屑熔结凝灰岩：呈浅灰、灰白色，晶屑熔结凝灰结构，假流动构造，新鲜面上往往不清楚，但在风化面上可见清楚而明显的塑变浆屑，具有明显的定向性。岩石中含有较多的斜长石和少量的石英、黑云母晶屑，该类岩石为强熔结类型。

流纹质晶屑熔结凝灰岩：呈浅灰、灰白色，晶屑熔结凝灰结构，假流动构造，碎屑含量30%～60%，晶屑由斜长石、钾长石和石英组成，均呈棱角状，大小0.05～1.7mm。斜长石已绢云母化，个别显聚片双晶；钾长石含量比斜长石少，除晶屑外，还含有同源火山角砾。胶结物为塑变的玻屑和火山灰，其中浆屑含量约40%～45%，镜下可见内部呈微晶状结构。该类岩石为强熔结类型。

2）普通火山碎屑岩。测区内则弄群中该类岩石不甚发育，主要分布于布噶日、丁仁嘎布、知弄拉等地。根据成分特点可划分为英安质火山碎屑岩、流纹质火山碎屑岩，以流纹质火山碎屑岩为主。按照碎屑物的粒度大小可划分为集块岩、火山角砾岩和凝灰岩。常见类型可简述如下。

流纹质集块岩：多呈灰白、灰褐、灰紫、青灰色，集块结构。碎屑物集块成分以流纹岩为主，次为流纹质火山碎屑岩，呈棱角状、次棱角状，次圆形，大小不一，混杂堆积，一般为6～20cm，最大的可达70cm以上，含量50%～79%，粒径较少者为角砾，向火山角砾岩过渡。填隙物由晶屑、岩屑组成。胶结物主要由凝灰质及少量铁质组成，含量30%～50%，胶结比较疏松，为压结成岩。

流纹质火山角砾岩：多分布于火山喷发中心周围，与集块、凝灰岩共生，呈渐变接触关系。岩石呈灰白、浅灰、灰紫、青灰色，角砾状结构。碎屑物主要由火山角砾组成，其成分多为流纹岩，大小2～5cm，大者为集块，小的为岩屑，多呈棱角状、次棱角状、次圆状，含量在50%～70%之间。局部地方异源碎屑较多，可变成复成分火山角砾岩，异源碎屑主要为砂岩、泥岩。填隙物为晶屑、岩屑。胶结物由凝灰质及铁质组成，含量30%～50%，为压结成岩。

流纹质角砾晶屑凝灰岩：主要分布于俄布、丁仁嘎布等地，位于则弄群下部。岩石呈浅灰、灰白色，角砾晶屑凝灰结构，块状构造。局部由于晶屑、角砾定向且有粗细变化而显示层理构造。角砾成分多为流纹岩，零星可见异源碎屑，以砂岩、泥岩为主，碎屑物成分为大小0.5～2cm，多呈棱角状、次棱角状，含量5%～10%。晶屑由斜长石、石英和黑云母组成，含量10%～20%。斜长石、石英均呈棱角状，大小0.2～1.9mm，斜长石有的显聚片双晶，An=26（为更长石）；黑云母为片状，大小0.3～0.7mm。胶结物为火山灰，含量70%～85%，蚀变后被微粒长英矿物取代，具压实固结成岩之特征。

（3）火山-沉积碎屑岩类

测区则弄群火山岩的一个主要特点就是其中缺少具有延展性或可对比的沉积火山碎屑岩，该类岩石分布零星，出露较少，仅在测区南部的亚甲乃嘎、夏弄乃嘎等地见及。岩石中以沉积碎屑物为主，火山碎屑物较少，具有典型的沉积岩特征，发育水平层理，交错层理等沉积构造，砂状、粉砂状结构。碎屑物分选较好，磨圆中等。主要岩石类型有凝灰质砂岩、粉砂岩。

（4）潜火山岩类

测区则弄群中不发育，仅在得木我、纳巴乃嘎、朗玛、扎个勒等地出露，多呈小侵入体侵入火山岩中，与熔岩具有相似的外貌。组成岩性为闪长玢岩，二长花岗岩和石英正长斑岩。详见侵入岩部分。

（三）火山岩岩石化学和地球化学

1. 岩石化学特征

表3-24为则弄群火山岩的化学分析结果及它们相对应的标准矿物计算结果和各种参数，现根据

这些资料对则弄群火山岩的岩石化学特征进行系统探讨。

表 3－24　则弄群火山岩岩石化学成分标准矿物及有关参数

层位	序号	样品号	岩石名称	化学成分(W_t%)													
				SiO_2	TiO_2	Al_2O_3	FeO	Fe_2O_3	MnO	MgO	CaO	Na_2O	K_2O	P_2O_5	H_2O^-	CO_2	总量
则弄群	1	1 407/19-1	英安质晶屑熔强凝灰岩	70.86	0.33	13.49	1.40	1.23	0.05	0.49	2.72	3.60	2.32	0.08	1.40	1.85	99.92
	2	1 407/7-1	英安质角砾晶屑凝灰熔岩	71.79	0.20	13.85	1.30	0.77	0.04	0.69	1.66	2.55	3.68	0.05	1.84	1.44	99.86
	3	1 407/11-1	流纹质含角砾晶屑凝灰熔岩	73.38	0.28	13.46	1.62	0.93	0.04	0.32	1.87	2.90	2.72	0.07	1.54	0.72	99.88
	4	11 096/1	流纹岩	75.80	0.18	12.97	0.97	1.06	0.06	0.50	0.58	3.59	3.28	0.05	0.67	0.10	99.81

层位	序号	样品号	岩石名称	CIPW 标准矿物(%)										相关参数							
				Il	Ap	Mt	Or	Ab	An	C	Di	Hy	Q	σ	AR	DI	τ	Si	AlK	Al/CNK	Na/K
则弄群	1	1 407/19-1	英安质晶屑熔强凝灰岩	0.63	0.19	1.78	13.71	30.46	13.07	0.27		2.32	34.17	1.258	2.15	78.34	29.97	5.420	2.92	1.01	1.56
	2	1 407/7-1	英安质角砾晶屑凝灰熔岩	0.38	0.12	1.12	21.74	21.58	7.91	2.77		2.21	37.76	1.348	1.98	81.07	56.50	7.675	6.23	1.24	0.69
	3	1 407/11-1	流纹质含角砾晶屑凝灰熔岩	0.34	0.12	1.54	19.38	30.37	2.55	2.58		1.97	40.20	1.439	3.06	89.95	52.11	5.320	5.62	1.23	1.07
	4	11 096/1	流纹岩	0.53	0.16	1.35	16.07	24.54	8.82	2.51		2.62	41.00	1.040	2.16	81.60	37.71	3.770	6.87	1.21	1.09

(1) 岩石化学分类

在李兆鼐的火山岩硅-碱图解(图 3－74)上，测区则弄群火山岩均落入到Ⅰ区，为流纹岩类。

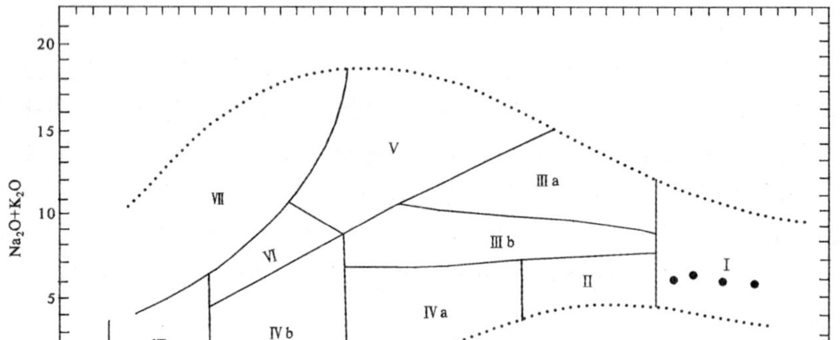

图 3－74　则弄群火山岩化学定量分类图解(基本大类名称)

(李兆鼐等，1984)

Ⅰ. 流纹岩类；Ⅱ. 英安岩类；Ⅲa. 粗面岩类；Ⅲb. 安粗岩类；Ⅳa. 安山岩类；

Ⅳb. 玄武岩和碱性玄武石类；Ⅴ. 响岩类；Ⅵ. 碱玄岩类；Ⅶ. 副长石岩类；

Ⅷa、Ⅷb. 超镁铁质岩类(点线为中国火山岩投影点的实际范围)

通过 CIPW 标准矿物计算(表 3－24)，则弄群火山岩的主要标准矿物为石英(Q)、钾长石(Or)、钠长石(Ab)、钙长石(Am)和少量的磁铁矿(At)、钛铁矿(Il)和磷灰石(Ap)，此外还出现了刚玉(C)和紫苏辉石(Hy)。岩石类型为铝过饱和类型(Al_2O_3＞(K_2O＋Na_2O＋CaO))。将上述计算结果投影到 Q－

A－P 分类图上，样点落到 3b 和 4 区，主要对应英安岩类和流纹岩类(图 3－75)。

在 TAS 图解(图 3－76)上，则弄群火山岩主要位于 R 区，仅有一个落入到 O_3 区，应属英安岩、流纹岩，与前述的硅-碱图解基本相同。进一步投硅-钾图解(图 3－77)，大部分样品落入中钾的英安岩及流纹岩区，仅有一个样品落入到高钾的英安岩及流纹岩区，总的来讲，应为中钾的英安岩及流纹岩系列。

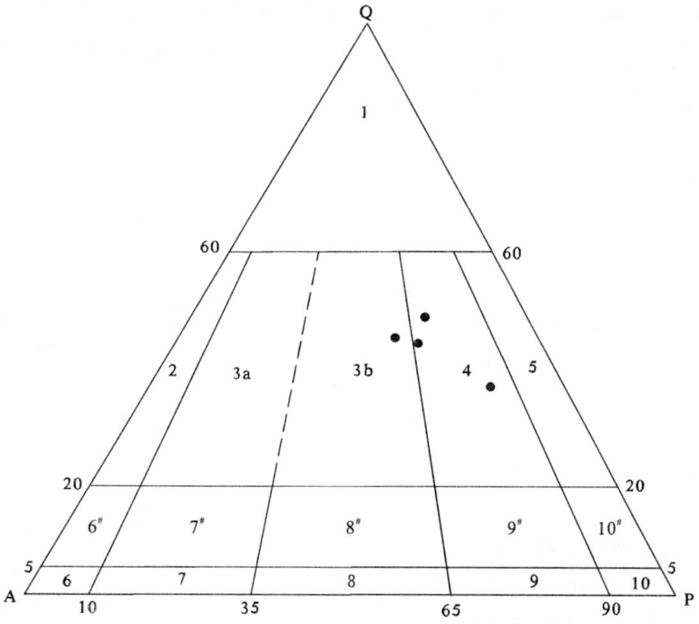

图 3－75　弄群火山岩 Q－A－P

(IUGS，1927，1989)

1. 富石英流纹岩；2. 碱长流纹岩；3a、3b. 流纹岩；4、5. 英安岩；6#. 碱长石英粗面岩；7#. 石英粗面岩；8#. 石英安粗岩；9#. 石英粗安岩；10#. 石英安山岩；6. 碱长粗面岩；7. 粗面岩；8. 安粗岩；9. 粗安岩；10. 安山岩、玄武岩

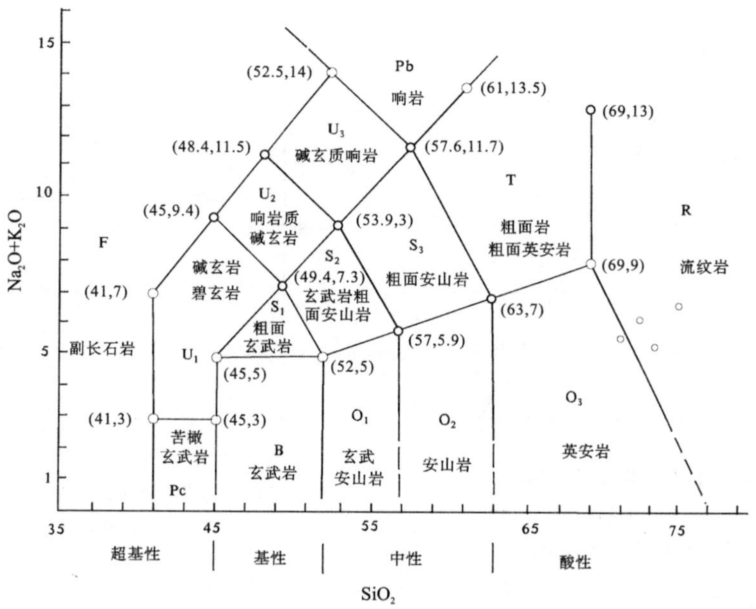

图 3－76　则弄群火山岩 TAS 图

(M. J. Le Bas 等，1986；IUGS，1989)

图中小圆圈为 AlK、SiO_2 坐标点，附有坐标值；O. SiO_2 过饱和；S. SiO_2 饱和；U. SiO_2 不饱和

（2）岩石系列划分

图 3－78 为则弄群火山岩硅(SiO_2)-碱(K_2O+Na_2O)成分的投图结果，从图中可以看出，本群火山岩属亚碱性系列。进一步使用 AFM 图来判断，如图 3－79 所示，所有的样品均落入到 C 区，属钙碱性系列。

（3）岩石化学特征

英安质岩石 SiO_2 为 70.86%、71.79%；Na_2O+K_2O 为 2.95%、6.23%，Na_2O 与 K_2O 大致相近。与中国英安岩平均化学成分相比 SiO_2 偏高，FeO、K_2O+Na_2O 较为接近，其他均偏低；与世界英安岩平均化学成分相比 SiO_2 偏高，K_2O+Na_2O 较为接近，其他均偏低。

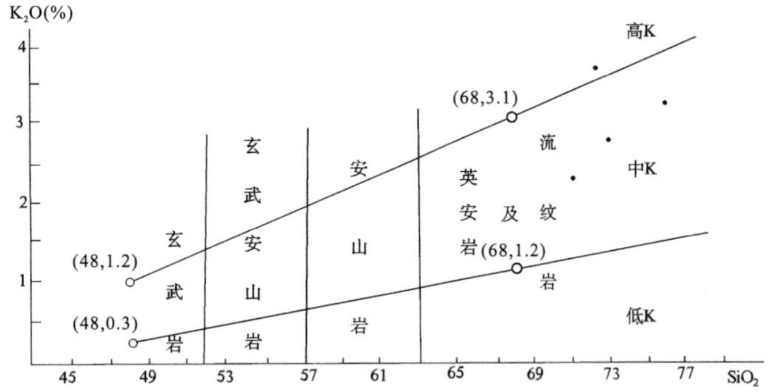

图 3－77　则弄群火山岩硅-钾图

（Pecerillo 等，1976；Ewart，1979；IUGS，1989）

图中 4 个圆圈为 SiO_2、K_2O 含量的坐标点

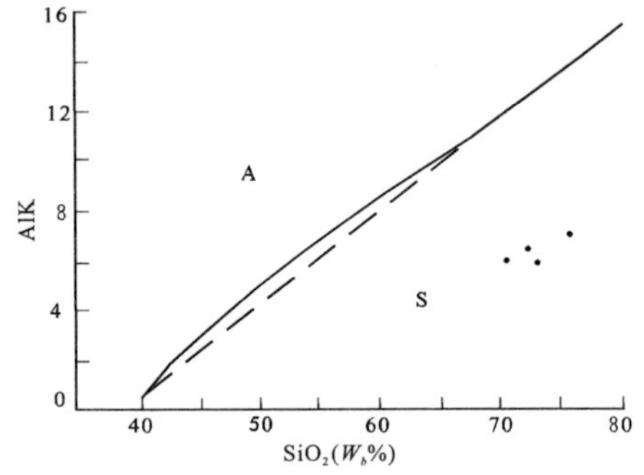

图 3－78　则弄群火山岩碱-硅图

（T. N. Irvine 等，1971）

A. 碱性系列；S. 亚碱性系列；

实线——Macdonald (1968)；虚线——Irvine 等(1971)

流纹质岩石 SiO_2 为 73.38%、75.8%，Na_2O+K_2O 为 5.62%、6.87%，Na_2O 与 K_2O 大致相当。与中国流纹岩的平均化学成分相比 MgO、CaO 较高，$FeO+Fe_2O_3$、K_2O+Na_2O 偏低，其他较为接近；与世界流纹岩的平均化学成分相比，FeO、Fe_2O_3、K_2O+Na_2O、MgO、CaO 偏低，SiO_2 偏高，其他较为接近。

则弄群岩石组合指数(σ)为 1.04～1.44，变化范围不大，按照里特曼指数的二分法，属钙碱性系列。SiO_2－AR 图解(图 3－80)上，则弄群火山岩均落在钙碱性与碱性附近。分异指数(DI)普遍较高。

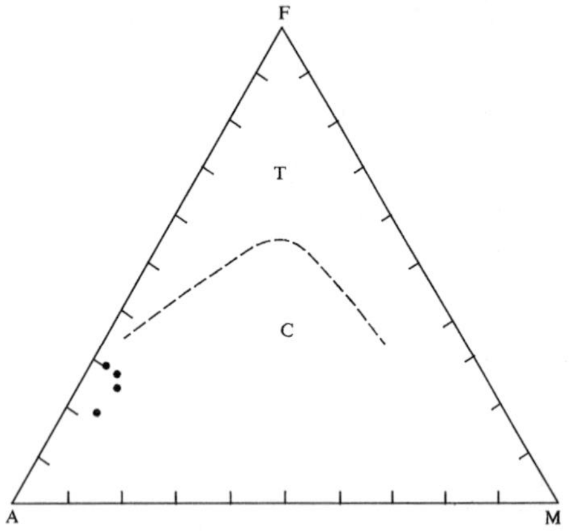

图 3－79　则弄群火山岩 AFM 图

（T. N. Irvine 等，1971）

T. 拉斑玄武岩系列；C. 钙碱性系列

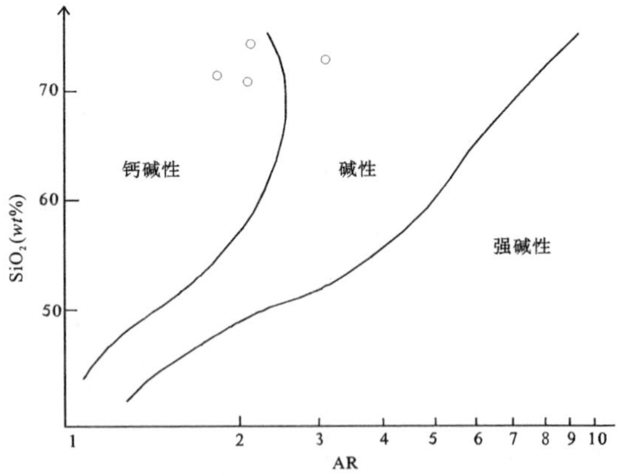

图 3－80　则弄群火山岩 AR－SiO_2 与碱度关系图

（J. B. Wtight，1969）

2. 地球化学特征

（1）稀土元素

稀土元素的分析结果及有关参数见表 3－25。可以看出，测区则弄群的稀土总量为 111.22×10^{-6}

～133.81×10⁻⁶，变化不大；δEu＝0.6～0.81，铕有轻度亏损，造成 δEu 铕轻度亏损的原因可能是斜长石较多地分布于熔岩中或在岩浆的演化过程中有较高的氧逸度；$\sum Ce/\sum Y$＝3.66～4.1，$(La/Yb)_N$＝7.34～10.37，轻重稀土有轻度分异，轻稀土富集。稀土配分曲线如图 3－81 所示，为平坦右倾型。

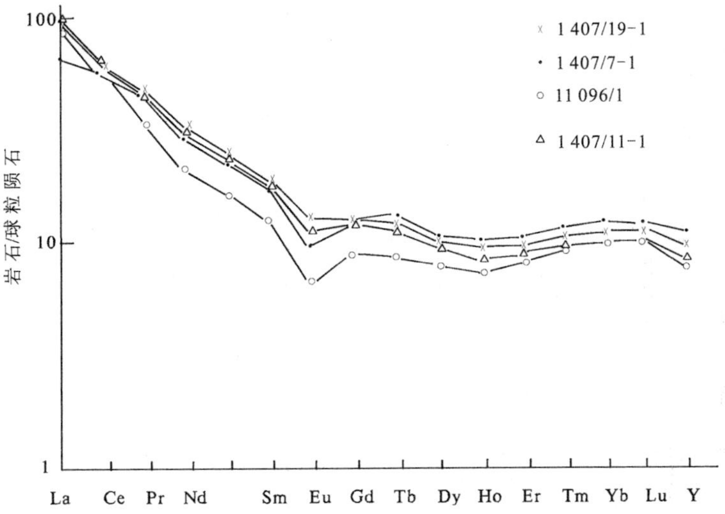

图 3－81　则弄群火山岩稀土元素配分曲线

(2) 微量元素

微量元素分析结果及有关参数见表 3－26。从表中可以看出，则弄群火山岩微量元素含量与黎彤地壳元素丰度值相比 Zr、Rb、Th、Hf 相对富集，Ba、Ga 较为接近，其他明显偏低。与维氏花岗岩平均值相比 Sc、Co、Hf 相对富集，Th 接近，其他偏低。随着岩浆的演化 Rb/Sr(0.91～3.7)、Ba/Sr(3.03～7.7)值增大，Zr/Hf(13.9～5.8)值变小，说明则弄群火山岩为同源岩浆分异结晶作用的产物。

表 3－25　则弄群火山岩岩石稀土元素含量有关比值及参数

地层	样号	稀土元素含量(×10⁻⁶)															相关值			
		La	Ce	Pr	Nd	Sm	Eu	Gd	Tb	Dy	Ho	Er	Tm	Yb	Lu	Y	ΣREE(×10⁻⁶)	ΣCe/Σy	δEu	$(La/Yb)_N$
则弄群	1 407/19-1	28.22	48.51	5.75	18.27	3.47	0.90	3.19	0.55	2.98	0.63	1.83	0.31	2.09	0.33	16.78	133.81	3.66	0.81	9.10
	1 407/7-1	27.90	46.02	5.40	17.02	3.38	0.67	3.07	0.59	3.18	0.67	1.99	0.34	2.30	0.35	19.12	131.99	3.18	0.62	8.20
	1 407/11-1	29.06	49.63	5.31	18.23	3.39	0.78	2.96	0.50	2.81	0.55	1.68	0.28	1.89	0.29	14.98	132.35	4.10	0.74	10.37
	11 096/1	20.57	48.00	4.08	12.65	2.44	0.46	2.20	0.39	2.34	0.49	1.57	0.28	1.89	0.30	13.56	111.22	3.83	0.60	7.34

表 3－26　则弄群火山岩岩石微量元素含量及有关比值

地层	样号	微量元素含量(×10⁻⁶)														比值			
		Nb	Sc	Ga	Zr	Th	Sr	Ba	V	Co	Cr	Ni	Rb	Ta	Hf	Rb/Sr	Ba/Sr	Zr/Hf	Ti/V
则弄群	1 407/19-1	8.5	7.1	12.2	193	13.9	120	364	31.5	9.1	3.5	3.8	110	<0.5	4.1	0.91	3.03	13.90	
	1 407/7-1	8.1	4.5	13.0	103	17.0	52	360	25.1	14.9	5.1	3.8	193	0.6	3.2	3.70	6.90	6.10	
	1 407/11-1	7.7	6.5	15.6	189	16.6	100	401	28.8	4.2	84.1	9.1	121	1.5	4.7	1.20	4.00	11.40	
	11 096/1	5.6	4.6	10.8	120	20.7	77	590	18.7	19.7	<3.0	3.5	138	<0.5	3.4	1.80	7.70	5.80	
	地壳丰度	19.0	18.0	18.0	130	5.8	480	390	140.0	25.0	11	89.0	78	1.6	1.5				

则弄群火山岩的微量元素珠网图(图 3－82)与火山弧型钙碱性玄武岩相似,以明显富集 K、Rb、Ba、Th,并伴有 Cr、Zr、Sm 的富集为特征。不同岩性的微量元素含量变化呈现同步消长趋势,说明其为同源岩浆分异作用的产物。

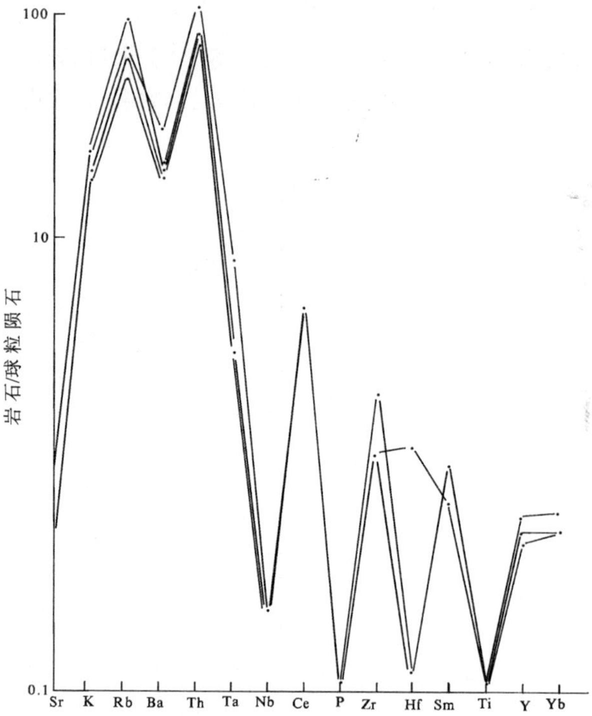

图 3－82　则弄群火山岩微量元素蛛网图

(四)火山构造及火山机构

1.火山岩相的划分及特征

依照《火山岩区区域地质调查方法指南》(1∶5 万)的划分标准,则弄群火山岩的岩相划分为爆发相、喷溢相、喷发-沉积相、侵出相、火山通道相和潜火山岩相,分述如下。

(1) 爆发相

区内则弄群的主要岩相之一,按照火山碎屑物的堆积方式,可分为空落堆积、崩落堆积和碎屑流堆积。以后二者最为常见。

崩落堆积主要指分布在火山喷发中心或火山口附近的火山角砾岩、火山(角砾)集块岩及集块角砾熔结凝灰岩等,火山碎屑物较粗,所占比例较大,角砾、集块以同源火山岩为主,大小混杂,棱角明显,胶结疏松,无层理构造,多与晶屑凝灰岩等呈过渡关系。

碎屑流堆积包括密度流、涌流和灰流堆积,以前二者为主。密度流堆积的岩石以英安质、流纹质(角砾)熔结凝灰岩为主,含有压扁拉长的塑变浆屑和分布不均匀的火山角砾、集块等,塑变浆屑的长宽比多达 10 以上,假流动构造发育,有时可见流变褶皱、纹层状甚至交错层状,当有角砾、集块时纹层则绕过之。从角砾的成分来看,以同源角砾为主,另有少量的异源角砾,多为刚性角砾,其成分多为砂岩、泥岩,应为火山斜坡上角砾卷入,角砾大小一般为 2～1cm,棱角明显,周围常见浅色蚀变晕,说明其形成的温度较高。基质中含较多的浆屑、玻屑。

涌流堆积的岩石以英安质、流纹质含角砾晶屑凝灰岩、晶屑凝灰岩为主,其间角砾在整个岩层中出现,但含量一般较少,多为同源角砾,局部由于火山角砾显示定向排列或火山碎屑粗细变化可显示出假层理构造。

(2) 喷溢相

喷溢相为则弄群中最发育的岩相,组成该岩相的岩石主要为安山岩类、英安岩类和流纹岩类。以多次喷发形成的复式熔岩为主,单式岩流次之。

熔岩流多围绕火山口呈环状、月牙状、舌状分布,有的呈带状分布,有的相互交错或并列重叠产出,单个熔岩流规模一般较小,宽从几十米到几千米,长可达几千米至几十千米,厚度不大,多在几十厘米至几十米,明显受古地形影响。安山质熔岩流中,多含有气孔和杏仁体,其拉伸和延展方向与岩流方向一致,每个喷发单层中,一般顶部气孔小而多,中部多而大,下部界于两者之间。英安质、流纹质熔岩流中流动构造发育,其延伸方向与流动方向一致,受古地形的影响,局部可见揉皱或涡流构造,在熔岩流的顶部或前锋往往出现同成分的自碎角砾熔岩或集块熔岩。

(3) 喷发沉积相

该相测区则弄群中不发育,多为零星出露,主要分布于亚甲乃嘎、夏弄乃嘎等地,主要由凝灰质砂岩、粉砂岩组成,二者呈渐变过渡关系,为火山物质空落到水中搬运沉积形成的火山碎屑沉积岩,多呈层状、似层状产出,水平层理或交错层理发育。尤其是达日格、夏弄乃嘎一带的凝灰质砂岩,粉砂质岩围绕古火山机构呈环状分布,产状倾向于火山喷发中心,因而它具有明显的指示意义。

(4) 侵出相

侵出相不发育。在申扎县牧场有出露，为熔岩穹丘，由流纹岩组成，自边部到中心岩性变化为流纹质角砾熔岩→流纹岩→细粒流纹岩。角砾熔岩中角砾碎屑为同源角砾，呈尖棱角状，大小一般2～5mm，个别大的可达10mm，胶结物为同成分的熔岩。流纹岩中成条带状、纹层状流动构造发育，产状较陡。细粒流纹岩具有熔岩的外貌，结晶程度较高，矿物颗粒大小一般为0.3～2mm。

(5) 火山通道相

火山通道相岩石在区内的不巴拉、舍日弱、尼玛弄以及帮弄乃嘎等地均可见到。其平面形态多为圆形、椭圆形，大小不一，大的可达几百平方米，小的数十平方米，充填其中的岩石主要有熔岩和碎屑熔岩两种，以碎屑熔岩为主，其岩性主要为集块熔岩、角砾集块熔岩和角砾熔岩。角砾或集块多为同源碎屑，有少量的异源碎屑，大小混杂，形态不规则，无定向排列。

(6) 潜火山岩相

潜火山岩相仅在纳巴乃嘎、朗玛、扎个勒等地有少量出露，多为火山活动后期沿火山机构的放射状、环状断裂就位形成，主要岩性有闪长玢岩、二长花岗岩和花岗斑岩。岩石明显具有熔岩的外貌，与围岩界线清楚。

综上所述，本区则弄群火山岩以溢流相为主，多呈层状、似层状产出，爆发相次之，以碎屑流堆积为主，侵出相、火山通道相不发育，喷发沉积相也不发育，但多分布于破火山湖之中，具有明确指示火山机构特点的重要意义。潜火山岩相多沿火山机构边部环状断裂侵入就位。根据这些特点我们可以推断本区则弄群火山岩活动特点为能量较大、活动频繁、堆积厚度大，这与岩浆的自身条件和区域构造条件有密切关系。

2.火山构造及火山机构

按照《火山岩地区区域地质调查方法指南》(1∶5万)推荐的划分方案，则弄群火山岩主要涉及到Ⅲ、Ⅳ、Ⅴ级火山构造，其中Ⅲ级火山构造1个即格仁错-卓瓦乡火山喷发带；Ⅳ级火山构造4个，有该盆地、申亚火山洼地、狼牙锥状火山群和朗间层状火山群；Ⅴ级构造火山机构10个，全部为中心式火山，分为破火山、层状火山和锥状火山3种类型。

(1) 夏过火山盆地

夏过火山盆地位于测区南部，申扎县格仁错南帮弄乃嘎、扎个勒、约帮一带，平面上近椭圆状，NW-SE向展布，出露面积约350km^2。其地貌特征为周边高、中间低的洼地，盆地周围石炭系地层断续分布。盆地内岩性、岩相复杂，既有火山通道相、近火山通道相和远离火山通道相的火山物质，又有湖相沉积物、侵入相、潜火山相岩体的存在。其岩性既有英安岩、流纹岩等熔岩，又有熔结集块岩、火山角砾岩和凝灰岩等。该盆地应为破火山塌陷形成。现就夏过破火山的特征简述如下。

1) 破火山地层。破火山的基底为古生界石炭系砂岩、泥岩。破火山口内部火山岩地层自下而上大体上可分为4段，一段为英安岩、流纹岩，二段为熔岩凝灰岩、凝灰岩，三段为凝灰质砂岩、粉砂岩，四段为英安岩、流岩及相应火山碎屑岩，形成于破火山晚期。

2) 岩相特征。根据喷发产物在破火山口中产出部位及形成方式大体上分为以下5个岩相。

溢流相：可分为早晚两期。早期产物呈环状不连续分布于破火山口外侧，构成破火山第一环，不整合超覆在基底之上，由多次喷溢形成，其岩性主要为安山岩、流纹岩；晚期产物位于喷发中心，其岩性为英安岩、流纹岩。

爆发相：分为早晚两期。早期产物主要分布于破火山口西北部和东南部组成破火山第二环带，覆盖于溢流相之上，晚期产物位于喷发中心外围，覆盖于湖相沉积层之上，构成第四环带，主要由英安质晶屑熔结凝灰岩、流纹质晶屑熔结凝灰岩、流纹质晶屑凝灰岩及流纹质熔结角砾岩组成。岩石中含大量的塑变浆屑及较早形成的岩石碎块，塑变浆屑被强烈压扁拉长呈细纹状，具定向分布，构成假流纹构造。

火山通道相：破火山中心的大型火山通道未见，仅在破火山的西部见到两个小型火山通道，平面上呈椭圆状、圆状，出露面积为数百平方米，主要由流纹质熔结角砾集块岩、流纹质集块角砾熔岩组成，角砾或集块碎屑物多为同源碎屑，大小介于2～10mm之间，一般为5～80mm，多呈棱角状、次棱角状，大小混杂，无定向排列。与流纹质角砾熔岩呈渐变接触。

喷发沉积相：主要分布于破火山的中部，构成破火山的第三环带，覆盖于早期爆发相之上，主要岩石类型为凝灰质砂岩、粉砂岩，少量灰岩、沉火山角砾岩，层理清楚，韵律明显，具有湖相沉积特征。

潜火山岩相：多呈小岩株产出，其分布及产出形态明显与破火山构造关系密切，随火山喷发作用所产生的环状、放射状断裂为火山活动末期的残余熔浆的浅成侵入体提供了良好的条件，因而在破火山边部呈小岩株产出的潜火山岩分布较多，可分为两期，闪长玢岩形成于早期英安质、流纹质溢流之后，二长花岗岩形成于晚期爆发相的熔结凝灰岩之后。

3）环状、放射状断裂。在破火山口的北部、西部、南部均发育高角度正断层，向中心内倾，倾角一般为45°～55°，构成了破火山口的边界断裂，断裂带的宽度一般为数百米至几十米，长度从几千米至两万多米。在破火山口的西北部、南部发育放射状断裂，部分为潜火山岩所充填。另外在破火山口内部发育近东西向的纵向断裂。

4）产状特征。破火山口内岩层产状由四周向中心倾斜，中心产状向四周倾斜。

5）蚀变特征。自中心向外，岩石蚀变为硅化、叶腊石化、黄铁矿化。从以上岩性、岩相特征来看，该破火山的活动过程，大致经历了5个阶段。

爆发-喷溢阶段：进入早白垩世后，伴随着NW－SE向断裂活动的加剧，在北西西、东西向断裂的复合交切部位，发生了火山爆发，形成安山质角砾熔岩、熔结凝灰岩，强爆发之后，挥发份组分降低，内压减小，由强爆发转变为溢流。随着岩浆的分异，经历了多次岩浆爆发-溢流，形成了安山岩、英安岩、流纹岩和少量火山碎屑岩。

爆发阶段：岩浆大规模溢出后，残留在岩浆房中的熔浆，挥发份含量较高，形成猛烈的火山爆发，形成了英安质流纹质熔结凝灰岩和英安质流纹质晶屑凝灰岩。爆发作用后期，因熔浆内挥发份含量大量溢出，内压降低，转为溢流形成英安岩、流纹岩。

破火山口沉降阶段：经过岩浆的多次强烈爆发、溢流作用之后，由于岩浆物质被大量抛出，岩浆房空虚，在上覆火山生成物的重力作用下，产生大规模塌陷，并形成了破火山口周围的环状及放射状断裂和裂隙，使基底岩层及火山喷发物产状皆向内倾，而残留于岩浆房内的闪长岩熔浆沿着环状、放射状断裂侵入，形成了闪长玢岩小岩株，从而构成夏过破火山口的基本轮廓。

沉积阶段：破火山口塌陷之后是一个极度不平衡的时期，陡而不稳的破火山四壁发生陷落、崩塌和重力滑动，此时，在破火山口底板上开始形成湖泊，形成一套以凝灰质砂岩、粉砂岩为主，少量灰岩、岩屑砂岩、泥岩沉积，具有较好的层理构造和韵律特征。

穹状火山形成阶段：由于大规模岩浆喷发和破火山口塌陷，剩余岩浆处于压力、温度不平衡状态，岩浆发生对流，对流上升的蔓延及由起泡作用引起的扩展形成穹状构造，然后，火山物质沿隆起轴部发生爆发，形成覆盖于湖相沉积之上的火山碎屑岩。随着挥发份的大量溢出，火山作用减弱，转化为溢流，并堵塞火口，火山活动结束。岩浆沿环状、放射状断裂就位形成一些超浅成侵入体和寄生火山。

火山喷发-侵入活动结束后，经长期剥蚀和后期构造影响，构成了夏过破火山口现今之面貌。

（2）申亚火山洼地

申亚火山构造洼地位于尼玛县申亚乡-申扎牧场一带。平面形态呈东西向延伸的椭圆状，长30km，宽20km，面积约600km^2。在地貌上构成一个开口向东的马蹄形洼地，其北、东、南均为山丘所环绕，中间下洼，基底为石炭二叠系砂岩、泥岩、灰岩。

根据喷发产物在火山洼地中的产出部位及形成方式，大致可分为5个岩相。

溢流-沉积相：仅在洼地的西北部申亚乡以西有零星出露，由安山岩、英安岩和复成分砾岩、砂岩组成。

爆发-溢流相：主要出露于申亚东-丁仁嘎布一带，洼地北部的最外侧，该岩相主要由英安质、流纹质角砾晶屑熔岩、凝灰岩、凝灰熔岩及英安岩、流纹岩组成。角砾成分中异源碎屑物较多，为砂岩、粉砂岩，应为火山岩基底的岩性。由丁仁嘎布剖面可以看出，下部多为火山碎屑岩，向上熔岩逐渐增多。

溢流相：洼地内广泛分布，为洼地内则弄群的主体岩相，岩性分带明显，连续性好，其岩性主要由角砾英安岩、角砾流纹岩及英安岩和流纹岩组成。

潜火山岩相：申亚火山洼地内潜火山岩相不发育，仅在扎冬弄及得木我两地出露，呈小岩株状产出，其岩性为石英正长斑岩、流纹斑岩，与溢流相的流纹岩呈陡倾接触。

火山通道相：洼地内火山通道相也不发育，仅在尼玛弄、作余乃嘎两地出露，平面上呈圆状，出露面积约几百平方米。岩性主要为流纹质集块熔岩、流纹质角砾集块熔岩和流纹质角砾熔岩，角砾或集块碎屑物均为同源碎屑，呈棱角状、次棱角状，大小混杂，无定向排列。

洼地内火山岩层产状向内倾斜，具围斜特征，边部产状较陡，倾角一般为 30°～40°，向内岩层产状相对平缓。火山喷发中心应位于尼玛县申亚乡以西的勒木一带。

(3) 狼东锥状火山群

该火山群位于测区南部尼玛县纳千乃嘎-羊弄乃嘎一带，平面形态呈带状，NW - SE 向展布，出露面积约 200km^2。岩性为流纹质集块岩、角砾集块岩、流纹质熔结角砾岩、角砾英安岩、角砾流纹岩、英安岩、流纹岩等。岩相有爆发相、溢流相，火山通道相和少量的喷发沉积相，已发现出露较好的火山机构有 3 个，分别为舍日弱火山、狼东火山和羊东乃嘎火山，根据地貌、岩性、岩相特征均为锥状火山。现以舍日弱火山机构为例，介绍狼东锥状火山群中火山机构特征。

舍日弱锥状火山位于尼玛县卓瓦西南约 6km 的舍日弱一带，平面形态呈半圆状，出露面积约 6km^2，东部为第四系所覆盖，中央相对较高，为孤立突出的圆形山包，火山碎屑岩环绕火山通道相呈环状分布。

火山通道相平面上呈圆状，直径约 200m，充填岩石为流纹质角砾集块熔岩。岩石呈浅灰色，角砾集块熔岩结构，局砾(集块)的岩性主要为流纹岩，另外可见少量的花岗岩、灰岩、砂岩等，呈棱角状、次棱角状，少部分为次圆状、浑圆状，无定向排列，大小混杂。爆发相在火山机构内最为发育，从火山通道向外出露的主要岩性依次为角砾(集块)熔岩、角砾熔岩、含角砾流纹岩、流纹质凝灰熔岩，呈环状、半环状围绕火山喷发中心分布。流纹质凝灰熔岩分布于外围，构成第一环带，呈现涌流堆积的特征，产状围斜外倾，倾角 10°～20°。含角砾流纹岩围绕火口分布，构成第二环带，具密度流堆积特征。角砾熔岩构成火山机构的第三个环带，呈半圆状分布，另一部分为第四系所覆盖，与含角砾流纹岩呈渐变接触关系，宽约 80～100m。集块角砾熔岩构成该火山机构的内环带，与角砾熔岩呈渐变接触关系，呈半环状分布，另一部分为第四系所覆盖，宽约 10～100m。该环带与上一环带均为崩落堆积的产物。溢流相分布较少，围绕火山堆积不连续分布，直接盖在流纹质粗火山碎屑岩之上，底部呈现冷凝边，产状围斜外倾，岩性为流纹岩。

根据以上岩性、岩相特征分析，舍日弱锥状火山活动大致经历了早期火山强烈爆发阶段和后期的岩浆溢流阶段，随着火山作用的减弱、能量的衰减，溢流熔岩胶结堆积于火山通道中岩石堵塞火山口，火山活动进入休眠状态。

火山喷发活动结束后，经长期的剥蚀和后期构造影响，构成了舍日弱锥状火山现今之面貌。

(4) 朗间层状火山群

该火山群位于测区南部尼玛县折勒-朗间-亚扎一带，北西向断裂与东西向断裂的交叉部位，平面形态呈不连续的带状，出露面积约 120km^2，出露岩性有安山岩、英安岩、流纹岩、英安质-流纹质角砾集块熔岩、角砾熔岩、角砾凝灰岩、晶屑凝灰岩等，岩相有火山通道相、爆发相、溢流相、潜火山岩相、喷发沉积相，已发现出露较好的火山机构为不巴拉火山和故尔火山，根据其地貌、火山规模、岩相特征判断为层状火山。现以不巴拉火山为例，介绍朗间火山群火山机构特征，探讨火山的活动规律。

不巴拉层状火山位于测区的西南部，尼玛县卓尼乡东北约 12km 的甲龚-不巴拉一带，平面形态为椭圆状，近东西向分布，出露面积约 20km^2，中央山峰高耸，从中心向外岩性变化为流纹质集块岩、角砾集块岩、角砾岩、含角砾流纹岩、流纹质凝灰岩、安山岩、英安岩、流纹岩，它们依次围绕火山口呈环状分布。

火山通道相平面上呈椭圆状，剖面上呈漏斗状，火山充填物为角砾集块岩、集块岩。溢流相围绕火山口分布，组成第一环带的岩石为安山岩、英安岩和流纹岩，具围斜内倾特征，倾角 20°～30°。组成第三环带的岩石为角砾流纹岩。爆发相与溢流相的岩石相互交替产出，环绕火山口分布，其岩性主要为流纹质火山角砾岩、流纹质角砾凝灰岩。位于火山口内侧的流纹质角砾岩，具有围斜外倾的特征，倾角一般为40°～50°。

根据以上岩相、岩性及产状变化特征分析，推断该火山活动史可分为3个阶段。早期火山活动较弱，以溢流为主，随着岩浆的分异作用，形成安山岩、英安岩、流纹岩，岩浆大规模溢出后，岩浆房中的挥发份含量增高，猛烈爆发形成角砾凝灰岩。中期为火山机构的总体沉降阶段，由于岩浆房中的物质被大量抛出，岩浆房空虚，在上覆火山物重力作用下，从而引起整个火山机构的沉降，使火山岩下部岩层呈内倾产状。经过早期岩浆溢流、爆发，岩浆向酸性演化，火山活动减弱，以溢流为主，形成角砾流纹岩，岩浆大规模溢出后，岩浆房中的挥发份再次大量聚集，便发生了再一次强烈爆发，形成流纹质角砾岩和集块角砾岩。

火山喷发活动结束后，经过长期的剥蚀和后期的构造影响，构成了现今不巴拉火山现今之面貌。

综合以上特征，测区内则弄群火山岩相受基底断裂控制，火山活动方式、岩石组合相似。火山活动大致经历了3个阶段。早期以弱爆发为主，形成溢流相的安山岩、英安岩、流纹岩，由于熔浆的大规模溢出，岩浆房中的挥发份大量增多，造成强烈的火山爆发，形成火山碎屑岩。中期为火山沉降式塌陷阶段，由于岩浆房中的物质被大量抛出，岩浆房空虚，在上覆火山物质的重力作用下，发生沉降或塌陷，局部形成破火山，形成环状或放射状断裂，沿着环状或放射状断裂残存于岩浆房中熔浆就位，形成潜火山岩。由于火山口塌陷，形成破火山口湖，在其中沉积了一套湖相沉积地层。晚期为穹状火山形成阶段，经过前期的溢流、爆发之后，剩余岩浆处于极度不平衡状态对流上升形成流纹岩、流纹质火山碎屑岩。在这个阶段，火山机构内外又出现了一次较广泛的酸性熔岩的超浅成侵入活动，形成二长花岗岩、花岗斑岩等小岩体。空间上有所区别的是东部火山活动相对较强，形成破火山和火山洼地，西部相对较弱，以层火山和锥状火山的发育为特征。

（五）火山活动的构造环境

将本区则弄群火山岩σ、τ取对数值投到图3-83中，投点均落入B区，即属造山带（或活动陆缘，闭合边缘的岛弧）的构造环境。图3-84为本区则弄群火山岩的康迪法投图结果，从中可以看出属火山弧构造环境。

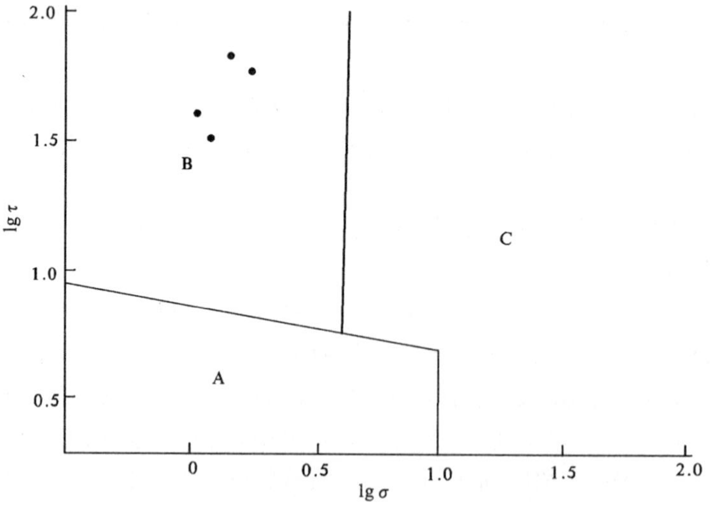

图3-83　则弄群火山岩 $\lg\tau-\lg\sigma$ 图

(A. Rinmann, 1970)

图3-85为本区则弄群火山岩的Rb-(Yb+Ta)和Rb-(Yb+Nb)判别结果，从图中可得知，则弄群全落入到VAG区，属火山弧构造环境。

Jakes(1972)等研究认为：活动陆缘火山岩 $SiO_2=56\%\sim75\%$，$Fe^{*}/MgO>2.0$，$K_2O/Na_2O>0.6$，

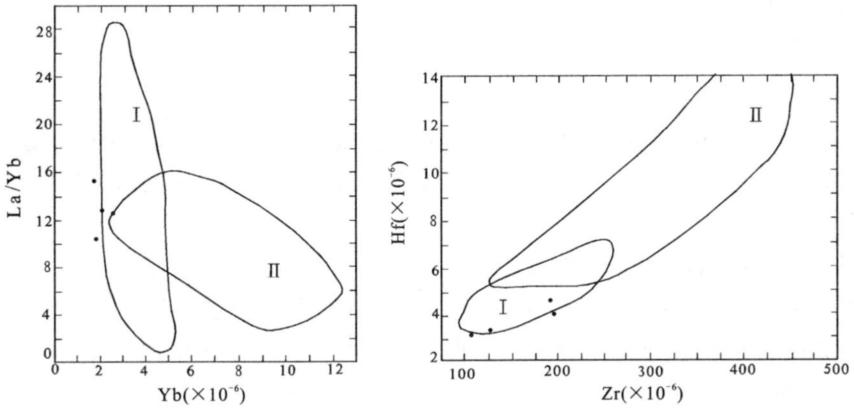

图 3-84 则弄群长英质火山岩的构造环境判别图
(Condic,1986)
I. 弧火山岩;Ⅱ. 伸展盆地(包括大陆壳内或在大陆壳附近的大陆裂谷和弧后盆地)火山岩

岛弧 SiO_2=50%~66%(多小于 56%),FeO^*/MgO<2.0,K_2O/Na_2O<0.6。区内则弄群火山岩以英安岩、流纹岩和相应的火山碎屑岩为主,岩石 SiO_2 含量为 70.86%~75.80%,平均值为 73%,FeO^*/MgO 为 2.12~7.7,平均值为 4.5,K_2O/Na_2O 为 0.64~1.44,平均值为 0.98,与活动陆缘火山岩特征相近,应为活动大陆边缘造山带环境下形成。

综上所述,区内则弄群具有弧火山岩特征,形成于陆缘弧环境。

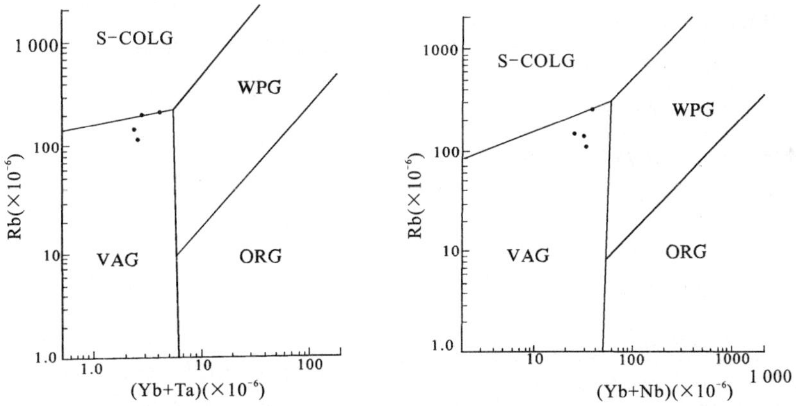

图 3-85 则弄群火山岩 Rb-(Yb+Ta)和 Rb-(Y+Nb)判别图
(Pearce 等,1984)
VAG. 火山弧花岗岩;WPG. 板内花岗岩;S-COLG:同碰撞花岗岩;
ORG. 洋中脊花岗岩

三、早白垩世多尼组火山岩

(一)火山地层

1. 概述

多尼组主要分布于测区中东部地区,尼玛县日阿锅-打博儿桑-申扎县马跃一带,平面上呈西窄东宽的楔形分布,不整合覆盖在石炭系到三叠系地层之上,其上为白垩系的郎山组覆盖,出露面积约 1 300km²。火山堆积物呈带状和环状分布,多以夹层的形式分布于海相沉积岩中,受北东向和北西向两组基底断裂控制,厚度和岩性在空间变化较大,西部以中性岩的溢流相岩石为主,次为相应成分的火山碎屑岩,酸性岩较少出露,厚度相应较小。东部以中、中酸性熔岩为主,相应成分的火山碎屑岩较少,厚度相对较大。自西向东，火山活动由弱到强，岩性由中性向中酸性演化。

2. 火山喷发旋回

(1) 韵律划分

多尼组的地层结构为火山岩与沉积岩互层类型，火山喷发方式、喷发强度的变化均能反映其韵律特征。现以尼玛县俄坐多尼组一、二段实测剖面和尼玛县卓嘎普多尼组三段实测剖面为例，介绍多尼组火山岩的韵律特征。

该剖面的岩性主要有辉石安山岩、角闪安山岩、安山岩、英安岩、安山质角砾熔岩、安山质熔结角砾岩、安山质晶屑凝灰岩、沉安山质(晶屑)岩屑凝灰岩和正常沉积的砾岩、砂岩、泥灰岩、灰岩等。根据火山堆积方式、活动强度和物质成分变化及其间歇性特征，自下而上划分出 16 个韵律(表 3－27)。

多尼组火山岩剖面韵律特征如下：

辉石安山岩、角闪安山岩、安山岩、英安岩呈规律性出现不同成分的岩石交替产出；安山质晶屑岩屑凝灰岩、角砾熔结呈规律性产出，反映火山活动由强到弱的变化特征；熔岩、火山碎屑岩与沉积岩互层，反映火山活动间歇性喷发特征。

韵律结构包括以下 4 种类型：①沉积岩→熔岩(韵律 1、2、3、10、11、12、13)；②沉积岩→熔岩→火山碎屑岩(韵律 4、14)；③沉积岩→沉火山碎屑岩(沉安山质晶屑岩屑凝灰岩)(韵律 5—8、15)；④沉积岩→火山碎屑岩→熔岩(韵律 16)。

表 3－27　多尼组火山岩剖面韵律划分表

韵律	厚度(m)	岩性	韵律结构特征	喷发强度
16	445.1	角闪安山岩	沉积岩→熔结角砾岩→角闪安山岩	沉积→爆发→溢流
		英安质、安山质熔结角砾岩		
		砾岩与细粒石英砂岩互层		
15	90.2	下部为英安质砾岩含砾石英砂岩，上部为紫红色凝灰岩	沉积岩→凝灰岩	沉积→爆发
14	416.2	安山岩、角闪安山岩	沉积岩→安山岩→英安岩→角闪安山岩→英安岩→辉石安山岩→英安岩→安山岩→安山质熔结角砾岩→安山岩	沉积→溢流
		层状安山质熔角砾岩		
		层状杏仁状安山岩		
		层状辉石安山岩夹蚀变英安岩		
		蚀变英安岩与角闪安山岩互层		
		安山岩与英安岩互层		
		蚀变英安岩		
		安山岩		
		含砾石英砂岩		
13	94.2	角闪安山岩与石英砂岩钙质泥岩互层	沉积岩→角闪安山岩	沉积→溢流
12	61.2	砾岩层夹薄层安山岩	沉积岩→安山岩	沉积→溢流
11	35.2	安山岩与英安岩互层	沉积岩→安山岩→英安岩	沉积→溢流
		砾岩		
10	294.2	安山岩	沉积岩→安山岩	沉积→溢流
		砾岩与砂岩、灰岩互层		

续表 3-27

韵律	厚度(m)	岩性	韵律结构特征	喷发强度
9	189.4	安山质角砾熔岩	沉积岩→安山岩→安山质熔结角砾岩或安山质角砾熔岩	沉积→溢流→爆发
		安山岩		
		安山质角砾熔岩		
		安山岩		
		安山质角砾熔岩		
		安山岩		
		安山质熔结角砾岩		
		安山岩		
		泥岩		
8	57.3	沉安山质晶屑岩屑凝灰岩与泥岩互层	沉积岩→火山碎屑岩	沉积→爆发
7	12.5	沉安山质晶屑岩屑凝灰岩与砂岩互层	沉积岩→沉火山碎屑岩	沉积→爆发
6	8.4	安山质熔结凝灰岩与砾岩互层	沉积岩→火山碎屑岩	沉积→爆发
5	285.3	安山质晶屑凝灰岩	沉积岩→火山碎屑岩与沉积岩互层→火山碎屑岩	沉积→间歇性爆发→连续爆发
		泥岩夹沉安山质晶屑凝灰岩		
		泥岩、灰岩、砂岩韵律层		
4	239.9	安山岩	沉积岩→安山岩→安山质熔结角砾岩	沉积→溢流→爆发
		安山质熔结角砾岩		
		安山岩		
		圆笠虫灰岩		
3	97.7	安山岩	沉积岩→安山岩	沉积→溢流
		含生物碎屑灰岩		
2	408.9	下部为砂岩,上部为安山岩	沉积岩→安山岩	沉积→溢流
		泥岩、砂岩、砂岩互层		
1	261.1	英安岩	沉积岩→英安岩	沉积→溢流
		生物碎屑灰岩与砾岩互层		

(2) 旋回划分

通过对测区多尼组火山岩剖面的韵律特征、岩石学特征、物质成分的变化以及火山活动强度的综合研究发现,多尼组火山岩自下而上具有从中性向中酸性方向演化及火山活动由弱→强→弱的演变规律,据此将多尼组火山岩划分为1个完整的喷发旋回。根据火山活动方式、活动强度、沉积岩的发育特征划分为3个亚旋回。下部亚旋回厚1 007.6m,由4个由沉积岩层→熔岩型韵律组成,自下而上沉积层变薄,熔岩层变厚,火山岩的岩性由英安岩向安山岩反向演化;中部亚旋回厚363.5m,由4个沉积岩→(沉)火山碎屑岩二元结构型韵律组成,上部、下部由沉积岩与沉火山碎屑岩互层产出,且火山岩夹层厚度较小,中部由沉积岩与火山碎屑组成,火山碎屑岩层厚度较大,即自下而上火山喷发强度由弱→强→弱;上部亚旋回厚1 726.7m,由8个沉积岩→熔岩→火山碎屑岩三元结构型韵律组成,自下而上沉积岩夹层逐渐变小,火山岩的岩性由安山岩向英安岩转化,由熔岩向火山碎屑岩转化,即火山活动由弱到强、由间歇性喷发向连续喷发、物质成分由中性向酸性演化。

3. 火山活动时限

多尼组不整合覆盖于中—晚三叠世确哈拉群之上,其上被早白垩世郎山组覆盖。多尼组沉积岩夹层中,富含早白垩世晚期圆笠虫化石。本次工作取得全岩K-Ar同位素年龄为95.37Ma。综合认为,多尼组火山的活动时限为早白垩世早期。

(二)岩石类型及其基本特征

测区多尼组火山岩岩石类型齐全，有熔岩、火山碎屑岩、潜火山岩3大类。

1. 熔岩类

多尼组中较为发育，分布广泛，主要出露于多尼组三段，按照岩石化学成分分类，可分为安山岩、英安岩、流纹岩3大类。

(1) 安山岩亚类

该类岩石为测区多尼组火山岩的主体岩性，主要出露于尼玛县差朗、控日母、共日和申扎县的日侯日吓、帮安儿、雄俄马等地，主要产于多尼组三段，由蚀变安山岩、辉石安山岩、角闪安山岩、安山岩和含角砾安山岩组成。岩石呈灰黑色—灰绿色—浅褐色，斑状结构，块状构造，局部见气孔、杏仁构造，基质为玻晶交织结构、玻璃结构。岩石由斑晶、基质及杏仁体组成。斑晶主要由斜长石、辉石、角闪石组成，偶见石英。斜长石斑晶呈灰白色，半自形板柱状，大小一般为0.5mm×0.3mm，极少数大于1mm，可见环带结构，双晶多数不好，An=32～36(中长石)，含量极少到10%不等，多发生绢云母化；辉石呈灰绿色，自形柱状，大小一般为1mm×0.3mm～1.5mm×0.8mm，C∧Ng=38°，含量多为少量，沿解理和颗粒边缘被绿泥石交代；角闪石呈灰绿色，针柱状，大小一般为0.5mm×0.15mm～0.7mm×0.25mm，含量较少，具轻微的绿泥石化。基质由玻离质、辉石、角闪石、斜长石组成，斜长石呈小板条状，大小一般为0.05～0.2mm，杂乱分布，在小板条之间分布着玻璃质，玻璃质已发生轻微的脱玻化，形成一些矿物微晶。气孔多呈圆状、椭圆状和不规则状，大小一般为2～4mm，被微石英、玉髓、绿泥石充填、半充填形成杏仁。副矿物主要为磁铁矿等。根据矿物成分和蚀变程度的不同又可将其细分为以下几种类型。

1) 蚀变安山岩。岩石蚀变强烈，发生了绢云母化、碳酸盐化，形成大量的绢云母和方解石次生矿物，但原岩的结构清楚，斜长石斑晶呈自形、半自形板柱状，发生了较强的绢云母化，仅保持斜长石板柱状晶形轮廓，未见残留。基质中斜长石也发生了绢云母化，次生方解石呈团块不均匀分布。另外岩石多被石英细脉穿插。

2) 辉石安山岩。斑晶中见有辉石，含量约为5%，呈自形柱状，大小一般为1mm×0.3mm～1.5mm×0.8mm，C∧Ng=38°，深解理和颗粒边缘被纤闪石交代。基质由细小的斜长石微晶和基质组成，常含有少量气孔，被绿泥石、玉髓充填形成杏仁体。

3) 角闪安山岩。斑晶中见有角闪石，含量约为5%，呈针柱状，大小一般为0.5mm×0.2mm～1mm×0.24mm，发生了不同程度的绿泥石化，斑晶不均匀分布，有的呈聚斑状。基质主要为细粒的斜长石微晶。

(2) 英安岩亚类

该类岩石测区多尼组中分布较少，零星出露于尼玛县的打恩、马耳哥、申扎县的啊木定日等地，主要产于多尼组三段，由英安岩、蚀变英安岩、含角砾英安岩组成。

1) 英安岩。岩石呈灰、灰紫、灰白色，斑状结构，块状构造。斑晶由斜长石组成，呈自形、半自形板柱状，大小一般为0.5mm×1.4mm～2.5mm×1mm，含量不超过5%。基质呈微晶结构和玻璃结构，由斜长石、少量石英和玻璃质组成，斜长石呈小板条状，大小一般为0.1～0.2mm，杂乱分布，在小板条之间分布着玻璃质。岩石多发生蚀变，有绢云母化、碳酸盐化。副矿物主要为磁铁矿等。

2) 蚀变英安岩。岩石呈浅灰色，残余斑状结构，块状构造。受蚀变作用的影响，形成了大量的绢云母和方解石等次生矿物，原岩结构受到了一定的破坏，但原岩结构尚可看出。斑晶为斜长石，呈自形、半自形板柱状，有的被熔蚀成圆状，大小一般为0.5mm×2.4mm～1.3mm×1mm，普遍发生了绢云母化，个别还发生了碳酸盐化，含量3%～5%。基质呈霏细结构，由长英质矿物雏晶组成。次生矿物方解石为粉晶，呈团块状分布。副矿物主要为磁铁矿等。

3) 含角砾英安岩。岩石中含有同源角砾，大小一般为2～5mm，个别大的可达10mm，呈棱角状、次棱角状，无分选，角砾含量5%～10%。岩石的其他特征同英安岩。

（3）流纹岩亚类

该类岩石主要分布于申扎县日侯日吓和查地那等地，其他地方零星出露，产于多尼组三段，由流纹岩、松脂岩组成。

流纹岩呈灰白、浅灰红等色，斑状结构，块状构造、流纹构造、流动条带构造。斑晶由斜长石、钾长石、石英组成。斜长石灰白色，半自形板柱状，大小一般为 0.7mm×0.3mm～1.2mm×1mm，聚片双晶不清，含量不小于 5%；钾长石呈浅肉红色，半自形板柱状，大小一般为 0.5mm×0.2mm～1mm×0.8mm，个别显卡氏双晶，含量不超过 5%；石英呈熔蚀粒状，大小一般为 0.3～0.5mm。基质呈玻璃质结构、霏细结构，由玻璃质和长英矿物微晶组成，玻璃质发生轻微的脱玻化，形成一些长英矿物微晶，脱玻化较弱的常组成细的条纹定向分布，构成条纹状流动构造。岩石已发生蚀变，主要为绢云母化。副矿物主要为磁铁矿。

松脂岩呈黄褐色，玻璃质结构，块状构造，由玻璃质组成，具轻微脱玻化，形成少量的霏细状长英矿物，含量约为 98%。

2. 火山碎屑岩类

测区内多尼组中也比较发育，分布广泛，主要产于多尼组二、三段，由火山强烈爆发而成，根据其结构、构造特点、堆积环境及其分布规律、胶结类型、成岩方式，按照《火山岩地区区域地质填图方法指南》（1∶5 万）火山碎屑岩的划分方案，可将区内多尼组火山碎屑岩划分为正常火山碎屑岩、火山碎屑熔岩和沉积火山碎屑岩 3 类，现分述如下。

（1）碎屑熔岩亚类

该类岩石区内多尼组中不甚发育。分布在火山通道附近或熔岩流的顶部与熔岩呈渐变过渡关系。据碎屑物的大小可分为集块角砾熔岩和角砾熔岩及凝灰熔岩，现将不同的岩石特征分述如下。

1）集块角砾熔岩。区内多尼组中分布零星，仅在尼玛县的松多、俄多、控日组，申扎县的纳当勒等地有所出露，其岩性主要为安山质集块角砾熔岩。岩石呈浅灰、灰绿色，集块角砾熔岩结构，块状构造。碎屑物由集块、角砾及少量岩屑组成，成分均为安山岩。大小一般为 4～10cm，最大的 20～30cm，小的为 1～2cm，以棱角状、次棱角状为主，少部分呈次圆状、浑圆状，大小混杂，无分选性，含量约为 30%～50%。胶结物由安山岩组成，含量 50%～70%，斑状结构，斑晶仅见斜长石，在碎屑物周围定向排列显示流动构造，为爆发碎屑物被熔岩胶结而成。

2）火山角砾熔岩。区内多尼组中仅有零星分布，主要出露于尼玛县的俄多、松多和申扎县的荣色儿等地，产于多尼组的二、三段，根据成分特征其岩性主要有安山质火山角砾熔、英安质火山角砾熔岩和流纹质火山角砾熔岩。

安山质角砾熔岩：岩石呈灰绿、紫红色，角砾熔岩结构，块状构造，角砾碎屑为安山岩，大小一般为 2～4mm，个别大的可达 6～8cm，成为集块，小的小于 2mm，构成岩屑，均呈棱角状、次棱角状，大小混杂，无分选性，含量为 20%～40%。胶结物为安山岩，含量为 60%～80%，斑状结构，仅见少量的斜长石斑晶，呈小板条状。

英安质角砾熔岩：流纹质角砾熔岩，岩石呈浅灰、灰红色，除碎屑物和胶结物的成分与安山质角砾熔岩不同外，其他特征基本相同，在此不在赘述。

3）凝灰熔岩。区内多尼组中仅有较少分布，零星出露于申扎县的荣控玛、荣色儿等地，根据其成分特征，其岩性主要为安山质凝灰熔岩、英安质凝灰熔岩和流纹质凝灰熔岩，以安山质凝灰熔岩为主。

安山质凝灰熔岩：呈浅灰绿色，凝灰熔岩结构，块状构造。碎屑物由角砾、晶屑、岩屑组成，其成分为安山质，形态为棱角状、次棱角状，含量 70%～80%，角砾大小为 2～5cm，晶屑、岩屑大小为 0.4～1.2mm。胶结物由安山岩组成，含量为 30%～20%。

（2）正常火山碎屑岩亚类

该亚类又可分为熔结火山碎屑岩和普通火山碎屑岩两大类，二者在区内多尼组中均有分布，以熔结火山碎屑岩为主。

1）熔结火山碎屑岩。测区多尼组不甚发育。根据成分不同分为安山质、英安质、流纹质熔结火山碎屑岩，根据碎屑的种类和多少的不同可分为熔结角砾岩、熔结角砾岩屑晶屑凝灰岩、熔结晶屑凝灰岩和熔结凝灰岩等不同类型，现择主要的、常见类型简述如下。

安山质熔结角砾岩：主要分布于尼玛县的控日母等地，产于多尼组三段。岩石呈灰紫色、紫红色，角砾熔结凝灰结构，块状构造，发育假流动构造。碎屑物主要为安山质火山角砾，含量60%～80%，泥岩角砾少量，略具定向排列，大小一般为2～20mm，大小混杂，无分选性。胶结物为火山尘和玻屑。岩石多已发生绿泥石化。

安山质熔结岩屑凝灰岩：主要分布于申扎县荣控玛等地，产于多尼组三段。岩石呈浅灰、灰绿色，岩屑熔结凝灰结构，块状构造。碎屑物由安山岩岩屑和少量的斜长石晶屑组成，含量为70%～80%，均呈次棱角状、次圆状，大小一般为0.2～1.9mm，具弱定向性，形成假流纹构造，为强熔结类型。该岩石发生了碳酸盐化，形成一些不均匀分布的次生方解石，但原岩结构尚可看出。

流纹质岩屑晶屑熔结凝灰岩：主要分布于尼玛县的控日母、申扎县荣控玛等地，产于多尼组的二、三段，岩石呈浅灰、灰白色，岩屑晶屑熔结凝灰结构，块状构造，假流纹构造发育。碎屑物由斜长石、石英及黑云母组成，含量为60%～70%。斜长石、石英均呈棱角状，大小0.1～0.5mm，个别可达2～3mm，为火山角砾，局部定向性明显，晶屑不均匀分布，构成条带或纹层，形成假层理。该类岩石为强熔结类型。

2）普通火山碎屑岩。由火山强烈爆发而成，区内多尼组中该类岩石不发育，主要分布于尼玛县控日母、俄多和申扎县的荣色儿等地，产于多尼组的二、三段。按照碎屑物粒度大小可分为集块角砾岩，角砾岩。

集块角砾岩：多尼组中该岩类在不同产地火山碎屑物成分多不相同，据碎屑物的成分可分为安山质集块角砾岩、英安岩集块角砾岩和流纹质集块角砾岩。除碎屑物成分不同外，其他特征基本相同，即岩石呈灰白、灰褐、灰紫、青灰色，集块角砾结构，碎屑物以同源火山岩为主，多呈棱角状、次棱角状、次圆状，大小不一，混杂堆积，大小以3～6cm者居多，含量约为40%～60%，大的可达7～10cm，个别可达50～80cm，含量约为30%～20%。填隙物由晶屑、岩屑组成，胶结物主要由凝灰质及少量铁质组成，含量约为30%～20%，胶结比较疏松，为压结成岩。

火山角砾岩：多尼组中该岩类在不同的产地火山碎屑物多不相同，据火山碎屑物的成分可分为安山质火山角砾岩、英安质火山角砾岩和流纹质火山角砾岩。除碎屑物成分不同外，其他特征基本相同，即岩石呈灰、灰紫、灰绿色，角砾状结构，块状构造，碎屑物主要由同源火山角砾组成，大小一般为2～5cm，多呈棱角状、次棱角状、次圆状，含量50%～70%，局部地方异源碎屑较多，变成复成分火山角砾岩，异源碎屑主要为砂岩、泥岩，填隙物为晶屑、岩屑。胶结物为凝灰质，压结成岩。

（3）火山沉积碎屑岩亚类

该亚类又可分为沉积火山碎屑岩和火山碎屑沉积岩两大类，区内多尼组中以沉积火山碎屑为主。据成分不同可分为安山质、英安质、流纹质沉火山碎屑岩，据岩石碎屑的种类和多少的不同可分为沉集块角砾岩、沉火山角砾岩、沉晶屑岩屑凝灰岩、沉岩屑凝灰岩、沉凝灰岩等。现择主要的、常见的类型简述如下。

1）沉安山质火山角砾岩。零星出露于差朗、控日母等地，产于多尼组三段。岩石呈青灰色，角砾状结构，块状构造，局部为层状构造。碎屑物由安山岩砾、泥岩砾、石英砂岩和细粒石英砂、泥岩砂组成，含量约60%～80%，其中安山岩砾占50%～60%。碎屑物均呈次圆状、次棱角状，砾石大小2～7mm，砂大小0.3～1.5mm，杂乱分布，无分选性。胶结物由泥质物、方解石和石英粉砂组成，含量为40%～20%。该类岩石多已蚀变，有碳酸盐化、绢云母化、绿泥石化等。

2）沉英安质集块角砾岩。零星出露于控日母等地，产于多尼组三段。岩石呈紫红色，集块角砾结构，块状构造。碎屑物由英安岩砾和集块、石英砂组成，含量约为80%～90%，其中英安岩砾或集块占60%～80%。碎屑均呈棱角状、次棱角状，集块大小6～10cm，含量约10%～20%，角砾大小2～5cm，含量约50%～60%，砂大小0.1～0.5mm，含量约10%～20%。砾、砂大小混杂，无分选性。胶结物由铁质组成，含量20%～10%。

3）沉安山质晶屑凝灰岩。主要分布于无多等地，产于多尼组二段。岩石呈紫红色、深灰色，晶屑岩屑凝灰结构，层状构造。碎屑物由安山岩岩屑和斜长石、石英、磁铁矿晶屑组成，含量80%～90%，其中英安岩岩屑占60%～80%。碎屑物呈棱角状、次棱角状，部分石英呈次圆状，大小0.1～0.3mm。胶结物由方解石组成，含量20%～10%。

4）沉凝灰岩。主要分布于无多等地，产于多尼组三段。岩石呈紫红色，凝灰结构，层状构造。由火山灰（95%）、石英晶屑（2%）、少量的中性火山岩岩屑和铁质（3%）组成。

（4）潜火山岩

潜火山岩在区内多尼组中不发育，仅在申扎县雄俄马有所出露，其岩性为安山玢岩。岩石呈灰绿色，斑状结构，块状构造。斑晶由斜长石组成，含量为2%，呈半自形板柱状，大小0.4mm×0.25mm～0.7mm×0.5mm，完全被方解石取代，仅保留晶形轮廓。基质呈交织结构，由微粒长英矿物组成，大小0.05～0.2mm。

（三）火山岩岩石化学和地球化学

1. 岩石化学特征

多尼组火山岩的化学分析结果及对应的标准矿物计算结果和各种参数见表3-28。

表3-28 多尼组火山岩岩石化学成分标准矿物及有关参数

地层	序号	样品号	岩石名称	岩石化学成分（W_t%）													
				SiO_2	TiO_2	Al_2O_3	FeO	Fe_2O_3	MnO	MgO	CaO	Na_2O	K_2O	P_2O_5	H_2O^-	CO_2	总量
多尼组	1	3 012/21-1	杏仁状安山岩	62.01	1.60	15.94	2.10	3.45	0.09	1.13	3.86	5.32	2.22	0.36	1.35	0.37	99.80
	2	3 013/38-1	安山岩	66.23	0.43	16.57	0.32	4.38	0.06	0.37	1.67	5.91	2.53	0.32	0.95	0.06	99.80
	3	3 015/12-1	安山岩	60.73	0.91	16.81	3.92	0.96	0.08	2.67	5.03	3.97	1.88	0.20	2.04	0.55	99.84
	4	35 023/1	安山岩	65.23	0.45	16.69	0.35	4.39	0.05	0.59	2.89	5.45	2.30	0.34	1.02	0.04	99.87
	5	35 025/1	英安岩	69.83	0.68	17.78	0.15	3.34	0.03	0.25	0.67	0.15	0.13	0.14	6.52	0.17	99.84
	6	35 026/1	安山岩	61.62	0.75	15.44	2.47	2.60	0.09	4.32	5.47	3.26	2.37	0.21	1.08	0.09	99.81
	7	35 023/2	英安岩	66.72	0.43	16.08	0.27	4.26	0.06	0.40	1.95	5.71	2.70	0.30	0.84	0.04	99.86

地层	序号	样品号	标准矿物（%）										相关参数							
			Il	Ap	Mt	Or	Ab	An	C	Di	Hy	Q	σ	AR	DI	τ	SI	Alk	Al/CNK	Na/K
多尼组	1	3 012/21-1	3.04	0.83	3.94	13.12	45.01	13.06		2.95	1.77	14.28	2.991	2.23	72.41	6.64	7.952	7.54	0.88	2.40
	2	3 013/38-1	0.82	0.74	3.48	14.95	50.00	6.20	1.84		2.19	18.37	3.066	2.72	83.32	24.79	2.779	8.44	1.07	2.34
	3	3 015/12-1	1.73	0.46	1.42	11.11	33.59	22.49		0.94	11.22	14.21	1.930	1.73	58.90	14.11	19.900	5.85	0.95	2.11
	4	35 023/1	0.85	0.79	3.38	13.59	46.11	12.12	0.79		2.94	17.95	2.700	2.31	77.65	24.98	4.580	7.75	1.00	2.37
	5	35 025/1	129	0.32	1.76	0.77	1.27	2.41	16.50		2.35	66.28	0.003	1.03	68.31	25.93	6.330	0.28	11.07	1.15
	6	35 026/1	1.42	0.49	3.31	14.00	27.58	20.50		4.18	10.89	16.20	1.700	1.74	57.78	16.24	28.760	5.63	0.86	1.38
	7	35 023/2	0.82	0.70	3.37	15.95	48.31	7.72	0.94		2.18	18.75	2.980	2.75	83.01	24.12	3.040	8.41	1.01	2.11

（1）岩石化学分类

用李兆鼐的火山岩化学定量分类硅-碱图解进行投图（图3-86），区内多尼组火山岩落入Ⅳa、Ⅲb和Ⅱ区，为安山质、安粗质和英安质3大类型。对照其基本岩石名称图解后可知，落入Ⅳa区的为安山岩，落入到Ⅱ区的为石英安粗岩，其中有一个样品落到Ⅱ区的下部，应为英安岩，落入到Ⅲb区的为石英安粗岩。

用岩石化学成分计算出的区内多尼组火山岩主要标准矿物为石英（Q）、钾长石（Or）、钠长石（Ab）和钙长石（An），少量磁铁矿（Mt）、钛铁矿（Il）和磷灰石（Ap），此外还出现了紫苏辉石（Hy）、透辉石（Di）和刚玉（C）。岩石类型为铝过饱和类型（Al_2O_3＞（K_2O＋Na_2O＋CaO））和正常类型（（CaO＋Na_2O＋

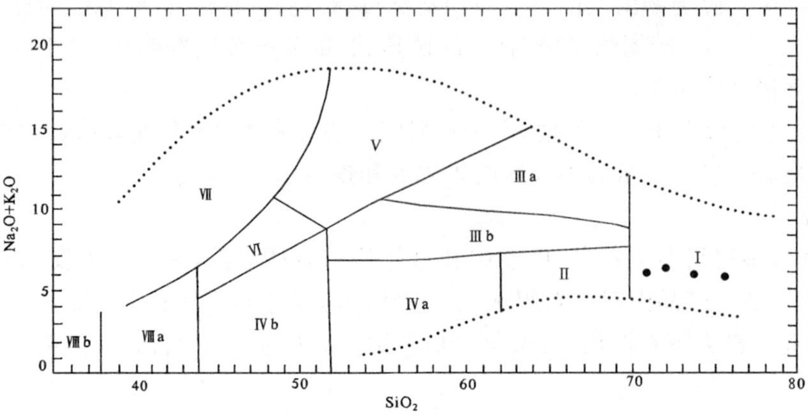

图 3-86　多尼组火山岩化学定量分类图解(基本大类名称)

(李兆鼐等,1984)

Ⅰ. 流纹岩类;Ⅱ. 英安岩类;Ⅲa. 粗面岩类;Ⅲb. 安粗岩类;Ⅳa. 安山岩类;

Ⅳb. 玄武岩和碱性玄武石类;Ⅴ. 响岩类;Ⅵ. 碱玄岩类;Ⅶ. 副长石岩类;

Ⅷa、Ⅷb. 超镁铁质岩类(点线为中国火山岩投影点的实际范围)

$K_2O+Al_2O_3)>(K_2O+Na_2O))$,前者与后者约各占一半。用标准矿物在 Q-A-P 图上进行投影(图 3-87),区内多尼组火山岩主要落入 1、4、$8^{\#}$ 和 $9^{\#}$ 区,主要对应英安岩、石英安粗岩、石英粗安岩和富石英流纹岩。

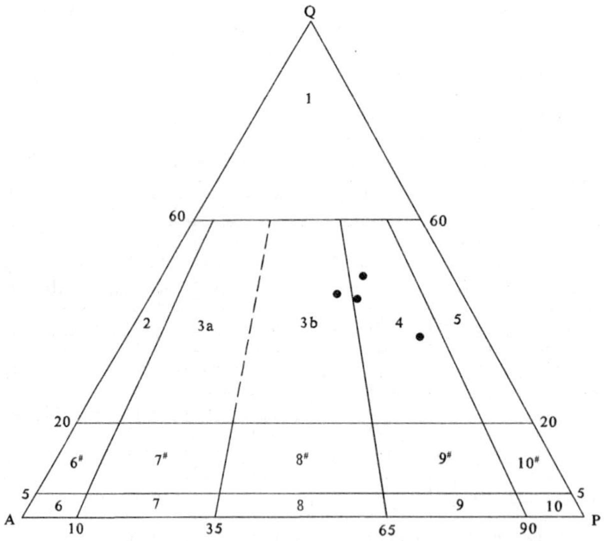

图 3-87　多尼组火山岩 Q-A-P 图

(IUGS,1972、1989)

1. 富石英流纹岩;2. 碱长流纹岩;3a、3b. 流纹岩;4、5. 英安岩;

$6^{\#}$. 碱长石英粗面岩;$7^{\#}$. 石英粗面岩;$8^{\#}$. 石英安粗岩;

$9^{\#}$. 石英粗安岩;$10^{\#}$. 石英安山岩;6. 碱长粗面岩;7. 粗面岩;

8. 安粗岩;9. 粗安岩;10. 安山岩、玄武岩

在 TAS 图解(图 3-88)上,区内多尼组火山岩分别落入 S_3、T、O_2 和 O_3 四个区,分别属安山岩、粗面安山岩、粗面英安岩和英安岩四大类型,与前述硅-碱结果基本相同。而在该图中落入英安岩者居多,这主要是两种方法的划分标准不同引起的。

对于落入到 TAS 图解中 O_2、O_3 区的样品进一步运用硅-钾图解(图 3-89)投点,大部分样品落到

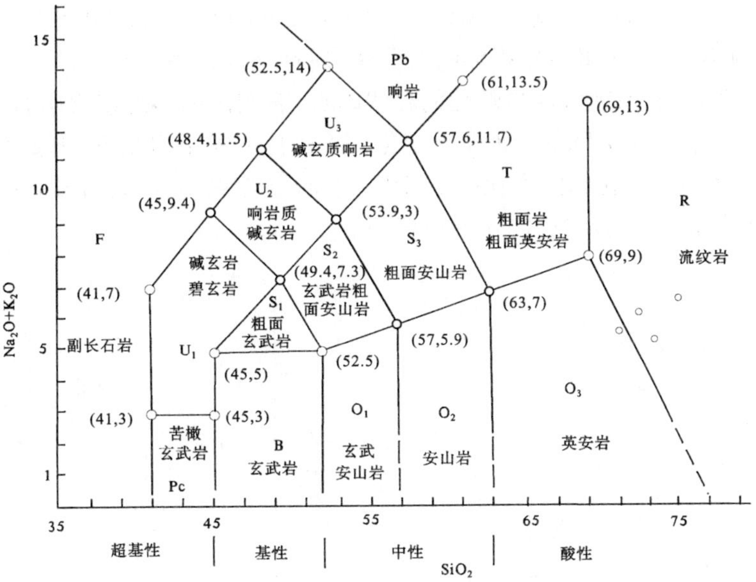

图 3－88　多尼组火山岩 TAS 图

（M. J. Le Bas 等，1986；IUGS，1989）

图中小圆圈为 AlK、SiO_2 坐标点，附有坐标值；

O. SiO_2 过饱和；S. SiO_2 饱和；U. SiO_2 不饱和

中钾的安山岩、英安岩及流纹岩区，仅有一个样品落入到低钾的英安岩及流纹岩区。总的来看，区内多尼组火山岩应为中钾安山岩系列和英安岩与流纹岩系列。

（2）岩石系列划分

图 3－90 为多尼组火山岩硅（SiO_2）-碱（K_2O+Na_2O）成分的投图结果，从图中可以看出，多尼组火山岩属亚碱性系列。

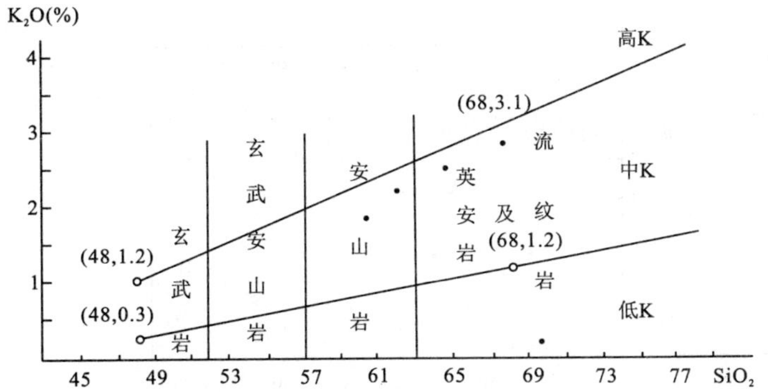

图 3－89　多尼组火山岩硅-钾图

（Pecerillo 等，1976；Ewart，1979；IUGS，1989）

图中 4 个圆圈点为 SiO_2、K_2O 含量的坐标点

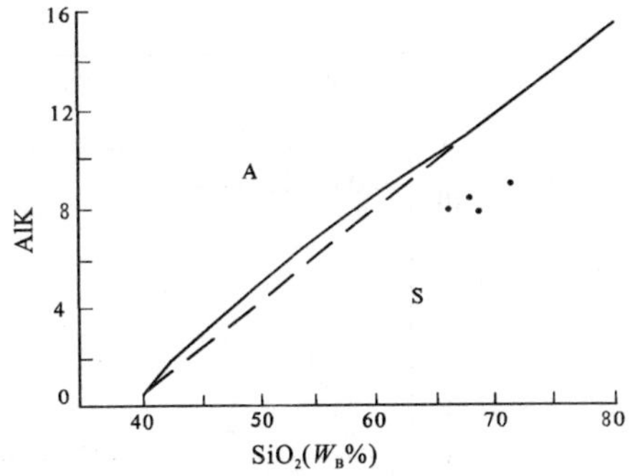

图 3－90　多尼组火山岩硅-碱图

（T. N. Irvine 等，1971）

A. 碱性系列；S. 亚碱性系列；

实线——Macdonald（1968）；

虚线——Irvine 等（1971）

进一步使用 AFM 图（图 3－91），绝大部分样品落到 C 区，仅有一个样品落入到 T 区，说明多尼组火山岩属钙碱性系列。

（3）岩石化学特征

从表 3－28 中可以看出，多尼组火山的 SiO_2 含量变化于 60.73％～69.83％之间，碱质稍高，

(K_2O+Na_2O)为 5.63%～8.41%(另有一个仅为 0.28%)，Na_2O/K_2O 为 1.15～2.4，Na_2O 明显大于 K_2O，CaO 为 0.67%～5.47%，MgO 为 0.25%～4.32%，CaO 和 MgO 均随 SiO_2 增高而减少。σ 值为 1.34～2.56，变化范围不大，按照里特曼指数的二分法，属钙碱性系列。在 SiO_2－AR 图上(图 3－92)大部分落入钙碱性区，少部分落到钙碱性与碱性的界线附近，表明区内多尼组火山岩为钙碱性且具有由钙碱向碱性演化的特征。分异指数 DI 从 58 开始变化到 83，其中安山岩从 58 开始变化到 77 左右，英安岩为 83。在分异指数(DI)对氧化物的变化图上(图 3－93)，本区多尼组火山岩的投点分布表明，多尼组火山岩为正常的分离结晶作用的产物，同化混染轻微。

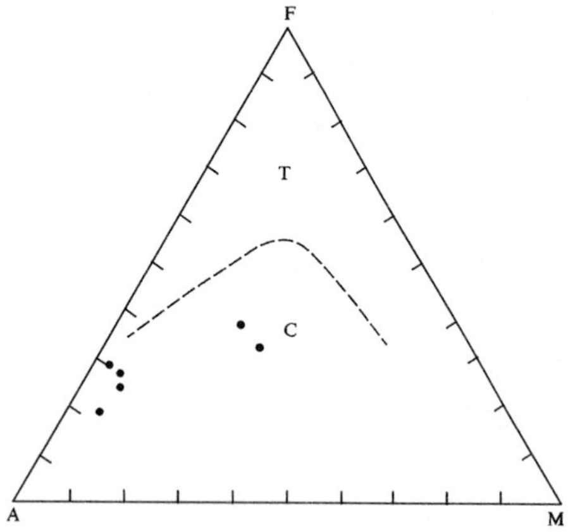

图 3－91　多尼组火山岩 AFM 图
(T. N. Irvine 等，1971)
T. 拉斑玄武岩系列；C. 钙碱性系列

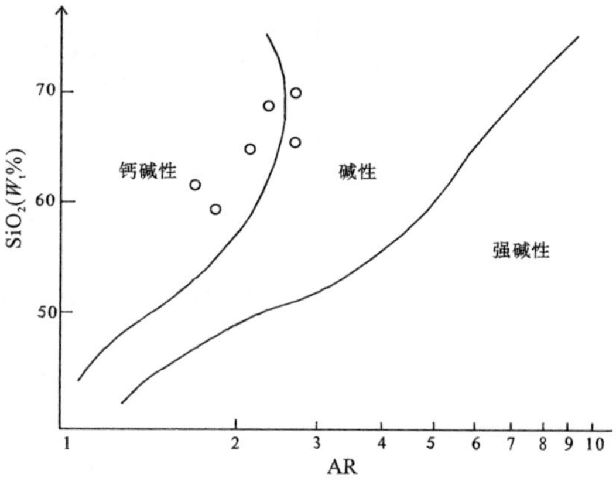

图 3－92　多尼组火山岩 AR－SiO_2 与碱度关系图
(J. B. Wright，1969)

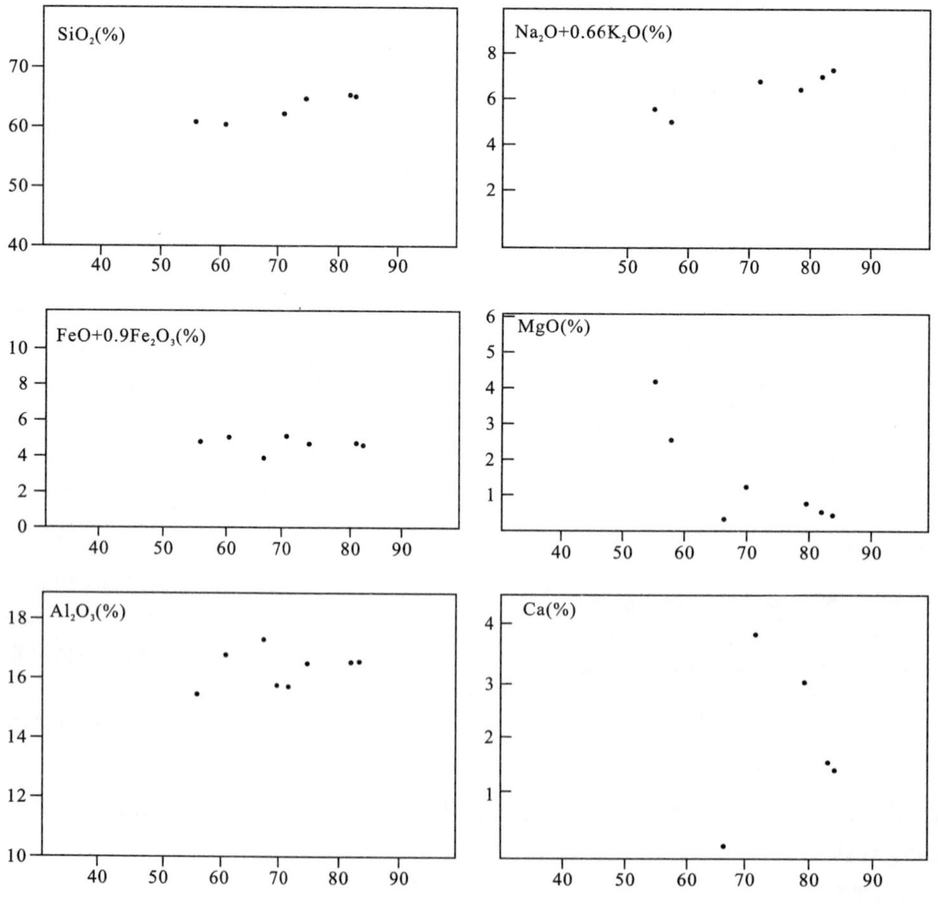

图 3－93　多尼组火山岩氧化物－DI 变异图

1）安山岩。SiO_2 为 60.73%～65.23%，K_2O+Na_2O 为 5.63%～8.64%，$Na_2O>K_2O$。与中国安山岩和世界安山岩的平均化学成分相比，SiO_2、K_2O、Na_2O 偏高，TiO_2、Fe_2O_3 较为接近，其他偏低。

2）英安岩。SiO_2 为 66.72%～69.83%，K_2O+Na_2O 为 0.28%～8.41%，$Na_2O>K_2O$。与中国英安岩和世界英安岩的平均化学成分相比，SiO_2、Fe_2O_3 偏高，FeO、MgO、CaO 偏低，其他相近。

2. 地球化学特征

（1）稀土元素

稀土元素的分析结果及有关参数见表 3-29。

表 3-29 多尼组火山岩稀土元素含量有关比值及参数

地层	样号	稀土元素含量（$\times10^{-6}$）															相关值			
		La	Ce	Pr	Nd	Sm	Eu	Gd	Tb	Dy	Ho	Er	Tm	Yb	Lu	Y	ΣREE（$\times10^{-6}$）	ΣCe/ΣY	δEu	$(La/Yb)_N$
多尼组	3 012/21-1	19.46	48.67	5.97	24.7	5.62	1.57	5.97	0.95	5.65	1.13	3.27	0.51	3.33	0.48	32.51	159.81	1.97	0.82	3.94
	3 013/38-1	21.64	46.61	5.65	21.03	4.05	1.29	3.56	0.55	3.11	0.64	1.88	0.31	2.15	0.33	19.23	132.04	3.16	1.02	6.79
	3 015/12-1	17.47	37.24	4.41	17.20	3.81	1.07	3.65	0.60	3.52	0.70	2.01	0.31	1.99	0.30	18.93	113.21	2.54	0.87	5.92
	35 023/1	21.65	43.95	5.12	19.21	3.72	1.22	3.34	0.51	3.08	0.61	1.81	0.30	2.04	0.33	17.11	123.99	3.26	1.04	7.16
	35 025/1	16.00	31.59	3.92	14.29	2.84	0.77	2.62	0.41	2.43	0.46	1.29	0.20	1.24	0.2	12.32	90.58	3.28	0.85	8.70
	35 026/1	13.62	30.56	3.30	12.75	2.66	0.83	2.62	0.39	2.31	0.44	1.24	0.19	1.20	0.19	13.74	86.04	2.85	0.95	7.65
	35 023/2	19.92	42.69	5.21	19.29	3.65	1.20	3.49	0.53	3.12	0.62	1.80	0.30	2.05	0.32	18.45	122.60	3.00	1.01	6.55

区内多尼组火山岩的稀土总量变化为 86.04×10^{-6}～159.81×10^{-6}，其中安山岩为 86.04×10^{-6}～159.81×10^{-6}，平均值为 123×10^{-6}；英安岩为 90.58×10^{-6}～122.6×10^{-6}，平均值为 106.59×10^{-6}。二者的稀土总量变化较小，稀土总量的平均值英安岩相对较小。这是由于稀土总量约大于 70%存于角闪石和黑云母中，存在于长石中者且以斜长石较多，而随着岩浆演化暗色矿物和斜长石是渐少的，因此稀土总量的变化反映出岩浆同源演化的规律。ΣCe/ΣY 变化于 1.97～3.28 之间，且都比较接近，$(La/Yb)_N$ 变化在 3.94～8.7 之间，均大于 1，表明稀土有轻度分异，轻稀土富集。δEu 变化于 0.82～1.04 之间，略大于 1 或小于 1，表明铕亏损不明显。各类岩石的曲线特点相似，均为平坦的右倾型（图 3-94）。

（2）微量元素

微量元素分析结果及有关参数见表 3-30。从表中可以看出，区内多尼组火山岩微量元素含量与黎彤地壳元素丰度值相比，Ga、Zr、Th、Cr、Ni、Hf 相对富集，Nb、Sr、V、Rb、Ta 相对较低。与中性岩类维氏值相比，Sc、Ga、Co、Hf 相对富集，其他偏低。安山岩与英安岩中 Rb/Sr、Ba/Sr 值变化不明显，后者平均值略大于前者，Zr/Hf 后者明显小于前者，具岩浆分离结晶特征。

表 3-30 多尼组火山岩微量元素含量及有关比值

地层	样号	微量元素含量（$\times10^{-6}$）														相关值		
		Nb	Sc	Ga	Zr	Th	Sr	Ba	V	Co	Cr	Ni	Rb	Ta	Hf	Rb/Sr	Ba/Sr	Zr/Hf
多尼组	3 012/21-1	9.4	21.5	23.8	311	6.9	305	364	164.5	19.4	36.7	11.0	83.8	<0.5	7.3	0.27	0.87	42.6
	3 013/38-1	10.0	2.6	20.2	284	5.7	241	300	25.8	7.2	<5.0	3.7	50.9	0.9	7.0	0.21	1.24	40.6
	3 015/12-1	9.3	13.4	22.6	163	6.8	600	391	89.5	13.6	19.8	7.2	73.9	<0.5	4.4	0.12	0.65	37.0
	35 023/1	11.4	2.8	22.9	295	5.4	257	299	27.2	12.3	15.1	6.7	96.3	1.4	7.9	0.37	1.16	37.3
	35 025/1	6.9	10.5	26.2	142	7.1	69	46	101.2	9.6	45.5	18.0	14.2	1.2	4.5	0.21	0.67	31.5
	35 026/1	8.9	13.7	15.9	151	5.3	433	336	129.1	21.9	136.6	50.8	76.8	0.5	4.4	0.18	0.78	34.3
	35 023/2	10.5	3.3	20.3	284	5.6	261	371	23.8	9.9	9.2	6.1	69.1	1.5	7.9	0.26	1.42	35.9
地壳元素丰度值		19.0	18.0	18.0	130	5.8	480	390	140.0	25	11.0	8.9	78.0	1.6	1.5			

多尼组火山岩的微量元素蛛网图(图 3-95)与火山弧型钙碱性玄武岩相似,以明显强富集 K、Rb、Ba、Th,并伴有 Ce、P 和 Sm 的富集为特征,即具有富集大离子亲石元素,亏损高场强元素的特征。不同的岩性微量元素含量变化呈现同步消长趋势,说明其为同源岩浆分异作用的产物。

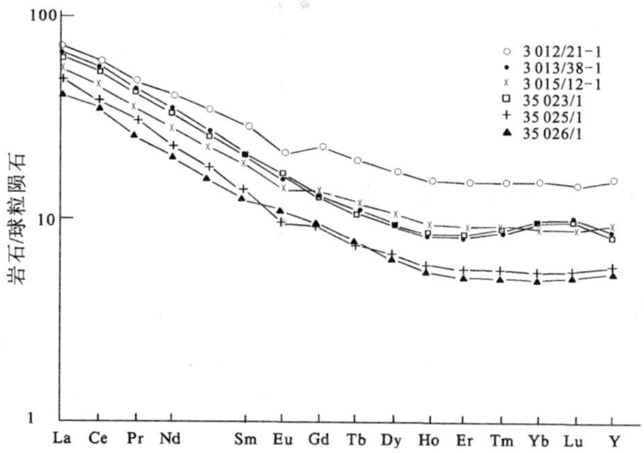

图 3-94　多尼组火山岩稀土元素配分曲线

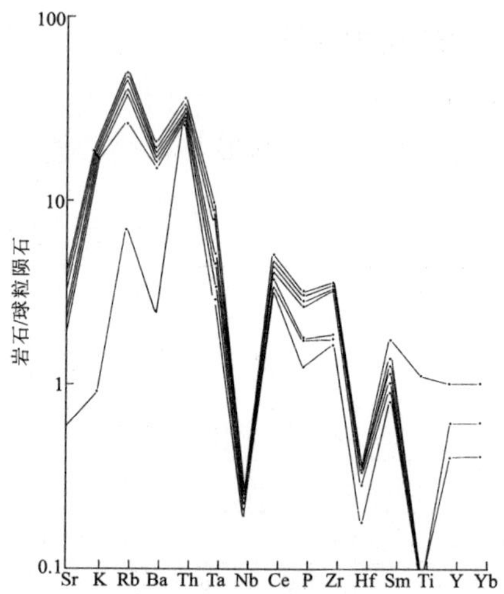

图 3-95　多尼组火山岩微量元素蛛网图

(四)火山活动的构造环境

区内多尼组火山岩以安山岩为主,呈层状产出,岩石的 SiO_2 含量为 62.01%～69.83%,平均值为 64,Fe^*/MgO = 3.2～5.2,K_2O/Na_2O 为 0.4～0.86,平均值为 0.45,与 Jakes(1972)总结的岛弧火山岩特征相近。

将区内多尼组火山岩 σ、τ 取对数值投到图 3-96 中,均落入 B 区,即造山带或活动陆缘区,属闭合边缘的岛弧的构造环境。按不同岩性分别投康迪的稀土元素、微量元素环境判别图(图 3-97、图 3-98),安山岩大部分落到大陆边缘弧区,长英质火山岩落入弧火山岩区或其边缘,故此多尼组火山岩的形成构造环境应为大陆边缘弧区。

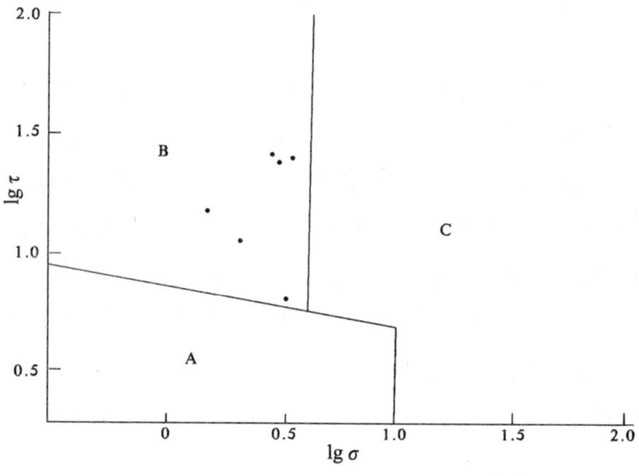

图 3-96　多尼组火山岩 lgσ-lgτ 图

(A. Rinmann, 1970)

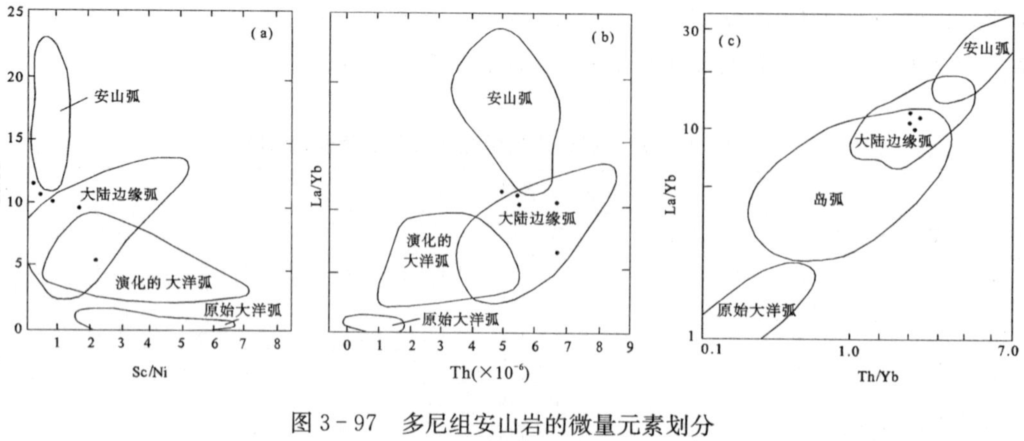

图 3-97　多尼组安山岩的微量元素划分

(Condic,1986)

(a) Sc/Ni-La/Yb 图;(b)Th-La/Yb 图;(c) Th/Yb-La/Yb 图

久野(1966)依据从大洋到大陆一侧,AlK 加大,K_2O 增高,将岛弧火山岩划分为岛弧拉斑玄武岩系列(IAT)、钙碱性系列(CAB)和钾玄岩系列(SHO)。将多尼组火山岩岩石化学分析结果投图(图 3-99),大部分落入 SHO 区,少部分落入 CAB 区,故多尼组火山岩应为接近大陆一侧的岛弧火山岩。

综上所述,多尼组火山岩具岛弧火山岩特征,结合其位于岛弧之后,与海相沉积地层(主要与正常沉积碎屑岩)互层的特征,其形成环境应为弧后盆地。

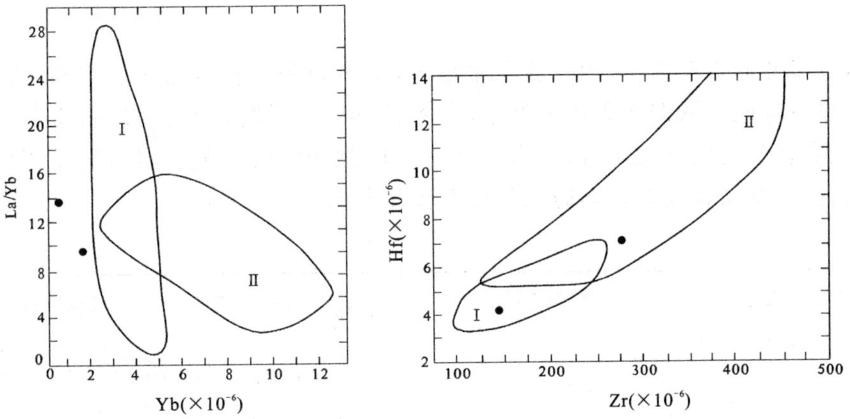

图 3-98 多尼组长英质火山岩的构造环境判别图

(Condic 1986)

Ⅰ. 弧火山岩;Ⅱ. 伸展盆地(包括大陆壳内或在大陆壳附近的大陆裂谷和弧后盆地)火山岩

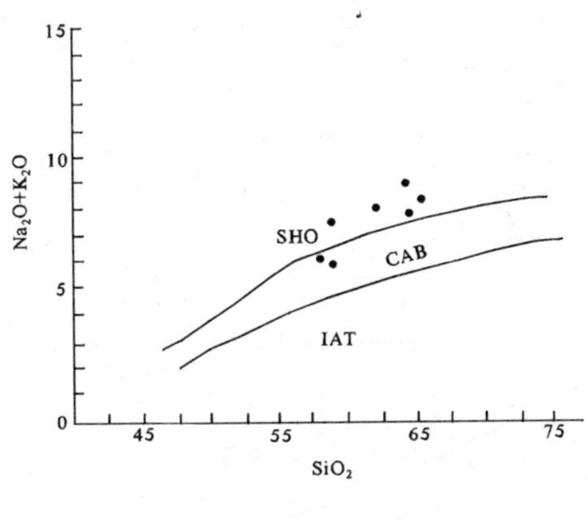

图 3-99 多尼组火山岩 SiO_2-(Na_2O+K_2O)图

(久野,1966)

IAT. 岛弧拉斑玄武岩系列;CAB. 钙碱性系列;SHO. 钾玄岩系列

第四章　变质岩

测区变质岩以浅变质岩石为主，中深变质岩很少，呈不规则带状分布于尼鲁拉-梭巴朗朗、查木岗-格仁错、卡尔果-热布等地。依据变质作用类型，参考长春地质学院《变质岩岩石学》(1988)变质岩石分类方案，将区内变质岩分为区域变质岩、动力变质岩及接触变质岩 3 类。岩石类型以区域变质岩为主，动力变质岩次之，接触变质岩仅在岩体边缘附近有少量分布(图 4-1)。

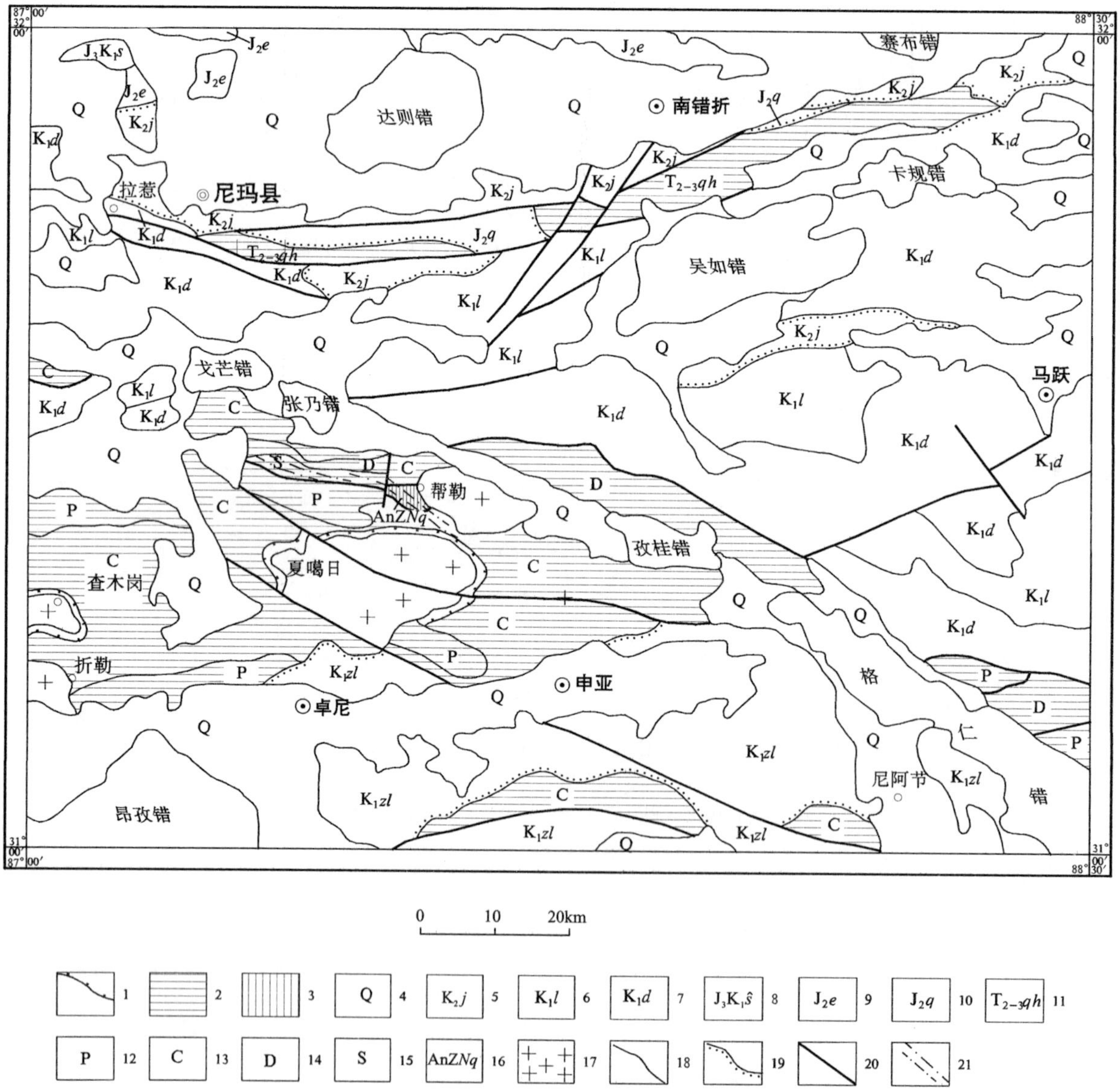

图 4-1　变质地质图

1. 接触变质岩黑云母带；2. 绢云母带；3. 斜长石-普通角闪石带；4. 第四系；5. 竟柱山组；6. 郎山组；7. 多尼组；8. 沙木罗组；9. 俄蒙勒组；10. 去申拉组；11. 确哈拉群；12. 二叠系；13. 石炭系；14. 泥盆系；15. 志留系；16. 念青唐古拉岩群；17. 晚白垩世花岗岩；18. 地质界线；19. 不整合界线；20. 断层；21. 韧性剪切带

第一节　区域变质岩

测区遭受区域变质作用的岩石主要是前震旦纪、志留纪、泥盆纪、石炭纪、二叠纪及三叠纪地层。

一、岩石类型及特征

根据长春地质学院变质岩石分类方案，参考程裕祺的变质岩石分类方案，结合测区变质岩石的结构、构造、矿物成分、变质程度及实际分布特点，将测区区域变质岩分为4类(表4－1)。

表4－1　测区区域变质岩岩石特征一览表

岩类	岩石名称	分布层位	结构	构造	主要矿物	次要矿物	副矿物
轻微变质岩类	变石英砂岩	$C_{1-2}y$ C_2P_1l	变余砂状结构	变余层状构造	石英 90%～95%	斜长石 2%～5% 黑云母 1%～2% 白云母 1%～2%	
	变石英杂砂岩	$C_{1-2}y$ C_2P_1l	变余砂状结构	变余层状构造	石英 70%～75% 绢云母 20%～25%	黑云母 0～5%	
	变质粉砂岩	$C_{1-2}y$ C_2P_1l $T_{2-3}qh$	变余粉砂状结构	变余层状构造 微定向构造	石英 70%～85% 绿泥石 25%～30%		白钛石
	泥质板岩	$C_{1-2}y$ P_1a $T_{2-3}qh$ S_1d C_2P_1l	变余泥质结构 鳞片变晶结构	板状构造	泥质 50%～75% 石英 5%～25% 绢云母 20%～50%	铁质 0～2%	
	含炭质泥质板岩	$C_{1-2}y$ S_1d	变余泥质结构	板状构造	泥质 30%～40% 绢云母 40%～60%	炭质 5%～10% 石英 2%～5%	磁铁矿
	含炭质钙质板岩	S_1d	微晶结构	板状构造	方解石 90%	炭质 8% 石英 2%	
	粉砂质板岩	$C_{1-2}y$ $T_{2-3}qh$	变余粉砂状结构	板状构造	石英 50%～75% 绢云母 10%～25%	泥质 5%～10% 铁质 5% 硅质 0～5%	
	绢云母板岩	$C_{1-2}y$	粒状鳞片变晶结构	板状构造	绢云母 75%～90% 石英 10%～20%	铁质 1%～5%	磁铁矿
片岩类	黑云石英片岩	AnZNq	鳞片粒状变晶结构	片状构造	石英 55% 黑云母 40%	白云母 3% 斜长石 2%	磁铁矿
	二云石英片岩	AnZNq	鳞片粒状变晶结构	片状构造	石英 50% 黑云母 30% 白云母 20%		磁铁矿
长英质粒岩类	浅粒岩	AnZNq	粒状变晶结构	块状构造	长英质微晶矿物 85%～95%	斜长石 3%～5% 石英 2%～10% 黑云母 0～5% 钾长石 0～3% 角闪石 0～3%	磁铁矿 白钛石
斜长角闪岩类	斜长角闪岩	AnZNq	粒状变晶结构	块状构造	角闪石 85%～90%	斜长石 10% 石英 0～10% 黑云母 0～5%	磁铁矿 榍石
	斜长角闪片岩	AnZNq	粒状纤状变晶结构	定向构造	角闪石 80% 斜长石 20%		榍石
	角闪片岩	AnZNq	粒状纤状变晶结构	定向构造	角闪石 80% 石英 10%	斜长石 5% 黑云母 5%	磁铁矿

1. 轻微变质岩类

该类岩石是测区分布最广的区域变质岩，主要分布于石炭纪至三叠纪地层中，志留纪地层中也有少量分布。主要岩石类型有变砂岩、板岩等。

（1）变石英砂岩

变石英砂岩主要分布于永珠组、拉嘎组中。由于岩石变质轻微，原生沉积组构保留较好。碎屑物主要为石英，常具次生加大边缘，但原始的次圆状碎屑形态清晰可辨。另有少量长石及黑云母，黑云母多变化为绿泥石。胶结物为硅质，大部分已结晶为微晶石英。

（2）变石英杂砂岩

变石英杂砂岩主要分布于拉嘎组中，永珠组中也有少量分布。岩石多为灰红色，变余砂状结构，变余层状构造。碎屑物主要为石英，呈次棱角状、次圆状，具次生加大边。杂基为泥质及粉砂，泥质物绝大部分已变成了绢云母，微定向分布。

（3）变质粉砂岩

变质粉砂岩在永珠组、拉嘎组及三叠系确哈拉群中均有分布。岩石多为深灰或灰黑色，变余粉砂状结构，变余层状或微定向构造。石英粉砂呈不规则粒状。胶结物已全部变成了鳞片状绿泥石，不均匀定向分布。微量矿物白钛石呈土状，不均匀散布。

（4）泥质板岩

泥质板岩广泛分布于永珠组、昂杰组、确哈拉群中，在德悟卡下组、拉嘎组中也有少量分布。岩石为灰黑色，多具变余泥质结构，少部分为鳞片变晶结构，原生成份纹层常保留较好。岩石组份以泥质为主，普遍有含量不等的石英粉砂。泥质物大部分已变化为细小的鳞片状绢云母，并定向分布。石英粉砂多为原始的次棱角状碎屑形态，有时聚集成条，定向分布。在德悟卡下组、永珠组中还见有含炭质泥板岩，其中炭质呈尘状分布。

（5）绢云母板岩

绢云母板岩主要分布在永珠组中，具粒状鳞片变晶结构，板状构造，沿板理面可见丝绢光泽。岩石中的泥质物已全部变成绢云母细小鳞片，不均匀定向分布。

（6）粉砂质板岩

粉砂质板岩在永珠组、确哈拉群中见有分布，具变余粉砂状结构，板状构造，常由石英粉砂、泥质、硅质、铁质等组成。石英粉砂呈次棱角状，不均匀定向分布。硅质结晶为微晶状石英。泥质物部分变成了鳞片状绢云母，定向分布。铁质呈土状、星散分布。

（7）含炭质钙质板岩

含炭质钙质板岩见于德悟卡下组中，岩石为深灰色，具微晶结构，岩石组分为钙质、炭质、粉砂及少量铁质。钙质多已结晶成微晶方解石，并定向分布。炭质呈尘状，稍有聚集，不均匀定向分布。石英粉砂次圆状，星散分布。铁质呈隐晶土状。

2. 片岩类

该类岩石仅在前震旦系念青唐古拉岩群中有少量分布，主要岩石类型有黑云石英片岩、二云石英片岩等。

（1）黑云石英片岩

岩石一般呈深灰色、灰黑色，似层状延伸，具鳞片粒状变晶结构、片状构造，岩石主要由石英、黑云母及少量白云母、斜长石组成，微量矿物为磁铁矿。石英、斜长石呈不规则粒状，不均匀定向分布。云母类呈片状，常聚集在石英颗粒间呈连续的定向分布，少数黑云母向绿泥石变化。磁铁矿呈粒状，大都向褐铁矿变化，零星分布。

（2）二云石英片岩

岩石一般呈灰色，似层状延伸，具鳞片粒状变晶结构，片状构造。主要由黑云母、白云母、石英组成，微量矿物为磁铁矿。石英呈不规则粒状，不均匀定向分布。黑云母、白云母为片状，二者分别聚集，相间分布。磁铁矿为不规则粒状，零星分布。

3. 长英质粒岩类(浅粒岩)

该类岩石分布在前震旦系念青唐古拉岩群中，是十分发育的岩石类型，由于受后期动力变质作用叠加影响，岩石已糜棱岩化。主要由微晶长英质矿物组成，并有少量颗粒较大的斜长石及石英形成碎斑，微晶长英质矿物围绕碎斑定向分布。

4. 斜长角闪岩类

该类岩石是组成前震旦系念青唐古拉岩群的重要岩石类型，一般呈暗绿色，面状展布或与片岩、长英质粒岩呈互层出现。

(1) 斜长角闪岩

岩石具粒状变晶结构，块状或弱定向构造。主要矿物为角闪石和斜长石，柱状角闪石微定向分布，部分向绿泥石变化，微量矿物磁铁矿常被榍石包裹，呈不均匀的定向分布。

(2) 斜长角闪片岩

岩石具粒状纤状变晶结构，定向构造。主要矿物为角闪石和斜长石，纤柱状角闪石呈连续的定向分布，斜长石部分已变成了绿帘石。

(3) 角闪片岩

岩石具粒状纤状变晶结构，定向构造。主要由角闪石及少量斜长石、石英、黑云母组成，纤柱状角闪石定向分布，部分轻微绿帘石化。钾长石、石英呈不规则粒状与片状黑云母一起定向分布。副矿物磁铁矿呈粒状，零星分布。

二、主要变质矿物特征

1. 石英

石英是分布最广泛的矿物。在轻微变质岩中有两种形态：① 原生石英，一般为次棱角状、次圆状，保留碎屑形态，具明显的变晶增大边缘；② 由硅质结晶形成的石英，常是微晶状，在片岩中为不规则粒状，并呈不均匀的定向分布。在长英质粒岩中石英颗粒较大，常形成透镜状、眼球状碎斑，不均匀定向分布，裂纹发育，波状消光明显。

2. 斜长石

斜长石是长英质粒岩类及斜长角闪质岩石中的主要组成矿物，常具聚片双晶，双晶纹细而密，近平行消光，An=26，为更长石。在长英质粒岩中常形成碎斑，呈次圆状、透镜状，裂纹发育，部分可见双晶发生错位。在斜长角闪质岩石中呈不规则粒状，部分向绿帘石或绢云母变化，呈不均匀的定向分布。

3. 绢云母

绢云母分布广泛，均为细小鳞片状，常聚集成条片状，沿面理定向分布，有时向白云母过渡。

4. 白云母

白云母分布于片岩中，为鳞片状、条片状，多聚集，定向分布，常与黑云母相伴。

5. 黑云母

黑云母分布较广，褐色片状、鳞片状，多聚集，平行面理分布，部分向绿泥石变化。

6. 角闪石

角闪石是斜长角闪质岩石的主要组成矿物，墨绿色—黑色纤柱状，定向排列，单偏光下呈蓝绿色，多色性、吸收性明显，$C \wedge Ng=20^\circ \sim 25^\circ$。

三、岩石化学特征

测区斜长角闪片岩及浅粒岩硅酸盐分析结果、尼格里参数及 ACF、A′KF 参数值见表 4-2、表 4-3。

1. 斜长角闪片岩

斜长角闪片岩中 FeO=9.90%，Mg=3.81%，CaO=8.48%，Al_2O_3=12.15%，富铁、镁、钙，低铝。qz=17.4，SiO_2 过饱和，t<0，在 Si－t 图解(图 4－2)上落入基性岩系列。Al>AlK，属碱金属不饱和类型。

表 4－2　区域变质岩岩石化学分析结果(W_t%)

序号	样品编号	岩石名称	层位	SiO_2	Al_2O_3	TiO_2	Fe_2O_3	FeO	MgO	MnO	CaO	Na_2O	K_2O	P_2O_5	H_2O^+	CO_2	合计
1	Gs2 022/1	斜长角闪片岩	AnZ*Nq*	52.11	12.15	2.12	5.33	9.90	3.81	0.20	8.48	1.29	1.55	0.34	2.45	0.02	99.75
2	Gs2 022/2	浅粒岩	AnZ*Nq*	74.43	11.98	0.42	0.79	1.70	0.61	0.05	0.53	1.69	6.32	0.07	1.05	0.06	99.70
3	Gs2 022/3	浅粒岩	AnZ*Nq*	80.92	10.59	0.17	0.19	0.43	0.29	0.01	0.49	5.28	0.83	0.03	0.54	0.09	99.86

表 4－3　区域变质岩尼格里参数值及 ACF、A′KF 数值表

序号	样品编号	岩石名称	层位	Al	Fm	C	AlK	Si	Ti	K	Mg	qz	t	A	C	F	A′	K	F
1	Gs2 022/1	斜长角闪片岩	AnZ*Nq*	19.52	49.43	24.90	6.15	142.4	4.27	0.44	0.32	17.4	−11.53	23.28	28.95	47.77			
2	Gs2 022/2	浅粒岩	AnZ*Nq*	43.51	18.25	3.50	34.73	456.9	1.85	0.71	0.30	218.0	5.28	38.16	9.21	52.63	15.08	53.17	31.75
3	Gs2 022/3	浅粒岩	AnZ*Nq*	46.85	6.80	4.10	42.30	588.0	0.90	0.09	0.47	319.0	0.45	36.67	20.00	43.33	8.33	37.50	54.17

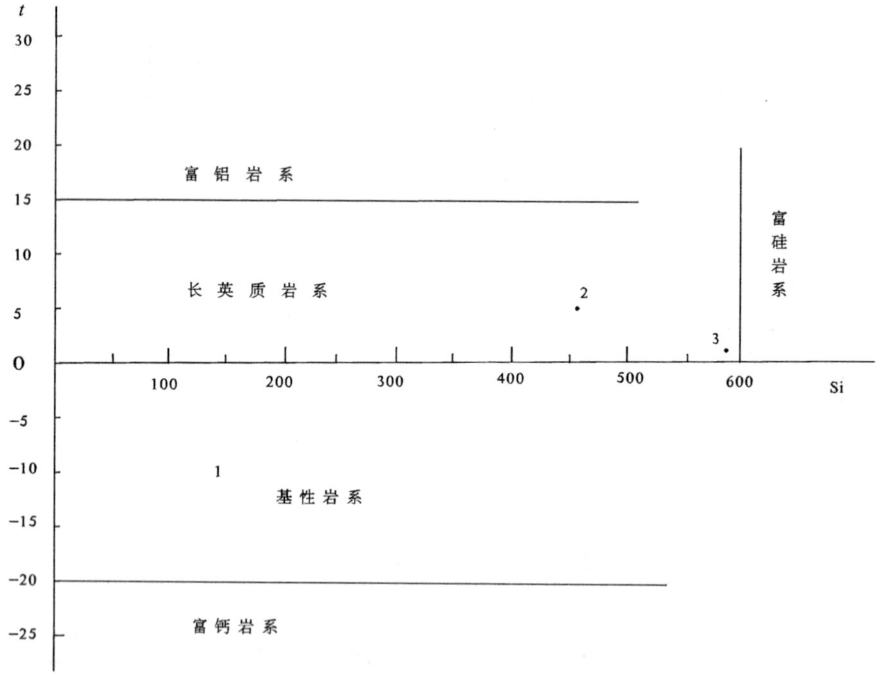

图 4－2　测区变质岩 Si－t 图解
(序号同表 4－2)

2. 浅粒岩

浅粒岩中 SiO_2=74.43%～80.92%，qz=218～319，表明岩石极富 SiO_2，属 SiO_2 过饱和型。t>0，属铝过饱和系列，在 Si－t 图解(图 4－2)上落入长英质系列。Al>AlK，属碱金属不饱和类型。

四、微量元素特征

测区斜长角闪片岩及浅粒岩微量元素含量见表 4-4，有如下特点。

1. 斜长角闪片岩

与涂和魏(1961)玄武岩中微量其他元素对比，V、Rb、Zr、Ba、Hf 明显高于平均值，Cr、Ni、Sr、Nb、Co、Ta 低于平均值，其他元素与平均值较为接近。与地壳元素丰度(泰勒，1964)对比，V、Rb、Zr、Sc、Hf、Co、Ga 富集，Th、Nb、Ta 略低，Cr、Ni、Sr、Ba 贫乏。

表 4-4　区域变质岩微量元素含量($\times10^{-6}$)

序号	样品编号	岩石名称	层位	V	Cr	Ni	Rb	Sr	Zr	Ba	Th	Sc	Hf	Nb	Co	Ta	Ga
1	W2 022/1	斜长角闪片岩	AnZN*q*	471.2	34.0	26.5	143.3	154	192	253	6.9	37.9	5.8	10.5	41.4	0.5	19.7
2	W2 022/2	浅粒岩	AnZN*q*	29.7	21.8	3.8	251.0	97	248	135	23.4	7.8	9.0	16.2	9.8	3.4	13.1
3	W2 022/3	浅粒岩	AnZN*q*	14.9	33.1	4.3	24.8	40	139	291	15.8	3.9	5.2	8.9	11.9	2.7	5.6
地壳元素丰度(泰勒，1964)				135.0	100.0	75.0	90.0	375	165	425	9.6	22.0	3.0	20.0	25.0	2.0	15.0
岩石微量元素丰度(涂和魏，1961)			玄武岩	250.0	170.0	130.0	30.0	465	140	130	4.0	30.0	2.0	19.0	48.0	1.1	17.0
			砂岩	20.0	35.0	2.0	60.0	20	220		1.7	1.0	3.9		0.3		12.0

2. 浅粒岩

该类岩石与涂和魏(1961)砂岩中微量元素相比，Rb、Sr、Th、Sc、Hf、Co 明显偏高，其他元素则与平均值接近或略低。与地壳元素丰度(泰勒，1964)对比，Hf、Ta 较高，Th、Nb、Co 稍低，V、Cr、Ni、Sr、Ba、Sc 明显贫乏。

五、稀土元素特征

测区斜长角闪片岩及浅粒岩稀土元素含量及特征参数见表 4-5。

表 4-5　区域变质岩石稀土元素含量及特征参数

序号	样品编号	岩石名称	层位	稀土元素含量($\times10^{-6}$)									
				La	Ce	Pr	Nd	Sm	Eu	Gd	Tb	Dy	Ho
1	XT2 022/1	斜角闪片岩	AnZN*q*	21.22	49.47	5.91	24.21	5.73	1.86	7.74	1.17	7.72	1.53
2	XT2 022/2	浅粒岩	AnZN*q*	21.49	62.97	5.72	19.00	4.00	0.67	3.76	0.65	3.93	0.81
3	XT2 022/3	浅粒岩	AnZN*q*	14.67	41.08	3.49	10.75	2.33	0.25	2.15	0.40	2.48	0.55
22 个球粒陨石平均值(赫尔曼，1971)				0.32	0.94	0.12	0.60	0.20	0.073	0.26	0.05	0.32	0.073

序号	样品编号	岩石名称	层位	稀土元素含量($\times10^{-6}$)					有关参数				
				Er	Tm	Yb	Lu	Y	ΣREE($\times10^{-6}$)	ΣCe/ΣY	δEu	Eu/Sm	$(La/Yb)_N$
1	XT2 022/1	斜角闪片岩	AnZN*q*	4.77	0.70	4.92	0.690	48.73	186.37	1.39	0.85	0.32	2.91
2	XT2 022/2	浅粒岩	AnZN*q*	2.54	0.42	2.98	0.440	25.40	154.69	2.79	0.52	0.17	4.86
3	XT2 022/3	浅粒岩	AnZN*q*	1.85	0.32	2.26	0.340	15.85	98.77	2.77	0.34	0.11	4.38
22 个球粒陨石平均值(赫尔曼，1971)				0.21	0.033	0.19	0.031	1.96					

1. 斜长角闪片岩

岩石稀土元素总量为186.37×10^{-6},轻重稀土比值为1.39,轻稀土弱富集。δEu为0.85,显示轻微铕负异常。Eu/Sm为0.32,稍低于大洋拉斑玄武岩的Eu/Sm值0.44(赵振华,1974)。分馏程度$(La/Yb)_N$为2.91。稀土元素球粒陨石标准化分布型式(图4-3)显示轻稀土向右缓倾,重稀土平坦的形态。

2. 浅粒岩

该类岩石稀土总量为98.77×10^{-6}～154.69×10^{-6},轻重稀土比值为2.77～2.79,轻稀土弱富集,δEu为0.34～0.52,显示铕负异常。Eu/Sm为0.11～0.17,与沉积岩Eu/Sm值0.2(赵振华,1974)相近,分馏程度$(La/Yb)_N$为4.38～4.86。稀土元素球粒陨石标准化分布型式(图4-3),显示轻稀土富集,右倾较陡,重稀土较为平坦的形态。

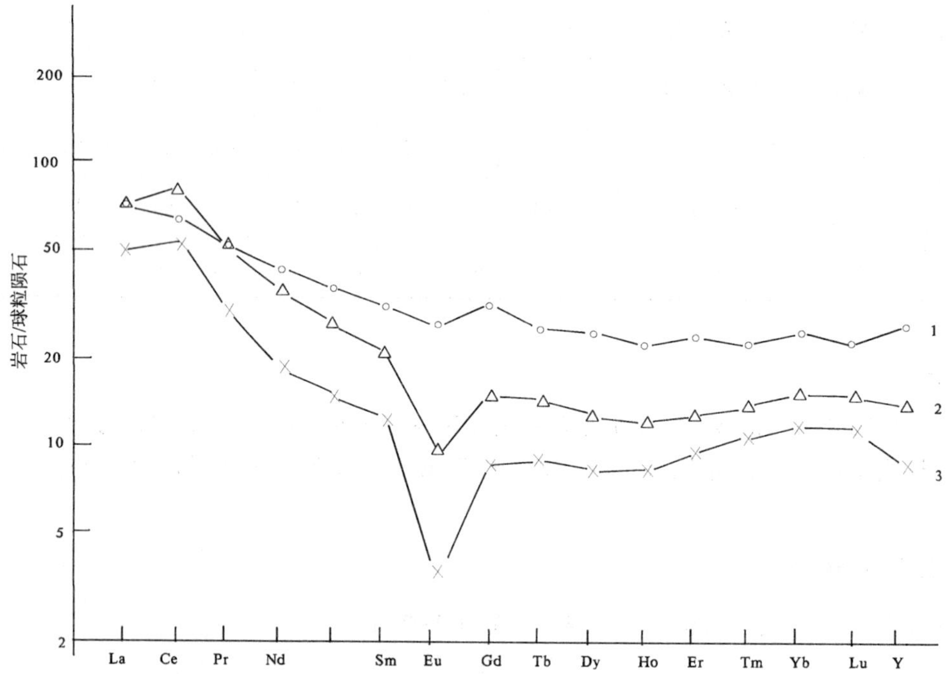

图4-3　长英质粒岩及斜长角闪质岩石的稀土元素分配形式

(序号同表4-4)

六、原岩恢复

依据岩石的岩性、产状、组构特征,岩石的共生组合、副矿物特征,结合岩石化学和地球化学等特征,将测区区域变质岩各主要岩石类型的原岩恢复如下。

1. 轻微变质岩类

该岩类主要有变砂岩、粉砂质板岩、泥板岩、绢云母板岩等。该类岩石中的砂级、粉砂级碎屑物多数呈次棱角状、次圆状的原始形态,变余组构发育,空间上呈层状展布,常与石英砂岩或含化石的灰岩互层产出。该类岩石的原岩应为正常沉积的碎屑岩,主要是砂岩、杂砂岩、粉砂岩及泥岩。

2. 片岩类

该岩类主要有黑云石英片岩和二云石英片岩,该类岩石中部分石英颗粒保留了变余碎屑形态,空间上呈层状分布,区域上其与特殊岩石(石英岩、大理岩)呈互层产出,表明其原岩应为正常沉积的泥岩或泥质粉砂岩。

3. 长英质粒岩

该类岩石空间上分布稳定，呈层状大面积出露，其间常见有副变质岩夹层，宏观上排除了其为侵入岩的可能性。稀土元素 Eu/Sm 为 0.11～0.17，与沉积岩 Eu/Em 比值 0.2(赵振华，1974)接近。在岩石化学方面，其铝饱和系数 $t>0$，亦说明了其沉积岩的特点。在西蒙南图解(图 4-4)上，落入砂岩区；在 Al_2O_3-(K_2O+Na_2O)图解(图 4-5)上，落入长石砂岩区；在($Al_2O_3+TiO_2$)-(SiO_2+K_2O)-∑其余组分图解(图 4-6)上亦落入长石砂岩区，说明长英质粒岩类原岩为长石砂岩。

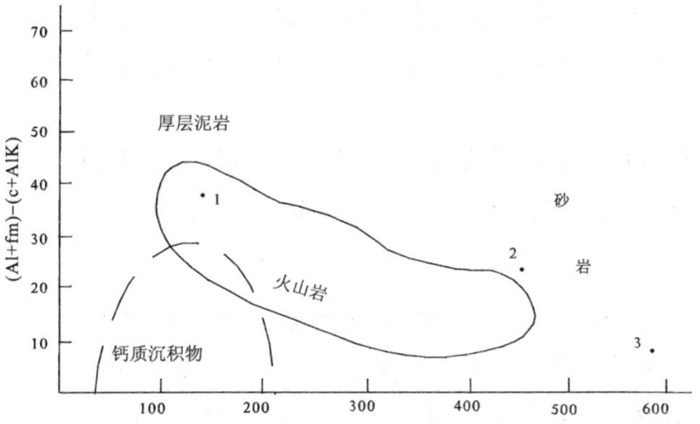

图 4-4　西蒙南图解

(Simonen A. 1953，简化)(序号同表 4-3)

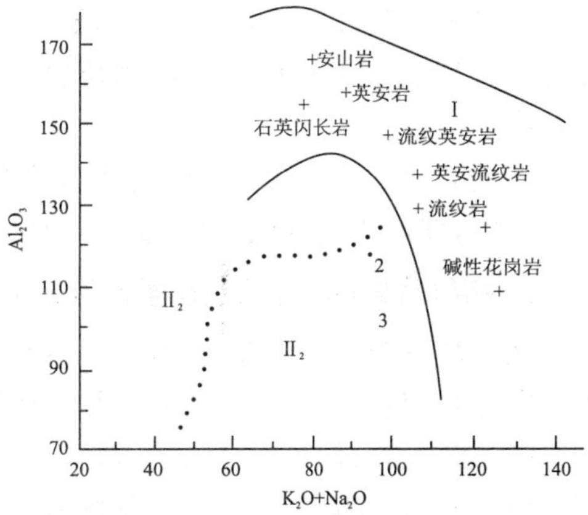

图 4-5　Al_2O_3-(K_2O+Na_2O)(分子数)图解

(Предовский A A，1980，略有简化)(序号同表 4-2)

I. 中酸性岩浆岩区；$Ⅱ_1$. 长石砂岩区；$Ⅱ_2$. 次岩屑砂岩区

4. 斜长角闪岩类

该类岩石常呈大面积出露，空间上分布稳定，其间常见有副变质岩夹层或与副变质岩(长英质粒岩)互层产出。稀土元素 Eu/Sm 为 0.32，与大洋拉斑玄武岩的 Eu/Sm 值 0.44(赵振华，1974)接近，其 Cr/Ni 值大于 1，在西蒙南图解(图 4-4)上，落入火山岩区；在 ACF 图解(图 4-7)上，落入玄武质岩和安山质岩区，说明该类岩石原岩应为玄武质熔岩。

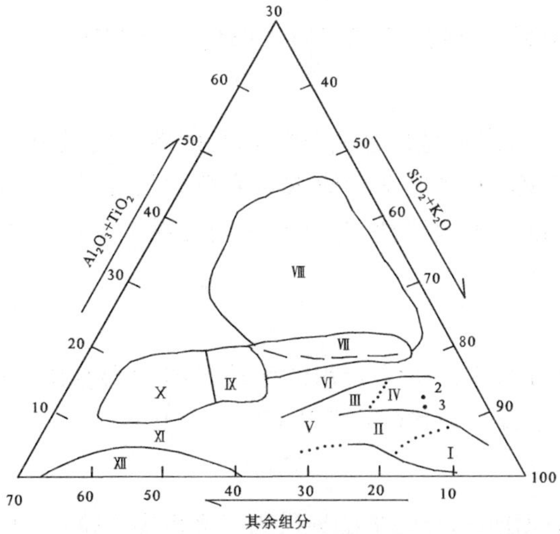

图 4-6　($Al_2O_3+TiO_2$)-(SiO_2+K_2O)-∑其余组分图解

(涅洛夫，1974，略简化)(序号同表 4-2)

Ⅰ. 石英砂岩、石英岩；Ⅱ. 单成分砂岩、石英岩质砂岩；

Ⅲ. 复成分砂岩；Ⅳ. 长石砂岩；Ⅴ. 钙质砂岩、铁质砂岩；

Ⅵ. 化学分异微弱的沉积物；Ⅶ. 化学分异中等的粘土；

Ⅷ. 潮湿气候化学分异强烈的粘土；Ⅸ. 碳酸岩粘土；

Ⅹ. 泥灰岩；Ⅺ. 硅质泥灰岩；Ⅻ. 铁质石英岩

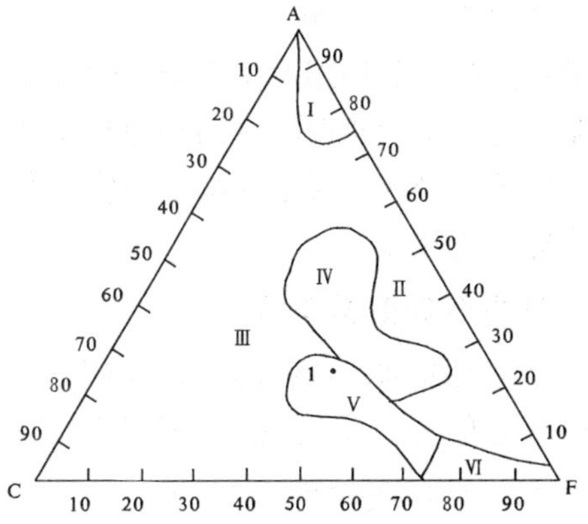

图 4-7　ACF 图解

(据温克勒，1976)(序号同表 4-3)

Ⅰ. 富铝粘土和页岩；Ⅱ. 粘土和页岩；Ⅲ. 泥灰岩；

Ⅳ. 杂砂岩；Ⅴ. 玄武质岩安山质岩；Ⅵ. 超镁铁质岩

七、变质相带划分

以变质原岩为基础，结合区内区域变质岩的矿物共生组合特征，以特征变质矿物的首次出现为依据，将测区区域变质岩划分为绢云母带及斜长石-普通角闪石带；以变质带的划分为基础，以变质矿物共生组合为依据，将测区区域变质岩石划分为低绿片岩相与高绿片岩相。

1. 低绿片岩相绢云母带

该岩带主要分布于测区志留纪至三叠纪地层中，空间上和地层展布一致。岩石类型主要为变砂岩、板岩等。其矿物共生组合为：泥砂质岩石、绢云母＋石英、绢云母＋绿泥石＋石英、钙泥质岩石、方解石＋石英。

以变泥砂质岩中有细小鳞片状绢云母大量出现为特征，说明该变质带特征变质矿物以绿泥石—绢云母为主，变质程度较低。据绢云母的出现推测其温压条件为：P＝0.2～0.5GPa，T＝400～500℃。

2. 高绿片岩相斜长石-普通角闪石带

该岩带分布在测区念青唐古拉岩群中，与地层分布范围相当，主要岩石类型为二云石英片岩、长英质粒岩、斜长角闪片岩等。变质矿物共生组合为：泥砂质岩石、白云母＋黑云母＋石英、白云母＋黑云母＋石英＋斜长石、斜长石＋石英、基性岩、斜长石＋角闪石、斜长石＋角闪石＋石英＋黑云母。

斜长石-普通角闪石带以变基性岩石中斜长石的大量出现为标志。该变质带中，斜长石牌号 An＝26，为更长石。角闪石 $C\wedge Ng$＝20°～25°，具蓝绿色多色性，属高绿片岩相。据更长石的出现和角闪石显蓝绿色多色性，推测其形成的温压条件为：P＝0.2～0.6GPa，T＝500～575℃。

八、区域变质作用及变质作用期

区内低绿片岩相变质的岩石，其岩石类型以变砂岩、板岩为主，常呈大面积或带状分布，无递增变质带，板劈理极为发育，表明岩石形成于强应力和均匀的较低温条件下，属区域低温动力变质作用。区内高绿片岩相变质岩的岩石，其岩石类型有片岩、浅粒岩、斜长角闪岩等，受后期构造影响，呈较小的不规则的面状分布，局部片理发育。据区域资料显示，该期变质作用还伴有混合岩化作用，表明岩石形成于较强应力和较高温度的条件下，应为区域动力热流变质作用。

以区域地质构造演化特征为基础，结合变质年龄资料，将测区区域变质作用划分为 3 期。

1. 元古代变质作用

新元古期变质作用发生在 800～600Ma(《西藏自治区区域地质志》，1993)，是西藏元古代基底的固结阶段。变质作用属中压区域动力热流变质作用，受其影响，测区念青唐古拉岩群岩石变质，变质程度达单相高绿片岩相。对于这次变质作用产生的构造背景还不太清楚，它可能是冈瓦纳大陆泛非事件的一个重要组成部分。

2. 华力西期变质作用

华力西期晚期，古特提斯海封闭引起了碰撞造山作用，出现了大面积的区域低温动力变质作用，影响到的地层有志留系、泥盆系、石炭系、二叠系，形成了低绿片岩相的变质岩石。

3. 燕山期变质作用

燕山期变质作用主要发生在班公湖-怒江缝合带及南侧地区，受影响的地层为三叠系确哈拉群。由早侏罗世末的班公湖-怒江缝合带闭合事件引发了这一期区域低温动力变质作用，形成了低绿片岩相变质岩石。

第二节　动力变质岩

区内有班公湖-怒江结合带、格仁错-永珠构造带通过，次级断裂也很发育，且这些断裂具有性质复杂、规模悬殊、多期活动的特点，因而形成了类型齐全的动力变质岩系列。区内动力变质岩虽较发育，但主体为脆性动力变质岩，韧性动力变质岩较少。

一、岩石类型及特征

以中国地质大学(武汉)1988年《动力变质岩分类方案》为准则，结合测区动力变质岩的结构构造、碎裂程度及其形成时的动力性质和应力强度，将测区动力变质岩分为脆性动力变质岩和韧性变质岩。

1. 脆性动力变质岩

测区各断裂内均有分布。

(1) 构造角砾岩

规模较大的断裂带中均有分布，尤以北东向断裂中最为发育。构造角砾岩由角砾和胶结物两部分组成，具角砾状结构，块状构造、微定向构造。角砾含量35%～80%，大多为棱角状、次棱角状，少量为尖棱角状、椭圆状，角砾成分与围岩一致，有砂岩、粉砂岩、灰岩、花岗岩、火山岩等，大小混杂，大多乱杂分布，部分微具定向排列，大小悬殊，2～200mm或更大，角砾中的石英颗粒多具波状消光。胶结物20%～65%，多为次生石英、方解石及铁质，少量硅质、泥质，部分胶结物为岩石碎裂过程中形成的碎粉状石英、方解石。该类岩石沿其裂隙有大量后期石英脉、方解石脉呈网脉状穿插。

(2) 碎裂岩

区内较常见，大多数断裂均有发育。区内主要岩石类型有碎裂砂岩、碎裂板岩、碎裂泥岩、碎裂灰岩、碎裂火山岩等。岩石具碎裂结构，块状构造。大部分岩石原岩结构、构造得以保留，少部分岩石由于破碎强烈，原岩结构、构造消失。碎块50%～80%，大小2～50mm，个别达100mm。碎块中的长石、方解石双晶纹普遍弯曲、断裂，部分颗粒定向拉长。石英碎裂纹发育，强烈波状消光。云母片具波状消光，双晶纹弯曲、褶皱、拉开等现象。碎块边缘碎粒化明显，裂隙中有磨碎的微粒石英、方解石与重结晶的石英、方解及铁质等分布，并被石英、方解石、褐铁矿细脉穿插。

(3) 碎斑岩

碎斑岩多分布于东西向断裂带中。岩石由碎斑和碎基两部分组成，岩石的碎粒化作用形成了碎基，碎裂化作用形成了碎斑。岩石类型有花岗质碎斑岩、长英质碎斑岩、灰岩质碎斑岩等，具碎斑结构，块状构造。碎斑大小0.5～2mm，边缘碎粒化，为岩石或矿物碎屑，其成分主要为方解石、长石、石英等，含量30%～50%。石英具强烈的波状消光，无流变特征。长石、方解石双晶纹弯曲，云母扭折。碎基50%～70%，大小0.01～0.1mm，少量微粒石英、方解石有重结晶现象，局部有方解石细脉穿插。

(4) 碎粒岩

碎粒岩多分布于东西向断裂中。岩石破碎强度比碎斑岩更强，大部分矿物破碎为碎粒、碎粉，原岩结构已全部破坏。岩石具碎粒结构，块状构造。碎粒大小0.1～0.5mm，碎斑较少，碎基占50%～80%。碎粒较均一，且趋于圆化，其中可见塑性变形现象。依所产围岩、岩石类型有长英质碎粒岩，钙质碎粒岩等，分布局限。

(5) 碎粉岩(断层泥)

测区发育极少。岩石破碎强度进一步加强，形成0.01～0.05mm的细小颗粒，杂乱分布，无定向显示，原岩结构、构造全部消失。胶结疏松时为断层泥。

2. 韧性动力变质岩

区内仅在帮勒韧性剪切带中见有发育。

(1) 初糜棱岩及糜棱岩化岩石

该岩石在帮勒韧性剪切带内较为发育。岩石由碎斑和碎基组成，碎斑一般占50%～90%，有方解石、石英、长石等矿物及岩石碎块，多被压碎拉长呈长条带状、眼球状、透镜状，定向分布，大小0.5～2mm，石英碎斑强烈波状消光，方解石、长石碎斑双晶纹弯曲。碎基10%～50%，为矿物或岩石微粒，组成条纹状构造，条纹绕过碎斑。

(2) 糜棱岩

糜棱岩在帮勒韧性剪切带中分布较多，拉惹-康如断裂带东段也有少量分布。岩石类型主要为长英质糜棱岩、钙质糜棱岩。岩石具糜棱结构，眼球纹理构造、条带状构造。碎斑 10%～30%，为长石及石英，大小 0.1～0.8mm，呈次圆状、眼球状，沿长轴方向分布，碎斑裂纹发育，波状消光，斜长石双晶发生错位，部分具核幔构造。基质 70%～90%，大多为重结晶的长英质微晶矿物，常聚集成条纹绕碎斑分布。

(3) 超糜棱岩

超糜棱岩主要分布在帮勒韧性剪切带中部，岩石类型主要为长英质超糜棱岩。岩石具糜棱结构，纹理条带构造。岩石在剪切力和热力作用下，被粉碎并重结晶成为小于 0.03mm 的长英质矿物，组成纹理条带，定向分布。原岩结构已全部消失。

二、主要动力变质带的岩石组合特征

1. 拉惹-康如断裂带

该断裂带位于测区北部，沿拉惹-当蒙脚-贡日-康如一线近东西向展布，是班公湖-怒江结合带的南界断裂，具多期次活动的特点。受影响的地层有确哈拉群、去申拉组、多尼组、郎山组及竟柱山组等，碎裂岩为其主要类型，有碎裂板岩、碎裂火山岩、碎裂砂岩、碎裂灰岩等，构造角砾岩、碎粒岩、碎粉岩等少量分布。断裂带自边部到中心依次为构造角砾岩、碎裂岩、碎斑岩、碎粒岩、碎粉岩(断层泥)等，但这几种岩石也常常一起相伴分布。在东段还见有少量钙质糜棱岩，呈透镜体或残块分布。

2. 照祖-结空拉断裂带

该断裂带位于测区北中部，沿照祖-结空拉一线展布，有数条规模不等的北东向左行平移断裂组成，受其影响的地层有确哈拉群、多尼组、朗山组、竟柱山组等，岩石类型以构造角砾岩、碎裂岩为主，碎斑岩、碎粒岩、碎粉岩少量分布。各类岩石分带不明显，常混杂分布，且断裂上有破碎的巨大岩层透镜体。

3. 控错-理弄勒断裂带

该断裂带位于测区中部，北西-南东向延伸，是吴如错地层小区与申亚小区的分界断裂，为一条由南向北逆冲推覆的断裂，具多期活动的特点。断裂破碎带宽几米至几十米，受影响的地层有泥盆系、石炭系、二叠系及白垩系。岩石类型以碎裂岩为主，有碎裂灰岩、碎裂砂岩、碎裂板岩等，构造角砾岩、碎斑岩、碎粉岩少量分布。构造角砾岩多发育在上界面附近，碎斑岩、碎粒岩、碎粉岩一般出现在构造带中心部位，沿底界附近发育少量片理化岩石。

4. 帮勒韧性剪切带

该剪切带位于测区中西部，在张恩南-帮勒一带近东西向延伸。受影响的地层有念青唐古拉岩群、志留系、泥盆系及石炭系。带内主要为韧性动力变质岩，以片理化岩石及糜棱岩为主。剪切带中心变形变质最强，以发育长英质超糜棱岩、长英质糜棱岩为主，向两侧有规律地出现长英质初糜棱岩、糜棱岩化岩石及片理化岩石，分带明显。该剪切带受后期脆性断裂叠加的影响，带内还分布有少量脆性动力变质岩，主要以碎裂岩为主。

第三节　接触变质岩

测区接触变质岩出露较少，主要分布于查木岗岩体、夏嘎日岩体与石炭纪、二叠纪地层接触部位，以热接触变质为主，局部可见气-液交代现象。

一、热接触变质岩岩石类型及特征

1. 斑点板岩

在查木岗岩体、夏嘎日岩体与石炭系的外接触带上均有分布，也是测区热接触变质的主要岩石类型。岩石具鳞片粒状变晶结构、变余泥质结构，板状构造。岩石中的泥质物(75%)大部分已变化成细小鳞片状绢云母和少量黑云母，石英(25%)部分为粉砂状砂屑，部分为重结晶形成的微晶状颗粒。黑云母常与石英粉砂聚集在一起，形成斑点，不均匀分布。其原岩为含粉砂泥岩。

2. 大理岩

大理岩主要分布于钵布日岩体周围的下拉组中，在查木岗岩体外接触带上也有零星分布。岩石具粒状变晶结构，块状构造，几乎全由方解石组成。方解石呈现不规则的晶粒状，具聚片双晶、波状消光。其原岩为较纯的灰岩。

二、气-液交代变质岩岩石类型及特征

该类岩石在测区发育极少，仅在钵布日岩体北部边缘呈囊状零星出露，主要由二叠系下拉组灰岩受岩体影响变质而来，为矽卡岩。岩石呈灰褐色，具纤柱状变晶结构，块状构造，主要由透闪石、透辉石、钙铁榴石、纤闪石、斜长石等组成。透闪石、纤闪石呈柱状、纤状集合体在岩石中杂乱分布。透辉石呈半自形粒状，具两组近于正交的解理，局部富集；钙铁榴石呈不规则粒状；斜长石内部多发生绢云母化。该岩石有明显的铅锌矿化现象，矿化占2%，呈星团状、脉状分布。

三、变质相带划分

测区热接触变质岩主要分布于查木岗岩体与夏嘎日岩体的外接触带上，两个变质圈宽度均为2～10m，均以出现斑点板岩为特征，变质程度一致，指示矿物分带现象不明显，以特征接触变质矿物的首次出现及矿物共生组合特征，按特纳的接触变质岩变质相的划分方案，将其划分为钠长绿帘角岩相，并划分出一个黑云母变质带(图4-1)。

矿物共生组合为：绢云母+黑云母+石英。据此，推测其形成温度为300～400℃。

第五章　地质构造及构造发展史

测区是一个经历了多期、多层次构造变形的复杂造山带，大地构造位置属冈瓦纳北缘特提斯构造域，主体位于班公湖-怒江结合带与雅鲁藏布江结合带之间。测区北部拉惹-康如断裂以北属班公湖-怒江结合带的一部分（Ⅰ），其余大部分属冈底斯-拉萨-腾冲陆块（Ⅱ）。根据沉积建造、岩浆活动、构造事件的差异性，又将班公湖-怒江结合带及冈底斯-拉萨-腾冲陆块分别划分为 2 个及 3 个次级构造单元。当蒙脚-字康勒断裂以北为尼玛燕山期周缘前陆盆地（$Ⅰ_1$）；当蒙脚-字康勒断裂以南，拉惹-康如断裂以北为朱日-宋我日燕山期滞后火山弧（$Ⅰ_2$）。拉惹-康如断裂以南、永珠-格仁错构造带以北为邦多-班戈燕山期弧后盆地（$Ⅱ_1$）；控错-理弄勒断裂以南、邦勒韧性挤压变形带以北为永珠-格仁错构造带；永珠-格仁错构造带以南为革吉-申扎燕山期岛弧（$Ⅱ_2$）。革吉-申扎燕山期岛弧由北向南又可划分为作莫则巫盆地、夏噶日隆起带、卓尼-申亚沉降带、得尔东-碧尖勒隆起带、卓瓦-下过乡沉降带。其中永珠-格仁错构造带作为主要边界断裂叙述，朱日-宋我日燕山期滞后火山弧及尼玛燕山期周缘前陆盆地统一在班公湖-怒江结合带内叙述。革吉-申扎燕山岛弧中的 5 个次级构造单元，测区内仅划出相应的分布位置，而不一一阐述。测区构造纲要如图 5－1 所示。测区构造单元划分如表 5－1 所示。

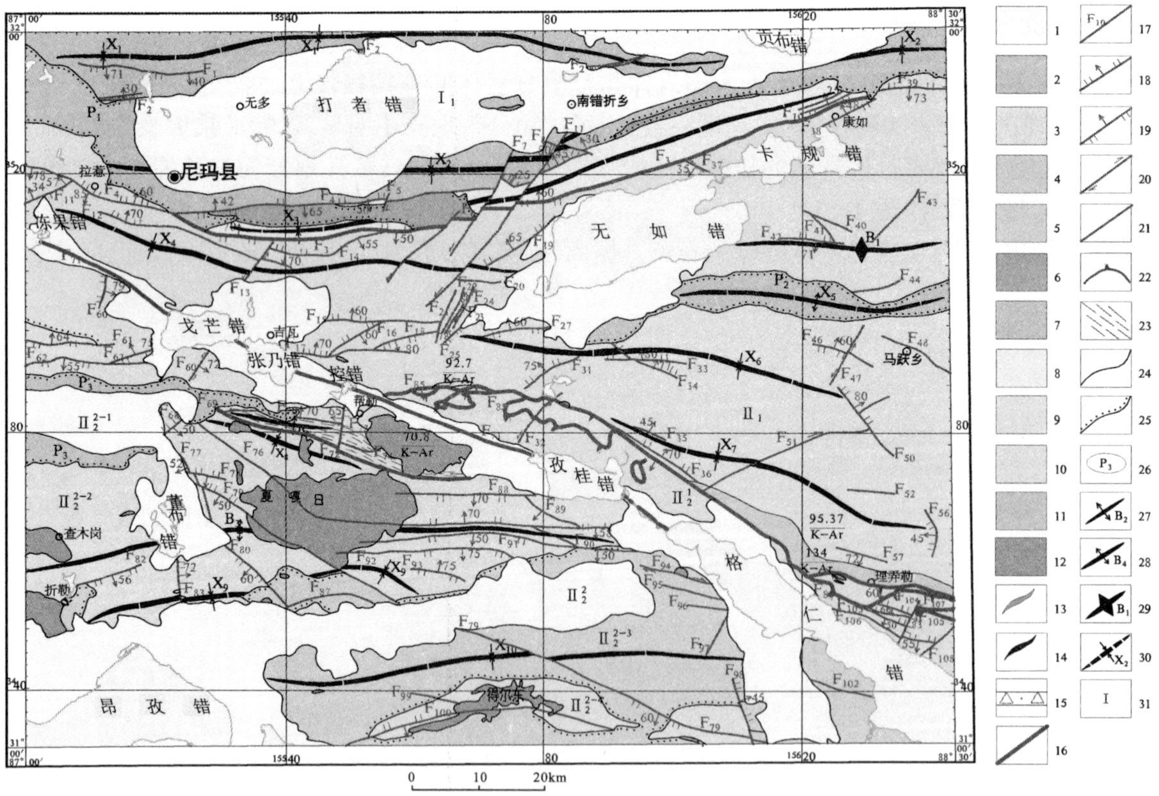

图 5－1　构造纲要图

1. 第四系；2. 白垩系（陆相红层）；3. 白垩系（弧后盆地）；4. 白垩系（复理石）；5. 白垩系（岛弧火山岩）；6. 侏罗系（火山岩）；7. 侏罗系（滨浅海）；8. 三叠系（深水复理石）；9. 石炭二叠系；10. 志留—泥盆系；11. 前震旦系；12. 燕山期酸性侵入岩；13. 燕山期中性侵入岩脉；14. 燕山早期基性侵入岩脉；15. 构造混杂岩；16. 区域性断裂带；17. 断层及编号；18. 正断层；19. 逆断层；20. 平移断层；21. 性质不明的断层；22. 逆冲推覆构造；23. 韧性变形带；24. 实测地质界线；25. 不整合界线；26. 陆相盆地及编号；27. 背斜及编号；28. 复式背斜及编号；29. 梳状背斜及编号；30. 向斜及编号；31. 构造单元代号

表 5-1　测区构造单元划分表

<table>
<tr><th>Ⅰ级构造单元</th><th>Ⅱ级构造单元</th><th>Ⅲ级构造单元</th><th>Ⅳ级构造单元</th></tr>
<tr><td rowspan="2">班公湖-怒江结合带(Ⅰ)</td><td colspan="3">尼玛燕山期周缘前陆盆地($Ⅰ_1$)</td></tr>
<tr><td colspan="3">朱日-宋我日燕山期滞后火山弧($Ⅰ_2$)</td></tr>
<tr><td rowspan="7">冈底斯-拉萨-腾冲陆块(Ⅱ)</td><td colspan="3">邦多-班戈燕山期弧后盆地($Ⅱ_1$)</td></tr>
<tr><td rowspan="6">革吉-申扎燕山期岛弧($Ⅱ_2$)</td><td colspan="2">戈芒错-格仁错构造带($Ⅱ_2^1$)</td></tr>
<tr><td rowspan="5">革吉-申扎
燕山期岛弧
($Ⅱ_2^2$)</td><td>作莫则巫盆地($Ⅱ_2^{2-1}$)</td></tr>
<tr><td>夏噶日隆起带($Ⅱ_2^{2-2}$)</td></tr>
<tr><td>卓尼-申亚沉降带($Ⅱ_2^{2-3}$)</td></tr>
<tr><td>得尔东-碧尖勒隆起带($Ⅱ_2^{2-4}$)</td></tr>
<tr><td>卓瓦-下过沉降带($Ⅱ_2^{2-5}$)</td></tr>
</table>

第一节　主要边界断裂构造特征

一、拉惹-康如断裂

(一)分布形态及空间展布

拉惹-康如断裂作为班公湖-怒江结合带的南缘边界断裂与其南部的冈底斯-拉萨-腾冲陆块分开，大体沿拉惹-贡日-康如一线近东西向延伸116km左右，最小宽度50m，最大宽度2 800m，呈向南凸出之弧形。断面主体北倾，倾向350°～10°，倾角60°～70°，局部断面南倾，倾向180°～210°，倾角50°±。地球物理资料表明，该断裂在地下深部主断面北倾，具多期活动特征。该断裂地貌特征及卫星影像特征极为明显，地貌上成一系列线状展布的沟谷等负地形，有时可形成断层崖。卫星影像上成一线状条带，并可见一系列线状排列的断层三角面。其北侧出露有确哈拉群、去申拉组及竟柱山组，南侧以多尼组为主，并有少量的竟柱山组和第四系松散堆积物。

(二)变形特征及运动学标志

1. 变形特征

沿断裂带岩石强烈挤压破碎，发育大量的构造角砾岩、碎裂岩、碎粉岩等。在吴如错-卡规错以北的波思和康如处还发现有钙质糜棱岩透镜体或残块，局部可见早期的片理化岩石又破碎成碎裂岩。断裂带内及两侧节理发育，节理多呈近东西向，其内充填石英脉或方解石脉，并见有早期的石英脉破碎成角砾岩或碎裂岩。带内岩层强烈揉皱，可见紧闭的同斜褶皱、平卧褶皱及大量的牵引褶皱。在断裂带内及两侧发育一系列平行主断裂的次级断裂，多显示强烈的挤压和逆冲特点，多被后期的北东向断裂所截切。

2. 运动学标志

整个断裂带中，其北侧确哈拉群变形特征明显，发育钙质糜棱岩透镜体及轴面南倾的紧闭同斜褶皱(图5-2)，指示由南向北逆冲作用的存在。断裂带内大量发育的牵引褶皱(图5-3、图5-4)大部指示由北向南逆冲的特征，部分则显示了晚期由南向北的逆冲特征。断裂带断面明显，断面上残留有擦痕、阶步，这些擦痕、阶步指示了上盘上升、下盘下降的逆冲断层效应。沿断裂带发育的片理变形特征也指示了逆冲作用的存在(图 5－4)。

3. 构造期次的划分

通过以上资料分析,该断裂作为边界断裂,具有多期活动特征,至少存在四期活动。

(1) 早期的由南向北逆冲推覆

该期断面由于后期的构造改造和覆盖而不清晰,但根据断裂带北侧确哈拉群强烈变形特征可知该期主断面南倾,在由南向北的逆冲推覆作用下,确哈拉群作为下岩片发生糜棱岩化形成钙质糜棱岩,这些钙质糜棱岩东西向呈透镜状断续分布,南北向排列多条,向南陡倾。同时发生强片理化,形成片理化碎裂岩,片理向南陡倾,顺片理有石英脉和方解石脉充填。该带中发育一系列轴面南倾的紧闭同斜褶皱,并见地层倒转(图 5－2)。

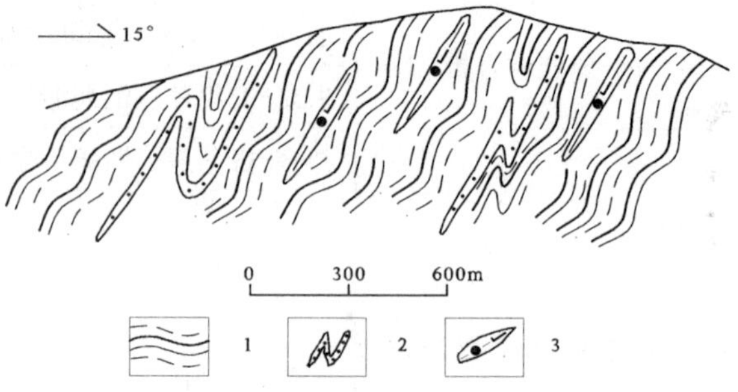

图 5－2　吴如错北波思一带钙质糜棱岩透镜体及紧闭同斜褶皱素描图

1. 泥板岩;2. 细粒石英砂岩薄层或透镜体;3. 钙质糜棱岩透镜体

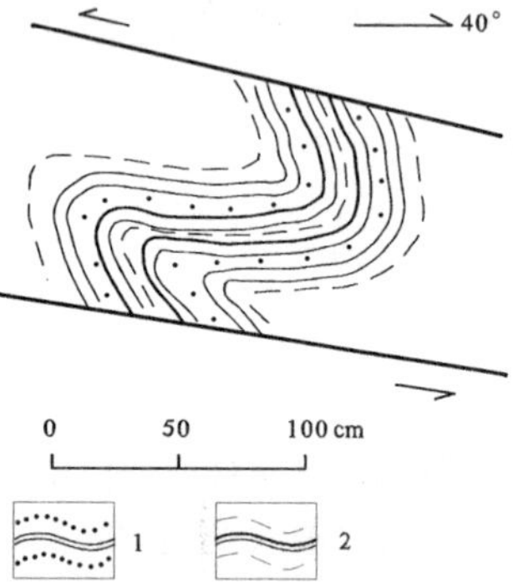

图 5－3　康如北侧断裂带内小褶皱与断裂关系素描图

1. 变砂岩;2. 板岩

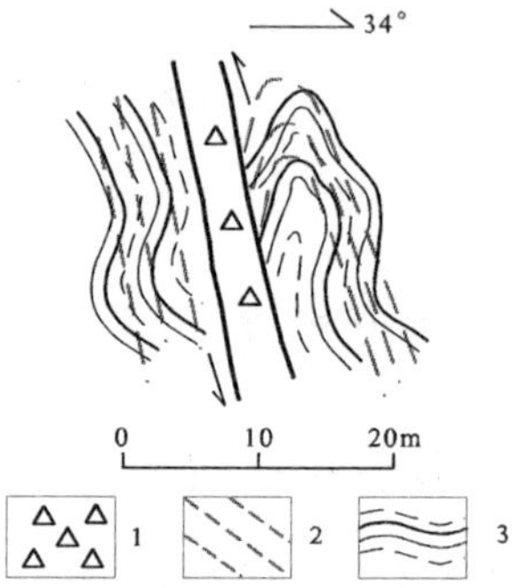

图 5－4　佳然南断裂带内片理揉皱素描图

1. 断层角砾岩;2. 片理;3. 泥板岩

(2) 张性正断期

该期主断面总体南倾,西部表现有北倾,倾角高—中等,上盘下降,下盘上升,沿断裂发育断层角砾岩、碎裂岩、牵引褶皱等,控制晚白垩世小型陆相断陷盆地的边界。

(3) 北向逆冲期

该期在断裂带东、西两端明显表现为主断面南倾,倾角高—中等,可见早白垩世多尼组压盖于晚白垩世竟柱山组之上,并发育有平卧褶皱及断层面,断层面上保留有擦痕、阶步,指示上盘上升、下盘下降的逆冲特征。

(4) 南向逆冲期

该期构造变形明显,主断面北倾,倾角较陡,局部稍缓,沿断裂发育有钙质糜棱岩、碎裂岩和大量的牵引褶皱(图 5－3、图 5－4),并见确哈拉群向南逆冲压盖在多尼组之上(图 5－5)。

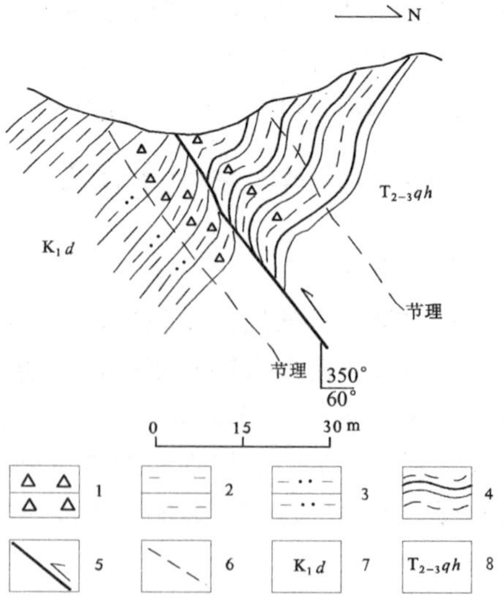

图 5－5　拉惹-康如断裂带 $T_{2-3}qh$ 与 K_1d 接触关系素描图

1. 断层角砾岩;2. 泥岩;3. 粉砂质泥岩;4. 泥质板岩;5. 断层;6. 节理;7. 多尼组;8. 确哈拉群

(三)形成时代探讨

通过以上资料分析,结合区域构造背景可以看出,第一期的北向逆冲期参与变形的地层主要为中晚三叠世确哈拉群，中侏罗世去申拉组变形不明显，仅有小型的左旋韧性剪切和向南陡倾的强片理化带，而白垩系及其以后的地层没有类似(同)的变形痕迹。该期活动可能与班公湖-怒江结合带向南俯冲碰撞有关，其时代主要在早侏罗世末，可能延续至中晚侏罗世。第二期张性正断期明显控制晚白垩世陆相小型断陷盆地的边界，并使第一期片理化岩石破碎成碎裂岩，其形成时代应在晚白垩世陆相红层沉积之前或同时。第三期北向逆冲期仅在断裂带的东端有所显示，多尼组受其影响发生平卧褶皱，并向北压盖于竟柱山组之上，其形成时间应在晚白垩世晚期或之后。第四期南向逆冲期，在区内表现最为明显，并破坏、叠加先期的构造形迹。受其影响，确哈拉群、去申拉组、多尼组、竟柱山组均发生变形，并见确哈拉群和竟柱山组向南压盖于多尼组之上，其发生的时间应在晚白垩世晚期或之后，可能与雅鲁藏布江缝合带较晚时期的北向俯冲有关。

二、戈芒错-格仁错构造带

该断裂带是邦多-班戈燕山期弧后盆地($Ⅱ_1$)与革吉-申扎燕山期岛弧($Ⅱ_2$)之分界。大致沿戈芒错-孜桂错-格仁错一线展布，呈北西西-近东西向延伸 140km 左右，向西没入戈芒错湖盆区，向东延出图外永珠一带，区域上亦称永珠组合带或狮泉河-申扎-嘉黎结合带。断裂带宽几千米至十几千米，区域上有零星的基性—超基性岩分布。断裂带以北出露地层为早白垩世俄杀而补组、多尼组和郎山组，以南出露地层为前震旦系、志留系、泥盆系、石炭—二叠系、早白垩世则弄群及第四系松散堆积物。变形主体为前震旦系念青唐古拉岩群、志留系、泥盆系和石炭—二叠系地层，有帮勒右行斜冲韧性挤压变形带、控错-理弄勒推覆构造和拉张作用等多期活动。

(一)控错-理弄勒逆冲推覆构造带

1. 分布形态及空间展布

该推覆构造带作为永珠-格仁错构造带的主要组成部分，大体沿控错-孜桂错-格仁错的北岸呈带状分布，北西西向-近东西向延伸 95km，最大宽度十几千米，向西没入戈芒错湖盆区，向东延出图外至永珠一带。该推覆构造带表现为泥盆系逆冲推覆到石炭—二叠系之上，界面清楚，推覆面呈波状起伏，多向南缓倾，局部陡倾(图 5-6)。其前锋位于沙玉-扎个弄-簸嘎日-查拉托波-理弄勒一带，为永珠-格仁错构造带的北部边界，燕山期弧后盆地的南界，局部可见石炭—二叠系压盖到早白垩纪之上(图 5-7)。推覆体位于孜桂错-格仁错北岸的加亚补泥-巴农马牧-马尔波-阿若-嘎错一带，成为推覆构造带的主体组成部分，可见飞来峰或构造窗。根带位于帮勒南俄弱-章爱一带，若不考虑戈芒错-格仁错断陷带的影响，估计其推覆距离在 15km 以上。

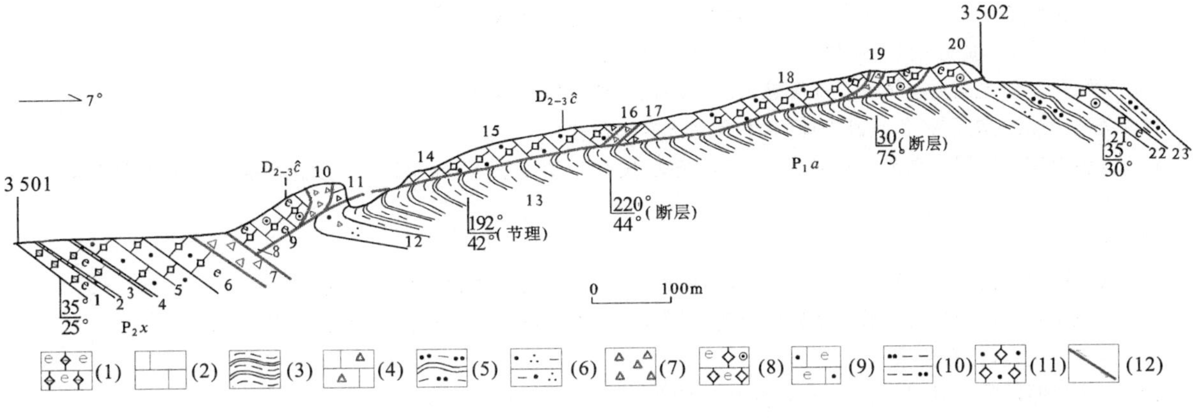

图 5-6 申扎县阿若北沟实测构造剖面图

(1)厚层状含生物碎屑泥晶灰岩；(2)巨厚层灰岩；(3)变泥岩；(4)碎裂灰岩；(5)变粉砂质泥岩；(6)石英杂砂岩；(7)构造角砾岩；(8)亮晶含生物碎屑鲕粒灰岩；(9)砂质含生物碎屑灰岩；(10)粉砂质泥岩；(11)厚层状亮晶含砂质；砂屑灰岩；(12)断层

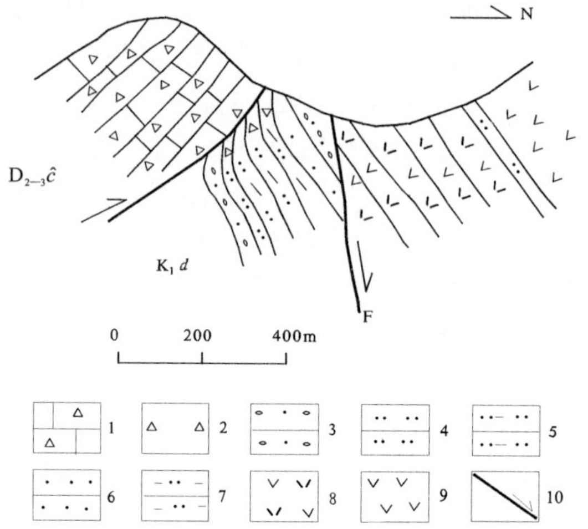

图 5-7　格仁错北岸玛共附近推覆构造素描图

1. 角砾状灰岩；2. 角砾岩；3. 砂砾岩；4. 粉砂岩；5. 泥质粉砂岩；
6. 砂岩；7. 粉砂质泥岩；8. 英安岩；9. 安山岩；10. 断层

2. 变形特征

以申扎县阿若实测构造剖面为例叙述，剖面由阿若沟口向北测制。申扎县阿若实测构造剖面如图5-6所示。

1. 青灰色厚层状含生物碎屑泥晶灰岩，具重结晶和破碎现象，沿破碎处充填方解石脉，把岩石分割成网状块体
2. 深灰色厚层状含生物碎屑含砾屑微晶灰岩，具重结晶现象和破碎裂隙
3. 青灰色厚层状亮晶砂屑灰岩，方解石网脉及节理发育
4. 青灰色片理化碎裂粗晶灰岩，片理具挠曲现象
5. 青灰色厚层状亮晶含砂质含砾屑砂屑灰岩，岩石破碎，节理发育，形成网状方解石脉
6. 青灰色厚层状亮晶砂屑灰岩，发育网状方解石细脉
7. 浅灰白色灰岩角砾岩，节理发育，网状方解石脉发育
8. 灰白色粗晶灰岩，重结晶作用明显，节理发育
9. 青灰色厚层状亮晶砂屑灰岩，发育方解石，局部呈网状
10. 灰黑色灰岩角砾岩，发育网状方解石脉
11. 浅灰色碎裂中—细晶—粉晶灰岩，发育方解石脉，局部呈网状
12. 蚀变碎裂岩，蚀变主要有褐铁矿化、绢云母化、硅化
13. 灰绿色变质泥岩夹透镜状亮晶鲕粒灰岩及细粒石英砂岩，具破碎现象
14. 灰色巨厚层微晶灰岩，具破碎现象，发育网状方解石脉
15. 灰色厚层—巨厚层亮晶砂屑灰岩，具碎裂现象，发育方解石脉，有时呈网状，方解石脉具变形挠曲现象，劈理发育
16. 灰岩碎裂岩
17. 灰色厚层—巨厚层含砾微晶灰岩，发育节理及方解石脉，有时方解石脉呈网状
18. 灰色厚层—巨厚层亮晶砂屑灰岩，具碎裂现象，发育平行排列的方解石细脉及赤(褐)铁矿细脉
19. 灰岩碎裂岩，具石英脉
20. 深灰色厚层状含砾屑砂屑灰岩，具方解石细脉
21. 灰绿色变粉砂质泥岩夹变细粒石英砂岩，具牵引褶皱
22. 亮晶生物碎屑鲕粒灰岩，具破碎、碎裂现象，发育方解石脉，岩石被分割成小块状
23. 泥质粉砂岩

（1）推覆构造面特征

推覆构造界面呈缓波状南倾，倾角在5°～15°，局部达30°，推覆面上破碎带宽约15～25m，沿界面发育构造角砾岩、碎裂岩，有时可见角砾岩中角砾具圆化、定向现象（图5-8），角砾岩或碎裂岩带内具褐铁矿化、硅化等现象，并发育大量的方解石脉（有时呈网状）、石英脉和褐铁矿细脉。

（2）推覆构造上岩片变形特征

推覆构造上岩片主要由泥盆系查果罗玛组灰岩及少量的达尔东组灰岩组成，压盖于二叠系下拉组灰岩和昂杰组碎屑岩的不同层位之上（图版ⅩⅣ-2、图版ⅩⅣ-3），其变形程度较弱，具重结晶和碎裂岩化现象，发育向南陡倾的劈理（有时为节理），劈理多平行排列，顺劈理有方解石脉和石英脉贯入，且方解石脉及劈理具有褶曲变形现象（图5-9，图版ⅩⅣ-4），指示了上岩片由南向北运动的特征。

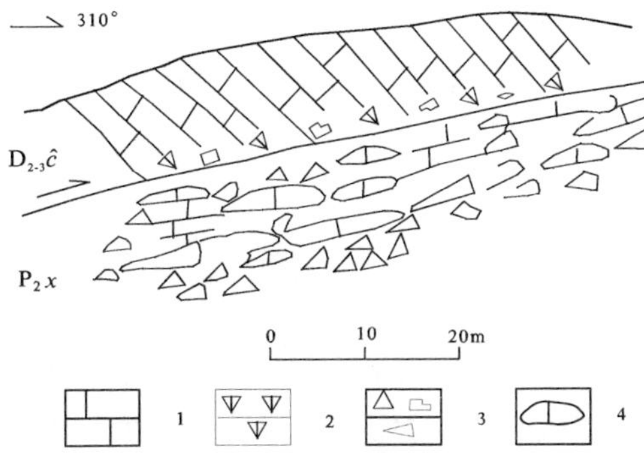

图5-8　阿若北沟推覆构造及其推覆面附近角砾定向排列素描图

1. 灰岩；2. 压碎岩；3. 角砾岩；4. 灰岩碎块或透镜体

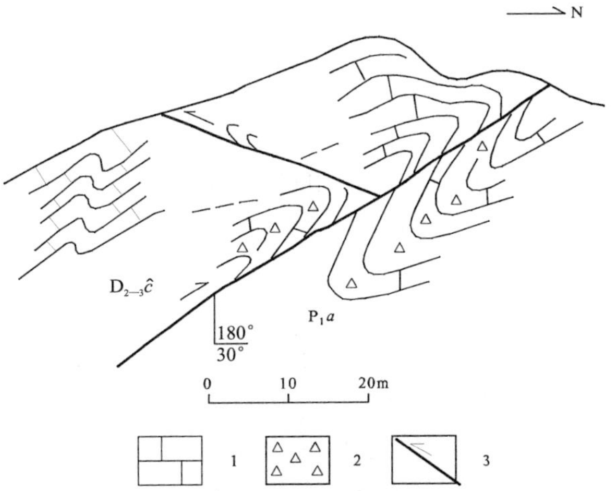

图5-9　阿若北沟推覆构造素描图

1. 灰岩；2. 角砾岩；3. 断层

（3）推覆构造下岩片变形特征

推覆构造下岩片主要由二叠系昂杰组碎屑岩和下拉组灰岩组成，岩石的变质变形作用较强。下拉组灰岩中方解石重结晶作用明显，具片理化、碎裂岩化，并发育劈理、节理，片理具挠曲现象（图5-10）。劈理面南倾，倾角较陡，指示推覆方向由南向北。在昂杰组碎屑岩中可见绢云母化、石英的次生加大及方解石重结晶现象，具碎裂岩化，发育劈理和复杂褶皱，也显示推覆方向系由南向北（图5-9、图5-11，图版ⅩⅣ-6）。

此外，逆冲推覆构造在永珠-格仁错构造带南侧张恩沟也有显示，表现在由南向北逆冲推覆时，志留系地层发生变形，形成轴面南倾的紧闭同斜褶皱和透入性流劈理（图5-12，图版ⅩⅢ-8）。

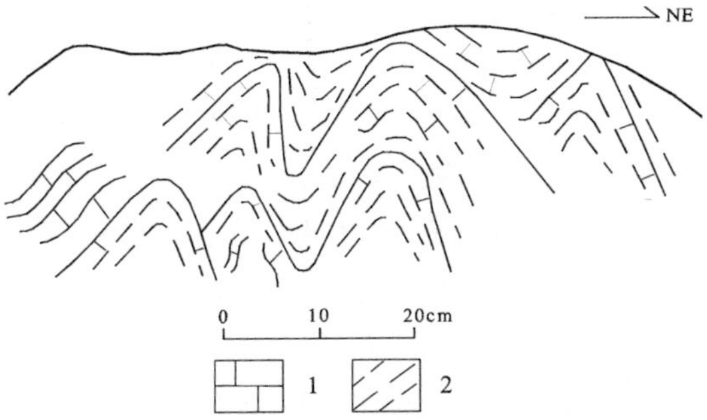

图5-10　阿若北沟P_2x中片理化碎裂灰岩素描图

1. 灰岩；2. 片理

3. 运动学指向

该逆冲推覆构造的界面呈缓波状向南缓倾，上岩片泥盆系查果罗玛组灰岩或达尔东组灰岩由南向北，压盖在下岩片二叠系下拉组灰岩、昂杰组碎屑岩的不同层位之上，并形成飞来峰和构造窗，显示了推覆系由南向北的事实。在推覆构造带中发育的平卧褶皱，轴面南倾的紧闭同斜褶皱和轴面南倾的透入性流劈理、劈理、片理化带等也均指示了由南向北逆冲推覆的特征。

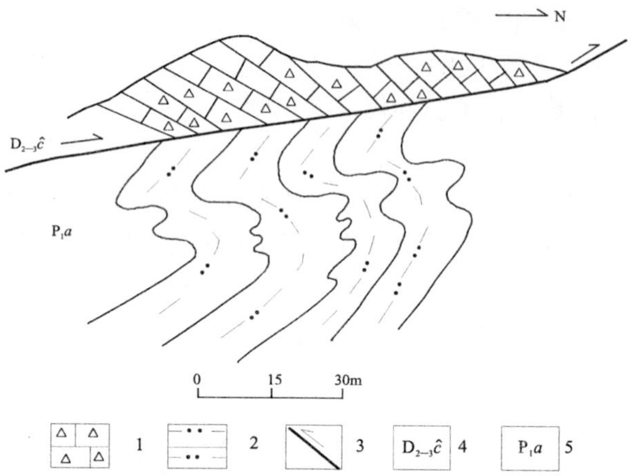

图 5-11　阿若北沟 $D_{2-3}\hat{c}$ 推覆体之下 P_1a 中近平卧褶皱素描图

1. 碎裂灰岩；2. 粉砂质泥岩；3. 断层；4. 查果罗玛组；5. 昂杰组

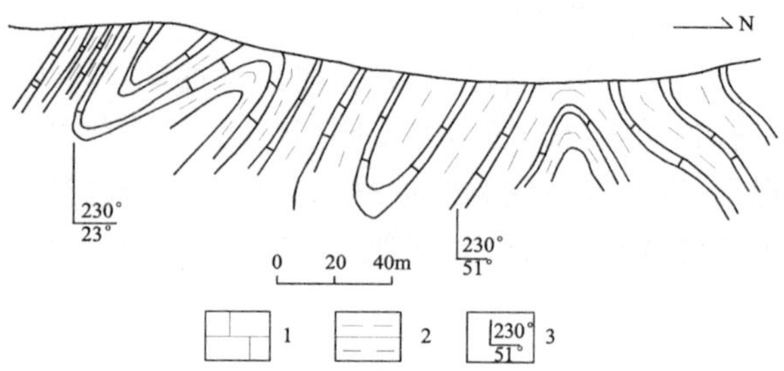

图 5-12　S_1d 中同斜褶皱素描图

1. 灰岩；2. 黑色泥岩；3. 产状

4. 形成时代探讨

该逆冲推覆构造最明显的叠置关系为泥盆系压盖在石炭—二叠系之上，其主要变质变形作用也主要发生在古生代地层之中，其发生的时代可能与班公湖-怒江结合带向南俯冲碰撞有关，为早中侏罗世。但是，该推覆构造带的前缘边界断裂压盖早白垩世地层，有古生代地层压盖于早白垩世地层之上，形成了断面南倾的逆冲叠置关系（图 5-7），在其下伏岩片早白垩世地层中形成碎裂岩化及揉皱现象，说明在早白垩世以后该推覆构造带又一次由南向北逆冲推覆。

（二）邦勒右行斜冲挤压变形带

该韧性变形带作为戈芒错-格仁错构造带的南界，大体沿麻勒果-俄弱-嘎尔穷-帮勒-泥那一带呈北西西-近东西向延伸 40km，东西均没入湖盆区，宽小于 5km。受嘎儿金岩体侵位影响，构造带在帮勒附近走向转为南东向，变形带地貌特征和航空影像特征均较明显，地貌上多形成一系列带状展布的沟谷等负地形，航空影像上则显示为带状展布的褐红色条带。该变形带切割前震旦系和古生界志留系、石炭系、二叠系，变形主体为前震旦系念青唐古拉岩群、志留系德吾卡下组和扎弄俄玛组、石炭系—二叠系永珠组、拉嘎组及少量的下拉组。现就尼玛县岗龙乡邦勒南-章爱构造剖面对该变形带进行讨论。剖面描述见第二章第一节（图 2-2）。

根据剖面及区域上变形带中变形程度和动力变质岩分布的不同可知，变形带中心变形较强，以发育糜棱岩、超糜棱岩、构造片岩及构造透镜体为特征，构造片理及糜棱面理发育，可见片理或面理构造的挠曲或褶皱以及矿物的拉伸定向现象。其内早期的斜长角闪岩脉体和花岗岩脉体也产生了极强的韧性变形，而使其拉长、拉断呈透镜状并具剪切褶皱。由中心强变形带向两侧变形程度逐渐减弱，以发育糜棱岩、初糜棱岩、糜棱岩化岩石和构造片岩为特征，具眼球纹理构造和挤压透镜体，并可见矿物的拉伸定向现象和碎斑的旋转现象。该韧性变形带与围岩呈构造接触关系，受变形带影响，围岩具碎裂岩化、劈理化和轻微变质现象。

1. 变形特征

（1）显微变形特征

变形带中的石英常拉长呈透镜状或长条状，具波状消光，定向性明显，其长轴方向与拉伸线理方向一致，有时可见到"σ"型和"δ"型旋转碎斑（图 5-13、图 5-14），有些碎斑具撕裂状或裂纹，且沿裂纹发生错位。

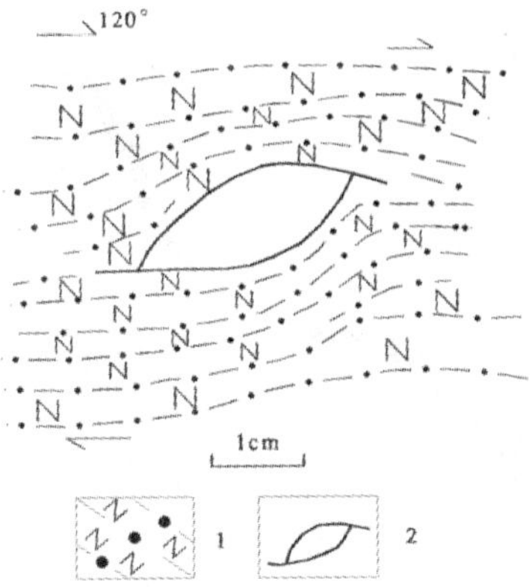

图 5 - 13　长英质糜棱岩中的“σ”型石英碎斑素描图
1. 长英质糜棱岩；2.“σ”型石英碎岩

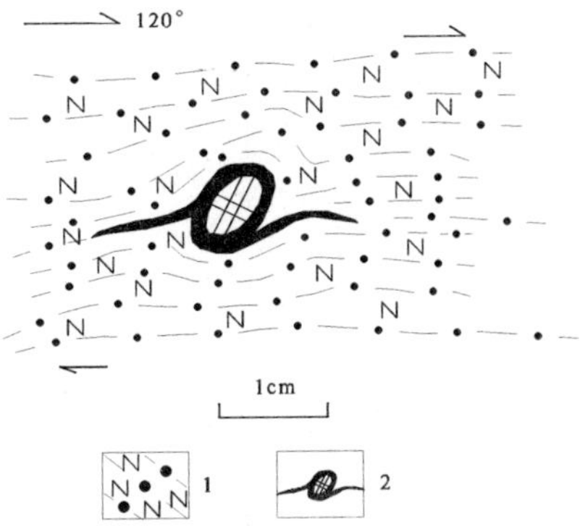

图 5 - 14　长英质糜棱岩中的“δ”型碎斑素描图
1. 长英质糜棱岩；2. 石英“δ”型碎斑

长石多呈旋转碎斑状(部分为残斑，部分为变斑晶，见图版 XIII - 4)，少部分呈透镜状或长条状，近平行消光，定向性明显，其长轴方向与拉伸线理方向一致。有时可见到平行四边形结构，具不对称眼球状构造和不对称压力影及边缘粒化，长石碎斑发育裂纹，并沿裂纹发生错移，少数斜长石双晶发生错位。

角闪石呈纤柱状、柱状，多色性吸收性明显，呈连续的定向分布，其长轴平行于片理方向，具绿帘石化、绿泥石化。

榍石呈波状弯曲的条状，具不均匀的定向分布。

黑云母、白云母、绢云母等呈细小的条带状定向分布，与石英、长石等一同构成岩石的片理、糜棱面理及一些纹理构造或纹理条带构造。

(2) 变形几何学特征

在该韧性变形带中，变形特征显著，构造片岩及糜棱岩、超糜棱岩广泛发育，并保留了较多的韧性变形形迹，如强弱糜棱岩化带、片理糜棱面理、拉伸线理、变形的花岗岩脉体、变形的斜长角闪岩脉体、雁行式排列的石英脉、变形的石英条带、挤压透镜体及剪切褶皱和膝折等。

变形带内糜棱面理发育，面理产状主体北倾，倾向 5°～15°，倾角 29°～43°，受嘎儿金岩体侵位影响，构造带在帮勒附近走向转为北西向，倾向 50°～105°，倾角 18°～38°，南部局部可见有南倾的面理，倾向 173°～178°，倾角 38°～43°。

拉伸线理走向南东 130°方向(10°角倾伏)或北西 323°方向(32°角倾伏)，见图版 XIII - 6。

变形的花岗岩、斜长角闪岩脉体特征如下：花岗岩脉体沿 220°走向切割糜棱岩，脉体本身亦发生了初糜棱岩化，具弱的糜棱面理及拉伸线理，并具顺层剪切褶皱(图 5 - 15)，平面上显示右行剪切特征；斜长角闪岩脉体具片理化和定向构造，多有拉断、变形及透镜化现象，为右行剪切(图 5 - 16)；雁行式石英脉呈雁行式排列，与走向 130°方向的主节理呈锐角相交，显示主节理具张剪性，为右行剪切(图 5 - 17)。

在长英质糜棱岩中，由暗色剪切条带(1.5mm 宽)及浅色剪切条带(3mm 宽)相间分布组成极细密的糜棱面理，面理发生膝折现象，为晚期的更浅层次变形，具右行剪切特点(图 5 - 18)。

2. 运动学指向

根据韧性变形带内的旋转碎斑系、不对称压力影、膝折、剪切褶皱、构造透镜体、拉伸线理等构造判别该带总体为一右行斜冲，斜冲方向为南东。

3. 形成时代探讨

该韧性变形带卷入变形的地层仅有前中生代地层。在变形带的西端可见到韧性变形叠加在早期逆冲推覆变形之上，除发育长英质糜棱岩、碳酸盐岩质糜棱岩、糜棱岩化大理岩外，还见有糜棱面理、拉伸线理及其剪切褶皱，同时在变形带北部推覆体中未发现有韧性变形带存在，说明韧性变形带晚于戈芒错

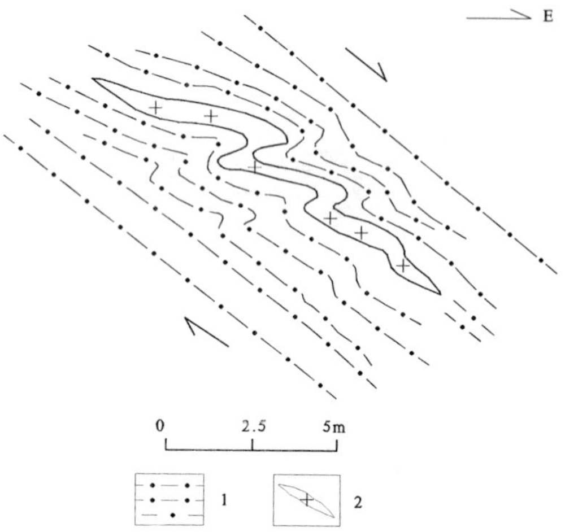

图 5-15　韧性剪切带内花岗岩岩脉褶皱变形素描图
1. 糜棱岩；2. 花岗岩脉

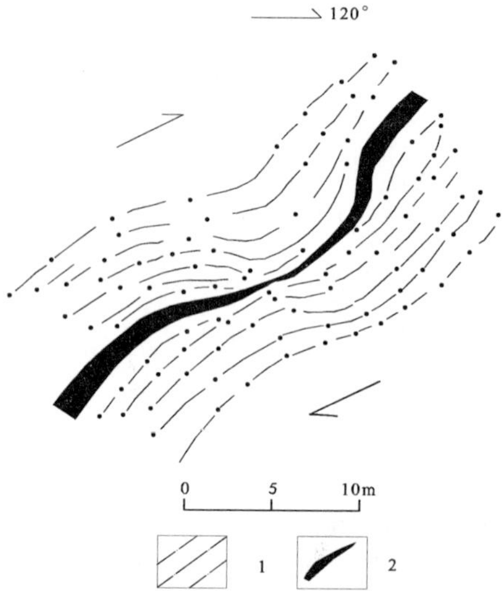

图 5-16　韧性剪切带中被拉长透镜化的斜长角闪岩脉
1. 糜棱岩；2. 斜长角闪岩脉

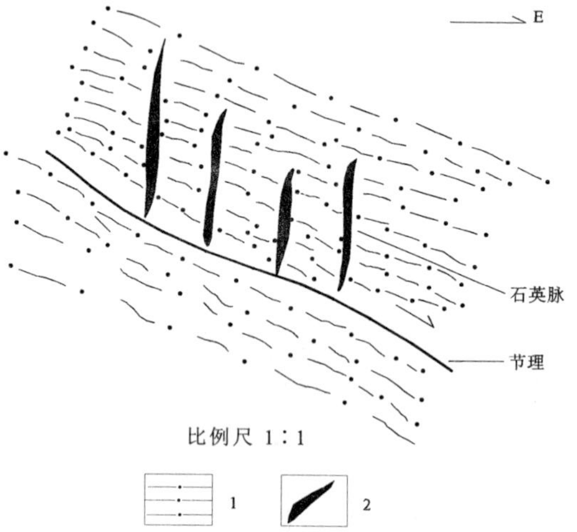

图 5-17　糜棱岩中的节理及雁行式排列石英脉素描图
1. 糜棱岩；2. 石英脉

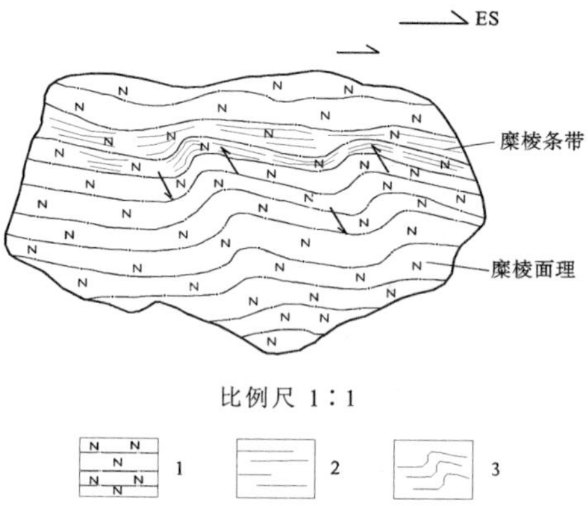

图 5-18　尼玛县岗龙乡邦勒南糜棱岩中剪切条带的膝折素描图
1. 长英质糜棱岩；2. 糜棱条带；3. 膝折

-理弄勒逆冲推覆构造；在韧性变形带内存在的斜长角闪岩(脉)发生韧性变形，形成片岩，具定向构造，具拉断、拉长和透镜体化，并具剪切褶皱，邦勒斜长角闪岩同阿若辉长岩 K-Ar 年龄 134Ma，时代为晚侏罗世末期，为大陆拉张产物，说明此韧性变形带形成时间在晚侏罗世之后；在该韧性变形带周围出露的夏噶日晶洞花岗岩未见受变形带的影响，并对变形带侵入破坏，仅在变形带中见有早期的端元分子——花岗岩脉在韧性剪切的过程中顺剪切带侵入，切割初糜棱岩，并遭受剪切变形发生拉长、拉断和透镜体化，说明该韧性变形带应在晚白垩世末或稍早发生。总体来看，该韧性变形带形成的时间可能发生在晚白垩世中晚期，在南北向碰撞挤压过程晚期，发生北西西—近东西向的韧性剪切作用，进行物质调整，能量释放。

（三）晚侏罗世的拉张作用

1. 拉张作用的证据

（1）板内型中基性岩脉

沿控错-理弄勒一线断续分布有辉长岩脉及斜长角闪岩脉，辉长岩侵位于二叠系地层中，规模稍大的有阿若辉长岩和邦勒斜长角闪岩，其岩石化学特征显示大陆拉张特点。

(2) 深水复理石沉积组合

在控错-理弄勒一线北侧俄杀而补一带分布一套灰黄色—灰绿色薄层—中层状粉砂岩夹灰白色中—厚层细粒石英砂岩，厚856m，基本层序类型为砂岩→粉砂岩，具粒序层理，为深水复理石沉积组合，说明在永珠-格仁错一带曾有过拉张的历史，存在过深海盆。

2. 时代的确定

(1) 同位素年龄

板内型阿若辉长岩侵位于石炭—二叠系中，其K-Ar年龄134Ma，指示裂陷事件应发生在晚侏罗世末期。

(2) 生物地层时代

在俄杀而补组深水复理石沉积组合中的灰黑色粉砂岩、泥岩中含孢粉 *Leiotriletes romboideus* Bolchovitina，*Echinatisporis* sp.，*Classopollis* sp.，*Dicheropollis* sp.，*Cyathidites* sp.，*Jugella* sp. 等，为尼欧克姆期分子，属早白垩世早期，指示拉张时代在早白垩世早期或稍前。

(3) 区域对比

该带向东在图幅外永珠一带出露的"蛇绿岩"套侵位于石炭—二叠系地层及晚侏罗世地层之中，又被早白垩世地层及古近系地层所覆盖，其形成时代大致在晚侏罗世末或早白垩世早期，这与区内晚白垩世板内拉张型阿若辉长岩形成年龄相当，与早白垩世俄杀而补组深水复理石沉积相当的沉积组合还见于尼玛县西部阿索一带，说明戈芒错-格仁错构造带在晚侏罗世末确实有拉张的事件。

(四)永珠-格仁错构造带小结

总的看来，永珠-格仁错构造带是一个长期多期活动的复杂构造带。①在早侏罗世班公湖-怒江结合带南向俯冲碰撞过程中，控错-理弄勒断裂带向北逆冲，形成逆冲推覆构造；②在晚侏罗世末有一次裂陷事件，年龄134Ma的大陆拉张型阿若辉长岩和邦勒斜长角闪岩侵入就位，并在俄杀而补一带形成深水复理石沉积组合；③随永珠-格仁错"洋"的南向俯冲碰撞，控错-理弄勒逆冲推覆构造在早白垩世末再一次发生向北逆冲推覆，致使古生代地层向北压盖到中生代地层之上；④构造带南部的邦勒右行斜冲韧性挤压变形带形成时间相对较晚，晚侏罗世末的斜长角闪岩脉及晚白垩世的花岗岩脉均卷入韧性挤压带而变形，同时又叠加在戈芒错-理弄勒逆冲推覆构造之上，并被晚白垩世时的夏嘎日花岗岩体侵入破坏，它的形成可能是永珠-格仁错构造带向南俯冲碰撞后的应力调整期产物，与嘎儿金岩体侵位时代相近，为晚白垩世早中期。

第二节 各构造单元特征

一、班公湖-怒江结合带(Ⅰ)

该带位于拉惹-康如断裂以北，区内仅涉及该结合带的一部分，可划分为两个次级构造单元，以当蒙脚-字康勒断裂为界以北为尼玛燕山期前陆盆地(Ⅰ$_1$)，以南为朱日-宋我日燕山期滞后火山弧(Ⅰ$_2$)。尼玛燕山期前陆盆地呈东西向带状分布于尼玛-达者错-南错折乡-赛布错一带，主要由两部分组成，一部分为构造混杂岩，构成前陆盆地的基底，另一部分即前陆盆地堆积物，早期为浅海-浅滩沉积，有中侏罗世俄蒙勒组(J_2e)和晚侏罗世沙木罗组($J_3K_1\check{s}$)。俄蒙勒组为碎屑岩夹少量的灰岩透镜体，沙木罗组为碎屑岩-生物滩灰岩组合，晚期为竟柱山组陆相红层。构造混杂岩由多个岩片叠置组成。朱日-宋我日燕山期滞后火山弧(Ⅰ$_2$)分布于朱日-乡来-宋我日-摸都一带，呈东西向-北东东向的狭窄条带延伸，宽 5km 左右，主要由中晚三叠世确哈拉群($T_{2-3}qh$)半深水-深水复理石建造和中侏罗世去申拉组(J_2q)岛弧火山岩建造组成，去申拉组以角度不整合覆盖于确哈拉群之上。该火山弧生成时，班怒带已完全闭合，为滞后火山弧，它所处的位置在边界断裂带附近，根据其形成时代、分布特征等暂归属于班公湖-怒江结合带大的构造单元。

在班公湖-怒江结合带内晚白垩世竟柱山组(K_2j)分布广泛，为一套陆相盆地红层(碎屑岩)沉积，局部地段见火山岩及薄层泥灰岩夹层，不整合于下伏地层之上。新近系康托组(Nk)仅在局部地段有少量出露，主体为一套灰红色河流相碎屑岩，不整合于俄蒙勒组之上。

该带变质程度较低，主要变质岩石为板岩、变质砂岩、变质泥岩、结晶灰岩等，变质矿物有绢云母、石英(次生加大和结晶石英)、方解石、绿泥石、绿帘石等，为区域低温动力变质作用产物。在此变质作用的基础上有动力变质形成的糜棱岩、糜棱岩化及碎裂岩、角砾岩和片理化岩石等。

该带岩浆活动不发育，仅见有燕山期的闪长岩脉、霏细岩脉、花岗岩脉等，多侵位于尼玛燕山期前陆盆地的中侏罗世俄蒙勒组中。在朱日-宋我日燕山期滞后火山弧带上还可见到一些燕山期次火山岩岩脉，侵位于中晚三叠世确哈拉群中。

(一)构造混杂岩

该带内构造混杂岩呈东西向断续分布于俄蒙勒-达者错北岸-玛下俄玛一带，最大宽度仅 545m。现就双湖区玛下俄玛混杂岩带构造实测剖面对该构造混杂岩叙述如下。双湖区玛下俄玛混杂岩带构造剖面如图 5-19 所示。

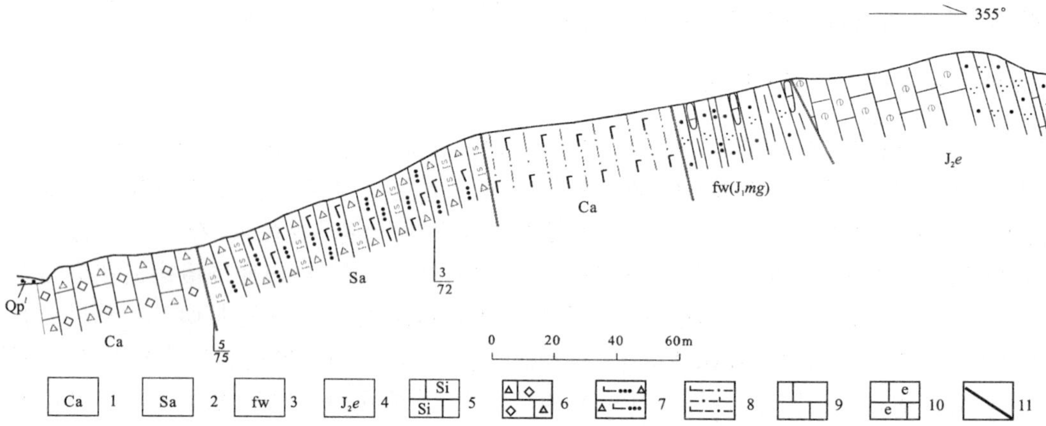

图 5-19　双湖区玛下俄玛混杂岩带构造剖面

1. 碳酸盐岩片；2. 硅泥质岩岩片；3. 复理石岩片；4. 俄蒙勒组；5. 硅质岩；6. 碎裂岩化结晶灰岩；7. 碎裂岩化钙质粉砂岩；8. 钙质糜棱岩；9. 灰岩；10. 生物碎裂灰岩；11. 断层

0. 第四系湖相松散沉积物

灰岩片(Ca)

1. 白色碎裂岩化结晶灰岩

═══════ 断　层 ═══════

硅泥质岩片(Sa)

2. 灰红—褐红色碎裂岩化钙质砂岩夹薄层硅质岩，岩石片理化明显

═══════ 断　层 ═══════

钙质糜棱岩岩片(Ca)

3. 灰红—褐红色钙质糜棱岩夹透镜状硅质岩，具旋转碎斑和顺层掩卧褶皱、糜棱面理等，见其原岩为灰黑色板状灰岩

═══════ 断　层 ═══════

复理石岩片(fw)

4. 灰黄色薄板状细粒石英砂岩与薄板状细粉砂岩、泥岩互层，具鲍马层序，与灰岩片呈断层接触

═══════ 断　层 ═══════

中侏罗世俄蒙勒组(J_2e)

5. 灰—深灰色中薄层状泥晶灰岩夹薄层状泥岩，向上为灰白色石英砂岩夹少量灰岩，含珊瑚、双壳类化石

根据剖面可以看出构造混杂岩带由南向北主要由灰白色块状结晶灰岩岩片(Ca)、褐红色硅泥质岩岩片(Sa)、钙质糜棱岩岩片(Ca)和深水复理石岩片(fw)组成。各岩片之间均为断层接触。块状结晶灰岩岩片由结晶灰岩组成，具碎裂岩化；硅泥质岩岩片由钙质砂岩及硅质岩组成，具碎裂岩化和片理化；钙质糜棱岩岩片由灰黑色薄板状灰岩组成，局部夹硅质岩，受韧性剪切作用而成糜棱岩，发育糜棱面理，可见旋转碎斑及顺层掩卧褶皱；硅质岩有时被拉断呈透镜状或石香肠状；深水复理石岩片由薄板状细粒石英砂岩、薄板状粉砂岩及泥岩组成，其内夹灰岩透镜体，具鲍马序列，与区域上木嘎岗日群可对比，仅有碎裂岩化现象，其变质变形特征自南向北由弱→强→弱。该构造混杂岩与中侏罗世俄蒙勒组为断层接触，沿构造混杂岩带向西在达者错北岸见有块状结晶灰岩岩片，主要由灰黑色—灰白色—土黄色厚层状含砂质砾屑砂屑亮晶灰岩组成，具碎裂岩化和重结晶现象，与中侏罗世俄蒙勒组为断层接触。俄蒙勒附近见有火山弧岩片(Va)主要由玄武岩组成，夹少量的沉安山质晶屑岩屑凝灰岩，局部可见灰绿色薄层状泥质灰岩(或灰岩透镜体)及硅质岩，在玄武岩边部有花岗岩脉及辉长岩脉的侵入(图 5-20)。构造混杂岩带内变质变形较强，具绿泥石化、绿帘石化、硅化、褐铁矿化、碳酸盐化等，其内发育大量的碎裂岩、构造角砾岩、糜棱岩、片理化岩石及构造透镜体和挠曲、褶皱等现象，并在边界断裂的断面上见到擦痕、阶步，在边界发育有花岗岩脉形成的长英质糜棱岩和辉长岩脉形成的片理化岩石。根据以上这些特征，该构造混杂岩变形变质历程恢复如下。

早期在早侏罗世由班公湖-怒江结合带南向俯冲作用时形成构造混杂岩，并被挤压变形形成碎裂岩、构造角砾岩及构造透镜体和钙质糜棱岩、长英质糜棱岩，发育糜棱面理、拉伸线理、旋转碎斑系及灰岩透镜体和片理挠曲、褶皱(图 5-21)。

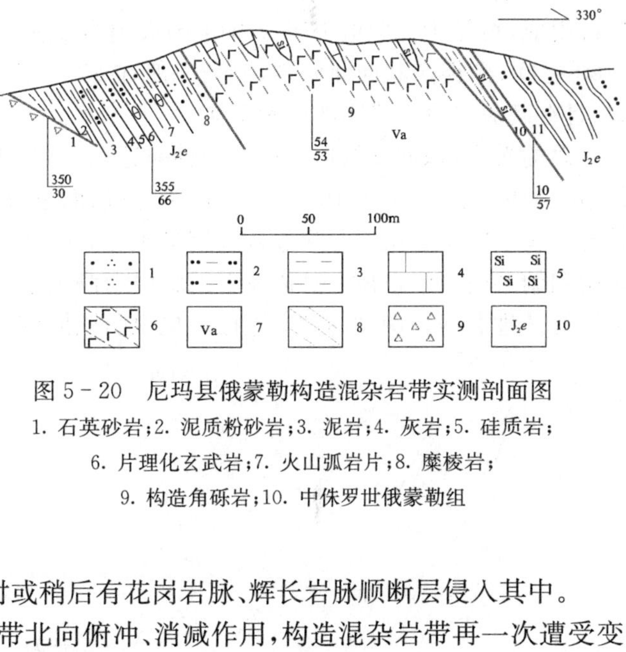

图 5-20　尼玛县俄蒙勒构造混杂岩带实测剖面图

1. 石英砂岩；2. 泥质粉砂岩；3. 泥岩；4. 灰岩；5. 硅质岩；6. 片理化玄武岩；7. 火山弧岩片；8. 糜棱岩；9. 构造角砾岩；10. 中侏罗世俄蒙勒组

随班公湖-怒江结合带消减，于中侏罗世时在尼玛一带形成前陆盆地，沉积一套俄蒙勒组浅海碎屑岩建造，并不整合覆盖于构造混杂岩之上。与此同时，构造混杂岩接受变质作用形成结晶灰岩、大理岩及一些绿泥石化、绿帘石化、绢云母化等。

在中侏罗世之后，晚白垩世以前，构造混杂岩构造侵位于俄蒙勒组中，岩石进一步受到挤压变形，并在其内形成一系列北倾的平行断层，同时或稍后有花岗岩脉、辉长岩脉顺断层侵入其中。

在晚白垩世末至古近系时，随雅鲁藏布江缝合带北向俯冲、消减作用，构造混杂岩带再一次遭受变质变形作用，形成一系列断面北倾的逆断层，并向北逆冲压盖到晚白垩世竟柱山组之上(俄蒙勒一带)。在边界断裂面上可见到断层镜面、阶步、擦痕等，构造混杂岩带内形成一系列向北倾的片理，且片理具挠曲、褶皱等现象。

(二)褶皱特征

该带内褶皱构造主要发育于中生代的确哈拉群、俄蒙勒组、沙木罗组、竟住山组之中，多为轴线近东西向的宽缓背向斜构造，局部有紧闭的褶皱。具一定规模、不同时期、不同样式的褶皱构造有 3 个，以下分别叙述之。

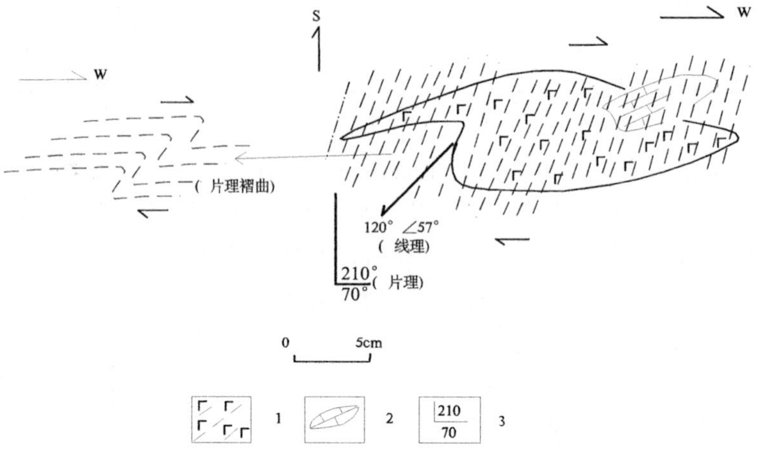

图 5－21　俄蒙勒附近片理化玄武岩中灰岩透镜体及片理褶皱形态素描图(示右行剪切作用)

1. 片理化玄武岩;2. 透镜状灰岩;3. 产状

1. 尼鲁拉-则岗向斜(X_3)

该向斜位于图幅北部南错折乡以南,夹持于拉惹-康如断裂与当蒙脚-字康勒断裂之间,核部位于尼鲁拉-则岗一线,总体走向近东西向-北东东向,呈向南凸之弧形,弧形延伸约 60km,最大宽度小于 6km,向东西两端被早白垩世多尼组(K_1d)和晚白垩世竟柱山组(K_2j)所覆盖。向斜主要由中晚三叠世确哈拉群组成,可见中侏罗世去申拉组(J_2q)火山岩不整合其上。其北翼产状向南中等倾斜,倾角一般在 23°～60°之间,南翼产状向北倾斜,倾角一般在 42°～75°之间。在向斜的两翼伴有次一级平行排列的背向斜,且在两翼发育有紧闭的同斜褶皱。

总的看来,该向斜构造应属一个轴向近东西向-北东东向、轴面略向南倾的斜歪向斜构造,参与该期构造变形的地层主要为中晚三叠世确哈拉群,而不整合于确哈拉群之上的中侏罗世去申拉组火山岩及其侵入其中的次火山岩并未卷入该期褶皱(图 5－22),说明该期褶皱应在早侏罗世时班公湖-怒江结合带南向俯冲碰撞时形成。其内发育的轴面南倾的紧闭同斜褶皱(图 5－22)、尖棱褶皱(图 5－23)及向南陡倾的片理和面理南倾的钙质糜棱岩也说明该期变形构造与班-怒带俯冲碰撞作用有关。

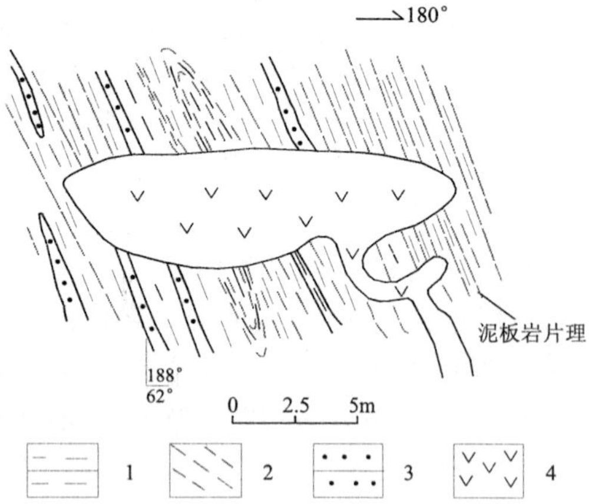

图 5－22　确哈拉群中潜安山岩与片理及紧闭同斜褶皱关系素描图(示潜安山岩未受变形)

1. 泥岩或泥板岩;2. 片理;3. 砂岩;4. 安山岩

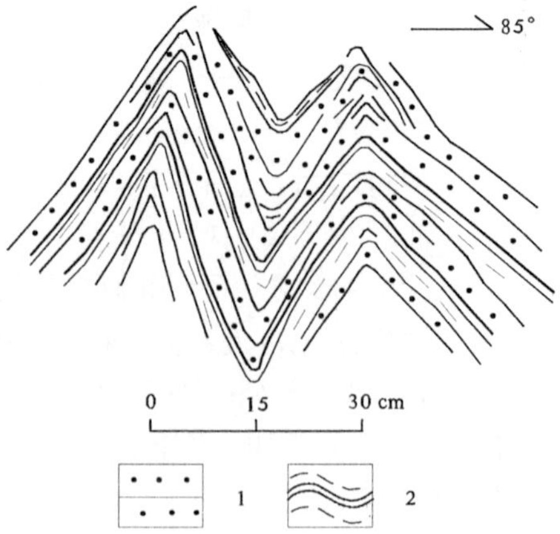

图 5－23　确哈拉群中尖棱褶皱素描图

1. 砂岩;2. 泥质板岩

此外,该向斜构造后期又叠加燕山晚期-喜马拉雅期构造运动及后期的断裂改造,使其褶皱形态更加复杂化(图 5-24)。

2. 日日阿吕-我扎扎向斜(X_1)

该向斜位于图幅北部,北翼延出图外,南翼多被大面积第四系覆盖而出露不全。其轴线近东西向,轴面略向北倾,枢纽微向西倾伏。核部在日日阿吕-莫东一线出露,卷入地层为晚侏罗世沙木罗组碎屑岩—生物屑灰岩。两翼则由中侏罗世俄蒙勒组碎屑岩组成,部分被晚侏罗世竟柱山组陆相红色碎屑岩及新近系康托组砾岩覆盖。北翼地层产状主体南倾,倾角在 35°～60°之间,在南翼发育一系列次级平行排列的背向斜多个,与该向斜一起构成一复杂向斜构造。

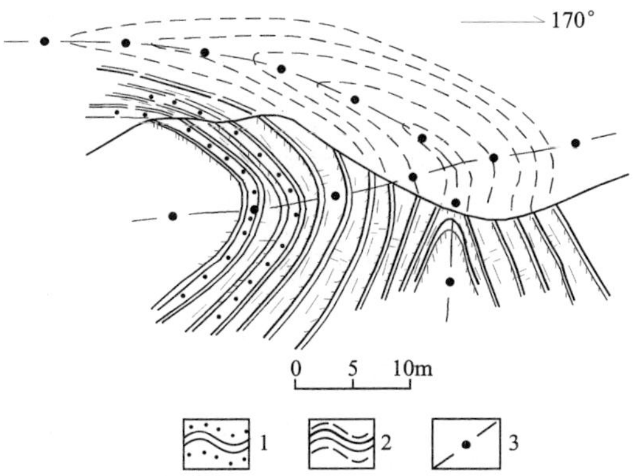

图 5-24　确哈拉群中叠加褶皱形态素描图
1. 变砂岩;2. 泥板岩;3. 轴线

总的看来,该向斜构造应属一个轴线东西向、轴面略向北倾的斜歪向斜构造,并受后期近东西向向北陡倾的脆性断层及南北向的脆性断层的改造作用。其褶皱形态与晚白垩世竟柱山组有差异,可能在早白垩世时已发生一期褶皱变形,在晚白垩世以后,受区域上雅鲁藏布江缝合带晚期北向俯冲作用影响,再一次叠加变形。

3. 西牙-康嘎勒向斜(X_2)

该向斜位于图幅北部,核部位于西牙-桑千-昭祖-康嘎勒一线,多为大面积第四系松散沉积物覆盖,向东西两侧均延出图外,总体走向东西,主要由晚白垩世竟柱山组(K_2j)陆相红色碎屑岩组成,北翼多为第四系松散沉积物覆盖而分布局限,南倾,倾角一般在 20°～47°之间,南翼向北倾斜,产状一般在 20°～31°之间,总体为一轴面北倾的斜歪宽缓向斜构造。南翼遭受后期当蒙脚-字康勒断裂的破坏改造而使其沿断裂一侧的地层产状变陡、褶皱复杂化,具一系列较为紧闭的背向斜构造,并可见到紧闭的同斜褶皱、紧闭尖棱褶皱及挠曲。

(三)断裂特征

该带内断裂较为发育,本次区调共填绘出不同时期、不同方向、具一定规模的断裂 20 余条,按走向共分 3 大类,其中近东西向-北北东向断裂最多,约 10 条,北东向断裂 6 条,北西西向断裂 4 条。现就各方向断裂中具有代表性的几条详述如下。其余断裂特征见表 5-2。

1. 近东西向-北北东向断裂

这些断裂在该带内最为发育,常形成较宽的破碎带及构造角砾岩带,有时可能形成糜棱岩带或片理化岩带,多数为构造单元或地质体的边界断裂或沿边界附近展布,多具多期活动特征,如当蒙脚-字康勒断裂(F_4)。

当蒙脚-字康勒断裂位于当蒙脚-列差惹-多来-字康一带。它的西侧在当蒙脚一带截切拉惹-康如断裂,东侧在字康勒一带尖灭,全长约 100km,总体走向近东西向-北北东向,其东侧于查昂巴一带略向北偏转,总体展布呈向南略凸的弧形。其断面常发生扭动,有时北倾(倾角 30°～45°),有时南倾(倾角 50°～85°),有时呈北东倾(倾角 25°)。该断层卫星影像特征及地貌特征明显,通过地区多为冲沟、丫脖、陡崖及水系拐点或分叉点或源头等。它所影响到的地层主要为中晚三叠世确哈拉群、中侏罗世去申拉组、早白垩世多尼组和晚白垩世竟柱山组。

该断裂破碎带宽约 5～70m,带内岩石强烈破碎,构造角砾岩、碎裂岩或碎裂岩化岩石、片理化岩石大量发育,局部可见碎粉岩。构造角砾、碎块多呈棱角状、次棱角状,大小混杂,无定向现象。而碎粉岩中可见碎斑,并有拉长旋转现象,片理多平行主断面,发育有牵引褶皱,具硅化、褐铁矿化、铜矿化(铜蓝)等。

该断裂截切了北西西向断裂,又被多条北东向断裂所截切。断裂带内及两侧节理发育,沿节理充填石英脉或方解石脉。

表 5-2　班公湖-怒江结合带主要断裂特征一览表

编号	名　称	规　模　及　产　状					主要特征	矿化蚀变	性质	时代
		长度(km)	宽度(m)	倾向	倾角	走向				
		23	<70	180°	71°	NEW 85°～100°	发育角砾岩、碎裂岩及牵引褶皱或揉皱，破碎带内有较多的石英脉切割 J_2e、$J_3K_1\hat{s}$ 地层，被第四系覆盖	硅化、褐铁矿化、铁碳酸盐化、绢云母化	正断层	Y
F_2	俄蒙勒-玛下俄玛断裂	100	455	北倾	<30°	EW	发育角砾岩、碎裂岩、糜棱岩、片理化等，由多条断裂组成，控制构造混杂岩的分布，边界断裂断层面上其擦痕、阶步等。测区内断续延伸	硅化、铁碳酸盐化	逆断层	Y
F_4	当蒙脚-字康勒断裂	75	5～7	0° 310° 60° 150° 160°	42° 45° 25° 65° 50°	EW-NEE	发育角砾岩、碎裂岩及片理，可见碎粉岩，碎斑具拉长旋转。局部发育陡崖，影响到的地层有 $T_{2-3}qh$、J_2q、K_2j，西部截切断裂 F_3，被 NE 向断裂 F_5、F_7、F_9 错动，又错断断裂 F_8	硅化、褐铁矿化、铜矿化(铜蓝)	多期	Y | X
F_5	木冬断裂	2.5				NE15°	发育碎裂岩，断面平直近直立，切割地层 $T_{2-3}qh$、J_2q、K_2j 及断裂 F_4		右旋平移	Y | X
F_6	喔尔章-木波当觉断裂	15				NE20°	发育碎裂岩及碎裂岩化、具陡崖、陡坎，切割地层 J_2q、K_1d、K_1l 及断裂 F_3，平行于断裂 F_7、F_9		左旋平移	Y | X
F_7	卡供拉-恰俗雄波断裂	40		向西	陡倾	NE20°	断面平直近直立，局部向西陡倾，发育角砾岩、碎裂岩及陡崖，具牵引褶皱和节理，节理与主断裂呈锐角相交，西盘南移，南盘北移，切割地层 $T_{2-3}qh$、J_2e、K_1d、K_1l、K_2j 及断裂 F_3、F_4，平行断裂 F_6、F_9		左旋平移	Y | X
F_8	日啊主勒断裂	9		南西倾	80°±	NWW290°	呈折线状展布，断面平直，仅有碎裂岩化，切割地层 $T_{2-3}qh$、K_2j，被断裂 F_9 错断，切割 F_4		正断层	Y | X
F_9	照祖-贡日断裂	36				NE 30°～35°	发育角砾岩、碎裂岩及碎裂岩化，破碎带内节理发育，沿节理充填方解石脉。切割地层 $T_{2-3}qh$、K_1d、K_1l、K_2j 及断裂 F_3、F_4、F_8，与断裂 F_6、F_7 平行		左旋平移	Y | X
F_{10}	尼龙弄巴断裂	2.5	70	340°	52°	EW	发育角砾岩、碎裂岩及牵引褶皱和节理，切割地层 $T_{2-3}qh$		逆断层	Y

注：Y. 燕山期；X. 喜山期；F_3. 拉惹-康如断裂。

该断裂是次级构造单元尼玛燕山期前陆盆地与朱日-宋我日燕山期滞后火山弧的分界断裂，也是晚侏罗世断陷盆地的南部边界断裂，具多期活动特征。①尼玛燕山期前陆盆地沉积的俄蒙勒组、沙木罗组分布于断裂北侧，未越过该断裂，而断裂南侧朱日-宋我日燕山期滞后火山弧内的确哈拉群的变质变形特征均指示了由南向北的逆冲特征，说明早期该断裂已有活动，可能与南侧拉惹-康如断裂早期活动同期，为班公湖-怒江结合带南向俯冲时形成，由于后期构造改造，该期断裂活动情况不清楚；②中期主要发生在晚白垩世，明显控制晚白垩世陆相断陷盆地的边界，具正断效应；③后期既有断面北倾的逆冲断层(图 5-25)，也有断面南倾的逆冲断层(图 5-26)，主要在该断裂的西侧表现明显，可见竟柱山组由北向南逆冲压盖到去申拉组和多尼组之上，及去申拉组、确哈拉群由南向北逆冲压盖到竟柱山组之上，局部有碎粉岩，碎粉岩中的残斑具拉长、旋转现象，而断裂南侧碎裂火山岩中的石英、斜长石斑晶也有拉长、旋转现象，其形成时代在晚白垩世末或以后，二者可能同时或近同时，可能与区域上晚白垩世末雅鲁藏布江缝合带北向俯冲有关；④ 白垩纪以后，该断裂仍有活动，在其东侧表现明显，竟柱山组及确哈拉群、去申拉组均发生构造变形，形成构造角砾岩、碎裂岩等，为北倾的正断层(图 5-27)，其形成时代可能在白垩纪之后，甚至第四纪时仍在活动。

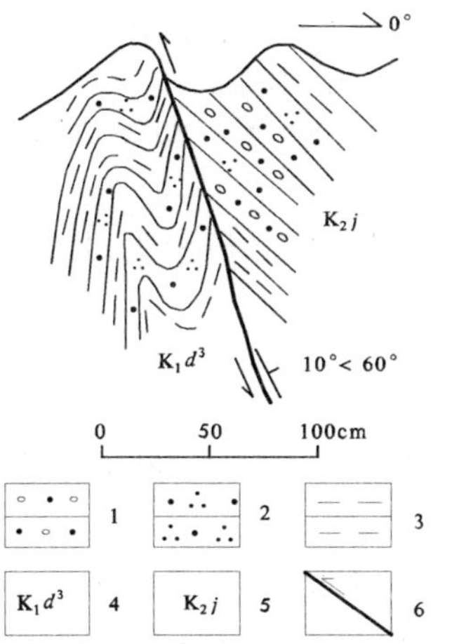

图 5-25　确日山峰附近断层及牵引褶皱素描图
1. 红色砾岩；2. 细粒石英砂岩；3. 泥岩；
4. 多尼组三段；5. 竟柱山组；6. 断层

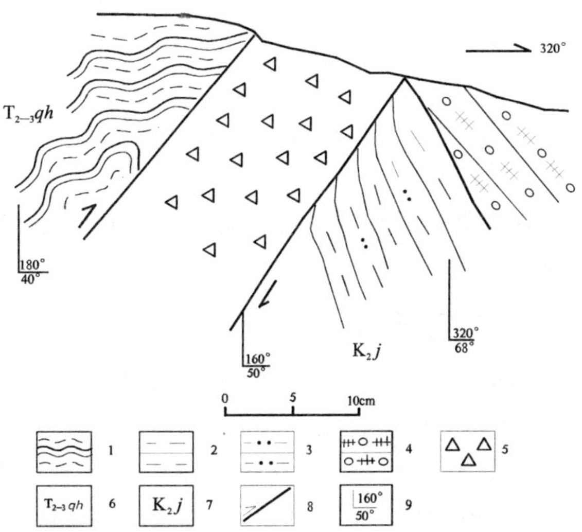

图 5-26　适常勒南断层(F_4)特征素描图
($T_{2-3}qh$ 向北逆冲压盖在 K_2j)
1. 泥板岩；2. 泥岩；3. 粉砂质泥岩；4. 复砾岩；
5. 构造角砾岩；6. 确哈拉群；7. 竟柱山组；8. 断层；9. 产状

2. 北东向断裂

这些断裂在该带内较为发育，沿线多形成断层角砾岩、碎裂岩及碎裂岩化岩石，集中发育在该带中部，在 8km 范围内形成了 3 条主要平行断裂，常与近东西向断裂一起将地层切割成菱形块状，以卡供拉-恰俗雄波断裂(F_7)为例详述。

断裂南侧越过拉惹-康如边界断裂延伸到邦多-班戈燕山期弧后盆地并于恰墨弄巴一带尖灭，北侧于恰俗雄波一带被第四系松散沉积物覆盖，全长 40km，总体走向 20°～35°左右，其断面平直，近直立，局部向西陡倾。该断裂航空影像特征及地貌特征明显，通过之处多为系列陡崖(坎)、冲沟、丫脖及河流拐点等，地层错动明显。断裂沿线岩石破碎形成断层角砾岩、碎裂岩及碎裂岩化岩石。其东侧地层中发育牵引褶皱，两侧地层中发育走向 10°的节理，与主断裂呈锐角相交，指示其西盘南移、东盘北移的右旋平移特征(图 5-28)。

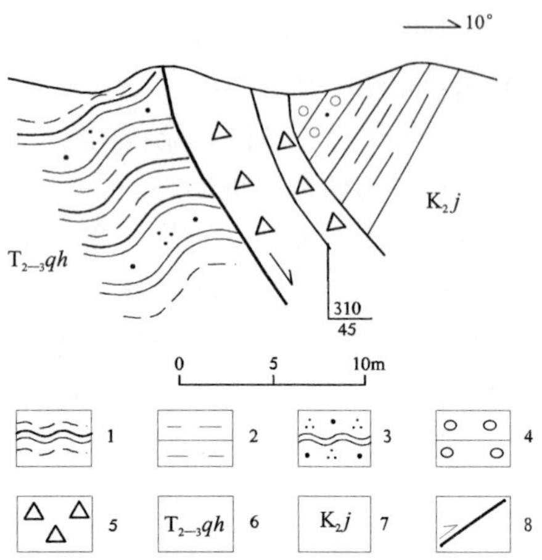

图 5-27　郎弄巴东附近断层(F_4)特征素描图

1. 泥板岩；2. 泥岩；3. 变石英砂岩；4. 砾岩；5. 构造角砾岩；6. 确哈拉群；7. 竟柱山组；8. 断层

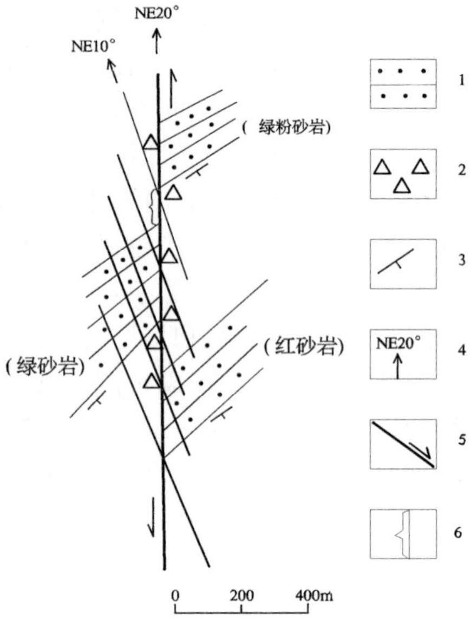

图 5-28　恰俗雄波一带平移断层(F_7)与节理及地层错动关系

1. 砂岩；2. 断层角砾岩；3. 地层产状；4. 断层或节理走向；5. 断层；6. 断距

该断裂影响的地层主要为确哈拉群、郎山组、多尼组及竟柱山组，被第四系所覆盖，其形成时代应在晚白垩世晚期—古近纪。

3. 北西西向断裂

这些断裂多发育在该带东侧，一般规模不大，延伸不远。北西西向(290°)展布，断面平直，多向南西陡倾，正断特征明显，少量平移特征。以日啊主勒断裂(F_8)为例详述。

断裂位于日啊-哭若一带，东西两端均被第四系松散沉积物覆盖。全长约 9km，总体走向北西西向(290°)，呈折线状展布，断面平直，南西倾，倾角较陡(80°±)。其卫星影像特征及地貌特征明显，通过地区多为冲沟、陡崖及河流拐点等。该断裂仅有碎裂岩化现象，在其南侧可形成牵引褶皱，指示正断层特征。该断裂切割确哈拉群和竟柱山组，被第四系覆盖，同时切割近东西-北北东向断裂，又被北东向断裂所截切，其形成时代应在晚白垩世之后，为燕山晚期—喜山期。

(四)小结

总上所述，班公湖-怒江结合带构造特征如下。

发育与区域主构造线相一致的近东西向-北东东向断裂，构成该区基本断裂格局。这些断裂多为不同构造单元或不同地质体的边界(如 F_2、F_3、F_4)，并具多期活动特征，表现最为明显的有早侏罗世的向北逆冲作用、晚白垩世早期的正断作用及晚白垩世晚期—古近纪的向南逆冲作用。

晚期的北东向断裂切割与区域主构造线相一致的近东西向-北东东向断裂。这些断裂常成组集中分布，多具正断层或平移断层特征。少量的北西西向或北西向断裂切割早期近东西向-北东东向断裂，又被北东向断裂截切，多具正断层特征，可能与北东向断裂为共轭断裂。

区内褶皱构造以轴向近东西的向、背斜为主，与区域主构造线一致，共有向斜 3 个。其中发育在中晚三叠世地层中的尼鲁拉-则岗向斜为一轴面南倾的斜歪褶皱，明显与拉惹-康如断裂早期由南向北的逆冲作用有关，其生成时代最早；发育在中晚侏罗世地层中的日日阿吕-我扎扎向斜为一轴面北倾的斜歪褶皱，其生成时代稍晚；发育在晚白垩世地层中的西牙-康嘎拉向斜则为一轴面略北倾的斜歪褶皱，明显叠加于早期褶皱构造之上，其生成时代最晚。

二、冈底斯-拉萨-腾冲陆块(Ⅱ)

(一)邦多-班戈燕山期弧后盆地($Ⅱ_1$)

该区位于图幅中部吴如错一带，呈西窄东宽的楔形展布，东西两侧均延出图外，是雅鲁藏布江结合带早白垩世向北俯冲的对应弧后盆地。主要沉积组合有早白垩世俄杀而补组(K_1e)深水复理石建造、多尼组(K_1d)碎屑岩-火山岩建造、郎山组碳酸盐岩建造。零星分布的晚白垩世竟柱山组(K_2j)陆相盆地红色碎屑岩建造角度不整合覆盖于下伏地层之上，多呈东西向的狭窄条带平行排列，大多位于下伏地层的向斜部位，为凹陷盆地，少数则表现为断陷成因，规模较大的有吴如错-东跃盆地(P_2)。

该区地层基本未变质，仅有少量的绢云母化和重结晶作用，可见动力变质作用所形成的角砾岩、碎裂岩和片理化或劈理化岩石。

该区岩浆活动不发育，仅在南侧有少量的闪长岩脉、石英闪长岩脉和花岗斑岩脉，侵位于多尼组中，明显受永珠-格仁错构造带控制。

1. 褶皱特征

该区褶皱极其发育，与主构造线基本一致。在南北向上褶皱的组合样式多表现为隔档式褶皱(图5-29)，多呈北西西向-近东西向波状展布，是由一系列平行排列的背斜和向斜组成，其中背斜窄而紧闭，形态完整清楚，呈线状延伸，而两个背斜之间的向斜则较为开阔，如吴如错东列喔母褶皱组。有些褶皱明显由一系列平行排列的背斜、向斜组成更高一级的向斜构造，具复式向斜特点，如吴如错南且布仍-邦定拉向斜。在东西走向上，该带内高一级的向斜构造则又表现为一种雁行状排列的斜列褶皱，如拉差日啊-啊达扎恐向斜与且布仍-邦定拉向斜及阿木穷披节-扎昂巴向斜呈东西向斜列。褶皱大多轴面南倾，可见轴面北倾的紧闭同斜褶皱和层间揉皱，具叠加特征(图5-30)。区内共识别出不同规模、不同样式、不同时期的褶皱5个，下面以阿木穷披节-扎昂巴向斜为例详细描述，其余如表5-3所示。

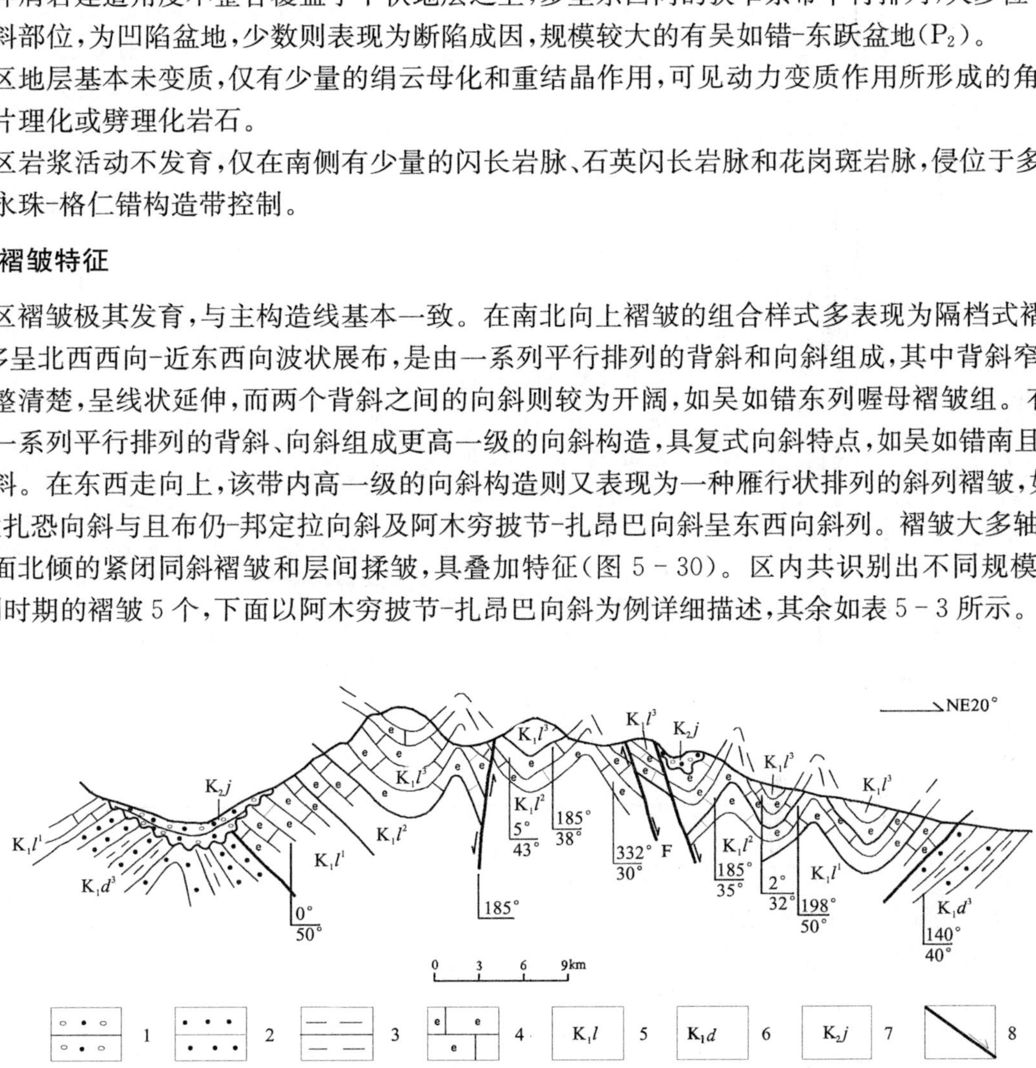

图5-29　卡规错东列握母拉褶皱组具隔档式组合特征示意图

1. 砂砾岩；2. 砂岩；3. 泥岩；4. 生物碎屑灰岩；5. 郎山组；6. 多尼组；7. 竟柱山组；8. 断层

阿木穷披节-扎昂巴向斜(X_7)位于图幅东南格仁错北。核部位于阿木穷披节-色玛日-扎昂巴-加日用主一线，东侧延出图外，向西被戈芒错-理弄勒断裂破坏，总体走向北西西向。它的南翼被戈芒错-理弄勒断裂破坏，北翼与且布仍-帮定拉向斜的南翼相连。图幅内长约60km，宽约5～12km。核部由郎山组灰岩组成，核部见有“W”型的尖棱褶皱。北翼出露的地层主要为多尼组三段，其产状南倾，倾角一般在30°～50°之间，南翼出露的地层主要有多尼组、俄杀而补组，其产状北倾，倾角一般在51°～60°之间，且在南翼中发育有较多的轴面北倾的复杂同斜紧闭褶皱(图5-31)、轴面北倾的斜歪褶皱(图版XIV-8)和层间揉皱(图5-32)。

表 5-3 邦多-班戈燕山期弧后盆地主要褶皱特征一览表

编号	名称	规模	走向	核部地层	两翼地层及产状	轴面	其他特征
X_4	拉差日啊-啊达扎恐向斜	长 85km，宽 13km	EW	K_1l	K_1d，北翼南倾，倾角 30°～40°，南翼北倾，倾角 45°～60°	南倾	轴线呈缓波状，局部被竟柱山组覆盖。伴有次一级与之平行排列的背向斜多个，可见轴面北倾的紧闭同斜褶皱。北翼被北西西-近东西向断裂破坏，东侧被北东向断裂组所破坏。其形成时代为燕山晚期，并叠加有喜山期构造运动
B_2	列喔母拉褶皱组	长 30km，宽 30km	EW	K_1l	K_1d，两翼倾角中等，但南翼倾角稍大	略向南倾	在 30km 宽度内平行排列了 8 个背向斜构造，构成褶皱组，具隔档式褶皱组合特征，其中 4 个背斜窄而紧闭，形态完整清楚，线状延伸，4 个向斜则较为宽阔平缓。其上多被竟柱山组和第四系覆盖，竟柱山组多沿向斜核部分布。叠加有后期轴面北倾的斜歪褶皱，受后期北东向、北西向或近东西向断裂破坏。其形成时代为燕山晚期—喜山期
X_6	且布仍-邦定拉向斜	长约 75km，宽约 20km	EW-NWW	K_1l	K_1d，北翼产状南倾，倾角一般在 30°～45°之间，南翼产状北倾，倾角一般在 38°～50°之间	略向南倾	向东延出图幅，向西则被密集发育的北东向及北北东向断层组所破坏。其北翼与列喔母拉褶皱组的南翼相连，南翼与阿木穷披节-扎昂巴向斜的北翼相连。总体为一开阔褶皱，其内发育一系列次级平行排列的背向斜多个，并伴有近东西向、北西西向及北东东向断裂。叠加有轴面北倾的紧闭同斜褶皱
X_5	次扎饿玛-甲拉扒玛向斜	长约 55km，宽约 5km	EW	K_2j	K_2j，北翼产状南倾，倾角一般在 27°～40°之间，南翼产状北倾，倾角一般在 10°～30°之间	北倾	竟柱山组以角度不整合覆盖在郎山组、多尼组之上。其上多被第四系松散沉积物覆盖。总体为一斜歪宽缓褶皱，在向斜核部发育次级的"W"型褶皱。其形成时代应在喜山早期

总的看来，该向斜构造应属一个轴线近北西西向、轴面略向南倾的开阔斜歪褶皱。受后期构造的叠加作用，褶皱形态趋于复杂，形成一系列轴面北倾的紧闭褶皱。该向斜构造形成时间应在早白垩世晚期或稍后，可能与永珠-格仁错"洋"南向俯冲、闭合有关，其后在晚白垩世晚期或稍后，受区域上南北向挤压作用的影响，再次遭受褶皱变形。

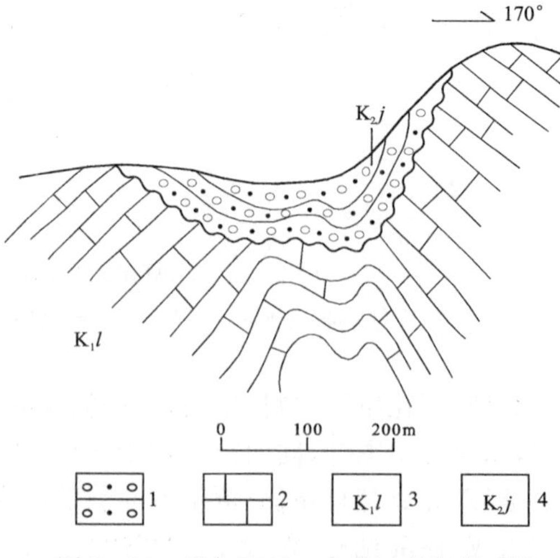

图 5-30 罗仁西 K_2j 与 K_1l 接触关系及叠加褶皱素描图

1. 砂砾岩；2. 灰岩；3. 郎山组；4. 竟柱山组

2. 断裂特征

该区断裂发育。不同时期、不同方向具一定规模的断裂有 55 条，按走向共分 7 大类。根据断层之间的切割关系，由早到晚依次为：① NWW 向断裂 12 条；② NEE 向断裂 12 条；③ NW 向断裂 3 条；④ EW 向断裂 12 条；⑤ NE 15°～30°向断裂6条；⑥ NE 35°～50°向断裂8条；⑦ SN向断裂2条。其中北西西-近东西向断裂和NEE向断裂，与主构造线相一致，构成该区基本断裂格局。各类断裂常呈断层组出现。断裂相互切割，常将地层切割成各种块状。各类断裂主要特征见表5-4，下面就各类断裂中具有代表性的几条作以详述。

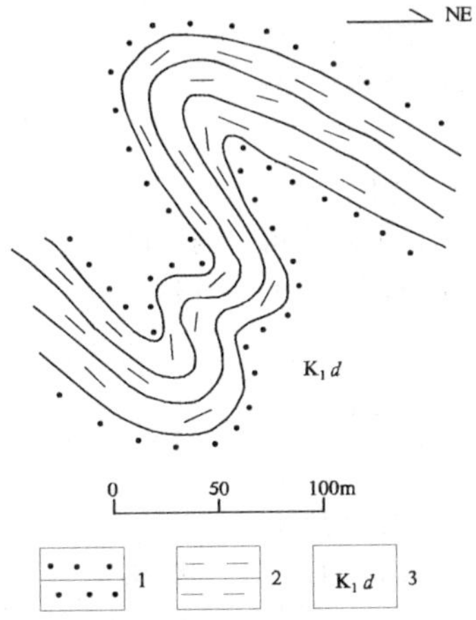

图5-31　格仁错北岸 K_1d 中褶皱形态素描图

1. 砂岩；2. 泥岩；3. 多尼组

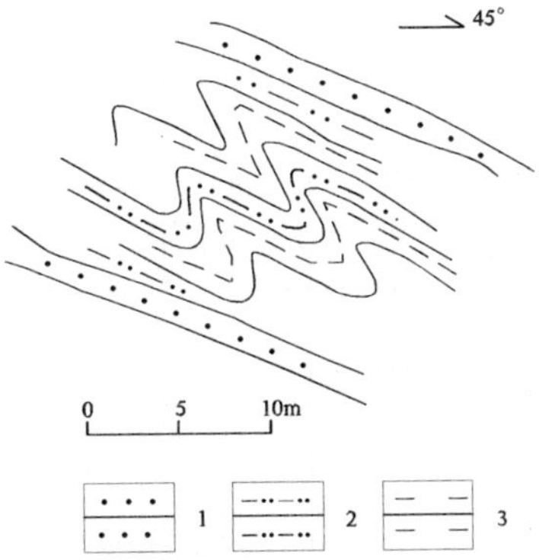

图5-32　格仁错北岸 K_1d 中层间褶皱素描图

1. 砂岩；2. 粉砂质泥岩；3. 泥岩

(1) 日阿锅-扎岗吭巴北断裂(F_{12})

该断裂位于日阿锅北-土雄-共者-扎岗吭巴北一带，其东西两侧均被第四系覆盖。全长约30km，总体走向290°左右，呈折线状展布，断面总体北东倾(5°～50°)，倾角较陡(>61°)。该断层卫星影像特征及地貌特征明显，通过地区多为断崖、陡坎、冲沟及河流拐点等，可见断层三角面。它所影响到的地层有多尼组(K_1d)和郎山组(K_1l)。该断裂破碎带宽约30m，破碎带内发育角砾岩、碎裂岩等。在断裂两侧发育有牵引褶皱(图5-33)，断面上发育擦痕，为一向北东陡倾的正断层。具褐铁矿化或铁碳酸盐化、铜矿化(铜蓝)。

该断裂与区域主构造线一致，被NE 35°～50°方向的断层错断，是该带内最早发育的断裂，其形成时代应在晚白垩世早期，可能与晚白垩世断陷盆地形成有关。

(2) 布渣断裂(F_{18})

该断裂位于布渣-阿布真日北一带，向西被约儿卡-卓给拉母脚断裂(F_{17})截切，向东被松多断层组所截。全长约10km，总体走向NEE80°。其断面平直，向南东(160°)陡倾(80°)。该断层卫星影像特征和地貌特征明显，通过之处多为陡崖、丫脖等，可见断层三角面。它所影响到的地层仅有郎山组灰岩。沿断裂发育碎裂岩、碎粉岩(碎粉占60%)。根据断裂两侧地层的缺失及地形特征判断为正断层。

该断裂被东西向断裂及NE 20°～25°的断裂所截切，是该带内仅晚于NWW向断裂的断裂。

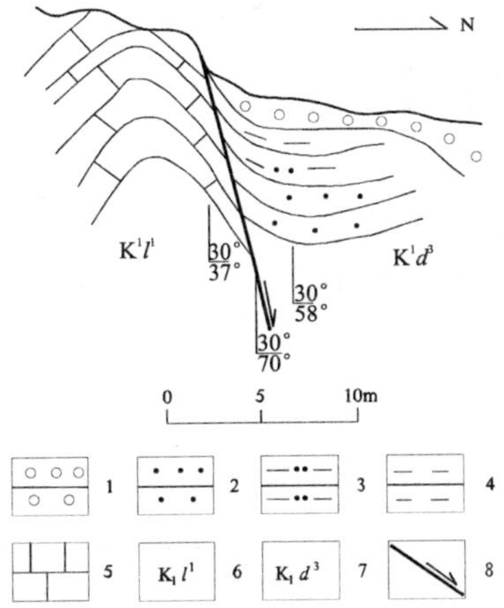

图5-33　日阿锅东 K_1d^3 与 K_1l^1 断层接触素描图

1. 砾岩；2. 砂岩；3. 粉砂质泥岩；4. 泥岩；5. 灰岩；6. 郎山组一段；7. 多尼组三段；8. 断层

(3) 喔荣俄玛-重龙谱断裂(F_{50})

该断裂位于喔荣俄玛-重龙谱一带，向西北于对凶附近尖灭，向东南于贡日西附近尖灭，全长约13km。总体走向为北西325°，呈折线状展布，卫星影像特征及地貌特征明显，它所通过的地区多为冲沟、河流、陡崖及河流拐点等。它所影响到的地层有多尼组、郎山组，沿断裂岩石破碎形成角砾岩、碎裂岩，具擦光面，有碳酸盐化。在其东侧可见其断面东倾，倾角80°次级断层，根据断层两侧地层缺失现象及地形特征(西高东低)判定该断层为一断面北东陡倾的正断层。它切割北东东向色玛日-拉使当断裂及洛马断裂。

表 5-4　邦多-班戈燕山期弧后盆地带主要断裂特征一览表

编号	名称	规模及产状				主要特征	矿化蚀变	性质	时代
		长度(km)	宽度(m)	倾向倾角	走向				
F_{11}	阿那-抓里仿断裂	8	3～5	300°∠57° 336°∠34° 336°∠35°	NE 65°	呈波状展布,通过地区为冲沟及河流拐点,发育角砾岩、碎裂岩,具牵引褶皱		逆断层	燕山晚期
F_{12}	日阿锅-扎岗吭巴北断裂	30	30	5°∠61° 30°∠70° 5°∠陡倾	NWW 290°	通过处多为断崖、陡坎,冲沟及河流拐点等,具断层三角面,发育角砾岩、碎裂岩,具牵引褶皱、擦痕	铜矿化(铜蓝)	正断层	燕山晚期
F_{13}	扎岗吭巴断裂	7.5			NE 30°	发育角砾岩、碎裂岩,切割 K_1d、K_1l、K_2j,截切 F_{14},错断 F_{12}		左旋平移	喜山期
F_{14}	无如马尔过断裂	19	5～70	190°∠70° 205°∠65° 200°∠55°	EW	呈向南凸之弧形,发育角砾岩、碎裂岩,具磨光面,有擦痕、阶步,切割 K_1d、K_2j,交汇于 F_3,被 F_{13} 截切	硅化、褐铁矿化	逆断层	喜山期
F_{15}	打个勇断裂	8		5°∠60°	EW	通过多处为冲沟、丫脖及河流拐点等,发育角砾岩、碎裂岩及节理,沿节理充填方解石脉、石英脉,切割 K_1l		正断层	燕山晚期
F_{16}	扯不然-知弄饿马断裂	9		135°∠60°	NE60°	发育碎裂岩,切割 K_1l,被 F_{15}、F_{17} 截切		逆断层	燕山晚期
F_{17}	约儿卡-卓给打母脚	15	20	10°∠70° 351°∠70°	EW	通过地区多为冲沟、陡崖及河流拐点等,发育角砾岩、碎裂岩,切割 K_1d、K_1l,截切 F_{16}、F_{18}	硅化、褐铁矿化、铁碳酸盐化	逆断层	燕山晚期
F_{18}	布渣断层	10		160°∠80°	NEE 80°	断面平直,发育碎裂岩、碎粉岩,切割地层 K_1l,被 F_{17}、F_{21} 截切		正断层	燕山晚期
F_{19}	巴如勒断裂	12	100	340°∠65°	NEE 60°	通过地区多为冲沟、丫脖、陡崖及河流拐点等,发育碎裂岩,具牵引褶皱,切割地层 K_1d、K_1l,被 F_9 截切		正断层	燕山晚期
F_{20}	荣日断裂	7.5	200		EW	通过地区多为冲沟、河流拐点等。发育碎裂岩,切割地层 K_1d、K_1l,被 F_9 截切		不明	喜山期
F_{21}—F_{24}	松多断层组	9	3	北西陡倾	NE 15°～30°	由一系列平行排列的断层组成,发育大量角砾岩、碎裂岩及碎裂岩化岩石,节理(NE20°)发育,切割地层 K_1d、K_1l、K_2j,截切断裂 F_{18} 被 F_{25} 截切		左旋平移	燕山晚期
F_{27}	达呀-加主主断层	9	40	350°∠60°	EW	发育碎裂岩、碎粒岩、碎粉岩,具牵引褶皱,地层有重复现象,切割地层 K_1l		逆断层	燕山晚期
F_{29}	卓沙而断裂	2		NS355°	NS	发育有碎裂岩,地层错移明显,切割地层 K_1d、P_1a,错断 F_{30},两侧有晚白垩世闪长岩脉侵入		右旋平移	燕山晚期

续表 5-4

编号	名称	规模及产状				主要特征	矿化蚀变	性质	时代
		长度(km)	宽度(m)	倾向倾角	走向				
F_{30}	普打-卓沙而断裂	3.5		南倾，倾角中等	EW 80°	发育碎裂岩，可见 P_1a 压盖在 K_1d 之上，被 F_{29} 错断		逆断层	燕山晚期
F_{31}	接马兰曲断层	7.5	50	315°∠75°	NEE 70°	发育角砾岩、碎裂岩和断层泥，具磨光面、阶步、擦痕和牵引褶皱，发育平行断裂的方解石脉，切割地层 K_1l、K_2j	硅化	正断层	喜山早或燕山晚期
F_{32}	布上-具列断裂	8	10		NE40°	发育角砾岩、碎裂岩及碎粉岩，切割 $D_{2-3}\hat{c}$、D_1d、P_1a、P_2x、K_1d，切断推覆构造面	硅化	左旋平移	燕山晚或喜山早期
F_{33}	比郎-邦定拉断裂	12	10～100	5°～355°∠80°	EW 95°	发育角砾岩、碎裂岩及方解石脉、石英脉，切割地层 K_1l，错断 F_{34}	褐铁矿化	正断层	燕山晚期
F_{34}	阿木我苏-书日啊断裂	11	10～100	30°∠77°	NWW 290°	发育角砾岩、碎裂岩及方解石脉、石英脉，具磨光面，切割地层 K_1l，被 F_{33} 错断	铁碳酸盐化	正断层	燕山晚期
F_{46}	喔荣-钉仁拉断层	12		15°∠60°	NWW 290°	发育角砾岩、碎裂岩及牵引褶皱，切割地层 K_1d，被 F_{47} 错断	碳酸盐化	逆断层	燕山晚期
F_{47}	龙穷断裂	4			NE 30°	切割地层 K_1d，错断 F_{46}		左旋平移	燕山晚期
F_{48}	卡达勒断裂	7			NWW 300°	通过地区多为冲沟、丫脖等，切割地层 K_1d、K_1l		不明	燕山晚期
F_{49}	色玛日-拉使当断裂	26	3～5		NEE 75°	发育断层角砾岩、碎裂岩，具断层磨光面，切割地层 K_1d、K_1l，被 F_{50} 截切		右旋平移	燕山晚期
F_{50}	喔荣俄玛-重龙谱断裂	13		北东倾倾角 80°	NW 325°	发育角砾岩、碎裂岩，具断层磨光面，切割地层 K_1d、K_1l，截切断层 F_{49}、F_{51}		正断层	燕山晚期
F_{51}	洛玛断裂	5			NEE 75°	发育碎裂岩、角砾岩，切割地层 K_1d，被 F_{50} 截切		不明	燕山晚期
F_{52}	绒巴巴断裂	6			EW 95°	发育碎裂岩，切割地层 K_1d、K_1l		不明	燕山晚期
F_{53}	拿弄北断裂	2		180°∠80°	EW	发育碎裂岩、碎粉岩及牵引褶皱		正断层	燕山晚期
F_{54}	拿弄南断裂	2	10～20	200°∠75°	NWW 290°	发育碎裂岩、碎粉岩及牵引褶皱，切割地层 K_1d，被 F_{53} 截切		逆断层	燕山晚期
F_{55}	垭谱北断裂	2		0°∠55°	EW	发育角砾岩、碎裂岩及牵引褶皱，切割地层 K_1l，截切 F_{56}		正断层	燕山晚期
F_{56}	垭谱东-亚龙吓弄断裂	3	5	270°∠45° 230°∠45°	NS-NW 325°	发育角砾岩、碎裂岩及次级平行断层和牵引褶皱，切割地层 K_1l	褐铁矿化	正断层	燕山晚期
F_{57}	日阿布松多断裂	5		190°∠72°	NWW 280°	具碎裂岩化，沿断层有正长斑岩侵入		不明	燕山晚期
F_{58}	则日尖南断裂	4		直立	EW	发育角砾岩、碎裂岩，具陡崖，切割地层 K_1d		不明	燕山晚期

(4) 比郎-邦定拉断裂(F_{33})

该断裂位于吴如错南比郎-邦定拉一带,向西于比郎一带被第四系覆盖,向东在帮定拉附近尖灭。全长约 12km。总体走向东西向,其断面平直北倾(5°～355°),倾角较陡(80°)。该断层卫星影像特征及地貌特征明显,它所通过的地方多为冲沟、陡崖及河流拐点等,沿断层形成一系列陡峭的小山包或高地。它所影响到的地层仅有郎山组灰岩。该断裂破碎带宽 10～100m,岩石破碎强烈,发育大量的角砾岩、碎裂岩。破碎带内方解石脉发育,有少量的石英脉,具褐铁矿化。该断层为一断面向北陡倾,上盘下降、下盘上升的正断层,它切割北西西向阿木我苏-书日啊断裂(F_{34})。

(5) 松多断层组(F_{21}—F_{24})

该断层组位于松多一带,由一系列 NE 15°～30°方向的断层组成,在 3km 范围内具有一定规模的断层 4 个,呈平行排列。断层组向南被第四系覆盖,向北很快尖灭,全长约 9km。它所影响到的地层有多尼组、郎山组和竟柱山组。该断层组破碎带宽约 3km,其内岩石破碎强烈,发育碎裂岩及碎裂岩化岩石。断层角砾岩角砾呈棱角状、次棱角状,无分选,钙质胶结。破碎带内发育 NE 20°±及近东西向的节理,沿节理充填方解石脉。断层组内断面多平直西北陡倾,有时近于直立,切割北东东向断裂及东西向断裂,又被 NE 35°～50°方向的断裂所切。根据断层两侧地层的错动关系应为一左旋平移断层。

(6) 垭谱东-亚龙吓弄断裂(F_{56})

该断裂位于垭谱东侧-亚龙吓弄一带,向南被第四系覆盖,向北交汇于垭谱北断裂(F_{55})上。全长约 3km,总体走向近南北向,呈折线状展布,北段略向西转而呈北西向(230°∠45°),断面总体西倾,倾角中等(45°)—陡,有时近于直立。该断层卫星影像特征及地貌特征明显,通过地区多为丫脖、陡崖等,可见断层三角面。它所影响的地层仅有郎山组。该断裂破碎带宽约 5m,带内岩石破碎强烈,发育角砾岩、碎裂岩,并发育有平行主断裂的多条次级断裂和牵引褶皱,具褐铁矿化现象。根据断层两侧的牵引褶皱、地层错动效应和地形特征判定该断层为正断层。

3. 小结

总上所述,邦多-班戈燕山期弧后盆地区构造特征为:发育与主构造线方向一致的北西西-近东西向断裂和褶皱。褶皱多发育在早白垩世地层中,少数发育在晚白垩世地层中,二者具明显的叠加关系。早白垩世地层中的褶皱多为轴面南倾的斜歪褶皱,在南北向上褶皱样式有隔档式和复式褶皱等组合形式,在东西向上具雁行式斜列特征。晚白垩世地层中的褶皱多为轴面略北倾的斜歪开阔褶皱,具"W"型特点。该区断裂以中浅层次脆性断裂为主,除平行主构造线方向的北西西-近东西向断裂外,尚发育北东向、北西向、北东东向及南北向断裂,根据断裂相互切割关系判断其成生顺序为 NWW→NEE→NW→EW→NE→NS,其中大部分为燕山晚期,少数为燕山晚期至喜山早期。

(二)革吉-申扎燕山期岛弧($Ⅱ_2$)

该区位于图幅南部,雅鲁藏布江结合带早白垩世向北俯冲的对应岛弧,以戈芒错-格仁错构造带为界与北边的邦多-班戈燕山期弧后盆地相毗邻,进一步划分为 5 个Ⅳ级构造单元,由西北向东南依次为则作莫则巫盆地($Ⅱ_2^{2-1}$)、夏噶日隆起带($Ⅱ_2^{2-2}$)、卓尼-申亚沉降带($Ⅱ_2^{2-3}$)、得尔东-碧尖勒隆起带($Ⅱ_2^{2-4}$)和卓瓦-下过沉降带($Ⅱ_2^{2-5}$)。则作莫则巫盆地除有少量的早白垩世则弄群火山岩外,大部为晚白垩世竟柱山组陆相盆地红色碎屑岩,角度不整合于则弄群之上;夏嘎日隆起带和得尔东-碧尖勒隆起带主要由古生界石炭—二叠系组成,也是花岗岩体的分布地带;卓尼-申亚沉降带和卓瓦-下过沉降带则主要由早白垩世则弄群火山岩组成,则弄群火山岩角度不整合于古生界地层之上。

该区以区域低温动力变质作用为主,叠加有动力变质作用和热接触变质作用。区域低温动力变质作用表现为浅变质形成的板岩、变质砂岩、结晶灰岩及变质火山岩等,主要变质矿物有绢云母、石英(次生加大和结晶石英)、方解石、绿泥石、绿帘石等。动力变质作用形成糜棱岩、糜棱岩化、碎裂岩、碎粉岩、角砾岩等;接触变质则形成矽卡岩化带。

区内岩浆活动较强,具一定规模的岩基或岩体多沿隆起带呈带状分布,中酸性岩脉也较发育。

1. 褶皱特征

区内褶皱构造主要发育于古生界地层之中，多为轴线北西西向-近东西向的复杂褶皱，而中生代地层中以发育宽缓的褶皱为特征，仅局部见有紧闭的斜歪褶皱。具一定规模、不同时期、不同样式的褶皱构造有5个，以下就夏噶日复式背斜作详述，其余如表5-5所示。

表5-5 革吉-申扎燕山期岛弧带主要褶皱特征一览表

编号	名称	规模	走向	核部地层	两翼地层及产状	轴面	其他特征
B_3	麻勒果-俄弱背斜	长19km，宽5.5km	北西西向-近东西	S_1d	北翼$S_{2-3}\hat{z}$、D_1d、$D_{2-3}\hat{c}$多北倾倾角35°～60°，南翼$S_{2-3}\hat{z}$南倾倾角75°～80°	南倾	轴线呈缓波状，向西被竟柱山组和第四系覆盖，向东被野地淌嘎-驳陆断裂截切，南翼被麻勒果-恩让勒断裂所破坏而发育不全，受后期推覆构造及韧性挤压变形的影响，使其褶皱复杂化，形成一系列轴面南倾的紧闭同斜褶皱
X_8	江那昂作-俄不查向斜	长约30km，宽1～10km	北西西向	P_2x	北翼P_1a南倾倾角46°，南翼P_1a、C_2P_1l北倾，倾角25°～30°	北倾	向西被第四系覆盖，向东受韧性挤压变形带及花岗岩体破坏，可见有次级背斜构造，而使其呈"W"型。受麻勒果-恩让勒断裂破坏，总体为轴面略北倾的"W"型向斜构造
X_9	加若-河美多向斜	长约60km，宽6.7km	近东西-北东东	P_2x	北翼南倾倾角30°～50°，南翼被第四系覆盖		与夏噶日复式背斜南翼相连，向斜的核部断续分布一些花岗岩体及岩株，其上被则弄群火山岩不整合覆盖。此向斜受后期北西西断裂和南北向断裂破坏
X_{10}	扎热达-卡渣扎日向斜	长约90km，宽25km	近东西	K_1zl	K_1zl两翼产状平缓，倾角在20°～50°之间	直立	局部见紧闭褶皱，其上有第四系松散沉积物覆盖，局部有小岩株或岩体侵入，并被北西西向断裂、近东西向断裂和北东向、北西向断裂所破坏

夏噶日复式背斜(B_4)构造位于夏噶日隆起带上，核部位于拉查玛-夏噶日-总日-谷扎一线，总体走向近东西向，延伸约95km，向西延出图外，向东被永珠-格仁错构造带截切。背斜的核部由石炭系永珠组组成，沿背斜轴部分布有查木岗、夏噶日等花岗岩体。背斜的北翼出露地层有石炭系—二叠系拉嘎组、昂杰组及下拉组，产状向北中等倾斜，倾角28°～40°，可见一系列与主体背斜走向一致的次级褶皱，次级褶皱多是紧闭的斜歪褶皱或同斜褶皱，局部可见等斜褶皱。这些次级褶皱轴面多向南倾，南翼出露的地层为拉嘎组，与加若-河美多向斜的北翼相连，地层南倾，倾角30°～50°，发育有与该复式背斜走向一致的次级背向斜，次级背向斜多为紧闭褶皱，轴面北倾。两翼次级褶皱轴面有向复式背斜核部收敛的趋势。

总的看来，该背斜为一轴线近东西向、轴面略南倾的复式背斜，受后期岩体侵位及北西西向或北西向和东西向断裂严重破坏而残缺不全。

2. 断裂特征

该区断裂发育，不同时期、不同规模、不同方向，长度大于500m的断裂有45条，其中北西西向断裂21条，近东西向断裂11条，是该区断裂的主体。北西西向断裂又分多期，与上述两组断裂相交的北东向断裂(7条)、北东东向断裂(3条)及北西向断裂(3条)一般规模不大，形态平直。较晚的南北向断裂(5条)时有发育，它们常引起温泉和地震发生。该带内主要断裂特征见表5-6，现将各类断裂中具代表性的几条作详述。

表 5-6　革吉-申扎燕山期岛弧区主要断裂特征一览表

编号	名　称	规模及产状				主要特征	矿化蚀变	性质	时代
		长度(km)	宽度(m)	倾向倾角	走向				
F_{59}	马灯东断裂	1.5		305°∠65°	NE 35°	断面平直，沿断裂发育碎裂岩，主要为碎裂灰岩、碎裂英安岩，断层两侧地层倒转，两端被第四系覆盖		逆断层	燕山晚期
F_{60}	打恩断裂	3.5	20～40	95°∠79° 115°∠83°	近 NS 15°～20°	沿断裂发育角砾岩、碎裂岩，具陡崖，切割地层 K_1d 、K_1l，两端被第四系覆盖		逆断层	燕山晚期
F_{61}	阿财弄巴断裂	8.5	160	20°∠64°	近 EW 110°	断面呈弧形弯曲，沿断裂发育角砾岩、碎裂岩，角砾具定向排列，C_2P_1l、P_1a 压盖于K_1d 、K_1l之上		逆断层	燕山晚期
F_{62}	俄布断裂	7		185°∠55°	近 EW	沿断裂发育角砾岩、碎裂岩及片理化、拖拽褶皱等，局部有冷泉分布，带内充填方解石网脉和石英脉，切割地层 K_1d，与 F_{61} 平行	褐铁矿化	正断层	燕山晚期
F_{63} F_{64}	张作北断裂	6		340°∠75° 340°∠70°	NEE 70°	发育角砾岩、碎裂岩及断层泥，具陡崖，切割地层 K_1l，为一组平行断层，被 F_{65} 截切	硅化、褐铁矿化	逆断层	燕山晚期
F_{65}	张作南断裂	5		北陡倾	EW	发育角砾岩、碎裂岩，具明显的断层面，控制 K_1d 与 K_1l 边界，截切 F_{64} 、F_{63}	硅化、褐铁矿化	正断层	燕山晚期
F_{66}	齐日昂扎断裂	8	0.5～70	185°∠65°	近 EW	发育角砾岩、碎裂岩，具牵引褶皱，切割地层 K_1d，东西两端被第四系覆盖		正断层	燕山晚期
F_{67}	莫师当马断裂	3		125°∠72°	NE 35°	沿断裂岩石严重破碎形成碎裂岩，断面平直，地层错移明显，东盘北移，西盘南移		左旋平移断层	燕山晚期
F_{68}	俄波结节南断裂	2	2～5	140°∠50°	NE 50°	发育角砾岩、碎裂岩及劈理，顺断裂有花岗斑岩侵位，切割地层 C_2P_1l、$C_{1-2}y$	透闪石化	逆断层	燕山晚期
F_{69}	麻勒果-思让勒断裂	60		南倾，倾角中等	近 EW-NWW 290°	发育碎裂岩、角砾岩、糜棱岩及糜棱岩化，发育片理、劈理及紧闭同斜褶皱，影响到的地层有 S_1d、$S_{2-3}\hat{z}$、AnZNq、$C_{1-2}y$、C_2P_1l、P_2x，被近南北向断裂所截切	硅化、褐铁矿化	右行剪切和北向逆冲	燕山晚期
F_{72}	野地消嘎-驳陆断裂	6	50	280°∠65° 315°∠60°	近 NS	发育角砾岩、碎裂岩，具断层磨光面，影响地层有 AnZNq、$S_{2-3}\hat{z}$、D_1d、$D_{2-3}\hat{c}$、$C_{1-2}y$、C_2P_1l、P_2x，北端被花岗斑岩体破坏，截切断裂 F_{69} 、F_{70} 、F_{71} 、F_{74}		逆断层	燕山晚期

续表 5－6

编号	名　称	规 模 及 产 状				主要特征	矿化蚀变	性质	时代
		长度(km)	宽度(m)	倾向倾角	走向				
F_{73}	驳陆-邦勒断裂	4		北倾中等	EW	发育角砾岩、碎裂岩及糜棱岩,向西被 F_{72} 截切,向东被晚白垩世花岗斑岩体破坏,影响地层有 $AnZNq$、$C_{1-2}y$、且 $C_{1-2}y$ 压盖于 $AnZNq$ 之上		不明	燕山晚期
F_{74}	章爱断裂	6		215°∠60°	NWW 310°	发育角砾岩、碎裂岩、糜棱岩,两侧发育复杂褶皱,断面上具拉伸线理,交汇于 F_{69},被 F_{72} 截切,向东被晚白垩世花岗斑岩体破坏		右行剪切	燕山晚期
F_{75}	阿儿青桑断裂	6	10	330°∠70°	NEE 60°	发育角砾岩、碎裂岩、碎粉岩,通过地区常为冲沟、丫脖负地形,多被第四系覆盖,切割地层 D_1d、$D_{2-3}\hat{c}$,被 F_{71} 截切		正断层	燕山期
F_{76}	着布查惹-谷扎断裂	70	15～60	0°～10°∠60°～70° 179°∠58°	NWW-EW	两端均被第四系覆盖,断裂通过处多为冲沟、丫脖、凹沟及河流拐点等,断裂带内发育角砾岩、碎裂岩、碎粉岩,具羽状张节理(充填石英脉)及劈理,节理与主断裂呈锐角相交,指示上盘(北盘)下降。影响到的地层有 $C_{1-2}y$、C_2P_1l 及夏噶日花岗岩体,截切 F_{89}、F_{90}	硅化	总体正断局部逆断	燕山晚期
F_{77}	荣任断裂	11		245°∠ 52°	NW 330°	发育角砾岩、碎裂岩,具断层磨光面和擦痕,下盘擦痕上粗下细,指示上盘下降。沿断裂发育一系列次级小断层及石英脉,并见有温泉、冷泉分布,地表见泉华,切割地层 $C_{1-2}y$、C_2P_1l 向两端被第四系覆盖,被断裂 F_{78}、F_{79} 切断	褐铁矿化、硅化	正断层	燕山晚期—喜山期
F_{78}	齐布砸勒南断裂	5.5		南倾陡	NWW 285°	发育角砾岩、碎裂岩,向西被第四系覆盖,向东尖灭,切割地层 $C_{1-2}y$、错断 F_{77}	硅化褐铁矿化	逆断层	燕山期
F_{79}	打果-热布断裂	98	50	220°∠ 50° 210°∠ 60°	NWW 300°	发育角砾岩、碎裂岩及断层泥和石英脉,角砾局部弱定向,切割地层 $C_{1-2}y$、C_2P_1l、P_1a、K_1zl 及晚白垩世花岗斑岩体,截切 F_{77},被 F_{98} 截切		正断层	燕山晚期
F_{80}	直布章南断裂	13.5	50	200°∠ 60°	NWW 320°	发育角砾岩、碎裂岩及次级断层,向西被第四系覆盖,向东被 F_{87} 截切,切割地层 $C_{1-2}y$、C_2P_1l、P_2x、K_1zl		正断层	燕山晚期

续表 5 - 6

编号	名　称	规 模 及 产 状				主要特征	矿化蚀变	性质	时代
		长度(km)	宽度(m)	倾向倾角	走向				
F_{81}	董布错西断裂	2		250°∠60°	NW 325°	发育角砾岩、碎裂岩，向两侧被第四系覆盖，切割 $C_{1-2}y$，其上盘(西盘)上升，下盘下降，断距约 5m		逆断层	燕山晚期
F_{82}	嘎桑断裂	9	50	165°∠56°	NEE 70°	发育角砾岩、碎裂岩，具节理和断层崖，断面上发育铁质膜，向两侧被第四系覆盖，影响地层 $C_{1-2}y$、C_2P_1l、P_1a 和 K_1zl	铁矿化	正断层	燕山晚期
F_{83}	安门多断裂	3		75°∠72°	NS	发育角砾岩、碎裂岩及断面擦痕，错断石英闪长岩脉，有温泉、地震等现象		正断层	喜山期
F_{85}	控错-理弄勒断裂	95	1 000～10 000	南倾，倾角中等，局部较陡	NWW 300°	发育角砾岩、碎裂岩、碎粉岩，上盘发育节理、劈理，下盘发育复杂揉皱，可见 $D_{2-3}\hat{c}$、D_1d 压盖于 P_1a、P_2x 或 K_1d、K_1l 之上，多为北东向、北东东向或北西西向，为近南北向断裂所破坏	硅化、褐铁矿化	逆冲推覆	燕山期
F_{86}	舍因断裂	4		南倾，倾角中等		发育角砾岩、碎裂岩、向西交汇于 F_{85}、F_{36} 之上，向东被第四系覆盖，可见 $D_{2-3}\hat{c}$、P_1a 压盖于 K_1l 之上		逆断层	燕山期
F_{88}	直不章-蒋章断裂	19	15～20	180°∠70° 185°∠40°	EW	发育角砾岩、碎裂岩，向西被夏噶日岩体破坏，向东没入孜桂错湖区。通过地区多为冲沟、丫脖及河流拐点等。切割地层 $C_{1-2}y$ 和 F_{89}		正断层	燕山晚期
F_{89}	拉青断裂	10		南西倾	NWW 300°	沿线发育角砾岩、碎裂岩，大量节理把岩石切割成块状。切割地层 $C_{1-2}y$，被东西向断裂 F_{88}、F_{76} 截切		不明	燕山晚期
F_{90}	舍尔母列嘎断裂	8.5			NWW 300°	发育碎裂岩、角砾岩，通过之处多为冲沟、丫脖及河流拐点，切割地层 $C_{1-2}y$，被断裂 F_{76}、F_{91} 截切		不明	燕山晚期
F_{91}	所木布-那弄加断裂	40	35～50	170°∠50° 175°∠52°	EW	发育角砾岩、碎裂岩，向西切穿晚白垩世夏噶日花岗斑岩体，向东没入格仁错湖区。切割地层 $C_{1-2}y$、K_1zl，截切断裂 F_{90}，与断裂 F_{88}、F_{76}、F_{92}，为平行断裂		正断层	燕山期
F_{92}	尼龙-鸡多断裂	25	10～20	175°∠75° 180°∠75°	EW	发育碎裂岩及少量碎粉岩，有石英脉穿插，向西切穿晚白垩世夏噶日岩体，向东被第四系覆盖，切割地层 $C_{1-2}y$、C_2P_1l、P_1a、P_2x，与 F_{91}、F_{76}、F_{88} 平行		正断层	燕山期

续表 5－6

编号	名称	规模及产状				主要特征	矿化蚀变	性质	时代
		长度(km)	宽度(m)	倾向倾角	走向				
F_{87}	朗间断裂	18	400		EW	呈向北凸出之弧形，发育角砾岩、碎裂岩，切割地层 K_1zl，截切北西西向断裂		不明	燕山期
F_{93}	恰木勒断裂	7.5	800	30°∠75°	NWW 300°	发育角砾岩、碎裂岩，破碎带内发育石英脉(节理)，切割地层 $C_{1-2}y$、C_2P_1l	硅化	逆断层	燕山期
F_{94}	央日断裂	10		不明	NWW 280°	发育角砾岩、碎裂岩及石英脉，向西尖灭，向东被第四系覆盖，切割地层 K_1zl，沿断裂有早白垩世闪长玢岩体侵入，局部角砾定向	硅化	右旋平移	燕山晚期
F_{95}	江章日断裂	9.5	50	不明	NWW 280°	发育角砾岩、碎裂岩，两端均为第四系覆盖，切割地层 K_1zl，与 F_{94}、F_{96} 平行		不明	燕山晚期
F_{96}	卡渣扎日断裂	4.5		不明	NWW 280°	发育角砾岩、碎裂岩及次级小断裂(110°∠51°)，向西很快尖灭，向东被第四系覆盖，切割地层 K_1zl，与 F_{95}、F_{94} 平行		不明	燕山晚期
F_{97}	穷日断裂	5			NE 25°	发育角砾岩、碎裂岩及节理，向南尖灭，向北被第四系覆盖，切割地层 K_1zl		不明	燕山晚期
F_{98}	朗玛-深达断裂	13	30	85°∠45° 85°∠52°	NW 345°	发育角砾岩、碎裂岩，局部角砾定向，切割地层 $C_{1-2}y$、C_2P_1l、K_1zl，沿断裂有早白垩世闪长玢岩侵入，截切 NWW 向断裂		正断层	燕山晚期
F_{99}	狼东北断裂	7		不明	NWW 290°	发育角砾岩、碎裂岩，向西被第四系覆盖，向东被早白垩世得尔东岩体破坏，切割地层 C_2P_1l、K_1zl		不明	燕山晚期
F_{100}	卡尔果-克约断裂	45		160°∠70°	EW	呈弧形，沿线发育角砾岩、碎裂岩及近平行主断裂的节理(石英脉充填)，东、西两端被第四系覆盖，切割地层 C_2P_1l、K_1zl 及早白垩世得尔东岩体		逆断层	燕山晚期
F_{102}	加勒拉断裂	5.5		不明	NWW 280°	发育角砾岩、碎裂岩及次级平行主断裂的小断层，向两侧被第四系覆盖，切割 K_1zl		不明	燕山晚期
F_{103}	阿若北-木喔供断裂	13	30	西南倾，倾角中等，西侧北倾	NWW 290°	发育角砾岩、碎裂岩及磨光面、擦痕、阶步等，切割地层 P_1a、$D_{2-3}\hat{c}$，具牵引褶皱和节理		逆断层	燕山晚期

续表 5-6

编号	名称	规模及产状				主要特征	矿化蚀变	性质	时代
		长度(km)	宽度(m)	倾向倾角	走向				
F_{104}	木喔供北断裂	6	30	203°∠66°	NWW 285°	发育碎裂岩、碎粉岩及角砾岩，断面呈舒缓波状，分隔D_1d、$D_{2-3}\hat{c}$，向西交汇于F_{85}，向东被F_{107}截切		逆断层	燕山晚期
F_{105}	木喔供断裂	7.5	50	210°∠26°	NWW 290°	发育角砾岩、碎裂岩，其上盘(南盘)中发育牵引向斜，分隔D_1d与$D_{2-3}\hat{c}$，向西交汇于F_{85}上，东被F_{107}截切		正断层	燕山晚期
F_{106}	嘎错断裂	9	30～80	210°∠55°	NWW 285°	发育角砾岩、碎裂岩及节理，分割P_2x与$D_{2-3}\hat{c}$，被第四系覆盖	褐铁矿化	正断层	燕山期
F_{107}	嘎错北断裂	3	10	120°∠83°	NE 30°	发育角砾岩、碎裂岩及断层磨光面，可见陡崖，切割D_1d、$D_{2-3}\hat{c}$，截切F_{103}、F_{104}、F_{105}、F_{106}		正断层	燕山期
F_{108}	卡布左断裂	6.5			NE 45°	发育角砾岩、碎裂岩，具断层磨光面和断层崖，具擦痕，向北延出图外，向南没入格仁错湖区，截切F_{106}	褐铁矿化	不明	燕山期

(1) 打果-热布断裂(F_{79})

该断裂位于打果-汤勒-马让-热布-深达一带，东西两端均被第四系覆盖。全长约98km，总体走向NWW300°，向西南倾(210°～220°)，倾角50°～60°。该断层卫星影像特征及地貌特征明显，断层通过处多为冲沟、丫脖及河流拐点等，有时可见断层三角面。它所影响到的地层有永珠组、拉嘎组、昂杰组、则弄群及夏噶日花岗岩体和深达岩体。该断裂破碎带宽约500m，其内发育角砾岩、碎裂岩及断层泥和石英脉，角砾部分具弱定向，为断面南倾的正断层。

该断裂截切北西向断裂F_{77}，又被北西向断裂F_{98}所截。它切割则弄群及晚白垩世夏噶日岩体，其形成时间应为晚白垩世早中期。

(2) 所木布-那弄加断裂(F_{91})

该断裂位于所木布-岗尖白玛-那弄加一带，向西切穿夏噶日岩体，向东没入格仁错湖区。总体走向东西向，断面南倾(170°～175°)，倾角50°～52°。该断层卫星影像特征及地貌特征明显，通过地区多为冲沟、丫脖及河流拐点等，影响到的地层有永珠组和则弄群。该断裂破碎带宽35～50m，破碎带内发育角砾岩、碎裂岩、碎粉岩，并有石英脉穿插其中(图5-34)。总体为一断面南倾的正断层。

该断裂截切北西西向断裂(F_{90})，与F_{88}、F_{76}、F_{92}为一组平行断裂。它切割早白垩世则弄群火山岩及晚白垩世的夏噶日岩体，其形成时间为晚白垩世早中期，属于燕山晚期。

(3) 朗玛-深达断裂(F_{98})

该断裂位于朗玛-深达一带，向北于达日格东一带尖灭，向南延出图幅约1km被第四系覆盖。总体走向NW 345°，长约13km，断面平直，断面东倾(85°)，倾角中等(45°～52°)。该断裂卫星影像特征及地貌特征明显，通过地区多为丫脖、陡崖(或陡坎)及河流拐点等。它所影响到的地层有永珠组、拉嘎组、昂杰组、则弄群及深达花岗岩体。该断裂破碎带宽约30m，发育角砾岩、碎裂岩，角砾呈棱角状、次棱角状，一般1～2cm大小，大的达几厘米，角砾具定向（图 5 - 35），总体为一断面东倾的正断层。它切割了早期的北西西向断裂 F_{79}和 F_{101}。

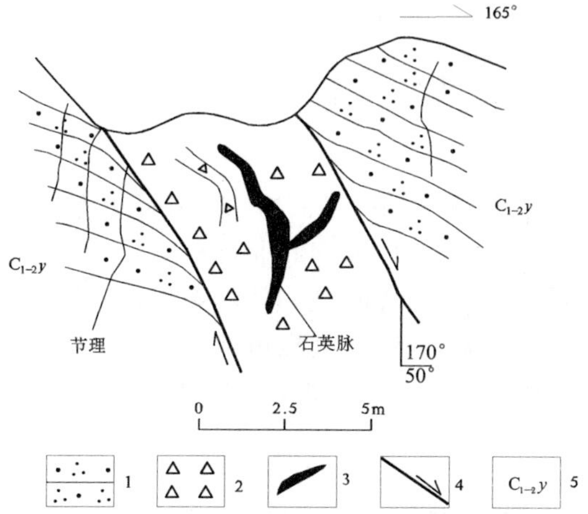

图 5 - 34　总日南沟边处断层特征素描图

1. 石英砂岩；2. 断层角砾岩；3. 石英脉；4. 断层；5. 永珠组

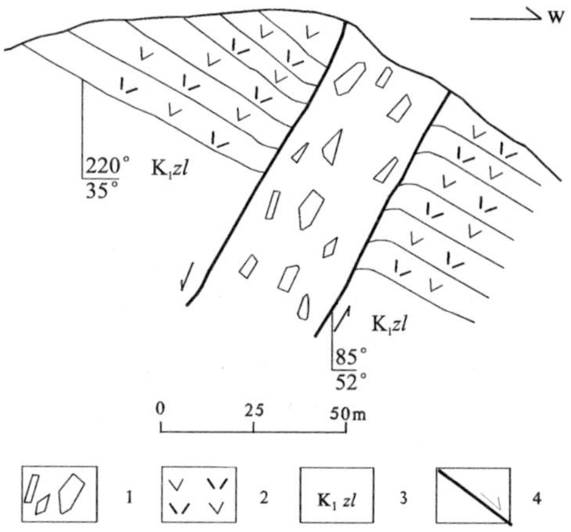

图 5 - 35　深达南断裂特征素描图

1. 断层角砾岩；2. 英安岩；3. 则弄群；4. 断层

（4）俄波结节南断裂（F_{68}）

该断裂位于俄波结节南约 1km 处，南北两端皆被第四系覆盖。总体走向 NE 50°，长约 2km，断面平直南东倾（140°），倾角中等（50°）。沿线发育角砾岩、碎裂岩及劈理，顺断层有花岗斑岩脉产出（2～5 m 宽），具透闪石化（网脉发育）。它所影响到的地层有永珠组和拉嘎组，根据地形特征及地层新老关系可知该断层为一逆断层。

（5）张作北断裂（F_{63}）

该断裂位于戈芒错西南张作一带，总体走向北东东向（NEE 70°～75°），向西被第四系覆盖，向东没入戈芒错湖区，长 6km，断面平直北倾（340°），倾角较陡（75°）。卫星影像特征和地貌特征明显，通过地区多为沟谷（冲沟）、陡崖（坎）等。它所影响到的地层为郎山组，沿断裂发育角砾岩、碎裂岩及断层泥并有石英脉贯入。总体为逆断层，具硅化、褐铁矿化。该断裂与 F_{64}为一组平行断裂，被东西向断裂 F_{65}截切。

（6）安门多断裂（F_{83}）

该断裂位于董布错南安门多一带，总体走向近南北，向南没入昂孜错湖区，向北于安门多附近尖灭，长约 3km。断面平直东倾（75°），倾角较陡（72°）。其卫星影像特征及地貌特征明显，多为冲沟、河流拐点及陡崖等，沿断层常有温泉和地震现象。影响到的地层有拉嘎组、昂杰组、下拉组。沿断裂发育角砾岩、碎裂岩及陡立的断面，断面上发育擦痕。断层错断石英闪长岩脉。

该断裂为正断层，主要表现在以下几个方面：① 断裂两侧发育北东东向（NEE 80°）的次级张性断层，与主断裂呈锐角相交，指示断裂东盘（上盘）下降，西盘（下盘）上升；② 断裂面陡直，其下盘上发育的擦痕有上粗而深、下细而浅的特征，指示上盘（东盘）下降；③ 产状北倾的石英闪长岩脉被错断后东盘南移，表明东盘下降。

在断裂北端董布错附近有地震发生，沿断裂分布有温泉、冷泉，说明该断裂至今仍有活动，为一活动断裂，应注意由其引发的地震所造成的灾害。

3. 小结

革吉-申扎燕山期岛弧区主要构造特征为：①共划分出具不同规模、不同样式、不同时代的褶皱 5 个，断裂 45 条；②与区域构造线相一致的近东西向-北西西向褶皱和断裂为本区基本构造要素；③轴面南倾的斜歪褶皱和断面南倾逆冲断裂或逆冲推覆构造为同期构造事件产物；④继南北向冲推覆之后，在晚白垩世早中期发生一期近东西向韧性剪切作用和一系列近东西向-北西西向或北东向、北东东向的张性断裂，并伴有较多的花岗岩体侵位；⑤本区新构造运动明显，有北西西向的走滑带(如格仁错带)和南北向的正断层，伴有地震活动。

第三节　新构造运动

图幅内新构造活动表现明显，其基本表现形式为隆起、断陷和走滑，它们常常集中成带状展布的活动构造带。图幅内的活动构造带大致有 3 种延伸方向，即南北向、北西西向和北东东向。隆起带多为单斜式；断陷带既有半地堑式也有地堑式和线状断陷带；断裂带可分边界断裂和地震断裂。边界断裂以正断层型为主，地震断裂则以走滑为主。根据图幅内活动构造的展布特征，大致可以分出 4 条明显活动构造带，自北而南依次为：①尼玛活动构造带；②吴如错活动构造带；③格仁错活动构造带；④董布错活动构造带(图 5 - 36)。

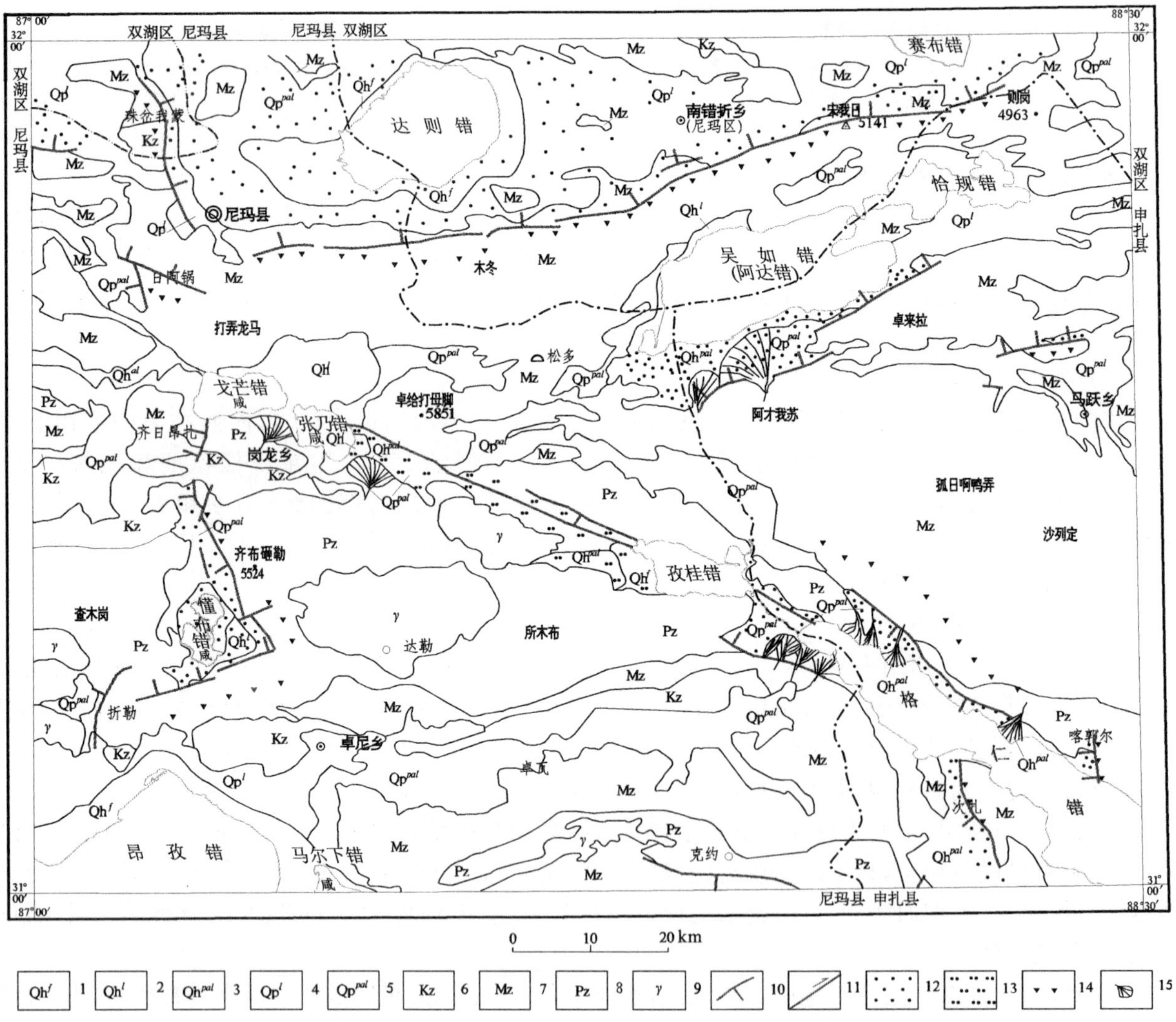

图 5 - 36　尼玛活动断裂与第四系分布图

1. 全新统沼泽沉积；2. 全新统湖积层；3. 全新统洪冲积层；4. 更新统湖积层；5. 更新统洪冲积层；

6. 新生界；7. 中生界；8. 古生界；9. 侵入岩；10. 正断层型活动断裂；11. 走滑型活动断裂；

12. 半地堑式断陷带；13. 线状断陷带；14. 单斜式隆起带；15. 冲洪积扇

一、尼玛活动构造带

该活动构造带位于图幅北部尼玛-南错折乡-狮湖错一带，其北侧及东、西两侧延出图外。隆起带、断裂带及断陷带分布连续，总体走向近东西向。断陷带发育明显，为半地堑式断陷，其中充填物为更新世和全新世的冲积、洪积层和湖积及少量的冰碛沉积。断陷带中有现代湖泊和大片的沼泽分布，其湖泊延伸方向与断陷带一致。断陷带中发育向心水系，尤以南侧近边界断裂一侧较为明显，并有扇状水系。

断裂带集中分布于断陷带的南侧。边界断裂一般呈北东东向，倾向北，倾角较陡。断裂性质为正断层，多呈折线状延伸。沿边界断裂形成一系列断层三角面或断崖，并在期前形成带状展布的冲、洪积扇和蠕滑块体。断层线常为基岩与第四系堆积物的分界线，也是隆起带与断陷带的分界线，同时也是水系特征变化的转折点，即由直线状水系（隆起带部分）突变为扇状水系（断陷带部分）的分界点或是水系的拐点。依据断陷带最低海拔高度及其邻近隆起带中保存的最高夷平面高度，推测这一带活动断裂最大落差可达 1 000m。

隆起带属单斜式，隆起较为强烈，海拔 5 100～5 400m 左右，其山体顶面呈单斜式向南倾斜，总体上构成“单面山”的形态特征。山脉主脊线走向与构造带基本一致，但主脊线偏北，即偏向断陷带发育明显一侧，且主脊线较弯曲，在主制高点附近有少量的冰雪覆盖。隆起带上水系形态不一致，以主脊线为界，北侧（隆升强烈一侧）多发育近平行直线状水系，且水系较长，南侧（隆起缓慢一侧）则以发育树枝状水系为特征。

尼玛活动构造带地震及地热活动不发育，仅在断陷带内局部有少量的小规模浅源地震，如达则错北岸有 5～6 级地震发生。

二、吴如错活动构造带

该活动构造带位于吴如错一带，由断陷带、断裂带及隆起带组成。总体走向呈北东东向（NEE 70°），具雁行状排列特征。断陷带发育明显，宽约 12～20km，全长约 40m，其内发育较大的湖泊吴如错，有更新世、全新世的冲洪积、湖积物，尤其以冲洪积物发育，有多个冲洪积扇相互叠置。断陷带内以发育扇状水系为特征，可见有向心水系，为半地堑式断陷带。断裂带集中分布于断陷带南东侧，边界断裂呈北东东向，中部有断开现象，局部呈折线状，倾向北西，倾角中等或陡，断裂性质为正断层。沿边界断裂有断层三角面、断崖，并在其前形成带状展布的冲积、洪积裙。根据断陷带最低海拔高度与隆起带保存的最高夷平面高度，推测这一带活动断裂最大落差在 900m 左右。断陷带东南侧隆起带分布面积较广，且没有明显和固定的外部形态特征，也没有明显的主脊线发育。隆起带西端隆升稍快，高原面保持在 4 900～5 400m 左右，其上发育直线状水系，常见河流的袭夺和流向的改变现象，并有少量的现代冰雪覆盖，断陷带一侧的冲洪积裙也主要发育于该地段。隆起带东端隆升稍慢，高原夷平面保持在 4 750～5 200m 左右。其上仅发育有平行的直线状水系，无冰雪覆盖现象。断陷带一侧多为陡崖，大面积被现代湖泊所占据。

吴如错活动构造带内未见地震和地热现象。

三、格仁错活动构造带

该活动构造由线状断陷带和单斜式隆起带组成，在断陷带与隆起带之间常发育有正断层及走滑型边界断裂，并沿主干活动构造两侧发育次级活动构造。该活动构造分布于戈芒错-格仁错一带，呈直线状，走向北西西（NWW 310°），宽 5～11km，延伸长约 150km，向东西两侧均延出图外。沿断陷带有大小不等的湖泊分布，湖泊长轴方向与断陷带相一致，湖泊由西向东依次有冻果错、戈芒错、张乃错、控错、孜桂错、格仁错等，这些湖泊常由一条主河道相连，主河道位于断陷带中心部位。该活动构造带在卫星影像图上表现明显，可以清晰地看到线状展布的断陷带及活动断裂。航磁调查也显示出呈线性斜列的负磁场背景中断续出现低缓的磁力高异常，证明戈芒错-格仁错区段为线性展布的坳陷带。断陷带内发育扇状水系和向心水系。其内有大面积的第四系和大小不等的沼泽分布，第四系沉积物为更新世、全新世的冲积、洪积层，部分为湖积，可见有古湖遗迹，断陷带中有较多的古湖岸线和古湖蚀微地貌。线状断陷带两侧的隆起带属单斜式隆起，常构成“单面山”的形态特征，山脉主脊线走向与构造带基本一致，但主脊线较弯曲，并且偏居断陷带一侧。断陷带北侧隆起带隆升强烈，尤其东段隆升比西段隆升要强烈的多，东段海拔高度一般在 5 300～5 830m 左右，西段海拔一般在 5 000m 左右。

活动构造带的断裂带多集中沿线状断陷带中部附近分布，具右旋走滑性质。它是形成线状断陷带的主要因素。右行走滑特征表现明显，以下就几个方面进行论述。

(1) 羽状排列的断裂组合特征

从卫星影像图上和地形图上可以清晰地观察到，从控错到孜桂错约 35km 的范围内，该断裂带由 3 条次级羽状排列的断裂组成，显示断裂的右行走滑特征(图版XV-1)。

(2) 古湖岸的错移特征

在孜桂错的西岸边有两个废弃的湖岸，是孜桂错缩小后留下的。在这个位置，断层的持续活动使两个湖岸有不同的位移。老的湖岸水平位移达 14 m，较新的湖岸水平位移 10m，显示断裂的右行走滑特征。控错与孜桂错中间有一古湖遗迹，其古湖沉积明显错位，具右行走滑特征(图 5-37，图版XV-2)。

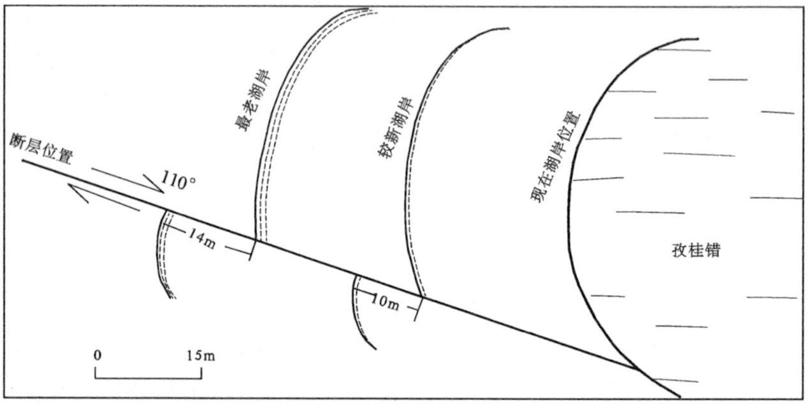

图 5-37　孜桂错的废弃湖岸指示断层的右行剪切活动

(何顺东等，2000)

(3) 河道的错移特征

从孜桂错往西约 3km 处发育有第四系的冲积扇，冲积扇的边缘有河流被断层错开，河流的西岸有明显的位移，水平位移 12.5 m(图版XV-2)。

(4) 古河道的错移特征

在孜桂错西 3km 还有一废弃的古河道被断层切割，东西向上位移有 300m(图版XV-3，何顺东等，2000)。

(5) 湖泊的形态特征

断陷带内分布一系列串珠状湖泊，其形态大多数或多或少地具有长方形的特点，其长边界较平直，与断陷带延伸方向一致，短边界与断陷带延伸方向近直交或斜交。这种湖泊形态也是确定该右行走滑断裂性质的重要和可靠标志(图 5-38)。此外，有的湖泊(如戈芒错)在卫星影像图上及地形图上和野外实地观察，明显看到其湖泊形态呈长方形，其长轴方向为北东东，与断陷带总体走向北西西向呈锐角相交，具右行旋转的特点。

(6) 次级活动构造的特征

在格仁错活动构造带两侧发育一系列近南北向(略呈北西向)次级活动构造，规模稍大的有次扎活动构造、喀郭尔活动构造、齐日昂扎活动构造和日阿锅活动构造(董布错活动构造的北端部分)。它们都是由单斜式隆起带、半地堑式断陷带及断面西南倾的高角度正断层型活动断裂带组成。次级活动构造带与格仁错主干活动构造带锐角相交，指示了格仁错活动构造右行走滑特征(图 5-39)。

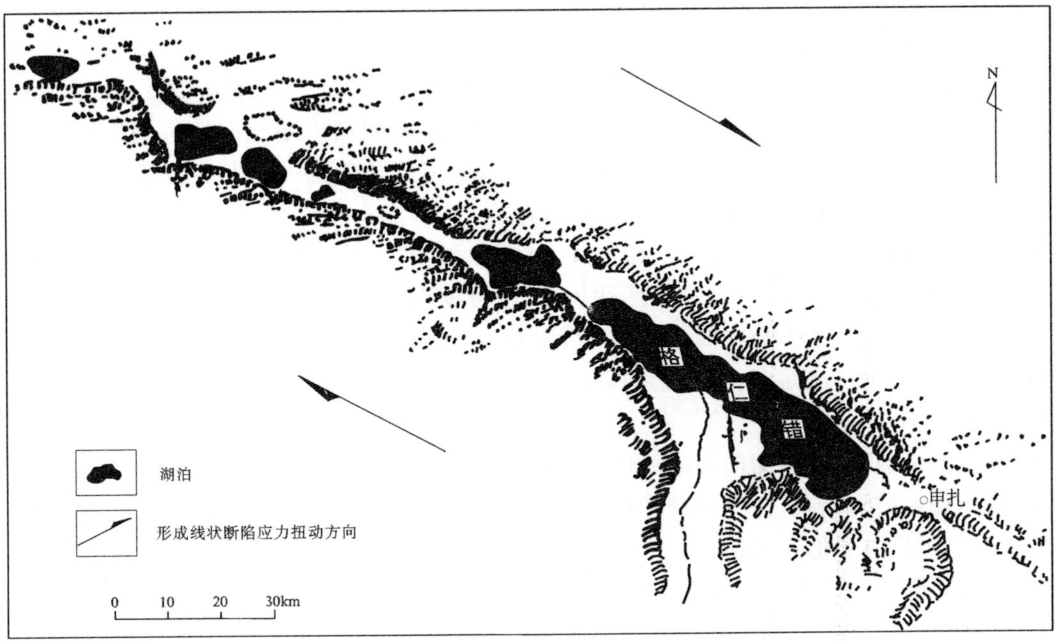

图 5-38　申扎格仁错右旋线状断陷特征及湖泊形态素描图
（韩同林，1987）

格仁错活动构造带地震断裂发育，在断陷带中心部位附近地震断裂表现最为明显，沿断层线发育较多的断层残丘、断层线谷、断层线沼泽或平凸状沼泽及线状展布的一系列泉，局部可见断层线崖。断层线谷在该带表现为一条明显的主河道，位于断陷带中心附近，并把一系列的湖泊串联在一起。在地震断裂带内发育一系列地震活动，大于 5 级的地震有 13 次以上，并有复杂的重叠现象。而格仁错右行走滑断裂与近南北向（略呈北西向）的具张性正断层为主的断裂交汇处，地震发生的频数及强度尤其突出（图 5-39）。

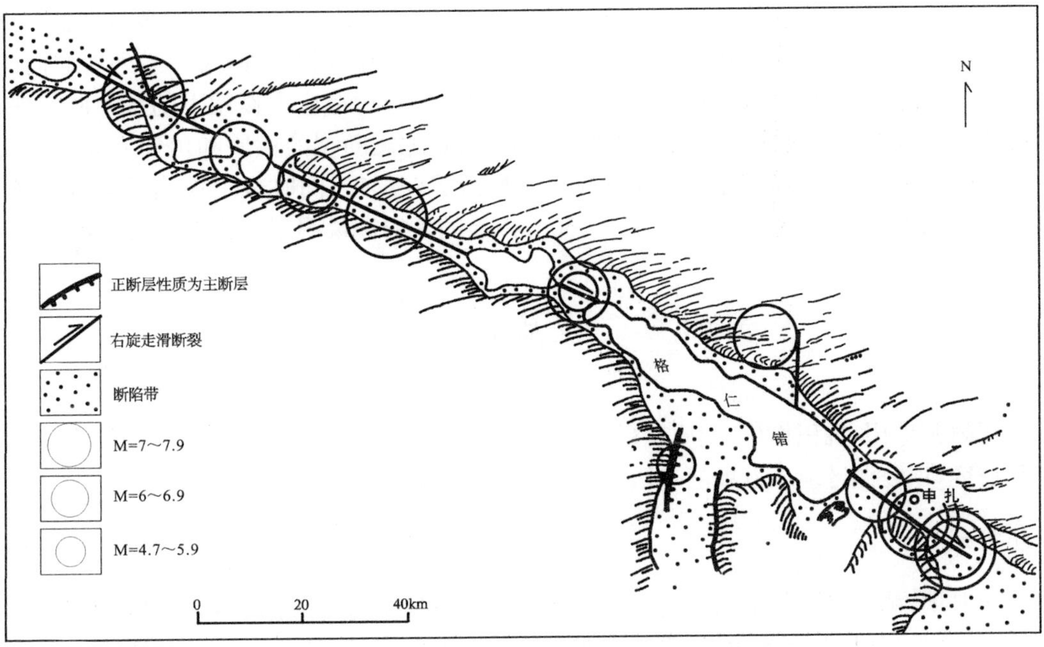

图 5-39　西藏申扎格仁错 NW 向右旋起滑断裂带地震震中分布示意图
（韩同林，1987）

四、董布错活动构造带

董布错活动构造位于董布错-戈芒错一带，由单斜式隆起带、半地堑式断陷带及正断层型断裂带3部分组成，总体走向近南北向，全长约40km，宽约10～25km，向南与近南北向的折勒活动构造相连，向北越过格仁错右行走滑活动构造与近南北向的日阿锅活动构造及尼玛—珠岔我蒙活动构造相连，它们可能就是一条大的活动构造，只是断续相间排列而异。

断陷带发育明显，为半地堑式断陷，呈南宽北窄的“扫帚状”。其边界多呈折线状弯曲。断陷带中有大面积的第四系分布，多为更新世、全新世的冲积、洪积及湖积等。其内有湖泊占据和沼泽分布，湖泊的延长方向与断陷带走向一致。发育向心水系，可见扇状水系，其东侧有大量的冲洪积扇发育。地热活动强烈，热泉随处可见。地震频繁，笔者于2000年5月29日野外工作期间曾亲自经历了一次4级左右的地震活动。

该构造带边界断裂明显，多为向西陡倾的正断层性质。沿断裂分布有断层三角面、断层崖及一系列平行直线状深切谷地相间分布，并在期前形成带状展布的冲洪积扇裙。该带的地震及地热活动也多是由此断裂引发，也正是由于地热的活动，使大量的鸟类云集于此，使董布错湖间小岛成为著名的鸟岛。根据断陷带最低海拔高度及邻近隆起带中保存的最高夷平面位置，推测这一带活动断裂自形成至今，最大断距可达660～1 000m以上。

断陷带东侧的隆起带，以单斜式隆起为特征，隆升速度较慢，高原面一般保持在5 300～5 660m左右。其山体顶面呈单斜式向东倾斜，构成“单面山”形态特征。山脉主脊线走向与构造带基本一致，呈北北西走向。隆起带上发育平行直线状水系，无冰雪覆盖。发育一系列北东向平行排列的次级正断层，与主构造带呈锐角相交，指示该活动构造带具有右旋性质。这也正好证实了该带具有地震断裂和地热活动。

五、小结

图幅内新构造运动有以下特点：①表现强度有南强北弱、东强西弱的趋势，南部夏噶日一带和东部格仁错北岸是汪过章一带隆升强烈，海拔高度分别可达6 000m和5 800m以上，西部和北部其隆升速度缓慢，海拔多在5 400m以下；②力学性质以张性和右行走滑为主；③活动构造带从总体上看近SN方向延伸和近EW向延伸，实际上在同一活动构造带中是由SN、NEE、NWW 3个主要方向的构造成分所组成，且不同方向的活动构造常首尾相连，形成“S”型，有的则呈雁行状排列；④一系列南北向的活动构造和NWW向的线状右行走滑活动构造反映了在异常重力场和构造应力作用下的东西向伸展；⑤格仁错线状右行走滑活动构造带是图幅内的主要地震变形带，其地震断裂的性质和延伸方向与活动构造带相一致，而南北向的董布错活动构造是图幅内又一重要地震变形带，同时也是地热活动最明显的场所；⑥在海拔4 900m以上的古湖沉积和在海拔5 050m以上的残留湖说明了新构造活动的事实。

第四节　地质构造演化史

根据测区岩浆作用、沉积作用、变质变形作用，古生物资料和同位素测年数据等的综合分析，结合区域相关资料研究，恢复测区地质发展演化历史如下(表5-7，图5-40)。

一、前寒武纪

前震旦纪时期，测区属冈瓦纳大陆北缘的一部分。区内帮勒附近的前震旦系念青唐古拉岩群高绿片岩相变质岩系原岩为长石石英砂岩、粉砂质泥岩及基性火山岩，属陆源碎屑岩夹基性火山岩建造，与昂仁县嘎架忍附近、申扎县甲不弄一带、仁布县堪珠附近的念青唐古拉岩群在岩性和大地构造位置上大致相同，是西藏高原陆壳结晶基底岩系。由于出露范围有限，其地质演化历程目前还不清楚。受晋宁运动的影响，震旦纪末期结晶基底隆起，处于剥蚀状态，区域上形成一些大小不等的岛状隆起，在地质发展历程中，这些岛状隆起有时位于水下，有时露出水面，造成局部不整合或超覆不整合现象。就图幅而言，这种长期隆起剥蚀状态持续至志留系之前。图区东邻木纠错地区见奥陶系，可能还有寒武系沉积。

表 5－7 测区地质构造事件简表

沉积建造	岩浆事件	变形事件	变质事件	同位素年龄(Ma)	构造旋回	
					时代	构造期
全新统冲积、洪积、湖积 更新统冲积、洪积、湖积及冰碛残坡积	花岗斑岩脉	1. 大规模隆升 2. SN、NEE 向正断层 3. NW 向格仁错右行走滑断层			Q	新构造运动期
$N k$ 红色砾岩		1. 南北大陆碰撞造山 2. 所有的地层发生褶皱，轴面多北倾 3. 南向逆冲断层 4. EW、SN 向正断层，NE 向平移断层	动力变质作用		N E	喜山期
$K_2 j$ 红色碎屑岩	夏噶日正长花岗岩、查木岗正长花岗岩、折勒石英正长斑岩、沙玉闪长岩	1. 南北向拉张，EW、NE、NW 向正断层、逆断层 2. 邦勒右行斜冲韧性剪切带形成 3. 断陷盆地及边界正断层形成	区域低温动力变质作用、动力变质作用、热接触变质作用	70.8 92.7	K_2	燕山晚期
$K_1 l$ 碳酸盐岩 $K_1 d$ 碎屑岩—碳酸盐岩—安山岩 $K_1 e$ 复理石	得尔东岩体、那巴乃嘎岩体、国布勒岩体就位，则弄群岛弧火山岩喷发喷溢	1. 永珠-格仁错“洋”南向俯冲碰撞 2. 控错-理弄勒逆冲推覆活动 3. 轴面南倾的褶皱形成 4. EW、NWW、NEE 及 NE、NW 的断层	区域低温动力变质作用、动力变质作用、热接触变质作用	95.37 99	K_1	燕山晚期
$J_2 e$—$J_3 K_1 \hat{s}$ 碎屑岩—碳酸盐 $J_1 mg$ 复理石	阿若辉长岩、帮勒斜长角闪岩侵位，$J_2 q$ 滞后弧火山岩喷发喷溢	1. 永珠-格仁错带拉开成洋 2. 古生代—中生代早期地层轴面南倾的褶皱形成 3. 拉惹-康如逆冲边界断裂形成，控错-戈芒错理弄勒推覆构造形成 4. 班怒带南向俯冲碰撞，构造混杂岩形成	动力变质作用	134 166	J	燕山早中期
$T_{2-3} qh$ 复理石		班怒带拉开成洋，俯冲、构造混杂岩形成			T	印支期
$P_3 d$ 碎屑岩 $P_2 x$ 碳酸盐岩 $C_{1-2} y$—$C_2 P_1 l$—$P_1 a$ 碎屑岩夹碳酸盐岩 $D_1 d$—$D_{2-3} \hat{c}$ 碳酸盐岩		二叠纪末全区抬升剥蚀	区域低温动力变质作用		P C D	海西期
$S_{2-3} \hat{z}$ 碳酸盐岩 $S_1 d$ 碎屑岩—碳酸盐岩					S	加里东期
AnZNq 长英质片麻岩、大理岩、石英岩等		震旦纪末全区处于隆起剥蚀	低绿片岩相		前震旦纪	晋宁期

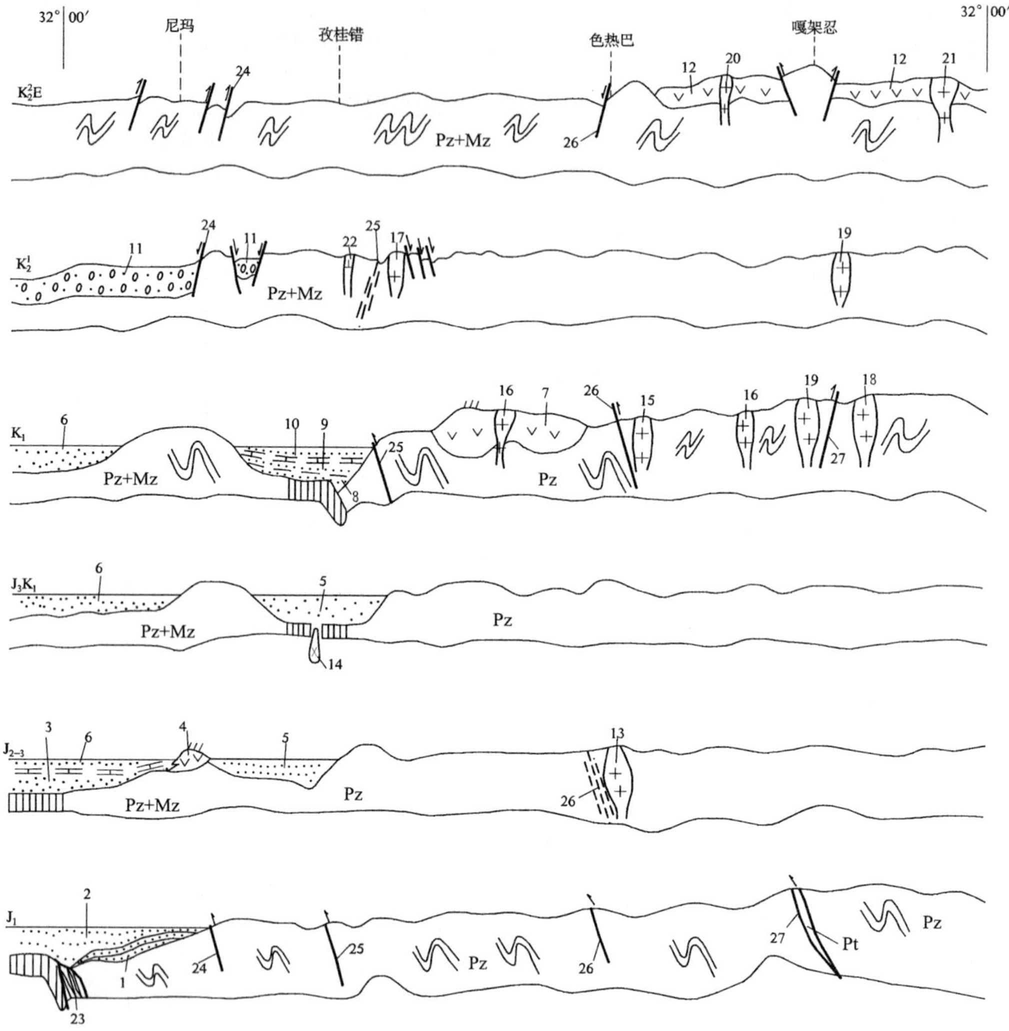

图 5-40　地质构造演化示意图

1. $T_{2-3}qh$；2. J_1mg；3. J_2e；4. J_2q；5. $J_{2-3}j$(接奴群图内无)；6. J_3K_1l；7. K_1zl；8. K_1e；9. K_1d；10. K_1l；11. K_2j；12. $E_{1-2}ln$；Pt. 元古代；Pz. 古生代；Mz. 中生代；13. 班公湖-怒江带后碰撞型花岗岩；14. 板内型辉长岩；15. 格仁错带俯冲型花岗岩；16. 格仁错带-雅江第一次碰撞型花岗岩；17. 格仁错带后碰撞型花岗岩；18. 雅江第一次俯冲型花岗岩；19. 雅江第一次后碰撞型花岗岩；20. 雅江第二次俯冲型花岗岩；21. 雅江第二次碰撞型—后碰撞型花岗岩；22. 闪长岩(脉)；23. Va、Ca、Sa、fw；24. 拉惹-康如断裂；25. 控错-理弄勒断裂；26. 昂孜错-色热巴断裂；27. 嘎架忍断裂

二、古生代时期

测区从志留纪开始海侵。志留系主体为一套碳酸盐岩建造，下部夹泥质板岩，总体为局限陆棚边缘盆地→浅海陆棚→台地边缘沉积环境。泥盆系为一套碳酸盐岩，属台地碳酸盐岩相，为潮下-潮间带沉积环境，海水总体由深到浅，整个盆地在逐渐缩小。石炭系为一套细碎屑岩，为台地潮下-潮间带沉积环境，区内海水较深，局部地段形成浊流，生物较少，水平虫穴发育，以潮下环境为主。在晚石炭世—早二叠世，海水逐渐变浅，形成含砾碎屑岩系，为浅水沉积，可能含有冰水沉积物，生物极少，以潮间环境为主。由于受冈瓦纳大陆冰川作用的影响，测区普遍存在与冰川有关的冰水沉积物。早二叠世海水总体较深，为细碎屑岩建造，沉积环境为潮下-潮间带下部。中二叠世海水变浅，为碳酸盐岩建造，沉积环境为潮下-潮间上部。整个海盆地在逐渐缩小，缺失晚二叠世沉积。

从志留系—二叠系，测区长期处于陆棚边缘海域，为冈瓦纳大陆边缘的一部分。测区古生代沉积作用为冈底斯古生代普遍沉积类型，与藏南喜马拉雅地区、雅鲁藏布江地区和藏北唐古拉地区所见的古生代地层类同，其岩性组合及古生物面貌均可对比。晚二叠世末，受海西期运动的影响，古特提斯海封闭造山作用，出现了大面积的区域低温动力变质作用，测区大面积抬升剥蚀，成为产生裂谷的先兆。

三、中生代时期

早三叠世晚期测区北部逐步进入裂陷扩张时期，中晚三叠世这一裂陷海槽已达相当规模，在尼玛-南错折一带拉开成洋，随后，南向俯冲机制出现。三叠系总体显示向上变浅的沉积特征，从陆棚边缘盆地向浅海陆棚演化，沉积环境总体为浅海陆棚，局部有浊流沉积，应为陆棚边缘盆地。这一时期，沉积物除有分选性很好的细碎屑物质、硅质物、钙质物外，并有薄—中层状石英砂岩、长石石英砂岩快速堆积，形成典型的砂岩→砂泥岩薄韵律层→泥岩组成的向上变细的层序，砂岩底面常见沟槽模，砂泥间常为渐变过渡关系，表明确哈拉群有深水复理石沉积，为被动大陆边缘沉积。

早侏罗世是俯冲活动顶盛期，冈底斯陆块以 6.4cm/a 的速度向北漂移，洋壳沿班公湖-怒江一带消减于冈底斯陆块之下（1∶100 万日喀则幅、亚东幅区调报告），此时，有弧前盆地木嘎岗日群深水复理石沉积。早侏罗世末或中侏罗世早期，俯冲作用结束，在尼玛-南错折一带形成构造混杂岩带。图幅内的构造混杂岩带主要由俄蒙勒附近的火山弧岩片（Va）、达者错北岸的外来结晶灰岩岩片（Ca）、玛下俄玛的结晶灰岩岩片（Ca）、硅泥质岩岩片（Sa）、深水复理石岩片（fa）等组成。火山弧岩片是大洋岛屿火山岩的残留，硅泥质岩岩片和复理石岩片属木嘎岗日群的一部分，外来结晶灰岩岩片可能是古生代块体。伴随班公湖-怒江洋向南俯冲，拉惹-康如北向逆冲断裂、控错-理弄勒北向逆冲断裂等形成，并在控错-理弄勒一带形成大规模的由南向北的逆冲推覆构造。与此同时，测区古生代地层及早中生代早期地层（$T_{2-3}qh$）普遍发生变质变形，第一期褶皱形成，为一系列轴线近东西向延伸、轴面南倾的具不同规模、不同样式的背斜向斜构造。典型有尼鲁拉-则岗向斜和夏噶日复式背斜。

早侏罗世末或中侏罗世早期班公湖-怒江活动海槽关闭后，在尼玛一带形成周缘前陆盆地，充填前陆盆地早期俄蒙勒组为稳定浅海碎屑岩和沙木罗组碳酸盐岩等一套灰色磨拉石沉积；中侏罗世在朱日—宋我日一带形成滞后火山弧，去申拉组安山质火山岩喷发。班公湖-怒江带上既没有巨大的山脉形成，也不见大规模花岗岩体侵位，有前人所谓的软碰撞、不造山、只造陆的特点。需要指出的是，班公湖-怒江海槽关闭的时间在区域上有明显的分段性，在东段丁青地区，中侏罗世德极国组角度不整合覆盖于三叠纪—早侏罗世蛇绿岩之上，底部见底砾岩，表明闭合时间为巴柔期之前（王建平等，2003）。在东巧地区，蛇绿岩和浊积岩被晚侏罗世浅海碎屑岩不整合覆盖（余光明等，1994），在西段班公错地区蛇绿岩被郎山组不整合覆盖（西藏自治区地质矿产局，1993），这种区域性时间差异暗示，班公湖-怒江结合带不是两个统一板块拼贴的结果，而是由多块体、多岛弧系、不同时间、多种方式、多方向聚敛拼贴的组合。

晚侏罗世在图幅南侧央雄勒-曲松乃嘎一带东西向断续出露一些白云母花岗岩共同组成白云母花岗岩体群，属造山旋回后碰撞阶段侵入岩。该岩体群的形成与班公湖-怒江结合带的闭合有关，岩性为灰白色中粒白云母二长花岗岩（$J_3\eta\gamma$），曲松乃嘎岩体中获得本次侵入岩白云母 K-Ar 年龄 132Ma，在央雄勒岩体中获得本岩体群第一次侵入岩体的白云母 K-Ar 年龄 142Ma，属晚侏罗世晚期。

晚侏罗世晚期至早白垩世早期，班公湖-怒江结合带构造事件完全结束之后，永珠—格仁错一带出现南北向拉张，阿若辉长岩就位。早白垩世早期，在俄杀而补一带出现俄杀而补组深水复理石沉积组合，其上部碎屑岩中含孢粉 *Leiotriletes romboideus bolchovtina*，*Echinatisporis* sp.，*Classopollis* sp.，*Dicheropollis* sp.，*Cyathidites* sp.，*Jugella* sp. 等，为尼欧古姆期分子，时间大约在 110～130Ma。与此同时稍早，测区南侧的雅鲁藏布江带开始向北俯冲，申亚附近处于革吉-申扎岛弧区，则弄群火山开始喷发喷溢，申亚一带属邦多-班戈弧后盆地区。

在雅鲁藏布江带开始向北俯冲的南北向缩短机制诱导下，永珠-格仁错"洋"也很快向南俯冲消减闭合，形成所谓的永珠蛇绿岩带。在原弧后盆地区形成复合弧后盆地，并沉积多尼组碎屑岩—火山岩、郎山组碳酸盐岩。这里，南、北两个俯冲机制是同时存在的，而永珠带向南俯冲消减时间短一些。早白垩世俯冲型纳巴乃嘎和容纳勒闪长玢岩体、国布勒二长花岗岩体和碰撞型得尔东二长花岗岩体的形成都与永珠带向南俯、碰撞有关。在永珠-格仁错带消减闭合碰撞过程中，于早白垩世末原控错-理弄勒北向逆冲断裂再次发生由南向北的推覆，使泥盆系和石炭—二叠系地层压盖于俄杀而补组和多尼组之上，近东西向和北东、北东东向脆性断裂形成，第二期褶皱形成，并使原有的褶皱复杂化，使早白垩世地层也发生总体轴线近东西向的轴面南倾的背向斜构造。

晚白垩世早期，测区内所有的俯冲碰撞结束进入后碰撞阶段，地壳抬升剥蚀，并出现南北向相对拉张，近东西向的正断层发育，形成一系列陆相断陷盆地，盆地内充填前陆盆地晚期竟柱山组红色碎屑岩系，并有少量的火山碎屑岩沉积。后碰撞阶段的应力调整过程中帮勒右行斜冲韧性挤压变形带带形成，夏噶日(72Ma)、查木岗、折勒花岗岩基(体)等后碰撞型花岗岩体就位，沙玉一带闪长岩脉侵入。一系列近东西-北西西向和北东向脆性断裂形成。

四、新生代

国土资源部航空物探遥感中心完成的“青藏高原中西部 1∶100 万航磁概查”工作证实，雅鲁藏布江构造带有两条蛇绿岩带存在，表明发生过两次向北俯冲作用。晚白垩世晚期开始图幅区南部及邻区内形成大面积的林子宗群火山活动，与雅鲁藏布江构造带第二次向北俯冲有关，该次俯冲远比前期的俯冲强烈，测区内则表现为第三期变形开始，使测区中生代以前的所有地层强烈变形，形成一系列走向近东西向的轴面北倾的复杂褶皱系。俄蒙勒断裂等南向逆冲断裂形成，拉惹-康如断裂再次活动发生南向逆冲。同时，测区内形成一系列近 EW、NW、NE、NWW、NEE 及南北向压性、压扭性断裂。古近纪晚期，这种俯冲格局结束，南北大陆碰撞造山。新近纪时期，局部有陆相河流沉积(康托组)，并有少量的花岗斑岩脉侵位。

第四纪是测区内新构造运动时期，在南北向挤压和东西向伸展机制下，形成一系列近南北向张性正断层和近东西向(NWW)的右行走滑断层。测区内活动构造比较发育，典型的有南北向的董布错活动构造带和戈芒错-格仁错活动构造带，二者同时也是测区地震活动强烈带，它们反映了青藏高原在异常重力场和构造应力作用下的东西向伸展。

第六章 矿产资源概况

测区是一个经历了多期、多层次复杂构造变形的青年造山带，构造背景复杂，地层单元发育较全，岩浆活动强烈，具良好的成矿地质背景和成矿条件。区内有丰富的矿产资源，受当地自然地理条件制约，前人地质工作程度甚低，尤其矿产调查几近空白。1990—1993 年，西藏物探大队在区内进行了 1∶50 万区域化探扫面；1977—1979 年开展的 1∶100 万日喀则幅区调，对区内少数矿点进行了矿点检查工作；近年来多家地质单位在测区也进行了一些砂金找矿工作，并发现砂金矿床、矿点多处，部分砂金矿床正在实施开采。总体上区内矿产工作缺乏系统、综合、全面的调查研究，矿产资源开发利用程度明显偏低。

本次区调系统收集、整理了前人已有矿床(点)资料。在地质路线调查过程中注意收集成矿有利地段的矿化信息，适当采集拣块化学样，对矿化情况作了地表控制和详细记录，对测区主要地质单元进行了剖面岩石测量控制，对不同地质单元的含矿性作了大致了解。

截止本次工作，测区共发现 6 个矿种 27 处矿(床)点，其中有大型硼矿床 1 处，各类矿点 26 处。区内分布有各类化探异常 17 处，其中乙类异常 11 处，丙类异常 6 处。主要优势矿产有金、铜、铅、锌、银多金属矿及以硼为主的盐湖矿产。通过对全区成矿地质背景、成矿条件、控矿因素的综合分析，并结合区内已知的重要矿点、化探异常等找矿线索，将测区分为 2 个成矿带、3 个成矿区，共划分出 13 处成矿远景区，为进一步开展矿产资源调查评价工作提供了依据。

第一节 测区成矿地质条件分析

测区位于班公湖-怒江结合带南缘，主体属冈底斯-念青唐古拉地块北部的燕山期岛弧和弧后盆地区。区内有班公湖-怒江构造混杂岩带和永珠-格仁错构造带两条多期活动的复杂构造带，古生界、中生界沉积地层发育，燕山期岩浆活动频繁，为成矿作用创造了优越的地质条件。

一、构造条件

测区处于两大地质构造单元交接地带，构造复杂，主要构造带有班公湖-怒江结合带和永珠-格仁错构造带，深大断裂成为区内良好的导矿构造，这两个构造带对测区地层的发育，岩浆活动及矿产的形成和分布起着重要的控制作用。

区内断裂以近东西向及北西西向为主，后期北西向及北东向两组断裂发育，纵横交错，各组断裂相互截切，形成非常复杂的断裂构造格局。断层性质以脆性为主，韧性次之，常形成宽度不等的碎裂岩、角砾岩及片理化岩石等动力变质产物。

北西西向展布的永珠-格仁错断裂带，延伸 140km，断裂带宽几千米至十几千米，带内岩层变形强烈，是一个多期活动复杂的构造带，并被后期北东向断裂或南北向断裂截切。纵横交错的断裂构造也为成矿热液运移提供了通道，为矿体赋存提供了空间。在近东西向次级断裂带附近是韧性剪切带型金和构造蚀变岩型铜、金成矿的有利部位。

班公湖-怒江结合带是中特提斯海闭合消亡的产物，区内仅跨其南缘一部分。调查发现，代表洋陆闭合事件的构造混杂岩带就在测区北部的俄蒙勒至玛下俄玛一带，上被侏罗-白垩系前陆盆地覆盖，仅零星出露，其南侧边界断裂，即拉惹-康如断裂呈微向南凸的弧形，东西两端延伸出图，紧依断裂两侧发育一系列平行主断裂的次级断裂。区域上已发现多处铜、金、锑等矿(床)点。

区内褶皱构造发育,具一定规模的褶皱 14 个,其组合样式复杂,各种节理、劈理等小型构造常在褶皱核部密集发育,存在一定的力学关联,往往有一定的方向性,成群成组发育,作为伴生构造与断裂和褶皱相依出现,为含矿脉体发育的主要空间,在背斜核部尤为发育,是矿质富集成矿的有利构造部位。

不同时代地层之间形成的不整合构造面作为构造软弱带,极易受构造影响从而形成断层和裂隙,在热液作用下使矿质在这些部位富集,另一原因是构造不整合面上经历了相当地质年代的物理、化学风化剥蚀作用,使矿质析离并堆积富集成矿。岩石光谱分析表明,在竟柱山组底部的不整合面上岩石中的 Cu、Pb、Zn、Ag 的含量均高出相临岩石 2～3 倍(未分析金),呈明显波峰形态,表现出矿质相对富集迹象,可作为找矿的一种间接标志。

另外,火山岩在区内较发育,形成环状或放射状火山构造,它即是矿液迁移通道又是良好的储矿场所,火山颈和近火山口的构造隆起往往是火山岩型矿产的有利成矿部位。

二、岩浆岩条件

区内岩浆活动强烈,具多旋回、多期次、多岩相的特点。这些岩浆活动包括喷出相与侵入相,在时间演化上,主要属中生代时期,尤以中侏罗世和白垩纪时期最为强烈。

中侏罗世去申拉组火山岩分布于班公湖-怒江构造带南侧,不整合在确哈拉群之上,为一套中酸性火山岩,以溢流相为主喷发相较少,野外工作中见有褐铁矿化、铅锌矿化等矿化类型。

燕山晚期花岗岩在区内起主要控矿作用。花岗岩体主要分布于格仁错构造带附近,主要有得尔东、查木岗、嘎尔金、夏噶日等花岗岩体,侵入石炭、二叠系地层。该期岩体总体呈现 W、Mo、Sn、Y、Th 等元素的高背景值和局部化探异常,空间上这些元素异常区表现出与岩体密切相关性。被岩浆侵位的念青唐古拉岩群、石炭系、二叠系及则弄群等地层的接触带部位发生了较广泛的热变质及混合岩化作用,产生宽度不等的热变质带及混合岩化带,富含挥发份的熔浆沿围岩裂隙进行广泛交代,在接触变质带附近往往形成 Au、Ag、Cu、Pb、Zn 等元素的高度富集,在江那昂作等地已发现有矽卡岩型铜矿及热液型金矿产出。

岩浆活动形成的气液作用驱动了地层中物质循环,热液流体不断萃取地层(矿源层)中的 Au、Ag、Cu、Pb、Zn 等有益元素,使其活化,形成含矿溶液,迁移过程中以不同形式沉淀在不同地层裂隙和构造空间内,或在岩浆活动时由含矿岩浆分异出矿质并交代围岩而形成多矿种的矽卡岩型矿产。就规模而言,区内分布多个较大面积花岗岩体和火山岩,其所携带的热量巨大且较集中,是成矿作用的重要有利因素。

三、地层条件

矿质的原始沉积与反映沉积环境的原岩建造密切相关,故而在分析地层控矿作用时以原岩建造为基础,而岩相对矿种和矿床类型起重要控制作用。

(一)石炭系

区内出露有永珠组、拉嘎组,总体为一套以灰黑—深灰—灰绿色泥岩、粉砂岩、砂岩为主夹薄层灰岩的极浅变质地层。岩石光谱分析结果 Cu、Pb、Zn、Ag 普遍高于地壳丰度值,尤以其中的砂岩层最高,粉砂岩层次之,为元素高背景区。石炭系地层是区域上重要含金黑色岩系,据岩石微量元素分析资料,平均含金量 9×10^{-9},相当于同类岩石含金丰度的 9 倍,具砂金初始矿源层的地球化学特征。石炭系地层分布区及周围常常是砂金矿产聚集区。区内已知的江那昂作金矿、江那昂作多金属矿、折勒砂金矿等在空间上均显示出与石炭系地层密切相关。

(二)二叠系

区内出露昂杰组、下拉组地层。下拉组为一套碳酸盐岩,具 Pb、Ag 高背景特点,由于其化学性质较活泼，相对塑性，不易产生裂隙，在热液作用下易于产生变质或交代作用，多形成大理岩化、矽卡岩化；昂杰组主要为一套细碎屑岩夹碳酸盐岩组合，表现出 Pb、Ag 相对高值，Pb 一般变化于 $30\times10^{-6}\sim80\times10^{-6}$之间，Ag 含量 0.1×10^{-6}左右，其中尤以砂岩层含量最高，粉砂岩次之，泥质岩石含量普遍较低。二叠系地层主要为 Pb、Ag 元素的高背景层。

（三）俄蒙勒组、沙木罗组

该组即原称的木嘎岗日群，为含外来岩块的浅海碎屑岩-碳酸盐岩组合。该套的地层富含有机质和 Au、Cu、Pb、Zn、Ag、As、Sb 等金属元素，是有利成矿的矿源层和区域上的重要含金建造，其中俄蒙勒组碎屑岩系中富含 Cu、Pb、Zn、Ag 等金属元素，而沙木罗组碎屑岩-碳酸盐岩建造中富含 Pb、Ag 元素，二者赋矿特征存在明显差异性。

原木嘎岗日群的含金性已得到公认，含金迹象在区内表现较明显，位于达则错西缘的商旭岩金矿，已经有工程揭露证实这是一个很有远景的岩金矿床，含矿岩石为俄蒙勒组砂岩和粉砂岩及板岩，矿化蚀变带东西长 2km，宽 8～12 m，含金矿化带主要由含金石英脉、含金黄铁矿变砂岩、含金粉砂岩及板岩组成，岩性特征与新划分的俄蒙勒组岩性相对应。在班公湖-怒江构造带俄蒙勒组出露的范围内，分布多处规模较大的古采金场和砂金矿（化）点，其中大部分矿质来源均与该组黑色岩系有密切关系，黑色岩系地层受构造活动影响，产生含金石英脉，再经地表富集形成砂金矿。

（四）则弄群

则弄群为一套陆相为主海陆交互相的火山-碎屑岩系，火山岩多呈层状、似层状产出，地层结构为熔岩-火山碎屑互层类型，具岛弧火山岩特征，岩性以流纹岩为主，横向上可见砂砾岩及灰岩透镜体。

前人对该套地层含矿性曾作过专门测试，岩石微量元素分析显示，Cu 平均含量 14×10^{-6}，Pb 为 124.55×10^{-6}，Zn 为 178.95×10^{-6}，均为地壳中丰度值的 2.5～8.3 倍，平均含金量 7.4×10^{-9}，为地壳丰度值的 1.9 倍，尤其其中的含角砾火山碎屑岩段是主要的含金岩性，说明火山活动是为成矿提供矿质的重要作用。区内已知的热液型色那金矿、尼弄金矿、卡不连磁铁矿均明显受控于则弄群地层。另外，酸性火山岩溢流还形成一些珍珠岩矿产，如俄布、列岗两处珍珠岩矿即属此例。

（五）多尼组

多尼组主体为一套杂色碎屑岩夹火山（碎屑）岩，少量灰岩，其中的火山岩-火山碎屑岩段 Cu、Pb、Zn 含量明显高于地壳丰度值数倍，其他岩石 Cu、Pb、Zn 含量均低于地壳丰度值，说明火山活动是引起矿质活化的先决条件。灰岩段富含生物，赋存大量有机质成分，其上又形成厚度巨大的砂泥盖层，应为油气生储的有利层位。

（六）郎山组

郎山组是一套稳定的碳酸盐岩，沉积厚度巨大，所产化石丰富。郎山组地层为水泥灰岩的有利层位，含矿层位主要为郎山组二段，主要矿石类型为深灰色含圆笠虫泥晶灰岩，其次为深灰色—灰色含生物屑泥晶灰岩、浅灰色含生物屑微晶灰岩。

表 6-1 郎山组灰岩化学分析结果

类型	CaO(%)	MgO(%)	SiO_2(%)
深灰色含圆笠虫水泥灰岩	52.46～53.88	0.008～0.009	2.13～4.00
深灰色—灰色含生物屑泥晶灰岩	53.21～54.85	0.10～0.64	0.75～3.25
浅灰色含生物屑微晶灰岩	52.30～54.85	0.11～0.16	0.63～1.25

化学分析结果表明，3种岩石均可满足水泥用灰岩工业指标要求，其中的有害夹层较少，矿石纯度较高，品质好，可作为水泥灰岩。郎山组二段厚度大于300m，区内岩性稳定，横向变化不大，具较大的远景规模。

另外，郎山组含丰富的动物化石，区域资料显示，郎山组碳酸盐岩是较好的烃源层，平均有机碳含量0.21%，有机质类型为处于成熟阶段的Ⅰ—Ⅱ型，生烃量$2\times10^5 t/km^2$，具有发现油气矿藏的潜在远景。

（七）第四系

区内第四纪沉积物发育，有残积、坡积、冲积、洪积、湖泊沉积等多种成因类型，存在多级阶地、河漫滩、湖积平原，洪积扇、坡积裙等地貌单元，堆积了大量第四纪冲积物，洪积物、残积物和化学沉积物。其中河流冲积砂砾、粘土是当地重要的建筑材料。多级阶地为本区赋金地貌单元，阶地底部含大量磁铁矿，因此也是富含磁铁矿的层位。河漫滩局部地段富含砂金，主要赋存于下部含泥砂砾层中。此外，洪积扇、残坡积区、湖相堆积层中也常常含金。沿达则错、戈芒错、董布错、昂孜错等湖域周边还形成了大量化学沉积矿产硼砂、芒硝等。

测区属高原湖盆区，区内地形切割较弱，丘陵舒缓圆润，绵延起伏、平坦宽阔，内有宽缓谷地及湖盆，河流多为放射状向心内流类型。地貌按成因类型可分为低山侵蚀剥蚀区、山间谷地堆积区及湖盆堆积区。区内气候冷暖变化巨烈，干旱少雨，蒸发量大，导致物理、化学作用加强，这些外部条件为矿质的析离、活化、迁移、富集提供了载体和动力。而据第四系地层中孢粉因子，反映出区内古气候较为湿润温暖，生物作用较强，这也是砂金形成的先决条件之一。

另外，砂金的富集有明显受控于地形、地貌的共性，地形低洼处相对富集，隆起处相对贫化，河流转弯凸侧相对富集，河流直通或凹岸相对贫化，河谷膨大部位矿体随之变宽，河谷变窄及“关门山”处矿体亦随之变窄或尖灭。

第四系地层中砂金矿点众多，已知的有商旭、潮如勒、茶下错、尼玛、巴则巫、色嘎、岗弄、折勒8处矿点，多处有古采迹象，现代采金较盛。沿班公湖-怒江断陷湖盆区发育3处B、Li、Mg、Sr、Au化探异常，指示较好的成矿作用。

由于上述条件的存在，砂金成为区内重要优势矿产之一，地貌单元的不同对砂金找矿具明显指导作用。

第二节　测区矿产分布特征

一种矿产的生成受一定地质环境和成矿地质条件限制，测区的矿产分布特征在时空上有明显规律可循，由于测区中各构造单元的地质构造演化的差异以及不同构造—岩浆岩带的复杂背景，因而在各构造单元产出不同的矿种和不同矿床类型，表现出成矿的空间分区性及不同成矿时期所特有的成矿地质特征。

（一）时间上分布特征

成矿作用与构造运动、沉积作用、岩浆活动密切相关，综合测区地质演化历史和成矿作用特点，将测区划分为燕山成矿期和喜山成矿期(表6-2)。

(1) 燕山成矿期

燕山成矿期为区内主要成矿期，伴随中特提斯和新特提斯的演化发展，进入测区成矿黄金时段，该时期构造活动、岩浆活动和火山活动均相当强烈，岩浆活动以中侏罗世—晚白垩世最为频繁。中侏罗世在班公湖-怒江结合带南缘发育去申拉组中性—中酸性火山岩，白垩纪以规模较大的中酸性岩浆侵入和喷发为特点，面积较大的有夏噶日、嘎尔金、查木岗、折勒、得尔东等几个花岗岩体，南部发育则弄群火山岩。强烈的构造运动、岩浆活动伴随发生一系列成矿作用，形成以热液成矿为主的Au、Ag、Pb、Zn、Cu多金属和非金属珍珠岩等内生矿床。燕山成矿期的外生矿床居次要地位，仅在邦多-班戈燕山期弧后盆地内形成水泥灰岩、石油等外生矿产。

(2) 喜山成矿期

喜山成矿期为区内重要成矿阶段，此时区内结束了海侵转为板内发展期，进入全面抬升剥蚀阶段。

该时期以断裂构造活动为主，岩浆活动不发育，构造活动使中生代以前的地层发生强度不等的构造变形，在区内造成多处大小不一的内陆盆地。喜山成矿阶段以外生沉积矿床和风化淋滤矿床为主，尤其第四纪以来是形成砂金及硼等盐类外生矿产的重要时期。

表 6－2　测区矿点简表

矿点名称	矿床规模	成矿时代	成因类型	矿点名称	矿床规模	成矿时代	成因类型
商旭砂金	矿点	第四纪	沉积	色嘎砂金	矿点	第四纪	沉积
潮如勒砂金	矿点	第四纪	沉积	木死铅锌矿	矿点	喜山期	热液
茶下错砂金	矿点	第四纪	沉积	岗弄砂金	矿点	第四纪	沉积
尼玛砂金	矿点	第四纪	沉积	江拉昂作金矿	矿点	喜山期	热液
茶下错硼矿	矿点	第四纪	沉积	江拉昂宗多金属	矿点	喜山期	热液
赛布错硼矿	矿点	第四纪	沉积	帮勒铜矿	矿点	喜山期	矽卡岩型
达则错硼矿	大型	第四纪	沉积	折勒砂金	矿点	第四纪	沉积
阿当金矿	矿点	喜山期	热液	列岗珍珠岩	矿点	燕山期	火山岩型
左波列石灰岩	矿点	白垩纪	沉积	卓尼水晶	矿点	喜山期	热液
刻玛贡玛方解石	矿点	喜山期	热液	色那金矿	矿点	喜山期	热液
戈芒错硼矿	矿点	第四纪	沉积	卡不连磁铁矿	矿点	喜山期	热液
马窑金矿	矿点	喜山期	热液	尼弄金矿	矿点	喜山期	热液
巴则巫砂金	矿点	第四纪	沉积	俄布珍珠岩	矿点	燕山期	火山岩型

(二)空间分布规律

因控矿因素的不同造成测区矿产种类空间分布上的差异，大致以拉惹-康如断裂为界，北侧为拉惹-康如金、硼成矿区；南侧为吴如错金、石油成矿区，又以控错-理弄勒断裂为界与查木岗-孜桂错金多金属成矿区分开(图 6－1)。

(1) 拉惹-康如金、硼成矿区

该矿区为区域上班公湖-怒江成矿带的组成部分，与班公湖-怒江构造单元相对应。大面积为断陷湖盆覆盖，区内断续出露多个不同岩类的构造混杂岩片，该带内出露确哈拉群复理石沉积，俄蒙勒组、沙木罗组浅海碎屑岩-碳酸盐岩沉积，去申拉组岛弧火山岩建造，竟柱山组磨拉石建造等。本区成矿类型有沉积型砂金、盐类及热液型金等。砂金分布于第四系堆积物中，与俄蒙勒组和确哈拉群地层及其中受后期构造影响形成的含金石英脉关系密切，盐类矿产分布于现代湖域范围，其他矿产仅为零星分布。

(2) 吴如错金、石油成矿区

该矿区对应构造单元为吴如错小区，为区域上隆格尔-八宿成矿亚带的组成部分，发育弧后盆地环境成因的火山-复陆屑建造和碳酸盐建造的多尼组和郎山组地层。本区以沉积成矿和热液成矿为主，最主要的矿产为石灰岩和盐湖矿产，其次为金、汞，本次工作发现的左波烈石灰岩及马窑金矿即分布于本区内。此外，成矿地质条件显示本区具石油生储有利条件，并具潜在成矿远景。本区内无大规模岩浆活动，有一定规模的褶皱构造 5 个，有利于生、储石油，是寻找石油的有利地区。

(3) 查木岗-孜桂错金多金属成矿区

该矿区大致以控错-理弄勒断裂为界与吴如错成矿区分开，为区域上江让-伯舒拉岭成矿亚带的组成部分。区内分布石炭系浅海碎屑岩建造、则弄群火山-碎屑岩建造，发育得尔东、色热巴、嘎尔金、查木岗、折勒等多处中—酸性侵入岩体和岩株，永珠-格仁错断裂贯通东西，邦勒强变形变质带影响石炭系及前震系地层，塑性变形发育。成矿类型有热液型金、铜、铅、锌、多金属、水晶等，沉积型矿产主要为砂金。

石炭系及则弄群为金的高背景区，燕山期岩浆活动为金的进一步富集提供了有利条件，金矿化具普遍性，据地质背景和矿化特征及综合异常分析，本区显示出较好的找金前景。

总体上内生矿产多围绕岩体外围作有规律环带状分布，或依存于断裂带附近，结合测区南临图幅综合分析，在平面上，矿带大致呈等距离近东西向带状分布，间隔距离 20～30km 不等，且与中生代隆起和岩体分布形影相随，存在共生关系。外生矿产受一定层位控制，产于特定的古地理环境及沉积建造内。

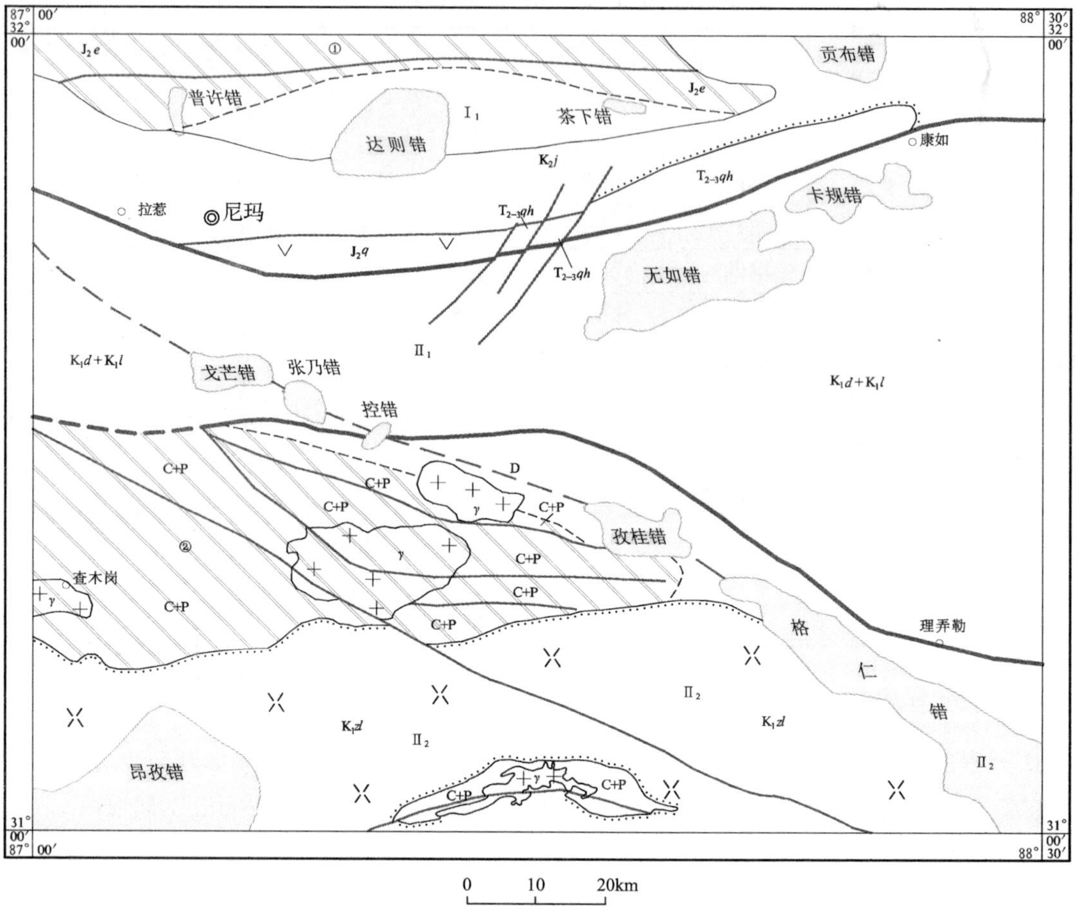

图 6－1　测区成矿区划图

K_2J. 竟柱山组；K_1d+K_1l. 多尼组、郎山组；J_2e. 俄蒙勒组；J_2q. 去申拉组；$T_{2-3}qh$. 确角哈拉群；C+P. 石炭系、二叠系；D. 泥盆系；7. 花岗岩；Ⅰ. 班公湖-怒江成矿带；Ⅱ. 冈底斯-念青唐古拉成矿带；$Ⅰ_1$. 拉惹-康如金硼成矿区；$Ⅱ_1$. 吴如错石油成矿区；$Ⅱ_2$. 查木岗-孜桂错金多金属成矿区；①普许错-茶下错金矿带；②查木岗-孜桂错金多金属矿带

第三节　找矿远景预测

根据测区现有矿产资料及本次区调所获得矿产信息综合分析，以金为主的多金属矿产和盐湖矿产为区内优势矿种，并对其初步进行了成矿远景预测，共划分出 13 处远景区，其中金（多金属）远景区 9 处，盐湖（以硼为主）远景区 4 处，各类预测区编号见图 6－2。根据测区不同地段成矿地质条件、主要矿产的分布、矿化标志、化探异常、地质工作程度将远景区划分为Ⅰ、Ⅱ、Ⅲ三类。其划分原则如下。

Ⅰ级：发现有重要工业类型的矿床（点），矿化标志明显，有优越的成矿地质条件，异常强而集中，在这类预测区应首先安排矿产资源调查评价工作，以扩大矿床规模和矿区远景。

Ⅱ级：发现有矿点，矿化标志比较明显，有较好的成矿地质条件，异常显示较好，这类预测区可优先安排矿产资源调查评价工作。

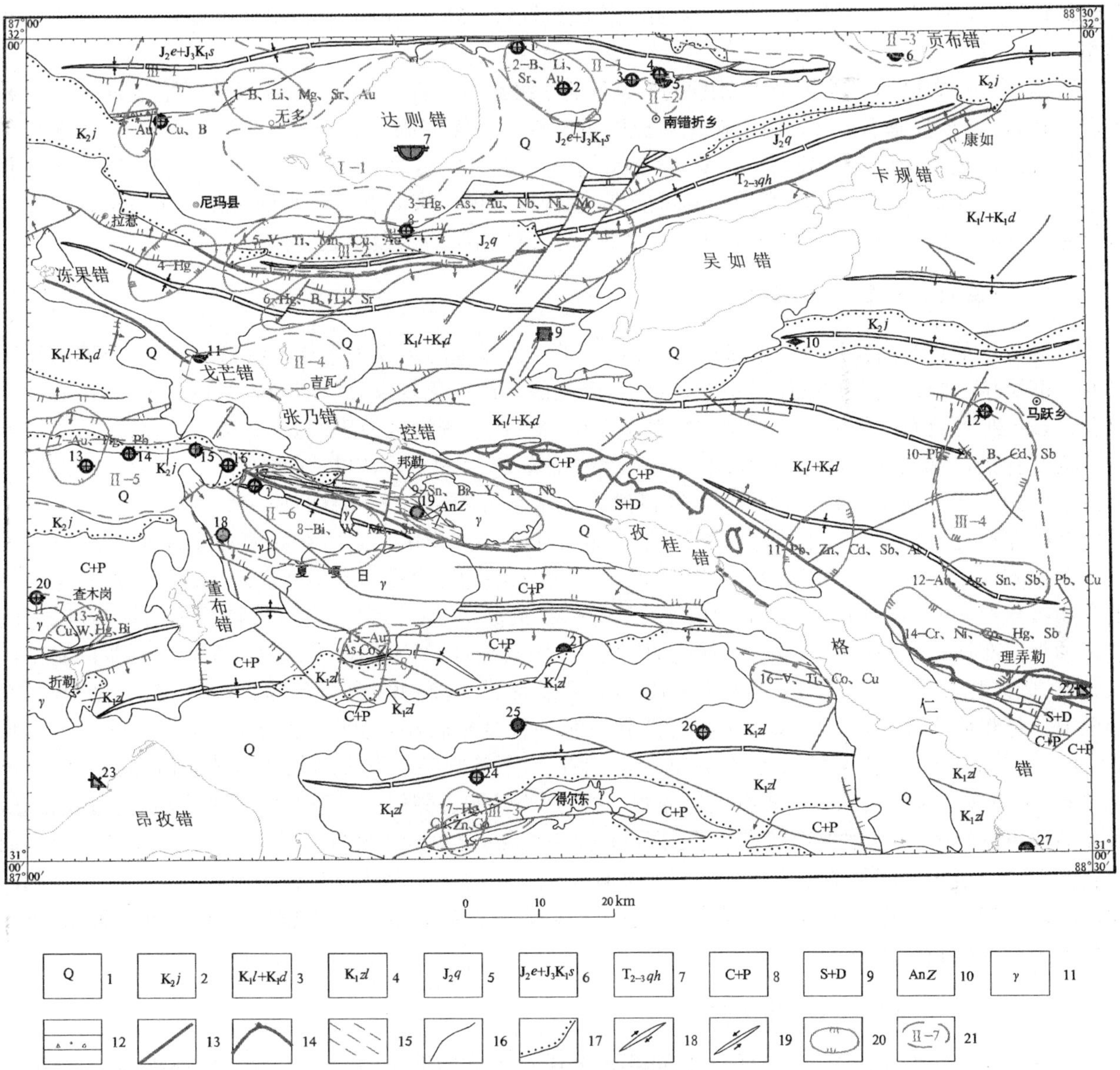

图 6-2　测区成矿预测图

1. 第四系；2. 白垩系(陆相红层)；3. 白垩系(弧后盆地)；4. 白垩系(岛弧火山岩)；5. 侏朱罗系(火山岩)；6. 侏罗系(滨浅海)；7. 三叠系(深水复理石)；8. 石炭二叠系；9. 志留—泥盆系；10. 前震旦系；11. 燕山期侵入岩；12. 构造混杂岩；13. 断裂带；14. 逆冲推覆构造；15. 韧性变形带；16. 实测地质界线；17. 不整合地质界线；18. 背斜；19. 向斜；20. 地球化学异常；21. 成矿预测区及编号

Ⅲ级：有矿化线索，具一定的成矿地质条件，有异常显示，有望发现矿产地，该类预测区据情安排矿产资源调查评价工作。

一、以金为主的多金属预测区

(一)俄蒙勒-无多预测区(Ⅲ-1)

该区位于尼玛县北 15km 俄蒙勒-无多一带。本区地层主要为中侏统俄蒙勒组，相当于原称木嘎日群的下部层位，为测区内的重要含金岩系。预测区地处班公湖-怒江结合带上，构造复杂，东西断裂十分发育，与主构造带平行展布，沿断裂破碎带蚀变作用较强，褐铁矿化现象普遍发育，并发现火山弧岩片存在，由于所处大地构造位置特殊性，更有可能把地下的成矿元素带到地表而成为矿源层。据路线地质调查在俄蒙勒附近发现较多的褐铁矿化石英脉，并成群成组发育，经取样粉碎淘洗，单样可见 1～2 粒微细粒金存在。

预测区内分布以 Au 为主，伴生元素为 Cu、B 的三级组合化探异常 1 处，在异常区附近发现有岩金矿点存在，进一步佐证了异常是由金矿化造成的可能性。在无多附近分布 B、Li、MgO、Au 等元素和化合物组合的二级化探异常 1 处，其中 Au 含量平均值 1.8×10^{-9}，最高达 2.10×10^{-9}。Au 异常的分布呈东西遥相呼应，显示受东西断裂控制的可能性，该预测区说明俄蒙勒组分布地区是一个普遍含有热液石英脉型、构造蚀变岩型、浊积岩型金矿的成矿区，应开展相应的黄金调查工作。

（二）曲俄公-下弄拉预测区（Ⅱ-1）

该区位于尼玛县南错折乡北曲俄公-下弄拉一带。出露地层主要为中侏罗统俄蒙勒组（原称木嘎岗群的下部层位），局部地段被康托组不整合覆盖，康托组为红褐色复成分砾岩与砖红色含砾泥岩，岩性可以和区域上扎西错布一带的第三系洞错组含金粗砾岩对比。预测区处于班公湖-怒江结合带上，形成复杂的构造背景，特殊的构造位置使复理石岩片、碳酸盐岩岩片、火山弧岩片在多处分布，更是深部成矿元素被带到地表参与成矿的构造前提。在其供给物源水系沉积层中发现有商旭、潮如勒、茶下错、尼玛 4 处砂金矿点存在，古采坑、古采井分布面积较大，现在仍有小规模民采队伍在区内实施砂金淘洗作业。

在预测区中段查曲日勒附分布 1 处 1∶50 万水系沉积物测量 B、Li、MgO、Sr、Au 等元素和化合物组合二级化探异常，其中 Au 含量平均值 1.75×10^{-9}，最高达 20×10^{-9}，追索其物源供给区，可以推断俄蒙勒组分布区成金的可能性较大。在商旭附近（图区北缘）已经工程证实这是一个很有远景的岩金矿床，该矿床矿化蚀变带东西长 2km，宽 8～12m，含金矿化带主要由含金石英脉、含金黄铁矿化变砂岩、含金绢云母粉砂岩以及板岩组成。含金石英脉单脉一般规模较小，经平硐揭露，其中较大的一条脉长 30.5m，一般厚0.8m，最厚 1.2m，含金品位 0.5～42g/t，石英脉多呈不规则状透镜体，分枝复合、尖灭再现、膨缩现象较普遍。主脉旁侧岩石硅化强烈，常表现为细脉、网脉状，石英脉沿节理充填，含金性较好，最高品位可达17g/t。金的赋存状态，主要为颗粒型自然金，已见到大颗粒金为 5mm×4mm×1mm。商旭岩金矿的发现再次证明了俄蒙勒组是一个极有找矿远景的含金建造或含金矿源层。今后在该预测区找矿应以商旭岩金矿作类比，在全区范围普遍展开，以岩金找矿为重点，兼顾砂金找矿方面的突破，进一步扩大该地区的找金成果。

（三）汤浠-贡日预测区（Ⅲ-2）

该区位于尼玛县东南汤浠-贡日一带，处于拉惹康如大断裂北侧，班公湖-怒江缝合带与冈底斯-念青唐古拉板片边界附近，区内发育中上三叠统确哈拉群——深水复理石建造。中-上侏罗统去申拉组岛弧火山岩建造及白垩系竟柱山组陆相红层。由于处于两大构造单元交结地带，构造十分复杂，与区域主构造线相一致的近东西向断裂构造尤为发育，另有北东向断裂对其截切改造，总体呈逆冲作用为主，多期构造活动叠复的构造特征，并由此形成了一系列轴向近东西的复杂褶曲变形构造。

1∶50 万化探扫面在区内发现 2 处化探异常，在汤浠附近形成大范围 V、Ti、Mn、Au、Cu 等元素组合二级化探异常，分布于玛异日母一带的异常为 Hg、As、Au、Zn 等 10 种元素组合，总体显示多金属矿化特点。根据异常分布形态分析，反映出与去申拉组火山岩出露及断裂延伸紧密相关性，说明火山岩为主要控制成矿因素，断裂构造则为矿液运移通道和富集沉淀场所，在阿当南断裂构造带上已发现金矿点存在。另外在去申拉组火山岩中褐铁矿化现象普遍，确哈拉群中也发育较多的褐铁矿化石英脉，宽度 10～30cm 不等，往往与主构造线一致，成群成组分布。深大断裂使地壳深处有用元素上涌参与成矿，为该预测区成矿提供了有利条件。因此在该预测区开展普查找矿工作，对藏北地区沿班公湖-怒江结合带有相似成矿地质条件地段的找矿具指导性意义。

（四）尼玛弄-窝容砂金预测区（Ⅱ-5）

预测区位于尼玛县岗龙乡南尼玛弄-窝容盆地内，盆地内地层为白垩系则弄群、竟柱山组及第四系湖积和冲洪积层。该盆地的东部和南部出露地层为石炭系永珠组、拉嘎组碎屑岩。石炭系地层被晚白垩世钾长花岗岩、二长花岗岩侵位。根据汇水地形分析，东部、南部地区的石炭系风化剥蚀物为盆地沉积物质的主要补给源。

预测区内分布有巴则巫、色嘎、岗弄 3 处砂金矿点，在舍藏布上游水系中发现有 Au、Hg、Sb 3 种元素组合二级化探异常 1 处，其中 Au 含量最高 4.50×10^{-9}。在预测区南部石炭系与查木岗钾长花岗岩体接触带附近发现以 Au 为主，伴生 Hg、Rb、Sn、W、Bi 等 6 种元素组合二级化探异常 1 处，其中 Au 含量平均值20.3×10^{-9}，具 3 级以上浓度分带。在预测区东部石炭系与钵布日二长花岗岩体接触带附近也发现有原生金矿存在，从盆地汇水物质来源分析也印证了石炭系是有利的金矿源层。路线地质调查发现，预测区也是一处较大规模砂金古采场，古采坑、古采井(多数已淤填)比比皆是，古采坑(井)密度间距 10～30m 不等，而且盆地北缘的色尔嘎(藏语“色”即是“金”)地名对该地区产金也起一定指示意义。

该砂金异常的特点是分布范围较大，具有配套的砂金、化探异常及古采遗迹，指示具良好的成矿作用存在，说明该预测区具比较好的远景意义。尤为重要的是该砂金异常指示了南部、东部石炭系和岩体接触带附近具寻找原生金矿的可能性。而化探异常显示在水系的上游较强、下游较弱的特征，反映出岩金补给源经长距离搬运的特点，由此也可以推断出由该砂金矿区至原生岩金源头应存在一个不断递增的分散流，今后的找矿工作应继续向上追索，有可能找到更富的砂金赋藏地段。总之，这一预测区无论在找砂金和岩金方面的意义上均应引起重视。另外，石炭系与白垩系地层的不整合接触面是否含金也应是下一步矿产评价应注意的地段。

(五)江那昂作-嘎尔金预测区(Ⅱ-6)

预测区位于尼玛县江那昂作-嘎尔金一带，东西长 40km，南北宽 10km，预测区南部有夏噶日岩体，东部有嘎尔金岩体分布，这两个岩体规模均较大，另外区内还发育钵布日、日阿若、阿央莫等多个小岩体。出露地层大部分为石炭系、二叠系地层，仅在区东北端有少量念青唐古拉岩群出露。这些岩体与围岩普遍发生宽度不等的热接触变质现象，产生明显的斑点状、条带状构造，使灰岩产生大理岩化、矽卡岩化，并形成铅、锌矿化，有些岩体围岩可见接触交代作用形成的绿帘石化现象。此外，区内构造较发育，较大规模的断裂有麻勒果-思让勒和着布查惹-谷扎断裂，江那昂作-俄布查向斜从预测区中部通过，沿断裂带硅化、褐铁矿化现象较普遍。

预测区西部有 Bi、W、Mo、Sn、U、Sb、Li、Y、Cu、Mg 10 种元素级组合二级化探异常分布，东部有 Sn、Bi、Nb、Rb、Y、Th、Zr 等 8 种元素组合二级化探异常分布，异常与花岗岩体密切相关，推测是由岩浆期后热液矿化所致。异常空间展布形态与北西向或东西向断裂延伸方向一致，由此可以推断断裂构造是矿液运移通道或储矿空间。在钵布日花岗岩体外接触带地段发现有原生金矿存在，在江拉昂宗一带断裂交汇部位存在以金为主的多金属矿，在邦勒南嘎尔金花岗岩体外围也发现矽卡岩型铜矿点一处。此外，从地形、地貌条件分析，在由该地区补给物源的水系中也发现有砂金异常存在，从而进一步佐证了预测区形成原生金矿的可能性。这些多金属矿点及砂金异常的发现结合区内有利成矿地质条件，说明花岗岩侵入活动发生了较强的成矿作用。

总体上看，该预测区呈半环形包围在夏噶日和嘎尔金花岗岩体外侧，在岩浆侵入活动热液的驱动作用下，含矿热液对岩体外侧的构造破碎带或裂隙进行交代或充填，该区各种成矿有利因素集多位于一体，具有形成工业矿床的先决条件，各种预测依据比较充分，具较理想的金(多金属)矿成矿远景，因而在本区找寻构造蚀变岩型和斑岩型金及多金属矿较有希望。

(六)查木岗预测区(Ⅱ-7)

预测区位于董布错西 15km 处，处于扎谷勒-麻叶亚岗背斜北翼，出露地层为石炭系永珠组、拉嘎组和中二叠统昂杰组，总体为一套碎屑岩。预测区中部有查木岗钾长花岗岩体侵入石炭系地层中，受岩体影响发生了较强的混合岩化，岩体边部发育较多的花岗岩脉，在岩体边部的内侧蚀变强烈，主要有黄铁矿化、褐铁矿化硅化现象比较普遍。区内分布有 1∶50 万化探 Au、Sn、Rb、W、Hg、Bi 等 10 种元素二级组合化探异常1处，异常形态受查木岗花岗岩体控制，浓集中心分布在岩体附近，主要元素Au含量平均值20.3×10^{-9}，具三级以上浓度分带，金元素含量居测区第二位，具一定找矿意义。在查木岗花岗岩体北侧分布已知砂金矿点1处，根据地势分析该砂金矿区物质来源应为南部石炭系地层与花岗岩体分布地区，也说明了花岗岩侵入石炭系地层发生了较好的成矿作用。在岩体四周石英正长斑岩脉及闪长岩脉较发育，但对其含矿性未作过专门了解，建议在今后找矿工作中以砂金异常和化探异常为线索，在预测区内进行以金为主的综合矿产评价，并注意对区内数量众多的小岩脉的含矿性作进一步了解，揭示引起砂金异常及化探金异常的含矿地质体的矿化特征。

（七）朗垄预测区（Ⅱ-8）

预测区位于尼玛县卓尼乡东北10km朗垄一带。地质上处于夏噶日花岗岩体南侧，环岩体外接触带。出露地层主要为石炭系永珠组、拉嘎组，二叠系昂杰组、下拉组，南部被上白垩世统则弄群火山岩不整合覆盖，其中石炭系的黑色岩系和早白垩世陆相火山—沉积岩组合是测区内重要的含金建造，而下拉组灰岩是形成铅锌矿的有利岩性。中部发育近东西向和北西向两组断裂构造，并切穿岩体，为矿液运移、沉淀富集提供了有利空间。区内分布1处以Au为主，伴生元素为As、Co、Zr的二级组合化探异常，其中Au含量平均值为3.5×10^{-9}，最高含量5.0×10^{-9}，具二级以上浓度分带。本次区调路线地质调查发现在岩体外接触带附近地段普遍具铅、锌、褐铁矿化现象。因此，预测区可作为1处化探异常查证的后备选区，通过进一步工作，在本区有可能找到构造蚀变岩型金矿及矽卡岩型铅锌矿。

（八）得尔东预测区（Ⅲ-3）

该区位于尼玛县申亚乡南20km格列亚乃格-纳嘎让乃间一带，环绕得尔东花岗岩体外围地段，总体处于得尔东-碧尔东隆起西端，出露地层为拉嘎组碎屑岩，局部地段出露昂杰组、下拉组，其上被则弄群火山岩覆盖，均为成矿有利地层。得尔东花岗岩体呈不规则形态侵入拉嘎组及则弄群岩层，断裂构造有近西向和北西向两组，均切穿新老地层及岩体，成为矿液运移通道，沿断裂褐铁矿、硅化现象普遍。

预测区分布1处Hg、Cu、Zn、Co等8种元素组合二级化探异常，并在异常区下游卡洛各附近水系中发现砂金矿点存在，这些指示出该区存在较好的成矿作用的可能性，此处异常规模较小，元素含量不高，存在找矿线索，具一定的成矿地质条件，通过进一步工作有望发现矿产地，可作为化探异常查证的后备选区。有突破后，可进一步扩至东部与该预测区有类似成矿条件的得尔东岩体外接触带及附近地段，由该地段供给物源的雅贝藏布上游水系中发现有砂金异常存在。综上所述，总体反映出得尔东岩体侵入石炭系、白垩系地层发生了以金为主的多金属成矿作用。

（九）马跃预测区（Ⅲ-4）

该区位于马跃乡东南，出露地层为多尼组三段，主要岩性为碎屑岩灰岩、火山岩，其中火山岩石组合复杂，既有熔岩又有火山碎屑岩，属大陆边缘岛弧环境产物。

预测区内北部分布1处以Pb、Zn为主的化探异常，面积较大，发育北西向、北东向两组断裂构造，二者相互截切，形成多个断裂交汇点，化探异常即分布于断裂交汇附近，说明断裂交汇点为矿质富集沉淀中心，断裂构造矿化蚀变强，褐铁矿化、硅化现象较普遍，在仁拉附近断裂带中经地表拣块样分析，其中含Au 1.38g/t，已构成金矿体。位于预测区南产曲日阿上游存在以Au、Ag、Sn、Sb为主的11种元素组合二级化探异常，其中Au含量平均值6.05×10^{-9}，最高1.05×10^{-8}，具三级以上浓度分带，Ag含量平均值2.4×10^{-10}，最高3.24×10^{-10}，具二级浓度分带，其与Au异常分布范围套合较好，说明矿化相对集中，为同一矿化因素引起，成矿地区条件与马跃南部类似。根据地形分析，形成异常原因，不排除是由预测区断裂中矿化蚀变所致的可能性。建议对该区构造破碎带的含金矿性作重点评价，有望发现有重要意义的构造蚀变岩型金（多金属）矿床，如该地区找矿有突破，对整个邦多-班戈弧后盆地中寻找相同类型的矿产具很好的指导意义。

二、以硼为主现代盐湖矿产预测区

测区分布多个内流湖泊，湖域封闭，只吞不吐，加上地处高蒸发、低降水、干旱少雨的藏北高原环境，而成为各种盐类的聚集空间，导致湖水矿化度高，一般为13.0～29.8g/L，总硬度20mg/L以上，属碳酸岩型钠组水，pH值较高，为B、Li、MgO等元素富集成矿提供了有利条件，形成了测区十分丰富的现代盐湖矿产。矿种较多，规模大，埋藏浅，为区内主要优势矿产类型之一。目前已发现的盐类矿产有硼、芒硝、水菱镁矿、石膏，伴生锂、铷、铯等稀有元素，分别以固相、液相两种赋存状态存在，前者为盐湖湖水蒸发析出固结形成的含硼湖相沉积物，有用组分以硼酸盐为主，后者为盐湖卤水，二者往往相伴而生。区内的盐湖矿产主要分布在班公湖-怒江结合带的断陷湖盆区内，南侧戈芒错附近也发现固体硼矿存在。测区内共划分出达则错（Ⅰ-1）、查下不错（Ⅱ-2）、赛不错（Ⅱ-3）和戈芒错（Ⅱ-4）4个以硼为主的现代盐湖矿产预测区，因各预测区的成矿地质条件近似，而工作程度相对较低，在此仅以较典型的达则错预测区为代表加以概括，其余均不再赘述。

（一）达则错预测区（Ⅰ-1）

预测区分布于达则错湖域及围边湖相阶地范围区，面积约$200km^2$。湖盆外围发育侏罗系俄蒙勒组、沙木罗组，白垩系竟柱山组，新近系康托组零星分布，湖域四周为大面积第四系现代湖相堆积砾、砂、粘土层覆盖。全新统中赋存有硼砂、芒硝等盐类析出产物。卫星影像上多呈白色或浅灰白色，标志非常清晰。湖周阶地上有白色水菱镁矿堆积物。矿层一般呈透镜状、似层状产于粉砂质粘土层中，厚度一般0.3～0.6m不等。据《西藏自治区矿产志》资料，在达则错南阶地中发现固相硼矿产出，并有地表采挖痕迹，其B_2O_3储量为2.11×10^6t。地表卤水中含硼量比较高，已构成液态硼矿体，地表卤水取样分析结果B_2O_3达$6.93\times10^5\sim8.29\times10^5mg/m^3$，为大型硼矿床规模。

1∶50万化探扫面在达则错湖区东部和西部均发现有B、Li、MgO、Sr、Au等11种元素组合二级化探异常存在，虽远距湖区其中B、MgO均有较高含量，其中硼含量平均值为175.7×10^{-6}，最高274.5×10^{-6}，MgO含量平均值8.5%，具有二级浓度分带。两个异常沿达则错湖域呈东西遥相呼应状分布，说明达则错湖域沉积范围内以B为主多种元素并存异常具普遍性。综合以上说明，本区为盐湖型盐类化学沉积远景区，对B、Li、MgO等元素的富集成矿极为有利，在寻找硼（固相，液相）矿、菱镁矿、芒硝等盐类大型矿床有突破的可能性较大，同时应注意对伴生稀有金属矿产的综合评价和利用。总之，这一预测区无论在找矿意义和科研意义上都是一个极有前景的地段。

第七章　结　论

第一节　取得的主要成果

一、地层方面

1)对测区地层进行了构造地层分区,系统建立了测区地层层序,查明了各地层单元的时空展布规律。对沉积地层进行了岩石地层、生物地层、层序地层为主的多重地层划分;对火山岩地层进行了岩石地层划分;对变质地层进行了构造—地层划分。重新厘定了测区地层系统,建立组级正式地层单位 17 个,其中新建地层单位 2 个,新划分地层单位 2 个,非正式地层单位(段)6 个,(岩)群级地层单位 4 个。将古生代地层划分为一个巨层序,两个超序,共 14 个Ⅲ级层序,将中生代地层划分为 3 个超序,12 个化学地层单元。为区域海平面变化和盆地演化研究丰富了资料。对石炭系地层进行了磁性地层划分,自下而上划分为 2 个反极性层,2 个正极性层。对郎山组地层进行了化学地层划分。

2)班公湖-怒江结合带地层研究获重要进展,将原木嘎岗日群解体,新建中侏罗统俄蒙勒组,为一套浅海碎屑岩沉积,其中的灰岩透镜和夹层中产珊瑚 *Thamuasteria* cf. *coquandi*, *Stylina* sp., *T. coqiandi*, *Montlivolria* sp., 水螅 *Spongiomopha* sp., 海绵 *Pachythecopora pachthrca*,双壳类 *Lopha* sp. 等中侏罗世分子;新划分出整合于俄蒙勒组之上的沙木罗组砂质灰岩地层,其中产丰富的双壳 *Lopha* sp., Ostreacea,腹足类 *Parglauconia* sp., *Mesoglauconia* sp., *Procerithium* sp., *Cassiope* cf. *lanzingensis* 及大量的棘皮类、鱼牙等化石,时代为晚侏罗世至早白垩世,为准确厘定中特提斯海在区内闭合时间提供了重要证据。

3)在竟柱山组中采获早中生代孢粉分子,主要为 *Juglanspollenites*, *Betulapollenites*, *Quercus*, *Lonicerapollis* 等孢粉,以我国晚白垩世早期各组常见的种群分子为特征;灰岩透镜体中采到丰富的腹足类,主要有 *Staja* cf. *tibetica*, *Lymnaen* sp., *Olostoma* sp. 等,综合分析认为竟柱山组时代为晚白垩世早期。

4)在白垩系班戈弧后盆地地层研究方面取得了新进展,发现多尼组下部有深海浊积岩的存在,新建早白垩世俄杀而补组,其孢粉 *Leiotriletes romboideus* Bolchovitina, *Echinatisporis* sp., *Classopollis* sp., *Dicheropollis* sp., *Cyathidites* sp., *Jugella* sp.,时代为尼欧克姆期。这表明,早白垩纪早期,永珠-格仁错一带存在过深海水洋盆。

5)在班公湖-怒江结合带南侧新划分出中侏罗世去申拉组,其岩石地球化学特征为岛弧火山岩特点,其形成环境为滞后弧,是板块消减的产物,是班公湖-怒江结合带南侧存在对应岛弧的重要证据,表明该结合带是向南俯冲的。

6)新发现前震旦系念青唐古拉岩群在测区存在,对认识该区古老基底特征有重要意义。

二、岩浆岩方面

1)在野外调查和室内研究基础上共划分出侵入体 43 个。据地质岩石学特征的一致性、空间分布的关联性、基本同时性、形成机制的相似性对比为一次侵入活动。据各次侵入岩在空间上的紧密伴生性、时间上的紧密相关性、岩石学、岩石地球化学的相似性和规律性演化而归并为一期(即燕山中晚期)侵入活动。同时,将岩浆活动纳入造山过程,把侵入活动与造山运动的各个阶段相联系,依据各时代构造岩浆组合特点划分为晚侏罗世叶鲁未白云母花岗岩-晚侏罗世阿若-帮勒基性岩带—白垩纪色热巴-夏噶日中酸性花岗岩带，分别与班公湖-怒江结合带后碰撞、格仁错-永珠带早期拉张→向南俯冲、碰撞→后碰撞有关。

2)新发现叶鲁未白云母花岗岩，与央雄勒等地的白云母花岗岩共同构成一个白云母花岗岩带，同位素年龄 132～142Ma，为晚侏罗世，是班公湖-怒江结合带后碰撞花岗岩，这一发现对认识该区构造演化具有十分重要的意义；新发现格仁错构造带两侧侏罗世晚期与大陆拉张有关的辉长岩，其同位素年龄134Ma，是格仁错构造带早期拉张的产物；新发现色热巴岩体岩浆混合作用的存在，其形成的构造背景与永珠-格仁错带的向南俯冲有关。在格仁错构造带南侧，发现夏噶日晶洞花岗岩，其同位素年龄72Ma，显示晚白垩世早期由挤压到拉张环境转换背景的特点，是格仁错构造带后碰撞阶段的产物。

3)对各不同时期的火山岩进行了地层—岩性、岩相双重划分，由老到新划分为 3 个火山喷发旋回，对各组火山岩形成的大地构造背景进行了探讨，识别出Ⅳ级火山机构 7 个，对各组火山岩进行了Ⅳ级火山构造划分。

三、构造方面

1)查明了测区构造格架和构造演化历史。经本次填图共识别出具一定规模的断裂 82 条，查明了各级褶皱的分布及规律。

2)对班公湖-怒江结合带的研究获重要进展，发现了构造混杂岩带的存在，由复理石岩块、外来灰岩块、火山弧岩块等不同的块体组成，构造混杂岩与上覆俄蒙勒组为断层接触。

3)查明格仁错构造带是一个具多期活动特征的区域性构造带。伴随早侏罗世班公湖-怒江结合带向南俯冲、碰撞，泥盆系向北推覆到石炭、二叠系地层之上，晚侏罗世末期发生陆内拉张，早白垩世向南俯冲挤压，晚白垩世早期碰撞后应力调整阶段帮勒右行斜冲挤压特征的韧性变行带活动。

4)研究了测区活动断裂与第四系和地震等灾害的分布，注意了高原隆升与古大湖的变迁。在阿央、嘎儿波、昂改错北岸的江母等地发现一套海拔高度超过 5 000m、最高 5 050m 的高位湖相层，为灰白—灰红—灰黄色含砾粉砂层，有些地方有弱固结，产状水平，是藏北地区发现最高的湖相层。这一发现表明，这一时期藏北地区可能存在一个范围更大的古大湖，其时代待同位素测定结果而定。

四、资源、生态、环境调查方面

1)注意矿产资源调查工作。全面系统地收集整理了区内已有矿产资料和前人已有矿床(点)资料，在地质路线调查过程中注意收集成矿有利地段的矿化信息，适当采集拣块化学样，对矿化情况作了地表控制和详细记录；对测区主要地质单元进行了剖面岩石测量控制，对不同地质单元的含矿性作了大致了解。通过对全区成矿地质背景，成矿条件、控矿因素的综合分析，结合区内已知的重要矿点、重要化探异常等找矿线索，将测区分为 2 个成矿带、3 个成矿(亚)区，在此基础之上圈出成矿远景区 3 处，编制了测区 1∶25 万矿产资源分布图。

2)重视对测区生态环境、灾害现状及旅游资源等方面的调查研究。在地质调查的同时，专门安排一定的生态调查路线，对动植物分布、草场、湿地范围，鼠患区、地震带，荒漠化、盐碱化分布作了详细标定。结合遥感信息解译和前人资料，编制了 1∶25 万草地生态及生物多样性分布图、灾害现状分布图、活动构造与第四系分布图、旅游资源分布图等系列图件。提出了关于生态环境建设、防灾减灾及发展旅游业方面的一些建议，目前已被尼玛县和申扎县两地政府采纳并正在付诸实施，为多目标填图和区调工作服务于国民经济建设需要进行了有益尝试。

第二节　存在的主要问题

此次地质调查过程中存在的主要问题如下：①由于测区交通困难，露头不好，剖面选择困难，少数出露面积较小的地层单元如康托组没有实测剖面；②第四系剖面较少，测年资料较少，时代无法作进一步划分，仅划分到更新统和全新统；③格仁错构造带晚白垩世早期的韧性变形作用运动方向的判断尚感不够充分，野外资料有相互不一致之处。

参 考 文 献

陈德潜,陈刚．实用稀土元素地球化学．北京:冶金工业出版社,1990.

陈清华,王建平,宋金友．青藏地区措勤盆地石油地质特征．北京:中国石油大学出版社,1999.

陈旭,林尧坤．黔北桐梓下志留统的笔石//中国科学院南京地质古生物研究所编．中国科学院南京地质古生物研究所集刊:第12号．北京:科学出版社,1978.

成都地质矿产研究所．1∶150万青藏高原及邻区地质图．北京:地质出版社,1988.

邓万明．青藏高原北部新生代板内火山岩．北京:地质出版社,1998.

地质矿产部区域地质矿产地质司．火山岩地区区域地质调查方法指南．北京:地质出版社,1987.

地质矿产部直属单位管理局．花岗岩类区1∶5万区域地质填图方法指南．北京:地质出版社,1991.

丁蕴杰,夏国英,许寿水,等．中国石炭—二叠系界线．北京:地质出版社,1992:1～170.

董宝林,花如洪,卢宏金,等．海南白沙盆地早白垩世孢粉化石的发现及其意义．微体古生物学报,1991,2(8):171～182.

董国臣,莫宣学,赵志丹,等．西藏林周盆地林子宗火山岩研究近况．地学前缘,2002,9(1):153.

甘振波,张长友．冀北早白垩世孢粉．古生物学报,1985,5(24):558～567.

郭铁鹰,梁定益,张宜智,等．西藏阿里地质．武汉:中国地质大学出版社,1991.

国土资源部航空物探遥感中心．青藏高原中西部航磁调查．北京:地质出版社,2002.

海因德曼 D W. 火成岩与变质岩岩石学．邱家骧等译．武汉:中国地质大学出版社,1990.

韩同村．西藏活动构造．北京:地质出版社,1987.

何顺东,丁林,吴根耀,等．藏南格仁错地区孜桂错断裂的第四纪活动及其构造意义．地质科学,2002,1(37):8～12.

黄枝高,鲁艳敏．西藏高原申扎地区早志留世笔石群及其意义//地质矿产部青藏高原地质文集编委会．青藏高原地质文集．北京:地质出版社．1983,(2):121～160.

江西省地质矿产局赣西地质调查大队,中国地质科学院地质研究所．江西白垩纪孢子花粉．北京:地质出版社,1985.

蒋中惕．藏北西部夏岗江地区的中生代地层//西南地层古生物通讯编辑组编．西南地层古生物通讯．第1号,1972.

赖才根．西藏古生代头足类新材料//地质矿产部青藏高原地质文集编委会．青藏高原地质文集(7)——地层古生物．北京:地质出版社,1982:1～16.

李炳元．青藏高原大湖期．地理学报,2000,55(2):174～182.

李璞．西藏东部地质的初步认识．科学通报,1955(7):62～65.

李璞．西藏东部地质矿产调查资料．北京:科学出版社,1959.

李兆鼐,王碧香,王富宝,等．火山岩的分类命名和鉴定特征．中国地质科学院地质研究所文集(8),1984:6～103.

廖卫华．西藏中生代六射珊瑚//中国科学院青藏高原综合科学考察队编．西藏古生物．北京:科学出版社,1982:152～183.

林宝玉．西藏申扎地区古生代地层//地质矿产部青藏高原地质文集编委会．青藏高原地质文集(8)——地质古生物．北京:地质出版社,1983:6～18.

林宝玉．西藏申扎地区古生代地层的新认识．地质论评,1981,4(27):353～354.

林宝玉．中国地层(6)中国的志留系．北京:地质出版社,1984.

刘公民．广东省侵入岩概况．广东地质,1990,3(5):1～30.

刘效良,王树碑．西藏申扎地层区晚石炭世—早二叠世苔藓虫化石//中国地质科学院地层古生物文集编委会．地层古生物论文集:第18辑．北京:地质出版社,1987:1～31.

孟祥化,葛铭．沉积盆地与建造层序．北京:地质出版社．1993.

倪寓南．志留系//中国科学院南京地质古生物研究所编．中国科学院南京地质古生物研究所丛刊．第10号．南京:科学技术出版社,1986.

邱洪荣．西藏早古生代牙形石生物地层//中国地质科学院地层古生物文集编委会．地层古生物论文集:第19辑．北京:地质出版社,1988:185～208.

邱家骧,林景仟．岩石化学．北京:地质出版社,1991.

饶靖国,张正贵,杨曾荣,等．西藏志留系、泥盆系及二叠系．成都:四川科学技术出版社,1988.

饶荣标，徐济凡，陈永明，等．青藏高原的三叠系．北京：地质出版社，1987.
阮亦萍．西藏泥盆纪几种竹节石．古生物学报，1985，1(24)：83～93.
尚玉珂．黑龙江鸡西城子河组被子植物化石层的孢粉研究．微体古生物学报，1997，2(14)：161～174.
尚玉珂．吉林汪清罗子沟盆地早白垩世孢粉化石之发现．微体古生物学报，1991，4(8)：405～422.
施雅风，李吉均，李炳元．青藏高原晚新生代隆升与环境变化．广州：广东科技出版社，1998.
斯行健，周志炎．全国地层会议学术报告汇编——中国中生代陆相地层．北京：科学出版社，1962.
陶奎元．火山岩地区工作方法与找矿思路．1992.
王建平．西藏东部特提斯地质．北京：科学出版社，2003
王立本．角闪石命名法——国际矿物学协会及矿物命名委员会角闪石专业委员会的报告．岩石矿物学杂志，2001，20(1)：84～100.
文世宣．西藏北部地层新资料．地层学杂志，1979，3(2)：150～156
吴才来，周珣若．安徽茅坦A型花岗岩研究．地质学报，1998，72(3)：238～248.
吴福元，林强，葛文春，等．张广才岭新华屯岩体的形成时代与成因研究．岩石矿物学杂志，1998，17(3)：35～43.
吴望始．西藏珠穆朗玛峰地区的珊瑚化石//中国科学院西藏科学考察队．珠穆朗玛峰地区科学考察报告——古生物(第一分册)．北京：科学出版社，1975.
吴珍汉，吴中海，江万，等．中国大陆及邻区新生代构造——地貌演化过程及机理．北京：地质出版社，2001.
西藏自治区地质矿产局．西藏自治区区域地质志．北京：地质出版社，1993.
夏代祥，刘世坤．西藏自治区岩石地层．武汉：中国地质大学出版社，1997.
夏代祥．藏北湖区申扎一带的古生代地层//地质矿产部青藏高原地质文集编委会．青藏高原地质文集(2)．北京：地质出版社，1983，106～119.
夏国英，丁蕴杰，丁惠，等．中国石炭—二叠系界线层型研究．北京：地质出版社，1996：1～200.
肖序常．喜马拉雅岩石圈构造演化总论．北京：地质出版社，1988.
许汉奎，倪寓南，陈挺恩．藏北申扎地区的志留—泥盆系．地层学杂志，1981，5(4)：316～320.
杨德明，李才，和钟华，等．西藏尼玛宋我日火山岩岩石化学特征与构造环境．地质论评(增刊)：1999，(45)：972～977.
杨胜秋，王惠基．西藏侏罗—白垩纪海娥螺．古生物学报，1985，4(24)：403～412.
杨式溥，范影年．西藏申扎地区石炭系及生物群特征//地质矿产部青藏高原地质文集编委会．青藏高原地质文集(10)——“三江”地层·古生物．北京：地质出版社，1982：46～69.
余光明，王成善．西藏特提斯沉积地质．北京：地质出版社，1990.
余静贤．冀北辽西早白垩世孢粉组合序列//中国地质科学院地质研究所地层组编．中国东部侏罗纪—白垩纪古生物及地层．北京：地质出版社，1989.
余汶，夏金宝．藏北晚侏罗世—早白垩世海娥螺类．古生物学报，1985.6(24)：640～650.
喻洪津．藏北申扎地区中晚志留世牙形石生物地层//地质矿产部青藏高原地质文集编委会．青藏高原地质文集(16)．北京：地质出版社，1985：15～34.
张旗，王滔，刘伟，等．埃达克岩的特征及意义．地质通报，2002，7(21)：431～435.
张清波．黑龙江鸡西盆地城子河组孢粉组合．//中国地质科学院地层古生物文集编委会．地层古生物论文集：第19辑．北京：地质出版社，1988：81～106.
张一勇．中国晚白垩世孢粉植物群．微体古生物学报，1993，2(10)：131～158.
张正贵，陈继荣，喻洪津．西藏申扎早二叠世地层及生物群特征//地质矿产部青藏高原地质文集编委会．青藏高原地质文集(16)．北京：地质出版社，1985.117～138.
章炳高．西藏的圆笠虫(*Orbitolina*)动物群//中国科学院青藏高原综合科学考察队主编．西藏古生物．北京．科学出版社，1982：51～80.
赵传本，乔秀云．黑龙江宁安盆地穆棱组及其孢粉组合新发现．微体古生物学报，1993，4(10)：447～458.
中国地层典编委会．中国地层典·白垩系．北京：地质出版社，2000.
中国地层典编委会．中国地层典·二叠系．北京：地质出版社，2000.
中国地层典编委会．中国地层典·泥盆系．北京：地质出版社，2000.
中国地层典编委会．中国地层典·三叠系．北京：地质出版社，2000.
中国地层典编委会．中国地层典·志留系．北京：地质出版社，1998.
中国地质调查局花岗岩地质研究室．花岗岩研究思维与方法．北京：地质出版社，2002.

中国地质科学院情报所．国外火山岩地区地质构造．北京:中国地质科学院情报所,1976.

中国地质科学院情报所．国外火山岩地区工作中的一些基础地质问题(上、中、下)．北京:中国地质科学院情报所，1977.

中国科学院西藏高原科学考察队．西藏气候．北京:科学出版社,1984.

Atherton M P Petford N. Generation of sodium-rich magmas from newly underplated basaltic crust. Nature,1993,362: 144～146

Barbarin B. A review of therelationships between granitoid types, their origrins and their geodynamic environments. Lithos,1999, 46: 605～626.

Barbarin B. Genesis of the two main types of peraluminous granitoids. Geol,1996,24: 295～298.

Dickinson R. Plate tectonic evolution of sedimentary basins. In; Plate tectonics and Hydrocarbon Accumulation,New Orleans. Amer Ass Petrol Geol,Short Course,1979,1:1～56

Irvine T N . A guide to the chemical classification of the common volcanic rocks,Can. ,J. Earth Sci. ,1971,274,321～355.

Le Bas,M. J. et al. ,1986,A chemical classification of volcanic rocks based on the total alkalisillica diagram,J. Petro. ,27, Part3,745～750

Maniar P D,Piccoli P M. Tectonic discrimination of granitoids. Geol. Soc. Am. Bull. 1989,101:635～643.

Miyashiro A. Volcanic rock series in island arcs and active continental margins,Am. J. Sci. ,1974,8:532～548.

Pearce J A, Harris B W, Tindle A G. Trace element discrimination diagrams for the tectonic interpretation of granitic rocks. J Petrol,1984,25(4):956～983

Pearce J A. Statistical analysis of major element patterns in basalts. J Petrol,1976,17(1):15～43.

Pearce T H,Gorman B E,Birkett T C. The realationship between major element chemistry and tectonic environment of basic and intermediate volcanic rocks,Earth planet. Sci. Lett. 1977,36:121～132

Peceerillo A. Geochemistry of Eocene calc-alkaline volcanic rocks from the Kastamenu area northeron Turky, Contrib. Miner. Petro. ,1976,58(1):63～81.

Rittmann A. Note to contribution by V. Gottini on the "Serial character of the volcanic rocks of Pantelleria", Bull. Volcanol. 1970,33:979～981.

Roche H. A classification of volcanic and plutonic rocks using R_1-R_2 diagram and major-element analyses——its relationships with current nomenclature,Chem. Petro. 1980,29:183～210.

Valloni R,Mitchum R M Jr. Detrital modes of recent deep-sea sands and their relation to tectonic setting:a first approximation. Sedimentology, 1981,28(1):75～83.

Zheng Mianping, Meng Yifeng, Wei Lejun. Evidence of the pan-lake stage in the period of 40～28ka B. P. on the Qinghai - Tibet Plateau. Acta - Geologica Sinica, 2000,74(2):266～272.

图版说明及图版

图 版 Ⅰ

1？奥科角石？*Arthocerida* 纵切面，×1。采集号 H1 010/32－1－2。尼玛县张恩，下泥盆统达尔东组。

2？假直角石科(属种未定)？Pseudorthoceratidae. 纵切面，×1。采集号 H1 011/44 － 1。尼玛县张恩，下泥盆统达尔东组。

3、3a？艾菲尔角石(未定种)？*Eifeloceras sp*. 3. 纵切面，×1；3a. 横切面，×1。采集号 H1 011/37－1－1。尼玛县张恩，下泥盆统达尔东组。

4－5？美皱菊石(未定种)？*Calliptychoceras* sp. 纵切面，×1。采集号 H13 003/1－1。双湖区热曲，下白垩统多尼组。

6？假德尔角石(未定种)？*Pseudodeiroceras* sp. 纵切面，×2。采集号 H1 010/32－1－4。尼玛县张恩，下泥盆统达尔东组。

7 辐射蛤科(属种未定)Radiolitidae gen. et sp. indet. 下壳局部内视，×1。采集号 H3 012/4－1。尼玛县俄坐，下白垩统多尼组。

8—10 窄管苔藓虫(未定种)*Stenopora* sp。

图 版 Ⅱ

1、2 托马斯珊瑚(未定种)*Thomusiphyllum* sp. 横切面，×1.5，纵切面，×1.5。采集号 H3 501/4－1。申扎县阿若，中二叠统下拉组。

3、4？脊板顶柱珊瑚？*Lophocarinophyllum* sp. 横切面，×4，纵切面，×4。采集号 H23 161/2。申扎县嘎章北，中二叠统下拉组。

5、6 刺毛类 Chaetetoids. 横切面，×4，纵切面，×4。采集号 H21 299/2(1)。申扎县嘎南拉，下泥盆统达尔东组。

7、8？似棒珊瑚(未定种)？*Clavilasma* sp. 横切面，×4，纵切面，×4。采集号 H22 063/补 2(1)。申扎县加亚补泥北，下二叠统昂杰组。

9、10 卫根珊瑚(未定种)*Waagenophyllum* sp. 横切面，×4，纵切面，×4。采集号 H21 341/10。申扎县曲神东，下二叠统昂杰组。

11 肋网珊瑚(未定种)*Pleurodictyum* sp. 横切面，×4。采集号 H21 299/1－4。申扎县嘎拉南，下泥盆统达尔东组。

图 版 Ⅲ

1、2 高壁珊瑚(未定种)*Montlivaltia* sp. 横切面，×4，纵切面，×4。采集号 H23 079/15。尼玛县马尔哥北，下白垩统郎山组二段。

3、4 文采尔珊瑚(未定种)*Wentzelella* sp. 横切面，×4，纵切面，×4。采集号 H13 048/1－2。尼玛县旺差，中二叠统下拉组。

5、6 多隔壁托马斯珊瑚 *Thomusiphyllum multiseptatum* Wuet Zhao 横切面，×1.5，纵切面，×1.5。采集号 H 检 1。尼玛县加若东，中二叠统下拉组。

7、8 白崎伊朗珊瑚 *Iranophyllum shirasakiense* Yamagiwa et Suzuki 横切面，×1.5，纵切面，×1.5。采集号 H 检 2。尼玛县加若东，中二叠统下拉组。

图 版 Ⅳ

1 辐射蛤科 Radiolitidae. 右壳侧视，×1。采集号 H22 039/1。尼玛县阿布真日东，下白垩统郎山组二段。

2 辐射蛤亚科 Radiolitidae. 2a. 右壳横断面；2b. 右壳腹视，均×1。采集号 H3 030/4－1。申扎县鸭穷勒，下白垩统郎山组一段。

3 辐射蛤亚科 Radiolitidae. 右壳纵断面，×1。采集号 H3 013/4－4。尼玛县俄坐，下白垩统多尼组三段。

4 辐射蛤科 Radiolitidae. 右壳横断面，×1。采集号 H2 011/4－4。尼玛县左波列，下白垩统郎山组一段。

5 维恩虫(未定种)*Weania* sp. 尾部，×8，采集号 H22－63/补 2－5。尼玛县加亚补泥北，下二叠统昂杰组。

6 塔节石(未定种)*Nowakia* sp. ×8。采集号 H21 104/1－4，尼玛县打拿，下泥盆统达尔东组。

7、8 高山漫游迹 *Planolites montanus* Nicholson. 7. ×1，采集号 H2 009/23－1；8. ×1，采集号 H2 009/16－1。双湖区贡日北，中上三叠统确哈拉群。

9 管状古藻迹 *Palaeophycus tubularis* (Hall). ×1。采集号 H3 001/3－1。尼玛县俄蒙勒，中侏罗统俄蒙勒组。

10 克鲁兹迹(未定种)*Cruziana* sp. ×1。采集号 H3 001/4－2。尼玛县俄蒙勒，中侏罗统俄蒙勒组。

图 版 Ⅴ

1，2 兰兹岩须螺(比较种)*Cassiope* cf. *lanzingensis* (Mennessier). 1. 背视(从外模标本做出的油泥标本)；2. 外模标本，×2，采集号 H3 009/79－1－3。尼玛县日日阿吕南，上侏罗—下白垩统沙木罗组。

3 似银锥螺(未定种)*Paraglaueonia* sp. 外模标本，×2。采集号 H3 009/79－1－5。尼玛县日日阿吕南，上侏罗—下白垩统沙木罗组。

4—6 实锥螺(未定种)*Lymnaes* sp. 4. 背视，×3，采集号 H1 005/6－1；5、6. 背视、口视，×3，采集号 H1 005/6－1－3。尼玛县城西，上白垩统竟柱山组。

7—11 西藏塔扎螺(比较种)*Staja* cf. *tibetica* Yu. 7、9、10、11. 背视、背视、顶视、背视，×8，采集号 H1 005/7－1－4；8. 背视，×8，采集号 H1 005/7－1－5。尼玛县城西上白垩统竟柱山组。

12—15 棱中银锥螺 *Mesoglauconia bicarinata* (Hamlin). 12、13、14 斜视、背视、底视，×1，采集号 H23 079/4－4；15. 斜视，×1。采集号 H3 015/27－1，尼玛县马耳哥北，下白垩统郎山组二段。

16 副银锥螺(未定种)*Paraglauconia* sp. 斜视，×1。采集号 H3 009/74－1－4。尼玛县日日阿吕南，上侏罗—下白垩统沙木罗组。

17 极小魏氏螺(比较种)*Vernedia* cf. *pusilina* Pan. 近轴切面，×1。采集号 H22 066/1。尼玛县马尔果来嘎，下白垩统郎山组三段。

图 版 Ⅵ

1 哈劳郝氏石燕 *Howellella khalfini* Kulikov. 不完整腹壳，×2。采集号 H21 299/1－(1)。申扎县嘎拉南，下泥盆统达尔东组。

2 威宁线戟贝 *Plicochonetes weiningensis* Yang 腹视，×2。采集号 H22 063/补 2－(3)。尼玛县加亚补泥北，下二叠统昂杰组。

3 郁江郝氏石燕 *Howellella yukiangensis* Hou et Xian. 背外模(不完整)，×1。采集号 H21 299/1－1。申扎县嘎拉南，下泥盆统达尔东组。

4 卵形华南戟贝 *Huananochonetes ovalis* (Hou et Xian)腹视，×1.5。采集号 H21 299/1－2。申扎县嘎拉南，下泥盆统达尔东组。

5 舒克贝(未定种)*Schuchertella* sp. 不完整背壳，×2。采集号 H22 062/南 1－(5)。尼玛县加亚补泥北，下二叠统昂杰组。

6—9 两腔贝(未定种)*Ambocoelia* sp. 腹、背、侧、前，×3。采集号 H2 2063/补 2－(4)。尼玛县加亚补泥北，下二叠统昂杰组。

10 朱里桑贝(未定种)*Juresania* sp. 不完整腹壳，×1.5。采集号 H35 055/1。尼玛县卡布西，中二叠统下拉组。

11 背槽裂线贝 *Schizophoria dorsosulcata* Wang et Rong. 腹视，×1.5。采集号 H21 299/1－2。申扎县嘎拉南，下泥盆统达尔东组。

12—15 西藏似马丁贝(比较种)*Martiniopsis xizangensis* Sun. 背、腹、侧、前，×1.5。采集号 H23 161/4。申扎县嘎章北，中二叠统下拉组。

16、17 米克苔藓虫(未定种)*Meekopora* sp. 16. 纵切面，×12；17. 部分纵切面，×8。采集号 H2 3165/西－1。申扎县打鄂日南，渐新统日贡拉组灰岩砾石。

18—20 窄管苔藓虫(未定种)*Stenopora* sp. 18. 横切面，×8；19. 弦切面，×24；20. 部分纵切面，×24。采集号 H21 342/1－2。申扎县朗木定，下二叠统昂杰组。

图　版　Ⅶ

1 凸镜古圆笠虫 *Palorbitolina lenticularis* (Blumenbach)垂直切面，×20。采集号 C2 011/6－1，时代：Aptian 期。

2 楔形虫(未定种) *Cuneolina* sp. 垂直切面，×50。采集号 C2 011/8－1，时代：Albian 期。

3 中圆笠虫(未定种) *Mesorbitolina* sp. 通过胚壳亚胚室的水平切面，×50。采集号 C2 011/11－1，时代：Aptian 期。

4 缅甸中圆笠虫 *Mesorbitolina birmanica* (Sahni) 垂直切面，×30。采集号 C 3013/44－1，时代：Albian 期。

5 小中圆笠虫 *Mesorbitolina parva* (Douglass)垂直切面，×50。采集号 C3 013/44－1，时代：Albian 期。

6 得克萨斯中圆笠虫 *Mesorbitolina texana* (Roemer)垂直切面，×30。采集号 C3 013/44－1，时代：Albian 期。

7 西藏中圆笠虫(比较种)*Mesorbitolina* cf. *tibetica*(Cotter)垂直切面，×50。采集号 C2 011/11－1，时代：Aptian 期。

8、9 瓣状假砂圆虫 *Pseudocyclammina lobata* He. 轴切面，×50。8. 时代：Aptian－Albian 期；9. 时代：Albian 期。采集号 C2 011/10－1、C3 013/44－1。

10 达克斯虫(未定种)*Daxia* sp. 轴切面，×50。采集号 C2 011/12－1，时代：? Albian 期。

11 尖刺? (未定种)*Scolopodus*? sp. 奥陶—石炭纪，采集号 C1 011/32－1。

12 多颚刺 (未定种 B)*Polygnathus* sp. B，采集号 C1 011/46－1，推测时代为早、中泥盆世。

13 多颚刺(未定种 A)*Polygnathus* sp. A，采集号 C1 011/46－1，推测时代为早、中泥盆世。

14 槽沟拟异颚刺? *Idiognathoides sulcatus* Higgins et Bouckaert，采集号 C1 012/47－1，晚石炭世最早期。

图　版　Ⅷ

(图 23 和图 25 放大 2 000 倍，其余均放大 800 倍)

1、2 小桫椤孢 *Cyathidites minor* Couper. 1. 采集号 BF3 035/36－1；2. 采集号 BF3 035/35－1。申扎县俄杀而补，下白垩统俄杀而补组。

3、6 三角光面孢(未定种)*Leiotriletes* sp. 3. 采集号 BF3 035/36－1；6. 采集号 BF3 035/35－1。申扎县俄杀而补，下白垩统俄杀而补组。

4、5 普通凤尾蕨孢 *Pterisiporites medirhaptes* Li. 4. 采集号 BF3 035/36－1；5. 采集号 BF3 035/35－1。申扎县俄杀而补，下白垩统俄杀而补组。

7、8 三角刺面孢(未定种)*Acanthotriletes* sp. 7. 采集号 BF3 035/36－1；8. 采集号 BF3 035/34－1。申扎县俄杀而补，下白垩统俄杀而补组。

9—12 不能鉴定的蕨类植物孢子。9、11. 采集号 BF3 035/35－1；10，12. 采集号 BF3 035/36－1。申扎县俄杀而补，K_1e。

13—15 环沟粉(未定种)*Classopollis* sp. 13. 采集号 BF3 035/35－1；14、15. 采集号 BF3 035/36－1。申扎县俄杀而补，K_1e。

16—25 双沟粉(未定种)Dicheiropollis sp. 16、21. 采集号 BF3 035/36－1；17、18、19. 采集号 BF3 035/35－1；20. 采集号 BF3 035/34－1；22、23. 采集号 BF3 035/35－1；24、25. 采集号 BF3 035/35－1。申扎县俄杀而补，K_1e。

图　版　Ⅸ

(均放大 600 倍)

1、7、14 *Tsugoepollenites ingiculus* cf. maj R. Potonie，1961，Bf1 005/12－1。

2、6 粒纹破口孢 *Coptospora granulata* Yu and Zhang，1982，Bf1 005/10－1。

3、9 奇异破口孢 *Coptospora paradoxa* (Cookson and Dettman)，1963，Bf1 005/8－2。

4 南方拟桫椤孢 *Cyathidites australis* Coupere，1953，Bf1 105/11。

5 古老坚实孢 *Stereisporites antiquasporites* (Wilson and Webster) Dettmam，1963，Bf1 005/4。

8 小点光面单缝孢 *Laevigatosporites gracilis* Wilson and Webster，1946，Bf1 005/5－1。

10 菱孔楝粉 *Maliaceoidites rhomboiporus* Wang，1975，Bf1 005/6－2

11—12 托而马可变皱瘤孢 *Varirugosisporites tolmanensis* Srivastava，1972，Bf1 005/4－1。

13 短缝孢(未定种)*Brevilaesurospora* sp. ，Bf1 105/9－2。

16 最小拟雪松粉 *Cedripites minutulus*(Chlonova)Zhang，1978，Bf1 005/11－2。

17 ? 周囊粉(未定种) ? *Florinites* sp. ，Bf1 005/8。

18 平行褶拟苏铁粉 *Cycadopites elongatus*(Bolkhovitina)，Bf1 005/8－3。

19 芦木孢(未定种)*Calamospora* sp. ，Bf1 105/11－2。

20 小孢子，Bf1 005/4－2。

21 汤姆森阿里粉 *Alisporites thomasii*(Couper)Pocok，1962，Bf1 005/6－2。

（以上样品采集地点:尼玛县城西竟柱山组剖面）

图 版 X

1 单束松粉(未定种) *Abietineaepollenites* sp.，Bf1 005/12－3。

2 假圆形拟云杉粉 *Piceites pseudorotundiformis*(Maljavkins)Pocock，1970,Bf1 005/13－1。

3 小网原始双束粉 *Pristinuspollenites microreticulatus*(Brenner)Tschudy,1973,Bf1 005/10－1。

4 单囊拟粉(未定种) *Abietmeaepollenites* sp.，Bf1 005/3－2。

5 竹柏型罗汉松缝 *Podocarpidites nageioformis*(Zaklinskaja)Krutzsch,1971，Bf1 005/11－4。

6 罗汉松型拟云杉粉 *Piceites podocarpites* Bolkhovitina,1956 Bf1 005/7－1。

7 三瓣冠翼粉 *Callialasporites trilobatus*(Balme)Dev.，1961，Bf1 005/11－2。

8 双束松粉(未定种)*Pinuspollenites* sp.，Bf1 005/4－2。

9、13 大云杉粉批册爰人 *Piceaepollenites* cf. *gigantus* wang,Bf1 005/10－3。

10,12 罗汉松型拟云杉粉 *Piceites podocarpites* Bolkhovitina，1956 Bf1 005/11－1。

11 小网原始双束粉 *Pristinuspollenites microreticulatus*(Brenner)Tschudy,1973 Bf1 005/10－l。

14 稀少拟雪松粉 *Cedripites rarus*(Bolkhovitina)Zhang,1984，Bf1 005/11－3。

15 微细云杉粉 *Piceaepollenites exilioides*(Bolkhovitina)Yu and Zhang,1984,Bf1 005/11－3。

（以上样品采集地点:尼玛县城西竟柱山组剖面）

图 版 XI

1、15 小网原始囊粉 *Pristinuspollenites microreticulatus*(Brenner)Tschudy，1973,Bf1 005/12－1。

2、10 普通双束松粉 *Pinuspollenites divulgatus*(Bolkhovitina)Qu，1980,Bf1 005/7－6。

3 大型小囊粉 *Parvisaccites* cf. *amplus* Brenner,1963,Bf1 005/7－4。

4、14 具囊云杉粉 *Piceaepollenites alatus* Potonie,1931,Bf1 005/9－3。

5 旋转双束松粉 *Pinuspollenites strobiformis*(Zaklinskaja)Miao，1982,Bf1 005/12－4。

6、8 单囊松粉(未定种)*Abietineaepollenites* sp. Bf1 005/9－8。

7、9 竹柏型罗汉松粉 *Podocarpidites nageioformis*(Zaklinskaja)Krutzsch,1971。

11 细微云杉粉 *Piceaepollenites exilioides*(Bolkhovitina)Xu and Zhang,1980,Bf1 005/9－5。

12 暴露云杉粉 *Piceites exposites* Bolkhovitina,1956,Bf1 005/12－3。

13 巨大型光面单缝孢 *Laevigatosporites major*(Verbitskaja)Zhang，1984,Bf1 005/9－7。

（以上样品采集地点:尼玛县城西竟柱山组剖面）

图 版 XII

1 南措折乡康日阿北 $T_{2-3}qh$ 中的槽模构造。

2 左波列 K_1l 圆笠灰岩。

3 曲康巴勒 $T_{2-3}qh$ 复理石特征。

4 俄杀而补 K_1e 中的复理石韵律层。

5 控错北 K_1d^3 下部固着蛤礁灰岩。

6 K_1d 与 K_1l 接触处的一套红层(厚度大于 200m)。

7 来姐 K_2j 砂岩片理化。

8 日布松多 K_1d 中的斜坡扇砾岩。

图 版 XIII

1 夏噶日晶洞花岗岩的晶洞构造。

2 思让勒晶洞花岗岩的晶腺构造。

3 俄蒙勒玄武岩中的沉积夹层。

4 思让勒变斑状花岗质初糜棱岩保留成分层，见长石旋转碎斑。
5 帮勒长英质糜棱岩中的角闪岩块。
6 帮勒长英质糜棱岩中的拉伸线理。
7 控错南念青唐古拉岩群西侧石炭系变质岩中石英重熔脉体构成拉伸线理。
8 张恩 S_1d 中的层间劈理。

图　版　XIV

1 格仁错南断层擦痕。
2 阿若北沟推覆构造，$D_{2-3}\hat{c}$ 灰岩盖在 P_1a 碎屑岩之上，层理与接触面相交。
3 阿若北沟 $D_{2-3}\hat{c}$ 推覆体及下伏 P_1a 褶皱。
4 阿若北沟 $D_{2-3}\hat{c}$ 灰岩中方解石脉呈反“S”弯曲指示右行推覆。
5 思让勒石炭系中顺层掩卧褶皱。
6 张恩 S_1d 形成一系列紧闭同斜褶皱。
7 控错南糜棱岩化长英质岩不对称碎斑指示向南东斜冲。
8 沙弄 K_1d 轴面北倾的尖顶褶皱。

图　版　XV

1 格仁错活动构造带影像特征显示的脉状断裂指示右行走滑。
2 格仁错活动断裂带上河流及湖盆指示断层的右行剪切。
3 格仁错活动断裂带上废弃河道指示断层的右行剪切活动。
4 马跃草甸上的黄鸦黑颈鹤。
5 卡规错风光。
6 孜桂错风光。
7 马耳哥晚霞。
8 南措折北半固定沙丘。

图版 I

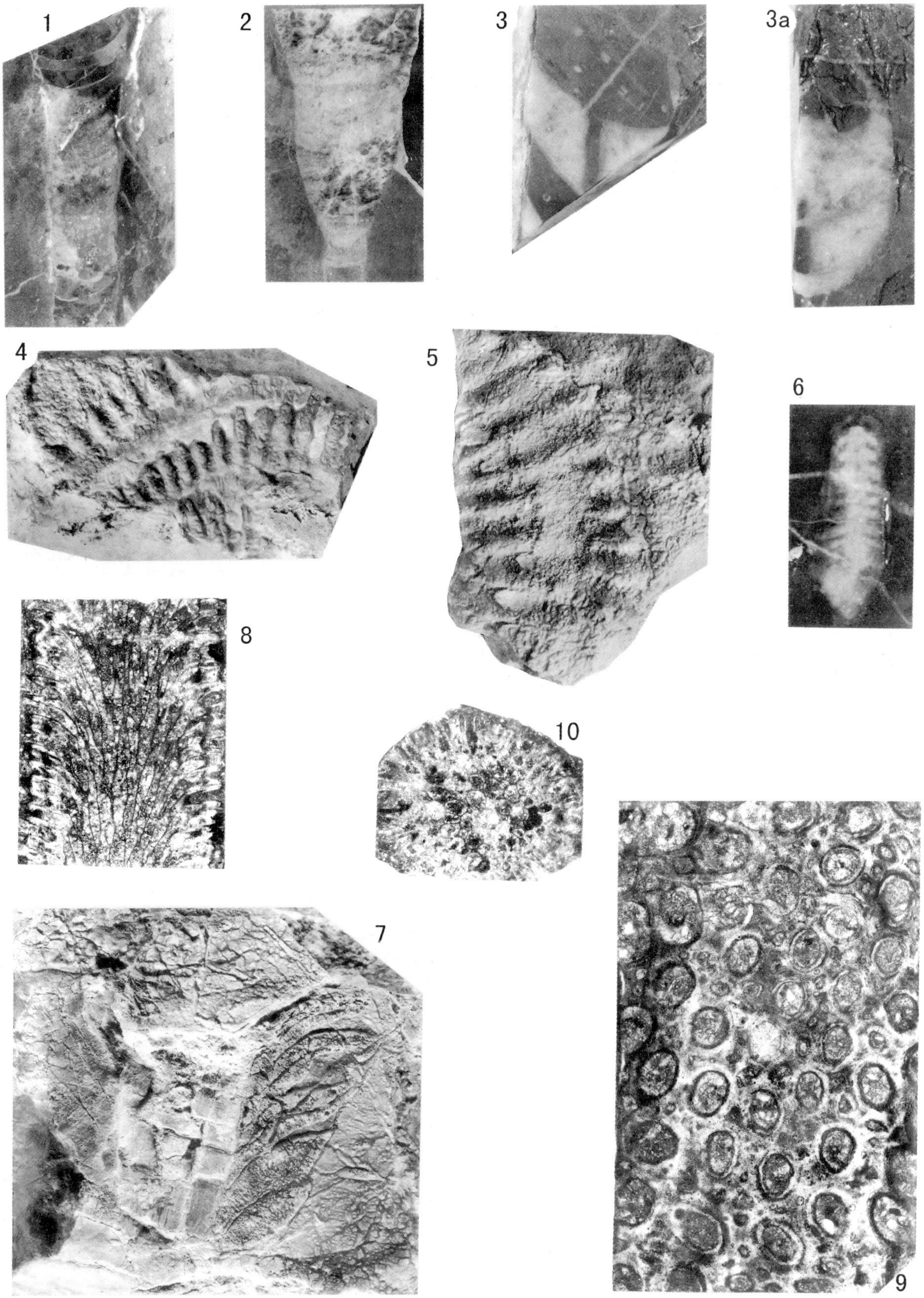

图版Ⅱ

图版Ⅲ

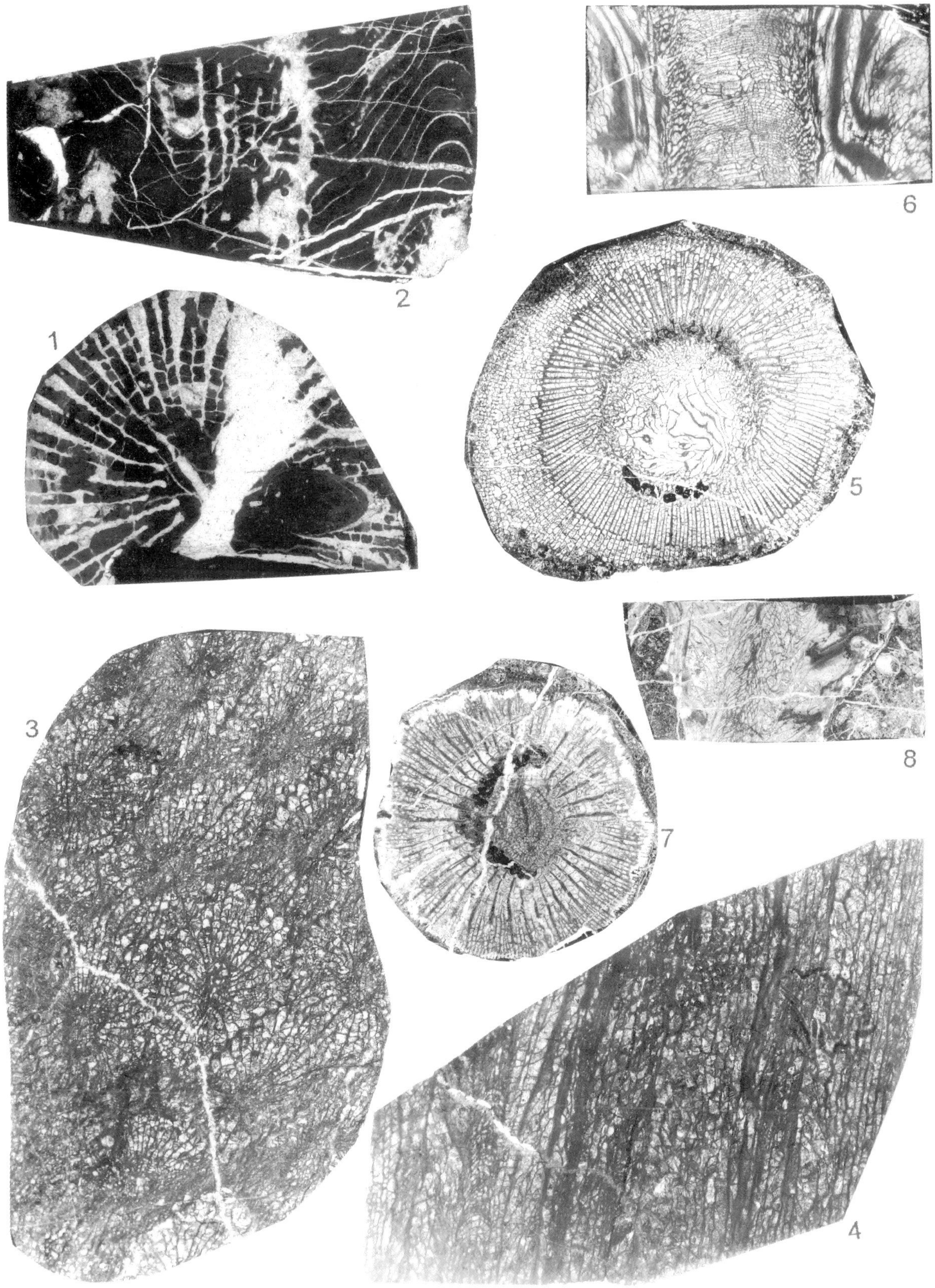

图版Ⅳ

1

2a

3

2b

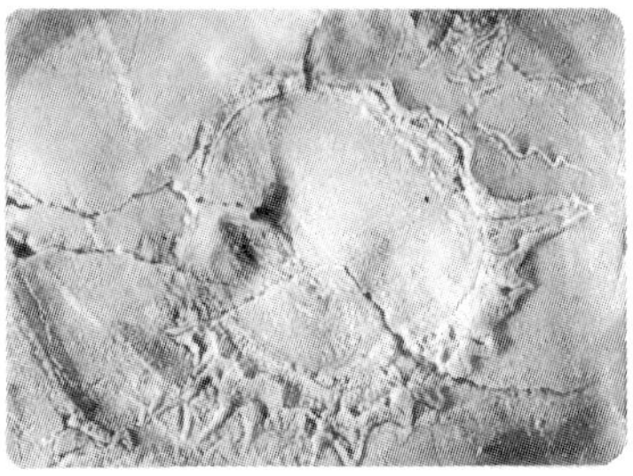
4

5

9

7

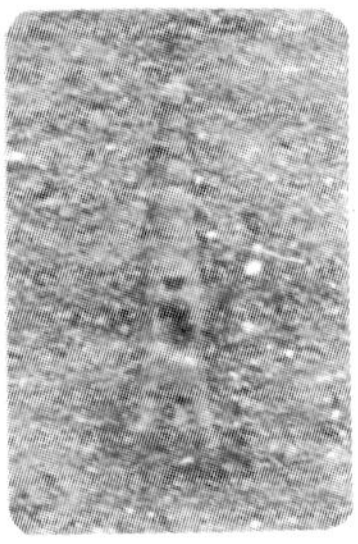
6

10

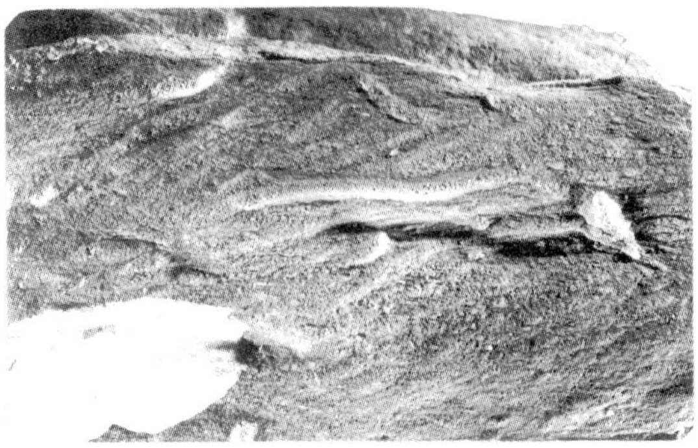
8

图版Ⅴ

图版Ⅵ

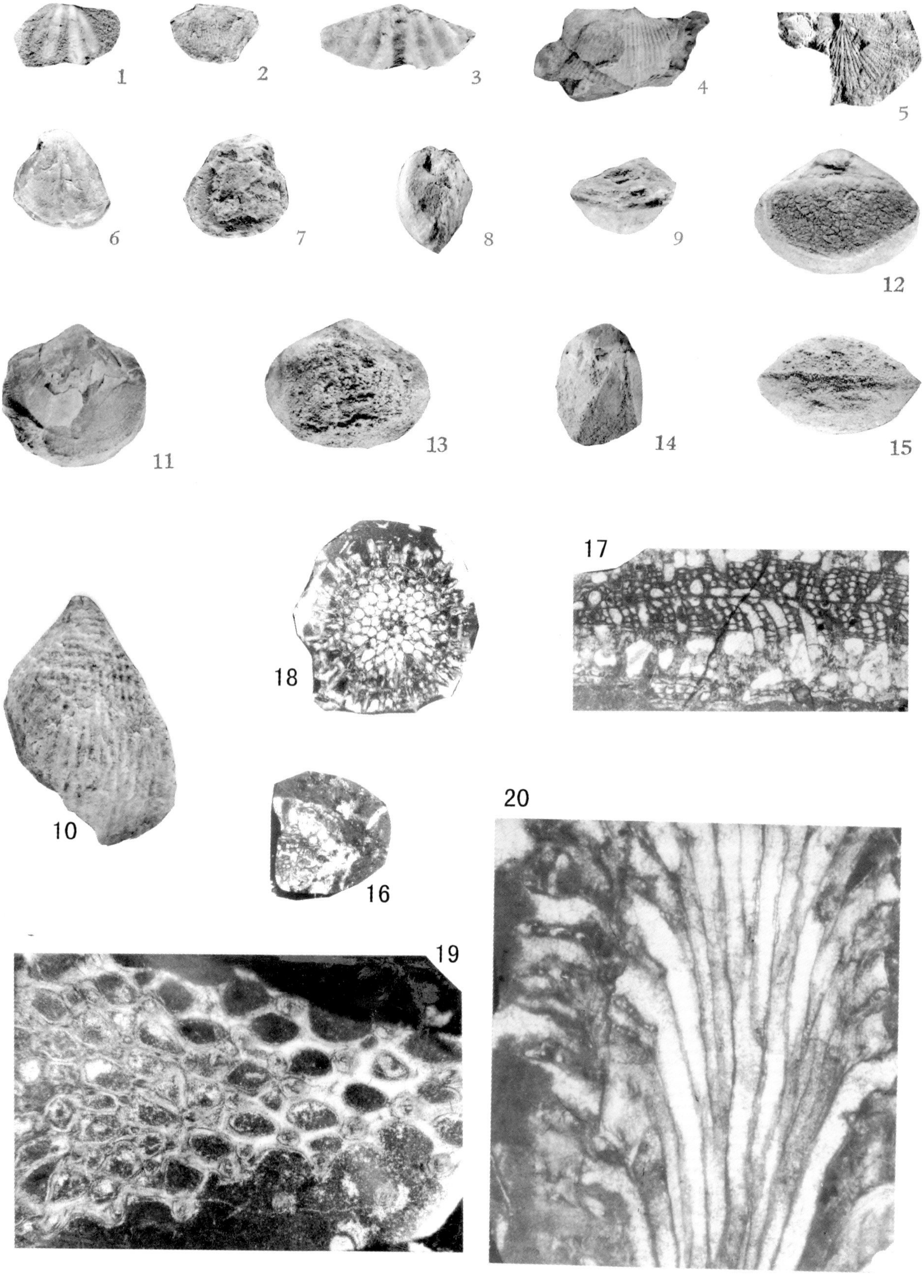

图版Ⅶ

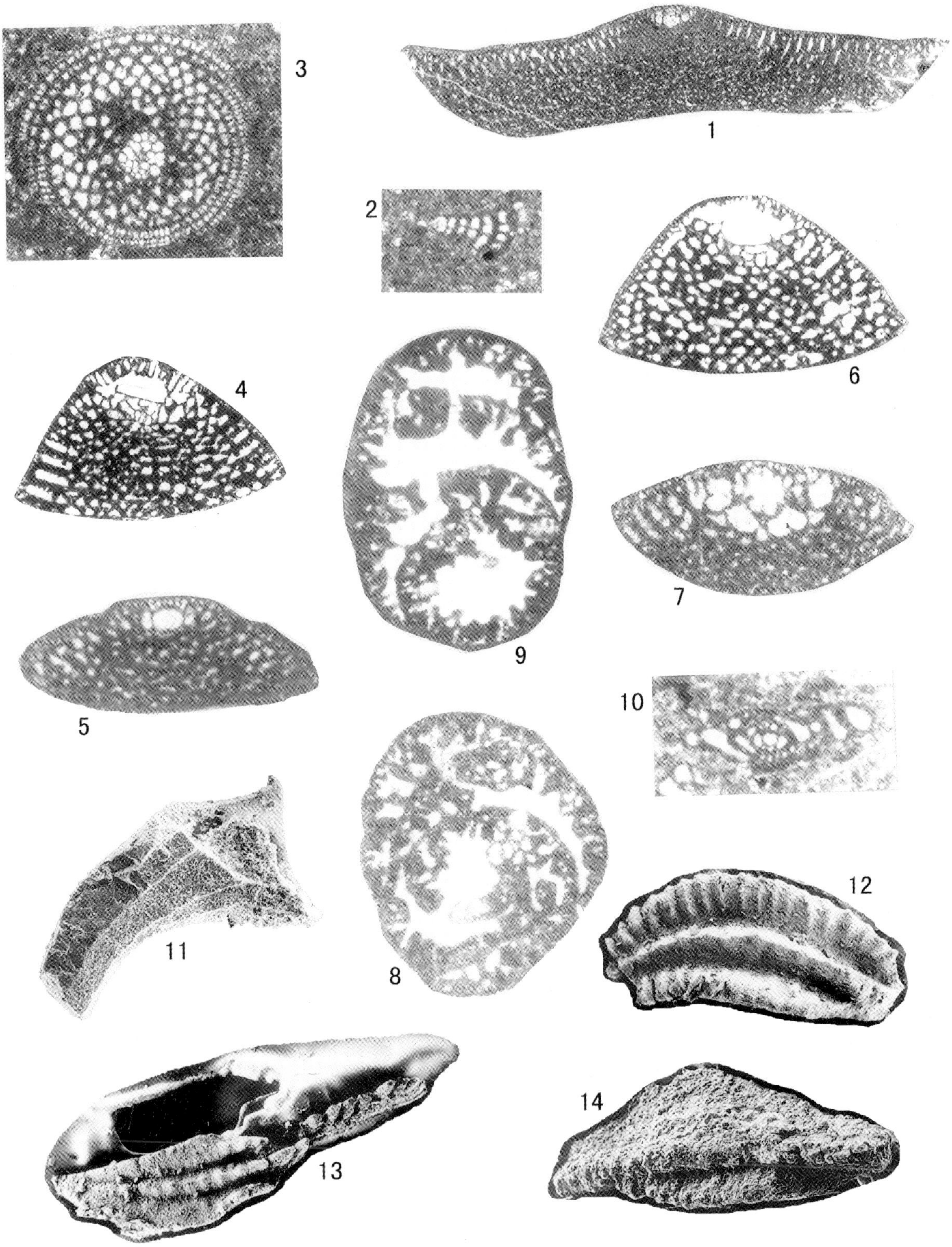

图版Ⅷ

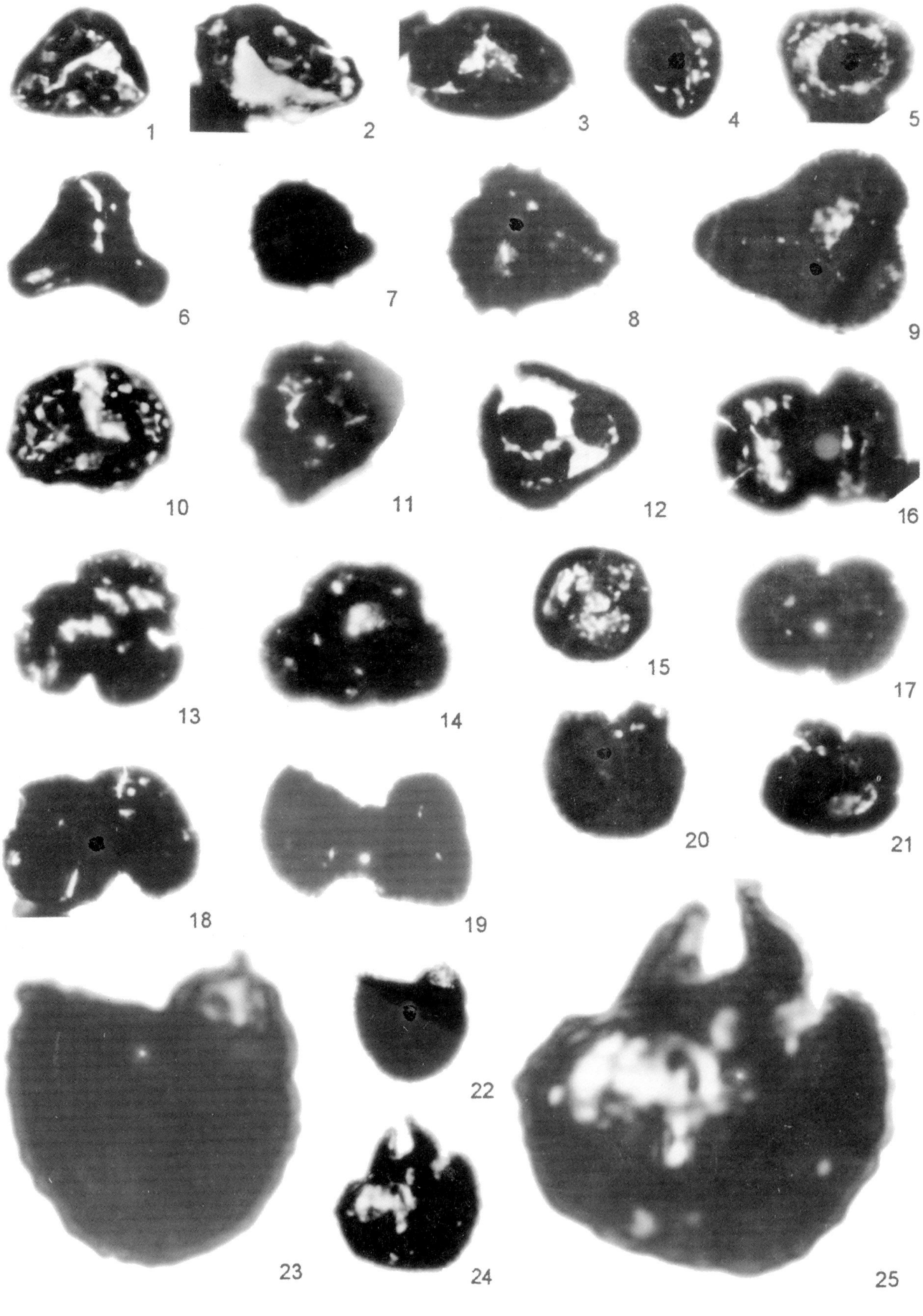

图版Ⅸ

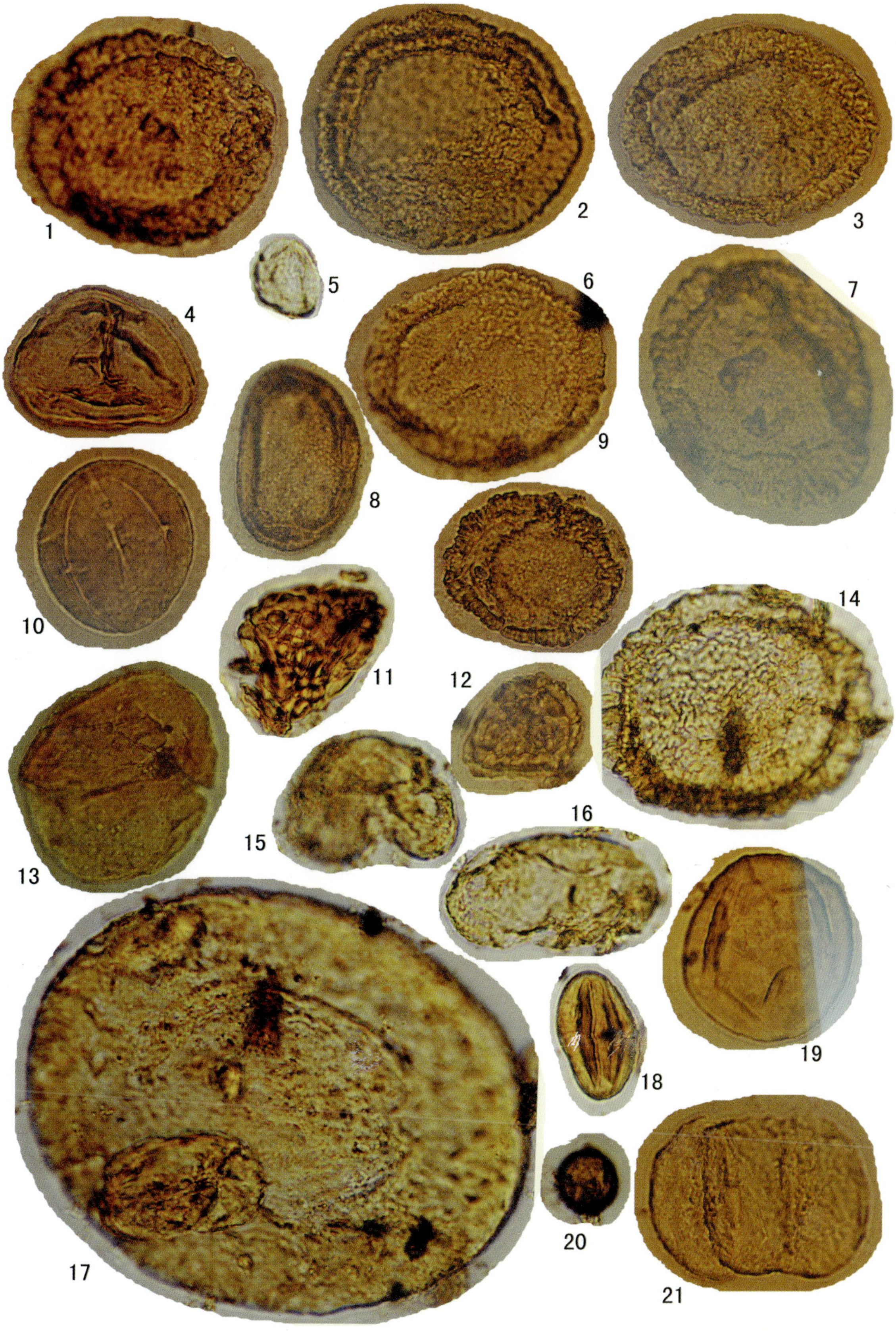

图版Ⅹ

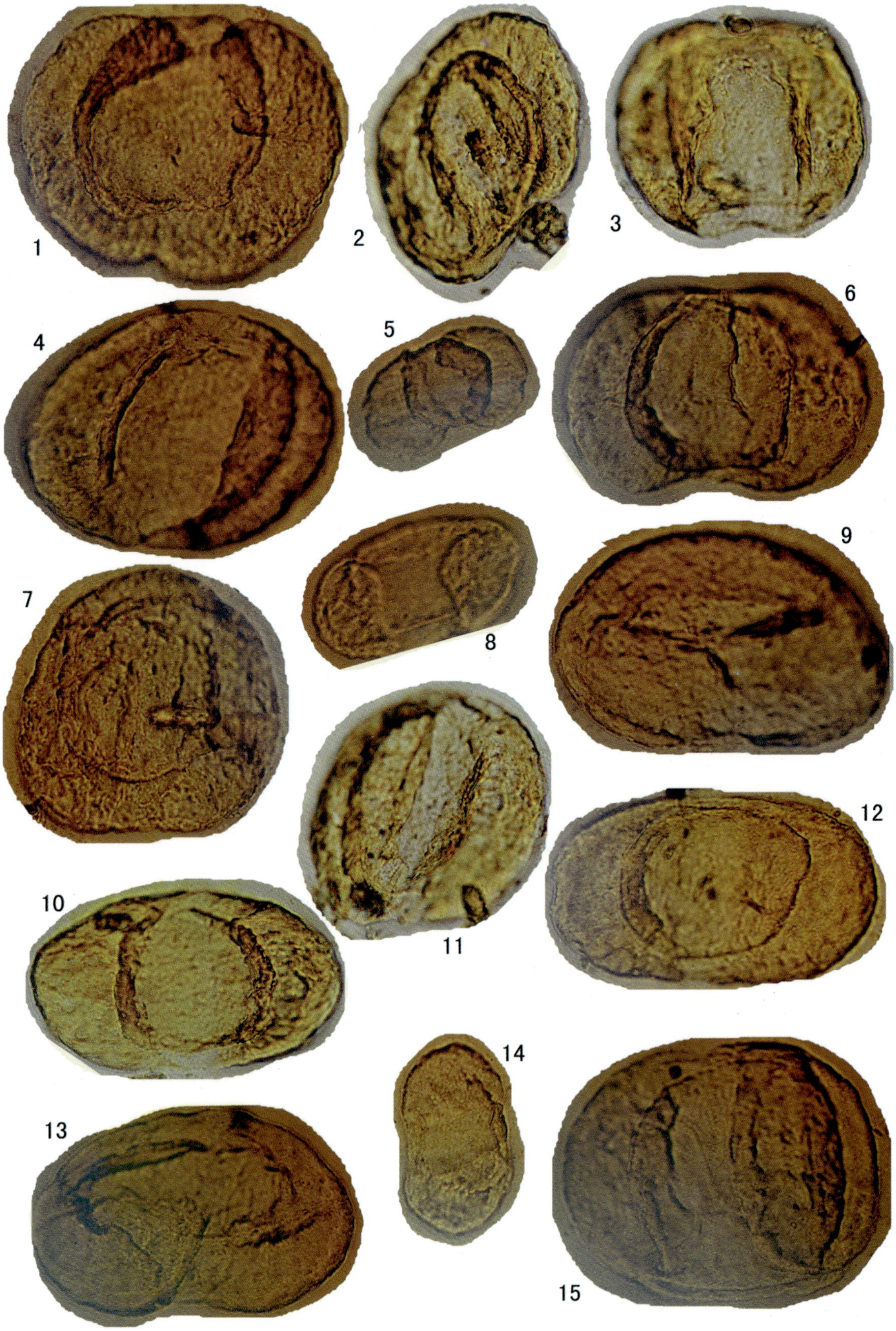

图版XI

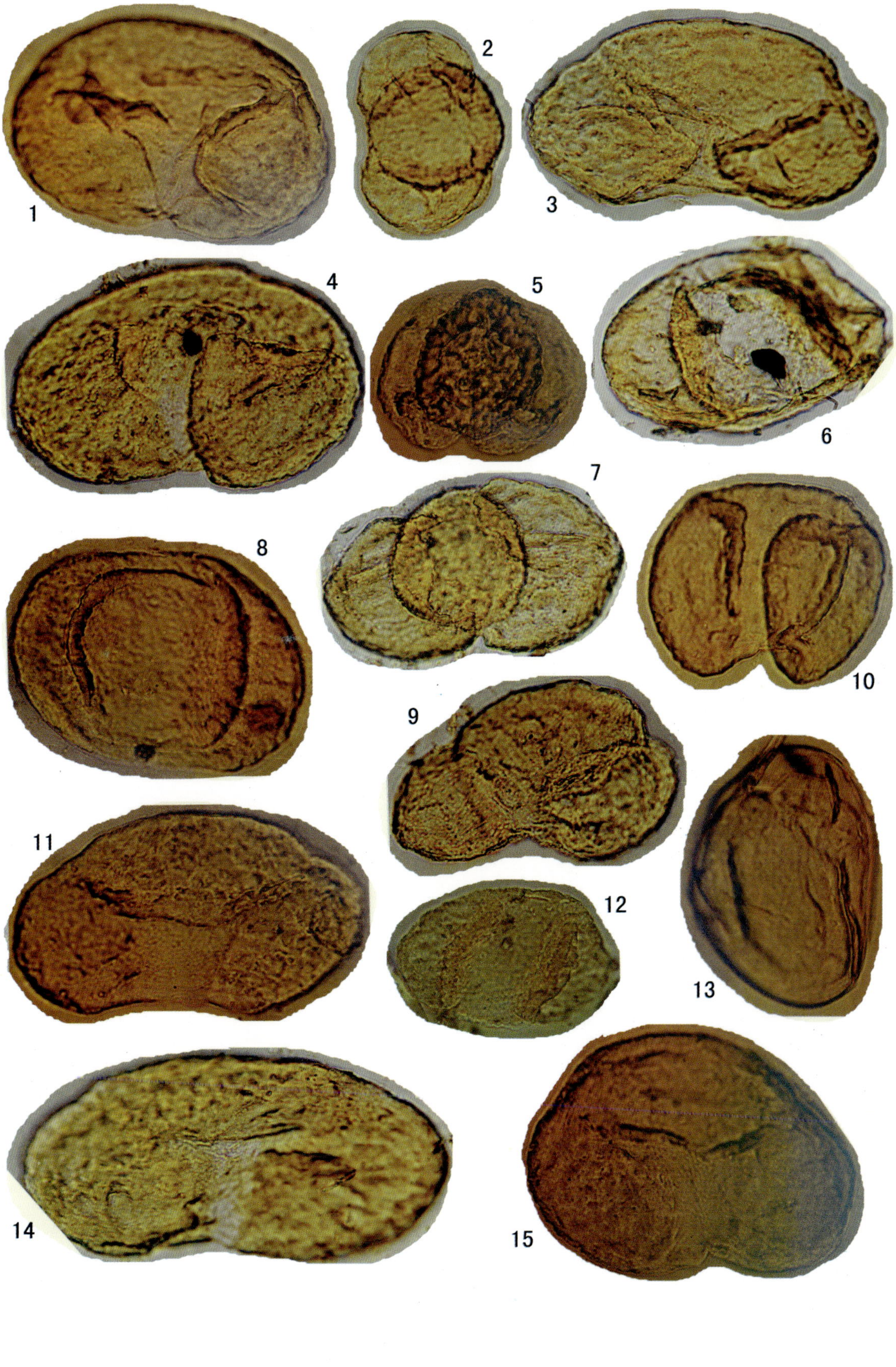

图版Ⅻ

1

2

3

4

5

6

7

8

图版ⅩⅢ

图版XIV

1

2

3

4

5

6

7

8

图版XV

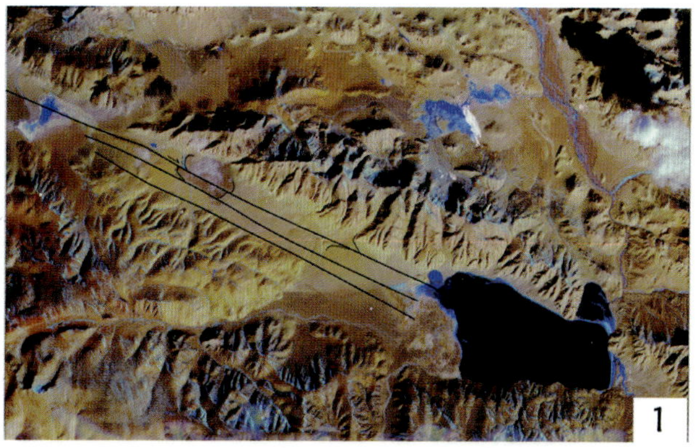

1

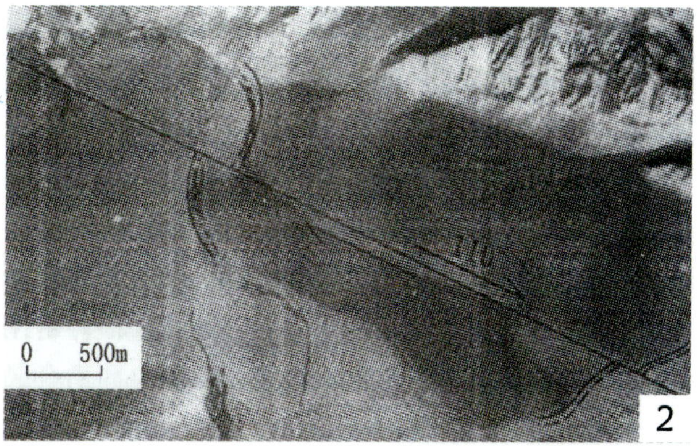

2

3

4

5

6

7

8